U0226902

齿轮接触疲劳理论与实践

刘怀举　朱才朝　魏沛堂　卢泽华　著

科　学　出　版　社

北　京

内 容 简 介

本书主要围绕齿轮接触疲劳失效及抗疲劳设计问题,对齿轮接触疲劳失效机理、齿轮接触疲劳的影响因素、齿轮接触疲劳分析方法、齿轮接触疲劳试验等展开全面而详细的论述。全书共 8 章,主要内容包括齿轮接触疲劳失效形式与设计标准,齿轮接触分析理论及模型,界面状态、材料微观结构、显微硬度、残余应力等因素对齿轮接触疲劳性能的影响,齿轮接触疲劳试验及可靠性分析方法等。

本书可作为航空、航天、风电、舰船、高铁等领域从事齿轮抗疲劳设计制造与机械传动装备开发等相关研究方向的工作者(包括高等院校教师、科研人员、企业研发设计人员)的参考书。

图书在版编目(CIP)数据

齿轮接触疲劳理论与实践 / 刘怀举等著. —北京:科学出版社,2024.6

ISBN 978-7-03-075006-8

Ⅰ. ①齿… Ⅱ. ①刘… Ⅲ. ①齿轮-接触疲劳 Ⅳ. ①TH132.41

中国国家版本馆CIP数据核字(2023)第037641号

责任编辑:裴 育 陈 婕 / 责任校对:任苗苗
责任印制:赵 博 / 封面设计:蓝正设计

科学出版社 出版
北京东黄城根北街 16 号
邮政编码:100717
http://www.sciencep.com
三河市春园印刷有限公司印刷
科学出版社发行 各地新华书店经销
*
2024 年 6 月第 一 版 开本:720 × 1000 1/16
2025 年 1 月第二次印刷 印张:39 3/4
字数:798 000
定价:268.00 元
(如有印装质量问题,我社负责调换)

前　言

随着航空、航天、风电、高铁、舰船等领域的高速发展，航空发动机、重载直升机、风电齿轮箱等高端装备传动系统面临着高速、高温、重载等极端服役环境和高功率密度、高可靠要求的挑战。齿轮是动力传动系统的核心基础件，其性能优劣很大程度上影响整机装备的性能。接触疲劳是现代齿轮的主要失效形式之一，由齿轮接触疲劳失效导致的装备故障甚至灾难性事故屡见不鲜。齿轮接触疲劳失效机理复杂，影响因素众多，齿轮几何、表面粗糙度等结构要素，载荷、转速、润滑等工况要素以及屈服极限、硬度、残余应力等材料因素相互耦合，构成影响齿轮接触疲劳性能的结构-工况-材料一体化要素体系。建立齿轮接触疲劳分析理论，阐明齿轮接触疲劳的影响因素，形成主动设计方法并实践于工程应用，对于机械传动装备的高可靠性、长寿命发展具有重要意义。

本书紧密围绕齿轮接触疲劳失效相关问题，循序渐进介绍齿轮接触疲劳分析理论、失效机理、疲劳试验及可靠性等内容，注重理论、试验及相关分析案例之间的紧密结合，叙述清晰，图文并茂，便于读者全面、直观地理解和掌握齿轮接触疲劳理论与实践相关知识，旨在为工程实际中高性能齿轮设计制造及安全可靠服役提供一定参考。

本书由高端装备机械传动全国重点实验室主要研究人员共同撰写，其中，重庆大学朱才朝教授撰写第1章绪论部分，重庆大学魏沛堂副教授撰写第2、3章齿轮接触理论及其分析方法部分，重庆大学刘怀举教授撰写第4~6章界面状态、材料微观结构、显微硬度及残余应力等因素对齿轮接触疲劳的影响部分，重庆大学卢泽华、张秀华撰写第7、8章齿轮接触疲劳可靠性及试验部分。在本书撰写过程中，重庆大学刘鹤立、王炜、何海风、张博宇、周浩、毛天雨、刘根伸等参与了相关资料文献整理、案例分析和文字编辑等工作，在此表示感谢。此外，本书参考了大量国内外齿轮相关行业专家的著作、论文、专利，以及国家、行业相关标准等资料文献，在此一并向相关作者表示由衷的感谢。

由于作者水平有限，书中难免存在不足之处，恳请广大读者在阅读过程中提出批评指正。

目　　录

第1章 绪 论

齿轮是重要的机械基础件，其主要作用是传递运动和动力，广泛应用于航空、航天、舰船、汽车、机器人、工程机械、轨道交通、风力发电、医疗器械等领域。由于齿轮在工业领域具有突出地位，被誉为"工业的象征"，其性能直接决定了几乎所有机械装备的服役性能和可靠性。经过上百年的发展，现代齿轮模数范围涵盖 0.004～100mm，直径范围覆盖 1mm～150m，功率达兆瓦(MW)级，转速超过 10^5r/min，最高节圆线速度达 300～500m/s，啮合类型涵盖渐开线齿轮、摆线针轮副、圆弧齿轮、螺旋锥齿轮、面齿轮、蜗轮蜗杆等，材料包括渗碳钢、调质钢、铸铁、轻质合金、粉末冶金、高分子聚合物及复合材料等。图 1-1 给出了齿轮在部分工业领域中的应用。

直升机传动　　　　　　　风力发电机传动　　　　　　　舰船传动

高速游艇传动　　　　　　　车辆传动　　　　　　　机器人传动

图 1-1　齿轮在工业领域中的应用

齿轮工业是机械工业中技术和资金密集、关联度高、吸纳就业强的基础性产业，也是国民经济和国防安全建设各领域的重要基础，保障了各类主机行业产业升级、技术进步，支撑了战略性新兴产业的高速发展。我国齿轮工业努力抓住机遇，经过几十年的发展，取得了长足进展，构建了世界上最完整的齿轮产业链，基本形成齿轮技术体系和齿轮技术标准体系。我国齿轮制造业的快速平稳增长受到了全球瞩目，目前已成为全球齿轮传动设备生产制造大国。2021年，齿轮制造企业多达5000多家，齿轮产业规模已达近3000亿元，支撑了包括兆瓦级风电装备、高速铁路、大型舰船、海洋平台、三峡工程、直升机、航空发动机、新能源汽车、盾构机等一批重大装备开发与工程建设，并在一些产品和领域形成了全球竞争力。例如，据报道，南京高速齿轮制造有限公司风电齿轮箱近年稳居全球市场占有率第一；陕西法士特齿轮有限责任公司重型汽车变速器连续多年产销量世界第一；2019年，盛瑞传动股份有限公司打破汽车变速器技术被外企垄断的局面，建成国内首条混合动力自动变速器智能生产线；中车戚墅堰机车车辆工艺研究所股份有限公司研制的齿轮传动系统，打破了德国、日本等跨国公司的垄断，已成功应用于CRH380A型动车组、世界最大功率6轴9600kW交流传动电力机车、和谐5型大功率内燃机车以及各型城市轨道交通车辆，在我国高铁列车上也有超过几万套处于运行状态。图1-2为我国齿轮行业近年来取得的部分成果，彰显出"中国制造"的骄傲。

法士特12JSD系列变速器　　　　南高齿8MW风电齿轮箱　　　　盛瑞传动自动变速器

图1-2　我国齿轮行业取得的部分成果

重大技术装备的研制标志着一个国家制造业的技术能力和发展水平。经过若干个五年计划，我国重大装备取得了重大成就：400km/h跨国高速动车组下线，可在不同气候条件、轨距、供电制式标准国际铁路间运行；中国盾构机技术与装备实现了从零到一的跨越，诞生了世界首台马蹄形盾构机、世界最大直径硬岩掘进机等一系列标志性产品，盾构机成为中国人的"争气机"；"奋斗者"号潜水器的成功研制，标志着我国在人类探测深海的道路上迈出了新的一步，成就了中国"深度"。尽管我国在许多重大装备上实现突破，但始终存在"重主机、轻零部件"的问题。以高性能齿轮为代表的关键零部件与国外先进技术水平依旧存在显著的性能差距，部分高端齿轮产品仍然长期依赖进口，如图1-3所示。例如，在精密传动领域，国内精密减速器精度较低且精度保持性不足，在研机器人用RV减速器传动精度约为1′，精度保持时间不足5000h，而国外产品的稳定传动精度小于30″，精度保持时间达10000h；在航空传动领域，国外直升机主减速器功率达10000kW，线速度高达200m/s，功率密度达10kW/kg，翻修间隔期寿命5000h以上，欧美等国新一代直升机主减速器功重比相比我国产品的性能水平高近 40%；在工业重载传动领域，目前国外风电齿轮箱普遍设计的稳定运行周期至少为 20 年，同时正在开发能支撑风电装备 30～40 年服役周期的传动关键技术，而国内风电齿轮箱运转 7～8 年后经常进入故障频发期，而且由于国内风电技术起步较晚，尚未有国产风电齿轮箱经历 20 年以上设计寿命的实际经验；在舰船传动领域，船用双输入多输出并车齿轮箱是舰船动力系统的核心部分，但基本被国外公司垄断；在高分子聚合物与复合材料齿轮传动领域，国外高性能塑料齿轮承载能力已经达到 30kW 以上，国内塑料齿轮受材料、工艺、数据等限制，停留在几千瓦的承载水平。这些传动领域的技术差距凸显了在齿轮疲劳失效机理、强化技术与工艺、数据与规范建设等基础研究方面的不足。

GTF发动机传动系统尚未全面研发

航空传动TBO寿命显著差距

相比国外塑料齿轮承载力不足

齿轮抗疲劳制造技术有差距

机器人减速器精度稳定性差

齿轮专业分析软件欠缺

图 1-3 齿轮传动领域的部分国内外技术差距
GTF-齿轮传动涡扇；TBO-大修间隔时间

欧洲、美国、日本等工业强国和地区正持续投入，开展高端齿轮设计制造试验和装备研发。美国艾里逊(Allison)公司、德国采埃孚集团(简称 ZF 公司)等知名企业长期开展中、重型大扭矩齿轮传动新产品研发；日本纳博特斯克(Nabtesco)公司和住友重机械(Sumitomo)公司、斯洛伐克 Spinea 公司、韩国赛劲(Sejin)公司等国际减速器龙头企业长期致力于高精度、低振动及高可靠性的机器人关节减速器新产品研发；德国慕尼黑工业大学、美国俄亥俄州立大学、英国纽卡斯尔大学等相关团队学者长期开展齿轮摩擦学、动力学、疲劳失效、强化工艺与数据建设等方面的基础研究工作；英国 Romax 公司、英国 SMT 公司、瑞士 KISSsoft 公司等开发了涵盖国际设计标准规范、集成齿轮/轴承/疲劳/振动/润滑关键技术、支持多任务/多数据快速并行算法、基于齿轮传动整体数字化建模、覆盖整个传动产品设计流程、面向汽车/风电/船舶/燃机的知识驱动型齿轮传动系统设计分析软件，并不断创新摆线针轮传动、载荷谱疲劳寿命分析、功率损失计算与可靠性评估等功能模块。国际贸易冲突背景下齿轮等关键基础零部件与装备方面的"卡脖子"问题日益突出，面临"隔代差距"风险，严重影响国家经济建设和国防安全。

高端装备高功重比、长寿命、高可靠、低噪声等的发展趋势对高性能齿轮的主动设计、抗疲劳制造、基础数据建设与性能评价技术等提出了新的挑战。重载直升机、无人机、大型舰船、海上风力发电机、航空发动机、大型盾构机、载人深海装备等现代高端装备面临更加严苛的极端服役环境(某些关键齿轮转速20000r/min以上，接触应力3GPa以上，温度400℃以上)和日益增长的服役性能要求(某些关键齿轮的疲劳寿命要求相比以前提升1~2个数量级，可靠性达99.99%)，因此现代高端齿轮装备也面临着苛刻极端服役环境和性能要求，如图1-4所示。在高端装备功率密度、可靠性、服役寿命日益增长的背景下，齿轮材料也在不断升级换代，如国外开发的CSS-42L、GearmetC69等新一代高强耐热航空齿轮材料，硬度由第一代航空齿轮钢的58HRC发展到72HRC，耐500℃高温；加工精度相比以前提升了2~3个等级；"风电平价上网"政策、"特斯拉"引领的新能源汽车降价潮等对制造成本也提出了极高要求。这些现象和趋势均对现代齿轮的设计制造和评价提出了巨大挑战。

航空发动机附件传动转速20000r/min，温度200℃　　　隧道掘进机断面直径16m，接触压力2GPa

图1-4 部分现代高端齿轮装备所面临的苛刻极端服役环境和性能要求

发达国家极其重视齿轮传动相关基础研究与产品开发，引领了世界齿轮行业的发展。早在1931年，美国机械工程师学会(American Society of Mechanical Engineers, ASME)齿轮强度委员会就进行了大量的齿轮试验研究，自1946年起进行了长达15年的齿轮疲劳试验，提供的3000个齿轮试验数据被美国齿轮制造商协会(American Gear Manufacturer's Association, AGMA)所采纳；苏联以中央机械研究院的齿轮实验室为主导，联合一些大学与工厂进行了大量的齿轮疲劳试验研究，这些研究成果在国际标准化组织(International Organization for Standardization,

ISO)齿轮标准中得到了充分的反映;英国纽卡斯尔大学齿轮技术研究中心一直专注于齿轮试验和检测技术的研究,在齿轮抗疲劳制造技术、齿轮疲劳寿命分析计算与试验测试、齿轮几何精度检测等技术领域处于世界领先地位;德国慕尼黑工业大学齿轮研究中心拥有各类齿轮试验台近百台,支撑了齿轮与齿轮传动标准(如 ISO 6336 等)的建设和新材料、新工艺的开发。工程实际中部分进口齿轮产品,如果以我国现行齿轮强度标准计算,难以满足常规强度要求,这说明我国齿轮强度设计所依靠的技术资料已经显著落后。齿轮基础数据和基础材料的缺失、工艺和性能研究的缺乏,已经成为制约我国齿轮行业发展的最根本问题,导致当前我国高性能齿轮产业的设计、制造和产品水平均落后于发达国家,高端齿轮产品正向设计研发体系不完善,以及技术和产品缺乏核心竞争力。

为实现建设中国制造强国的目标,必须高度重视以齿轮为代表的基础零部件行业基础研究、技术创新与产业发展。我国开始逐渐重视该领域的基础研究与发达国家存在的差距及其对机械工业的基础性支撑作用,从政府、行业到企业、院所,共同形成了基础件不同层面的研发体系。我国在国民经济和社会发展第十三个五年规划(简称“十三五”规划)期间,设立了国家重点研发计划“制造基础技术与关键部件”重点专项,旨在建立健全基础数据库、工业试验验证平台和安全保障技术,完善技术标准体系,为逐步解决国产装备“空心化”、提高自主配套能力提供技术支撑。一些企业、院所也在基础件核心技术攻关上持续发力,例如,陕西法士特齿轮有限责任公司、郑州机械研究所有限公司、机械传动国家重点实验室等建立了齿轮疲劳试验中心,共同完成了 18CrNiMo7-6 钢、8620H 钢等我国高性能齿轮材料的接触、弯曲疲劳 S-N 曲线的绘制;机械传动国家重点实验室构建了涵盖疲劳、磨损等齿轮基础性能试验平台,搭建了完善的齿轮表面完整性检测表征体系,设立了齿轮强度与可靠性数据建设等特色研究项目,支持面向行业的齿轮基础数据建设服务。经过“十三五”规划期间的努力,我国突破了部分高参数齿轮传动和精密减速器设计、制造和检测共性关键技术,成功研制出 8MW以上大型风电增速箱、大型工程机械大扭矩轮毂驱动、轻量化高可靠轨道交通齿轮箱、通用航空高速重载传动系统等装备,实现了高参数齿轮及传动装置在民用航空装备、工程机械、大型海洋装备、高速列车、海上风电、机器人等装备的示范应用,初步建立了齿轮材料、弯曲和接触疲劳强度的基础数据库。根据《中华人民共和国国民经济和社会发展第十四个五年规划和 2035 年远景目标纲要》(简称“十四五”规划),国家将继续加强对齿轮传动系统正向设计、改性控形、高表面完整性加工、智能检测与基础试验、专用工业软件、标准规范建设、数字孪生平台等先进设计制造技术的研究以及系统深入的试验研究与基础数据建设,大幅提高极端服役工况下高端装备齿轮部件的性能参数、寿命及可靠性,增强“智能化”“绿色化”属性,破解“卡脖子”瓶颈,实现自主可控,为“制造强国”和高端重大装备提供"中国齿轮"。

　　表 1-1 中列出了"十三五"规划期间国家重点研发计划"制造基础技术与关键部件"与"十四五"规划期间国家重点研发计划"高性能制造技术与重大装备"中关于齿轮传动研究项目的汇总。

表 1-1　国家重点研发计划"制造基础技术与关键部件"与"高性能制造技术与重大装备"中齿轮相关项目

项目名称	牵头单位
高性能齿轮动态服役特性及基础试验	重庆大学
基于线结构光的齿轮快速测量新方法与新型基准级齿轮渐开线样板	北京工业大学
高速精密重载人字齿轮传动关键技术	哈尔滨广瀚动力技术发展有限公司
大型风电齿轮传动系统关键技术及工业试验平台	南京高速齿轮制造有限公司
齿轮传动数字化设计分析与数据平台	郑州机械研究所有限公司
齿轮传动系统动力学基础理论及其健康监测	浙江大学
新型高性能精密齿轮传动基础理论与技术	西北工业大学
高线速度轻量化齿轮传动系统关键技术	南京高精齿轮集团有限公司
高性能小模数齿轮传动设计制造关键技术	贵州群建精密机械有限公司
高可靠核电循环泵用齿轮箱关键技术研究与示范应用	重庆齿轮箱有限责任公司
高性能锥齿轮传动关键技术示范应用	中国航发哈尔滨东安发动机有限公司
齿轮传动系统多维信息感知及智能运维	重庆大学
空间机构长寿命高可靠齿轮传动系统关键技术	北京空间飞行器总体设计部

　　纵观国内外高性能齿轮设计制造技术差距与发展趋势，突破高性能齿轮长期安全可靠服役的最根本瓶颈是解决疲劳问题，高性能齿轮疲劳问题是高端装备的"卡脖子"核心问题之一，是齿轮基础研究中的"基础"。国外先进国家在齿轮基础设计理论、先进制造技术与试验评价方法领先的情况下，对齿轮的疲劳失效机理、抗疲劳技术、基础数据建设保持了孜孜不倦的追求，不断突破齿轮结构、材料、工况等极限，某些变革性、颠覆性设计和制造理念甚至超出国内研发人员的想象。因此，高性能齿轮的发展重心与破解高端装备的"卡脖子"核心问题的关键之一是阐明齿轮疲劳失效机理，实现抗疲劳技术。相比于齿根弯曲疲劳，齿轮接触疲劳的成因更复杂、模式更多元、危害性更大、控制也更困难，亟须深入研究。因此，本书针对齿轮接触疲劳的危害、机理、抑制开展理论与试验研究，期望为高性能齿轮抗疲劳设计制造技术体系的建立提供支撑。

1.1　齿轮接触疲劳及危害

　　齿轮类型众多，载荷、转速、温度、腐蚀环境等服役工况条件复杂广泛，齿面硬度、残余应力、表面形貌等表面完整性要素多元，导致工程实际中齿轮可能出现多种失效形式。齿轮常见失效形式有轮齿折断、齿面点蚀、微点蚀、齿面磨损、齿面胶合、齿面塑性变形等，如图 1-5 所示。齿面点蚀、微点蚀、深层齿面断裂等失效与齿轮接触疲劳性能密切相关。本书将重点讨论齿轮接触疲劳失效模式、危害、分析方法、试验技术及其影响因素。

图 1-5　齿轮常见的失效形式

　　接触疲劳是影响齿轮、轴承、轮轨、凸轮等众多摩擦接触零部件寿命的重要因素，也是几乎所有类型齿轮、所有工况范围内都可能发生的失效形式。齿轮接触疲劳失效会导致部分装备失效或造成人机安全事故，如图 1-6 所示。例如，根据中航工业失效分析中心对 2009~2014 年国内航空轴承失效案例的统计数据，发现由接触疲劳剥落导致失效的案例数量超过总失效案例数量的 1/3[1]；中国第一汽车集团有限公司某重型载货汽车变速器开发试制阶段，发现主、从动齿轮均存在接触疲劳失效风险[2]；国内某公司风电齿轮箱高速级中间轴在并网发电使用 1 年左右时，齿轮发生早期接触疲劳失效，停机检修造成了巨大的经济损失[3]；在 2016~2018 年期间，国内多家风力发电机组制造厂就有几千台双馈机组的各种滚动轴承或齿轮失效[4]；某型直升机传动系统按照给定飞行功率谱要求开展耐久性试验，在完成 580h 运行时发现疲劳剥落失效[5]。齿轮接触疲劳失效问题并不是我国独有，世界范围内也频繁发生。美国可再生能源国家实验室(National Renewable Energy Laboratory，NREL)记录的美国 37 起风力发电机事故中有 22 起发生齿轮失效，其中多数为齿轮接触疲劳失效[6]；德国某风电齿轮箱制造厂从 2001 年到 2004 年供应全世界的风电增速齿轮箱中就有 4500 多台发生故障，据统计其中轮齿失效占 39%，造成当时欧洲九个风力发电机组制造厂破产[4]；日本机械工程学会对各行业齿轮传动失效实例进行调查研究，发现齿轮表面失效引起的齿轮副失效的数量约占调查对象总数的 74%[7]；70 余套 EQ1060 3t 汽车后桥主减速器齿轮疲劳失效统计数据反映，齿轮接触疲劳失效约占 37%，部分主减速器使用寿命不足 10km[8]。由此可见，齿轮接触疲劳失效已成为全世界齿轮行业的"公敌"。

图 1-6　齿轮接触疲劳失效导致的装备事故

尽管材料冶炼与锻造工艺、齿面硬化热处理、精加工等先进加工技术已应用于提高齿轮接触疲劳性能，但是高端装备对齿轮服役寿命要求也不断提高。例如，风电齿轮设计寿命要求已从 20 年延长到 30 年，相应的齿面接触应力循环次数要求可能高达 10^9 以上数量级，超出了传统高周疲劳范围，属于超高周疲劳阶段；航空渗碳淬火齿轮接触压力高达 2～3GPa；汽车行业齿轮接触疲劳极限接近 1800MPa，形成了典型的重载工况。重载荷(接触应力 3GPa 以上)、高转速(转速 30000r/min 以上)、强冲击(冲击载荷高达 40kN)、宽温域(运行温度范围−50～350℃)、有限润滑条件(微量润滑或断油干运转)等复杂服役环境进一步加剧了齿轮疲劳失效的风险。同时，齿轮接触疲劳失效模式多样，失效机理复杂，影响因素众多，且疲劳失效前期不易被发现，存在隐蔽性，还会相互竞争并诱发胶合、磨损等其他失效模式，从而产生灾难性的后果。因此鉴于齿轮接触疲劳失效危险程度显著，齿轮接触疲劳的控制尤为重要。

齿轮接触疲劳失效机理及控制技术是公认的国际性学术难题，也是工程实际中急需攻克的"卡脖子"技术。该技术门槛高、创新性强、根植性深、难以轻易模仿，需要长期投入与积累，也是体现齿轮行业理论与技术水平的重要载体。现代齿轮的设计制造正在实现从"控形"到考虑表面完整性的抗疲劳设计制造的转变，国外先进的研发机构已形成自有的较为完整的齿轮表面完整性设计制造检测体系与方法，而国内目前对齿轮接触疲劳失效机理、表面完整性设计和抗疲劳制造认识不足。相关基础研究的缺乏与滞后导致高性能齿轮等关键零部件与国外先进水平形成"隔代差距",放大了主机装备的技术劣势。

1.2 齿轮接触疲劳失效形式

根据齿轮结构、工况、材料等条件不同,齿轮接触疲劳失效在工程实际中呈现出点蚀、微点蚀、深层齿面断裂等不同失效形式,如图 1-7 所示。这些失效形式的主导因素各不相同,在分析、控制时应有所侧重。例如,齿轮抗微点蚀性能评价时需要格外关注齿面粗糙度与润滑油膜形成的界面润滑接触状态,而对硬化层分布尤其是较深部位的材料性能相对可以忽略;深层齿面断裂研究中必须考虑齿轮硬化层分布与残余应力的梯度特征,齿面微观形貌特征对这种轮齿失效形式影响不大;宏观点蚀失效的认识和控制则需要结合表面润滑接触状态、次表面应力响应等进行综合考虑。

(a) 点蚀 　　　　　　　(b) 微点蚀 　　　　　　　(c) 深层齿面断裂

图 1-7 几种不同齿轮接触疲劳失效形式

1.2.1 宏观点蚀

点蚀(pitting),即宏观点蚀,是最常见的齿轮接触疲劳失效形式之一,通常指剥落和其他一些宏观尺度齿面损伤,如图 1-8 所示。宏观点蚀可以由于齿面粗糙峰之间的接触或表面缺口效应而在表面发生,当滑滚并存时,表面裂纹更容易形成。宏观点蚀也可能产生于齿面次表层一定深度处,其破坏过程始于高度局部化接触下的反复应力循环形成的裂纹。随后,裂纹沿与表面成小角度方向扩展,最终导致材料碎屑分离,并留下肉眼可见的凹坑。在光滑表面之间润滑良好的纯滚动接触中,以及在存在非金属夹杂物的情况下,次表层裂纹更常见。由于目前齿轮通常具有较好的表面微观形貌及较好的润滑油膜保护,宏观点蚀裂纹源发生在次表面部位的概率更大。点蚀坑的深度大约与最大赫兹剪应力所在深度位置相当。因此,赫兹接触压力作为求解接触应力的基本量,常用于评估齿轮点蚀性能。结构尺寸、表面粗糙度、摩擦因数、滑动方向和程度、润滑状态等因素均影响接触压力分布和宏观点蚀失效风险。这些因素在现有齿轮强度设计标准(如 ISO 6336

等)的计算公式里已通过经验系数值得到体现,但这些经验系数的范围通常局限在标准齿轮的测试范畴,而在不同结构、材料、工艺、服役环境下需要谨慎处理。

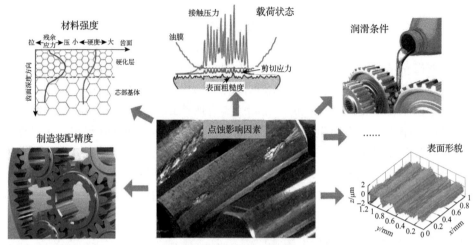

图 1-8　典型点蚀失效及其影响因素

　　尽管影响齿面点蚀的因素众多,但一般认为最主要的因素是载荷。例如,低速重载工况通常会导致齿面润滑状况不良,进而导致接触疲劳点蚀失效。已有的研究表明,齿轮运行中偶发的齿面过载、安装错位导致的接触区域减少、不当的热处理工艺导致硬化层不合理(硬化层过深或过浅、硬度梯度不合理、芯部硬度过低、渗层残奥含量高、不均匀网状碳化物等)、制造和装配误差、润滑失效和齿面化学侵蚀以及多种耦合作用机制等都可能诱发齿轮点蚀失效。当然,点蚀坑的出现也会进一步影响齿轮啮合刚度,出现变形、振动噪声等服役行为,导致齿轮失效进程加快。

　　齿轮宏观点蚀是第一个被广泛关注的齿轮接触疲劳失效形式,研究者对其机理及控制措施的认识较为深入,已形成了一系列解析方法、数值方法和试验方法。例如,Aslantas 和 Tasgetiren[9]建立了滑滚状态下直齿轮点蚀寿命的有限元数值预测模型,并基于 Paris 裂纹扩展公式[10]预测了点蚀裂纹扩展的角度与速率,通过与试验结果的对比发现,此数值模型在部分试验参数可知的情况下可较好地预测齿轮点蚀寿命;Pedrero 等[11]基于最小弹性势能原理与赫兹接触理论,建立了渐开线齿轮沿啮合线方向的非均匀载荷分布模型,提出了齿面抗点蚀能力的预估方法;Seabra 等[12]在高温条件下评估点蚀承载能力,发现当齿轮啮合具有足够的冷却润滑油时,DIN 标准和 ISO 标准依旧适用于低、中等热条件;马鹏程等[13]利用有限元法研究了弧齿锥齿轮的点蚀失效对传动误差的影响,发现点蚀对传动误差的影响范围随着载荷的增大而增大,且点蚀位置越靠近轮齿小端,点蚀对传动误差的影响就越小;刘鹤立等基于几种多轴疲劳准则和寿命模型,研究了残余拉压应力

状态对齿轮点蚀裂纹萌生与扩展寿命的影响，并预估了相应的齿轮点蚀疲劳 *S-N*
曲线[14]。

　　总体而言，齿轮点蚀失效的探究过程相对简单，试验开展也较为容易，机理
分析与研究方法较为成熟。最早的一批齿轮强度设计标准就纳入了抗点蚀能力的
评估方法。随着齿面硬化、润滑技术和高纯净度冶炼技术的不断发展与应用，宏
观点蚀的危害不如以前那样突出，一般可通过改进结构参数、提高材料硬度和纯
净度、优化润滑等途径提升齿轮抗点蚀能力。

1.2.2　微点蚀

　　由于齿轮材料质量、机械加工、热处理、表面处理工艺等有了长足进步，点
蚀等次表面萌生的齿轮疲劳失效问题已不再像从前那样突出，微点蚀
（micropitting）继而成为制约齿轮服役寿命与可靠性提高的主要影响因素之一[15]。
早在 1996 年德国慕尼黑工业大学齿轮研究中心的 Höhn 等[16]就提出，齿轮微点蚀
已逐渐成为限制齿轮服役性能和产品竞争力的重要因素。在显微镜下可看出微点
蚀一般萌生于十分接近表面的位置，和传统点蚀相比，尺寸非常小，通常只
有 10μm 级深。这种尺寸的微点蚀坑难以用肉眼识别，但许多微点蚀坑聚集在一
起，会呈现灰色的类磨痕形态，因此也被称为灰锈，如图 1-9 所示。

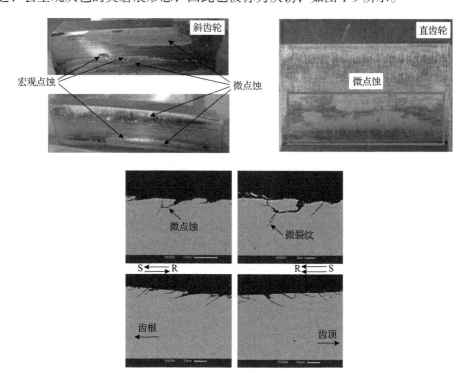

图 1-9　典型的齿轮微点蚀[17]

微点蚀多发生在齿轮磨合或早期服役阶段,尽管其自身并不是破坏性的失效,但会影响齿轮传动精度、带来振动和噪声、诱发点蚀等失效及其他问题。若早期服役阶段萌生的微点蚀得不到有效抑制,可能发展成点蚀或轮齿折断等失效形式,但也可能在磨合期后停止发展。几乎在所有类型齿轮上都发现过微点蚀现象,如直齿轮、斜齿轮、锥齿轮等,甚至在滚动轴承上也发现过微点蚀现象。所有经过热处理的齿轮上均可发生微点蚀,如调质、渗碳、感应淬火及渗氮齿轮等,特别对于渗碳或渗氮磨削齿轮,微点蚀更为常见。这是因为此类齿轮的应用场合通常载荷较大,接触位置油膜厚度相对不足,齿面粗糙峰处应力集中现象更为明显。

微点蚀通常发生在混合润滑或边界润滑状态,这时部分齿面接触区域发生油膜破裂,使得粗糙峰间直接接触,造成极小的材料颗粒脱落,形成微点蚀坑。微点蚀形成过程大致可分为两个时期:蛰伏期和成结期。蛰伏期一般认为是在最早的 $10^4 \sim 10^6$ 应力循环内,这期间循环接触行为和剪应力会使得局部粗糙峰及其下面的次表层塑性变形不断累积,形成塑性流变,继而产生残余拉应力。经历足够的循环周期后,初始疲劳裂纹便开始产生。蛰伏期后,微点蚀迅速集结、成长并合并,通过显微镜可观察到表面的这些裂纹。裂纹一般是以和表面成 $10° \sim 30°$ 的方向向次表层扩展。分支裂纹与次表面主裂纹连接在一起时,部分材料颗粒便从表面分离形成直径 $10\mu m$ 级的微点蚀坑。通常,微点蚀坑无法用肉眼直接观察。因此,可以说微点蚀是由循环接触应力及粗糙峰上的塑性流变导致的齿面接触疲劳现象。齿面最易发生微点蚀的部位多为滑动和滚动速度方向相反的区域,因此对于主动或从动齿轮,一般均位于齿轮的节圆以下。当然其他齿面啮合部位也可能发生微点蚀,这与齿轮几何特征、齿间界面状态和运行工况密切相关。影响微点蚀的因素众多,一般来讲与表面形貌、滑滚状态、润滑状态、载荷状态、材料及其强度、材料微结构和表面处理工艺等有关,如图 1-10 所示。

微点蚀的萌生与扩展机理及其抑制一直是国内外齿轮研究的重点、热点课题之一。2011 年,Li 和 Kahraman[17]初步建立了直齿轮微点蚀数值分析模型,在考虑润滑与齿面粗糙度的情况下预测了齿轮微点蚀寿命;一年后,Li 等[18]改进了上述研究方法,基于弹流润滑多轴接触疲劳模型,设置了一系列临界寿命值,模拟了微点蚀损伤在齿面上的演变过程;何涛等[19]通过建立三维线接触混合润滑数值模型,预测了微点蚀寿命,该研究基于计算结果与试验数据的对比,修正了寿命模型中的相关应力指数,发现当滚动速度逐渐减小时,平均油膜厚度逐渐减小,接触区由全膜润滑转变为混合润滑,最终演变为干接触;宋永乐等[20]基于兆瓦级风电齿轮箱的运行特性,探讨了风电渗碳齿轮齿面微点蚀失效机理及抑制手段,认为应合理降低齿轮箱入口油温;Roy 等[21]在边界润滑条件下设计了渗碳硬化齿轮的微点蚀试验,探究不同残余奥氏体含量对微点蚀寿命的影响,结果表明,在齿轮热处理时应保证较高含量的残余奥氏体,以确保啮合过程中残余奥氏体相变

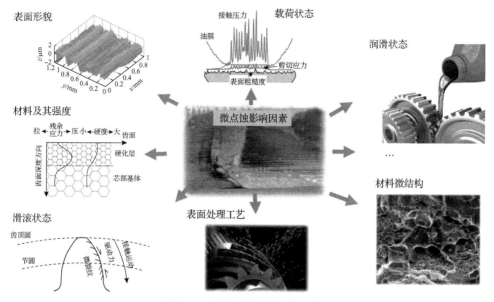

图 1-10　微点蚀影响因素示意图

后，还有足够的残余奥氏体来保证抵抗微点蚀的性能；Al-Mayali 等[22]通过试验与理论研究了基于真实粗糙表面的微点蚀萌生机制，预测了微点蚀萌生寿命，并指出微点蚀目前在齿轮设计中的重要性要大于点蚀等失效形式。

　　人们对微点蚀的认识相比宏观点蚀的认识起步要晚。在齿轮抗疲劳设计中，微点蚀的重要性或许要大于点蚀等失效形式，因为后者可以通过提升钢材的纯净度等措施来避免，而前者的失效机理还未被完全揭示，涉及复杂的表面状态及物理化学因素。鉴于齿轮微点蚀失效的重要性，继续开展微点蚀失效机理与控制措施研究十分必要。

1.2.3　深层齿面断裂

　　对于大型表面硬化齿轮，除了点蚀和微点蚀外，齿轮接触疲劳失效形式可能还包括表层下较深位置萌生的裂纹及扩展，即深层齿面断裂(tooth flank fracture，TFF)。如图 1-11 所示，与起始于表面的轮齿损伤不同，深层齿面断裂的主裂纹首先萌生在材料较深处(一般在有效硬化层深度以下)，距离齿面可达数毫米，随后向轮齿承载面和芯部扩展，或将最终导致齿块完全脱落。有研究表明，在风电、水轮机、卡车变速箱和工程机械齿轮箱中都曾发现过深层齿面断裂失效现象。由于深层齿面断裂的裂纹在表层下面首先扩展，因此相比于微点蚀、胶合或齿根断裂等失效形式，深层齿面断裂在早期难以被直接被发现或抑制。同时，深层齿面断裂失效机理尚不清晰，目前尚无成熟的相关设计标准，导致该失效形式的预防与控制十分困难。即使基于点蚀和弯曲疲劳强度设计的标准载荷在许用值范围内，仍可能观察到深层齿面断裂，严重影响产品服役的可靠性。

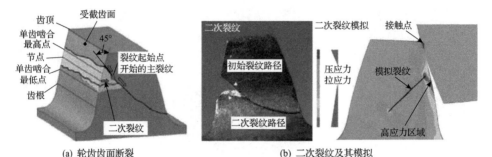

图 1-11　轮齿齿面深层齿面断裂示意

深层齿面断裂与点蚀和微点蚀的主要区别在于，点蚀和微点蚀主要在齿面或近表面处部位首先萌生裂纹并扩展导致，其主要影响因素为赫兹接触剪应力或近表面粗糙峰局部应力集中及润滑状态，而深层齿面断裂的主要影响因素是轮齿次表面或更深处的应力分布状态及局部的材料强度梯度特征。深层齿面断裂和齿根弯曲疲劳断裂的主要区别在于，齿根弯曲疲劳断裂是由齿根循环弯曲应力导致的，开裂部位为齿根附近(齿根处 30°切向面上)，而深层齿面断裂或开裂部位在齿面上表现为齿面中部位置处。此外，齿根处的裂纹萌生主要发生在表面或非常接近表面的齿根部位，而深层齿面断裂的裂纹萌生发生在更深的齿廓部位。

由于深层齿面断裂失效发生在齿轮传动中，尤其是在大型重载齿轮上的失效案例逐渐增多，因此关于深层齿面断裂失效机理与预防措施研究受到了学者的重视。国外齿轮研究机构如德国慕尼黑工业大学齿轮研究中心等均开展了深层齿面断裂失效相关理论和试验研究。MackAldener 和 Olsson[23]认为由于反复交变的应力作用导致用作惰轮的齿轮(两个齿面都用来承载)相比单级齿轮(单侧齿面承载)发生轮齿深层齿面断裂的概率更大；Boiadjiev 等[24]发现接触载荷还会在更大的材料深度产生应力，如果超过局部材料强度可能导致深层齿面断裂；Witzig 等[25]考虑硬化层深度变化对局部材料强度和残余应力的影响，讨论了其对轮齿深层齿面断裂风险的作用；Octrue 等[26]建立了基于 Dang Van 和 Crossland 疲劳准则的深层齿面断裂失效有限元模型，发现深层齿面断裂失效主要受齿面硬化层梯度和残余应力的影响。我国有关深层齿面断裂研究的报道[27]相对较少，然而工程实际中已经出现了许多相关的失效案例，有国内研究机构已准备开发重现深层齿面断裂失效的大功率、大中心距齿轮耐久试验台，而更多相关研究亟待开展。

1.2.4　其他失效

典型的齿轮失效形式除上述之外，还存在其他的失效形式，如齿根断裂、齿轮弯曲疲劳、磨损、胶合等失效形式。

齿根断裂作为一种典型的齿轮失效形式，在早期齿轮应用过程中经常出现，如图 1-12 所示。齿根断裂的失效机理与齿面断裂不相同，并不属于齿轮接触疲劳失效形式。齿根断裂是由于法向压力 F_n 沿齿面移动，齿根应力不断变化(若单侧受力，齿根弯曲应力为脉动循环应力；若两侧受力，齿根弯曲应力为对称循环应力)，同时伴随应力集中，致使齿根发生疲劳裂纹。经历长期应力循环，裂纹不断扩展，导致整个轮齿出现疲劳折断。还有一种齿根断裂是由于短时间严重过载，致使轮齿突然折断。折断形式可以从断口上进行判断，疲劳折断是由在微裂纹疲劳源处反复挤压扩展导致的，所以断口大部分区域比较光亮、平整；而突然折断的断口比较粗糙，可以发现明显的塑性变形现象。

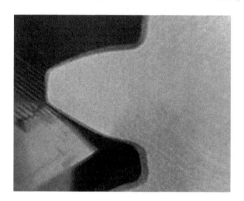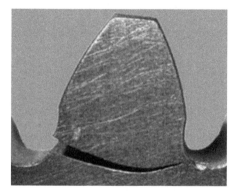

图 1-12 典型的齿根断裂失效图

对齿轮弯曲疲劳的研究可以追溯到 100 多年前，Lewis 认为齿轮具有悬臂梁结构，其提出的悬臂梁理论是目前工程实际中齿轮弯曲疲劳强度校核的主要依据。我国国家标准 GB/T 14230—2021《齿轮弯曲疲劳强度试验方法》中定义了齿轮弯曲疲劳强度的试验方法。为了提高齿轮的弯曲疲劳强度，可以在条件许可范围内选用较大的齿轮模数，提高齿轮的加工精度和安装精度，增大齿根过渡处的圆角曲率半径，采用喷丸强化等表面处理技术进一步处理齿根。已有大量文献[28-31]表明，喷丸、水射流、激光强化等可以显著提高残余压应力，从而抑制齿根疲劳裂纹的萌生与扩展，同时可以细化晶粒、改善材料微结构并提高齿根处的表面硬度，消除、抑制黑色组织影响，降低前期加工表面齿轮的寿命分散程度，从而显著提升齿轮的弯曲疲劳性能。

磨损也可以称为齿轮失效(或至少是损伤)的一种形式。图 1-13 给出了四个 AISI 52100 材料圆盘试件在边界润滑磨损试验中的表面形貌演化特征[32]。磨损问题引起人们的重视，主要是因为机械设备的失效相当一部分源于磨损，磨损给各机械行业造成了巨大的经济损失。摩擦副表面的摩擦磨损是机械零件失效的诱因之一。据不完全统计，全世界有 1/3～1/2 的工业能源损耗都是由各式各样的磨损造成的。磨损机理复杂，表现形式众多，疲劳磨损是其中一种典型的磨损形式，也是齿轮磨损的主要形式之一。疲劳磨损是指表面在循环变化的接触应力作用下，接触区因材料疲劳剥落而形成凹坑。影响疲劳磨损的因素包括材料性能、表面粗糙度、润滑和润滑剂的影响等。实际工程中，由接触疲劳导致的疲劳磨损容易进一步诱发其他磨损形式，如磨粒磨损和黏着磨损等。

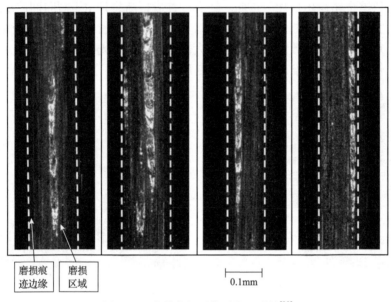

磨损痕
迹边缘　磨损
　　　区域

0.1mm

图 1-13　齿轮磨损后典型齿面形貌[32]

胶合也是齿轮传动过程中的主要失效形式之一。高速重载齿轮副啮合时的瞬间超载、温升过高或润滑不当就会导致啮合齿面瞬时接触温升过快，进而产生因齿面短时过热的胶合损坏。产生胶合失效的主要原因是金属表面直接接触，在压力作用下材料从弹性变形过渡到塑性变形形成黏结点，继而由于表面间的相对运动，使材料从一个或两个表面上撕裂而发生胶合。胶合形成过程为：接触微凸体变形—边界膜破损—两摩擦表面接触处形成黏结—黏结点断裂和局部材料的转移—形成胶合形态。胶合损伤一旦发生，会随着功率损失、动载荷、噪声和磨损的增加，导致轮齿表面发生严重的破坏。图 1-14 给出了发生胶合的齿轮表面形貌演变的过程[33]。由图可以发现，随着胶合的发生，表面形貌波动剧烈。齿轮胶合失效的出现与润滑、运动、负载特性有密切联系。影响胶合的直接因素有载荷、齿面滑移率和润滑状态，同时齿轮的模数、齿数、压力角、修形量、表面粗糙度和配对方式等对胶合均有影响。由于啮合过程中各种参数不断变化，以及在瞬时接触区内化学特性与热-液-弹耦合作用复杂，齿轮胶合计算与评价非常困难，目前多采用闪温法与积温法。一般认为，齿轮接触区瞬时温升和最小油膜厚度是影响齿轮抗胶合承载性能的两个最主要关联因素。使用具有增强极压（EP）性能的润滑油虽然能一定程度提高齿轮的抗胶合能力，然而同时可能引起腐蚀、弹性材料的脆化等不利现象，在满足最低 EP 添加量的情况下，添加剂的用量要尽可能少。

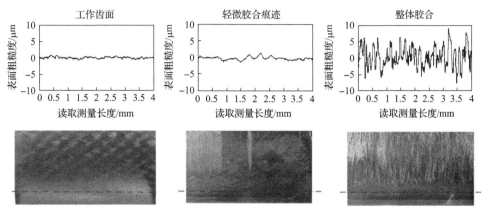

图 1-14 齿轮胶合试验中表面形貌的演变[33]

1.2.5 失效竞争机制

由于齿轮接触疲劳失效形式及机理存在多样性与复杂性，齿轮啮合过程中可能出现多源失效竞争现象。齿面接触界面特征、材料梯度特性、齿面磨损效应等影响参量在理论分析中经常被简化或忽略，难以全面虑及。但这些影响参量与接触疲劳失效形式以及接触疲劳性能之间的联系紧密且复杂。一种失效形式经常由多源影响因素的耦合作用导致，而这些因素同样可能引起不同失效形式之间的竞争现象。图 1-15 给出了典型的齿轮失效分类示意。在齿轮疲劳试验台上开展齿轮接触疲劳试验，齿根弯曲疲劳断裂失效经常先于齿面接触疲劳发生（尤其在大扭矩试验工况下），从而导致接触疲劳试验点无效，影响接触疲劳 S-N 曲线的重载区域的数据获取；一般而言，随着模数增大或载荷的降低，由于弯曲应力和接触应力对载荷的敏感性不同，齿根弯曲疲劳失效风险降低，而齿轮接触疲劳失效风险增加；随着速度的增大，为产生更好的油膜效应，降低磨损失效概率，由于温升的增加，胶合概率增大。

另外，齿轮高周循环接触受载过程中，齿面不可避免将发生磨损。磨损作用下齿轮表面粗糙峰被不断除去，齿面微观形貌甚至是宏观几何特征会发生演变，致使近表面和次表面应力场重新分布，这可能会导致跑合过程内极易出现的微点蚀在啮合前期很快消失，取而代之的是其他失效形式，如萌生在次表面的点蚀，从而形成齿轮接触疲劳-磨损多源失效竞争现象。由此可见，齿轮材料的损伤演变

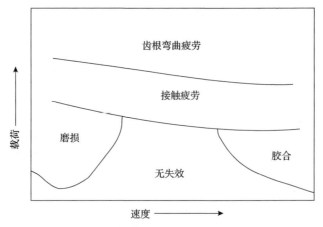

图 1-15　典型的齿轮失效分类示意图

是在接触过程中不断累积的过程，而不是直接的应力-寿命单一映射，将某一接触状态的应力分布与累积损伤直接对应可能导致疲劳寿命预估不准[34]。2011 年，Morales-Espejel 和 Brizmer[35]提出了"表面疲劳失效与微磨损（mild wear）的竞争机制"的概念，建立了滑滚状态下的轴承微点蚀疲劳失效数值模型，考虑了粗糙度、润滑及滑动的影响。对于齿轮滚动接触过程中的疲劳-磨损竞争失效机制，目前缺乏深入的机理认知与分析，其理论分析、试验研究与工程应用还有待进一步开展。

　　除此之外，胶合失效与疲劳失效存在一定的竞争关系，两种失效形式在高速工况下存在一条平稳变化的临界载荷线，当载荷高于临界载荷时，齿轮更容易引发疲劳失效，当载荷低于临界载荷时，更倾向发生胶合失效。清华大学温诗铸院士提出，在润滑油中加入极压添加剂可以大幅度提升齿轮、轴承等摩擦副的抗胶合性能[36]，可有效提升疲劳-胶合临界载荷值，降低齿轮发生胶合失效的风险。

　　除了上述的齿轮接触疲劳与其他失效形式之间的竞争现象之外，点蚀、微点蚀与深层齿面断裂之间也存在竞争现象。决定齿轮失效具体形式的主要因素包括轮齿表面及内部的应力状态和局部材料强度，当轮齿齿面下方一定深度处的局部等效应力接近或超过该部位的材料强度时，容易诱发深层齿面断裂失效。例如，硬化层设计不当时，大模数重载硬化齿轮可能出现深层齿面断裂。图 1-16 为两个齿轮根据不同深度材料点疲劳失效风险计算得出的齿轮点蚀与深层齿面断裂竞争示意图，齿轮 A 在近表面处失效风险较大，而齿轮 B 在超过硬化层深度的某部位失效风险较大，说明齿轮 A 发生常规点蚀的风险大，而齿轮 B 的主要接触疲劳失效形式很可能为深层齿面断裂。对于大模数、重载齿轮，在整个表面、次表面范围内都应重视接触疲劳失效风险，从表面粗糙度和润滑状态到硬化层深度与残余应力，都必须进行良好控制，以实现长寿命和高可靠性。当齿面微观形貌较为粗糙或润滑耦合作用导致膜厚比不够大时，可能出现微点蚀，如图 1-17 所示。有研究表明，采用滚磨光整等一些超精加工手段控制表面粗糙度均方根值低于某一临界值（如 0.2μm），可有效降低齿轮发生微点蚀的概率，显著提高齿轮疲劳寿命。赫兹接触压力较大且次表面存在材料缺陷时，可能出现宏观点蚀。当齿轮压力角较小时，会产生更高的赫兹接触压力集中，宏观点蚀风险增大，但会将高应力区局限在高强度的硬化层内，降低内部轮齿材料的损伤概率，对于抗深层齿面断裂能力提升有利，而大的压力角对降低点蚀风险有利；拥有深硬化层的大模数齿轮会降低内部材料失效风险，然而模数增大意味着齿数减少，对于提升抗点蚀性能不利。

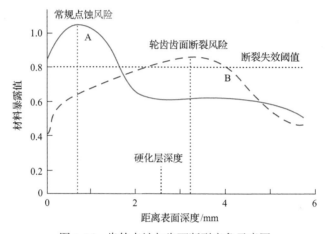

图 1-16 齿轮点蚀与齿面断裂竞争示意图

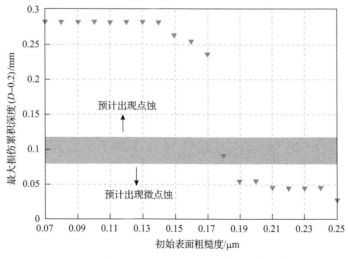

图 1-17 表面粗糙度变化引起的失效竞争机制

1.3 齿轮接触疲劳强度标准

齿轮依靠齿面接触传递运动和动力，导致接触疲劳失效成为齿轮最常见的失效形式之一。齿轮接触疲劳研究自齿轮诞生之日起就从未停止过，其强度校核已成为齿轮设计的必要环节。采用工业界广泛认可的齿轮承载能力计算相关标准进行分析计算，已成为齿轮接触疲劳强度评估与结构参数设计中采用的主流方法。随着齿轮传递功率密度不断增加，以及长寿命、高可靠、轻量化等需求的不断增强，在工程实际中经常出现满足相关标准计算、校核的齿轮仍在设计寿命内频繁发生接触疲劳等失效现象。如何进一步提高齿轮接触性能与疲劳寿命，继而保证装备传动系统的可靠性成为当今机械传动领域不可回避的重要科学问题与重大工程需求。目前，面向工程实际的齿轮接触疲劳分析方法缺少对齿轮服役过程中接触疲劳性能退化机理和表面完整性作用机制的深层次科学认识，在根本上无法诠释齿轮接触疲劳失效机理，也阻碍了高性能齿轮抗疲劳设计方法与制造技术的发展。相应的齿轮接触疲劳标准虽存在一定不足，在工程实际中仍是一种鲁棒性较好的齿轮接触疲劳性能评估方法，对接触疲劳性能评估与结构参数设计具有一定指导意义。本节针对工业界中广泛应用、现行的齿轮接触疲劳标准，从基本信息、分析计算流程、应用情况以及不足之处等方面展开解读。

工程实际中常用的齿轮承载能力计算标准主要包括：德国标准化学会(Deutsches Institut für Normung)制定的 DIN 系列标准、美国齿轮制造商协会(AGMA)制定的 AGMA 系列标准，以及国际标准化组织(ISO)制定的 ISO 6336 系列标准等。ISO 6336 系列标准是工业界中应用最广泛、认可度最高的齿轮承载能力计算标准。ISO 6336 系列标准主要由国际标准(IS)、技术规范(TS)及技术报告(TR)组成，它已经从 1996 年的第一版发展到 2019 年的第三版[37]。其中，ISO 6336-1～19 用于齿轮承载能力计算，ISO 6336-20～29 主要与齿轮润滑状态下齿面接触摩擦性能有关，ISO 6336-30～39 给出了齿轮接触疲劳强度、齿根弯曲疲劳强度、胶合强度等相关算例[37]。相应地，我国国家标准化管理委员会也在等同采用 ISO 6336 系列标准的基础上，制定了 GB/T 3480.2—2021《直齿轮和斜齿轮承载能力计算　第 2 部分：齿面接触强度(点蚀)计算》、GB/Z 6413.1—2003《圆柱齿轮、锥齿轮和准双曲面齿轮　胶合承载能力计算方法　第 1 部分：闪温法》等有关齿轮强度计算的国家标准。

针对齿轮接触疲劳失效，上述列举的标准中将赫兹接触理论作为预测齿轮点蚀强度的主要依据，如国际标准 ISO 6336-2：2019 *Calculation of load capacity of spur and helical gears-Part 2：Calculation of surface durability (pitting)*（《直齿轮和斜齿轮承载能力计算—第 2 部分：齿面接触疲劳(点蚀)强度计算》）、美国标准

AGMA 908-B89 *Geometry factors for determining the pitting resistance and bending strength of spur, helical and herringbone gear teeth*（《直、斜、人字齿轮点蚀与齿根强度几何参数确定》）、德国标准 DIN 3990-2 *Calculation of load capacity of cylindrical gear: Calculation of pitting resistance*（《圆柱齿轮承载能力计算：齿面点蚀计算》）等，然而这些标准并不能满足有效预测微点蚀、深层齿面断裂等接触疲劳失效。随后，2014 年，ISO 开始 ISO/TS 19042-1 *Calculation of tooth flank fracture load capacity of cylindrical spur and helical gears-Part 1: Introduction and basic principles*（working draft）（《圆柱直、斜齿轮齿面断裂承载能力计算—第 1 部分：基本原理简介（工作草案）》）的标准制定工作；2017 年以技术规范的形式给出了 ISO/TS 6336-22 *Calculation of micropitting load capacity of cylindrical spur and helical gears-Part 22: Calculation of micropitting load capacity*（《圆柱直、斜齿轮微点蚀承载能力计算—第 22 部分：微点蚀承载能力计算》）；2019 年针对大型重载硬化齿轮等频繁出现的深层齿面断裂问题，制定了 ISO/TS 6336-4 *Calculation of load capacity of spur and helical gears-Part 4: Calculation of tooth flank fracture load capacity*（《圆柱直、斜齿轮承载能力计算—第 4 部分：齿面断裂承载能力计算》）[38]。需要提及的是，不同研究机构颁布的几种标准之间也存在一些差异，如 AGMA 标准和 ISO 6336 标准确定的承载能力大小之间不存在恒定的转换系数，但 ISO 6336 标准比 AGMA 标准计算的齿轮接触疲劳安全系数偏大，大约为其结果的 1.25 倍[37]。本节以业界范围内应用最为广泛的 ISO 6336 标准为例，针对点蚀、微点蚀、深层齿面断裂等常见的齿轮接触疲劳失效，展开齿轮接触疲劳强度标准解读与讨论。

1.3.1 点蚀强度标准

针对齿面点蚀强度分析计算的相关标准主要包括：国际标准 ISO 6336-2、美国标准 AGMA 908-B89、德国标准 DIN 3990-2 以及国家标准 GB/T 3480.2—2021 等。以国际标准 ISO 6336-2 为例，该标准从 1996 年发布第一版到 2019 年发布的最新版本，更新换代三次，主要修改内容包括：计算参数修改、印刷错误以及公式编排等。国际标准 ISO 6336-2 把赫兹应力作为齿面接触应力的计算基础，并将它与相应材料齿轮的疲劳极限修正值进行对比，从而计算安全系数判断齿轮抗点蚀能力。国际标准 ISO 6336-2 中齿面点蚀安全系数计算流程图如图 1-18 所示。

渐开线齿轮副几何关系示意如图 1-19 所示。齿面接触应力计算时，取齿廓节点 P 和单对齿啮合区内界点（单对齿啮合区开始或结束位置）B 和 D 内接触应力中较大值作为齿面接触应力（重合度 $\varepsilon_a < 2.5$ 的齿轮副）。小齿轮和大齿轮的接触应力 σ_{H1} 和 σ_{H2} 需分别计算。一般情况下在任何啮合瞬间，大、小齿轮的接触应力总是相等的，即 $\sigma_H = \sigma_{H1} = \sigma_{H2}$。产生点蚀危险的实际接触应力（最大接触应力），对于大齿轮，通常出现在 D、P 点或其间；对于小齿轮，通常出现在 B、P 点或其间。接

触应力的基础值 σ_{H0} 是基于节点区域系数 Z_H 计算得到的节点 P 处的接触应力基本值。当单对齿啮合区内界点处的应力超过节点 P 处的应力时，通过大齿轮、小齿轮单对轮齿啮合系数 Z_B、Z_D 进行修正。通常情况下，单对齿啮合区内界点处的应力不超过节点 P 处的应力时，单对轮齿啮合系数 Z_B、Z_D 取 1，接触应力取齿轮齿廓节点 P 处应力。

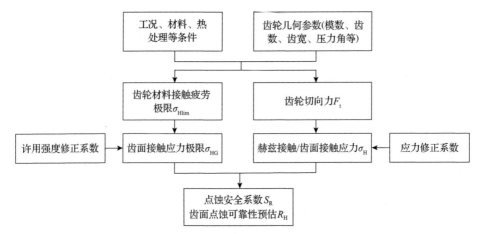

图 1-18　国际标准 ISO 6336-2 中齿面点蚀安全系数计算流程图

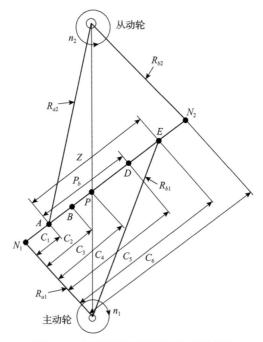

图 1-19　渐开线齿轮副几何关系示意图

ISO 6336-2 标准中介绍了用于获取齿面接触应力极限 σ_{HG} 的 A 方法和 B 方法。A 方法采用与齿轮工作环境相同的试验，直接测算齿面接触应力极限 σ_{HG}，通常用于新产品开发及故障会造成严重后果的齿轮副。B 方法通过采用疲劳强度修正系数，对多组齿轮副案例的接触疲劳极限 σ_{Hlim} 进行修正，得到设计齿轮的许用接触应力极限 σ_{HG}。

ISO 6336-2 标准中以齿面接触应力 σ_H 小于等于齿面接触应力极限 σ_{HG}，或接触强度的安全系数 S_H 大于所需的最小安全系数 S_{Hmin} 作为点蚀失效的校核标准。齿面接触应力 σ_H、齿面接触应力极限 σ_{HG} 及安全系数 S_H 可以通过表 1-2 中的公式进行计算。

表 1-2　齿面点蚀强度校核计算公式

参数		公式	符号说明
接触应力	小齿轮	$\sigma_{H1} = Z_B \sigma_{H0} \sqrt{K_A K_V K_{H\beta} K_{H\alpha}}$	Z_B ——小齿轮轮齿啮合系数 Z_D ——大齿轮轮齿啮合系数 σ_{H0} ——节点处计算齿面接触应力的基本值 (N/mm^2) σ_{H1} ——小齿轮计算接触应力 (N/mm^2)
	大齿轮	$\sigma_{H2} = Z_D \sigma_{H0} \sqrt{K_A K_V K_{H\beta} K_{H\alpha}}$	
接触应力基本值		$\sigma_{H0} = Z_H Z_E Z_\varepsilon Z_\beta \sqrt{\dfrac{F_t}{d_1 b} \dfrac{u+1}{u}}$	σ_{H2} ——大齿轮计算接触应力 (N/mm^2) K_A ——使用系数 K_V ——动载系数
许用接触应力		$\sigma_{HP} = \dfrac{\sigma_{HG}}{S_{Hmin}}$ $\sigma_{HG} = \sigma_{Hlim} Z_{NT} Z_L Z_v Z_R Z_W Z_X$	$K_{H\beta}$ ——齿向载荷分配系数 $K_{H\alpha}$ ——齿间载荷分配系数 Z_H ——节点区域系数 Z_E ——弹性系数 Z_ε ——重合度系数 Z_β ——螺旋角系数 F_t ——端面内分度圆上的名义切向力(N) d_1 ——小齿轮分度圆直径 b ——工作齿面宽度(mm)(通常指小齿轮) u ——齿数比 σ_{HP} ——齿面许用接触应力 (N/mm^2) σ_{HG} ——齿面接触应力极限 (N/mm^2)
安全系数		$S_H = \dfrac{\sigma_{HG}}{\sigma_H} = \dfrac{\sigma_{Hlim} Z_{NT} Z_L Z_v Z_R Z_W Z_X}{\sigma_H}$	σ_{Hlim} ——试验齿轮的接触疲劳极限 (N/mm^2) Z_{NT} ——接触强度的寿命系数 Z_L ——润滑剂系数 Z_v ——速度系数 Z_R ——齿面粗糙度系数 Z_W ——齿面工作硬化系数 Z_X ——尺寸系数 S_{Hmin} ——接触疲劳强度的最小安全系数 S_H ——接触疲劳强度的安全系数

不同的应用场合对齿轮有不同的可靠度与最小安全系数要求。齿轮工作时的疲劳可靠性与最小安全系数，通常需要从重要程度、工作要求和维修难易程度等方面综合考虑。ISO 6336-2 标准根据安全系数将齿轮抗点蚀能力与可靠性等级划分为相应四个等级。表 1-3 列出了四个应用场合和相应的接触强度的最小安全系数 S_{Hmin}。

表 1-3 接触强度的最小安全系数 S_{Hmin} 的等级

可靠性等级	最小安全系数	描述
高可靠度要求	1.50～1.60	特殊工作条件下要求可靠度很高的齿轮，其可靠度要求高达 99.99%以上
较高可靠度要求	1.25～1.30	要求长期连续运转和较长的维修间隔，或设计寿命虽然不是很长但可靠性要求较高的高参数齿轮，一旦失效可能造成较严重的经济损失或安全事故。这类齿轮可靠度要求高达 99.9%
一般可靠度要求	1.0～1.1	通用齿轮和多数的工业应用齿轮，对设计寿命和可靠性均有一定要求。这类齿轮可靠度一般不大于 99%
低可靠度要求	≥0.85	设计寿命不长，对可靠度要求不高，易于更换的不重要齿轮，或设计寿命长，但对可靠性要求不高。这类齿轮可靠度取 90%

ISO 6336-2 标准目前被世界各国广泛应用，几乎涵盖航空、航天、轨道交通、军工、风电、汽车、船舶等涉及齿轮传动的所有领域，并成为齿轮几何参数设计、齿面抗点蚀能力评估的重要标准之一。虽然 ISO 6336-2 标准已被广泛采用，且在工程实际中具有广泛的适用性与鲁棒性，但仍然存在一些不足。ISO 6336-2 标准中评估齿轮点蚀强度的基本准则为赫兹接触应力，但赫兹应力并不是齿面点蚀唯一失效诱因，还受到表面粗糙度、齿面摩擦系数、滑动方向和程度、润滑等因素的影响。ISO 6336-2 标准(也包括相关的 DIN 3990-2、GB/T 3480 等标准)中的计算公式仅通过各种经验因子、修正系数体现了上述要素，并未详细考虑表面完整性参数的确定性影响。如表面微观形貌作为重要的表面完整性要素，对齿面抗点蚀能力有显著影响，在 ISO 6336-2 标准中仅采用表面粗糙度系数 Z_R 进行粗略修正；赫兹接触理论基于均质弹性材料假设，无法有效反映目前大量使用的渗碳钢等齿轮的硬度梯度、材料夹杂和弹塑性变形等影响；机械加工和热处理过程中也会引入相当程度的残余应力，与施载应力形成叠加作用，该作用也未能在 ISO 6336-2 标准中体现；此外，在面临重载、强冲击等工况时，局部金属材料点可能发生塑性变形等行为，使实际情况进一步偏离赫兹理论结果。ISO 6336-2 标准中，大量数据、表格、曲线来源于国外零件材料，与国内材料牌号、工艺、性能均存在一定差异，导致部分齿轮材料潜力被高估或低估。例如，按标准选取 MQ 等级渗碳齿轮钢对应的齿轮接触疲劳极限 σ_{Hlim} 为 1500MPa，而目前已有国内厂家生产的齿轮接触疲劳极限达到 1700MPa 以上。现阶段对于齿轮接触疲劳强度的认识，

除了赫兹应力的校核外，还扩展到表面与近表面的微点蚀与深层位置起始裂纹的齿面断裂校核。为适应国内高性能齿轮传动的设计与制造，还需要对现有的齿轮点蚀强度标准进行修改和提升。

1.3.2　微点蚀强度标准

近年来，风电、舰船等重载齿轮频繁发现表现为齿面微小坑聚集的微点蚀损伤(深度约为 10μm)。这些微点蚀损伤若不加以控制，将逐渐发展成宏观点蚀或齿面断裂等失效，显著限制了齿轮传动和装备的服役寿命和可靠性。针对微点蚀失效，2010 年 ISO 发布技术报告 ISO/TR 15144-1 *Calculation of micropitting load capacity of cylindrical spur and helical gears-Part 1: Introduction and basic principles*(《圆柱直、斜齿轮微点蚀承载能力计算—第 1 部分：计算基本原则》)，随后该报告被提议作为评价齿轮微点蚀风险的国际标准[39]。2014 年 ISO 发布新版本 ISO/TR 15144-1: 2014 及相应的算例文件 ISO/TR 15144-2 *Calculation of micropitting load capacity of cylindrical spur and helical gears-Part 2: Examples of calculation for micropitting*(《圆柱直、斜齿轮微点蚀承载能力计算—第 2 部分：微点蚀计算算例》)。之后经多次修改，形成现最新的微点蚀强度标准 ISO/TS 6336-22，该技术规范基于模数范围 3～11mm、节点线速度 8～60m/s 的油润滑齿轮试验，总结微点蚀强度的计算方法。尽管美国标准 AGMA 925-A03 *Effect of lubrication on gear surface distress*(《润滑对齿轮表面损伤影响》)中率先提出了油膜厚度计算方法和微点蚀的相关评价方法，德国传动技术研究会(FVA)也基于大量研究提出了相应方法 FVA Information Sheet No. 54/I-IV *Test procedure for the investigation of the micro-pitting capacity of gear lubricants*，但 ISO/TS 6336-22 依旧被认为是第一个正式的有关齿轮微点蚀计算方法的国际标准。与 FVA Information Sheet No. 54/I-IV、AGMA 925-A03 标准中的方法相比，ISO/TS 6336-22 标准中的安全系数计算方法存在一定差异。ISO/TS 6336-22 标准中主要根据工作油膜厚度与许用油膜厚度比值确定安全系数；FVA Information Sheet No. 54/I-IV 标准中通过大量的微点蚀试验结果判断齿轮的微点蚀强度和安全性；AGMA 925-A03 标准中只给出了油膜厚度的测算方法，通过油膜厚度判断抗微点蚀的能力，并未给出安全系数的确切值[40]。ISO/TS 6336-22 标准中主要根据微点蚀安全系数来评估齿轮抵抗微点蚀的强度，安全系数计算流程如图 1-20 所示。

ISO/TS 6336-22 标准中微点蚀安全系数 S_λ 主要根据接触区域的最小比油膜厚度 $\lambda_{GF,min}$ 与许用比油膜厚度 λ_{GFP} 之比定义：

$$S_\lambda = \frac{\lambda_{GF,min}}{\lambda_{GFP}} \geqslant S_{\lambda,min} \tag{1-1}$$

其中，接触区域局部比油膜厚度 $\lambda_{\mathrm{GF,Y}}$ 为油膜厚度与粗糙度的比值，通过式（1-2）表示：

$$\lambda_{\mathrm{GF,Y}} = \frac{h_{\mathrm{Y}}}{Ra} \tag{1-2}$$

式中，Ra 为齿面粗糙度的有效算术平均值，$Ra = 0.5(Ra_1 + Ra_2)$，Ra_1 与 Ra_2 分别为大、小齿轮的表面粗糙度有效算术平均值，μm；h_{Y} 为接触区域局部油膜厚度，μm。齿面接触区域局部比油膜厚度 $\lambda_{\mathrm{GF,Y}}$ 最小值为接触区域最小比油膜厚度 $\lambda_{\mathrm{GF,min}}$，$\mu m$。

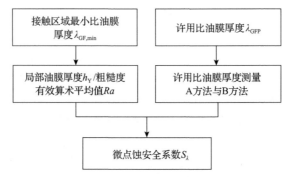

图 1-20　ISO/TS 6336-22 标准中齿轮微点蚀安全系数计算流程

局部油膜厚度 h_{Y} 与曲率半径、材料系数、载荷系数等因素有关，通过式（1-3）计算：

$$h_{\mathrm{Y}} = 1600 \rho_{\mathrm{n,Y}} G_{\mathrm{M}}^{0.6} U_{\mathrm{Y}}^{0.7} W_{\mathrm{Y}}^{-0.13} S_{\mathrm{GF,Y}}^{0.22} \tag{1-3}$$

式中，$\rho_{\mathrm{n,Y}}$ 为接触点 Y 的相对曲率法向半径，mm；G_{M} 为材料系数，一般体现折减模量与压力黏度的影响；U_{Y} 为局部区域系数，主要受运动黏度与润滑油密度的影响；W_{Y} 为局部载荷系数，主要与局部赫兹接触应力及折减模量有关；$S_{\mathrm{GF,Y}}$ 为局部滑动系数，主要与压力黏度及动态黏度有关。

ISO/TS 6336-22 标准中介绍了局部比油膜厚度 $\lambda_{\mathrm{GF,Y}}$ 与许用比油膜厚度 λ_{GFP} 的两种计算方法：A 方法和 B 方法。局部比油膜厚度 $\lambda_{\mathrm{GF,Y}}$ 计算中，A 方法需要对齿面每一个啮合位置进行详细的接触应力计算，同时需要考虑轴的错位情况、轴承自身刚度及游隙等，最终准确评估各啮合位置上齿面载荷分布情况。该方法计算流程复杂，需要借助专业分析软件，模拟实际齿面在整个啮合周期内接触应力分布情况。B 方法假设在负滑动区域内，齿面上存在决定性的局部比油膜厚度。为了简化计算，局部比油膜厚度的计算仅限于接触路径上的某些点，主要包括：

单对齿轮啮合的界点 B 与 D、界点 P、啮入啮出点 A 与 E,具体位置可以参考图 1-19。B 方法更易工程使用,可实现简单编程,便于理解实施,但是计算精度及应用范围有限。

在许用比油膜厚度 λ_{GFP} 计算中,A 方法采用与齿轮工作环境相同的试验,测算出齿面刚发生微点蚀失效时的比油膜厚度作为许用比油膜厚度 λ_{GFP}。通过该方法测定许用比油膜厚度 λ_{GFP} 时,试验齿轮应尽可能保证制造精度、操作条件、润滑油以及工作温度等条件与设计齿轮一致,只有这样测定的许用比油膜厚度 λ_{GFP} 才具有较高的可信度。一般来说,A 方法通常用于新产品开发,以及故障会造成严重后果的齿轮副。B 方法测算的许用比油膜厚度则是由多组齿轮副典型案例组成。根据在规定试验条件下运行齿轮微点蚀试验,评估润滑剂或材料的抗微点蚀能力。值得注意的是,B 方法通过特定试验齿轮获得发生微点蚀时的临界数据,从而提供一定范围内可查询的齿轮许用比油膜厚度 λ_{GFP},与设计齿轮计算得出的最小润滑比油膜厚度 $\lambda_{GF,min}$ 对比,据此判断齿轮副的微点蚀强度。

除了上述两种方法外,还可通过基于光学干涉等试验台测试表征运用于齿轮传动的特定油品的许用比油膜厚度 λ_{GFP},从而帮助工程师有效选择润滑剂类型、工况、齿轮参数等,避免微点蚀的发生。目前,尚没有完整的解析模型可以准确评估齿轮的微点蚀疲劳寿命,但通过疲劳试验台可以测定特定油品的抗微点蚀能力,最常用的方法是采用德国慕尼黑工业大学齿轮研究中心提供的油品属性报告。同时,该中心还可以直接提供 FZG-C-GF 类型齿轮测试平台,进行专业油品指标测试。20 世纪 80 年代德国慕尼黑工业大学齿轮研究中心的研究员 Winter 和 Oster[41]率先搭建了齿轮的微点蚀性能测试台架,用于评估各类润滑油产品的抗微点蚀能力等级,随后该方法被 FVA 正式出版的齿轮润滑油工业测试标准 FVA 54/I-IV FVA-FZG- Micropitting Test GT-C/8.3/90 所替代。该测试方法可给出较精确的结果,然而存在费时费力的问题,往往需要几周时间才能完成一种润滑油的性能测试。不同于德国慕尼黑工业大学齿轮研究中心试验机静力砝码加载的方式,英国 PCS Instruments 公司开发的 MPR 点蚀和微点蚀试验机,依靠步进电机带动"滚珠丝杠"转动,通过应变加载杠杆产生的预紧力进行加载。MPR 试验机采用三位接触设计结构,使滚子摩擦轨道表面在较短时间内出现微点蚀,如图 1-21 所示[42]。

目前,德国慕尼黑工业大学齿轮研究中心与德国传动技术研究会还专门制定了润滑油及齿轮副的微点蚀试验规范,明确给出各品牌润滑油产品的抗微点蚀能力等级。FVA 54/I-IV 标准中,测试程序主要包括负荷性试验和耐久性试验,试验种类如表 1-4 所示[43]。此外,德国慕尼黑工业大学齿轮研究中心还提出了简便测试方法 DGMK-FZG Micropitting Short Test GFKT-C/8.3/90,可作为 GT-C/8.3/90 标准的补充,用于润滑油抗微点蚀能力的快速评价与定级。

图 1-21　微点蚀研究的 MPR 试验机[42]

1-试验腔；2-加载步进电机；3-加载力臂；4-环件驱动轴；5-辊子驱动轴；6-扭矩传感器；7-驱动齿轮箱；8-环件驱动电机；9-辊子驱动电机

表 1-4　齿轮微点蚀试验种类

试验名称	测试内容	试验通过标准
负荷级试验	5、6、7、8、9、10 加载，试验时间 16h/级	平均齿面轮廓偏差不大于 7.5μm
耐久性试验	8 和 10 级加载，试验时间 80h/级（10 级条件下运转不超过 5×80h）	平均齿面轮廓偏差不大于 20μm

　　有关齿轮微点蚀的有效控制措施在 2009 年美国可再生能源国家实验室 (NREL) 组织的风电齿轮箱研讨会[44]上给出了详细阐述，学者普遍认为降低表面粗糙度和增加油膜厚度是最关键的措施。在工程实际中，超精加工被认为可显著提高齿轮抗微点蚀能力[45]，但如何提高超精加工效率并降低加工成本还需深入研究。此外，运动工况如滑滚比也会影响抗微点蚀能力[46]，对滑滚状态的控制也是抑制微点蚀的有效手段之一。微点蚀依旧是现代轴承和齿轮等摩擦副元件的主要失效问题之一，其研究也方兴未艾。

1.3.3　深层齿面断裂强度标准

　　深层齿面断裂失效是区别于点蚀、微点蚀和齿根断裂的另一种齿轮疲劳失效形式。在大型重载齿轮传动中关于该失效形式的案例逐渐增多，造成了严重的影响，因此国内外对深层齿面断裂失效的研究也逐渐重视起来。目前，国外齿轮研究机构如德国慕尼黑工业大学齿轮研究中心、英国 SMT 公司、瑞士 KISSsoft 公司等开展了深层齿面断裂失效相关理论和试验研究，而我国有关深层齿面断裂研究的报道相对较少[47]。国际标准 ISO DTS 19042-1 中定义了深层齿面断裂的计算方法。随后，ISO 进行了 ISO 6336 齿轮承载能力设计标准的修订工作，2019 年以技术规范的形式颁布了 ISO/TS 6336-4。ISO/TS 6336-4 技术文件中深层齿面断裂风险的评估依赖于沿深度方向的局部材料强度和局部应力状态的比较，引入了材料暴露值(material exposure，材料失效风险值)的概念。采用齿轮滚动接触中具有代表性的特征应力，与材料局部疲劳强度或相应的疲劳极限的比值来定义每个深度位置材料点的深层齿面断裂失效风险大小。深层齿面断裂安全系数计算流程如

图 1-22 所示。

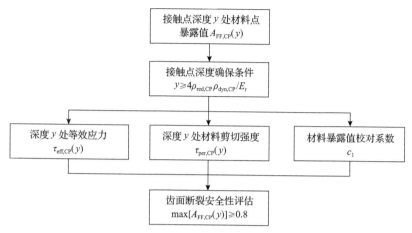

图 1-22 ISO/TS 6336-4 深层齿面断裂安全系数计算流程

与点蚀或齿根疲劳强度的计算方法不同，深层齿面断裂的计算方法重点关注次表面和更深区域内的局部状态，需要对多个啮合位置下的次表面的整个受力区域材料点进行校核。其中局部材料强度的获取需要考虑齿轮热处理等加工形成的强度梯度特征(一般也可用硬度梯度标识)，局部应力状态的获取需要考虑载荷应力和残余应力的共同作用。深层齿面断裂预估方法主要步骤包含应力历程与残余应力分析、疲劳裂纹萌生准则选取、材料硬度和强度曲线添加和深层齿面断裂风险分布预估。材料暴露值通过式(1-4)与式(1-5)表达为

$$A_{\mathrm{FF,CP}}(y)=\frac{\tau_{\mathrm{eff,CP}}(y)}{\tau_{\mathrm{per,CP}}(y)}+c_1 \tag{1-4}$$

$$y \geqslant 4\rho_{\mathrm{red,CP}}\frac{\rho_{\mathrm{dyn,CP}}}{E_{\mathrm{r}}} \tag{1-5}$$

式中，y 为材料点与接触表面的距离，mm；$A_{\mathrm{FF,CP}}(y)$ 为深度 y 处材料点的暴露值，代表疲劳失效风险值；$\tau_{\mathrm{eff,CP}}(y)$ 为深度 y 处材料点的等效应力，N/mm^2；$\tau_{\mathrm{per,CP}}(y)$ 为深度 y 处材料点的剪切强度，N/mm^2；c_1 为材料暴露值校对系数；$\rho_{\mathrm{dyn,CP}}$ 为接触点上的赫兹接触应力；$\rho_{\mathrm{red,CP}}$ 为接触点处的相对曲率法向半径，mm；E_{r} 为等效弹性模量，N/mm^2。Boiadjiev 等[24]通过大量试验验证了齿面断裂的接触疲劳失效风险阈值为 0.8，即最大材料点的暴露值 $\max[A_{\mathrm{FF,CP}}(y)]$ 若超过 0.8，则认为该位置易发生深层齿面断裂。

深度 y 处材料点的等效应力 $\tau_{\mathrm{eff,CP}}(y)$ 主要由不考虑残余应力的局部等效应力

$\tau_{\mathrm{eff,L,CP}}(y)$、残余应力对局部应力的影响值 $\tau_{\mathrm{eff,L,RS,CP}}(y)$ 以及深度 y 处材料点的准稳态残余应力 $\tau_{\mathrm{eff,RS}}(y)$ 计算得到，应力单位均为 N/mm²，其公式可表示为

$$\tau_{\mathrm{eff,CP}}(y) = \tau_{\mathrm{eff,L,CP}}(y) - \tau_{\mathrm{eff,L,RS,CP}}(y) - \tau_{\mathrm{eff,RS}}(y) \tag{1-6}$$

齿面摩擦力、润滑、齿面粗糙度等因素对深层齿面断裂失效影响较小，而法向载荷、弯曲和剪切载荷、残余应力及硬度梯度等对深层齿面断裂失效影响较大。重载下的细长齿轮运行中更容易发生深层齿面断裂失效；硬化齿轮残余应力与载荷作用形成的应力为同一数量级，不考虑残余应力将无法准确预估深层齿面断裂失效的风险[28]，造成对可能失效形式和疲劳寿命的错误判断与预估。

1.3.4　其他失效评价标准

除点蚀、微点蚀、深层齿面断裂三种典型的接触疲劳失效形式外，齿面胶合、磨损失效也是由于齿轮副不断接触和相对滚滑造成的。胶合破坏是高速重载齿轮常见故障之一[48]。齿面出现胶合破坏后，齿面摩擦力增大，功率损耗增加，齿面温度急剧升高，同时齿形发生破坏，振动增加，严重影响传动性能与装备可靠性[49]。针对圆柱齿轮胶合承载能力的评估方法，ISO 和各国都颁布了相应的标准和技术规范。2014 年，美国齿轮制造商协会颁布了标准 AGMA 1010-F14 *Appearance of gear teeth-Terminology of wear and failure*（《齿轮齿形磨损与失效术语》），该标准给出了胶合、磨损两种失效的详细定义与失效案例。2017 年，ISO 在原有技术规范 ISO/TR 13989 *Calculation of scuffing load capacity of cylindrical, bevel and hypoid gears*（《圆柱齿轮、锥齿轮和准双曲面齿轮胶合承载能力的计算》）的基础上颁布了技术规范 ISO/TS 6336-20 *Calculation of load capacity of spur and helical gears-Part 20：Calculation of scuffing load capacity（also applicable to bevel and hypoid gears）-Flash temperature method*（《圆柱直、斜齿轮承载能力计算—第 20 部分：胶合承载能力计算（同时适用于面齿轮与准双曲面齿轮）—闪温法》）与 ISO/TS 6336-21 *Calculation of load capacity of spur and helical gears-Part 21：Calculation of scuffing load capacity（also applicable to bevel and hypoid gears）-Integral temperature method*（《圆柱直、斜齿轮承载能力计算—第 21 部分：胶合承载能力计算（同时适用于面齿轮与准双曲面齿轮）—积温法》）。这两份技术规范针对齿面胶合失效问题分别给出闪温法与积温法两种胶合强度评估方法。其中，闪温法基于沿啮合线的接触温度变化，用齿面瞬时温度最大值评估胶合承载能力；积温法基于沿啮合线的接触温度的加权平均值，取齿面温度的加权平均值评估胶合承载能力。1984 年，我国航空工业部部标准 HB/Z 84.4—1984《航空渐开线圆柱齿轮胶合承载能力计算》[48]发布，该标准根据当时国内技术实现能力对 ISO 标准进行了部分内容改动，并针对国内常用齿轮材料和使用工况给出了胶合

温度的测试试验,提供了胶合温度数据。1986 年,郑州机械研究所在等同采用 ISO 标准基础上,起草了相应的齿轮胶合强度计算国家标准:GB/Z 6413.1—2003《圆柱齿轮、锥齿轮和准双曲面齿轮 胶合承载能力计算方法 第 1 部分:闪温法》与 GB/Z 6413.2—2003《圆柱齿轮、锥齿轮和准双曲面齿轮 胶合承载能力计算方法 第 2 部分:积分温度法》。本章以使用最为广泛的技术规范 ISO/TS 6336-20、ISO/TS 6336-21 以及国内航空标准 HB/Z 84.4—1984 为例展开解读与讨论。

ISO/TS 6336-20 技术规范中,闪温法主要由齿轮轮体闪温 Θ_{Mi} 与啮合线闪温 Θ_{fl} 确定齿轮接触温度 Θ_B ,通过式(1-7)表示:

$$\Theta_B = \Theta_{Mi} + \Theta_{fl} \tag{1-7}$$

式中, Θ_B 为齿轮接触温度,℃; Θ_{Mi} 为齿轮轮体闪温,℃; Θ_{fl} 为啮合线的闪温,K。

通过闪温法计算得到齿轮接触温度 Θ_B 后,可以通过如图 1-23 所示的过渡图判断齿轮胶合、磨损情况。

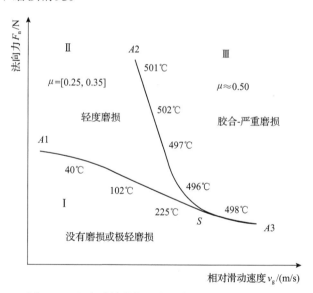

图 1-23 具有计算接触温度实例的逆向形状转换图

(1)当法向力 F_n 和相对滑动速度 v_g 同时落在 $A1$-S 线下,即在图中 I 区时,进入第一种润滑状态,可用摩擦因数大约为 0.1、单位磨损率(每单位法向力、每单位滑动距离下的体积磨损量)为 $10^{-5} \sim 10^{-2} \text{mm}^3/(\text{N·m})$ 来表达。

(2)当 v_g 不大于 S 点值,且载荷进入 II 区时,则转换进入第二种润滑状态。这种轻微磨损润滑条件的特征可用摩擦因数为[0.25, 0.35]、单位磨损率为 $1 \sim 5 \text{mm}^3/(\text{N·m})$ 来表达。

(3)载荷进一步增加，进入第三润滑状态，即进入以 A2-S 为边界线的Ⅲ区，可用摩擦因数约为 0.50 来表达。然而，较之Ⅰ区和Ⅱ区，Ⅲ区磨损率相当高，可以达到 $100\sim1000\text{mm}^3/(\text{N·m})$，磨损表面呈现胶合形式的严重磨损。值得注意的是，当相对滑动速度大于 S 点速度值时，如果载荷增加，则直接由Ⅰ区转化为Ⅲ区。

润滑情况所在图中区域主要与润滑油黏度及赫兹接触压力有关。当法向力 F_n 与相对滑动速度 v_g 同时落在 A1-S-A3 线下时，则认为齿面由一层较薄的润滑液分隔开，但此膜被粗糙的凸凹部分所穿透，即"边界弹流动力润滑"状态。

ISO/TS 6336-21 技术规范中，积分温度 v_{int} 主要由轮体积温度 v_{Mi} 和啮合线闪温均值 v_{flaint} 与加权系数 C_2 的乘积确定：

$$v_{int} = v_{Mi} + C_2 v_{flaint} \leqslant v_{intP} \tag{1-8}$$

式中，v_{int} 为积分温度，K；v_{Mi} 为轮体积分温度，℃；C_2 为加权系数，对于直齿轮与斜齿轮可取 1.5；v_{flaint} 为啮合线闪温均值，主要与忽略载荷分配时小齿顶的闪温、接触比系数有关，K；v_{intP} 为许用积分温度，K。

胶合安全系数 S_{Smin} 可作为胶合强度的评价指标，其计算公式如下：

$$v_{ints}/v_{int} = S_{Smin} \tag{1-9}$$

式中，v_{ints} 为许用最小积分温度，K；S_{Smin} 为胶合最小安全系数。ISO/TS 6336-21 标准建议，$S_{Smin} <1.0$ 为高胶合危险，$1.0 \leqslant S_{Smin} \leqslant 2.0$ 为中等胶合危险，$S_{Smin} >2.0$ 为低胶合危险。HB/Z 84.4—1984 标准中推荐最小胶合安全系数为 1.2。

与接触疲劳不同，齿根断裂是齿轮另一种重要且常见的失效形式，其失效部位主要发生在齿根，多为疲劳折断。齿轮弯曲疲劳强度标准已较为成熟，产生了一系列得到普遍认可并广泛应用的标准如 ISO 6336-3 *Calculation of load capacity of spur and helical gears-Part 3: Calculation of tooth bending strength*（《直齿轮和斜齿轮承载能力计算—第 3 部分:轮齿弯曲强度计算》）、AGMA 908-B89、DIN 3990-3 *Calculation of load capacity of cylindrical gear: Calculation of tooth strength*（《圆柱齿轮承载能力计算:轮齿强度计算》）等。以 ISO 6336-3 为例，该标准从 1996 年第一部发布到 2019 年已经修正三次，主要修改内容包括计算参数修改、印刷错误以及图片更正等，现以 ISO 国际标准文件的形式颁布。不同于齿面接触应力计算标准，ISO 6336-3 标准中将轮齿假设为悬臂梁，通过相应的经验因子计算齿根弯曲应力。

失效判断准则与点蚀强度计算类似，ISO 6336-3 标准中以实际齿根弯曲应力 σ_F 小于等于齿根弯曲应力极限 σ_{FG}，或弯曲强度安全系数 S_F 大于所需的最小安全

系数 S_{Fmin} 作为齿根弯曲疲劳失效的校核标准。表 1-5 给出了该标准中齿根弯曲疲劳强度校核计算公式。

表 1-5 ISO 6336-3 标准中齿根弯曲疲劳强度校核计算公式

计算项目	公式	符号说明
强度条件	$\sigma_{FG} \geqslant \sigma_F$ 或 $S_F \geqslant S_{Fmin}$	σ_F ——齿根弯曲应力(N/mm²)
实际齿根应力	$\sigma_F = \sigma_{F0} K_A K_V K_{F\beta} K_{F\alpha}$	σ_{FG} ——齿根弯曲应力极限(N/mm²) σ_{FP} ——许用齿根弯曲应力(N/mm²)
齿根应力的基本值	方法一 $\sigma_{F0} = \dfrac{F_t}{bm_n} Y_F Y_S Y_\beta$ 方法二 $\sigma_{F0} = \dfrac{F_t}{bm_n} Y_{Fa} Y_{Sa} Y_\varepsilon Y_\beta$ (仅适用于 $\varepsilon_\alpha < 2$ 的齿轮传动)	S_F ——弯曲强度安全系数 S_{Fmin} ——最小弯曲强度安全系数 $K_{F\beta}$ ——弯曲强度计算的齿向载荷分配系数 $K_{F\alpha}$ ——弯曲强度计算的齿间载荷分配系数 σ_{F0} ——齿根应力的基本值(N/mm²) F_t ——齿轮断面内分度圆上的名义切向力(N) b ——工作齿宽(mm) m_n ——法向模数(mm) Y_F ——载荷作用于单对齿啮合区外界点时的齿形系数 Y_S ——载荷作用于单对啮合区外界点时的应力修正系数
许用齿根应力	$\sigma_{FP} = \dfrac{\sigma_{FG}}{S_{Fmin}}$ $\sigma_{FG} = \sigma_{Flim} Y_{ST} Y_{NT} Y_{\delta relT} Y_{RrelT} Y_X$	Y_β ——螺旋角系数 Y_{Fa} ——载荷作用于齿顶时的齿形系数 Y_{Sa} ——载荷作用于齿顶时的应力修正系数
安全系数	$S_F = \dfrac{\sigma_{FG}}{\sigma_F} = \dfrac{\sigma_{Flim} Y_{ST} Y_{NT}}{\sigma_{F0}} \times \dfrac{Y_{\delta relT} Y_{RrelT} Y_X}{K_A K_V K_{F\beta} K_{F\alpha}}$	Y_ε ——弯曲强度计算的重合度系数 σ_{Flim} ——试验齿轮齿根弯曲疲劳极限(N/mm²) Y_{ST} ——试验齿轮的应力修正系数 Y_{NT} ——弯曲强度计算的寿命修正系数 $Y_{\delta relT}$ ——相对齿根圆角敏感系数 Y_{RrelT} ——相对齿根表面状况系数 Y_X ——弯曲强度计算的尺寸系数

不同的应用场合对齿轮有不同的可靠性与最小安全系数要求。ISO 6336-3 标准根据安全系数对齿轮弯曲疲劳强度与可靠性等级做出相应四个等级划分。表 1-6 列出了四个应用场合和最小安全系数 S_{Fmin}。

表 1-6 不同可靠性要求下的齿根弯曲强度的最小安全系数

可靠性等级	最小安全系数	描述
高可靠度要求	2.00	特殊工作条件下要求可靠度很高的齿轮,其可靠度要求高达 99.99% 以上
较高可靠度要求	1.60	要求长期连续运转和较长的维修间隔,或设计寿命虽然不是很长但可靠性要求较高的高参数齿轮,一旦失效可能造成较严重的经济损失或安全事故。齿轮可靠度要求高达 99.9%

续表

可靠性等级	最小安全系数	描述
一般可靠度要求	1.25	通用齿轮和多数的工业应用齿轮，对设计寿命和可靠性均有一定要求。这类齿轮可靠度一般不大于99%
低可靠度要求	1.00	设计寿命不长、对可靠度要求不高、易于更换的不重要齿轮，或设计寿命长但对可靠性要求不高的齿轮。这类齿轮可靠度取90%

ISO 6336-3 标准目前已得到全世界范围的广泛应用，并成为评估齿根抗弯曲断裂能力的重要标准之一。评估齿轮弯曲疲劳强度的基本准则为：将齿廓根部的最大拉应力作为名义弯曲应力，并采用一定的经验系数修正后得到齿根弯曲应力。然而，齿轮弯曲强度计算公式适用于齿根以内轮缘厚度不小于 3.5 倍模数的圆柱齿轮。对于不符合此条件的薄轮缘齿轮，应进行应力分析、试验或根据经验对齿轮齿根应力进行修正。同时，与齿面点蚀计算标准面临的情况类似，由于该标准中大量数据源自国外，部分齿轮材料的潜力被忽视。例如，按标准选取 MQ 等级渗碳齿轮钢对应的试验弯曲疲劳极限 σ_{Flim} 为 500MPa，而有国内厂家生产的齿轮弯曲疲劳极限已达到 600～800MPa。机械加工、热处理、喷丸强化、滚磨光整等过程也会引入相当程度的残余应力，与施载应力形成叠加作用，这也未能在 ISO 6336-3 等标准中得到较好的体现。此外，在面临重载等工况时，局部材料点可能发生金属塑性变形等行为，使实际情况进一步偏离悬臂梁假设的结果。因此，为适应国内高性能齿轮传动的设计与制造，还需要对现有的齿轮弯曲疲劳强度标准进行修改和提升。

1.4 齿轮表面完整性要素

在长期的工程实践中，人们逐渐意识到作为传统齿轮疲劳强度分析"基石"的"赫兹接触理论"和"悬臂梁弯曲理论"存在很多假设条件限制，这些假设条件偏离了实际情况，随后的研究也不断突破"赫兹公式"等传统理论的假设局限，不断接近真实齿轮的参数指标与服役状态。现代齿轮研究者和制造商意识到只有对包含轮齿界面状态、硬化层、残余应力、材料强度与缺陷等在内的齿轮表面完整性有全方位认识，才可能设计制造出满足现代高端装备对齿轮接触疲劳性能日益增长要求的齿轮，因此，基于表面完整性的齿轮接触疲劳研究成为工程实际中的迫切需求，也成为未来齿轮工作者的重要研究方向之一。

表面完整性是影响服役性能(疲劳、摩擦、磨损、腐蚀、胶合等)的一切工件表面和次表面的几何、物理等性质的因素总和。表面几何一般包括表面微观几何形状(表面粗糙度、波纹度等)与表面缺陷(毛刺、压痕、划伤等)等表面特征；物理性质一般包括材料微观结构、金相组织、硬度梯度、塑性变形、残余应力等。

齿轮的主要失效形式齿面接触疲劳和齿根弯曲疲劳通常源自齿面或者齿根表面或次表面，具有丰富的表面完整性要素内涵。如图 1-24 所示，齿轮表面完整性主要涉及宏观齿廓几何、齿面微观形貌、材料微观结构及缺陷、残余应力、硬化层梯度特征等方面。值得注意的是，不同的失效形式需要考虑的表面完整性因素有所不同，如对于齿根弯曲疲劳，表面的润滑接触状态影响相对较小，而对于齿面接触疲劳，该因素影响显著；残余应力在齿轮接触疲劳和齿根弯曲疲劳的定量影响方面也存在差异。

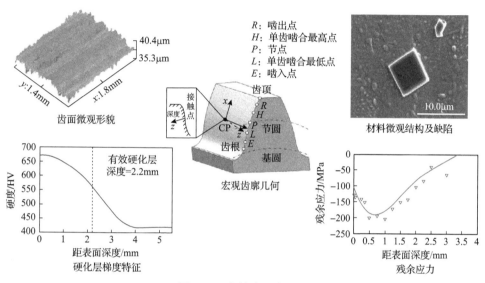

图 1-24　齿轮表面完整性

开展齿轮表面完整性精确测试表征，是阐明疲劳进程中演化规律、形成正向设计方法、评估抗疲劳制造工艺、完善齿轮基础数据库的必要前提。现代测试技术的发展使得对于影响齿轮接触疲劳的大多数表面完整性因素都能较好地表征。常用的齿轮表面完整性表征体系如图 1-25 所示，包含齿轮测量中心(宏观几何检测)、光学轮廓仪(表面微观形貌检测)、X 射线衍射仪(残余应力检测)、显微硬度计(硬度梯度检测)、扫描电子显微镜(金相组织、晶粒度检测)等。对齿轮表面完整性因素的准确把握是实现齿轮抗疲劳设计制造技术体系的核心所在。下面对齿轮表面完整性诸因素进行简要介绍。

1.4.1　表面粗糙度

不同加工方式与精度等级的要求会形成不同的齿面微观形貌，从而影响界面润滑接触状态、摩擦磨损特性、声振品质及服役寿命。对于齿轮接触疲劳，由于表面微观形貌的存在，压力、摩擦力波动式分布，应力场局部集中，同时伴随微

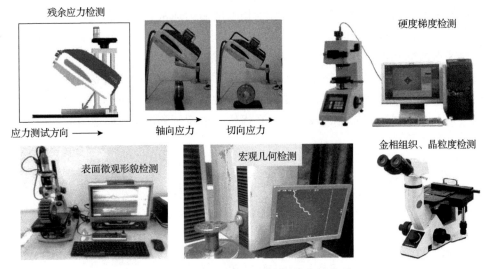

图 1-25　常用的齿轮表面完整性表征体系

应力循环效应，显著影响近表面处损伤进程与疲劳寿命，甚至改变微点蚀与点蚀之间的竞争失效模式。实现齿面微观形貌的主动控制已成为当前工业界逐渐重视的必要流程。

最常用的表面微观形貌的评价指标是表面粗糙度。表面粗糙度的变化，会改变应力集中程度、膜厚比和干接触承载比例。对齿轮表面粗糙度进行表征测试具有重要意义。表面粗糙度可通过非接触式光学显微镜或接触式轮廓仪测量得到，既可统计出表面微观形貌统计特征值，又可直接纳入确定型接触疲劳模型得到真实的应力、应变状态和疲劳寿命分布。

齿轮接触疲劳强度设计标准中通过设计系数定性考虑了表面粗糙度的影响，但是缺乏其影响的定量评估。现代接触分析理论，尤其是混合润滑理论的发展，为实现表面粗糙度对齿轮接触疲劳性能的定量评估提供了理论支撑，滚磨光整等超精加工技术为实现表面粗糙度的主动控制提供了工艺方案。

关于表面粗糙度影响的详细分析见第 4 章。

1.4.2　材料微结构特征

齿轮的接触疲劳问题是一个多因素影响、多尺度的复杂问题。从微观角度看，齿轮材料是各种微观结构的组合体，其微观结构特征如晶粒尺寸、晶粒取向、晶界、第二相、碳化物等对疲劳寿命尤其是疲劳裂纹萌生寿命的影响非常明显，可以说齿轮材料的微观结构从根本上决定了其疲劳性能的优劣。以渗碳淬火为代表的齿轮热处理技术使材料在细观尺度上的晶粒尺寸、形状、强度等微观结构特征呈现出明显的不均匀特性，如典型的风电渗碳齿轮材料 18CrNiMo7-6 钢，其平均晶粒尺寸在近表层约为 15μm，但随着深度增加，当深度增大到 2.2mm 处时平均晶粒尺寸约为 60μm。已有的研究表明[50]，齿轮接触疲劳裂纹源位置恰好是材料的屈服极限、残余应力、微结构特征等材料非均质特征明显的区域。同时，疲劳裂纹的产生通常发生在具有晶粒直径特征长度的尺度上，由于齿轮有非随形接触中应力高度局部化特性，其微观结构特征不可忽略。

工程实践中，需要对常用齿轮钢材料的晶粒度、金相组织、夹杂缺陷、残余奥氏体含量等微观结构特征进行表征。晶粒度表征通常是指，对不同研究对象材料配制不同成分腐蚀液，并在光学显微镜下观察腐蚀后的材料，得到晶粒样本图片后，参照标准通过比较法、面积法、截点法判断出材料晶粒度级别。金相表征主要是指，在取样切割、镶嵌、磨制、抛光、侵蚀、清洁等环节，通过观察设备如光学显微镜、扫描电子显微镜等观察金相组织，其中对残余奥氏体含量进行测定时，通常还应用 X 射线衍射表征测试技术。非金属夹杂物的测定也主要使用扫描电子显微镜、金相显微镜等测试表征设备，同时需要通过元素含量测定分析来确定夹杂物的类型。

无论齿轮的接触或者弯曲疲劳，材料的微结构特征都与其抗疲劳性能关系密切。而开展齿轮微结构特征因素影响分析时，在仿真方面除了涉及微观结构的精确生成外，还需要在细观尺度上对材料力学行为进行准确描述，考虑到疲劳问题是一个材料性能循环退化的过程，还需要探究微观层面上的材料损伤演化规律。已有试验研究表明，在齿轮疲劳过程中，如相变、白蚀带、灰蚀区、"蝴蝶翼"、"鱼眼"等微结构特征变化的同时也会伴随宏观裂纹的萌生，这会导致齿轮发生不同程度的疲劳破坏，但不同微结构特征的形成机理尚未形成统一定论。微结构影响因素众多，导致疲劳失效机理错综复杂，基于微结构的齿轮接触-弯曲疲劳研究亟待开展。因此，为了更好地探究齿轮疲劳失效机理，要求设计、制造、测试人员必须从微观层面加强认识，将齿轮材料微观结构特征考虑进来，进行更为精确的齿轮材料微观结构建模、疲劳损伤仿真与试验表征分析，研究不同微观结构特征对齿轮服役性能的影响，为齿轮微结构特征的主动设计提供技术支撑。其中基于机器视觉的材料微结构几何信息提取、Voronoi 计算图形学几何重构、材料微观层面的各向异性本构(尤其是晶体塑性理论)等研究方法为实现考虑材料微结构特征的齿轮疲劳研究提供了可能。

关于材料微结构特征影响的详细分析见第 5 章。

1.4.3　硬度梯度

硬度是材料物理性能的一个重要因素，代表材料抵抗压入弹塑性变形的抗力，直接反映了材料在加载过程中的应力、应变与卸载后的弹性回复及塑性压痕特征。以渗碳、渗氮、感应淬火等为代表的热处理技术会在齿轮近表层引入显著的硬度梯度特征，并对齿轮抗疲劳性能产生重要影响，事实上表面硬化技术的引入就是为提高齿轮抵抗疲劳和磨损等性能而开发和发展的。不同的热处理技术和工艺控制会形成不同的硬度梯度特征，工程实际中发生了很多热处理工艺控制不当使得硬度特征超标，从而导致产品报废的情况。不同的硬度梯度特征也可能导致诸如微点蚀、点蚀、深层齿面断裂等不同的失效模式，因此对表面硬度、芯部硬度和硬度梯度等硬度"要素"的控制成为高性能齿轮设计制造的重要环节。

各种硬度测量技术的发展使得工程应用中齿轮硬度梯度的表征十分方便，因此在表征材料力学性能特征时多采用显微硬度来间接反映表层的强度、塑性和抗弹塑性变形等能力，尽管它们之间的关系并不简单。

然而硬度梯度对接触疲劳影响的分析与硬度梯度的主动设计并不简单。在有限的硬化层内硬度发生显著的梯度变化，这种变化应该在硬化齿轮的疲劳模型中体现出来，对建模和求解都提出了高要求，如何更为准确地反映硬度梯度特征对齿轮接触疲劳强度的影响，从而实现面向不同应用场景和成本需求的齿轮硬化层主动设计，也需要进一步研究。

关于硬度梯度特征影响的详细分析见第 6 章。

1.4.4　残余应力

残余应力是指在没有外加载荷和力矩的作用下，材料自身为保持平衡而存在的弹性应力，对疲劳、应力腐蚀和微动磨损具有重要影响。残余应力主要来源于材料本身温度分布不均形成的热应力、弹塑性变形不均导致的机械应力以及相变不均导致的相变应力。齿轮的锻铸、热处理、机械加工、喷丸强化、滚磨光整等各种加工工艺流程和服役过程都可能引入或改变残余应力。例如，良好加工的喷丸强化齿轮残余压应力可高达 1500MPa，而磨削烧伤或热处理裂纹的不利情况下的残余拉应力也有几百兆帕。

残余应力对疲劳性能的影响没有定论，总体上认为残余压应力可以抵消一部分工作拉应力，对延长齿轮寿命、避免轮齿疲劳断裂有积极影响，而残余拉应力的存在会恶化疲劳性能。近年来，出现了一些考虑残余应力的疲劳分析方法，但针对不同工况条件、不同失效模式也不能一概而论。X 射线衍射技术在齿轮残余应力的定量测量中发挥了巨大作用，为深入讨论残余应力的影响、开展理论与试验的验证提供了支持。

残余应力对齿轮接触疲劳的影响相比其在简单拉压疲劳或旋弯疲劳中的作用更为复杂。残余应力沿齿廓、齿面法向及齿宽方向等均存在差异，如何在齿轮疲劳模型中准确反映残余应力分布，以及将残余应力纳入疲劳损伤或寿命的计算过程，成为齿轮接触疲劳中残余应力分析的重点和难点。此外，如何开展残余应力分布对齿轮接触疲劳性能的影响试验研究，从而形成残余应力的主动设计方法，也亟须进一步深入。

关于残余应力影响的详细分析见第 6 章。

1.5　齿轮接触疲劳可靠性与试验

疲劳问题的研究总会涉及可靠性，齿轮的接触疲劳也不例外。在齿轮服役过程中，载荷的随机性、材料的非均质特征和其他不确定因素，均会导致齿轮接触疲劳可靠性问题。齿轮接触疲劳可靠性是指齿轮在规定时间（设计寿命）内、规定条件下，不发生疲劳失效，并正常运转或完成特定任务的能力或概率。齿轮接触疲劳现象的基本规律可以用确定性方法表达因果关系，工程实际中紊乱无序的随机因素则难以通过定值方法描述，但它的群体遵循某些统计规律，如正态分布、对数正态分布、威布尔（Weibull）分布等，从而实现对疲劳可靠性的定量评估，构成疲劳可靠性的理论框架。

可靠性是衡量一个国家工业化水平的重要度量，与国防建设、经济发展、日常生活等息息相关。齿轮传动可靠性直接影响装备的质量、安全、效益等。现代齿轮传动系统不断朝着结构更加复杂、工况更恶劣、服役要求更苛刻的方向发展，零部件之间的失效相关性、动态失效过程的强时间相关性、随机和认知不确定性等因素使得齿轮疲劳可靠性分析更加复杂和重要。高性能齿轮传动除了高效率、高精度、长寿命等要求外，高可靠已经成为高性能齿轮传动的一个重要特征。无论从可靠性评价指标，还是零部件到系统可靠性研究体系等方面都均有完善的体系、理论方法。可靠性研究体系、理论方法相对完善成熟，利用相应的研究方法与评价指标研究齿轮接触疲劳可靠性，获得齿轮可靠性指标，从而指导正向设计。

齿轮在设计阶段通常经过相关标准严格分析与校核，不易发生（静强度）破坏，以疲劳破坏为主。但是，齿轮接触疲劳可靠性研究还存在如下问题：①大量的分析方法基本沿用以电子元件为对象总结出来的经典可靠性理论与方法，且影响齿轮接触疲劳可靠性的因素多且疲劳载荷随机性强；②常规的可靠性理论/模型在二态假设和概率假设基础上建立，与实际工作过程中齿轮接触的疲劳失效存在差异；③齿轮传动多为疲劳失效，试验数据有限，小样本条件下的可靠性分析问题亟待解决。因此需要根据齿轮接触疲劳可靠性变化趋势，寻找疲劳可靠性较低的薄弱环节，进行针对性优化与改进，包括传动方案与结构布置、传动方案的结构参数、表面完整性参数，开发主动/优化设计算法与设计软件，从而指导高性能齿轮传动设计以及齿轮传动可靠性保障。本书第 7 章就齿轮可靠性研究概述、疲劳可靠性理论、齿轮接触疲劳可靠性等方面进行介绍。

齿轮传动问题通常是综合性的，很难进行理论分析和纯数学定量研究，必须采用试验方法解决。同时，任何一种理论模型都需要进行试验验证，齿轮接触疲劳理论也不例外。疲劳试验是检验齿轮疲劳性能的最为直接有效的手段。事实上很多理论模型，其预测精度取决于材料或结构的疲劳参数，而疲劳参数的精确获取取决于大量的疲劳性能试验，以试验结果为基础的齿轮基础数据建设是进行高可靠齿轮设计的必要前提。过去的几十年间出现了一些不同结构或试验目的的齿轮接触疲劳试验台，也产生了一些试验方法与数据处理技术，同时还在发展基于振动、机器视觉等的检测监测技术，使得开展齿轮接触疲劳试验研究成为可能。

　　开展齿轮疲劳试验研究仍需要保障试验台的先进性与功能性、试验技术的科学性，以及数据建设制度的完善性。国际上较为著名的齿轮研究机构，如德国慕尼黑工业大学齿轮研究中心、英国纽卡斯尔大学、美国俄亥俄州立大学、美国NASA 等都开展了大量的齿轮服役性能试验、试验台与检测技术开发、试验方法编制、试验数据建设、设计标准制定等工作。我国自 20 世纪 70～80 年代由北京钢铁学院、郑州机械研究所等单位开展过一批齿轮疲劳性能试验后，几十年来都没有系统地开展相关试验；同时，检测方法、试验方法以及数据处理方法的落后导致我国试验技术落后。基础数据建设是进行高可靠齿轮设计的必要前提，也是对齿轮疲劳寿命、失效形式等服役性能最为直接、有效的评估手段。由于长期套用国外试验数据，以及材料成分、加工工艺的日新月异，基础数据库的缺失成为制约我国高性能齿轮行业的"卡脖子"问题。

　　高性能齿轮核心竞争力的提升没有捷径可走，唯有加强试验与数据建设，这对于当前我国齿轮行业的高速、可靠发展尤为迫切。试验是支持理论研究与正向设计的基石，我国在齿轮传动设计过程中缺乏基础试验数据的问题暴露日益明显，正向设计体系未形成闭环，已经对我国高端齿轮产品的开发与自主可控配套产生了严重的制约作用。疲劳试验过程复杂，失效模式众多，疲劳寿命散点明显，费时费力，资金、场地投入巨大，需要极强定力、极大投入、极高情怀持续积累，也需要更加科学的试验方法与更为可靠的试验设备及检测技术。我国齿轮传动存在寿命短、可靠性差等问题主要源于试验的落后，试验研究的落后将会导致技术鸿沟并形成隔代差距。本书第 8 章就齿轮接触疲劳试验台、检测技术、试验方法及试验数据处理技术等进行介绍。

1.6　本 章 小 结

　　随着工业技术的不断发展，如风电装置、直升机、轮船、轨道交通等高端机械设备的传动系统正面临更高性能需求(高速、重载、恶劣服役环境等)的挑战。齿轮作为机械传动系统中的代表性核心关键部件，其疲劳寿命显著影响了整机的可靠性。齿轮接触疲劳已经成为限制现代高性能齿轮装备发展的主要瓶颈之一。齿轮啮合过程中可能出现多种失效形式之间的多源失效竞争现象。除简单弹性假设外，如齿面接触界面特征、材料性能梯度特性、齿面磨损效应等在理论分析中经常被或多或少地简化或忽略，难以相对全面顾及，同时由于基础数据缺乏，基于表面完整性的齿轮接触疲劳主动设计面临挑战。因此，结合现今高端齿轮装备对长寿命、高可靠、高效率的需求，针对高端装备用齿轮的基础共性问题，基于齿轮的表面完整性特征参量，建立一个相对完整的齿轮接触疲劳失效数值分析模型，开展齿轮接触疲劳失效类型及其机理研究，结合试验验证，形成高性能齿轮抗疲劳设计方法体系，具有较高的学术价值和工程意义。

本章通过调研国内外相关研究现状，描述了齿轮接触疲劳的危害及其失效模式；简述了齿轮接触分析理论及应力、应变状态；归纳了现有齿轮接触疲劳理论与寿命预测方法，介绍了连续损伤理论、微结构力学理论在齿轮接触疲劳研究中的作用；辨识了影响齿轮接触疲劳性能的轮齿界面状态、材料微观结构及缺陷、硬化层与残余应力等结构-工况-材料要素体系；总结了齿轮接触疲劳可靠性分析计算方法以及齿轮接触疲劳试验和数据处理方法；强调了齿面时变滑滚下宏微观形貌-润滑耦合热弹塑接触机理、粗糙齿面疲劳-棘轮-磨损多源损伤机理、多尺度齿轮材料损伤与性能退化、齿轮抗疲劳制造中的表面完整性生成与演化机理等科学问题，为进一步理解齿轮接触疲劳失效机理、形成高性能齿轮抗疲劳设计制造方法提供了参考，也为提升齿轮行业从业人员的抗疲劳设计制造能力提供了支撑。

参 考 文 献

[1] 何春双, 罗志强, 郭军, 等. Cr4Mo4V 高温轴承钢滚动接触表面特征与疲劳损伤机制[J]. 金属热处理, 2018, 43(2): 1-7.

[2] 李凯, 张国政, 邵亮, 等. 某重型载货汽车变速器齿轮失效分析[J]. 汽车工艺与材料, 2015, (7): 50-52.

[3] 宋金辉, 程小利, 黄敏, 等. 风电齿轮箱高速中间轴失效原因分析[J]. 金属热处理, 2019, 44(S1): 89-92.

[4] 姚小芹. 深度分析丨风电机组主传动链部件失效原因[EB/OL]http://news.bjx.com.cn/html/20180207/879512.shtml[2018-02-07].

[5] 曹迪, 曲琼, 武全有. 某型直升机传动系统轴承失效原因分析[J]. 轴承, 2019, (9): 36-40.

[6] Link H, La Cava W, Dam J, et al. Gearbox reliability collaborative project report: Findings from phase 1 and phase 2 testing [R]. Golden: National Renewable Energy Laboratory (NREL), 2011.

[7] 日本机械学会技术资料出版分科会. 齿轮强度设计资料[M]. 李茹贞, 赵清慧, 译. 北京: 机械工业出版社, 1984.

[8] 李照美, 杨星钊, 凌建寿, 等. 汽车主减速器齿轮早期失效问题的分析[J]. 河南农业大学学报, 1998, (2): 71-75.

[9] Aslantas K, Tasgetiren S. A study of spur gear pitting formation and life prediction[J]. Wear, 2004,

257(11): 1167-1175.

[10] Glodež S, Aberšek B, Flašker J, et al. Evaluation of the service life of gears in regard to surface pitting[J]. Engineering Fracture Mechanics, 2004, 71(4-6): 429-438.

[11] Pedrero J I, Pleguezuelos M, Muñoz M. Critical stress and load conditions for pitting calculations of involute spur and helical gear teeth[J]. Mechanism & Machine Theory, 2011, 46(4): 425-437.

[12] Seabra J, Höhn B R, Michaelis K, et al. Pitting load carrying capacity under increased thermal conditions[J]. Industrial Lubrication & Tribology, 2011, 63(1): 11-16.

[13] 马鹏程, 汪中厚, 王巧玲, 等. 点蚀对弧齿锥齿轮传动误差影响的研究[J]. 机械传动, 2014, 38: 1-4.

[14] Liu H, Liu H, Zhu C, et al. Evaluation of contact fatigue life of a wind turbine gear pair considering residual stress[J]. Journal of Tribology, 2018, 140(4): 041102.

[15] Terrin A, Dengo C, Meneghetti G. Experimental analysis of contact fatigue damage in case hardened gears for off-highway axles[J]. Engineering Failure Analysis, 2017, 76: 10-26.

[16] Höhn B R, Oster P, Emmert S. Micropitting in case-carburized gears-FZG micro-pitting test[J]. VDI Berichte, 1996, 1230: 331-344.

[17] Li S, Kahraman A. Influence of dynamic behaviour on elastohydrodynamic lubrication of spur gears[J]. Proceedings of the Institution of Mechanical Engineers, Part J: Journal of Engineering Tribology, 2011, 225(8): 740-753.

[18] Li S, Kahraman A, Klein M. A fatigue model for spur gear contacts operating under mixed elastohydrodynamic lubrication conditions[J]. Journal of Mechanical Design, 2012, 134(4): 041007.

[19] 何涛, 王家序, 朱东, 等. 点接触弹塑性流体动力润滑研究[J]. 摩擦学学报, 2015, (5): 564-572.

[20] 宋永乐, 李光福, 陈晓金, 等. 兆瓦级风电齿轮箱齿轮微点蚀分析[J]. 重庆大学学报, 2015, 38(1): 120-125.

[21] Roy S, Ooi G T C, Sundararajan S. Effect of retained austenite on micropitting behavior of carburized AISI 8620 steel under boundary lubrication[J]. Materialia, 2018, 3: 192-201.

[22] Al-Mayali M F, Hutt S, Sharif K J, et al. Experimental and numerical study of micropitting initiation in real rough surfaces in a micro-elastohydrodynamic lubrication regime[J]. Springer Open Choice, 2018, 66(4): 1-14.

[23] Mackaldener M, Olsson M. Design against tooth interior fatigue fracture[J]. Gear Technology, 2000, 17(6): 18-24.

[24] Boiadjiev I, Witzig J, Tobie T, et al. Tooth flank fracture - basic principles and calculation model for a sub-surface-initiated fatigue failure mode of case hardened gears[C]. International Gear

Conference, Lyon, 2014: 670-680.

[25] Witzig J. Flankenbruch-eine grenze der zahnradtragfähigkeit in der werkstofftiefe[D]. München: Technische Universität München, 2012.

[26] Octrue M, Ghribi D, Sainsot P. A contribution to study the tooth flank fracture（TFF）in cylindrical gears[J]. Procedia Engineering, 2018, 213: 215-226.

[27] 刘怀举, 刘鹤立, 朱才朝, 等. 轮齿齿面断裂失效研究综述[J]. 北京工业大学学报, 2018, （7）: 961-968.

[28] Benedetti M, Fontanari V, Höhn B R, et al. Influence of shot peening on bending tooth fatigue limit of case hardened gears[J]. International Journal of Fatigue, 2002, 24（11）: 1127-1136.

[29] Soyama H, Macodiyo D O. Fatigue strength improvement of gears using cavitation shotless peening[J]. Tribology Letters, 2005, 18（2）: 181-184.

[30] Lambert R D, Aylott C J, Shaw B A. Evaluation of bending fatigue strength in automotive gear steel subjected to shot peening techniques[J]. Procedia Structural Integrity, 2018, 13: 1855-1860.

[31] Peng C, Xiao Y, Wang Y, et al. Effect of laser shock peening on bending fatigue performance of AISI 9310 steel spur gear[J]. Optics & Laser Technology, 2017, 94: 15-24.

[32] Ingram M, Hamer L, Spikes H. A new scuffing test using contra-rotation[J]. Wear, 2015, 328: 229-240.

[33] Castro J, Seabra J. Global and local analysis of gear scuffing tests using a mixed film lubrication model[J]. Tribology International, 2008, 41（4）: 244-255.

[34] He H, Liu H, Zhu C, et al. Study of rolling contact fatigue behavior of a wind turbine gear based on damage-coupled elastic-plastic model[J]. International Journal of Mechanical Sciences, 2018: 141: 512-519.

[35] Morales-Espejel G E, Brizmer V. Micropitting modelling in rolling-sliding contacts: Application to rolling bearings[J]. Tribology Transactions, 2011, 54（4）: 625-643.

[36] 温诗铸. 摩擦学原理[M]. 北京: 清华大学出版社, 1990.

[37] 刘忠明, 李优华, 张志宏, 等. 对 ISO 6336 最新标准的讨论和商榷[J]. 机械传动, 2019, 43（10）: 1-6, 22.

[38] ISO/TS 6336-4. Calculation of load capacity of spur and helical gears-Part 4: Calculation of tooth flank fracture load capacity[S]. Geneva: International Organization for Standardization, 2019.

[39] Errichello R. Critique of ISO 15144-1 method to predict the risk of micropitting[J]. Gear Technology, 2016, 33: 10-16.

[40] Kissling U. Application of the first international calculation method for micropitting[J]. Gear Technology, 2012, 5: 54-60.

[41] Winter H, Oster P. Influence of the Lubricant on Pitting and Micro Pitting（Grey Staining, Frosted Areas）Resistance of Case Carburized Gears: Test Procedures[M]. Alexandria: American Gear Manufacturers Association, 1987.

[42] 王鹏, 张宽德, 丁芳玲, 等. 润滑油抗微点蚀性能试验研究[J]. 润滑油, 2013, 28（4）: 42-47.

[43] 张继平, 孙喆, 淮文娟, 等. 齿轮油和极压抗磨剂对齿轮抗微点蚀性能的影响[J]. 石油商技, 2018, 36（3）: 16-22.

[44] Sheng S. Wind turbine micropitting workshop: A recap[R]. Golden: National Renewable Energy Lab, 2010.

[45] Winkelmann L, El-Saeed O, Bell M. The effect of superfinishing on gear micropitting[J]. Gear Technology, 2009, 2: 60-65.

[46] Zhou Y, Zhu C, Gould B, et al. The effect of contact severity on micropitting: Simulation and experiments[J]. Tribology International, 2019, 138: 463-472.

[47] 肖伟中. 齿轮硬化层疲劳剥落强度研究与应用[D]. 北京: 机械科学研究总院, 2016.

[48] 陈聪慧. 航空发动机机械系统常见故障[M]. 北京: 航空工业出版社, 2013.

[49] 郭梅, 梁作斌, 陈聪慧. HB 与 ISO 标准中渐开线圆柱齿轮胶合承载能力计算标准比较[J]. 燃气涡轮试验与研究, 2018, 31（1）: 59-62.

[50] Lang O. Berechnung und Auslegung induktiv randschichtgehärteter Bauteile[J]. Grosch, J（Hrsg）, Induktives Randschichthärten, Tagung, 1988, 23: 332-348.

第2章　齿轮接触分析理论

齿轮副依靠齿面间的啮合接触传递运动和动力，齿面间的接触特性直接决定了齿轮副的传动精度、机械效率、振动噪声、疲劳寿命、齿面温升等服役性能水平。开展齿轮副的接触分析研究是实现齿轮接触疲劳、摩擦学和动力学性能预测和调控的必要前提。事实上，不论是圆柱齿轮还是锥齿轮、面齿轮等复杂齿轮，或是滚动轴承、滑动轴承、凸轮、轮轨、人工关节等摩擦接触副，其接触分析都是这些关键零部件的重要分析内容。作为现代齿轮设计不可缺少的重要环节，齿轮接触分析可以用来确定与评估如图 2-1 所示的齿轮宏微观几何[1]、传递误差[2]、啮合刚度[3,4]、应力与应变[5,6]、功率损失[7,8]、裂纹扩展[9,10]、疲劳寿命[11,12]等参数或特性。虽然被工业界广泛认可并采用的 ISO 6336、AGMA 2001、GB/T 3480等齿轮承载能力计算与设计标准给出了评估点蚀、微点蚀、胶合、齿面断裂等齿面接触相关失效模式的经验性判据，但必要的、准确的轮齿接触分析仍是改善啮合状态、提高服役性能的重要途径[13]，可以说齿轮的接触性能决定了零件和装备最终的服役性能。

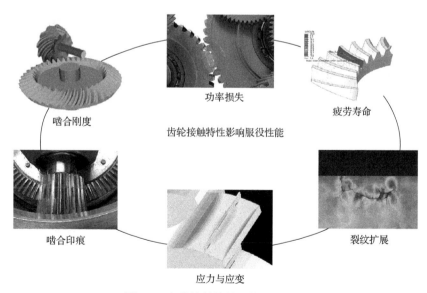

功率损失

疲劳寿命

啮合刚度

齿轮接触特性影响服役性能

啮合印痕

裂纹扩展

应力与应变

图 2-1　齿轮接触特性影响服役性能

为测量接触界面间的应力、应变状态，开发了一些基于光弹性(photoelasticity)、应变等的测量方法[14,15]。图 2-2 为基于光弹性法的接触状态测量实例。光弹性试验是在载荷作用下利用光弹灵敏性材料的暂时双折射现象，通过偏振光场获得全场的条纹图，从而获取应力波传播的全场信息。干涉条纹图表达应力分布直观而有效，直接获得主应力差和主应力方向，但需要借助其他试验方法或计算方法来确定单独的应力分量。应变测量法通常基于应变片测量应变，通过弹性理论转换得到应力值。然而，由于接触局部应力集中特性与测试空间等测量条件的限制，试验测试往往无法开展，因此理论分析仍是解决接触问题的主要途径。理论分析方法通常包括以赫兹接触解为代表的解析方法和以有限元法（finite element method, FEM）、有限差分法（finite difference method, FDM）等为代表的数值方法，而数据驱动、人工智能等新范式的引入也进一步扩宽了接触问题解决的途径。

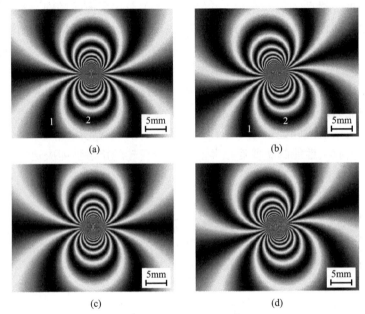

图 2-2　基于光弹性法的接触状态测量实例[15]

1-一级条纹；2-二级条纹

　　通常情况下，齿面接触强度分析采用赫兹理论等方法计算齿面和次表面接触应力。然而，齿轮接触界面存在宏微观几何和润滑的耦合作用、热弹耦合作用，以及不同尺度上可能存在的弹塑性变形效应，如图 2-3 所示，导致齿轮接触分析困难。具体而言包括：①齿轮几何运动学复杂，即使是最简单的渐开线圆柱直齿轮，其啮合过程中齿面载荷、曲率半径、滑滚速度等运动学参数也会不断变化，这导致滑滚比处于时变状态，并在某些工况下会产生显著的动力学响应和动载荷，影响接触压力、剪切力、接触分布、应力集中等特征；②齿面微观形貌会在名义接触区域形成局部应力集中，甚至局部区域由于"表面粗糙峰接触"处于混合润滑或边界润滑状态以及塑性变形，此外也会形成微应力循环，带来疲劳累积损伤的复杂演变；③考虑润滑时啮合齿面间的局部高压引起润滑液的"压力-黏度效应"，黏度随压力呈指数上升，加上齿轮接触时还存在热弹耦合效应，求解时数值收敛困难；④渗碳热处理等表面硬化技术会带来齿轮材料的梯度特性，而次表面非金属夹杂等因素也会引入材料非均质现象，均影响齿面接触应力分布和疲劳损伤状态；⑤细观层面晶体尺度上实际接触应力分布并不光滑，呈现典型的各向异性和应力散点。这些错综复杂的因素使得齿轮接触失效机理尚不明晰。尽管如此，大多数情况下齿轮接触分析并不需要完全考虑以上因素，实际上也很少能同时考虑以上所有因素，因而赫兹接触理论依旧是目前求解齿轮、轴承等摩擦副接触分析问题的常规、主流技术手段。工程应用方面以赫兹接触理论为基础，结合经验系数修正的传统齿轮接触性能分析方法，在面向高功率密度、高可靠性传动设计需求时存在一定局限，而随着弹性流体动力润滑(elasto-hydrodynamic lubrication, EHL，简称弹流润滑)理论和混合润滑(mixed lubrication, ML)、边界润滑(boundary lubrication, BL)理论的发展以及计算机技术的推陈出新，齿轮的润滑接触问题也得到有效解决。伴随商业软件的成功普及，有限元法在接触分析中也扮演了非常重要的角色。

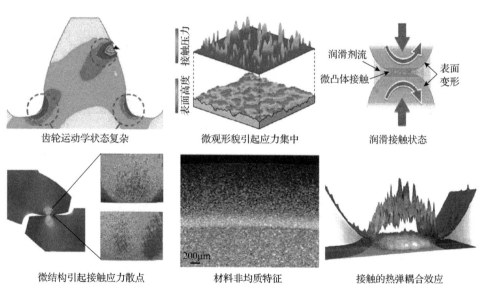

齿轮运动学状态复杂　　　微观形貌引起应力集中　　　润滑接触状态

微结构引起接触应力散点　　　材料非均质特征　　　接触的热弹耦合效应

图 2-3　齿轮接触分析的一些重点与难点

2.1　赫兹接触理论

工程中的很多摩擦副表面的接触点经常历经复杂运动并传递力和力矩，齿轮本身在空间中运动，在瞬时接触点上两个表面还以滚动和滑动相结合的方式做相对运动，因此齿轮的啮合运动可以理解为时变滑滚运动状态下时变等效曲率半径的接触问题。Johnson[16]在 *Contact Mechanics* 中提到，接触力学这门学科可以说是始于 1882 年赫兹在研究玻璃透镜间光学干涉试验时发表的文章"On contact between elastic bodies（论弹性固体的接触）"[17]。20 世纪初，受到铁路、船用齿轮及滚动接触轴承等工业领域发展的推动，基于赫兹理论的接触力学理论进展不断涌现。随着齿轮、轴承等关键机械基础件承载能力要求的不断提高以及生物医疗等领域中新型接触问题的出现，对接触问题的研究越发广泛而深入。然而，上百年前的赫兹接触理论仍然是认识和理解齿轮等接触问题的基本方法，也是直到今日工业界开展齿轮和轴承等接触疲劳强度评估的重要手段。本节将介绍接触问题的赫兹接触解以及赫兹接触理论在齿轮接触问题上的应用。

2.1.1　两个曲面的弹性接触问题

接触问题的准确分析依赖于：①宏微观接触几何的准确描述；②时变切向、法向接触载荷的准确描述；③接触载荷下材料应力、应变本构的准确描述。对于接触几何的认识，接触问题计算的必要前提为不考虑塑性变形，齿轮、轴承、凸轮等零件的接触属于两个曲面的弹性接触。其中，齿轮、滚动轴承、滚珠丝杠副等属于典型的非协调性表面（non-conforming surface）接触，而滑动轴承、关节轴承、人工关节等属于协调性表面接触（conforming surface）。协调性表面是指两个表面在无变形时就"相互贴近"的情况，而非协调性表面是指两个接触表面轮廓具有明显差异的情况。图 2-4 显示了某光弹下的非协调性接触现象。相对而言，协调性表面接触弹性变形小，接触面积大，疲劳损伤等不如非协调性表面接触问题显著，大多数齿轮接触都属于非协调性表面接触，因此本节以非协调性接触为例进行描述。

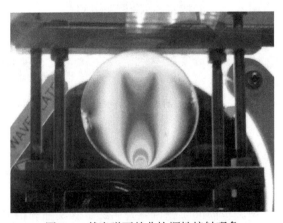

图 2-4　某光弹下的非协调性接触现象

　　非协调性表面在一个非常小的法向力作用下会在某点处发生接触。如果对接触表面作几何上的描述，采用初始接触点作为直角坐标系的原点 O，可以构建直角坐标系 O-xyz，xOy 平面为两个接触表面的公切平面（osculating plane），z 轴沿公法线指向下面的物体，如图 2-5 所示。

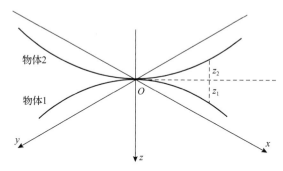

图 2-5　非协调性表面接触示意图

　　首先需要进行光滑非协调接触表面几何学计算。两个表面的无变形形状在该坐标系下可以表达为

$$z_1 = f_1(x, y)$$
$$z_2 = f_2(x, y) \tag{2-1}$$

这样加载前两个表面的间距 h 为

$$h = z_1 + z_2 = f(x, y) \tag{2-2}$$

在宏观尺度上光滑表面外形函数和它的一、二阶导数在接触区是连续的，因此任意曲面在接触点作泰勒级数（Taylor series）展开，并且保留二阶形式，有

$$z_1 = A_1 x^2 + B_1 y^2 + C_1 xy + \cdots \tag{2-3}$$

式（2-3）略去了关于位置坐标 x 和 y 的更高次项，经过坐标变换可以得到

$$z_1 = \frac{1}{2R_1'} x_1^2 + \frac{1}{2R_1''} y_1^2 \tag{2-4}$$

$$z_2 = \frac{1}{2R_2'} x_2^2 + \frac{1}{2R_2''} y_2^2 \tag{2-5}$$

式中，R_1'、R_1'' 为曲面 1 在接触原点的主曲率半径；R_2'、R_2'' 为曲面 2 在接触原点的主曲率半径。两个主曲率半径分别是轮廓所有可能的横截面的曲率半径的最大值和最小值。

两个接触曲面的间隙 h 可表达为 $h=z_1-z_2$，进一步地通过选取合适的坐标轴可表述为

$$h=\frac{1}{2R'}x^2+\frac{1}{2R''}y^2 \tag{2-6}$$

式中，R' 和 R'' 分别为相对主曲率半径最大值和最小值。通常引入一个等效曲率半径 R_e，定义为

$$R_e=\sqrt{R'R''} \tag{2-7}$$

非协调表面意味着相对曲率 $1/R'$ 和 $1/R''$ 足够大，如大多数齿轮和滚动轴承接触表面均属于非协调表面，接触时会带来更显著的应力集中。

考虑法向力作用下引起的表面变形，假设每个物体表面由于接触压力而平行于 Oz 方向发生位移，幅值相对于远处分别为 $\bar{u}_{z1}$ 和 $\bar{u}_{z2}$，则弹性位移的表达式为

$$\bar{u}_{z1}+\bar{u}_{z2}=\delta-Ax^2-By^2 \tag{2-8}$$

式中，δ 为受压过程中两物体的远处点沿着 z 轴方向向着接触原点 O 移动的位移（δ_1 和 δ_2）之和，即 $\delta=\delta_1+\delta_2$。在不发生接触的位置有

$$\bar{u}_{z1}+\bar{u}_{z2}<\delta-Ax^2-By^2 \tag{2-9}$$

为求解该问题，需要获得两物体间接触压力分布，它所引起的弹性变形在接触区域内满足式(2-8)，而接触区域外满足式(2-9)。即接触问题的边界条件可以描述为 Kuhn-Tucker(K-T)边界条件：

$$\begin{cases} p(x,y)\geqslant 0, & g(x,y)=0, & (x,y)\in I_c \\ p(x,y)=0, & g(x,y)\geqslant 0, & (x,y)\notin I_c \end{cases} \tag{2-10}$$

式中，$p(x,y)$、$g(x,y)$ 分别为与坐标位置相关的接触压力和曲面间隙；I_c 为接触区。其中曲面间隙写为

$$g=\delta-(Ax^2+By^2)-(\bar{u}_{z1}+\bar{u}_{z2}) \tag{2-11}$$

法向的载荷平衡方程表达为

$$\iint_{I_c} p(x,y)\mathrm{d}x\mathrm{d}y=F \tag{2-12}$$

式中，F 为法向载荷，N。

在接触区域上受法向力 p 和切向力 q 的作用，在加载区域外法向力与切向力

为零，因此这一接触问题体现为在 $z=0$ 的表面上作用力给定的弹性问题。一般情况下，接触次表面的应力状态是三维的，接触区任一点的应力状态可用包含正应力和剪应力的 6 个相互独立的应力分量表示。实际上每个材料点具有 9 个应力分量，但剪应力互等，相互独立的应力分量数量即为 6 个，可进一步通过应力变换找到其主应力状态，如图 2-6 所示。考虑二维平面问题时，给定坐标系下每个材料点处需要求解的应力分量数目为 3 个(其中 2 个正应力分量、1 个剪应力分量)。

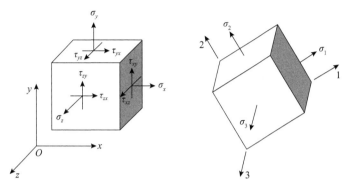

图 2-6　材料点的三维应力状态及其主应力状态

19 世纪末，Boussinesq 和 Cerruti 利用位势理论求解了弹性半空间在表面力作用下的应力和变形[18]，得到关于表面压力、剪切力分布的积分表达形式，如图 2-7 所示。

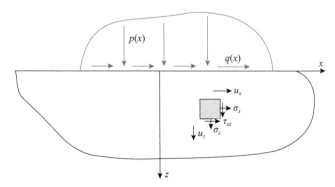

图 2-7　弹性半空间在表面力作用下的应力示意图

以平面问题为例，求得表面压力分布 $p(x)$ 后，若不考虑接触表面的剪切载荷 $q(x)$，根据弹性力学理论，应力分量具体可以表示为以下形式：

$$\sigma_{xx}(x,z,t) = -\frac{2}{\pi}\int_{-\infty}^{+\infty}\left\{p(\xi,t)\frac{(x-\xi)^2 z}{[(x-\xi)^2+z^2]^2}\right\}\mathrm{d}\xi \tag{2-13}$$

$$\sigma_{zz}(x,z,t) = -\frac{2}{\pi}\int_{-\infty}^{+\infty}\left\{ p(\xi,t)\frac{z^3}{[(x-\xi)^2+z^2]^2}\right\}\mathrm{d}\xi \tag{2-14}$$

$$\tau_{xz}(x,z,t) = -\frac{2}{\pi}\int_{-\infty}^{+\infty}\left\{ p(\xi,t)\frac{(x-\xi)z^2}{[(x-\xi)^2+z^2]^2}\right\}\mathrm{d}\xi \tag{2-15}$$

$$\sigma_{yy}(x,z,t) = \nu(\sigma_{xx}+\sigma_{zz}) \tag{2-16}$$

$$\tau_{xy} = \tau_{yz} = 0 \tag{2-17}$$

式中，ν 为泊松比。

考虑接触表面的剪切载荷 $q(x)$ 后，也能找到明确的积分表达式。

在一点上存在着三个互相垂直的特殊截面，在这三个面上没有剪应力，而仅有正应力，此平面就称为主平面，此正应力称为主应力。主应力是用来评价强度的重要指标之一，具体可以通过以下方式表示。

主应力可表达为

$$\sigma_1 = \frac{\sigma_{xx}+\sigma_{zz}}{2} + \sqrt{\left(\frac{\sigma_{xx}-\sigma_{zz}}{2}\right)^2 + \sigma_{xz}^2} \tag{2-18}$$

$$\sigma_2 = \frac{\sigma_{xx}+\sigma_{zz}}{2} - \sqrt{\left(\frac{\sigma_{xx}-\sigma_{zz}}{2}\right)^2 + \sigma_{xz}^2} \tag{2-19}$$

$$\sigma_3 = \sigma_{yy} \tag{2-20}$$

von Mises 应力可表达为

$$\sigma_{\text{Mises}} = \sqrt{\frac{(\sigma_1-\sigma_2)^2 + (\sigma_1-\sigma_3)^2 + (\sigma_2-\sigma_3)^2}{2}} \tag{2-21}$$

最大剪应力可表达为

$$\tau_{\max} = \frac{\sigma_1-\sigma_2}{2} \tag{2-22}$$

静水应力可表达为

$$\sigma_{\text{Hydro}} = \left|\frac{\sigma_1+\sigma_2+\sigma_3}{3}\right| \tag{2-23}$$

有时强度评价时也用主剪应力，表达为

$$\tau_1 = \frac{\sigma_1 - \sigma_3}{2} \tag{2-24}$$

$$\tau_2 = \frac{\sigma_1 - \sigma_2}{2} \tag{2-25}$$

$$\tau_3 = \frac{\sigma_2 - \sigma_3}{2} \tag{2-26}$$

或者采用八面体剪应力，表达为

$$\tau_{\mathrm{oct}} = \frac{1}{3}\sqrt{(\sigma_1 - \sigma_2)^2 + (\sigma_2 - \sigma_3)^2 + (\sigma_1 - \sigma_3)^2} \tag{2-27}$$

如果已知具体的表面载荷分布，就可以得到该载荷分布下的应力场分布，尽管这种积分形式的计算比较困难。给定表面压力 p 和剪切力 q 分布的情况下，一般可通过离散后相加计算得到各应力分量。有限差分格式下，各节点 (i,j) 处的相内应力（in-plane stress）分量计算为

$$\sigma_{xx}^{ij} = \sum_k \left(p_k K_{i,j-k}^{21} + q_k K_{i,j-k}^{30} \right) \tag{2-28}$$

$$\sigma_{zz}^{ij} = \sum_k \left(p_k K_{i,j-k}^{03} + q_k K_{i,j-k}^{12} \right) \tag{2-29}$$

$$\sigma_{xz}^{ij} = \sum_k \left(p_k K_{i,j-k}^{12} + q_k K_{i,j-k}^{21} \right) \tag{2-30}$$

其中，

$$\sigma_{xx}^{ij} = \sigma_{xx}(x_j, z_i) \tag{2-31}$$

$$\sigma_{zz}^{ij} = \sigma_{zz}(x_j, z_i) \tag{2-32}$$

$$\sigma_{xz}^{ij} = \sigma_{xz}(x_j, z_i) \tag{2-33}$$

各影响系数表达为

$$
\begin{aligned}
K_{ij}^{03} = &-\frac{1}{\pi}\left[\arctan\frac{(0.5-j)\Delta x}{z_i} + \arctan\frac{(0.5+j)\Delta x}{z_i} \right] \\
&-\frac{1}{\pi}\left\{ \frac{(0.5-j)\Delta x z_i}{[(0.5-j)\Delta x]^2 + z_i^2} + \frac{(0.5+j)\Delta x z_i}{[(0.5+j)\Delta x]^2 + z_i^2} \right\}
\end{aligned} \tag{2-34}
$$

$$K_{ij}^{12} = -\frac{1}{\pi} \left\{ \frac{z_i^2}{[(0.5-j)\Delta x]^2 + z_i^2} - \frac{z_i^2}{[(0.5+j)\Delta x]^2 + z_i^2} \right\} \tag{2-35}$$

$$K_{ij}^{21} = -\frac{1}{\pi} \left[\arctan \frac{(0.5-j)\Delta x}{z_i} + \arctan \frac{(0.5+j)\Delta x}{z_i} \right]$$
$$+ \frac{1}{\pi} \left\{ \frac{(0.5-j)\Delta x z_i}{[(0.5-j)\Delta x]^2 + z_i^2} + \frac{(0.5+j)\Delta x z_i}{[(0.5+j)\Delta x]^2 + z_i^2} \right\} \tag{2-36}$$

$$K_{ij}^{30} = \frac{1}{\pi} \left\{ \frac{z_i^2}{[(0.5-j)\Delta x]^2 + z_i^2} - \frac{z_i^2}{[(0.5+j)\Delta x]^2 + z_i^2} \right\}$$
$$+ \frac{1}{\pi} \ln \frac{[(0.5-j)\Delta x]^2 + z_i^2}{[(0.5+j)\Delta x]^2 + z_i^2} \tag{2-37}$$

经过一定的推导、化解后，可以计算出接触应力场。但对于网格节点数较多的情况，计算代价显然很大。近几十年来发展出一些基于快速傅里叶变换(fast Fourier transform, FFT)或多重网格多重积分(multi-level multi-integration, LMI)的高效数值方法可用于应力场等物理场的计算。FFT方法考虑了计算公式的卷积特征，而MLMI法基于圣维南原理，利用不同密度网格上的计算快速消减高、低频误差实现目标结果。

2.1.2　赫兹接触解

两接触物体之间不施加润滑直接发生接触的情况称为干接触。最早的两任意曲面弹性干接触的解析解由德国物理学家赫兹于1882年提出，他系统地阐述了物体表面法向位移所需要满足的条件，还通过观察玻璃透镜间的光学干涉条纹第一次提出了接触区通常为椭圆这一假定。赫兹接触解主要有以下假设：①表面是连续且非协调的；②接触变形为小应变，即接触变形 a 远小于物体的宏观尺寸(如曲率半径 R)，即 $a \ll R$；③物体可以看成半空间弹性体，即 $a \ll R_{1,2}$；④忽略接触表面摩擦作用，即 $q_x = q_y = 0$；⑤忽略表面形貌特征。其中，a 为接触区的有效尺寸，R 为相对曲率半径，$R_{1,2}$ 为物体的有效半径，q_x、q_y 为摩擦力。基于以上假设，结合三个原理：①变形符合变形连续条件；②材料处于弹性阶段且满足胡克定律；③表面接触压力合力等同于外载荷，可以求出接触区域的压力分布、接触半径等。

1. 两个球体的赫兹接触解

对于两个球体(假设半径分别为 R_1 和 R_2)接触问题，如图2-8所示，接触区为

一个半径为 a 的圆，球体的宏观几何参数为

$$R_1' = R_1'' = R_1$$
$$R_2' = R_2'' = R_2 \tag{2-38}$$

接触区内的表面法向位移边界条件可表述为

$$\bar{u}_{z1} + \bar{u}_{z2} = \delta - \frac{r^2}{2R} \tag{2-39}$$

式中，$1/R = 1/R_1 + 1/R_2$ 为相对曲率。

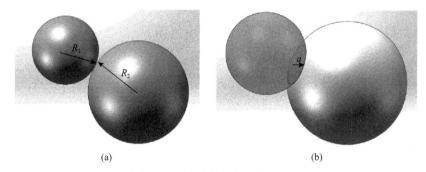

(a)　　　　　　　　　　　　　　(b)

图 2-8　两个球体的弹性接触问题

若接触区域 $(r \leqslant a)$ 内的压力分布满足位移边界条件，则可表示为

$$p = p_H \sqrt{1 - (r/a)^2} \tag{2-40}$$

总载荷与压力的关系为

$$F = \int_0^a p(r)2\pi r \mathrm{d}r = \frac{2}{3} p_H \pi a^2 \tag{2-41}$$

若定义等效弹性模量为

$$\frac{1}{E^*} = \frac{1 - v_1^2}{E_1} + \frac{1 - v_2^2}{E_2} \tag{2-42}$$

则可以得到两个球接触的解（一般指接触尺寸、压缩深度、最大赫兹接触压力）。接触半径 a 为

$$a = \left(\frac{3FR}{4E^*} \right)^{1/3} \tag{2-43}$$

压入深度为

$$\delta = \frac{a^2}{R} = \left(\frac{9F^2}{16RE^{*2}}\right)^{1/3} \tag{2-44}$$

最大赫兹接触压力为

$$p_{\mathrm{H}} = \frac{3F}{2\pi a^2} = \left(\frac{6FE^{*2}}{\pi^3 R^2}\right)^{1/3} \tag{2-45}$$

最大赫兹接触压力 p_{H} 为接触区域内 $(r \leqslant a)$ 平均压力 p_{m} 的 1.5 倍。

该压力分布下，采用圆柱坐标系 $(r$、θ、z 坐标)，可计算得到接触表面处的应力，接触区内部正应力分量为

$$\begin{aligned}
\frac{\sigma_r}{p_{\mathrm{H}}} &= \frac{1-2\nu}{3}\left(\frac{a^2}{r^2}\right)\left[1-\left(1-\frac{r^2}{a^2}\right)^{3/2}\right] - \left(1-\frac{r^2}{a^2}\right)^{1/2} \\
\frac{\sigma_\theta}{p_{\mathrm{H}}} &= -\frac{1-2\nu}{3}\left(\frac{a^2}{r^2}\right)\left[1-\left(1-\frac{r^2}{a^2}\right)^{3/2}\right] - 2\nu\left(1-\frac{r^2}{a^2}\right)^{1/2} \\
\frac{\sigma_z}{p_{\mathrm{H}}} &= -\left(1-\frac{r^2}{a^2}\right)^{1/2}
\end{aligned} \tag{2-46}$$

在接触区域外部 $r > a$ 处，径向和周向应力分量表达式为

$$\frac{\bar{\sigma}_r}{p_{\mathrm{H}}} = -\frac{\bar{\sigma}_\theta}{p_{\mathrm{H}}} = (1-2\nu)\frac{a^2}{3r^2} \tag{2-47}$$

图 2-9 为等效弹性圆柱体赫兹接触示意图。由图可以发现，在接触区域中心 $(r=0)$ 处，径向正应力分量呈现压应力，为 $(1+2\nu)p_{\mathrm{H}}/2$；在接触区域外部 $(r>a)$，径向正应力分量 σ_r 为拉应力（正值），在接触圆的边界 $r=a$ 处达到最大值 $(1-2\nu)p_{\mathrm{H}}/3$，这是该类接触问题所产生的最大拉应力。进一步分析可知，主剪应力 $\tau_1 = |\sigma_z - \sigma_\theta|/2$ 在深度为 $0.48a$ 附近有一个大约 $0.31p_{\mathrm{H}}$（假设泊松比 $\nu = 0.3$）的最大值，该值超过了接触表面上的剪应力，因此如果继续增大载荷，可以预测塑性应变先由次表面产生。

若采用笛卡儿坐标系，在接触区，正应力 σ_x、σ_y 和 σ_z 均为压应力。这些局部产生的表面压应力特别重要，因为它们有效地延迟了表面最上层塑性屈服的产

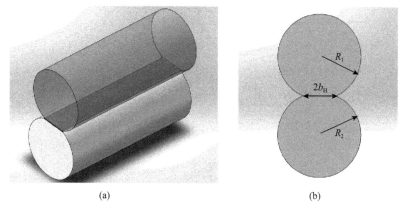

图 2-9　等效弹性圆柱体赫兹接触示意图

生。虽然各正应力最大值都在接触表面，但是它们所形成的 45°剪应力的最大值 $\tau_{\max}$ 则作用在表层内的一定深度（一般称为次表面），对接触疲劳和磨损的重要作用不容忽视。

接触应力的两个重要特征为：①应力与载荷为非线性关系是接触应力重要特征之一，原因在于随着载荷增加，接触面积也在增加；②应力与材料的弹性模量及泊松比有关，原因在于接触面积的大小与物体的弹性变形有关。

2. 二维圆柱接触的赫兹解析解

以圆柱直齿轮、圆柱滚子轴承等接触问题为例，两个圆柱体的轴平行于坐标系中的 y 轴，由单位长度上的力 F_{2D} 下压时，问题可简化为二维问题（如平面应变问题），在宽度为 $2b_H$、平行于 y 轴的长条上形成接触区域，一般称为无限长线接触问题或简称线接触问题。

假设单位长度上的线载荷为 F_{2D}（单位为 N/m），则接触区内的压力按椭圆规律分布，表示为

$$p(x) = \frac{2F_{2D}}{\pi b_H^2} \sqrt{b_H^2 - x^2} \qquad (2\text{-}48)$$

赫兹接触区接触半宽 b_H 的计算公式可表示为

$$b_H = \sqrt{\frac{4F_{2D}R}{\pi E^*}} \qquad (2\text{-}49)$$

式中，R 为当量曲率半径（$1/R=1/R_1+1/R_2$）。

最大赫兹接触压力为

$$p_H = \frac{4}{\pi} p_m = \frac{2F_{2D}}{\pi b_H} = \sqrt{\frac{F_{2D}E^*}{\pi R}} \tag{2-50}$$

该接触问题的最大赫兹接触压力是平均压力 p_m 的 $4/\pi$ 倍。

接触区域内赫兹变形为

$$\delta_x = \delta_{max} - (R - \sqrt{R^2 - x^2}) \tag{2-51}$$

式中，x 为滚动方向到赫兹接触中心的距离。

对于小变形假设，最大变形可近似为

$$\delta_{max} \approx \frac{b_H^2}{R} \tag{2-52}$$

因此确定载荷下最大变形可进一步表达为

$$\delta_{max} = \frac{4F_{2D}}{\pi E^*} \tag{2-53}$$

进一步可求得表面与次表面材料点的应力分量，以笛卡儿直角坐标系为例，令

$$
\begin{aligned}
m^2 &= \frac{1}{2}\left[\sqrt{\left(a^2 - x^2 + z^2\right)^2 + 4x^2z^2} + \left(a^2 - x^2 + z^2\right)\right] \\
n^2 &= \frac{1}{2}\left[\sqrt{\left(a^2 - x^2 + z^2\right)^2 + 4x^2z^2} - \left(a^2 - x^2 + z^2\right)\right]
\end{aligned}
\tag{2-54}
$$

正应力和剪应力分量可分别表达为

$$
\begin{aligned}
\sigma_x &= -\frac{p_0}{a}\left[m\left(1 + \frac{z^2 + n^2}{m^2 + n^2}\right) - 2z\right] \\
\sigma_z &= -\frac{p_0}{a}m\left(1 - \frac{z^2 + n^2}{m^2 + n^2}\right) \\
\tau_{xz} &= \frac{p_0}{a}n\left(\frac{m^2 - z^2}{m^2 + n^2}\right) \\
\sigma_y &= \nu(\sigma_x + \sigma_z)
\end{aligned}
\tag{2-55}
$$

由此计算出赫兹线接触下的应力场分布，如图 2-10 所示。图 2-10(a)为正应力分量 σ_z 的分布情况，图 2-10(b)为正交剪应力分量 τ_{xz} 的分布情况。

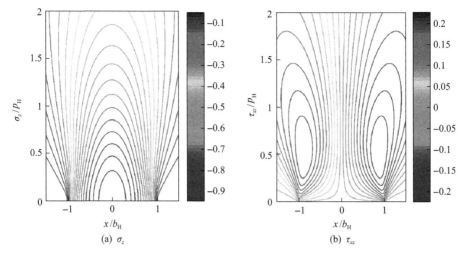

图 2-10　线接触问题的应力场分布

可以进一步计算 von Mises 应力或最大剪应力等等效应力。其中最大剪应力 τ_{max} 的最大值为 $\tau_{max} = 0.3 p_H$，发生在 $x = 0$, $z = 0.78 b_H$ 的次表面处。可以发现，无论是球接触还是线接触，最大剪应力都出现在次表面位置。

2.1.3　赫兹接触理论的发展现状

在现代接触力学分析所基于的经典理论中，赫兹接触理论是使用最广泛的理论之一，自诞生以来在齿轮[19]、轴承[20]、轮轨[21]、凸轮[22]、生物关节[23]、细胞力学[24]等领域得到广泛应用，成为预测齿轮、轴承、关节等零部件接触应力状态和疲劳寿命的主要依据。工业界广泛采用与认可的国际和国家标准，如 ISO 标准、DIN 标准和 AGMA 标准等也都将赫兹接触理论作为齿轮接触疲劳强度计算的主要计算依据。

但值得注意的是，赫兹接触理论基于均质弹性、光滑表面等假设，与目前很多工程实际情况不完全符合，实际情况有时会偏离赫兹接触理论结果。经典接触力学提供了封闭的解析解，为工程应用提供了诸多便利，但其解决问题范围十分有限。赫兹接触理论诞生后的上百年时间里，人们也在不断突破其假设局限以及扩展其应用范围[25, 26]，如热弹等多场接触问题求解方法[27]、无椭圆积分的赫兹接触计算新方法[26]等。电子计算机、新型解析、半解析和数值方法的发展和应用，给非经典的接触问题研究创造了前所未有的巨大空间，如今已能处理考虑真实表面粗糙度、真实接触体外形、真实材料弹塑性、真实受载情况的复杂接触问题。几个值得关注的突破介绍如下。

1）表面微观形貌作用下的接触问题

事实上任何接触表面都不是绝对光滑的，表面微观形貌和表面粗糙度对接触状态有显著影响，如齿轮微点蚀、胶合等失效和表面微观形貌有密切关系。表面形貌特征影响应力场、温度场、摩擦力分布，影响表层及次表面材料组织结构的演化及油膜物理化学性质的转变等。作为反映零件加工表面质量的一个重要参数，表面粗糙度对接触性能、摩擦学性能等有显著影响。由于加工方式和工艺规范的区别，表面轮廓形貌可根据波峰和波长的不同大致分为粗糙度、波纹度和形状误差等组成部分。表面粗糙度可以通过高度、空间分布、波长等信息进行表征，轮廓算术平均偏差 Ra、轮廓的偏斜度 Rsk（也称轮廓高度分布的偏态）、轮廓的陡度 Rku（也称为峰态）、轮廓峰的自相关函数、功率谱密度等常被用来表征表面粗糙度。粗糙表面的接触问题成为过去几十年摩擦学界的研究热点问题之一。在 20世纪 60 年代形成的以赫兹接触理论和统计分析为基础的 Greenwood-Williamson 粗糙表面干接触理论(简称 G-W 模型)[28]成为一个重要的里程碑。

G-W 模型首次将表面形貌的高度分布看作随机变量，没有以绝对弹性或绝对塑性变形为前提，而是引入了塑性指数概念，通过此概念将材料本身的特性与接触面的几何形状联系起来。当然，G-W 模型存在局限性，如其假设粗糙表面各向同性、纯粹弹性响应、微凸体的峰顶部分为球体、粗糙峰之间没有相互作用，并且塑性指数未考虑粗糙度参数对弹塑性接触的影响。此外，G-W 模型是基于实验统计学参数建立的接触模型，由于基础数据受测试仪器和样本限制，其计算结果具有不确定性。此后出现了大量改进的接触模型[29, 30]。随着表面检测技术及模型和数字分析技术的迅速发展，如今可以迅速、容易地获得更多表面形貌的统计学参数如斜率分布、曲率分布、功率谱密度和自相关函数等，因此对 G-W 模型的假设条件进行了更加切合实际的修正。1984 年，Greenwood 等[31]结合理论和试验研究了表面粗糙度对基于赫兹理论预测球-面弹性接触压力和区域准确性的影响。统计分析和试验验证表明表面粗糙度的影响可以通过一个量纲化的参数体现，该参数涵盖了表面粗糙度、接触表面几何、赫兹接触宽度等因素，只要该参数小于 0.05，表面粗糙度带来的赫兹理论计算误差不大于 7%。

还有研究表明，粗糙表面在不同尺度的相似性可能是唯一的、确定的，这一特性可由分形几何来表征。分形(fractal)特点是整体与部分之间存在某种自相似性[32]，这种现象在海岸线、山脉、聚合物结构、血液微循环管道等自然界中普遍存在，分形理论普遍应用于摩擦学和接触问题研究，诞生了分形几何、分形维数等概念。分形理论最著的特点是粗糙表面的分形特性与尺度无关，可以提供存在于分形面上所有尺度范围内的全部粗糙度信息。研究表明，许多工程表面形貌的轮廓都具有统计自仿射分形特性[33]。因此，利用表面分形理论特有的尺寸独立性和自仿射等优点建立的接触模型，有望实现表面接触分析结果的确定性、唯一性。1991 年，Majumdar 与 Bhushan[32]提出了以分形几何为基础的接触模型(简称M-B 模型)。M-B 模型与 G-W 模型相同之处在于将粗糙表面间的接触简化为粗糙表面与刚性理想平面的接触，不过这一粗糙表面考虑了分形特性，由于 M-B 模型基于不依赖于尺度的分形参数而建立，所以相对基于统计学参数的传统接触模型如 G-W 模型，M-B 模型更为合理。M-B 模型诞生后就用于材料的磨损预测[34]和摩擦因数预测[35]等。Majumdar 与 Bhushan[32,33]以赫兹接触理论为基础，参考 Johnson 的研究结果，确定了分形表面的弹性、塑性接触点上接触面积与载荷的关系，进而得到了总载荷与真实接触面积间的关系。随后分形理论在粗糙表面接触问题上得到了继续发展和广泛应用[36, 37]。

赫兹弹性理论、G-W 接触模型、M-B 分形模型成为三套成熟接触问题理论的解析解决方案支撑。重载或微观粗糙度、材料夹杂等应力集中因素作用下齿面次表面局部区域发生弹塑性行为，次表面材料所经历的多轴应力状态和失效破坏过程远比目前以 Ioannides-Harris 理论[38]为代表的简化模型所能应对的情况更为复杂。齿轮接触疲劳过程中的累积损伤不仅和多轴应力状态有关，同时还与塑性应变增量密切相关。不断累积的塑性应变也使得齿面微观形貌发生演变，这种齿面微观形貌-润滑-残余应力耦合作用成为揭示齿轮接触疲劳失效机理需要攻克的问题。

2) 弹塑性接触问题

载荷较大时接触区域产生塑性变形和残余应力，则弹性接触问题转变为弹塑性接触问题；总体载荷不大，但由于表面粗糙度或内部材料夹杂导致局部应力集中，也可能导致弹塑性变形。如果说弹性力学理论发展已经成熟完备，但由于新材料的涌现、充分利用材料性能的需要、塑性特性的时间效应与后继屈服、强冲击大变形等问题，弹塑性力学仍处在不断深入发展的阶段中，如描述材料变形特性的弹塑性本构屈服-硬化-流动理论、弹塑性力学边值问题的数值解法、塑性极限载荷求解与弹塑性力学应用场景等都在不断发展。弹塑性力学发展历史悠久，也产生了一些经典理论，例如 von Mises 屈服准则就是弹塑性力学的一个基本理论。一般情况下塑性状态与历史有关，常采用增量理论来描述。变形固体在加载过程中可分为弹性和塑性两个阶段，至于材料是否进入塑性状态，由材料的应力、应变状态决定。

弹塑性接触问题研究也取得一定进展。通过塑性分析，可以判断接触零件在反复滚压下是否具有良好的安定性能；研究表层下塑性流动，对建立磨损模型及揭示材料破坏机理有重要意义；建立弹塑性流体动力润滑模型，对了解超弹性、次弹性、黏弹性等材料的润滑接触性能具有借鉴意义。

3) 接触问题的半解析法求解

利用有限元法求解接触问题需要花费大量时间，特别是对于三维粗糙表面接触问题的求解。半解析法 (semi-analytical method, SAM) 作为一种确定性模型被越来越多地应用于接触问题，尤其是粗糙表面接触问题的求解，即利用解析的方法求得影响系数，然后通过叠加原理，得到数值解。该方法的主要优点在于仅需要在关心的区域划分网格。压力-位移、压力-应力等相关影响系数通过解析的方法给出，这样可以节省大量计算时间，同时还可以保证计算精度。早期利用最小余能方程计算弹性接触中的压力和应力分布时，划分的接触面网格形状多为三角形，压力求解需花费大量时间，网格数目也有一定的限制。由于这种方法划分网格数目有限，仅限于简单外形的粗糙表面接触问题。随着共轭梯度法和FFT方法等的使用，大大提高了计算效率，真正可用于工程实际粗糙表面接触问题的求解。

美国西北大学的学者采用半解析法开发了弹塑性粗糙表面接触分析模型[39]，随后半解析方法逐渐用于弹塑性接触问题的求解[40,41]，Jacq等[42]基于半解析方法求解点接触及单个粗糙峰弹塑性接触问题，其残余应力的求解相对复杂；Wang和Keer[43]采用共轭梯度法和快速收敛的算法提升了这种模型的计算效率，并求解具有线性强化准则的光滑表面弹塑性接触问题。塑性接触问题的难点在于残余应力和表面残余位移的求解。半解析方法基于最小余能方程，求得塑性应变和残余应力及表面残余位移之间的影响系数，即用解析法求得塑性应变-残余应力和塑性应变-表面残余位移影响系数，将接触区域离散为一系列基本单元体，使用格林（Green）函数法积分可以得到基本单元在任意位置的响应函数，然后通过叠加原理，考虑这类积分格式涉及卷积计算的特征，采用离散卷积-快速傅里叶变换[44]等技术快速得到残余应力和位移，并基于J2等流动理论和各向同性强化准则的径向返回算法计算塑性应变增量。

利用特征应变分析和径向返回算法计算表面残余位移，可将基于 SAM 法的弹性接触模型拓展到弹塑性接触。借助 Mura 和 Barnett[45]提出的特征应变（eigenstrain）的概念，将塑性应变看作一种典型的特征应变，该特征应变在体内产生的应力和表面产生的位移分别就是残余应力和残余位移，即卸载后仍然存在的应力和位移。半无限大体内长方体塑性应变单元产生的残余应力等于两个镜像塑性应变单元在无限大体内产生的残余应力减去压力产生的应力，由此可方便得到影响系数。由于塑性变形和加载路径有关，求解过程中需要逐步加载，同时表面压力、塑性应变以及残余位移间是相互耦合的，需要迭代求解。半解析法与雷诺方程等润滑控制方程结合即可求解润滑接触问题。Ren 等[46]提出了点接触弹塑性流体润滑模型，通过考虑材料的弹塑性变形以及材料强化性能，得到了压力分布、油膜厚度及次表面应力，结果表明在光滑表面下弹塑性流体润滑得到的接触区域内的压力分布相对扁平，尤其是在局部高压力区的压力峰值相比弹性流体润滑接触结果明显降低；Beyer 等[47]基于 Eshelby 等效包含方法[48]在半解析模型中实现接触算法，形成了一种求解接触体具有弹性损伤时的三维接触问题的快速方法，其中损伤通过弹性参数的退化来体现。

基体中存在杂质的情况也可通过类似方法解决。杂质使基体和杂质之间变形不协调，导致基体和杂质交界面附近区域应力扰动，即局部应力集中，影响材料的机械和物理性能。Johnson 等[49]研究了包括软、硬杂质在内的，基体中各个方向上任意点和长方体杂质中心点的距离与该点约束应变之间的关系；Wang 等[50]利用等效夹杂法，研究了含杂质的弹流润滑问题。

除了粗糙表面接触问题、弹塑性接触问题、接触问题的半解析法等重要研究取得进展外，接触力学与应用还在其他诸多方面取得突破。如开发出涂层和功能梯度材料的接触问题求解方法[51]、表面硬化钢接触模型[52]、黏附接触模型[53]、微纳尺度接触模型[54]、耦合损伤材料本构的接触模型[55]、晶体微结构接触力学模型[56]等，这些模型和方法不仅极大地丰富了接触力学理论，同时还扩展了工程实际和日常生活中的接触问题的研究尺度及应用领域。然而，不管是过去、现在还是未来，对于一个接触问题的认识和解决，仍需要从一百多年前的赫兹接触理论中去寻找灵感。

2.1.4　齿轮赫兹接触计算

齿轮是赫兹接触理论的重要应用场景之一，接触强度与啮合特性成为齿轮设计的基本内容。赫兹接触理论在齿轮接触疲劳试验方法[57]、齿轮接触分析技术[19]、齿轮接触疲劳强度校核与寿命预估[58]、齿轮啮合刚度与动力学分析[59]等方面都得到应用，为丰富齿轮设计分析理论和工程实际问题提供了解决方案。大多数目前现行的齿轮接触强度设计标准基于赫兹接触理论，随后根据大量试验采用修正因子来考虑润滑、装配偏斜、动载荷等因素的影响。齿轮类型多种多样，齿形上包括渐开线、摆线、双圆弧、抛物线、曲线齿轮等；空间上包括平行轴、交错轴、相交轴齿轮等；从接触形态上，可分为齿轮二维平面接触(无限长线接触)、齿轮有限长线接触、齿轮椭圆形接触等问题。不同的齿轮或应用场景需要建立不同的接触模型。以渐开线圆柱直齿轮为例，早期习惯将其视为平面问题，建立无限长线接触齿轮接触模型进行求解；然而为了考虑修形等特征的影响，后面又开发了有限长线接触齿轮模型或点接触(椭圆接触)模型。

以圆柱齿轮接触分析为例，根据赫兹接触理论可将轮齿接触问题简化为弹性力学中半无限平面或半空间体接触问题。齿面瞬时接触区域可等效为两个以各自接触位置等效曲率半径为横截面半径的弹性圆柱体接触，接触时由于外压力作用及弹性变形，接触点将变为接触面。在以其横截面为代表的二维空间内，接触区域可视为一条线，形成线接触问题，图 2-11 为齿轮接触分析的线接触等效过程。

2.1.5　非赫兹接触问题

不满足赫兹接触假设条件的接触问题统称为非赫兹接触问题，如接触表面不

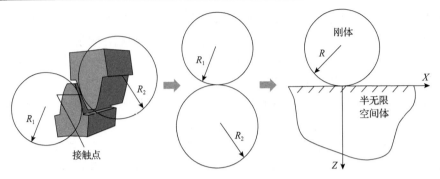

图 2-11　圆柱齿轮的线接触模拟

光滑，或接触表面间存在摩擦、润滑等情况。这些问题通常采用数值方法进行求解。以线接触为例，两接触表面间隙可表达为

$$h(x,t) = h_0(t) + \frac{x^2}{2R_{\mathrm{e}}} + \mathrm{ED}(x,t) + \mathrm{SR}(x,t) \tag{2-56}$$

式中，h_0 为一常数，代表两物体间的刚性位移；R_{e} 为等效曲率半径；$\mathrm{ED}(x,t)$ 为表面弹性变形项；$\mathrm{SR}(x,t)$ 代表表面形貌，光滑表面情况时 $\mathrm{SR}(x,t)=0$。

　　当两表面在载荷作用下接触时，间隙 h 保持非负。忽略黏附力意味着接触区域存在压力而非接触区域压力为零。数学上有

$$\begin{cases} h(x) > 0,\ p(x) = 0, & \text{接触区域} \\ h(x) = 0,\ p(x) > 0, & \text{非接触区域} \end{cases} \tag{2-57}$$

载荷平衡条件可表达为

$$F_{2\mathrm{D}} = \int p(x)\mathrm{d}x \tag{2-58}$$

这体现为一个非线性方程组的求解问题。一般情况下，非赫兹接触问题很难用解析方法求得精确解，需用数值方法进行求解。首先需要求解表面接触压力和表面间的间隙。以有限差分法为例，先将接触表面求解域划分成有限个数的单元网格，将所需求解的方程写成离散形式，即将非线性方程组转化为线性方程组。此模型可用迭代法如雅可比(Jacobi)迭代或高斯-赛德尔(Gauss-Seidel)迭代法求解。一旦压力分布、两接触体间的间隙等得到更新，用于平衡载荷的 h_0 的值也得以更新，此过程反复进行直至收敛。一般有限差分计算区域 $X = [X_{\mathrm{in}}, X_{\mathrm{out}}]$ 采用等距网格，X 向的节点数和间距分别为 $n_x + 1$ 和 h_x。量纲化的间隙方程的离散格式表达为

$$H_i = H_0 + \frac{X_i^2}{2} - \frac{1}{\pi} \sum_{i'=0}^{n_x} K_{i,i'} P_{i'} \tag{2-59}$$

式中，H_0 为间隙 h_0 量纲化后的值；$K_{i,i'}$ 为变形积分系数，表示节点 i' 上单位压力在节点 i 产生的变形值；$P_{i'}$ 为节点 i' 处的量纲化压力值。

注意该间隙方程最后一项弹性变形体现为计算量较大的积分，直接相加计算代价较大，用 DC-FFT 算法或 MLMI 算法可快速求解弹性变形[60]。

下面以 MLMI 法为例介绍弹性变形的求解事项。MLMI 法最早由 Brandt 于 20 世纪 80 年代提出用于干接触问题[61]，随后由 Lubrecht 和 Ioannides[62]用于求解次表面应力场。MLMI 法是建立在多重网格法(multilevel grid, MG)基础上的，在齿轮润滑分析章节介绍了基于多重网格法的齿轮润滑数值分析流程。采用 MLMI 法求解弹性变形时，其调试过程一般分为两步：首先不考虑 MLMI 调通求解器，其次调试 MLMI 算法。MLMI 中的误差是奇数分布式，如对于与粗糙网格重叠的精细网格上的节点上的误差可能比偶数节点上的误差大 3 倍。不管如何，这些误差都应通过调整转移阶数和校正环节的节点数控制在离散误差以内。

弹性变形可以进行加速计算的一个物理解释可参考圣维南原理。该原理声明，远离施载区域的某点处的变形可以通过简化载荷分布获得。在不同尺度上运用该原理，使得离计算变形的点越远，可以进行载荷分布集中处理的区域越大，就可以在不断粗糙的网格上进行积分。相反地，距离计算变形的点越近，就在精细网格上进行积分。假设计算某点 X 处的弹性变形 ED，需要对整个计算区域内压力和影响系数 K 的乘积进行积分计算。积分可表示为

$$\text{ED}(X) = \int_{X_a}^{X_b} K(X, X') p(X') \mathrm{d}X' \tag{2-60}$$

在某等距网格 h 上离散后可写为

$$\text{ED}^h(X_i^h) = \text{ED}_i^h = \sum_{j=1}^{n+1} K_{i,j}^{hh} u_j^h, \quad i = 1, 2, \cdots, n+1 \tag{2-61}$$

式中，u_j^h 为 $u^h(X_i^h)$ 的近似值。显然在离散过程中引入了离散误差，然而可以通过精细网格实现离散误差的控制。函数 $K(X, X')$ 通常称为核函数，其离散形式 $K_{i,j}^{hh}$ 称为核矩阵。只有当核函数足够光滑时才能使用多重积分法。

以下面的核函数为例：

$$K(X, X') = \frac{1}{|X - X'|} \tag{2-62}$$

可以得知在 $X = X'$ 处该值变得奇异。然而，远离 $X = X'$ 的位置核函数的值足够光滑。当采用 MLMI 法用于该问题时，需要对奇异区域进行额外的校正处理。

基于 FFT 的方法在弹性变形计算中也取得巨大成功。1996 年，Ju 和 Farris[63] 首次利用 FFT 求解线接触问题中弹性变形，然而在求解域边界处会产生误差，为了避免这种误差需要将求解域扩大数倍；随后，Nogi 和 Kato[64]、Ai 和 Sawamiphakdi[65] 及胡元中等[66] 分别对 FFT 法进行了改进，并应用在干接触、涂层接触等问题的求解上；2000 年 Polonsky 和 Keer[67] 将多重网格法用于修正 FFT 法的误差，取得了一定的效果，但这大大增加了计算负担；同年，Liu 等[44] 提出了 DC-FFT 法，通过对压力进行补零扩展并对影响系数进行重排的方法成功消除了 FFT 运算中的周期误差。DC-FFT 法不仅在弹性变形的计算上成功运用，在求解温度场、应力场中也取得较好的效果。

2.1.6　时变多轴应力状态

无论是分析疲劳强度，还是计算疲劳寿命，或是预测损伤与裂纹演化，都依赖于准确的接触应力、应变响应。齿轮依靠齿面间的啮合接触传递运动和动力，在法向载荷、切向摩擦、滑滚运动、形貌-润滑耦合等作用下，啮合齿面与次表面产生复杂的应力-应变响应，而获取接触应力-应变响应历程是预测齿轮接触疲劳的必要前提。齿轮滑滚运动下，齿面及次表面材料呈现复杂时变多轴应力、应变状态，这是一种区别于单轴状态的受力情况，也是接触疲劳问题区别于其他疲劳问题的重要特征之一。图 2-12 为某齿面接触下的应力分量分布，由图可以看到，正应力与剪应力共存，呈现多轴应力状态，且表面粗糙度的引入使得近表面材料点的应力状态更加复杂，时变特征也更难捕捉。

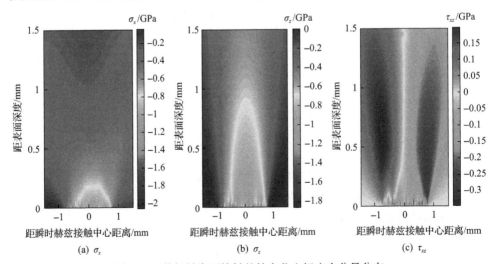

(a) σ_x　　　　　　　　(b) σ_z　　　　　　　　(c) τ_{xz}

图 2-12　某粗糙齿面接触的笛卡儿坐标应力分量分布

　　图 2-13 给出了齿轮某接触时刻直角坐标系下正应力(图(a)、(b))、正交剪应力(图(c))的分布与三个应力分量一个滚动周期内的时间历程(图(d))。由图可以发现，两个正应力分量呈现压应力状态，而名义接触中心两侧剪应力分量有正有负，且幅值均较显著。这种特殊的应力、应变状态使得单纯采用某一应力分量进行疲劳评估有失准确性。尽管在早期齿轮接触疲劳研究中采用过传统的三个多轴疲劳准则：最大主应力/应变准则、von Mises 等效应力/应变准则和 Tresca 最大剪应力/剪应变准则，但是这些准则也可能无法全面揭示齿轮接触疲劳损伤机理。接近表面的材料经历一个先张力再剪切再压应力的非比例循环，这种应力循环导致主应力和主应变方向发生随时间的向外旋转(out-of-phase rotation)，使得裂纹萌生位置和方向以及裂纹扩展速率和路径的判断更加困难。

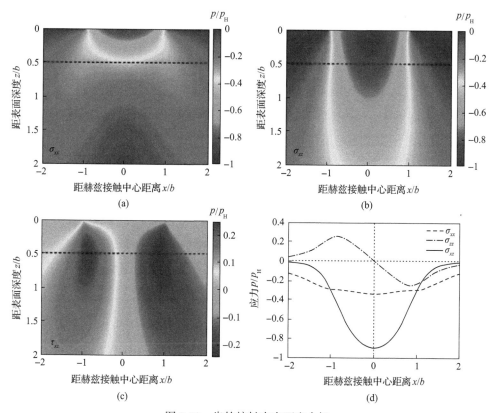

图 2-13　齿轮接触次表面应力场

　　对于光滑表面赫兹接触，进一步观察可以发现，其接触中心点次表面的应力历史与当前的瞬时接触应力场具有类似的应力分布。具体如图 2-14 所示，当量圆柱从 A 点途经中心点 B 运动到 C 点，$\overline{AB} = \overline{BC} = b$。光滑表面下某点的应力历史与瞬时应力场相似，正应力具有一致的轮廓，而剪应力关于 y 轴对称。从疲劳分析的角度来看，正应力为压应力，在接触点正下方取得最大值，在无穷远处取得最小值，因此正应力是脉动变化应力。正交剪应力正负号取决于各点的位置，在接触点正下方以及无穷远处为 0，为交变应力。这样的多轴应力状态使得接触疲劳分析较为困难，而在润滑、表面粗糙度、动态冲击载荷、材料不均质等条件下实际接触状态更为复杂。

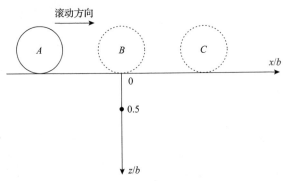

图 2-14　滚动接触过程示意图

考虑表面粗糙度的情况下，由于相对滑滚的存在，单个的表面粗糙峰经历加载-卸载过程，同样次表面的材料点也会不断经历加载-卸载过程，造成在一次名义的赫兹滚动接触循环中材料会经历多次高频的应力循环，这是由微观尺度上的粗糙峰受载造成的，因此称为微观应力循环(stress micro-cycles)[68]。如图 2-15 所示，两个具有正弦粗糙度的接触表面相互滑滚，表面 1 上某点 A 在一次接触过程中会"经历"表面 2 上多个不同的粗糙峰，即会经历多次应力循环。若表面 1 和 2 之间为纯滚动，则 A 点"面对"的表面 2 上的粗糙峰是不变的，即只有一次应力循环，但是由于存在塑性变形、微动、相对滑动等因素的影响，这种情况在实际中几乎不存在。

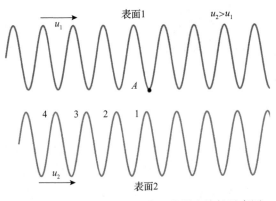

图 2-15　两个正弦粗糙度表面的滑滚接触示意图

因此，相比于采用静态或准静态接触分析的应力、应变、变形结果，更合理的做法是，考虑整个循环接触过程，得到目标区域所有材料点的应力历史，之后基于应力历史和累积损伤准则，计算疲劳损伤或寿命。

2.2　润滑接触理论

润滑的目的是在摩擦表面之间形成具有法向承载能力而切向剪切强度低的润滑膜，以减少摩擦阻力、降低材料磨损、控制表面温升。润滑已成为齿轮、轴承等摩擦副和动力传动系统的必要环节。润滑效果不仅对接触疲劳有影响，还会综合影响传递效率、振动噪声、热传递与温升、失效模式等服役性能。润滑相关的性能指标从某种程度上直接决定了零件和装备的服役性能[69]，尤其是高速、重载、高低温等极端环境服役要求的提高，对齿轮润滑性能的要求也越来越高。一些文献综述[70-72]介绍了齿轮润滑理论与技术的发展，可供读者参考。

齿轮润滑性能的研究除了试验、应用验证手段外，还可借助解析、数值分析等技术。润滑的数值分析技术包括有限差分法、有限元法、计算流体动力学（computational fluid dynamics, CFD）法等。兴起于 20 世纪 60 年代的 CFD 法作为数值数学和计算机科学结合的产物，其针对实际复杂工程问题，采用有限差分法、有限体积法等区域离散化技术对连续的流场域进行离散化处理，建立并求解离散点上的流体控制方程组，得到满足工程要求的数值解。其中 CFX、Fluent、nanoFluidX 等商业 CFD 软件、工具、模块的诞生推动了 CFD 在航空航天、石油天然气、涡轮机、汽车等领域的广泛应用。通过对实际工程问题进行力学与数学抽象，合理设定边界条件与材料属性，CFD 可用于变速箱飞溅润滑、齿面润滑油液流动形态、电机喷淋、搅油损失与功率损耗、油箱晃荡、冷却性能、其他自由液面等复杂边界流体分析[73, 74]。

需要注意的是，CFD 在齿轮润滑与系统开发方面的应用，受到集群计算机成本和仿真计算效率的制约，解决齿轮传动系统润滑问题时仍有困难，它难以解决复杂运动几何体和自由液面问题，使用传统的有限体积法（CFD）仿真一个转速为几千转每分钟的齿轮可能需要几周时间才能模拟出变速箱的几个转动周期，很多时候可能停留在课题研究阶段。而基于 SPH、无网格技术、GPU 算法等的新技术赋予了工程上齿轮润滑仿真更多的可行性，让人们意识到它们是拥有更高成功机会的新技术。

齿轮的润滑问题体现为流-固耦合（fluid-structure interaction, FSI）问题。流-固耦合力学的重要特征是两相介质间的相互作用，即固体在流体载荷作用下产生变形或运动，而变形或运动又影响流场的流动，从而改变流体载荷的分布和大小。流-固耦合问题作为动力学问题，使得用于分析系统动力特性和系统动力响应这两类问题的各种数值方法，原则上都可以用于流-固耦合分析。流-固耦合系统中，固体域的方程通常以位移为基本未知量，而流体域通常采用流场压力作为基本未知量(如果流体域采用以位移为场变量的表达形式，离散后每个节点都有 3 个变量，计算工作量会比以压力为场变量大许多)，相应的有限元表达格式称为流-固耦合分析的位移-压力格式。在流-固交界面需满足两个条件：①运动学条件，即流-固交界面上法向速度应保持连续；②力连续条件，即流-固交界面上法向力应保持连续。流-固耦合方法也被用于研究润滑接触问题[75, 76]。

有限元法在齿轮润滑研究中也有应用。但相对而言，有限差分法由于具有方便实施、解法成熟、计算代价可接受等优点，已成为齿轮啮合界面润滑研究的主流技术。本章随后介绍的润滑模型的推导也是基于有限差分法完成的。

2.2.1　润滑理论的发展现状

现代齿轮传动一般都配备润滑技术，通过在润滑作用下啮合齿面形成液体或气体组成的流体膜或者固体润滑膜，以实现润滑、冷却、减振、延寿等功能。根据润滑膜的形成原理和特征，润滑状态可以分为流体动压润滑(hydrodynamic lubrication, HDL)、流体静压润滑(hydrostatic lubrication, HSL)、弹流润滑、混合润滑、边界润滑、干接触状态等。这些润滑状态的具体甄别还存在困难或争议，但出现了一些分析手段，如采用 Stribeck 图等来大致区分这些状态。对于齿轮或轴承等高应力接触部件，由于承受载荷较高，一般处于弹流润滑、混合润滑、边界润滑或干接触状态。当然，具体的润滑状态还取决于齿面接触形式、转速、温度、润滑液特性、齿面微观形貌状态等。各种润滑状态所形成的润滑膜厚度不同，但是单纯基于润滑膜的厚度并不足以准确地判断其润滑状态，还需与两个齿轮接触表面综合粗糙度进行对比。只有当润滑膜厚度足以超过两表面的综合粗糙峰高度时，才有可能完全避免齿面间金属峰-峰接触，实现全膜润滑[77]。

润滑的理论与试验研究成为过去几十年摩擦学领域的一个重点和热点。值得庆幸的是，过去的几十年，弹流润滑理论与试验研究产生了突出的进展，可以说弹流润滑的研究成为现代摩擦学理论体系的重要支撑，也为齿轮润滑问题研究提供了极好的解决思路。对于弹流润滑问题的认识成为齿轮润滑研究的重要工作。图 2-16 为典型弹流润滑的压力、膜厚与次表面应力分布。弹流润滑有区别于其他润滑状态的几个典型特征，大致可以概括为：①润滑液黏度随压力升高会急剧增加，因此在极高的接触压力(如高达数吉帕)下由于润滑液黏度高，仍有可能在接触区存在油膜。②在接触入口区压力随着流体的动压作用而逐渐增加，在接触区内的大部分位置流体压力与赫兹干接触压力十分接近，在出口区压力曲线上有一尖锐的第二压力峰，随后压力急剧下降至环境压力。③油膜形状和压力分布是对应的，出口区处的第二压力峰的位置对应油膜开始收缩之处，而大部分接触区内的油膜形状是大致平行的，这是通过表面的弹性变形保证的；对于点接触问题，马蹄形膜厚分布有两处最小膜厚区，且与赫兹接触椭圆的边缘接近。④相比于混合润滑状态，弹流润滑属于全膜润滑，没有发生局部的粗糙峰干接触，因此保证了流体在接触区域的连续性。

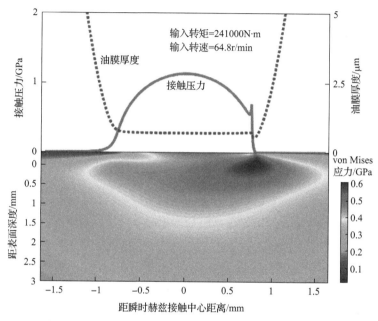

图 2-16 典型弹流润滑的压力、膜厚与次表面应力分布

弹流润滑对齿轮压力、摩擦、接触应力和疲劳影响的早期研究分为理论分析和试验探讨两方面。理论分析侧重于轮齿接触区润滑油膜厚度、表面压力、次表面应力分布的数值计算，以探寻润滑接触与干接触两种状态下压力、应力分布的差异，并借此判断润滑效应对齿面接触应力的影响程度。20 世纪 60 年代，Dowson 等[77]首次从理论上分析了润滑滚动接触中的应力问题，指出润滑效应对轮齿接触应力的影响甚微；80 年代，Wang 和 Cheng[78]在考虑动载荷的情况下研究了齿轮的弹流润滑问题，认为挤压效应对弹流最小膜厚的数值影响较小；90 年代，Hua 和 Khonsari[79]在不考虑动载荷的情况下，给出了渐开线齿轮的等温瞬态数值解。以上研究均未考虑齿面粗糙度的影响，21 世纪初，Evans 等[80]引入实际测量的齿轮表面粗糙轮廓，建立了考虑齿轮表面粗糙度、瞬态效应、非牛顿流体效应的确定型齿轮润滑模型，发现高接触峰接触面积与试验中胶合失效的位置一致。刘怀举等也构建了一系列分别考虑齿面粗糙度、乏油状态、热效应、动载荷效应、涂层等因素的直齿轮、斜齿轮、摆线针轮确定型润滑接触数值模型[81-86]，并用于摩擦学特性、疲劳寿命、啮合刚度与动力学响应等研究[59, 87, 88]。

现代齿轮润滑理论已能综合考虑发热、传热、零件变形、润滑流变、表面粗糙度、时变动载荷、疲劳损伤等诸多因素，使得齿轮润滑理论成为计算数学、流体力学、传热学、机械系统动力学、固体力学、损伤与断裂力学等多学科交叉的理论，也必将在未来的工业发展、国防建设和国民经济生活中扮演更加显著的角色，发挥更加重要的作用。

2.2.2 弹流润滑理论

齿轮润滑的理论研究，绕不开对流体动力润滑理论，尤其是弹流润滑理论的研究。混合润滑的研究也以对弹流润滑的深刻认识为前提。从数学观点上，流体动力润滑的研究，就是 Navier-Stokes 方程一种特殊形式的研究。这种特殊的微分方程由 Reynolds[89]于 1886 年提出，描述了压力、膜厚、接触面相互运动之间的关系。从数学层面来看，流体润滑数值分析的基本内容就是求解雷诺方程及揭示流体润滑膜中的压力和油膜厚度分布规律。弹流研究中，常用雷诺方程描述流体运动，结合表面弹性变形方程、润滑液黏度和密度随压力和温度变化的方程，以及载荷平衡方程，构成弹流基本数学模型。为清楚阐述方法论，下面列出一些主要的弹流润滑控制方程及求解方法。

通过微元体受力平衡、流速分布与流量连续条件可推导出雷诺方程的普遍形式。一般形式的雷诺方程表示为

$$
\begin{aligned}
\frac{\partial}{\partial x}\left(\frac{\rho h^3}{\eta}\frac{\partial p}{\partial x}\right)+\frac{\partial}{\partial y}\left(\frac{\rho h^3}{\eta}\frac{\partial p}{\partial y}\right) &= 12u_{\mathrm{r}}\frac{\partial(\rho h)}{\partial x}+12v_{\mathrm{r}}\frac{\partial(\rho h)}{\partial y}+12\rho h\frac{\partial u_{\mathrm{r}}}{\partial x} \\
&+12\rho h\frac{\partial v_{\mathrm{r}}}{\partial y}+12\frac{\partial(\rho h)}{\partial t}
\end{aligned}
\tag{2-63}
$$

式中，x 表示齿轮滚动方向；p、h、η、ρ 分别为润滑流体压力、油膜厚度、流体黏度以及流体密度；t 表示时间；u_{r} 和 v_{r} 代表两个方向上的滚动速度，$u_{\mathrm{r}}=(u_1+u_2)/2$，$v_{\mathrm{r}}=(v_1+v_2)/2$，$u_1$ 和 u_2 分别为主动轮和从动轮的瞬时滚动速度。该方程左侧表示了润滑压力在接触表面上随坐标位置的变化情况，方程右侧明确表达了几种油膜的形成机制：动压效应、伸缩效应、变密度效应与挤压效应（squeeze effect，也称瞬态效应）。根据不同的实际情况，某些形成机制项可以忽略不计，如对于稳态润滑问题，瞬态挤压项可忽略；对于线接触问题，y 方向上的变化情况可以忽略。但通常认为，动压效应和挤压效应是形成润滑膜压力的两个主要因素[90]。

以线接触问题为例，接触区域内的润滑流体特性受制于一维雷诺方程：

$$\frac{\partial}{\partial x}\left(\frac{\rho h^3}{\eta}\frac{\partial p}{\partial x}\right) = \underbrace{12u_{\mathrm{r}}\frac{\partial(\rho h)}{\partial x}}_{\text{动压效应}} + \underbrace{12\rho h\frac{\partial u_{\mathrm{r}}}{\partial x}}_{\text{伸缩效应}} + \underbrace{12\frac{\partial(\rho h)}{\partial t}}_{\text{挤压效应}} \tag{2-64}$$

方程的右端三项分别为楔入项(动压效应)、伸缩项(伸缩效应)和挤压项(挤压效应)。方程体现为压力、膜厚、密度等关于位置和时间变量的偏微分方程。除了方程本身外,还应该明确求解雷诺方程的边界条件、初始条件、连续条件等定解条件。两表面分离时,润滑油膜将产生空穴现象,流体膜中常见的空化形式是溶解气体的逸出。常压下润滑液中溶解有大量空气,当油膜压力下降到略低于环境压力时,一部分溶解的空气就会以气泡形式逸出,造成油膜的破裂,破裂后的油膜由于表面张力的作用而收缩成为条状。显然,在油膜因空化作用而产生的破裂起始点和为保持流量的连续性,形成了压力边界条件,这就是最常用的雷诺边界条件。压力边界条件又分为强制边界条件和自然边界条件。空化条件最为常见的处理方法是直接令负压值等于 0。出口边界未知时,雷诺方程的一种典型边界条件可以描述为

$$\begin{cases} p(x_{\mathrm{a}},t) = 0 \\ p(x_{\mathrm{out}},t) = \dfrac{\partial p}{\partial x}(x_{\mathrm{out}},t) = 0 \end{cases} \tag{2-65}$$

式中, x_{a} 为入口区的坐标位置; x_{out} 为满足空化条件的坐标位置,一般为时间的函数。其中第一个条件为强制边界条件,第二个条件为自然边界条件。对于考虑时间变化的非稳态润滑问题,还需确定雷诺方程的初始条件;对于膜厚突变的情况,还需要确定雷诺方程的压力或流量的连续条件。

需要注意的是,雷诺方程基于以下假设:①体积力忽略不计,包括电力、磁力、重力等;②油膜压力沿膜厚方向为常数,这是因为油膜非常薄,膜厚方向上压力不会有很大变化;③液体为不可压缩,密度为常数,牛顿流体;④油与表面无滑动;⑤油面曲率半径远大于油膜厚度,为此可将表面展成平面,推导时便于采用笛卡儿直角坐标;⑥油的流动为层流;⑦流体的惯性力忽略不计。后续的一些发展不断剔除了雷诺方程的若干假设条件的限制,使其计算结果更加贴近实际。然而,雷诺方程仍是研究润滑问题的基本控制方程。而且很多具体工程实际问题如楔形滑块润滑、静压润滑等问题中,一般形式的雷诺方程还可以进一步简化,因而求解比较容易。

从数学观点上,雷诺方程是一个非均匀偏微分方程,很难获得解析解,数值方法成为主流。雷诺方程是二阶偏微分方程,对某些问题可进行简化。如代表伸缩效应的项一般总是可忽略的;又如对于稳态问题,挤压项从方程中消失等。20世纪 40 年代末,入口区解析分析法将雷诺流体润滑理论和赫兹弹性接触理论联系

起来，第一次求得了弹流问题的解；20 世纪 50～60 年代，一批学者在弹流问题的数值求解上取得突破，英国 Leeds 大学的 Dowson 教授[91]在简陋的台式计算机上完成了著名的弹流润滑逆解法，成为现代摩擦学的一个里程碑；随着计算机技术和先进数值算法的发展，数值法逐渐成为弹流问题研究的主流，一个常规的弹流润滑接触问题可以通过现代计算机和高效算法在几分钟内完成。

根据边界条件求解雷诺方程，这在数学上属于边值问题。用来求解雷诺方程的数值方法很多，最常用的是有限差分法、有限元法、边界元法和有限体积法，这些方法都是将求解域划分成许多个单元，但是处理方法各不相同。与有限差分法相比，有限元法的主要优点是其适应性强、几何形状限制少、单元和节点可任意选取等，缺点是其计算方程的构成比较复杂，必须先按照变分原理推导拟求解方程的泛函。在有限差分法和有限元法中，代替基本方程的函数在求解域内是近似的，但完全满足边界条件；而边界元方法所用的函数在求解域内完全满足基本方程，但是在边界上则近似地满足边界条件。

前面给出的雷诺方程假设润滑液黏度和密度在膜厚方向上不变化，这在考虑热效应时不能成立。为了便于考虑油膜生成过程中的非牛顿流体效应和热效应等，Yang 和 Wen[92]提出了一种广义雷诺方程表达方法，在热效应与非牛顿流体效应研究、齿轮等润滑问题研究中得到了广泛应用。以线接触问题为例，基于广义雷诺方程的表达式可写为

$$\frac{\partial}{\partial x}\left[\left(\frac{\rho}{\eta}\right)_e h^3 \frac{\partial p}{\partial x}\right] = 12u_r \frac{\partial(\rho^* h)}{\partial x} + 12\frac{\partial(\rho_e h)}{\partial t} \tag{2-66}$$

其中，

$$\left(\frac{\rho}{\eta}\right)_e = 12\left(\frac{\eta_e \rho_e'}{\eta_e'} - \rho_e''\right) \tag{2-67}$$

$$\rho^* = \frac{\rho_e' \eta_e (u_b - u_a) + \rho_e u_a}{u_r} \tag{2-68}$$

$$\rho_e = \frac{1}{h}\int_0^h \rho \mathrm{d}z \tag{2-69}$$

$$\rho_e' = \frac{1}{h^2}\int_0^h \rho \int_0^z \frac{1}{\eta^*}\mathrm{d}z'\mathrm{d}z \tag{2-70}$$

$$\rho_e'' = \frac{1}{h^3}\int_0^h \rho \int_0^z \frac{z'}{\eta^*}\mathrm{d}z'\mathrm{d}z \tag{2-71}$$

$$\frac{1}{\eta_e} = \frac{1}{h}\int_0^h \frac{\mathrm{d}z}{\eta^*} \tag{2-72}$$

$$\frac{1}{\eta_e'} = \frac{1}{h^2}\int_0^h \frac{z\mathrm{d}z}{\eta^*} \tag{2-73}$$

式中，u_a、u_b 分别为 a 齿面和 b 齿面的线速度。该广义雷诺方程考虑了沿油膜厚度方向的黏度和密度变化，适用于文献[92]中的大多数流变本构方程，特别适合需要综合考虑非牛顿流体和热行为等复杂耦合效应的情况。不难验证，如果假设润滑流体的黏度和密度与膜厚方向坐标 z 无关，广义雷诺方程就回到了其等温形式。

此外，乏油润滑是极端复杂环境下齿轮、轴承等可能发生的一种润滑状态，对于运转能力等系统和装备的性能指标十分重要。严重乏油会使润滑失效，从而导致作用表面的磨损，还会使得温度场升高导致热失稳和表面迅速胶合等，造成较大的经济损失。雷诺方程可以通过适当修正进而考虑乏油状态的影响。对于乏油润滑，以量纲化雷诺方程为例，在雷诺方程中引入部分油膜厚度比例 θ（$\theta = H_f/H$）（式中，H_f 为油膜厚度，H 为两接触体间隙高度）这个概念，用来表征两表面间隙被润滑油填充的程度，如图 2-17 所示。

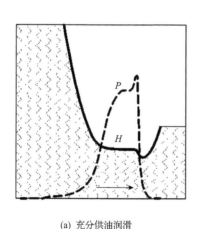
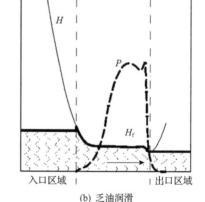

(a) 充分供油润滑 (b) 乏油润滑

图 2-17 充分供油和乏油的油膜分布示意图

考虑乏油状态后的量纲化雷诺方程可表示为

$$\frac{\mathrm{d}\left(\varepsilon\dfrac{\mathrm{d}P}{\mathrm{d}X}\right)}{X} + \frac{\mathrm{d}\left(\varepsilon\dfrac{\mathrm{d}P}{\mathrm{d}Y}\right)}{Y} - \frac{\mathrm{d}\left(\theta\overline{\rho}H\right)}{\mathrm{d}X} = 0 \tag{2-74}$$

式中，$\varepsilon = \dfrac{\overline{\rho}}{\overline{\eta}}\dfrac{H^3}{\lambda}$，$\lambda = \dfrac{12\eta_0 u_r R^2}{p_H b_H^3}$，$p_H$ 为最大赫兹接触压力，b_H 为赫兹接触半宽，

$\bar{\rho}$ 为量纲化密度，$\bar{\eta}$ 为量纲化黏度。在整个计算区域内，无量纲雷诺方程还须满足补充条件：

$$P(X,Y)[1-\theta(X,Y)]=0 \qquad (2\text{-}75)$$

当 $P(X,Y)>0$ 时，$\theta(X,Y)=1$ 为充分供油状态；当 $P(X,Y)=0$ 时，$0<\theta(X,Y)<1$ 为乏油或气穴状态。

部分油膜厚度比例 $\theta(X)$ 的边界条件为

$$\theta(X_{\text{in}})=\frac{H_{\text{f}}(X_{\text{in}})}{H(X_{\text{in}})} \qquad (2\text{-}76)$$

式中，$H_{\text{f}}(X_{\text{in}})=H_{\text{oil}}$，$H_{\text{oil}}$ 为计算区域 X_{in} 处无量纲入口油膜厚度，用来表征工程实际中接触区入口处的供油量。

润滑理论中润滑液最重要的物理指标是它的黏度。润滑剂的黏度特性是弹流润滑研究中必须重视的因素，因为黏度随温度、压力等工况参数的变化非常显著。当液体或气体所受压力增加时，分子之间距离减小而分子间的引力增大，因而黏度增加，黏度的变化率也增加。通常，当润滑油所受压力超过某量级如几十兆帕时，黏度随压力的变化开始变得显著，且随着压力的增加黏度的变化率也增加；当压力增至几吉帕时（这恰是齿轮、轴承等可能遇到的重载工况），黏度升高若干个数量级，最后润滑液可能丧失流体性质而变成蜡状固体。在一定工况条件下，黏度是决定油膜厚度的主要因素。有研究表明，对于流体动力润滑，油膜厚度与黏度成正比；对于弹流润滑，油膜厚度大致与黏度的 0.7 次方成正比。另一方面，黏度也是影响切向力学响应如摩擦力的重要因素，润滑液的高黏度特性不但会引起摩擦损失和发热，而且难以对流散热，而摩擦温度升高可能导致油膜破裂和表面磨损。

润滑剂黏度的评价通常有动力黏度与运动黏度两个指标。动力黏度是剪应力与速度梯度之比（单位为 Pa·s），各种不同流体的动力黏度数值范围很宽，如空气的动力黏度为 0.02mPa·s，而水的黏度为 1mPa·s，一般情况下润滑油的黏度范围为 2～400mPa·s，熔化的沥青的黏度可达 700mPa·s。在工程中，常常将流体的动力黏度与其密度的比值作为流体的黏度，这一黏度称为运动黏度。

考虑图 2-18 中两个平行表面间受剪切的库埃特（Couette）流，平面 1 以恒定速度运动，而平面 2 保持静止。切向力 F 需要克服流体的流动阻力并保持平面 1 以恒定速度运动。流体的速度分布表示为

$$u(z)=\dot{\gamma}z \qquad (2\text{-}77)$$

式中，$\dot{\gamma}$ 为剪应变率或流体速度梯度；u 为分布流体速度。

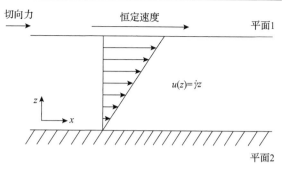

图 2-18　平行表面间的流动示意图

流体本构方程可以表示为剪应力与剪应变率之比。牛顿最先提出黏性流体的流动模型，给出了黏滞剪应力 τ 与剪应变率 $\dot{\gamma}$ 成正比的假设，称为牛顿黏性定律，即

$$\tau = \eta\dot{\gamma} = \eta\frac{\partial u}{\partial z} \tag{2-78}$$

式中，η 为流体的动力黏度。

服从牛顿黏性定律的流体统称为牛顿流体，而不符合牛顿黏性定律的流体为非牛顿流体，或称具有非牛顿流体性质。符合牛顿流体法则的流体包括水、丙三醇、矿物油和溶剂等，当然这些流体在某些工况条件下有可能不表现牛顿流体行为。

流体黏度随压力和温度而变化是弹流润滑研究的重要前提。因此，除了雷诺方程外，润滑液的黏度行为也应通过合适的方程描述。事实上正是由于对压-黏关系的重视，才使得弹流润滑模型预测的膜厚值比未考虑压-黏关系的膜厚值增大了几个数量级，与试验对比一致。现有知识尚不能从分子动力学等角度导出润滑油黏度与压力和温度间的关系。现在使用的是各种经验公式。描述黏度和压力之间变化规律的压-黏关系式主要有 Barus 公式、Roelands 公式、Cameron 公式等。等温 Barus 公式可写为

$$\eta(p) = \eta_0 e^{\alpha p} \tag{2-79}$$

式中，η_0 为环境压力下的流体黏度；α 为压-黏系数，其值通常为 $1\times10^{-8}\,\mathrm{Pa}^{-1} < \alpha < 3\times10^{-8}\,\mathrm{Pa}^{-1}$。尤其是在早期研究中，由于 Barus 公式具有极简便性，得到了广泛应用。然而有研究表明，当压力超过 $0.1\sim1\mathrm{GPa}$ 时该公式对于黏度的预测过大，此时 Roelands 压-黏方程[93]则更符合实际情况。Roelands 公式可以表示为

$$\eta(p) = \eta_0\exp\{(\ln\eta_0 + 9.67)[-1 + (1 + p/p_0)^{z_0}]\} \tag{2-80}$$

式中，z_0 为压-黏指数，通常为 $z_0 \in (0.5, 0.7)$。p_0 为一个常数，在很多文献中选择为 $p_0 = 5.1 \times 10^9 \text{Pa}$。相比于 Barus 公式，Roelands 公式更为精确，而且从数学角度来看，采用 Roelands 公式时数值模型的收敛更为容易，这是因为当高压时 Barus 公式对黏度估计过高，导致润滑数值分析收敛困难。

黏度随温度而变化是润滑剂的另一个重要的特性。通常润滑油的黏度越高，其对温度的变化就越敏感。当温度升高时，流体分子运动的平均速度增大，而分子间的距离也增大。这样就使得分子的动量增加，而分子间的作用力减小。因此，液体的黏度随温度的升高而急剧下降，从而可能严重影响它们的润滑作用。热分析和温度计算是润滑理论需要解决的主要任务。当同时考虑温度和压力对黏度的影响时，通常将黏-温、黏-压公式组合在一起。以 Barus 公式为例，考虑温度效应后可表示为

$$\eta(p) = \eta_0 \mathrm{e}^{\alpha p - \beta(T - T_0)} \qquad (2\text{-}81)$$

式中，T 为流体温度；T_0 为环境温度；β 为雷诺黏度-温度系数，通常为 $0.03 \sim 0.06\text{K}^{-1}$。

Roelands 黏-压-温表达式则可表示为

$$\eta = \eta_0 \exp\{A_1 \times [-1 + (1 + A_2 p)^{z_0} (A_3 T - A_4)^{-s_0}]\} \qquad (2\text{-}82)$$

式中，η_0 为环境黏度，Pa·s；四个常数分别为 $A_1 = \ln \eta_0 + 9.67$，$A_2 = 5.1 \times 10^{-9} \text{Pa}^{-1}$，$A_3 = 1/(T_0 - 138)$（单位为 K^{-1}），$A_4 = 138/(T_0 - 138)$；z_0 和 s_0 分别为 Roelands 黏-压和黏-温系数，与 Barus 黏-压系数 α 及黏-温系数 β 的关系为 $z_0 = \alpha/(A_1 A_2)$，$s_0 = \beta/(A_1 A_3)$。

对于黏-压关系更加深入的论述可以参考文献 [94]、[95]。Barus 公式和 Roelands 公式用于膜厚预测时还可以接受，但有研究表明，用于摩擦力和功率损失的预测时可能过高估计 [96]。大多数润滑流体的有效黏度会随着剪应变率的增大而降低，这使得考虑非牛顿流体效应成为更合理的做法。

事实上，多数流体不遵从牛顿法则，统称为非牛顿流体。图 2-19 显示了牛顿流体与非牛顿流体行为。在低剪切应力和高剪切应力条件下，或在中等剪切应力条件下但具有高润滑剂压力时，都表现出润滑剂的非牛顿特性。为了改善使用性能，现代润滑油通常含有由多种高分子材料组成的添加剂，以及大量的合成润滑剂，它们都呈现出强烈的非牛顿性质，使得润滑剂的流变行为成为润滑设计中不可忽视的因素。非牛顿流体可以表现为塑性、伪塑性和膨胀性等形式。非牛顿流体大致可分为四类：①无弹性流体，但其黏度不是常量；②具有屈服应力的流体；③具有各种弹性特性的流体；④触变流体。不同形式的流体采用不同的关系

式来表述，如对于伪塑性和膨胀性流体，通常用指数关系式近似地描述其非线性性质。尤其是当计算剪切力以及带来的温升效应时，应充分考虑润滑液的非牛顿流体效应。

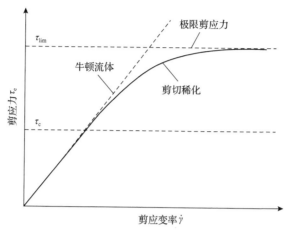

图 2-19　牛顿流体和非牛顿流体行为[97]

常见的非牛顿流体包括 Ree-Eyring(R-E)流体等。1936 年 Eyring 将润滑液本构方程写成了 sinh 形式，这是早期的 R-E 方程，之后 Eyring 等通过案例研究，建立了 R-E 本构方程[98-100]。R-E 本构方程的主要特点是，剪切力与剪应变率的关系是非线性的，且剪应力可无限增加。方程的两个流变参数是特征应力 τ_0 和低剪应力时液体的黏度 η_0。特征应力指剪应变率与剪应力呈现明显非线性时的剪应力数值。R-E 本构方程可以描述为

$$\dot{\gamma}=\frac{\partial u}{\partial z}=\frac{\tau_0}{\eta}\sinh\left(\frac{\tau}{\tau_0}\right) \tag{2-83}$$

式中，$\dot{\gamma}$ 为润滑液的剪应变率；τ 为瞬时油膜剪应力；τ_0 为 Eyring 特征剪应力，其取值与黏-压-温关系式的选取有关，通常选为 1.8×10^7Pa。若 τ_0 值趋向于无穷大，则 R-E 本构方程逐渐演化成牛顿本构方程，这是因为

$$\lim_{\tau_0\to\infty}\frac{\sinh(\tau/\tau_0)}{\tau/\tau_0}=1 \tag{2-84}$$

杨沛然和温诗铸推导的广义雷诺方程[92]高效地考虑了非牛顿流体效应。对于 R-E 流体，若采用该广义雷诺方程，则油膜内的等效黏度计算过程如下：①计算固体表面无量纲剪应力；②由此计算油膜内剪应力；③计算油膜无量纲表观黏度；④计算量纲化等效黏度。

令

$$f(\tau,\eta) = \frac{\tau_0}{\eta}\sinh\left(\frac{\tau}{\tau_0}\right) \tag{2-85}$$

则 R-E 流体的等效黏度为

$$\frac{1}{\eta^*} = \frac{f(\tau,\eta)}{\tau} = \frac{1}{\eta}\frac{\sinh(\tau/\tau_0)}{\tau/\tau_0} \tag{2-86}$$

20 世纪 80 年代，Conry 等[101]试验验证了 R-E 流体在弹流接触中的有效性，尤其是在相对高的剪应变率情况下。R-E 流体本构方程较为准确地描述了一些液体的流变特性，特别适用于简单液体，在近几十年得到了广泛的应用[102,103]，几乎成为润滑液非牛顿流体效应的"代名词"。

其他常见的本构方程还包括黏塑性本构方程、圆形本构方程、温度效应本构方程、线性黏弹性本构方程和非线性黏弹性本构方程（如 Johnson-Tevaarwerk（J-T）模型、Bair-Winer（B-W）黏弹性体模型）等。对于大多数模型，当剪应变率增加时，剪应力-应变曲线的斜率均减小。J-T 模型和 B-W 模型一般适用于重载接触；对于中等载荷和轻载荷，R-E 模型较为适用。如同各种固体新材料和复合材料的本构研究一样，润滑液流变本构的研究从未停止，各种形式流变仪的出现也为流变行为试验研究提供了丰富的手段。

润滑脂一般具有区别于润滑油的独特的本构方程。描述润滑脂流变特性的本构方程目前主要采用以下三种：Ostwald 模型、Bingham 模型和 Herschel-Bulkley（H-B）模型。建立脂润滑方程的思路与油润滑问题相类似，根据本构方程、微元体平衡条件和流量连续条件推导雷诺方程。但是，由于润滑脂 H-B 模型本构方程中含有屈服切应力 τ_s，将润滑膜分割成无剪切流动层和剪切流动层两部分，必须分别处理，使推导过程相对复杂化。Ostwald 模型的本构方程表达为

$$\tau = m\left|\frac{\mathrm{d}u}{\mathrm{d}z}\right|^{n-1}\frac{\mathrm{d}u}{\mathrm{d}z} \tag{2-87}$$

式中，n 为流变指数；m 为塑性黏度函数，

$$m = m_0\exp\left\{(\ln m_0 + 9.67)\left[\left(1 + 1.98\times 10^{-8}p\right)^{z_0} - 1\right]\times\left(\frac{T-138}{T_0-138}\right)^{-s_0}\right\} \tag{2-88}$$

式中，m_0 为环境压力条件下的塑性黏度，$m_0 = \eta_0^n/p_H^{n-1}$，p_H 为赫兹最大接触压力。

润滑液的非牛顿特性对润滑薄膜厚度的影响较小，但对剪切力（摩擦力）预测

的影响却很大。这主要是由于这样的事实，即润滑油膜的厚度取决于剪应力相对较低的 EHL 入口区域的黏度。通过润滑液流变本构和润滑膜剪应力，可以计算表面的剪切力（摩擦力）。以 R-E 流体为例，通过对油膜剪切力进行积分，接触表面剪切力可以由式(2-89)计算[104]：

$$q = \frac{\tau_0 \ln\left[\sqrt{u_s^2 - \left(K_1^2 - K_2^2\right)^2} - u_s\right]}{K_1 + K_2} \tag{2-89}$$

式中，u_s 为滑动速度；$K_1 = \int_0^h \dfrac{\tau_0}{\eta} \cosh\left(\dfrac{z_1}{\tau_0}\dfrac{\partial p}{\partial x}\right)\mathrm{d}z_1$；$K_2 = \int_0^h \dfrac{\tau_0}{\eta} \sinh\left(\dfrac{z_1}{\tau_0}\dfrac{\partial p}{\partial x}\right)\mathrm{d}z_1$，$h$ 为油膜厚度。

　　就弹流润滑理论的现状而言，由于对于接触区内润滑液所处的特殊条件及其特性的研究不够成熟，目前提出的各种非牛顿体模型[105-107]本身不够完善，也缺乏足够准确的参数数据，润滑液的流变润滑理论仍需进行更深入的研究。其中值得一提的是，Bair 等[108-111]进行了一系列润滑液流变特性的研究工作。

　　尽管流体黏度随压力变化是弹流润滑必须重视的重要特征，也应注意到流体的密度随压力的变化，即高压下的流体可压缩性。密度是润滑剂最常用的物理指标之一。在润滑分析中，有的将润滑油假定为不可压缩的，并且忽略热膨胀的影响，因此将密度视为常量。然而，润滑油的密度是压力和温度的函数。在某些条件下，如弹流润滑状态，必须考虑润滑油的密度变化，进行变密度的润滑计算。最常见的 Dowson-Higginson（D-H）压力-密度关系式[112]表达为

$$\rho = \rho_0\left(1 + \frac{0.6 \times 10^{-9} p}{1 + 1.7 \times 10^{-9} p}\right) \tag{2-90}$$

式中，ρ_0 为环境油液密度；p 为润滑液压力。

　　润滑液的可压缩性很小，热膨胀性也很小，所以在如滑动轴承等压力只有数十兆帕的场合，常可以忽略流体密度随压力的变化；在温升只有数十摄氏度时，常也忽略密度随温度的变化。有试验指出，压力很高时，矿物油的体积最大可以被压缩 25%，密度增加约 33%，因此在弹流润滑中流体密度的变化不可忽略。尽管不如黏度的研究广泛，但是关于润滑液密度、可压缩性及其影响的研究仍有一些重要工作产生[113, 114]。

　　描述完润滑流体的黏度和密度特性后，还需要列出油膜厚度的方程。以线接触问题为例，油膜厚度 h 可由式(2-91)推导，同时表面粗糙度的影响也可在此定量考虑：

$$h(x,t) = h_0(t) + \frac{x^2}{2R_{eq}} + \text{ED}(x,t) + \text{SR}(x,t) \tag{2-91}$$

式中，h_0 为初始阶段两接触表面之间的法向间距；R_{eq} 为接触位置的等效曲率半径；ED 为接触表面的弹性变形项；SR 为表面粗糙度项。根据弹性力学有关理论，接触表面上各点沿垂直方向的弹性位移 ED 为

$$\text{ED}(x) = -\frac{1}{\pi E^*} \int_{-\infty}^{+\infty} p(s) \ln(s-x)^2 \, ds + c \tag{2-92}$$

式中，s 为任意线载荷 $p(s)ds$ 与坐标原点(接触区域中心)的距离；c 为待定常数。由此可见，弹性变形的计算量大。计算每一个节点的变形都必须对整个求解域计算一遍积分。如今较为通用的高效率算法包括多重网格法和基于 FFT 的算法等。

当接触表面间的压力较大时，表面弹性变形及润滑液的黏-压特性不容忽视。这两点考虑构成了弹流理论与刚性流体动力润滑理论的主要区别。

最后，写出载荷平衡方程。线接触的载荷平衡方程可表示为

$$\int p(x)dx = F_{2D} \tag{2-93}$$

由此，给出了由运动方程、连续方程、状态方程、黏度方程等构成的弹流润滑控制方程组，体现为既包含微分也包含积分的复杂非线性方程组，目前弹流问题常用数值法求解，进行偏微分方程到代数方程组的变换。

2.2.3 控制方程的离散与求解

有限差分、有限单元、边界元法和有限体积法等数值方法都可用来进行雷诺方程等控制方程的求解，其中有限差分法使用最为广泛。根据有限差分法，需要对控制方程进行离散，继而求解。一般求解前，由于各控制方程变量数目众多，且数量级跨度大，一般先进行量纲化。量纲化参数得到的解具有通用性，其具体方法，可参考文献[115]。

赫兹接触参数常被用来作为量纲化的参考。采用最大赫兹接触压力 p_H 作为压力 p 的无量纲参考量，并选择赫兹接触区的半宽 b_H 作为坐标变量 x 的量纲化参考量，即 $P = p/p_H$，$X = x/b_H$。量纲化的膜厚定义为 $H = hR/b_H^2$。

由于弹流润滑控制方程组的强烈非线性，可以采用有限差分法离散转化为一系列线性方程组，方便求解。所有的差分格式可通过泰勒级数展开。雷诺方程常用的离散方案包括一阶向后差分、二阶中心差分、二阶向后差分等。由于下风

(downstream)方案容易引起不稳定，所以一般不选择向前差分方案。一阶微分的向后差分格式及截断误差 O 为

$$\left.\frac{\partial u}{\partial x}\right|_{i,j} = \frac{u_{i,j} - u_{i-1,j}}{\Delta x} + O(\Delta x) \tag{2-94}$$

$$O(\Delta x) = \frac{\Delta x}{2}\left.\frac{\partial^2 u}{\partial x^2}\right|_{i,j} + O\left[(\Delta x)^2\right] \tag{2-95}$$

式中，u 为应变量；x 为自变量；Δx 为节点间隔。

二阶中心差分为

$$\left.\frac{\partial u}{\partial x}\right|_{i,j} = \frac{u_{i,j} - u_{i-1,j}}{2\Delta x} + O(\Delta x^2) \tag{2-96}$$

$$O(\Delta x^2) = -\frac{(\Delta x)^2}{6}\left.\frac{\partial^3 u}{\partial x^3}\right|_{i,j} + O\left[(\Delta x)^4\right] \tag{2-97}$$

二阶向后差分为

$$\left.\frac{\partial u}{\partial x}\right|_{i,j} = \frac{3u_{i,j} - 4u_{i-1,j} + u_{i-2,j}}{2\Delta x} + O\left[(\Delta x)^2\right] \tag{2-98}$$

$$O(\Delta x^2) = -\frac{(\Delta x)^2}{3}\left.\frac{\partial^3 u}{\partial x^3}\right|_{i,j} + O\left[(\Delta x)^3\right] \tag{2-99}$$

可以发现二阶中心差分格式的截断误差相对最小，而一阶方案有较大的离散误差。但是对于一个急弯型梯度的情况，高阶差分方案的截断误差反而可能比低阶方案大。例如，对于薄膜润滑区域，一阶向后方案的精度可能要比两个二阶方案的精度高[116]，因此需谨慎选取离散方案以确保收敛精度。

利用二阶中心差分离散 Poiseuille 流、一阶向后差分离散格式 Couette 流、一阶向后差分离散格式 Squeeze 流，量纲化后的线接触广义雷诺方程的离散形式[117]可写为

$$\frac{\varepsilon_{i-1/2}P_{i-1} - (\varepsilon_{i-1/2} + \varepsilon_{i+1/2})P_i + \varepsilon_{i+1/2}P_{i+1}}{h_x^2} = \frac{\overline{\rho_i^*}H_i - \overline{\rho_{i-1}^*}H_{i-1}}{h_x} + \frac{\overline{\rho_{ei}}H_i - \overline{\overline{\rho_{ei}}H_i}}{\Delta \overline{t}} \tag{2-100}$$

式中，$\overline{\overline{\rho_{ei}}}$ 和 $\overline{H_i}$ 分别为上一时间步的 $\overline{\rho_{ei}}$ 和 H_i。各参数可表示为

$$
\begin{cases}
\varepsilon_{i-1/2} = \dfrac{\varepsilon_{i-1} + \varepsilon_i}{2}, \quad \varepsilon_{i+1/2} = \dfrac{\varepsilon_{i+1} + \varepsilon_i}{2}, \quad \varepsilon_i = \left(\dfrac{\overline{\rho}}{\overline{\eta}}\right)_{ei} \dfrac{H_i^3}{\lambda}, \quad \lambda = \dfrac{12\eta_0 u_r R^2}{P_{\mathrm{H}} b^3} \\[4mm]
\left(\dfrac{\overline{\rho}}{\overline{\eta}}\right)_{ei} = 12\left(\dfrac{\overline{\eta_{ei}\rho'_{ei}}}{\overline{\eta'_{ei}}} - \overline{\rho''_{ei}}\right), \quad \overline{\rho^*} = \dfrac{2\left[\overline{\rho'_{ei}\eta_{ei}}(U_b - U_a) + \overline{\rho'_{ei}}U_a\right]}{U_b + U_a} \\[4mm]
\overline{\rho_{ei}} = \dfrac{1}{2} h_z \sum_{j=0}^{n_z-1} (\overline{\rho}_{i,j} + \overline{\rho}_{i,j+1}) \\[4mm]
\overline{\rho'_{ei}} = \dfrac{1}{4} h_z^2 \sum_{j=0}^{n_z-1}\left[\overline{\rho}_{i,j}\sum_{j'=0}^{j-1}\left(\dfrac{1}{\overset{*}{\eta_{i,j'}}} + \dfrac{1}{\overset{*}{\eta_{i,j'+1}}}\right) + \overline{\rho}_{i,j+1}\sum_{j'=0}^{j}\left(\dfrac{1}{\overset{*}{\eta_{i,j'}}} + \dfrac{1}{\overset{*}{\eta_{i,j'+1}}}\right)\right] \\[4mm]
\overline{\rho''_{ei}} = \dfrac{1}{4} h_z^2 \sum_{j=0}^{n_z-1}\left[\overline{\rho}_{i,j}\sum_{j'=0}^{j-1}\left(\dfrac{Z_{j'}}{\overset{*}{\eta_{i,j'}}} + \dfrac{Z_{j'+1}}{\overset{*}{\eta_{i,j'+1}}}\right) + \overline{\rho}_{i,j+1}\sum_{j'=0}^{j}\left(\dfrac{Z_{j'}}{\overset{*}{\eta_{(i,j')}}} + \dfrac{Z_{j'+1}}{\overset{*}{\eta_{i,j'+1}}}\right)\right] \\[4mm]
\overline{\eta_{ei}} = \dfrac{2}{h_z \sum_{j=0}^{n_z-1}\left(\dfrac{1}{\overset{*}{\eta_{i,j}}} + \dfrac{1}{\overset{*}{\eta_{i,j+1}}}\right)}, \quad \overline{\eta'_{ei}} = \dfrac{2}{h_z \sum_{j=0}^{n_z-1}\left(\dfrac{Z_j}{\overset{*}{\eta_{i,j}}} + \dfrac{Z_{j+1}}{\overset{*}{\eta_{i,j+1}}}\right)}
\end{cases}
\tag{2-101}
$$

压力迭代前量纲化雷诺方程进一步转化为如下形式:

$$
\alpha_i P_{i-1} + \beta_i P_i + \gamma_i P_{i+1} = \delta_i, \quad i = 1, 2, \cdots, n_x - 1
\tag{2-102}
$$

式中，α_i、β_i、γ_i 和 δ_i 分别为 Poiseuille 流、Couette 流和 Squeeze 流差分系数的和。

二阶中心差分离散 Poiseuille 流:

$$
\left[\frac{\partial}{\partial X}\left(\varepsilon \frac{\partial P}{\partial X}\right)\right]_i = \frac{1}{\Delta X^2}\left[\varepsilon_{i+1/2}P_{i+1} - (\varepsilon_{i+1/2} + \varepsilon_{i-1/2})P_i + \varepsilon_{i-1/2}P_{i-1}\right]
\tag{2-103}
$$

则二阶中心差分格式的 Poiseuille 流各系数可写为

$$
\begin{cases}
\alpha_i^{\mathrm{p}} = \dfrac{\varepsilon_{i-1/2}}{\Delta X^2} \\[4mm]
\beta_i^{\mathrm{p}} = \dfrac{\varepsilon_{i+1/2} + \varepsilon_{i-1/2}}{\Delta X^2} \\[4mm]
\gamma_i^{\mathrm{p}} = \dfrac{\varepsilon_{i+1/2}}{\Delta X^2} \\[4mm]
\delta_i^{\mathrm{p}} = 0
\end{cases}
\tag{2-104}
$$

一阶向后差分离散格式 Couette 流：

$$\left[\frac{\mathrm{d}(\overline{\rho^* H})}{\mathrm{d}X}\right]_i = \frac{\overline{\rho_i^* H_i} - \overline{\rho_{i-1}^* H_{i-1}}}{h_x} \tag{2-105}$$

则构成 Couette 流线性方程各系数可写为

$$\begin{cases} \alpha_i^{\mathrm{W}} = \dfrac{\overline{\rho_i^* D_{i,i-1}} - \overline{\rho_{i-1}^* D_{i-1,i-1}}}{\pi \Delta X} \\[3mm] \beta_i^{\mathrm{W}} = \dfrac{\overline{\rho_i^* D_{i,i}} - \overline{\rho_{i-1}^* D_{i-1,i}}}{\pi \Delta X} \\[3mm] \gamma_i^{\mathrm{W}} = \dfrac{\overline{\rho_i^* D_{i,i+1}} - \overline{\rho_{i-1}^* D_{i-1,i+1}}}{\pi \Delta X} \\[3mm] \delta_i^{\mathrm{W}} = \left[\dfrac{1}{\Delta X}\overline{\rho_i^*}\left(H_i + \dfrac{D_{i,i-1}P_{i-1} + D_{i,i}P_i + D_{i,i+1}P_{i+1}}{\pi}\right) \right. \\[3mm] \qquad \left. -\dfrac{1}{\Delta X}\overline{\rho_{i-1}^*}\left(H_{i-1} + \dfrac{D_{i-1,i-1}P_{i-1} + D_{i-1,i}P_i + D_{i-1,i+1}P_{i+1}}{\pi}\right)\right] \end{cases} \tag{2-106}$$

一阶向后差分离散格式 Squeeze 流：

$$\left[\frac{\mathrm{d}(\overline{\rho_e H})}{\mathrm{d}\overline{t}}\right]_i = \frac{\overline{\rho_{ei} H_i} - \overline{\overline{\rho_{ei}} \overrightarrow{H_i}}}{\Delta \overline{t}} \tag{2-107}$$

则构成 Squeeze 流线性方程各系数可写为

$$\begin{cases} \alpha_i^{\mathrm{t}} = \dfrac{\overline{\rho_{ei} D_{i,i-1}}}{\pi \Delta \overline{t}} \\[3mm] \beta_i^{\mathrm{t}} = \dfrac{\overline{\rho_{ei} D_{i,i}}}{\pi \Delta \overline{t}} \\[3mm] \gamma_i^{\mathrm{t}} = \dfrac{\overline{\rho_{ei} D_{i,i+1}}}{\pi \Delta \overline{t}} \\[3mm] \delta_i^{\mathrm{t}} = \left[\dfrac{1}{\Delta \overline{t}}\overline{\rho_{ei}}\left(H_i + \dfrac{D_{i,i-1}P_{i-1} + D_{i,i}P_i + D_{i,i+1}P_{i+1}}{\pi}\right) - \dfrac{1}{\Delta \overline{t}}\overline{\overline{\rho_{ei}} \overrightarrow{H_i}}\right] \end{cases} \tag{2-108}$$

式中，$\overline{\overline{\rho_{ei}}}$ 为节点 i 处 $\overline{\rho_{ei}}$ 的前一瞬时值；$\overrightarrow{H_i}$ 为节点 i 处 H_i 的前一瞬时值。

量纲化雷诺方程差分系数最终如下：

$$\begin{cases} \alpha_i = \alpha_i^{\mathrm{P}} + \alpha_i^{\mathrm{W}} + \alpha_i^{\mathrm{t}} \\ \beta_i = \beta_i^{\mathrm{P}} + \beta_i^{\mathrm{W}} + \beta_i^{\mathrm{t}} \\ \gamma_i = \gamma_i^{\mathrm{P}} + \gamma_i^{\mathrm{W}} + \gamma_i^{\mathrm{t}} \\ \delta_i = \delta_i^{\mathrm{P}} + \delta_i^{\mathrm{W}} + \delta_i^{\mathrm{t}} \end{cases} \tag{2-109}$$

节点编号 i 从 1 变化到 $n_x - 1$，共有 $n_x - 1$ 个方程，构成一个线性方程组。该方程组即可通过雅可比法、高斯消去法、高斯-赛德尔法等求解。方程组表达为如下矩阵形式：

$$\begin{bmatrix} \beta_1 & \gamma_1 & & & \\ \alpha_2 & \beta_2 & \gamma_2 & & \\ & \ddots & \ddots & \ddots & \\ & & \alpha_{n_x-2} & \beta_{n_x-2} & \gamma_{n_x-2} \\ & & & \alpha_{n_x-1} & \beta_{n_x-1} \end{bmatrix} \begin{bmatrix} P_1 \\ P_2 \\ \vdots \\ P_{n_x-2} \\ P_{n_x-1} \end{bmatrix} = \begin{bmatrix} \delta_1 \\ \delta_2 \\ \vdots \\ \delta_{n_x-2} \\ \delta_{n_x-1} \end{bmatrix} \tag{2-110}$$

注意到矩阵具有主对角占优，所以方程组也可以很方便地用追赶法求解。

有限差分框架内，线接触问题的量纲化膜厚方程可以离散为

$$H_i = H_0 + \frac{X_i^2}{2} - \frac{1}{\pi} \sum_{i'=0}^{n_x} K_{i,i'} P_{i'} \tag{2-111}$$

式中，$K_{i,i'}$ 为变形积分系数，表示节点 i' 上单位压力在节点 i 产生的变形值。可以发现，最后一项涉及相乘相加操作，因此使得弹性变形与应力的计算成为弹性接触模型中最耗时的环节。传统计算方法是在单元网格上用多项式近似压力（或热流）分布得到影响系数后采用直接矩阵相乘的方法计算，计算量巨大。随着计算机计算能力的提高以及工程实际的具体要求，采用数值方法时网格划分密度越来越大，计算代价也越来越大。DC-FFT 法采用离散卷积和快速傅里叶变换高效求解接触区域的弹性变形。

采用 FFT 和循环卷积计算弹性变形时，以点接触为例，影响系数可表达为

$$K_{k,l}^{i,j} = \iint_{\Delta\Omega} h(x_i - \xi, y_j - \eta) n(\xi, \eta) \mathrm{d}\xi \mathrm{d}\eta \tag{2-112}$$

式中，$n(\xi, \eta)$ 为插值函数，用来近似单元网格上的压力分布；$h(x, y)$ 为响应函数，接触问题中又称为格林函数，时域下点接触弹性变形的格林函数表达为

$$h(x, y) = \frac{2}{\pi E^*} \frac{1}{\sqrt{x^2 + y^2}} \tag{2-113}$$

其傅里叶变换为

$$\tilde{h}^{xy}(m, n) = \frac{2}{E^* \sqrt{m^2 + n^2}} \tag{2-114}$$

线接触的格林函数呈现 $h(x) = \ln x$ 性质，也可类似处理。基于该方法，将一维情况下约为 N^2 的计算量降至约 $N \times \log N$，较传统算法计算速度有很大提高。需要注意的是，由方程性质可知，其计算经历了信号的翻转、移位和相乘求和，因此属于离散线性卷积运算。为避免产生周期误差，需要应用循环卷积定理和快速傅里叶变换将压力信号和影响系数序列补零，使其变成长为 $3N - 2$ 的序列。若只考虑计算区域内的弹性变形，只需将压力补零成 $2N - 1$ 长的序列(和影响系数序列的长度相同)即可。实践证明，只要正确运用 FFT 和离散循环卷积定理，就可把周期误差有效限制在计算区域外，从而准确快速获得计算区域的弹性变形。图 2-20 是基于 FFT 的弹性变形快速计算流程示意图。

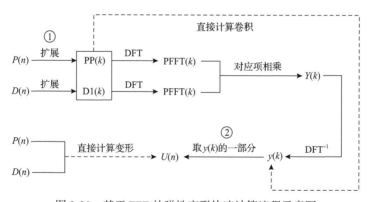

图 2-20　基于 FFT 的弹性变形快速计算流程示意图

齿轮润滑问题控制方程中各物理量的求解需要借助不同的计算方法。如压力求解可采用张弛法如高斯-赛德尔迭代法、牛顿迭代法等，膜厚的求解因涉及弹性变形计算，可通过 MLMI 法或基于 FFT 方法计算，温度场的求解常采用追赶法等，油膜剪切力的计算通常构造为流体本构方程的函数，齿面载荷的计算通常采用变步长龙格-库塔(Runge-Kutta，R-K)法计算动载荷或采用 ISO 6336 标准等构建准静载荷分布。求解的总体原则是高效、准确的。

2.2.4 弹流问题的多重网格法求解

数值方法中一个应用广泛的重要组成部分是迭代法(也称松弛法),如雅可比法、高斯-赛德尔迭代法等,这些方法存在计算效率的问题,即工作量与未知量个数不成正比,而为未知量(如节点数量)的指数关系。随着网格密度的增加,这些标准迭代法的收敛进程也越来越慢。即使采用现代高速计算机,处理大量计算节点的问题(如粗糙表面润滑接触问题)时计算代价仍十分大,一个几十万节点的问题可能动辄需要几天的时间才能收敛。这种缺陷使得人们试图寻求一种最优的能够将工作量降低为和未知量个数成正比关系的方法,由此一系列高效算法如多重网格法应运而生。多重网格法是针对迭代方法求解大型代数方程组提出的。鉴于弹流润滑数值求解问题的复杂性,除了传统迭代法、DC-FFT 法等之外,多重网格法也极大地推动了该问题的高效求解。20 世纪 70 年代,学术界证明了多重网格法的有效性,第一次引起了西方科学家对多重网格法的关注,随后大量的关于该方法收敛性的证明出现。从 20 世纪 80 年代开始,多重网格法已被广泛应用在计算流体力学、时间相关问题、波动方程、积分方程等领域[118]。之后由 Lubrecht 及其合作者等[119]将此方法应用于弹流问题,极大地提高了弹流问题的计算效率和稳定性,使得弹流问题的参数化研究以及对接触区域局部信息的定量研究成为可能。但 Lubrecht 最初采用的求解器为简单高斯-赛德尔迭代法,这种迭代法对于重载情况收敛性不太良好;之后 Venner 改进了弹流求解算法,提出了混合式迭代法[120],配合多重网格法,不仅加快了计算进程,而且求解的工况范围大大增加;除了对雷诺方程的处理外,弹流问题求解方式与干接触问题较为类似,因此该方法也被用于求解干接触问题,以及应力场的求解问题。然而,相对于求解弹流问题的其他数值方法,多重网格法编程复杂,理解较为困难。

多重网格法的核心思想是根据对影响收敛进程的误差频率成分的理解,有效利用了方程组迭代求解过程中对不同频率的误差分量的光滑特性,利用精细程度相异的多重网格技术迅速消除迭代过程中的各种误差频率成分。用迭代方法求解时,近似解与精确解(解析解)间的偏差可以分解为多种频率的偏差分量,其中高频分量在精细网格上可以很快消除,然而低频分量在精细网格上很难消除,而在稀疏网格上很快消除。这种现象构成了多重网格法的精髓。在精细网格和稀疏网格间转移迭代,使各种频率的偏差分量都得以快速消除,极大提高计算效率。这一方法从理论上被证明至少对线性椭圆型问题是一种最优数值算法。计算工作量与网格节点数大致成正比,而收敛速度与网格尺寸无关。

高频振荡误差是局部行为,来源于附近几个节点之间的相互耦合,与边界或距离较远的节点信息关系不大;而低频光滑误差是全局行为,主要来源于边界信息。传统的迭代法如雅可比法或高斯-赛德尔迭代法可以迅速消除高频振荡误差,但对全局性的低频光滑误差作用不大。事实上采用如雅可比迭代法等传统松弛方法经过初始几次迭代后高频误差便基本消除，误差呈现光滑性。对于能够迅速消除高频误差成分，使误差趋于光滑的迭代方法称为光滑器。通过将误差转移至稀疏网格，低频成分的误差也可以得到迅速衰减。这一粗网格校正过程可以扩展至多层网格，使得各个频率成分的误差分量都得以迅速消除，显著加快收敛进程。

　　采用多重网格法在弹流润滑问题中应用时，需要解决光滑器(数值迭代方法)、多重网格构造、粗细网格间的转移传递等问题。对于弹流问题，经典的迭代法都可以作为良好的光滑器，特别是高斯-赛德尔迭代法，作为光滑器非常有效；对于三维的点接触问题，还构造出如线松弛迭代(line relaxation)法等的高效的光滑器。这就体现出，多重网格法需要配合迭代法才能取得收敛，若迭代方法或参数选取不当，多重网格法可能起不到作用。多重网格法仅仅是一种在不损失过大精度的前提下加速计算的方法，只要处理得当可以用于粗糙峰接触与混合润滑等问题，这些问题可能需要百万级以上的计算节点。下面具体分析适合弹流问题的高效光滑器构造。由于弹流中的润滑流体黏-压关系，离散形式的雷诺方程中的系数 ξ 在整个计算域上将变动几个数量级。在润滑液进口区 ξ 会远大于 1，而在赫兹接触区 ξ 会远远小于 1。随着 ξ 的变动，雷诺方程的类型(微分型或积分型)也随之变动，所要构建的有效求解方法也要随之变动。对于大 ξ 值(如 $\varepsilon/\Delta x^2 > 0.3$，$\Delta x$ 为节点间隔)的情况，压力的二次导数项将主导雷诺方程类型(类似于泊松问题)。在给定一个压力初始值和膜厚初始值后可以进行迭代。对于小 ξ 值的情况，因局部膜厚体现为压力分布的积分形式，雷诺方程将由积分型主导，因此在整个计算区域，$\varepsilon/\Delta x^2 > 0.3$ 时选用高斯-赛德尔法，$\varepsilon/h^2 \leqslant 0.3$ 时选用雅可比极子迭代法，这样是一个合适的选择，如图 2-21 所示。可以发现，0.3 这个临界值基本可以区分出接触区与非接触区，这个临界值的选取使得不同区域都能充分发挥各迭代法的优势，实现迅速收敛。

　　细网格松弛、粗网格校正和套迭代技术是多重网格法的三大支柱。细网格松弛环节负责消除高频振荡误差，粗网格校正环节负责消除低频光滑误差，套迭代技术负责通过限制和延拓算子连接各层。常见的多重网格循环方式包括 V 循环、W 循环、F 循环等。对于稳态弹流问题，经验表明，W 循环相比 V 循环收敛性更好；对于瞬态弹流问题，F 循环方式更适合[121]。

　　对于多重网格的具体实施，根据是否适应非线性问题和转移格式，总结出粗网格修正(correction scheme, CS，也称线性方案)和全近似(full approximation scheme, FAS)格式。多重网格法用于弹流问题时，由于方程组的强烈非线性特征，必须采用 FAS 方案，即三个主要控制方程(雷诺方程、载荷平衡方程、膜厚方程)的右端项都需要进行网格间的转移操作。即使任一时刻油膜厚度方程可精确求解，在粗糙网格上也应该写出该方程的右端项。三个主要方程可以表述为压力和膜厚的函数，对于每一个方程在粗糙网格上都有一个非零的右端项：

$$\text{Reynolds}(P,H) = f$$
$$\text{Film}(P,H) = g \qquad\qquad (2\text{-}115)$$
$$\text{Force}(P) = h$$

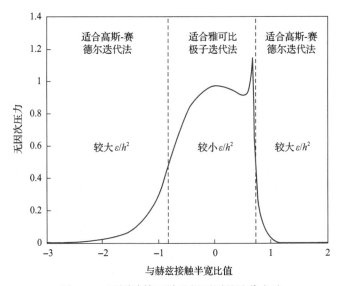

图 2-21　不同计算区域选择不同的迭代方法

一些研究认为多重网格求解弹流问题可以简化，但膜厚方程的右端项作为 FAS 方案中的一员，必须和其他方程一样处理。构建多重网格法的转移阶数不需要太高，一阶线性插值足够，而采用多重积分法快速计算弹性变形或次表面应力时对于核函数的插值阶数应较高，如选取 6 阶。此外，基于多重网格法求解弹流问题时，也不能低估载荷平衡方程的重要性。对于离散形式的量纲化载荷平衡方程，初始间隙初始值选取越真实，收敛速度越快。当然载荷方程的收敛特性还受低松弛因子选取的影响。如果低松弛因子太大，可能不能消化初始间隙值的变动，导致方程残差震荡，从而阻碍雷诺方程的收敛；如果太小当然直接使得收敛速度变慢。粗网格校正循环的表现受低松弛因子和间隙初始值的选取影响显著。如果编程求解过程中出现错误，可以从以下几点排查：①首先保证对间隙初始值的良好近似；②然后 FMG 要在足够密的网格层开始迭代，最下层的网格也尽量保证网格密度；③最后可以降低这些低松弛因子。

多重网格法在弹流润滑等问题求解中取得了一定的成功[122-124]，离不开法国 INSA-Lyon 的 Lubrecht 教授及荷兰 Twente 大学的 Venner 教授的大力推广，为此他们还出版了相关书籍[125]。现在多重网格法的研究依然是一个热点，特别是在非线性非对称问题的求解上的使用，以及该方法的推广和软件实现。多重网格法的理论公式、软件编写与功能实现都有一定的困难，某种程度上限制了其进一步应用，算法的软件工具化是一个发展趋势。

过去几十年一些学者通过对弹流润滑和齿轮润滑的理论与试验研究，总结出一些研究结论。其中几个主要结论描述如下。

(1)润滑作用下的齿面压力。

齿面接触压力是影响次表面应力场、接触疲劳性能的最主要因素之一。光滑表面下，齿面润滑接触压力呈现典型的弹流润滑特征，即相比赫兹接触压力分布，拥有较宽的入口区及出口区的二次压力峰。一般而言，转速越高，入口区越宽；载荷越大，出口区二次压力峰越小，同时入口区范围减小，压力分布越接近赫兹理论解，油膜厚度也减小；随着滚动速度的降低，压力分布开始趋近于赫兹解，二次压力峰变小并趋近于出口边缘，入口区范围减小，油膜厚度减小。

从对次表面接触应力场的影响来看，光滑表面下考虑与不考虑润滑的影响不大，因此如果基于光滑表面假设，研究齿面接触应力场和接触疲劳的意义相对有限。然而，实际上齿面存在表面粗糙度，这种齿面微观形貌作用下，齿面压力分布与光滑表面的压力分布有显著区别。此外，齿面微观形貌作用下，考虑与不考虑润滑作用预测的压力分布也有区别。基于润滑-齿面微观形貌耦合分析的计算结果一般相比粗糙表面干接触情况，局部最大压力显著降低，而且其承载一般由粗糙峰和油膜共同承担，但局部压力仍可能高达若干吉帕，需要引起注意。

(2)齿轮润滑油膜厚度。

齿轮弹流润滑理论发展的重要贡献之一是弄清了齿轮不同工况与润滑条件下的油膜厚度。油膜厚度的确定十分关键，尤其是其需要与齿面的微观形貌特征进行对比综合研究，共同决定了齿轮的润滑状态。学术界和工程界引入油膜比厚概念，即接触表面间的平均油膜厚度(或光滑表面最小膜厚 h_s)与两个表面的综合粗糙度均方根($\sqrt{Rq_1^2 + Rq_2^2}$)的比值，用以区分润滑状态(边界润滑、混合润滑或全膜润滑)。该参数一般称为膜厚比(Λ)，表示为

$$\Lambda = h_s / \sqrt{Rq_1^2 + Rq_2^2} \tag{2-116}$$

虽然油膜厚度不能作为评价点蚀承载能力和胶合承载能力的可靠准则，但是能够预测齿面润滑状态，这就为选择润滑油提供依据，也是预测齿面微点蚀失效的重要依据。

早期的等温弹流理论认为，膜厚随转速的增加而增加，而与载荷关系不密切。考虑热效应的热弹流理论则认为，转速增加会导致温度升高，继而有降低膜厚的趋势，综合使得膜厚随转速的变动并不敏感；载荷则会通过摩擦生热显著影

响膜厚[126]。

(3)齿面切向力与摩擦系数。

光滑表面或小的表面粗糙度状态下,可保证全膜润滑状态,此时齿面切向方向的力学响应完全由油膜的剪切作用决定,而混合润滑状态下,由于发生粗糙峰干接触,切向的划擦、耕犁、塑性变形、磨损等作用下,剪切作用也更为复杂。切向力和摩擦系数也因此受表面润滑状态、表面微观形貌、滑滚状态、法向载荷特征等综合因素的影响。例如随滑滚比增大,接触区域内油膜剪应力的绝对值也增大,导致摩擦系数增大;滚动速度不变,滑滚比越大,滑动速度越大,可以预测磨损程度也更严重。

可以说,齿轮润滑理论方面对于切向力学响应的认识不如法向力学响应更透彻。通过润滑流体的本构以及法向压力分布,可以进行黏度和剪切力的预测,例如研究发现随载荷增加,接触区域内油膜的黏度也增加,这种黏度的增加被认为是使剪切力增大的主因。牛顿流体及 Barus 压-黏关系的假设可以有效预测油膜厚度,但在摩擦力和摩擦系数的预估方面不够准确,例如等热、牛顿流体弹流润滑情况下,由流体剪切力与法向载荷比值确定的摩擦系数可能大于 1,与实际情况明显不符合。尤其是为了模拟实际齿轮润滑状态,有必要考虑非牛顿流体、剪切变薄、热效应、粗糙峰干接触等因素,最好采用试验测得真实的齿面摩擦系数、温度分布和油膜厚度。

2.2.5　热弹流润滑理论

接触区域的摩擦生热使得润滑液及齿面温度升高,同时也使得润滑液黏度降低,化学活性改变,通常会导致润滑状态的恶化。润滑过程中,会在接触表面产生热量,如果热量不能及时排出去,过高的齿面温度会严重影响齿轮抗胶合能力。在实际工作情况下,齿轮、轴承等在传动过程中随着运行速度及载荷的提高或者润滑环境的劣化(如乏油状态),工作温度也相应升高,尤其是新一代高端装备极端服役环境条件使得运行温度范围进一步扩大,温度对润滑、接触、疲劳等性能的影响越加重要。齿轮传动过程中轮齿啮合面摩擦热流量的产生、齿轮在润滑冷却系统作用下的强制对流传热等因素的综合影响使得齿轮温度的热平衡状态、齿轮本体温度以及齿面瞬时温度的变化极为复杂,显著影响服役性能。某些极端服役条件下轮齿啮合接触微区表面会产生 $10^5 \sim 10^7 \mathrm{s}^{-1}$ 的高剪切率,导致摩擦热瞬时聚集,表面瞬时温度可高出基体 $500 \sim 800{}^{\circ}\mathrm{C}$。因此,热效应在齿轮润滑问题中扮演较为重要的作用。研究润滑接触过程中的热效应主要包括对压力及摩擦力、油膜厚度及膜厚比、表面粗糙峰变形和温度场的影响,还包括尺度效应、热黏度楔效应、固体温度效应等方面的工作。完整地讨论热效应也是深入理解接触表面失效行为的前提。

　　Yang 等[127]将能量方程离散，利用有限差分法求得温度场完全数值解，当入口区润滑油存在逆流时，利用此方法计算不容易收敛；Hsu 和 Lee[128]通过热弹流润滑理论和试验分析对比，提出膜厚修正因子的概念，方便工程人员考虑热效应影响条件下对膜厚进行快速估算。热黏度楔效应是近年热弹流研究的热点，如杨沛然等[129]通过理论分析，证明了膜厚存在凹陷现象是由热黏度楔效应引起的；Sharif 等[130]简化了能量方程，并分析了 R-E 非牛顿流体润滑特性。热弹流润滑的各种解决方案也被应用于齿轮热弹流、功率损失等问题研究[131-133]中。2010 年，Hili 等[134]通过试验研究了高速时弹流油膜厚度的变动情况，他们认为进口区的剪切生热是导致高速时膜厚降低的最重要因素。热弹流润滑理论的发展完善了弹流润滑理论体系，实现了润滑界面的温度场预测，以及温度场、压力场、摩擦力的耦合预测。例如，对于等温牛顿流体弹流润滑情况，滑滚比的存在不影响压力和油膜形状，这是不切实际的，而通过热弹流非牛顿流体润滑的计算就可实现滑滚比的确切性影响分析。

　　目前在润滑接触问题中有几种方式考虑热效应：热校正系数、简化的入口区热效应分析(即只考虑入口区的剪切热对弹流油膜厚度的影响)和数值求解能量方程和固体热传导方程等。Liou[135]通过建立热混合润滑模型讨论了温度的影响；Kumar 等[136]讨论了润滑中压力、温度及剪应变率的响应的问题，得出结论通常所用的采用热传导率的环境值会过高估计中央膜厚并在瞬态 EHL 解中引入不真实的特征。

　　自然界中热量的传递主要有三种方式：热传导、热对流和热辐射。热传导是利用微观粒子的热运动传递热量的过程，实质是具有较高能级的粒子传递能量的过程；热对流是流体的流动引起的，流体内各部分之间相互渗透使得冷热流体相互交换热量引起传热；热辐射可以由所有的物体源源不断地向空间发出，物体同时又不断地吸收热辐射。齿轮润滑过程的热量传递也不例外。热弹流润滑问题的求解方式包括以下几种：①联立求解油膜能量方程和固体热传导方程，在固液界面上满足热流连续条件，这需要在膜厚方向和固体内部也划分网格，即计算网格是三维的；②能量方程和点热源积分法结合求解油膜和界面温度场，在固液界面上要满足热流连续条件，通过反复迭代可求得液体以及接触界面的温度场，这种方法避免了在固体内部划分网格，大大减少了网格数，缩短了计算时间；③联立求解能量方程和表面温度方程，表面温度方程是在大 Peclet 数下垂直于运动方向的热传导被忽略的情况下获得的，该方法在表面相对热源静止和小 Peclet 数下会产生相对大的误差；④采用简化的能量方程和点热源积分法相结合来求解界面温度场。沿膜厚方向温度近似为抛物线形分布，特别是在高压区。第一种方法，即油膜能量方程和固体热传导方程联立求解，可以求得油膜内和固体内部的温度场，下面具体描述求解过程。

接触副润滑过程中，每一瞬时由于油膜间剪切力和压力做功，会导致油膜温度上升，同时热传导和对流等作用下使得热量散失，二者平衡后在接触副间形成稳定的温度场。在不考虑体积力和热辐射，并忽略沿 x 方向（即滚动方向）的热传导和 z 方向（即膜厚方向）的压力差情况下，将黏性流体流动的能量方程与连续性方程联立，可以得到润滑油油膜的能量方程[137]为

$$c\left(\rho\frac{\partial T}{\partial t}+\rho u\frac{\partial T}{\partial x}+q\frac{\partial T}{\partial z}\right)-k\frac{\partial^2 T}{\partial z^2}=-\frac{T}{\rho}\frac{\partial \rho}{\partial T}\left(\frac{\partial p}{\partial t}+u\frac{\partial p}{\partial x}\right)+\tau\frac{\partial u}{\partial z} \qquad (2\text{-}117)$$

其中，中间参数 q 写为

$$q=-\frac{\mathrm{d}}{\mathrm{d}t}\int_0^z \rho\mathrm{d}z'-\frac{\mathrm{d}}{\mathrm{d}t}\int_0^z \rho u\mathrm{d}z' \qquad (2\text{-}118)$$

式中，T 为温度；p 为压力；ρ、c、k 分别为润滑油的密度、比热容和热传导系数；u 为润滑油沿 x 方向速度。不考虑时间项时能量方程变为

$$c\underbrace{\left[\rho u\frac{\partial T}{\partial x}-\frac{\partial}{\partial x}\int_0^z \rho u\mathrm{d}z'\frac{\partial T}{\partial z}\right]}_{\text{热对流}}+\underbrace{\frac{T}{\rho}\frac{\partial \rho}{\partial T}\frac{u\partial p}{\partial x}}_{\text{压缩热量}}=\underbrace{k\frac{\partial^2 T}{\partial z^2}}_{\text{热传导}}+\underbrace{\eta\left(\frac{\partial u}{\partial z}\right)^2}_{\text{黏性加热}} \qquad (2\text{-}119)$$

流体动力润滑中几何形状的改变是形成油膜压力的重要原因之一，通常润滑接触副几何形状为楔形，润滑剂从大口流向小口。当入口区域的间隙收缩过快时，在入口区容易形成逆流区，如图 2-22 所示。由于逆流区的存在，对润滑油膜温度方程的处理带来麻烦。油膜能量方程忽略 K_f 方向热传导，仅考虑该方向的对流换热，故其温度由上游流体温度决定。因此，仅在入口顺流区设定温度边界。

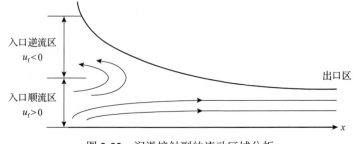

图 2-22　润滑接触副的流动区域分析

油膜能量方程的边界条件可表达为

$$T(x_{in}, z) = T_0, \quad u(x_{in}, z) \geqslant 0 \tag{2-120}$$

式中，x_{in} 为进口处的滚动方向的坐标；T_0 为环境温度。油膜能量方程在上游逆流区和下游是不需要边界条件的。

温度场的计算，对于流体是求解能量方程，对于固体是求解热传导方程。在弹流润滑中计算弹性变形和热分析时，把两接触固体(a 和 b)作为空间半无限体看待，两固体的能量方程可写为

$$\begin{cases} c_a \rho_a \left(\dfrac{dT}{dt} + u_a \dfrac{dT}{dx} \right) = k_a \dfrac{d^2 T}{dz_a^2} \\[3mm] c_b \rho_b \left(\dfrac{dT}{dt} + u_b \dfrac{dT}{dx} \right) = k_b \dfrac{d^2 T}{dz_b^2} \end{cases} \tag{2-121}$$

式中，c_a 和 c_b 为固体的比热容；ρ_a 和 ρ_b 为固体的密度；k_a 和 k_b 为固体热传导系数；z_a 和 z_b 为固体坐标，与油膜坐标 z 的方向相同。

固体能量方程边界条件表达为

$$\begin{aligned} T(x_{in}, z_a) = T(x_{in}, z_b) = T_0 \\[2mm] T\big|_{z_a = -d} = T_0, \quad T\big|_{z_b = d} = T_0 \end{aligned} \tag{2-122}$$

式中，d 为固体变温层的深度。固体能量方程在接触区域下游不需要边界条件。

接触固体的温度与油膜的温度在上下两个界面上应是连续的，故应满足界面热流量连续方程：

$$\begin{cases} k \dfrac{dT}{dz}\bigg|_{z=0} = k_a \dfrac{dT}{dz_a}\bigg|_{z_a = 0} \\[3mm] k \dfrac{dT}{dz}\bigg|_{z=h} = k_b \dfrac{dT}{dz_b}\bigg|_{z_b = 0} \end{cases} \tag{2-123}$$

能量方程需要进行离散以借助有限元法求解。一般离散前也应做量纲化处理。在滚动方向和膜厚方向，温度分析使用的网格与压力分析使用的网格完全相同。膜厚 z 方向使用等距网格，两固体在 z_a 和 z_b 方向一般使用不等距网格。图 2-23 为在 z、z_a 和 z_b 方向上计算温度的网格示意图，节点 $n_z + n_{z_b} + 1$ 与 $-(n_{z_a} + 1)$ 为两固体变温层边界外增加的节点，为避免差分时节点超出边界。

由于油膜能量方程中只考虑沿 x 方向的对流换热，故下游温度由上游温度决定，当入口区有逆流区存在时，$\mathrm{d}\overline{T}/\mathrm{d}x$ 的差分格式应改变。

油膜能量方程各温度项差分格式如下：

$$\begin{cases} \left(\dfrac{\mathrm{d}\overline{T}}{\mathrm{d}\overline{t}}\right)_{i,j} = \dfrac{\overline{T}_{i,j} - \overline{\overline{T}}_{i,j}}{\Delta \overline{t}} \\[2ex] \left(\dfrac{\mathrm{d}\overline{T}}{\mathrm{d}x}\right)_{i,j} = \dfrac{\overline{T}_{i,j} - \overline{T}_{i-1,j}}{h_x}, \quad i=1,2,\cdots,n_x; U_{i,j} \geqslant 0 \\[2ex] \left(\dfrac{\mathrm{d}\overline{T}}{\mathrm{d}x}\right)_{i,j} = \dfrac{\overline{T}_{i+1,j} - \overline{T}_{i,j}}{h_x}, \quad i=0,2,\cdots,n_x-1; U_{i,j} < 0 \\[2ex] \left(\dfrac{\mathrm{d}\overline{T}}{\mathrm{d}z}\right)_{i,j} = \dfrac{\overline{T}_{i,j+1} - \overline{T}_{i,j-1}}{2h_z} \\[2ex] \left(\dfrac{\mathrm{d}^2\overline{T}}{\mathrm{d}z^2}\right)_{i,j} = \dfrac{\overline{T}_{i,j+1} - 2\overline{T}_{i,j} + \overline{T}_{i,j-1}}{h_z^2} \end{cases} \quad (2\text{-}124)$$

式中，$\overline{\overline{T}}_{i,j}$ 为 $\overline{T}_{i,j}$ 上一时间步的值。

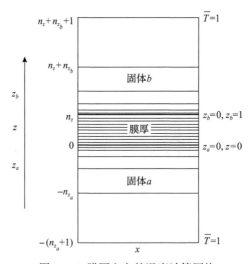

图 2-23 膜厚方向的温度计算网格

将式(2-124)差分格式代入油膜能量方程，可得到各节点 (i, j) 的差分方程，其中，$i=1,2,\cdots,n_x-1$，$j=1,2,\cdots,n_z-1$。

关于固体能量方程的离散，由于在 z_a 和 z_b 方向使用了不等距网格，故此方向上需要使用不等距网格的差分格式，固体内节点的差分格式如下：

$$
\begin{cases}
\left(\dfrac{\mathrm{d}\overline{T}}{\mathrm{d}\overline{t}}\right)_{i,j} = \dfrac{\overline{T}_{i,j} - \overline{\overline{T}}_{i,j}}{\Delta\overline{t}} \\[3mm]
\left(\dfrac{\mathrm{d}\overline{T}}{\mathrm{d}x}\right)_{i,j} = \dfrac{\overline{T}_{i,j} - \overline{T}_{i-1,j}}{h_x}, \quad i = 1,2,\cdots,n_x \\[3mm]
\left(\dfrac{\mathrm{d}^2\overline{T}}{\mathrm{d}z_a^2}\right)_{i,j} = A_{j,j-1}\overline{T}_{i,j-1} + A_{j,j}\overline{T}_{i,j} + A_{j,j+1}\overline{T}_{i,j+1}, \quad j = -n_{z_a},-\left(n_{z_a}-1\right),\cdots,-1 \\[3mm]
\left(\dfrac{\mathrm{d}^2\overline{T}}{\mathrm{d}z_b^2}\right)_{i,j} = B_{j,j-1}\overline{T}_{i,j-1} + B_{j,j}\overline{T}_{i,j} + B_{j,j+1}\overline{T}_{i,j+1}, \quad j = n_z+1, n_z+2,\cdots,n_z+n_{z_b}
\end{cases}
\tag{2-125}
$$

其中，

$$
A_{j,j-1} = \frac{2}{\left[\left(z_a\right)_{j-1} - \left(z_a\right)_j\right]\left[\left(z_a\right)_{j-1} - \left(z_a\right)_{j+1}\right]}
\tag{2-126}
$$

$$
A_{j,j} = \frac{2}{\left[\left(z_a\right)_j - \left(z_a\right)_{j-1}\right]\left[\left(z_a\right)_j - \left(z_a\right)_{j+1}\right]}
\tag{2-127}
$$

$$
A_{j,j+1} = \frac{2}{\left[\left(z_a\right)_{j+1} - \left(z_a\right)_{j-1}\right]\left[\left(z_a\right)_{j+1} - \left(z_a\right)_j\right]}
\tag{2-128}
$$

$$
B_{j,j-1} = \frac{2}{\left[\left(z_b\right)_{j-1} - \left(z_b\right)_j\right]\left[\left(z_b\right)_{j-1} - \left(z_b\right)_{j+1}\right]}
\tag{2-129}
$$

$$
B_{j,j} = \frac{2}{\left[\left(z_b\right)_j - \left(z_b\right)_{j-1}\right]\left[\left(z_b\right)_j - \left(z_b\right)_{j+1}\right]}
\tag{2-130}
$$

$$
B_{j,j+1} = \frac{2}{\left[\left(z_b\right)_{j+1} - \left(z_b\right)_{j-1}\right]\left[\left(z_b\right)_{j+1} - \left(z_b\right)_j\right]}
\tag{2-131}
$$

同样可写出固体 a 和 b 各节点的能量方程的差分方程。

固体 a 和 b 上连续性方程也要进行离散，界面上节点的差分格式满足：

$$\left.\begin{aligned}\left(\frac{\mathrm{d}\overline{T}}{\mathrm{d}z}\right)_{i,j} &= \frac{\overline{T}_{i,j+1}-\overline{T}_{i,j}}{h_z} \\ \left(\frac{\mathrm{d}\overline{T}}{\mathrm{d}z_a}\right)_{i,j} &= \frac{\overline{T}_{i,j}-\overline{T}_{i,j-1}}{(z_a)_j-(z_a)_{j-1}}\end{aligned}\right\}\text{表面}a$$

$$\left.\begin{aligned}\left(\frac{\mathrm{d}\overline{T}}{\mathrm{d}z}\right)_{i,j} &= \frac{\overline{T}_{i,j}-\overline{T}_{i,j-1}}{h_z} \\ \left(\frac{\mathrm{d}\overline{T}}{\mathrm{d}z_b}\right)_{i,j} &= \frac{\overline{T}_{i,j+1}-\overline{T}_{i,j}}{(z_b)_{j+1}-(z_b)_j}\end{aligned}\right\}\text{表面}b$$

(2-132)

同样可写出界面各节点能量方程的差分方程。之后联立可以通过追赶法[138]等求解该热弹流润滑问题。图 2-24 为典型的牛顿流体条件下的热弹流润滑的温度场分布情况。

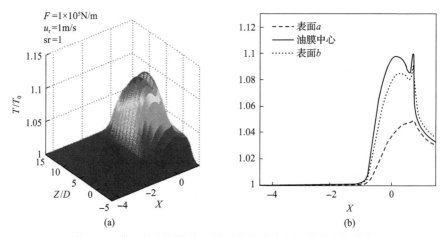

图 2-24　典型的牛顿流体条件下的热弹流润滑的温度场分布

通过热弹流润滑的理论和试验研究获得了一些重要的结论，也在工程实际中得到了应用。通常认为，载荷和滑动速度是引起弹流润滑温度升高的两个主要因素。载荷增加引起润滑液黏度增加和能量方程中耗散功增加；而滑动速度增加直接引起速度梯度增加，也使耗散功增加，因而均使得油膜温度增加。以 R-E 流体热弹流结果为例，研究热效应对润滑接触特性的影响[115]。图 2-25 展示了摩擦系数在考虑热效应和不考虑热效应的情况下随载荷及滑滚比的变动关系。可以发现，相对于等热解，热弹流解得到的摩擦系数较小，这主要是由热效应引起的润滑液黏度降低导致的，在重载时热效应的影响更为显著；随着滑滚比的增加，在热效应作用下，摩擦系数先上升而后缓慢降低；热解和等热解的摩擦系数在大滑滚比时差别更为显著，而在小滑滚比时热效应基本可以忽略。此外还发现，在高速时热效应对摩擦系数的影响相比于低速时更为显著。

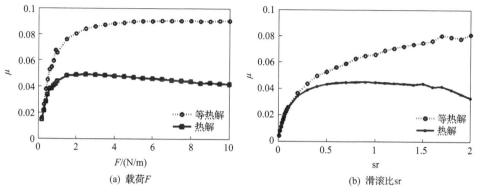

(a) 载荷 F (b) 滑滚比 sr

图 2-25 R-E 流体的摩擦系数随载荷和滑滚比的变化关系

热弹流润滑理论的诞生和发展为解决齿轮这种温度场、应力场、变形场、摩擦场等耦合作用下的润滑接触问题提供了必要的解决思路。然而，随着新一代高速、重载、极端环境齿轮的服役及干运转能力和疲劳寿命要求进一步提高，热弹流润滑理论还需进一步发展以扩大其应用范围同时提高其预测精度。

2.2.6 混合润滑理论

齿轮啮合时在接触部位可产生高达若干吉帕的接触压力，这个高压带来两个不可忽略的效应：接触表面弹性变形和润滑液黏度随压力的迅速增大。这使得齿轮接触部位有可能建立起保护性的润滑液薄膜以防止两表面间的直接接触，从而相对于无润滑情况大大提高了承载能力和接触疲劳寿命。然而事实上齿面并非绝对光滑，滚齿、磨齿、珩齿、喷丸等加工工艺下齿面形成不同的微观形貌，相比于轴承表面一般具有更高的齿面粗糙度，通常为油膜厚度的相同或更高数量级。在这种齿面微观形貌作用下，齿轮极易在名义接触区域出现局部峰-峰接触，油膜在接触区域不再连续，载荷由粗糙峰接触和油膜共同承担，破坏全膜润滑，从而形成混合润滑状态。此时，粗糙表面间的摩擦力也由油膜部分的剪切力和粗糙峰接触部分的摩擦力组成。由此可见，为较准确地分析传动效率、温升分布、接触疲劳失效模式，必须考虑更为真实的混合润滑问题。齿形误差、轮齿变形、齿廓曲率、微观形貌和啮合速度变化等非稳态因素的存在，使得混合润滑在低速重载齿轮传动中经常出现；载荷适中时，轮齿局部表面凸起点将因互相接触和摩擦而渐趋平滑，当齿面变得足够平滑时，就能够形成弹流动压油膜覆盖整个接触区域；若载荷过大或温度过高，油膜将迅速破裂使齿面直接接触而致使磨损加剧或发生疲劳、胶合失效。

　　混合润滑为介于(弹性)流体润滑和边界润滑间的一种状态，在 Stribeck 曲线上可以明显地反映，如图 2-26 所示。由于混合润滑问题的复杂性及数值方法和计算机技术的限制，混合润滑理论方面的研究在 20 世纪 70~80 年代才开始出现，但有关润滑状态的试验研究很早就有学者开展。混合润滑理论作为由弹流润滑理论发展而来的一个摩擦学新分支，几十年来已迅速发展成一个相当深入的学科。

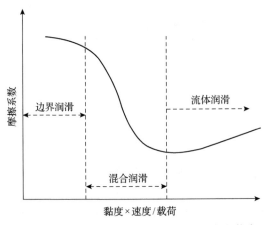

图 2-26　典型 Stribeck 曲线描述不同的润滑状态

　　作为混合润滑理论的两个重要方面，接触表面粗糙度效应和弹流润滑油膜效应在混合润滑理论中被着重强调。混合润滑理论一般建立在弹流润滑理论与粗糙表面干接触理论基础上。弹流润滑理论从 20 世纪 40 年代开始发展，现已相当成熟，考虑表面粗糙度效应的干接触问题也得到了迅速发展，产生了若干求解粗糙峰干接触问题的有效方法，这些研究为混合润滑理论的发展奠定了基础。在粗糙峰微接触处可能产生高达光滑表面赫兹接触压力若干倍的高压，容易引起磨损、胶合、接触疲劳等，因此对于表面微观形貌的影响的定量评价是揭示混合润滑机理的必要前提。

　　过去基于随机性模型的研究认为，混合润滑状态的膜厚比大致范围是 $(0.5\sim1) < \varLambda < 3$，然而这一结果对粗糙峰间的相互作用关系考虑并不充分。Zhu 和 Wang[139]通过确定型混合润滑模型，研究了混合润滑中粗糙峰接触的比例，并与油膜厚度测量试验结果对比，将边界润滑的粗糙峰承载比定为 90%，混合润滑膜厚比的范围修订为 $(0.01\sim0.05) < \varLambda < (0.6\sim1.2)$。不同膜厚比下的压力及油膜厚度分布如图 2-27 所示。然而，不同零部件、不同接触界面、不同润滑状态的膜厚比范围仍存在争议。

　　膜厚比的概念诞生后，为理解许多表面润滑失效机理提供了可行的手段。目前的微点蚀评价技术标准如 ISO/TR 15144(圆柱直、斜齿轮微点蚀承载能力计算)也采用了膜厚比评价齿轮的微点蚀风险。然而，膜厚比并不是评价粗糙表面润滑

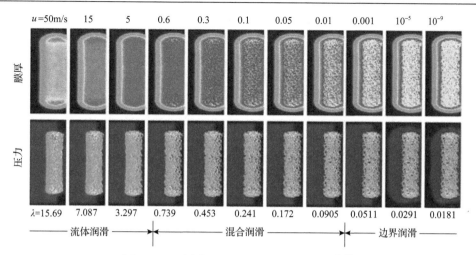

图 2-27　不同膜厚比下的膜厚及压力分布[140]

接触状态的唯一因素。例如，Cann 等[141]研究膜厚比后得出结论，膜厚比高达 20 时有可能存在粗糙峰接触，而经过良好跑合的齿面，膜厚比低至 0.3 仍可能杜绝粗糙峰接触，这意味着膜厚比并不能完全体现某些条件下的局部的接触状态。混合润滑理论在膜厚比概念的基础上还有很长的路要走。

混合润滑通常认为由弹流油膜和局部粗糙峰共同承担载荷，因此载荷分配函数的确定成为一个有效的研究手段。一般通过一个承受的法向载荷的比例系数 f_Λ 描述各自所占的承载比例。有一些研究将其定义为膜厚比 Λ 的函数。文献[142]定义的 f_Λ 为

$$f_\Lambda = \frac{1.21\Lambda^{0.64}}{1 + 0.37\Lambda^{1.26}} \tag{2-133}$$

而文献[143]给出的法向载荷比例系数函数表达式为

$$f_\Lambda = 0.82\Lambda^{0.28} \tag{2-134}$$

图 2-28 给出了两种模型的法向载荷比例系数，可以看到，当膜厚比大于 2 时，两种公式预测的偏差开始增大，但这并不影响混合润滑模型精度，因为膜厚比值过大意味着充分的弹流油膜保证，已经为典型的弹流润滑情况，表面粗糙峰的影响甚微。值得注意的是，法向载荷的分配系数与切向载荷的分配系数不同。例如在文献[143]中，法向载荷分配系数取为 0.61，而切向载荷分配系数为 0.30。

如何描述以表面粗糙度为代表的表面微观形貌在混合润滑中的作用，成为混合润滑理论需要解决的问题，由此诞生出两种类型的方法。

(1)统计型研究方法。

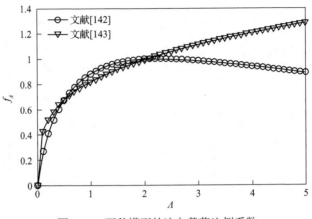

图 2-28　两种模型的法向载荷比例系数

　　理论研究早期，普遍采用统计法将表面粗糙度引入弹流润滑模型[144-147]。这些较为简单的模型为研究复杂的表面粗糙度效应提供了可行的思路。1966 年，Greenwood 和 Williamson[28]建立了基于经典接触力学和统计分析的理想化粗糙表面接触模型，即著名的 G-W 模型，随后开启了粗糙表面润滑接触的统计型方法先河。1972 年，Johnson 等[148]提出了承载比例因子概念来描述油膜和粗糙峰直接接触各自的承载贡献。2008 年，Akbarzadeh 和 Khonsari[149]基于此承载比例因子研究了渐开线直齿轮副的混合润滑问题，分析了齿面粗糙峰直接接触和油膜的承载比例、膜厚、齿间摩擦系数、齿面和油膜的温度变化等；以 M-B 弹塑性接触模型为代表的分形法也为润滑接触问题提供了解决思路。1978 年，Patir 和 Cheng[150]通过流量因子来反映粗糙峰对润滑状态的影响以求解部分弹流润滑问题，他们引入压力流系数和剪切流系数，求解平均雷诺方程并得到平均压力与平均间隙的关系。这个平均流模型得到广泛应用[151,152]，然而，当时的模型本身的局限性使得只能对较大膜厚比的润滑情况进行分析，并不适用发生粗糙峰接触的混合润滑问题。

　　由于经典的混合润滑问题求解复杂，人们也一直在试图寻求一些有工程应用价值的快速计算方法。Lubrecht 和 Venner[153]讨论了线接触弹流润滑问题接触区域内部正弦波粗糙峰幅值的衰减与波长、滑滚比、转速及负载等因素的关系，采用一个量纲化参数 ∇_1 描述以上因素对接触区域内粗糙峰幅值衰减的影响：

$$\nabla_1 = \sqrt{\mathrm{sr}}\,(\lambda / b_{\mathrm{H}})(M_1^{3/4} / L^{1/2}) \tag{2-135}$$

式中，sr 为滑滚比，定义为 $\mathrm{sr} = 2u_2(u_1 + u_2)$；$\lambda$ 为正弦波粗糙度波长；M_1 和 L 为 Moes 参数。可见参数 ∇_1 包含了粗糙度波长信息和接触工况条件。发现具有长波长的粗糙峰在接触区域幅值衰减明显，而短波长的粗糙峰在接触区几乎不变形。

　　Hooke[154]探讨了考虑粗糙峰的弹流润滑问题的两种工程性简化分析(干接触

分析和线性分析)，发现在极低速度(或低黏度)、纯滚动情况下干接触分析结果提供了一个压力(应力)预测上限；而当有滑动存在时，最大压力可能会稍微超过干接触分析结果，但由于油膜在表面间的缓冲作用，接触压力会下降；低幅值分析在滚动和滑动情况下均给出了较为合理的预测结果。

(2)确定型研究方法。

早期受数值方法的限制，只能人为定义表面粗糙度(单个粗糙峰或正弦波等粗糙度)进行润滑分析。统计型模型只能粗略地得到粗糙表面对润滑接触性能的整体影响，并不能获得接触区内的具体接触信息，而这些信息对于分析表面接触行为和疲劳损伤、磨损进程等十分重要。从 20 世纪 80 年代开始，随着多重网格法[125]、DC-FFT 法[44]等高效数值算法的出现和计算机技术的发展，确定性方法开始逐步用于求解粗糙表面接触和混合润滑问题，计算节点也突破了原来光滑表面润滑的1000 个节点的数量级跃升到上百万个节点的数量级。确定型方法使得在润滑接触问题中考虑真实测量的表面粗糙度成为现实[62, 119, 155, 156]。然而确定性方法求解混合润滑问题要求接触区域布置足够多的网格点来反映表面粗糙度效应，有时往往会超出计算机能力的限制。因此，确定性方法计算代价较大，收敛也需要较多的处理。但由于其可以考虑真实表面粗糙度，模型更接近实际，且伴随计算机技术的迅猛发展，确定性方法已逐渐成为粗糙表面润滑和混合润滑问题研究的主流。

早在1972年，Johnson等就讨论了粗糙峰接触对弹流润滑行为的影响[148]。1995年，Chang 第一次建立了线接触混合润滑问题的确定型模型[157]。在受当时数值方法及计算机技术限制情况下，他提到采用真实粗糙度的混合润滑模型，真实粗糙度的短波长成分使得求解相当困难。之后，Hua 和 Cheng[158]提出了瞬态点接触混合润滑模型模拟单个粗糙峰滑过光滑球体的润滑情况。2000 年，Jiang 等[159]提出一种微观与宏观相结合的方法求解混合润滑问题，解决了上述确定性方法的一些弊端。宏观上假设表面光滑求解点接触弹流润滑问题，微观上考虑表面粗糙度求解干接触问题。根据建立的平均接触压力和平均表面间隙之间关系，同时求解出平均油膜压力、平均粗糙峰接触压力及表面间隙。宏观角度求解整个接触区域上的光滑表面弹流润滑问题得到油膜厚度和压力分布平均值，宏观求解光滑表面弹流润滑模型前从微观角度一次性求解粗糙峰干接触问题，这种方式可以处理膜厚比很小的情况。

然而混合润滑状态下，在部分接触区域油膜可能发生破裂或油膜极薄导致金属粗糙峰间发生直接接触碰撞，经典雷诺方程并不能很好描述这种机理。目前通用的做法是在干接触区域采用粗糙峰干接触模型，而在油膜覆盖区采用雷诺方程描述，然而这种做法的缺点是对于干接触和润滑区域的边界处理和确定十分困难。由此产生了另一种方法。该方法的一个典型代表模型[160]由胡元中和朱东于2000年提出，将干接触作为润滑的一种极端形式，形成统一的缩减雷诺方程(reduced

Reynolds equation)来整体描述干接触和润滑区域。该方法关键的处理是，在两表面发生干接触的位置，假设仍然存在极薄的一层油膜，以保证卷吸速度方向上流体的连续性。理论上其厚度为一个润滑油分子的直径，实践中，该极限膜厚的值在几分之一纳米至几个纳米之间时，对数值解的影响较为微弱，一般可取为 2nm。随后他们对混合润滑问题进行了一系列探讨，包括接触的定义、网格密度的影响等，认为干接触可以作为润滑接触的一种特殊形式，当速度极低时，弹流润滑模型的解与干接触分析基本一致。该做法的缺点是缺乏较为明确的物理意义，但被应用于润滑状态识别、摩擦行为分析、齿轮接触疲劳分析等。

　　英国卡迪夫大学 Snidle 和 Evans 课题组也开发了一种耦合法[161,162]求解混合润滑问题，并用此耦合法求解了瞬态混合润滑问题，讨论了表面粗糙度的横向泄露带来的油膜退化现象，也用于齿轮混合润滑的求解[163]。Sadeghi 等[164]建立了基于有限差分法的确定型三维粗糙表面混合润滑模型，对不同载荷、不同滑滚比、不同表面微观形貌点接触混合润滑问题进行了数值模拟，该模型能模拟从边界润滑到全膜润滑状态的过渡，且能预测粗糙表面的闪温。Azam 等[165]建立了混合润滑状态下的摩擦化学(tribochemistry)分析模型，将半确定型的摩擦化学膜厚增长模型合并到确定型的混合润滑数值模型中，考虑了油膜硬度的变化，研究了润滑行为和摩擦学化学特征以及两者的相互作用。

　　作为混合润滑的典型应用，齿轮传动润滑问题的研究与混合润滑理论的发展相伴相随。以上提到的各类混合润滑模型几乎都曾用于齿轮润滑研究。通过齿轮混合润滑状态的识别，继而可以研究接触疲劳失效、摩擦功率损失、温升等问题。然而直到今日，齿轮混合润滑仍是了解尚不够充分的润滑状态与应用之一，其主要原因有：①混合润滑涉及极薄的表面层性质和变化，实验测试和理论分析都十分困难；②混合润滑机理受到许多难以控制的因素的影响，如齿轮表面特性(几何的、物理的和化学的)、润滑油和添加剂中微量成分，以及介质条件(气体、温度等)；③工程实际中的混合润滑状态通常是几种不同类型的机理同时存在，并相互影响，使得研究工作十分复杂，目前仍没有统一的、被广为接受的混合润滑理论和成熟的计算公式，混合润滑的工程应用尚处于经验阶段。

　　(1)基于混合润滑理论的摩擦力分析。

　　混合润滑理论的一个重要应用就是通过得到接触表面间的剪切力，计算混合润滑接触的摩擦因数与传动效率。从功率损失的角度来说，齿轮传动啮合效率计算的关键是获得其啮合功率损失，包括滑动摩擦功率损失和滚动摩擦功率损失。前面已经提到，牛顿流体及 Barus 等较为简单压黏关系的假设可以有效预测油膜厚度，但在摩擦力的计算方面不够准确。为模拟实际齿轮润滑状态，有必要考虑非牛顿流体、剪切变薄、混合润滑等因素。如同法向载荷的承载类似，混合润滑状态中摩擦力也认为由弹流油膜部分的剪切力与粗糙峰接触部分的摩擦力组成。

一般而言，混合润滑状态的摩擦系数介于弹流润滑和边界润滑之间。采用混合润滑模型与全膜弹流润滑模型对摩擦系数的估计有较大区别，混合润滑模型更为切合实际。因此，通过构建完整的混合润滑模型求解摩擦因数和传动效率势在必行。

Castro 等[166]采用全膜接触比例系数 f_Λ 描述弹流润滑及边界润滑在混合润滑中的比例，得到混合润滑状态下的平均摩擦系数，表达为

$$\mu_i^{\text{MIX}} = \mu_i^{\text{EHDR}}(f_\Lambda)^{1.2} + \mu_i^{\text{BDR}}(1 - f_\Lambda) \tag{2-136}$$

式中，μ_i^{EHDR} 为弹流润滑状态下的平均摩擦系数；f_Λ 为全膜接触比例系数，其大小与膜厚比 Λ 有关；μ_i^{BDR} 为边界润滑状态下的平均摩擦系数。边界润滑摩擦因数的选取略有不同，有些研究选取固定摩擦因数，如文献[167]中的 0.08、文献[168]中的 0.1、文献[169]中的 0.13，还有一些研究将其视为变量，如文献[170]中的 0.07～0.13、文献[171]中的 0.08～0.15 等。

Gelinck 等[169]提出的混合润滑摩擦系数表达式为

$$\mu = \frac{\mu_c F_c + \iint\limits_{A_H} \tau_H(\dot{\gamma}) \mathrm{d} A_H}{F_T} \tag{2-137}$$

式中，μ_c 为粗糙峰接触摩擦系数，通常由试验得出；F_c 为粗糙峰承受法向载荷部分，可以通过 Greenwood-Williamson 模型[28]得到；A_H 为弹流润滑部分接触面积；τ_H 为弹流润滑部分的剪应力，与剪切速率 $\dot{\gamma}$ 有关；F_T 为总的法向载荷。

美国俄亥俄州立大学的 Li 和 Kahraman[7]采用所开发的齿轮混合润滑模型计算了直齿轮传动机械功率损失，研究得出的一个重要结论是滚动损失对于总的机械功率损失的贡献不可忽略。图 2-29 描述的是文献[7]中的某齿轮模型滚动损失及滑动损失在一个啮合周期内的变动。忽略滚动损失将使整个啮合周期内的平均功率损失被低估 53.7%。当然，此传动效率预测模型尚有一些简化：假定各齿面的粗糙峰情况（尺寸及方向）相同；对于热效应的考虑，仅仅通过一个较为粗略的校正系数代替；这些简化在以后的研究中可以被完善。

(2) 基于混合润滑理论的疲劳和胶合预测。

齿轮混合润滑状态下粗糙峰接触处可能产生比光滑表面赫兹接触压力大若干倍的高压；粗糙度的横向泄露效应会恶化齿轮润滑状况，增加疲劳失效风险；摩擦生热的影响导致轮齿温度升高。这些因素均会影响齿面接触疲劳和胶合强度。现行的以弹性接触为基础的齿面点蚀承载能力计算标准和以闪温公式为基础的胶合承载能力计算标准有很大的缺陷。向着高速、重载、精密方向发展的齿轮传动对建立准确的齿轮微点蚀、点蚀、胶合、磨损模型要求迫切。混合润滑理论的深入发展为建立较为可靠的润滑失效模型及寿命预测模型奠定了基础。通过求解齿

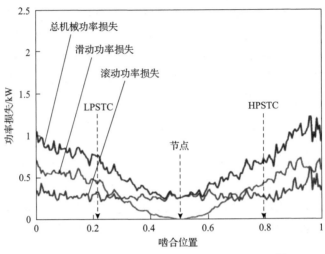

图 2-29　滑动摩擦损失与滚动摩擦损失的比例[7]

轮混合润滑问题得到齿面压力分布与剪应力分布，继而得到次表层应力和温度场分布，通过接触疲劳和胶合失效准则可以预测混合润滑状态下齿面接触疲劳和胶合强度，对指导工程应用有重要意义。

　　齿轮接触疲劳失效从很早就得到了人们的广泛关注，早在 1969 年 Dowson 就论述了齿轮润滑性能对点蚀和胶合的影响[172]。Evans 和 Snidle 等对齿轮接触疲劳失效形式进行了较为全面的研究[72,173-179]。但时至今日有关的失效模式，尤其是微点蚀和胶合的机理尚不明确。但可以确认的是至少有四种齿轮失效形式是与润滑状态的恶化或润滑性能的改变(如油膜厚度的降低、齿面的温升、润滑液中的杂质等)有密切关系：点蚀、微点蚀、胶合及磨损[180]。在采用混合润滑模型得到接触表面压力及剪切力分布和次表层应力分布后，需要选用合适的高周接触疲劳失效准则进行疲劳寿命的预测。20 世纪 70～80 年代，Coy 等[181,182]发表了一系列基于Lundberg-Palmgren 理论的直齿轮、斜齿轮寿命预测方法；Zaretsky 于 1987 年提出的基于 Ioannides-Harris 模型[38]的失效预测方法[183]被应用在一些混合润滑接触疲劳失效的研究中[184,185]；Brandão 等[186,187]与 Li 和 Kahraman[188]分别采用混合润滑理论研究了疲劳裂纹产生与接触疲劳失效问题，且与试验结果吻合良好，展现出了混合润滑理论在接触疲劳寿命预测方面的巨大潜力与优越性。已有文献将现有的接触疲劳失效准则进行了对比[175]。哪种疲劳失效准则更适合齿轮接触疲劳问题，还有待进一步的理论分析与试验验证。

　　弹流润滑理论及混合润滑理论的发展从未脱离过实际应用。事实上，最初关于弹流润滑及混合润滑问题的讨论就是由齿轮的润滑问题引出的。尽管弹流润滑理论及混合润滑理论日趋成熟，实际应用中却还没有形成一套完整成熟的齿轮润滑设计体系。由于润滑问题在数学上较为复杂，为方便工程实际中齿轮的润滑与接触设计，需要利用弹流理论给出简易方法，如膜厚比的选择、润滑剂参数的选取、膜厚与摩擦系数计算公式等[189-191]；由于经典的混合润滑问题求解十分复杂，人们也开发了一些具有工程应用价值的快速简便设计方法[154,192]。随着计算机技术的继续发展和可以求解混合润滑接触问题的商业化软件的兴起，相信从学术界到工业界对润滑问题的认识和应用都将更为深刻。目前看齿轮润滑接触设计需要注意以下方面：①为得到准确的表面间隙、压力及应力分布，有必要建立齿轮混合润滑模型，甚至是包含热弹塑耦合的润滑接触模型；②通过求解齿轮混合润滑问题得到的剪切力分布可以用来计算摩擦力与摩擦因数，为齿轮设计中磨损、温度、功率损失和传动效率的控制提供指导；③通过求解齿轮混合润滑问题，配合合适的接触疲劳失效准则，可以有效预测齿面接触疲劳寿命，为齿轮接触疲劳失效的控制和抗疲劳主动设计提供依据，但依旧依赖大量的试验验证。

2.2.7　斜齿轮的弹流润滑求解案例

弹流润滑理论作为摩擦学的一个分支，从 20 世纪 40～50 年代开始已迅速发展成为一个相当成熟的学科。对于弹流问题，从早期的线接触全膜等温问题，到现在考虑瞬态、粗糙面、热效应、流变行为等因素的复杂弹流问题，无论是数值方法还是在工程实际的应用方面都取得了长足的进步。但对于复杂的实际润滑情况，很难说现有的数值模型可以满足其模拟要求，未来还有很多理论方面的探讨及工程上的应用工作需要深入开展。作为弹流理论的典型应用，齿轮传动润滑问题的研究与弹流理论的发展相伴相随，如今对于齿轮润滑膜厚、压力分布、摩擦系数、传动效率和润滑失效模式和疲劳寿命的预测已成为弹流理论的应用重点之一。

20 世纪 30 年代以后，从理论和试验上均证明了齿轮传动等零件可以实现完全的流体润滑。但是通过经典雷诺理论得出的接触表面间的油膜厚度远远小于接触表面的粗糙峰高度值，刚性流体动力润滑理论不能用于点、线接触摩擦副的润滑分析；20 世纪 50～60 年代，在弹流数值分析结果基础上，Dowson 等[112]给出了可应用于工程实际的油膜厚度计算公式，将其油膜厚度理论公式用于渐开线直齿轮传动的膜厚计算，得到了从齿轮啮入到啮出过程最小膜厚增大的结论，此公式至今仍在部分齿轮承载能力计算中得到使用，但如今来看该结论的有效性还取决于载荷分布与啮合齿廓形状等因素；随后一系列研究者逐步开发了齿轮润滑数值模型，考虑了瞬态挤压效应、非牛顿流体效应、轮齿动载荷、热效应、表面粗糙度等因素的影响，当然先从平面应变假设下的线接触问题开始切入，如图 2-30 所示；此外，研究者还对准双曲面齿轮[193]、斜齿轮[194]、蜗轮蜗杆[195-197]、摆线针轮副[85]等进行了润滑分析，计算了齿轮承载能力、最大油温及功率损失并给出了一些相关的经验公式。

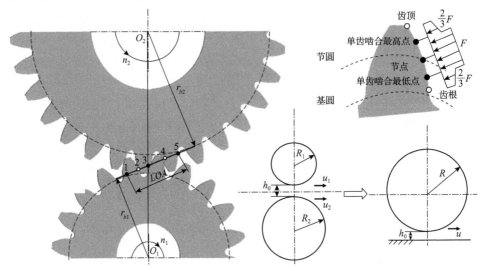

图 2-30　基于线接触模拟的齿轮润滑接触分析示例

1-啮入点；2-单齿啮合最低点；3-节点；4-单齿啮合最高点；5-啮出点

　　由于渐开线直齿轮润滑接触分析可借鉴诸多案例,下面以渐开线斜齿轮为例,介绍其润滑接触数值模型的开发过程。相比直齿轮,斜齿轮传动的几何与运动学关系较为复杂。在啮合过程中,同时啮合的轮齿对数、单条接触线的长度、同时啮合的各对轮齿的接触线总长、单对啮合轮齿的载荷,都发生变化;接触线上的不同位置的线速度、曲率半径不同,且随啮合相位不断变化。为开展润滑接触特性研究,有必要对斜齿轮接触的几何关系进行简化。但斜齿轮、锥齿轮、圆锥滚子等各截面参数变化、直齿轮与圆柱滚子轴承宽度较小时,由于界面几何与运动要素变化、端泄影响,采用线接触(平面应变)模型进行润滑设计和计算,将出现较大的偏差。针对斜齿轮啮合特点,可采用有限长线接触模型,如图 2-31 所示,将斜齿轮中一对啮合轮齿的接触,等效为一对反向放置的圆锥滚子的接触。在任意啮合位置,两圆锥均以接触线为母线,分别以理论接触区域的边界 N_1N_1'、N_2N_2' 为轴线,$N_1N_1'N_2'N_2$ 形成两齿轮基圆的内公切面。K_1K_1' 和 K_2K_2' 为两条接触线。在平行于齿轮端面的平面内,两轮齿在接触线 K_1K_1' 上任一点的曲率中心,分别位于 N_1N_1' 和 N_2N_2' 上。故轮齿的啮合可等效为,分别以 N_1N_1'、N_2N_2' 为轴,以接触线为母线的两个反向圆锥的接触。据此可得接触线上任意点在法向截面内的曲率半径和线速度。斜齿轮由于存在螺旋角,其前后端面的啮入、啮出不同步。因而斜齿轮的一个啮合周期为：一对轮齿从前端面啮入,直至从后端面完全啮出的过程。以接触线退出前端面的位置为分界,可将一个啮合周期分成两个阶段。对前一阶段,需分别确定实际啮入和接触线退出前端面的位置。对后一阶段,需要确定从后端面完全啮出的位置。

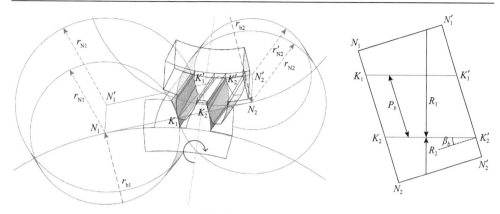

图 2-31　斜齿轮有限长线接触示意图

可以构建斜齿轮润滑计算的坐标系与计算域，如图 2-32 所示。以接触线中点为原点，分别以卷吸速度方向、接触线长度方向、齿面深度方向为 x、y、z 轴方向，阴影部分为计算域，位于两啮合齿面的瞬时公切面内。

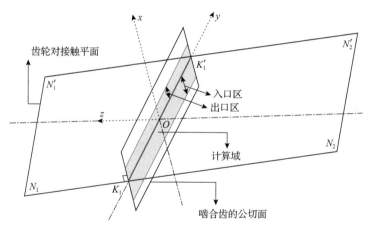

图 2-32　斜齿轮润滑计算的坐标系定义与计算域

图 2-33 展示了啮合平面 $N_1N_1'N_2'N_2$ 上不同位置的接触线。由 N_1 至 N_2 的方向为 LOA（line of action）方向，接触线在从啮入到退出前端面的过程中，与 LOA 的交点从 A 移动到 B，其长度先逐渐增大，当其两端分别位于前后端面时，长度最大且保持不变，如图 2-33 中的 K_2K_2' 所示状态。接触线退出前端面后，长度逐渐变短，直至从后端面的 B' 点完全啮出。即将完全啮出时，接触线延长线与 LOA 的交点 C 的位置为

$$s_c = \overline{N_1C} = s_b + b \cdot \tan \beta_b \tag{2-138}$$

式中，b 为齿宽。根据 s_a、s_c 的值可得一个啮合周期内，主动轮的起止转角分别为

$$\theta_1 = \angle N_1 O_1 A = \arctan \frac{s_a}{r_{b1}}$$

$$\theta_2 = \angle N_1 O_1 C = \arctan \frac{s_c}{r_{b1}}$$

$$(2\text{-}139)$$

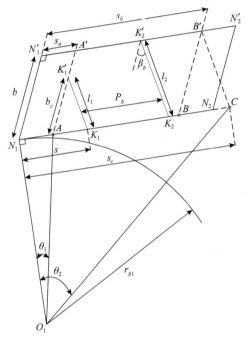

图 2-33 啮合平面上不同位置的接触线

以接触线(或其延长线)与 LOA 的交点距 N_1 的距离 s 为自变量,不同相位的啮合齿宽 b_c 可按如下公式计算:

$$b_c = \begin{cases} \dfrac{s - s_a}{\tan \beta_b}, & \dfrac{s - s_a}{\tan \beta_b} \leqslant b, s_a \leqslant s \leqslant s_b \\[3mm] b, & \dfrac{s - s_a}{\tan \beta_b} > b, s_a \leqslant s \leqslant s_b \\[3mm] b - \dfrac{s - s_b}{\tan \beta_b}, & s_b < s \leqslant s_c \end{cases} \qquad (2\text{-}140)$$

基于接触齿宽 b_c 可得接触线长度:

$$l = \frac{b_c}{\cos \beta_b} \qquad (2\text{-}141)$$

假设一对轮齿所承担的载荷 F 占齿轮副总载荷 F_z 的比例，与其接触线长度 l 占当前存在的各条接触线总长 l_z 的比例相同，则 F 可表示为

$$F = F_z \frac{l}{l_z} \tag{2-142}$$

根据齿轮参数，可得在一个啮合周期内，单条接触线长度、各接触线总长、单对轮齿的载荷变化情况，如图 2-34 所示。在一个啮合周期内，单条接触线的长度经历了"逐渐增大—保持不变—逐渐减小"的过程。单对轮齿的接触线长度保持不变时，受到相邻齿对的啮合状态影响，其载荷可能上升、保持恒定或下降。在单齿啮合区，轮齿载荷最大，但这一阶段在整个啮合周期中所占的比例较小。整个齿轮副处在单齿啮合和双齿啮合状态的交替变化之中。斜齿轮各条接触线总长的平稳变化，避免了轮齿载荷的突变，保证了传动的平稳性。

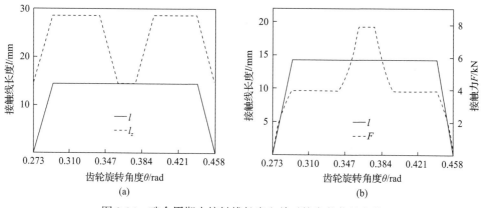

图 2-34　啮合周期内接触线长度和单对轮齿载荷的变化

已知主动轮输入转速为 n，则主、从动轮角速度分别为

$$\begin{cases} \omega_1 = 2\pi n / 60 \\ \omega_2 = \omega_1 z_1 / z_2 \end{cases} \tag{2-143}$$

可得接触线 $K_1 K_1'$ 上任一点 P 在两轮齿上沿卷吸速度方向的线速度，如图 2-35 所示：

$$\begin{cases} u_1 = \omega_1 r_{t1} = \omega_1 \left(s - y \sin \beta_b \right) \\ u_2 = \omega_2 r_{t2} = \omega_2 \left(s_N - s + y \sin \beta_b \right) \end{cases} \tag{2-144}$$

可得接触线上任一点的卷吸速度 u_e、相对滑动速度 u_s、滑滚比为 ξ，分别表达为

$$\begin{cases} u_e = (u_1 + u_2)/2 \\ u_s = u_1 - u_2 \\ sr = u_s/u_e \end{cases} \tag{2-145}$$

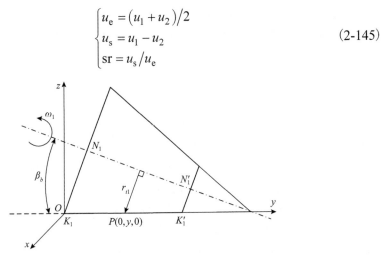

图 2-35　齿面上任一点的线速度

基于以上分析，再结合具体的齿轮几何参数和输入扭矩，可得一个啮合周期内接触线上任意点的等效曲率半径 R、卷吸速度 u_e、滑动速度 u_s、滑滚比 sr 等参数。

斜齿轮有限长线接触润滑模型的控制方程包括雷诺方程、膜厚方程、载荷平衡方程等，主要控制方程前面已叙述，不再罗列，其计算流程如图 2-36 所示。

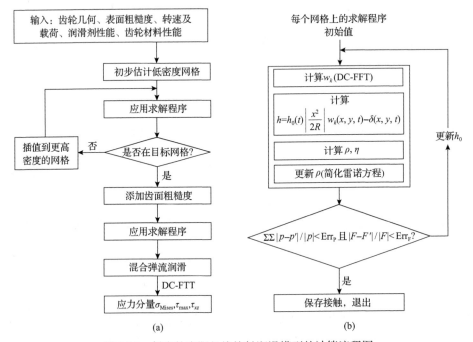

图 2-36　斜齿轮有限长线接触润滑模型的计算流程图

有限长线接触在端部出现明显的压力峰和膜厚颈缩现象，其与赫兹干接触的边缘效应类似，如图 2-37 所示。这说明在接触线的中段大部分区域膜厚与压力变化很少，在忽略端部泄露时有限长线接触可简化为一维线接触问题。

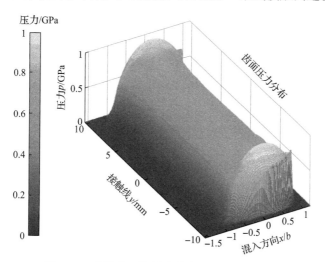

图 2-37　光滑表面的斜齿轮接触区域压力分布

实测的展成磨齿面粗糙度，具有磨削过程生成的条带状纹理，如图 2-38 所示，粗糙度样本的 $Ra=0.278\mu m$，$Rq=0.345\mu m$。

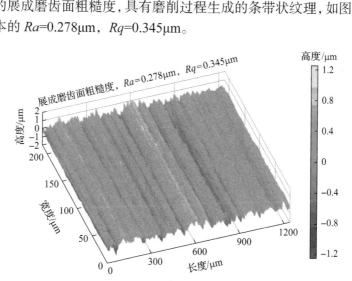

图 2-38　基于展成法磨削的某齿面微观形貌

图 2-39 显示了 EHL 模型给出的接触压力和膜厚的分布。由于存在表面粗糙度，接触压力出现了剧烈的波动，局部压力高达 5GPa；而在膜厚方面，接触中心保持了"压平"的特点，膜厚出现了与粗糙峰分布相关的条纹状波动。

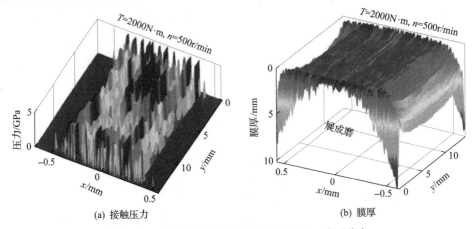

(a) 接触压力   (b) 膜厚

图 2-39　展成磨齿面弹流润滑接触压力、膜厚分布

图 2-40 给出了接触线中点处、x-z 截面内，在光滑齿面下及展成磨齿面下的压力、膜厚分布。可见由于粗糙度的作用，压力、膜厚显示出强烈波动。光滑情况下可见的赫兹接触中心的压力峰、位于出口区的二次压力峰及出口区油膜颈缩

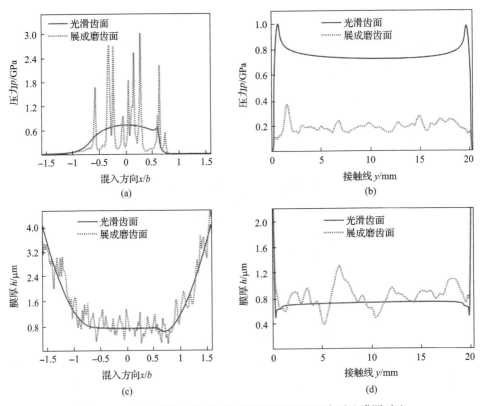

图 2-40　理想光滑齿面与展成法磨削磨齿面的压力对比膜厚对比

等特征已不可辨识。但由膜厚可知，尽管该粗糙度导致局部接触压力的急剧上升，但当前工况下该截面内尚未出现明显的干接触。

如图 2-41 所示，τ_{xz} 除了极值更贴近表面之外，在近表面处约 $0.1b_H$ 深度范围内，τ_{xz} 在正负之间交替变化更为频繁。

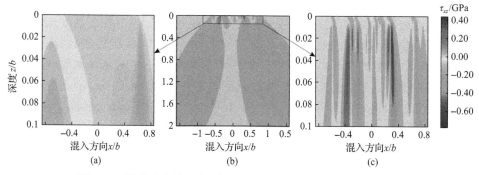

图 2-41 展成法磨削生成的粗糙度作用下轮齿次表面正交剪应力

由于表面粗糙度可能引起近表面局部塑性变形，进入弹塑性状态，因此还可进一步构建粗糙齿面弹塑性润滑（PEHL）接触模型。图 2-42 为接触线端部附近的 x-z 截面内 EHL、PEHL 模型给出的次表面 σ_{Mises} 分布对比。不考虑塑性时，近表面处的最大 von Mises 应力高达 2.6GPa，即使在赫兹接触中心的次表面 150～420μm 的区域，也达到约 1.1GPa，这是材料无法承受的。而 PEHL 模型计算的 σ_{Mises} 最大值为 788MPa，显然 PEHL 的 σ_{Mises} 数值更接近实际。齿面微观形貌显著且重载工况下，需要考虑材料可能的弹塑性行为。

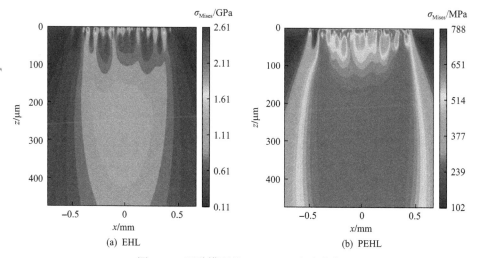

图 2-42 两种模型的 von Mises 应力分布

　　不同齿面加工方式的表面微观形貌不同。测量和采集成形磨、展成磨、超精加工、磨齿后涂层四种常见加工方式生成的齿面粗糙度。简便起见，依次用以下缩写表示这几种加工方式：FG(form grinding，成形磨)、GG(generating grinding，展成磨)、SF(super finishing，超精加工)、GC(grinding and coating，磨齿后涂层)。图 2-43 为各加工方式齿面的接触压力分布。图 2-44 为接触线中点处 x-z(x、z 分别为啮合点处的卷吸速度方向和齿面深度方向)截面内的分布情况，并附光滑齿面的结果作为参照。在除超精加工外的三种齿面上，源自磨削刀纹的带状粗糙峰，都导致了带状隆起的高压力区域。与形貌特征相对应，FG 的接触区被数个显著的高压力带占据，且都达到了数值模拟时设置的压力上限 5GPa。GG 齿面的局部存在相对较强的带状高压力区域，而其余压力峰较低。GC 的高压力区域数量较 GG 更多，而单个压力峰的水平略低于 FG。而 SF 的压力水平最低，基本未出现达到压力上限值的情况，且无明显的分布规律。粗糙峰的存在改变了光滑齿面情形下的压力分布状态，不再有二次压力峰，且使主要承载位置都位于粗糙峰附近，其余区域的承载比例降低。

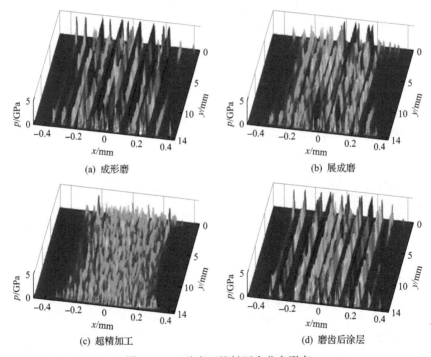

图 2-43　四种齿面接触压力分布形态

　　图 2-45 显示了四种齿面加工方式下接触区域油膜厚度分布。图 2-46 为接触线中点处 x-z(x、z 分别为啮合点处的卷吸速度方向、齿面深度方向)截面内的油膜厚度分布情况，并附光滑齿面的结果作为参照。对于干接触面积，FG>GC>GG，

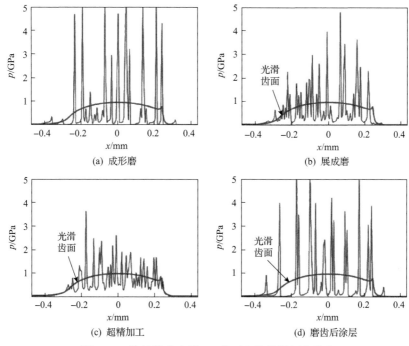

图 2-44　接触线中点处 x-z 截面上的接触压力分布

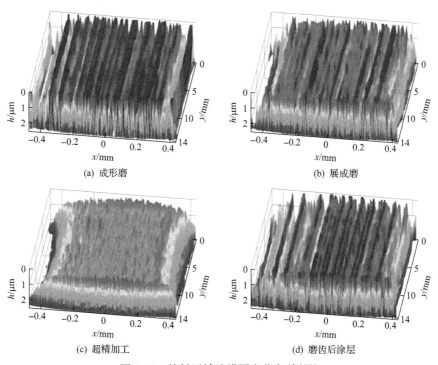

图 2-45　接触区域油膜厚度分布(倒置)

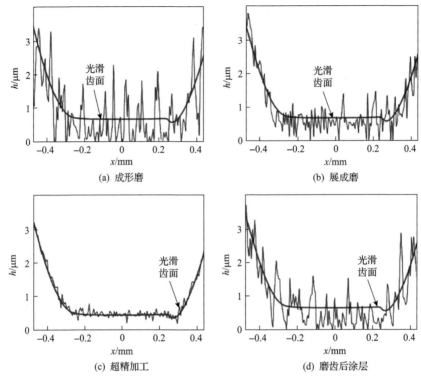

图 2-46　接触线中点处 x-z 截面上的油膜厚度分布

而 SF 未发生干接触现象。光滑表面情形下的出口区油膜颈缩现象，在 SF 膜厚曲线上仍可辨识，而在其余几种表面上都无从分辨。

　　图 2-47 显示了四种齿面加工方式下在 x-z 截面内近表面处的 von Mises 应力分布。不同加工方式齿面的粗糙度对近表面处 von Mises 分布的影响主要表现在以下方面：①高应力值区域所覆盖的深度范围为：FG、GG、GC 的覆盖可达 40μm 以上，而 SF 仅到 20μm 左右。②沿 x 方向高应力值区域的数量及个体大小为：SF 的此类区域较少，且个体最小；GC 的此类区域分布较为均匀、个体尺寸相近；而 GG 存在一些较大的个体，分布不均匀；FG 具有最大的单个高应力值区域，且各区域有连成片状的趋势。

　　各种加工方式下，高 von Mises 应力区域不同程度地向贴近表面的区域聚集。超精加工齿轮次表面较深处的 von Mises 应力分布与光滑情形下基本一致，而其余三种加工方式的次表面 von Mises 应力分布，较光滑表面情形发生了很大改变。各种加工方式下齿轮次表面的最大剪应力分布，都与 von Mises 应力的分布形态相似。这无疑会带来接触疲劳性能上的差异性表现，值得注意。

　　通过齿轮润滑模型的开发，除了可以讨论润滑液类型、供油状态、齿面加工形貌等因素的影响外，还可用来讨论载荷、转速、温度、齿轮参数等因素的影响

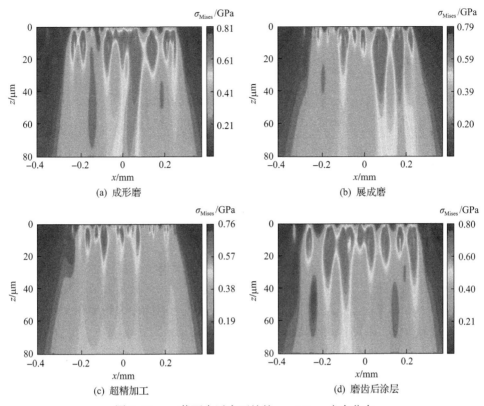

图 2-47　*x-z* 截面内近表面处的 von Mises 应力分布

研究，并用来预测疲劳寿命、损伤演化和胶合失效风险，最终形成齿轮抗疲劳设计理论体系。然而，该工作难度较大，齿轮传动具有滑滚运动并存、滑动方向变动、相对曲率小、接触应力大、时变啮合刚度等特点，再加上装配、材料、润滑、修形、热效应、系统动力学响应、物理化学效应等影响，使得齿轮润滑接触分析十分复杂。

齿轮润滑理论研究方兴未艾，后续可能从几个方面重点突破：①虽然目前在数值模拟方面有较多研究和发展，但普遍缺乏有说服力的试验验证，未来应设计和开展有关试验研究，以检验和完善理论分析模型，使之更好地服务于齿轮接触分析和设计工作；②受计算代价影响，大多数齿轮润滑计算仅仅是对于单次啮合过程的模拟，而没有考虑循环载荷及其带来的材料软硬化、损伤等特征，未来可考虑真实微观齿面在循环载荷作用下，轮齿表面润滑状态、塑性变形、次表面应力和应变、残余应力状态的演化历程；③从基于完全弹性假设的混合弹流润滑理论出现，到目前的弹塑性混合润滑研究方面的进展，在求解压力的过程中，需要人为设置一个压力上限，否则接触压力可能达到异常高的值，但这一做法，以及所设置的压力上限的取值，都缺乏可靠的理论与试验支撑，已经发现，该上限值不仅限制着最大接触压力，而且限制了轮齿次表面残余应力的上限；④混合润滑现有模型仍存在物理或其他方面的局限，开发更具物理意义的混合润滑模型并在齿轮润滑接触问题中得到应用和验证，也是未来必须发展的方向之一。

2.3　有限元接触理论

接触问题中，由于接触界面的未知性及接触状态的复杂性，接触边界呈现高度非线性，同时接触问题常伴随材料的非线性和大变形，使得接触问题的分析更为复杂。有限元方法可以实现复杂接触问题的求解，已成为求解接触问题的主流方法。

2.3.1　有限元法概述

有限元法是一种为求解偏微分方程边值问题近似解的数值技术。求解时对整个问题区域进行分解，每个子区域都成为简单的部分，这种简单部分就称作有限元。由于大多数实际问题难以得到准确解，而有限元不仅计算精度高，而且能适应各种复杂形状，因此成为行之有效的工程分析手段。

有限元法的基本思路是：先离散化，再单元分析，然后整体分析。离散化，即把连续系统(连续体、连续介质、连续区间等)划分为一定数目的选定形状的单元，单元之间的联系点称为节点，单元之间的相互作用只能通过节点进行，在节点上引进等效载荷或边界条件，代替实际作用于系统上的外载荷或边界条件。用这种单元的集合体来代替原来的连续系统。离散化处理，本质上就是将原来的具有无限个微元的连续变量系统转化为只包含有限个节点变量的离散系统，目的是将描述连续系统的微分方程和边界条件转化为离散系统的代数方程。单元分析是指由分块近似的思想，对每一个单元按一定的规则建立待求未知量与节点相互作用之间的关系。这里所谓的一定规则，对于力学问题可以是力学关系或选择一个简单函数，建立的关系则是节点位移与节点力之间的关系。对于其他学科，则可能是热量与温度的关系、电压与电流的关系等。以这种方式，用在每一个单元内假设的近似函数来分片地表示原求解域上的待求未知函数。整体分析是把所有单元的这种特性关系按照一定的条件(变形协调条件、平衡条件等)集合起来，构成一组以节点变量(位移、温度、电压等)为未知量的代数方程组，引入边界条件，求解方程就得到有限个节点处的待求变量。

自有限元法诞生以来，其应用已由弹性力学平面问题发展到空间问题、板壳问题，由静力分析发展到动力分析、稳定分析等。分析的对象从固体力学领域发展到流体力学、传热学、电磁学等领域。处理的材料从各向同性弹性材料发展到各向异性材料、黏弹性材料、黏塑性材料、复合材料等，甚至可以模拟构件之间的高速碰撞、炸药的爆炸燃烧和应力波的传递。有限元法的应用已遍布机械、航空航天、冶金、建筑、水利、矿山、材料、化工、能源、交通、电磁等领域。

2.3.2　接触分析求解原理

接触问题在力学上表现为高度的(材料、几何、边界)三重非线性问题，即除了大变形引起材料非线性和几何非线性外，还有接触界面上的非线性，这些接触问题所特有的接触界面非线性源于两个方面。其一，接触区域界面大小和位置以及接触状态都是未知的，而且随着时间不断变化，需要在求解过程中确定。其二，接触条件的非线性，接触条件的内容包括：接触物体的不可相互侵入，接触力的法向分量只能是压力，以及切向接触的摩擦条件。这些条件区别于一般的约束条件，特别是单边性的不等式约束，具有强烈的非线性[198]。

描述接触问题的数学模型包括平衡方程、几何方程、本构方程以及给定的边界条件和初始条件，还有接触表面的接触边界条件，主要为不可贯入条件和接触面摩擦条件。为了给出接触面边界条件的数学描述，可以按照休斯(Hughes)方法建立描述接触坐标系和接触条件[199]。

图 2-48 表示某时刻物体 A 和物体 B 发生接触，其中，Ω^A 和 Ω^B 分别表示其构形，S^A 和 S^B 分别表示其边界，S^C 表示 A 和 B 共有的接触边界，则 $S^C = S^A \bigcap S^B$。方便起见，定义物体 A 为接触体，物体 B 为目标体，S_C^A 为从接触面，S_C^B 为主接触面。接触面上相互接触的两点称为接触点对，并分别称为从接触点和主接触点。

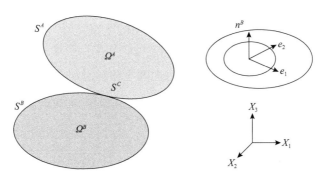

图 2-48　接触界面局部坐标系

在目标体 B 的接触面上任意一点 Q 建立局部坐标系单位向量 e_1、e_2 位于接触体 A 和目标体 B 的公切面上，e_3 与 Q 点法线重合，设单位法向量为 n^B，有

$$n^B = e_3 = e_1 + e_2 \tag{2-146}$$

根据接触问题的特点,接触边界条件通常用法向接触和切向接触条件来描述。

1)法向接触条件

法向接触条件是用来判定接触物体的接触与否的条件,并用不可贯入条件约束接触面的接触点的法向位移。不可贯入条件是指两接触物体在运动过程中不允许相互侵入的条件。如图 2-49 所示,接触面 S_C^A 上任意一点 P 坐标为 x_P^A,目标面 S_C^B 上任意点 Q 坐标为 x_Q^B,则两点距离在 n^B 上的分量为

$$g_N = \left(x_P^A - x_Q^B \right) \cdot n^B \geqslant 0 \tag{2-147}$$

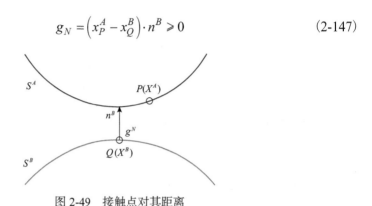

图 2-49　接触点对其距离

另外,在不考虑接触面间黏附或冷焊情况下,法向接触压力 F_N^B 为压力,有 $F_N^B \leqslant 0$。根据作用力与反作用力大小相等原则,法向接触力 $F_N^A = -F_N^B \geqslant 0$。

2)切向接触条件

切向接触条件是来判断接触物体接触面的接触状态,用来描述切向接触力。如果接触物体间摩擦可忽略不计,可采用无摩擦模型,即切向接触力为零;如果考虑接触摩擦,则切向接触力主要取决于采用的摩擦模型,工程分析中经常采用库仑(Coulomb)摩擦模型。根据库仑摩擦模型,如果接触摩擦系数为 μ,切向接触力即摩擦力 $\left| F_T^A \right| \leqslant \mu \left| F_N^A \right|$;如果两接触面间无相对滑动,即相对切向速度 $\bar{v}_T$ 为零,则切向接触条件为 $\bar{v}_T = v_T^A - v_T^B = 0, \left| F_T^A \right| < \mu \left| F_N^A \right|$;如果两接触面间相对滑动 $\bar{v}_T \neq 0$,则有 $\bar{v}_T \cdot F_T^A = \left(v_T^A - v_T^B \right) F_T^A < 0, \left| F_T^A \right| = \mu \left| F_N^A \right|$。

在库仑摩擦模型中,摩擦力从无到有产生一个阶跃变化,会造成有限元迭代计算中收敛困难,实际计算中常采用规则化的替代模型,即

$$F_T^A = -\mu \left| F_N^A \right| \frac{2}{\pi} \arctan \left(\frac{\bar{v}_T}{c} \right) e^T \tag{2-148}$$

式中,e^T 的上角 T 表示切向相对滑动的方向,e^T 可表示为

$$e^T = \frac{\overline{v}_T}{|\overline{v}_T|} \tag{2-149}$$

c 是控制参数，c 值越小，规则化的替代模型越接近库仑摩擦模型，如图 2-50 所示。

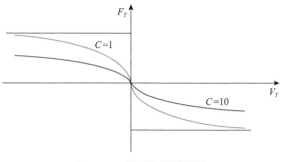

图 2-50　规则化摩擦模型

　　弹性接触问题属于边界非线性问题，其中既有接触区变化引起的非线性，又有接触压力分布变化引起的非线性和摩擦作用产生的非线性，求解过程是搜寻准确的接触状态的反复迭代过程。为此，需要先假定一个可能的接触状态，然后代入定解条件，得到接触点的接触内力和位移，判断是否满足接触条件。当不满足接触条件时，修改接触点的接触状态重新求解，直到所有接触点都满足接触条件。将得到的运动约束(即法向无相对运动，切线可滑动)和节点力(法向压力和切向摩擦力)作为边界条件直接施加在产生接触的节点上，这种方法对接触的描述精度高，具有普遍适应性，不需要增加特殊的界面单元，也不涉及复杂的接触条件变化[200]。

　　接触过程通常是依赖于时间的，并伴随材料非线性和几何非线性的变化过程。特别是在接触过程中，接触界面的区域和形状以及接触界面上的运动学和动力学的状态也是未知的。这些特点决定了接触问题通常采用增量方法求解。增量解法首先将载荷分为若干步 f_0，f_1，f_2，$\cdots$，相应的位移也分为若干步 a_0，a_1，a_2，$\cdots$，每两步之间的增长量为增量。假设第 n 步载荷 f_n 和相应的位移 a_n 已知，而后载荷增加为 $f_{n+1} = f_n + \Delta f_n$，再求解 $a_{n+1} = a_n + \Delta a_n$。如果每步载荷增量足够小，则可以保证解的收敛性。同时，可得到加载过程中各个阶段的中间值数值结果，便于研究结构位移和应力等随着载荷变化的情况。接触问题求解过程如图 2-51 所示，步骤如下：

　　(1)根据前一步的结果和本步给定的载荷条件，通过接触条件的检查和搜寻，假设此步第 1 次迭代求解时接触面的区域和状态，即两物体在接触面上有无相对滑动。无相对滑动的接触状态称为"黏结"，有相对滑动的状态称为"滑动"。

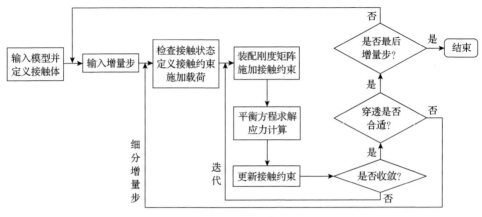

图 2-51　接触问题求解过程

(2)根据上述关于接触区域和状态所作的假设,对于接触面上的每一点,将运动学或动力学上的不等式约束作为定解条件,引入方程并进行方程的求解。

(3)利用接触面的上述不等式的约束所对应的动力学和运动学的不等式作为校核条件对解的结果进行检查,如果物体表面(包括原假设中尚未进入接触的部分)的每一点都不违反条件,则完成本步求解转入下一增量步的计算;否则,回到步骤(1)再次进行搜寻和迭代求解,直至每点都满足校核条件,然后转入下一增量步的求解,直到判断出两个面正好处在刚好接触的状态。

2.3.3　接触分析的泛函形式

有限元分析中,接触边界上的接触力可以按照虚功等效原则转化为单元的等效节点载荷。一般边界上给定的位移边界条件可以直接引入到整体刚度方程中求解,而接触位移边界条件是不等式约束,难以直接引入到整体刚度方程中。实际上,接触问题属于带约束条件的泛函极值问题,最常用的方法包括拉格朗日乘子法(Lagrange)、惩罚函数法和直接约束法等。

拉格朗日乘子法通过增加一个独立自由度(接触压力)来满足无穿透条件,不需要人为定义接触刚度去满足接触面间不可穿透的条件,可以直接实现穿透为零的真实接触条件,计算结果较精确。但该方法增加了系统变量数目,并使刚度矩阵中出现了对角线元素为零的子矩阵,需要实施额外的操作才能保证计算精度,这对斜齿轮这类三维接触问题尤为不利。同时,在接触状态发生变化时,接触力会产生突变,接触状态的振动式交替改变,纯粹的拉格朗日算法无法控制这种改变。拉格朗日乘子法限制了接触物体之间的相对运动量,需要预先知道接触发生的确切位置,以便施加界面单元。该算法主要用于采用特殊的界面单元描述接触的问题分析。

惩罚函数法是一种近似方法,允许相互接触的边界产生穿透并通过惩罚因子将接触力和边界穿透量联系起来。惩罚因子出现在刚度矩阵中与接触面上的节点有关的那部分子矩阵的对角线元素上，克服了拉格朗日乘子法中出现零对角线矩阵的缺点。但是若惩罚因子太大，在计算接触应力时会产生高频震荡，容易出现计算不收敛的情况。惩罚函数法中，惩罚因子趋向无穷时，接触条件方能精确满足，而实际计算时只能取有限值，因此接触条件只能近似满足。在 ABAQUS/Standard 中使用是惩罚函数法将约束条件引入到泛函分析中。

如上节所述，接触问题的位移边界条件需要通过相应的算法引入到系统泛函中进行求解，由此可构造相应的泛函为

$$\Pi = \Pi_u + \Pi_G \tag{2-150}$$

式中，Π_G 为接触位移约束项；Π_u 为系统势能，可表示为

$$\Pi_u = U - W_L - W_I \tag{2-151}$$

式中，U、W_L、W_I 分别为应变能、外力功和惯性力做的功。

接触位移约束项 Π_G 对于不同算法有不同的表达形式。如采用拉格朗日乘子法，Π_G 可表示为

$$\Pi_G = \Pi_{GL} = \int_{Sc} \boldsymbol{\Lambda}^{\mathrm{T}} \boldsymbol{g} \mathrm{d}s \tag{2-152}$$

式中，$\boldsymbol{\Lambda} = \begin{bmatrix} \lambda_1 & \lambda_2 & \lambda_3 \end{bmatrix}^{\mathrm{T}}$ 为拉格朗日乘子；$\boldsymbol{g} = \begin{bmatrix} g_1 & g_2 & g_3 \end{bmatrix}^{\mathrm{T}}$ 为接触间隙向量。

如采用惩罚函数法，Π_G 可表示为

$$\Pi_G = \Pi_{GP} = \frac{1}{2} \int_{Sc} \boldsymbol{\alpha} \boldsymbol{g}^{\mathrm{T}} \boldsymbol{g} \mathrm{d}s \tag{2-153}$$

式中，$\boldsymbol{\alpha} = \begin{bmatrix} \alpha_1 & & \\ & \alpha_2 & \\ & & \alpha_3 \end{bmatrix}$。

根据最小势能原理，问题的解为泛函的极值条件，为

$$\delta \Pi = \delta \Pi_u + \delta \Pi_G = 0 \tag{2-154}$$

式中，$\delta \Pi_u$ 与非接触问题的形式相同；采用拉格朗日乘子法和惩罚函数法时，所采用的 $\delta \Pi_u$ 可分别表示为

$$\delta \Pi_{GL} = \int_{Sc} \delta \boldsymbol{\Lambda}^{\mathrm{T}} \boldsymbol{g} \mathrm{d}s + \int_{Sc} \boldsymbol{\Lambda}^{\mathrm{T}} \delta \boldsymbol{g} \mathrm{d}s \tag{2-155}$$

$$\delta \prod_{GP} = \int_{Sc} \boldsymbol{\alpha} \boldsymbol{g}^{\mathrm{T}} \delta \boldsymbol{g} \mathrm{d}s \qquad (2\text{-}156)$$

惩罚函数法施加接触约束的方法可以类比成物体间施加非线性弹簧的效果。该方法不增加未知量数从而增加系统矩阵带宽，数值上实施比较容易。惩罚函数法的数值实现相对简洁，而且罚参数取值合理多数情况下能够提供健壮稳定的求解，因此在齿轮接触分析中得到广泛应用。惩罚函数法的基本思想是将式(2-157)所示的约束优化问题转化为一系列的无约束优化问题进行求解。即将约束优化问题：

$$\begin{cases} \min f(X), & x \in R^n \\ \text{s.t. } g_u(X) \leqslant 0, & u = 1, 2, \cdots, m \\ h_v(X) = 0, & v = 1, 2, \cdots, p; p < n \end{cases} \qquad (2\text{-}157)$$

转换成下面的无约束问题：

$$\min \varphi(X, r_1^{(k)}, r_2^{(k)}) = f(X) + r_1^{(k)} \sum_{u=1}^{m} G(g_u(X)) + r_2^{(k)} \sum_{v=1}^{p} H(h_v(X)) \qquad (2\text{-}158)$$

式中，$\varphi(X, r_1^{(k)}, r_2^{(k)})$ 为惩罚函数，$r_1^{(k)}$ 和 $r_2^{(k)}$ 为惩罚因子；$\sum_{u=1}^{m} G(g_u(X))$ 和 $\sum_{v=1}^{p} H(h_v(X))$ 分别为由不等式约束函数和等式约束函数构成的复合函数，$r_1^{(k)} \sum_{u=1}^{m} G(g_u(X))$ 和 $r_2^{(k)} \sum_{v=1}^{p} H(h_v(X))$ 为惩罚项。当点 X 不满足约束条件时，等号后第二项和第三项取值变得很大；反之，当点 X 满足约束条件时，这两项取值变得很小或等于零。

当惩罚项和惩罚函数满足以下条件时：

$$\begin{cases} \lim_{k \to \infty} r_1^{(k)} \sum_{u=1}^{m} G(g_u(X)) = 0 \\ \lim_{k \to \infty} r_2^{(k)} \sum_{v=1}^{p} H(h_v(X)) = 0 \\ \lim_{k \to \infty} \left| \varphi(X, r_1^{(k)}, r_2^{(k)}) - f(X^{(k)}) \right| = 0 \end{cases} \qquad (2\text{-}159)$$

无约束优化问题在 $k \to \infty$ 的过程中所产生的极小点 $X^{(k)}$ 序列将逐渐逼近于原约

束优化问题的最优解，即

$$\lim_{k \to \infty} X^{(k)} = X^* \tag{2-160}$$

将复合函数和惩罚因子构造惩罚函数，并对每个惩罚函数依次求极小点，最终将无限逼近约束优化问题的最优解。惩罚函数法按其惩罚项构成形式的不同，又可分为内点惩罚函数法、外点惩罚函数法和混合惩罚函数法，分别简称为内点法、外点法和混合法。

（1）内点法。

内点法只可用来求解仅有不等式约束优化问题，其主要特点是将惩罚函数定义在可行域之内，并要求迭代过程始终限制在可行域内进行，所求得的一系列无约束优化问题的最优解总是可行解，从而从可行域内部逐渐逼近原约束优化问题的最优解。

对于不等式约束优化问题，将惩罚函数定义在可行域内部，则内点惩罚函数的一般形式为

$$\varphi(X, r^{(k)}) = f(X) - r^{(k)} \sum_{u=1}^{m} \frac{1}{g_u(X)} \tag{2-161}$$

或

$$\varphi(X, r^{(k)}) = f(X) - r^{(k)} \sum_{u=1}^{m} \ln(-g_u(X)) \tag{2-162}$$

式中，惩罚因子 $r^{(k)} > 0$，是一递减的正数序列，即 $r^{(0)} > r^{(1)} > r^{(2)} > \cdots > r^{(k)} > \cdots$，且 $\lim_{k \to \infty} r^{(k)} > 0$。对于某一给定的惩罚因子 $r^{(k)}$，当迭代点在可行域内时，惩罚项的值均大于零，且当迭代点向约束边界靠近时，惩罚项的值迅速增大并趋于无穷大。由求优（求极小点）原理可知，只要初始点取在可行域内，迭代点就不可能越出可行域边界。此外，惩罚项取值的大小也受惩罚因子的影响。当惩罚因子逐渐减小并趋于零时，对应惩罚项的值也逐渐减小并趋于零，惩罚函数的值和目标函数的值逐渐逼近、趋于相等。当惩罚因子趋于零时，惩罚函数的极小点就是约束优化问题的最优点。

内点法的迭代步骤如下：在可行域内确定一个初始点 $X^{(0)}$，最好不邻近任何约束边界；给定初始罚因子 $r^{(0)}$、惩罚因子递减系数 C 和收敛精度 ε_1，ε_2，置 $k=0$；构造惩罚函数（式(2-161)）；求解无约束优化问题 $\min \varphi(X, r^{(k)})$，得 $X^*(r^{(k)})$；进行收敛判断，若满足 $\left\| X^{(k+1)} - X^{(k)} \right\| \leqslant \varepsilon_1$ 或 $\left| \dfrac{\varphi(X, r^{(k+1)}) - \varphi(X, r^{(k)})}{\varphi(X, r^{(k)})} \right| \leqslant \varepsilon_2$，则令 $X^* =$

$X^*(r^{(k)})$，$f^* = f(X^*(r^{(k)}))$ 停止迭代计算，输出最优解 X^*，f^*，否则转入下一步；取 $r^{(k+1)} = Cr^{(k)}$，以 $X^{(0)} = X^*(r^{(k)})$ 作为新的初始点，置 $k=k+1$ 继续构造惩罚函数。内点法的程序框图如图 2-52 所示。

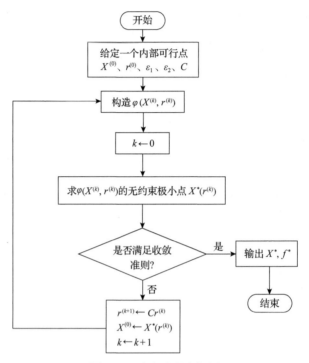

图 2-52　内点法程序框图

内点法初始罚因子 $r^{(0)}$ 的选择显著影响惩罚函数法的收敛速度，一般可取 $r^{(0)} = 1 \sim 50$，但多数情况是取 $r^{(0)} = 1$。也可按初始惩罚项作用与初始目标函数作用相近原则来确定 $r^{(0)}$ 的取值，即 $r^{(0)} = \left| \dfrac{f(X^{(0)})}{\sum\limits_{u=1}^{m} \dfrac{1}{g_u(X^{(0)})}} \right|$，内点法惩罚因子递减数列的关系为 $r^{(k+1)} = Cr^{(k)}$（$k=0, 1, 2, \cdots, 0<C<1$）。据经验，$C=0.1 \sim 0.5$，常取 0.1 或者 0.2。

（2）外点法。

外点法是通过对非可行点上的函数值加以惩罚，促使迭代点向可行域和最优点逼近的算法。外点法既适用于求解不等式约束优化问题，也适用于求解等式约束优化问题，是一种适应性较好的惩罚函数法。

若优化问题受不等式约束：

$$g_u(X) \leqslant 0, \quad u = 1, 2, \cdots, m \tag{2-163}$$

外点惩罚函数的形式则为

$$\varphi(X, r^{(k)}) = f(X) + r^{(k)} \sum_{u=1}^{m} [\max\{0, g_u(X)\}]^2 \tag{2-164}$$

式中，惩罚项 $\sum_{u=1}^{m} [\max\{0, g_u(X)\}]^2$ 表示当迭代点 X 在可行域内时，由于 $g_u(X) \leqslant 0(u = 1, 2, \cdots, m)$，惩罚函数取值不受惩罚，惩罚函数等价于原目标函数 $f(X)$；当迭代点 X 违反某一约束，处于可行域之外时，由于 $g_j(X) \geqslant 0$，无论 $r^{(k)}$ 取何正值，必有 $r^{(k)} \sum_{u=1}^{m} [\max\{0, g_u(X)\}]^2 = r^{(k)} [g_j(X)]^2 > 0$，即惩罚函数的函数值大于原目标函数值，惩罚项起着惩罚作用。X 在可行域之外且离开约束边界越远，$g_j(X)$ 越大，惩罚作用也越大。

惩罚项与惩罚函数的取值随惩罚因子取值变化，当外点法的惩罚因子 $r^{(k)}$ 按一个递增的正实数序列 $r^{(0)} < r^{(1)} < r^{(2)} < \cdots < r^{(k)} < \cdots \to \infty$ 变化时，依次求解各个 $r^{(k)}$ 所对应的惩罚函数的极小化问题，得到的极小点序列 $X^*(r^{(0)})$，$X^*(r^{(1)})$，$\cdots$，$X^*(r^{(k)})$，$X^*(r^{(k+1)})$，$\cdots$ 将逐步逼近于原约束问题的最优解。通常，当初始点取在可行域外时，该极小点序列是由可行域外向可行域边界逼近的。

对于等式约束优化问题，外点惩罚函数形式如下：

$$\varphi(X, r^{(k)}) = f(X) + r^{(k)} \sum_{v=1}^{p} [h_v(X)]^2 \tag{2-165}$$

当迭代点在满足等式约束条件，惩罚项取零（因 $h_v(X) = 0$）时，惩罚函数值不受到惩罚；若迭代点在可行域之外，惩罚项取值大于零，即起到惩罚作用。由于惩罚函数中惩罚因子 $r^{(k)}$ 是一个递增的正数序列，随着迭代次数的增加，$r^{(k)}$ 值越来越大，使迭代点 $X^*(r^{(k)})$ 向原约束优化问题的最优点逼近。

对于既有不等式约束又有等式约束的优化问题，外点惩罚函数形式为

$$\varphi(X, r^{(k)}) = f(X) + r^{(k)} \left\{ \sum_{u=1}^{m} [\max\{0, g_u(X)\}]^2 + \sum_{v=1}^{p} [h_v(X)]^2 \right\} \tag{2-166}$$

利用外点法可将原来的约束优化问题转化成一系列的无约束优化问题（通过改变惩罚因子 $r^{(k)}$ 的取值），然后可选用无约束优化方法对其求解。外点法的程序框

图如图 2-53 所示，其迭代计算步骤为：在可行域之外选取初始点 $X^{(0)}$，收敛精度 ε_1，ε_2，初始罚因子 $r^{(0)}$ 和惩罚因子递减系数 C（正数），置 $k=0$；构造惩罚函数（式(2-166)）；求解无约束优化问题 $\min \varphi(X, r^{(k)})$，得 $X^*(r^{(k)})$；进行迭代终止条件判断，若满足 $\left\| X^*(r^{(k)}) - X^*(r^{(k-1)}) \right\| \leqslant \varepsilon_1$ 或 $\left| \dfrac{\varphi(X^*(r^{(k)})) - \varphi(X^*(r^{(k-1)}))}{\varphi(X^*(r^{(k-1)}))} \right| \leqslant \varepsilon_2$，

则令 $X^* = X^*(r^{(k)})$，否则转入下一步；取 $r^{(k+1)} = Cr^{(k)}$，以 $X^{(0)} = X^*(r^{(k)})$ 作为新的初始点，置 $k=k+1$ 继续构造惩罚函数。

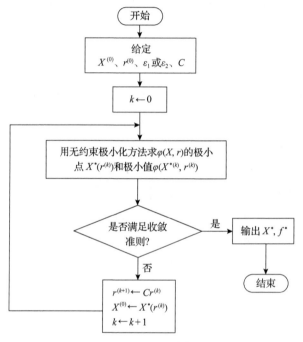

图 2-53　外点法程序框图

外点法的初始惩罚因子 $r^{(0)}$ 的选取十分重要，惩罚因子的递增系数 C 通常选取 $C=5 \sim 10$。某些研究表明，取 $r^{(0)} = 1$，$C=10$ 可得到较好的结果。

（3）混合法。

混合法综合了内点法与外点法的优点，对于不等式约束按内点法构造惩罚函数，对于等式约束按外点法构造惩罚项，由此得到的混合法的惩罚函数形式，简称混合惩罚函数，即

$$\varphi(X, r_1^{(k)}, r_2^{(k)}) = f(X) + r_1^{(k)} \sum_{u=1}^{m} \frac{1}{g_u(X)} + r_2^{(k)} \sum_{v=1}^{p} [h_v(X)]^2 \qquad (2\text{-}167)$$

式中，$r_1^{(k)}$ 为递减的正数序列；$r_2^{(k)}$ 为递增的正数序列。

如果将上述两个惩罚因子加以合并，取 $r_1^{(k)} = r^{(k)}$ 和 $r_2^{(k)} = 1/r^{(k)}$，则得以下混合罚函数：

$$\varphi(X, r^{(k)}) = f(X) + r^{(k)} \sum_{u=1}^{m} \frac{1}{g_u(X)} + \frac{1}{r^{(k)}} \sum_{v=1}^{p} [h_v(X)]^2 \tag{2-168}$$

式中，$r^{(k)}$ 为递减的正数序列。

混合法可以用来求解既包含不等式约束又包含等式约束的约束优化问题。初始点 $X^{(0)}$ 不要求是一个完全的内点，但必须满足所有不等式约束。其惩罚因子递减系数的取值原则与内点法相同。混合法的计算步骤和程序框图也与内点法相似。

2.3.4　有限元软件中的接触分析

有限元法是以电子计算机为基础的数值方法，若脱离计算机，则无法获得实际应用。它从诞生之日起就跟随着计算技术的发展而发展，目前已高度发展且商业化，不但具备功能十分强大的前后处理模块，而且具备很高的自动化程度、极好的用户界面，同时具备与其他 CAD/CAM 软件的接口，能方便地实现数据的共享和交换，能提供编程语言使其具备软件二次开发的功能。这些商业化有限元软件，具有强大的分析能力和模拟复杂系统的高可靠性，在各国的工业实践和科学研究中广泛采用。以 ABAQUS 为例介绍有限元软件中的接触分析流程。ABAQUS 可以分析复杂的固体力学结构力学系统，特别是能够驾驭非常庞大复杂的问题和模拟高度非线性问题，不但可以做单一零件的力学和多物理场的分析，同时还可以做系统级的分析和研究。

在 ABAQUS/Standard 和 ABAQUS/Explicit 中的接触模拟功能不尽相同。在 ABAQUS/Standard 中的接触模拟基于表面（surface）或者是基于接触单元（contact element）。因此，必须在模型的各个部件上创建可能发生接触的表面。然后，必须判断哪对表面可能发生接触，定义为接触对。必须定义控制各接触面之间相互作用的模型。这些接触面相互作用的定义包括诸如摩擦行为等。在 ABAQUS/Explicit 中的接触模拟可以利用接触算法或者接触对算法。通常定义一个接触模拟只需简单地指定将会发生接触作用的表面和所用到的接触算法。在某些情况下，当默认的接触设置不满足假设所需时，可以指定接触模拟的其他方面内容，如考虑摩擦的相互作用力学模型[201]。

1）定义接触面

表面是由其下层材料的单元面来创建。对于二维和三维的实体单元，可以在视区选择部件的实体区域定义；定义结构、表面和刚体单元上的接触面，

ABAQUS/Explicit 中双侧表面可以采用单侧表面、双侧表面、基于边界的表面和基于节点的表面。单侧表面必须指明是单元的哪个面来形成接触面；刚性表面可以将其定义为一个解析形状，或者是基于与刚体相关的单元的表面。

2）主从表面

ABAQUS/Standard 中使用的主从接触算法为在一个表面（从面）上的节点不能侵入另一个表面（主面）的某一部分。该算法对主面没有任何限制，可以在从面的节点之间侵入从面。一般来说，从面网格划分更精细；如果网格密度相近，从面应该为较软材料的表面。

3）接触面间的相互作用

当两个表面之间的间隙变为零时，则认为在 ABAQUS 中施加了接触约束。接触面之间的相互作用包含两部分：一部分是接触面间的法向作用，另一部分是接触面间的切向作用。法向行为传递了接触压力，当接触压力变为零或负值时，两个接触面分离，约束被移开，为"硬"接触；切向作用为接触面间的相对运动和可能存在的摩擦剪应力。当定义接触相互作用时，必须确定相对滑动的量级是小滑动还是有限滑动。

对于一点与一个表面接触的问题，如果该点的滑动量是单元尺寸的一小部分，可以应用小滑动算法。ABAQUS/Standard 确定了在主表面上哪一段将与在从面上的每个节点发生相互作用。如果模型中没有考虑几何非线性，小滑动算法将忽略主面的转动或变形，载荷路径保持不变。如果模型中包括了几何非线性，小滑动算法将考虑主面的转动和变形，并更新接触力传递的路径。有限滑动接触算法较为复杂，能够确定与从面的每个节点发生接触的主面区域。

在考虑表面之间的摩擦力时一般采用库仑摩擦模型，当切向力超过极限摩擦剪应力时接触面才会发生相对运动。齿轮一般采用"弹性滑动"的罚摩擦公式，在黏结的接触面之间发生小量相对运动；在理想的黏结-滑动摩擦行为的问题中，可以在 ABAQUS/Standard 中使用拉格朗日摩擦公式和在 ABAQUS/Explicit 中使用动力学摩擦公式，收敛速度缓慢，一般地需要附加的迭代。

2.3.5　接触问题有限元求解实例

本节选取某汽车驱动桥主减速器锥齿轮的三维有限元接触模型进行详细说明。该锥齿轮的几何参数如表 2-1 所示。齿轮材料为 20CrNiMo 渗碳钢，淬火低温回火后具有良好的综合力学性能和低温冲击韧度，具有较高的硬度和耐磨性，常用作汽车的轴承等耐磨损和耐冲击等零件的材料。弹性模量为 206GPa，泊松比为 0.3，抗拉强度为 1600MPa，屈服极限为 785MPa。

在齿轮专业分析商业软件 MASTA 中建立三维锥齿轮实体模型。MASTA 作为一款集成的 CAE 软件包，可以实现齿轮箱的设计、分析、优化功能贯穿方案设计阶段到制造加工阶段，可以轻松完成齿轮建模。图 2-54 为输入表 2-1 中锥齿轮几何参数生成的锥齿轮几何模型。将建立的主从三维锥齿轮实体模型分别保存为"STEP"格式。

表 2-1 某汽车主减速器锥齿轮几何参数

参数	小轮	大轮
齿数 z	9	41
模数 m_n/mm	12	12
齿面宽 b/mm	76	70
大端分度圆直径 d/mm	129.8	492
法向压力角 a_n/(°)	20	20
螺旋角/(°)	46	46
旋向	左旋	右旋
大轮刀盘半径/mm	—	177.8

图 2-54 某螺旋锥齿轮几何模型

将"STEP"导入到有限元软件 ABAQUS 中的草图。小轮保持完整，考虑齿轮的轴对称特性，对大轮模型进行了简化，大轮选取了 7 个齿，包含一个完整的啮合周期，而且减少了计算时间。图 2-55 为锥齿轮副三维有限元模型。

网格划分是建立有限元模型的关键步骤，网格的类型、数量、质量和布局等都会对有限元仿真计算时间和计算精度造成影响。如图 2-56 所示，在进行网格划分的时候，重点关注的齿轮接触的齿面和齿根应力集中区域采用局部布置种子，网格密度细化，其他地方的网格可以相对较粗。如此在保持计算的精度的同时，减少了计算量。选用网格类型线性减缩积分单元 C3D10R。大轮和小轮上大约产生了 40 万个网格。

对各单元进行材料参数定义，包括弹性模量和泊松比。如果涉及齿轮的本构问题，如连续损伤本构、热弹塑性本构等，可调用子程序 UMAT 编写相应本构方程。

设置分析步。大、小齿轮齿面在初始装配条件下存在一定的间隙，求解过程

图 2-55　锥齿轮副三维有限元模型

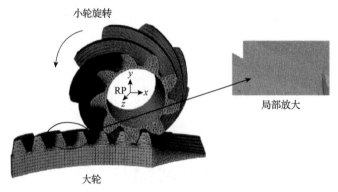

图 2-56　锥齿轮副网格模型

会因为不收敛而中断。为解决模型的收敛问题，分析步可采用分段加载方法：设置第一个静态分析步，在此分析步中令小齿轮旋转一个很小的角度，使得大、小齿轮齿面相互接触；设置第二个静态分析步，在此分析步中加载大齿轮阻力矩；设置静态转动分析步，在此分析步中加载小齿轮输入转角。为了精准模拟齿轮的整个啮合过程，可设置 1000 个增量步。整个转动的角度能够合理选出经历整个啮合过程的齿面，模拟的接触区域能够准确代表真实齿轮啮合的区域。

　　设置边界条件及载荷。对于齿轮接触问题，边界条件应尽可能真实地描述出模型的实际约束情况。齿轮在啮合传动过程中，主动齿轮受到外加扭矩而以一定转速转动，驱动从动齿轮运转，两齿轮间通过轮齿接触传递扭矩，从动齿轮在阻力矩作用下达到平衡。本案例忽略了轴承和轴的变形对齿轮变形的影响，在任一瞬间，可将齿轮的啮合传动看作准静态过程，从动轮远离轮齿的部分还未感受到主动轮对它的带动作用，是固定不动的，位移可看作是零，所以大齿轮的齿轮轴内孔表面及轮辐边界全约束。如图 2-57 所示，在第一个分析步中约束 RP1 点所有自由度，约束 RP2 点、RP3 点除小齿轮轴线旋转自由度以外的所有自由度，在 RP4 点施加一个绕小齿轮轴线的角位移(0.015rad)；在第二个分析步中，释放 RP1 点绕大齿轮轴线的旋转自由度，并在该点加载大齿轮阻力矩，其他各点约束与上一步保持一致；在第三个分析步中，用小齿轮轴线的角速度代替原本施加在 RP4 点上的角位移，其他各点约束与上一步保持一致。

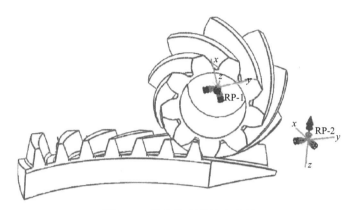

图 2-57　锥齿轮副的约束条件

图 2-58 为 500N·m 下从动大轮啮合过程中齿面接触应力云图。在受力情况下啮合传动时，啮合齿对的数目呈周期性变化，即单齿啮合和双齿啮合在整个齿轮运动周期中交替出现。从齿面接触应力云图可知，轮齿从靠近大端齿面底部进入啮合过程，到靠近轮齿内端齿面顶部退出啮合，接触区域为狭长的椭圆形状，从大端底部向小端顶部倾斜，齿面啮入到啮出过程中接触印迹长度先由短变长，再由长变短。齿轮接触印迹形状规则、呈椭圆形。从啮入到啮出过程中在转过 17.1° 时，接触应力最大，在啮入啮出时接触应力相对最小，接触过程应力值平稳。

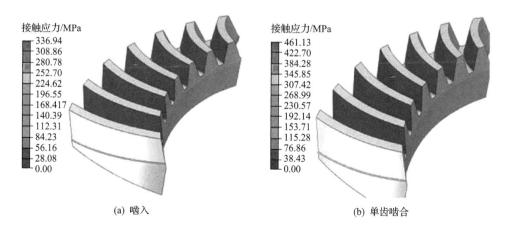

接触应力/MPa	
336.94	
308.86	
280.78	
252.70	
224.62	
196.55	
168.417	
140.39	
112.31	
84.23	
56.16	
28.08	
0.00	

(a) 啮入

接触应力/MPa	
461.13	
422.70	
384.28	
345.85	
307.42	
268.99	
230.57	
192.14	
153.71	
115.28	
76.86	
38.43	
0.00	

(b) 单齿啮合

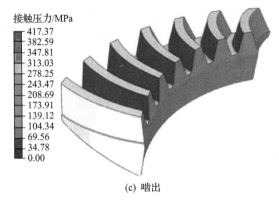

(c) 啮出

图 2-58　500 N·m 下从动大轮啮合过程中齿面接触应力云图

啮合接触区域是指当齿轮旋转进入啮合直至脱离啮合期间齿轮相互接触的区域，也是齿面接触疲劳点蚀发生的区域。图 2-59 为整个大轮齿面啮合过程中接触应力和 von Mises 应力云图，由图可以看出，齿面接触集中在齿面中部，高接触应力区位于齿宽中间附近。接触区域相对集中。最大接触应力出现在中部，最大值为 590.65MPa，最大 von Mises 应力出现在齿面中部的次表面，最大值为315.50MPa。从动轮上两齿面接触区域是应力集中部位，它作为主减速器锥齿轮薄弱的部位，最容易发生疲劳失效。

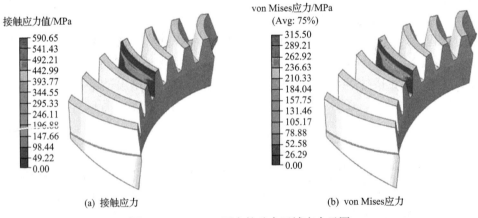

(a) 接触应力　　　　　　　　　　　　　　(b) von Mises应力

图 2-59　500 N·m 下大轮啮合区域应力云图

2.4　本章小结

接触分析是实现接触疲劳分析的重要前提，也是开展动力学分析、润滑与磨损分析、温度场分析的必要前提。本章从赫兹接触理论，扩展到润滑接触理论和有限元接触分析，给出了齿轮赫兹接触、弹流润滑、有限元接触的具体案例，详细讨论了弹性变形、热弹耦合等参数或效应的高效计算流程，为齿轮接触分析提供了完整的求解方法和思路。然而，开展齿轮接触疲劳性能分析，在接触分析基础上，还应进一步讨论其时变应力、应变状态和材料疲劳性能参数，同时掌握多轴疲劳等寿命理论。

参 考 文 献

[1] Klima C S, Zhang Y, Fang Z. Analysis of tooth contact and load distribution of helical gears with crossed axes[J]. Mechanism and Machine Theory, 1999, 34(1): 41-57.

[2] Li S. Effects of machining errors, assembly errors and tooth modifications on loading capacity, load-sharing ratio and transmission error of a pair of spur gears[J]. Mechanism and Machine Theory, 2007, 42(6): 698-726.

[3] Yang D C H, Lin J Y. Hertzian damping, tooth friction and bending elasticity in gear impact dynamics[J]. Journal of Mechanisms, Transmissions, and Automation in Design, 1987, 109(2): 189-196.

[4] Chen Z, Shao Y. Mesh stiffness calculation of a spur gear pair with tooth profile modification and tooth root crack[J]. Mechanism and Machine Theory, 2013, 62: 63-74.

[5] Patil S S, Karuppanan S, Atanasovska I, et al. Contact stress analysis of helical gear pairs, including frictional coefficients[J]. International Journal of Mechanical Sciences, 2014, 85: 205-211.

[6] Wu S-H, Tsai S-J. Contact stress analysis of skew conical involute gear drives in approximate line contact[J]. Mechanism and Machine Theory, 2009, 44(9): 1658-1676.

[7] Li S, Kahraman A. Prediction of spur gear mechanical power losses using a transient elastohydrodynamic lubrication model[J]. Tribology Transactions, 2010, 53(4): 554-563.

[8] Sekar R P. Determination of load dependent gear loss factor on asymmetric spur gear[J]. Mechanism and Machine Theory, 2019, 135: 322-335.

[9] Fajdiga G, Ren Z, Kramar J. Comparison of virtual crack extension and strain energy density methods applied to contact surface crack growth[J]. Engineering Fracture Mechanics, 2007, 74(17): 2721-2734.

[10] Aslantaş K, Taşgetiren S. A study of spur gear pitting formation and life prediction[J]. Wear, 2004, 257(11): 1167-1175.

[11] Zaretsky E V, Poplawski J V, Root L E. Relation between Hertz stress-life exponent, ball-race conformity, and ball bearing life[J]. Tribology Transactions, 2008, 51(2): 150-159.

[12] Li S, Anisetti A. A tribo-dynamic contact fatigue model for spur gear pairs[J]. International Journal of Fatigue, 2017, 98: 81-91.

[13] Otto M, Weinberger U, Stahl K. Full contact analysis vs. standard load capacity calculation for cylindrical gears[J]. Gear Technology, 2018, 11: 84-89.

[14] Patil S S, Karuppanan S, Atanasovska I. Experimental measurement of strain and stress state at the contacting helical gear pairs[J]. Measurement, 2016, 82: 313-322.

[15] Hariprasad M P, Ramesh K. Analysis of contact zones from whole field isochromatics using reflection photoelasticity[J]. Optics and Lasers in Engineering, 2018, 105: 86-92.

[16] Johnson K L. Contact Mechanics[M]. Cambridge: Cambridge University Press, 1987: 452.

[17] Hertz H. On contact between elastic bodies[J]. Journal für die reine und angewandte Mathematik, 1882, 92: 156-171.

[18] Nikas G K. Boussinesq-Cerruti functions and a simple technique for substantial acceleration of subsurface stress computations in elastic half-spaces[J]. Proceedings of the Institution of Mechanical Engineers, Part J: Journal of Engineering Tribology, 2006, 220(1): 19-28.

[19] Gonzalez-Perez I, Iserte J L, Fuentes A. Implementation of Hertz theory and validation of a finite element model for stress analysis of gear drives with localized bearing contact[J]. Mechanism and Machine Theory, 2011, 46(6): 765-783.

[20] Antoine J-F, Visa C, Sauvey C, et al. Approximate analytical model for Hertzian elliptical contact problems[J]. Journal of Tribology, 2006, 128(3): 660-664.

[21] Yan W, Fischer F. Applicability of the Hertz contact theory to rail-wheel contact problems[J]. Archive of Applied Mechanics, 2000, 70(4): 255-268.

[22] Hugnell A, Andersson S. Simulating follower wear in a cam—Follower contact[J]. Wear, 1994, 179(1): 101-107.

[23] Mak M M, Jin Z M. Analysis of contact mechanics in ceramic-on-ceramic hip joint replacements[J]. Proceedings of the Institution of Mechanical Engineers, Part H: Journal of Engineering in Medicine, 2002, 216(4): 231-236.

[24] Zhu X, Siamantouras E, Liu K K, et al. Determination of work of adhesion of biological cell under AFM bead indentation[J]. Journal of the Mechanical Behavior of Biomedical Materials, 2016, 56: 77-86.

[25] Johnson K L. One hundred years of Hertz contact[J]. Proceedings of the Institution of Mechanical Engineers, 1982, 196(1): 363-378.

[26] Tanaka N. A new calculation method of Hertz elliptical contact pressure[J]. Journal of Tribology, 2000, 123(4): 887-889.

[27] Comninou M, Dundurs J, Barber J R. Planar Hertz contact with heat conduction[J]. Journal of Applied Mechanics, 1981, 48(3): 549-554.

[28] Greenwood J A, Williamson J B P. Contact of nominally flat surfaces[J]. Proceedings of the Royal Society of London. Series A, 1966, 295: 300-319.

[29] Song H, Vakis A I, Liu X, et al. Statistical model of rough surface contact accounting for size-dependent plasticity and asperity interaction[J]. Journal of the Mechanics and Physics of Solids, 2017, 106: 1-14.

[30] Malekan A, Rouhani S. Model of contact friction based on extreme value statistics[J]. Friction, 2019, 7(4): 327-339.

[31] Greenwood J A, Johnson K L, Matsubara E. A surface roughness parameter in Hertz contact[J]. Wear, 1984, 100(1): 47-57.

[32] Majumdar A, Bhushan B. Fractal model of elastic-plastic contact between rough surfaces[J]. Journal of Tribology, 1991, 113(1): 1-11.

[33] Majumdar A, Bhushan B. Role of fractal geometry in roughness characterization and contact mechanics of surfaces[J]. Journal of Tribology, 1990, 112(2): 205-216.

[34] Zhou G Y, Leu M C, Blackmore D. Fractal geometry model for wear prediction[J]. Wear, 1993, 170(1): 1-14.

[35] You J M, Chen T N. A static friction model for the contact of fractal surfaces[J]. Proceedings of the Institution of Mechanical Engineers, Part J: Journal of Engineering Tribology, 2010, 224(5): 513-518.

[36] Yan W, Komvopoulos K. Contact analysis of elastic-plastic fractal surfaces[J]. Journal of Applied Physics, 1998, 84(7): 3617-3624.

[37] Goedecke A, Jackson R L, Mock R. A fractal expansion of a three dimensional elastic–plastic multi-scale rough surface contact model[J]. Tribology International, 2013, 59: 230-239.

[38] Ioannides E, Harris T A. A new fatigue life model for rolling bearings[J]. Journal of Tribology, 1985, 107(3): 367-377.

[39] Wang F, Keer L M, Wang Q J. Numerical simulation and analysis for 3D elastic-plastic rough contacts[C]. ASME International Mechanical Engineering Congress and Exposition, Chicago, Illinois, 2006: 125-134.

[40] Wang Z, Jin X, Zhou Q, et al. An efficient numerical method with a parallel computational strategy for solving arbitrarily shaped inclusions in elastoplastic contact problems[J]. Journal of Tribology, 2013, 135(3): 031401.

[41] Wang Z, Jin X, Liu S, et al. A new fast method for solving contact plasticity and its application in analyzing elasto-plastic partial slip[J]. Mechanics of Materials, 2013, 60: 18-35.

[42] Jacq C, Ne'Lias D, Lormand G, et al. Development of a three-dimensional semi-analytical elastic-plastic contact code[J]. Journal of Tribology, 2002, 124(4): 653-667.

[43] Wang F, Keer L M. Numerical simulation for three dimensional elastic-plastic contact with hardening behavior[J]. Journal of Tribology, 2005, 127(3): 494-502.

[44] Liu S, Wang Q, Liu G. A versatile method of discrete convolution and FFT (DC-FFT) for

contact analyses[J]. Wear, 2000, 243 (1) : 101-111.

[45] Mura T, Barnett D M. Micromechanics of defects in solids[J]. Journal of Applied Mechanics, 1983, 50 (2) : 477-477.

[46] Ren N, Zhu D, Chen W W, et al. Plasto-Elastohydrodynamic Lubrication (PEHL) in Point Contacts[J]. Journal of Tribology, 2010, 132 (3) : 031501.

[47] Beyer T, Chaise T, Leroux J, et al. A damage model for fretting contact between a sphere and a half space using semi-analytical method[J]. International Journal of Solids and Structures, 2019, 164: 66-83.

[48] Eshelby J D. The determination of the elastic field of an ellipsoidal inclusion, and related problems[J]. Proceedings of the Royal Society of London. Series A, 1957, 241 (1226) : 376-396.

[49] Johnson W C, Earmme Y Y, Lee J K. Approximation of the strain field associated with an inhomogeneous precipitate—Part 2: The cuboidal inhomogeneity[J]. Journal of Applied Mechanics, 1980, 47 (4) : 781-788.

[50] Wang Z, Yu C, Wang Q. Model for elastohydrodynamic lubrication of multilayered materials[J]. Journal of Tribology, 2015, 137 (1) : 011501.

[51] Wang Z, Yu C, Wang Q. An efficient method for solving three-dimensional fretting contact problems involving multilayered or functionally graded materials[J]. International Journal of Solids and Structures, 2015, 66: 46-61.

[52] Londhe N D, Arakere N K, Subhash G. Extended Hertz theory of contact mechanics for case-hardened steels with implications for bearing fatigue life[J]. Journal of Tribology, 2017, 140 (2) : 021401.

[53] Schwarz U D. A generalized analytical model for the elastic deformation of an adhesive contact between a sphere and a flat surface[J]. Journal of Colloid and Interface Science, 2003, 261 (1) : 99-106.

[54] Sauer R A, Li S. An atomic interaction-based continuum model for adhesive contact mechanics[J]. Finite Elements in Analysis and Design, 2007, 43 (5) : 384-396.

[55] He H, Liu H, Zhu C, et al. Study of rolling contact fatigue behavior of a wind turbine gear based on damage-coupled elastic-plastic model[J]. International Journal of Mechanical Sciences, 2018, 141: 512-519.

[56] Wang W, Liu H, Zhu C, et al. Effects of microstructure on rolling contact fatigue of a wind turbine gear based on crystal plasticity modeling[J]. International Journal of Fatigue, 2019, 120: 73-86.

[57] Stott R. Cleaner steels provide gear design opportunities[J]. Gear Technology, 2017, 11: 74-77.

[58] Liu H, Liu H, Zhu C, et al. Evaluation of contact fatigue life of a wind turbine gear pair considering residual stress[J]. Journal of Tribology, 2018, 140 (4) : 041102.

[59] Li Z, Zhu C, Liu H, et al. Mesh stiffness and nonlinear dynamic response of a spur gear pair considering tribo-dynamic effect[J]. Mechanism and Machine Theory, 2020, 153: 103989.

[60] Sainsot P, Lubrecht A A. Efficient solution of the dry contact of rough surfaces: A comparison of fast Fourier transform and multigrid methods[J]. Proceedings of the Institution of Mechanical Engineers, Part J: Journal of Engineering Tribology, 2011, 225(6): 441-448.

[61] Brandt A. Guide to Multigrid Development[M]. Berlin: Springer, 1982: 220-312.

[62] Lubrecht A A, Ioannides E. A fast solution of the dry contact problem and the associated sub-surface stress field, using multilevel techniques[J]. Journal of Tribology, 1991, 113(1): 128-133.

[63] Ju Y, Farris T. Spectral analysis of two-dimensional contact problems[J]. Journal of Tribology, 1996, 118(2): 320-328.

[64] Nogi T, Kato T. Influence of a hard surface layer on the limit of elastic contact—Part I: Analysis using a real surface model[J]. Journal of Tribology, 1997, 119(3): 493-500.

[65] Ai X, Sawamiphakdi K. Solving elastic contact between rough surfaces as an unconstrained strain energy minimization by using CGM and FFT techniques[J]. Journal of Tribology, 1999, 121(4): 639-647.

[66] Hu Y-Z, Barber G C, Zhu D. Numerical analysis for the elastic contact of real rough surfaces[J]. Tribology Transactions, 1999, 42(3): 443-452.

[67] Polonsky I A, Keer L M. A Fast and Accurate Method for Numerical Analysis of Elastic Layered Contacts[J]. Journal of Tribology, 2000, 122(1): 30-35.

[68] Morales-Espejel G E, Brizmer V. Micropitting modelling in rolling–sliding contacts: Application to rolling bearings[J]. Tribology Transactions, 2011, 54(4): 625-643.

[69] Liu H, Liu H, Zhu C, et al. Effects of lubrication on gear performance: A review[J]. Mechanism and Machine Theory, 2020, 145: 103701.

[70] Martin K F. A review of friction predictions in gear teeth[J]. Wear, 1978, 49(2): 201-238.

[71] Olver A. Gear lubrication—A review[J]. Proceedings of the Institution of Mechanical Engineers, Part J: Journal of Engineering Tribology, 2002, 216(5): 255-267.

[72] Snidle R W, Evans H P. Some aspects of gear tribology[J]. Proceedings of the Institution of Mechanical Engineers, Part C: Journal of Mechanical Engineering Science, 2009, 223(1): 103-141.

[73] Liu H, Jurkschat T, Lohner T, et al. Detailed investigations on the oil flow in dip-lubricated gearboxes by the finite volume CFD method[J]. Lubricants, 2018, 6(2): 47.

[74] Hajishafiee A, Kadiric A, Ioannides S, et al. A coupled finite-volume CFD solver for two-dimensional elasto-hydrodynamic lubrication problems with particular application to rolling element bearings[J]. Tribology International, 2017, 109: 258-273.

[75] Wang Y, Yin Z, Jiang D, et al. Study of the lubrication performance of water-lubricated journal bearings with CFD and FSI method[J]. Industrial Lubrication and Tribology, 2016, 68(3): 341-348.

[76] Shenoy B S, Pai R S, Rao D S, et al. Elasto-hydrodynamic lubrication analysis of full 360 journal bearing using CFD and FSI techniques[J]. World Journal of Modelling & Simulation, 2009, 5(4): 315-320.

[77] Dowson D, Higginson G R, Whitaker A V. Stress distribution in lubricated rolling contacts[J]. Proceedings of the Institution of Mechanical Engineers, 1963: 66-75.

[78] Wang K L, Cheng H S. A numerical solution to the dynamic load, film thickness, and surface temperatures in spur gears, Part I: Analysis[J]. Journal of Mechanical Design, 1981, 103(1): 177-187.

[79] Hua D Y, Khonsari M M. Application of transient elastohydrodynamic lubrication analysis for gear transmissions[J]. Tribology Transactions, 1995, 38(4): 905-913.

[80] Evans H P, Snidle R W, Sharif K J. Deterministic mixed lubrication modelling using roughness measurements in gear applications[J]. Tribology International, 2009, 42(10): 1406-1417.

[81] Liu H, Mao K, Zhu C, et al. Spur gear lubrication analysis with dynamic loads[J]. Tribology Transactions, 2013, 56(1): 41-48.

[82] Liu H, Zhu C, Sun Z, et al. Starved lubrication of a spur gear pair[J]. Tribology International, 2016, 94: 52-60.

[83] Liu H, Mao K, Zhu C, et al. Mixed lubricated line contact analysis for spur gears using a deterministic model[J]. Journal of Tribology, 2012, 134(2): 021501.

[84] Liu H, Liu H, Zhu C, et al. Tribological behavior of coated spur gear pairs with tooth surface roughness[J]. Friction, 2019, 7(2): 117-128.

[85] Zhu C, Sun Z, Liu H, et al. Effect of tooth profile modification on lubrication performance of a cycloid drive[J]. Proceedings of the Institution of Mechanical Engineers, Part J: Journal of Engineering Tribology, 2015, 229(7): 785-794.

[86] Gu Z, Zhu C, Liu H, et al. A comparative study of tribological performance of helical gear pair with various types of tooth surface finishing[J]. Industrial Lubrication and Tribology, 2019, 71(3): 474-485.

[87] Liu H, Zhu C, Zhang Y, et al. Tribological evaluation of a coated spur gear pair[J]. Tribology International, 2016, 99: 117-126.

[88] Liu H, Liu H, Zhu C, et al. Study on contact fatigue of a wind turbine gear pair considering surface roughness[J]. Friction, 2020, 8(3): 553-567.

[89] Reynolds O. On the theory of lubrication and its application to Mr. Beauchamp tower's experiments, including an experimental determination of the viscosity of olive oil[J]. Philosophical

Transactions of the Royal Society A, 1886, 177: 157-234.

[90] 温诗铸, 黄平. 摩擦学原理[M]. 4 版. 北京: 清华大学出版社, 2012.

[91] Dowson D, Higginson G R. A numerical solution to the elasto-hydrodynamic problem[J]. Journal of Mechanical Engineering Science, 1959, 1 (1): 6-15.

[92] Yang P R, Wen S Z. A generalized Reynolds equation for non-Newtonian thermal elastohydrodynamic lubrication[J]. Journal of Tribology, 1990, 112 (4): 631-636.

[93] Roelands C J A. Correlational aspects of the viscosity-temperature-pressure relationship of lubricating oils[D]. Delft: Delft University of Technology, 1966.

[94] Larsson R, Larsson P O, Eriksson E, et al. Lubricant properties for input to hydrodynamic and elastohydrodynamic lubrication analyses[J]. Proceedings of the Institution of Mechanical Engineers, Part J: Journal of Engineering Tribology, 2000, 214 (J1): 17-27.

[95] Bair S, Kottke P. Pressure-viscosity relationships for elastohydrodynamics[J]. Tribology Transactions, 2003, 46 (3): 289-295.

[96] Dowson D. Modelling of elastohydrodynamic lubrication of real solids by real lubricants[J]. Meccanica, 1998, 33 (1): 47-58.

[97] Beilicke R, Bobach L, Bartel D. Transient thermal elastohydrodynamic simulation of a DLC coated helical gear pair considering limiting shear stress behavior of the lubricant[J]. Tribology International, 2016, 97: 136-150.

[98] Ree T, Eyring H. Theory of non-Newtonian flow. I. Solid plastic system[J]. Journal of Applied Physics, 1955, 26 (7): 793-800.

[99] Ree T, Eyring H. Theory of non-Newtonian flow. II. Solution system of high polymers[J]. Journal of Applied Physics, 1955, 26 (7): 800-809.

[100] Kim W K, Hirai N, Ree T, et al. Theory of non-Newtonian flow. III. A method for analyzing non-Newtonian flow curves[J]. Journal of Applied Physics, 1960, 31 (2): 358-361.

[101] Conry T F, Johnson K L, Owen S. Viscosity in thermal regime of EHD traction[C]. Thermal Effects in Tribology, Proc 6th Leeds-Lyon Symposium on Tribology, 1980: 219-227.

[102] Kumar P, Khonsari M M, Bair S. Full EHL simulations using the actual Ree–Eyring model for shear-thinning lubricants[J]. Journal of Tribology, 2009, 131 (1): 011802.

[103] Johnson K L, Greenwood J A. Thermal analysis of an Eyring fluid in elastohydrodynamic traction[J]. Wear, 1980, 61 (2): 353-374.

[104] Liu H. Lubricated contact analysis of a spur gear pair with dynamic loads[D].Coventry: University of Warwick, 2013.

[105] Akbarzadeh S, Khonsari M M. Performance of spur gears considering surface roughness and shear thinning lubricant[J]. Journal of Tribology-Transactions of the ASME, 2008, 130 (2): 021503.

[106] Bair S. Elastohydrodynamic film forming with shear thinning liquids[J]. Journal of Tribology-Transactions of the ASME, 1998, 120(2): 173-178.

[107] Bou-Chakra E, Cayer-Barrioz J, Mazuyer D, et al. A non-Newtonian model based on Ree-Eyring theory and surface effect to predict friction in elastohydrodynamic lubrication[J]. Tribology International, 2010, 43(9): 1674-1682.

[108] Bair S, Mary C, Bouscharain N, et al. An improved Yasutomi correlation for viscosity at high pressure[J]. Proceedings of the Institution of Mechanical Engineers, Part J: Journal of Engineering Tribology, 2013, 227(9): 1056-1060.

[109] Bair S, Fernandez J, Khonsari M M, et al. An argument for a change in elastohydrodynamic lubrication philosophy[J]. Proceedings of the Institution of Mechanical Engineers, Part J: Journal of Engineering Tribology, 2009, 223(J4): 1, 2.

[110] Bair S. Rheology and high-pressure models for quantitative elastohydrodynamics[J]. Proceedings of the Institution of Mechanical Engineers, Part J: Journal of Engineering Tribology, 2009, 223(4): 617-628.

[111] Bair S, Roland C M, Casalini R. Fragility and the dynamic crossover in lubricants[J]. Proceedings of the ASME Institution of Mechanical Engineers, Part J: Journal of Engineering Tribology, 2007, 221(7): 801-811.

[112] Dowson D, Higginson G. Elastohydrodynamic Lubrication[M]. NewYork: Pergamon Press, 1966.

[113] HABCHI W, BAIR S. Quantitative compressibility effects in thermal elastohydrodynamic circular contacts[J]. Journal of Tribology, 2012, 135(1): 011502.

[114] Venner C H, Bos J. Effects of lubricant compressibility on the film thickness in EHL line and circular contacts[J]. Wear, 1994, 173(1): 151-165.

[115] Liu H. Lubricated contact analysis of a spur gear pair with dynamic loads[D]. Coventry: The University of Warwick School of Engineering, 2013.

[116] Liu Y, Wang Q J, Wang W, et al. Effects of differential scheme and mesh density on EHL film thickness in point contacts[J]. Journal of Tribology, 2006, 128(3): 641-653.

[117] 孙章栋. 摆线针轮传动弹性流体动力润滑特性研究[D]. 重庆: 重庆大学, 2016.

[118] Wesseling P. An Introduction to Multigrid Methods[M]. New York: John Wiley and Sons, 1992.

[119] Lubrecht A A, ten Napel W E, Bosma R. Multigrid, an alternative method for calculating film thickness and pressure profiles in elastohydrodynamically lubricated line contacts[J]. Journal of Tribology, 1986, 108(4): 551-556.

[120] Venner C H, Ten Napel W E, Bosma R. Advanced multilevel solution of the EHL line contact problem[J]. Journal of Tribology, 1990, 112(3): 426-431.

[121] Venner C H, Lubrecht A A, Ten Napel W E. Numerical simulation of the overrolling of a

surface feature in an EHL line contact[J]. Journal of Tribology, 1991, 113(4): 777-783.

[122] Venner C H, Biboulet N, Lubrecht A A. Boundary layer behaviour in circular EHL contacts in the elastic-piezoviscous regime[J]. Tribology Letters, 2014, 56(2): 375-386.

[123] Noutary M P, Venner C H, Lubrecht A A. Grid generation in hydrodynamic and elastohydrodynamic lubrication using algebraic multigrid method[J]. Proceedings of the Institution of Mechanical Engineers, Part J: Journal of Engineering Tribology, 2012, 226(5): 343-349.

[124] Zhang Y, Biboulet N, Venner C H, et al. Prediction of the Stribeck curve under full-film elastohydrodynamic lubrication[J]. Tribology International, 2020, 149: 105569.

[125] Venner C H, Lubrecht A A. Multilevel Methods in Lubrication[M]. Amsterdam: Elsevier, 2000.

[126] Olver A V. Temperature and lubrication of gears in high speed transmissions[C]. IMechE Seminar on Lubricant and Lubrication Systems, Solihull, 1993: 1-11.

[127] Yang P, Qu S, Chang Q, et al. On the theory of thermal elastohydrodynamic lubrication at high slide-roll ratios—Line contact solution[J]. Journal of Tribology, 2001, 123(1): 137-144.

[128] Hsu C H, Lee R T. An efficient algorithm for thermal elastohydrodynamic lubrication under rolling/sliding line contacts[J]. Journal of Tribology, 1994, 116(4): 762-769.

[129] 杨沛然, 刘晓玲, 崔金磊, 等. 弹性流体动力润滑的热效应[J]. 润滑与密封, 2010, 5: 1-9.

[130] Sharif K J H, Holt C A, Evans H P, et al. Simplified analysis of non-Newtonian effects in a circular elastohydrodynamic contact and comparison with experiment[J]. Tribology Transactions, 1999, 42(1): 39-45.

[131] Wang Y, Li H, Tong J, et al. Transient thermoelastohydrodynamic lubrication analysis of an involute spur gear[J]. Tribology International, 2004, 37(10): 773-782.

[132] Liu M, Xu P, Yan C. Parametric studies of mechanical power loss for helical gear pair using a thermal elastohydrodynamic lubrication model[J]. Journal of Tribology, 2019, 141(1): 011502.

[133] Wang D, Ren S, Zhang Y, et al. A mixed TEHL model for the prediction of thermal effect on lubrication performance in spiral bevel gears[J]. Tribology Transactions, 2020, 63(2): 314-324.

[134] Hili J, Olver A V, Edwards S, et al. Experimental investigation of elastohydrodynamic (EHD) film thickness behavior at high speeds[J]. Tribology Transactions, 2010, 53(5): 658-666.

[135] Liou J J. A theoretical and experimental investigation of roller and gear scuffing[D]. Columbus: The Ohio State University, 2010.

[136] Kumar P, Anuradha P, Khonsari M M. Some important aspects of thermal elastohydrodynamic lubrication[J]. Proceedings of the Institution of Mechanical Engineers, Part C: Journal of Mechanical Engineering Science, 2010, 224(12): 2588-2598.

[137] 杨沛然. 流体润滑数值分析[M]. 北京: 国防工业出版社, 1998.

[138] Liu H, Zhu C, Gu Z, et al. Effect of thermal properties of a coated elastohydrodynamic lubrication line contact under various slide-to-roll ratios[J]. Journal of Heat Transfer, 2017, 139(7): 074505.

[139] Zhu D, Wang Q J. On the λ ratio range of mixed lubrication[J]. Proceedings of the Institution of Mechanical Engineers, Part J: Journal of Engineering Tribology, 2012, 226(12): 1010-1022.

[140] Zhu D, Wang J, Ren N, et al. Mixed elastohydrodynamic lubrication in finite roller contacts involving realistic geometry and surface roughness[J]. Journal of Tribology, 2012, 134(1): 011504.

[141] Cann P, Ioannides E, Jacobson B, et al. The lambda ratio—A critical re-examination[J]. Wear, 1994, 175(1-2): 177-188.

[142] Zhu D, Hu Y Z. A computer program package for the prediction of EHL and mixed lubrication characteristics, friction, subsurface stresses and flash temperatures based on measured 3-D surface roughness[J]. Tribology Transactions, 2001, 44(3): 383-390.

[143] Castro J, Seabra J. Global and local analysis of gear scuffing tests using a mixed film lubrication model[J]. Tribology International, 2008, 41(4): 244-255.

[144] Christensen H. Stochastic models for hydrodynamic lubrication of rough surfaces[J]. Proceedings of the Institution of Mechanical Engineers, 1969, 184(1): 1013-1026.

[145] Elrod H G. Thin-film lubrication theory for newtonian fluids possessing striated roughness or grooving[J]. ASME Journal of Lubrication Technology, 1973, 93: 324-330.

[146] Chow L S H, Cheng H S. The effect of surface roughness on the average film thickness between lubricated rollers[J]. Journal of Lubrication Technology-Transactions of the Asme, 1976, 98(1): 117-124.

[147] Cheng H S, Dyson A. Elastohydrodynamic lubrication of circumferentially ground rough disks[J]. ASLE Transactions, 1978, 21(1): 25-40.

[148] Johnson K L, Greenwood J A, Poon S Y. A simple theory of asperity contact in elastohydrodynamic lubrication[J]. Wear, 1972, 19(1): 91-108.

[149] Akbarzadeh S, Khonsari M M. Thermoelastohydrodynamic analysis of spur gears with consideration of surface roughness[J]. Tribology Letters, 2008, 32(2): 129-141.

[150] Patir N, Cheng H S. An average flow model for determining effects of three-dimensional roughness on partial hydrodynamic lubrication [J]. Journal of Lubrication Technology, 1978, 100: 12-17.

[151] Sahlin F, Larsson R, Almqvist A, et al. A mixed lubrication model incorporating measured surface topography. Part 1: Theory of flow factors[J]. Proceedings of the Institution of Mechanical Engineers, Part J: Journal of Engineering Tribology, 2010, 224(4): 335-351.

[152] Kim T W, Cho Y J. The flow factors considering the elastic deformation for the rough surface

with a non-Gaussian height distribution[J]. Tribology Transactions, 2008, 51(2): 213-220.

[153] Lubrecht A A, Venner C H. Elastohydrodynamic lubrication of rough surfaces[J]. Proceedings of the Institution of Mechanical Engineers, Part J: Journal of Engineering Tribology, 1999, 213(5): 397-404.

[154] Hooke C J. Engineering analysis of rough elastohydrodynamically lubricated contacts[J]. Proceedings of the Institution of Mechanical Engineers, Part J: Journal of Engineering Tribology, 2009, 223(3): 517-528.

[155] Xu G, Sadeghi F. Thermal EHL analysis of circular contacts with measured surface roughness[J]. Journal of Tribology, 1996, 118(3): 473-482.

[156] Zhu D, Ai X L. Point contact EHL based on optically measured three-dimensional rough surfaces[J]. Journal of Tribology-Transactions of the ASME, 1997, 119(3): 375-384.

[157] Chang L. A deterministic model for line-contact partial elastohydrodynamic lubrication[J]. Tribology International, 1995, 28(2): 75-84.

[158] Hua D Y, Cheng H S. A micro model for mixed elastohydrodynamic lubrication with consideration of asperity contact[C]. Proceedings of the First World Tribology Congress, London, 1997.

[159] Jiang X, Cheng H S, Hua D Y. A theoretical analysis of mixed lubrication by macro micro approach: Part I—Results in a gear surface contact[J]. Tribology Transactions, 2000, 43(4): 689-699.

[160] Hu Y Z, Zhu D. A full numerical solution to the mixed lubrication in point contacts[J]. Journal of Tribology, 2000, 122(1): 1-9.

[161] Elcoate C D, Evans H P, Hughes T G. On the coupling of the elastohydrodynamic problem[J]. Proceedings of the Institution of Mechanical Engineers, Part C: Journal of Mechanical Engineering Science, 1998, 212(4): 307-318.

[162] Hughes T G, Elcoate C D, Evans H P. Coupled solution of the elastohydrodynamic line contact problem using a differential deflection method[J]. Proceedings of the Institution of Mechanical Engineers, Part C: Journal of Mechanical Engineering Science, 2000, 214(4): 585-598.

[163] Evans H P, Snidle R W, Sharif K J, et al. Analysis of micro-elastohydrodynamic lubrication and prediction of surface fatigue damage in micropitting tests on helical gears[J]. Journal of Tribology-Transactions of the ASME, 2013, 135(1): 011501.

[164] Deolalikar N, Sadeghi F, Marble S. Numerical modeling of mixed lubrication and flash temperature in EHL elliptical contacts[J]. Journal of Tribology-Transactions of the ASME, 2008, 130(1): 011004-011023.

[165] Azam A, Ghanbarzadeh A, Neville A, et al. Modelling tribochemistry in the mixed lubrication regime[J]. Tribology International, 2019, 132: 265-274.

[166] Castro J, Seabra J. Coefficient of friction in mixed film lubrication: Gears versus twin-discs[J]. Proceedings of the Institution of Mechanical Engineers, Part J: Journal of Engineering Tribology, 2007, 221(3): 399-411.

[167] Robbe-Valloire F, Progri R, Paffoni B, et al. Theoretical prediction and experimental results for mixed lubrication between parallel surfaces[J]. Boundary and Mixed Lubrication: Science and Applications, 2002, 40: 129-137.

[168] Williams J A. Advances in the modelling of boundary lubrication[J]. Tribology Series, 2002, 40: 37-48.

[169] Gelinck E R M, Schipper D J. Calculation of Stribeck curves for line contacts[J]. Tribology International, 2000, 33(3-4): 175-181.

[170] Hamrock B J, Schmid S R, Jacobson B O. Fundamentals of Fluid Film Lubrication[M]. CRC press, 2004.

[171] Horng J H. Contact analysis of rough surfaces under transaction conditions in sliding line lubrication[J]. Wear, 1998, 219: 205-212.

[172] Dowson D. The role of lubrication in gear design[J]. ARCHIVE: Proceedings of the Institution of Mechanical Engineers, 1969, 184(15): 72-78.

[173] Gao C K, Qi X M, Snidle R W, et al. Effect of film thickness ratio on gearing contact fatigue life[J]. IUTAM Symposium on Elastohydrodynamics and Micro-Elastohydrodynamics, 2006, 134: 423-434.

[174] Polacco A, Pugliese G, Ciulli E, et al. Investigation on thermal distress and scuffing failure under micro EHL conditions[J]. IUTAM Symposium on Elastohydrodynamics and Micro-Elastohydrodynamics, 2006, 134: 321-332.

[175] Qiao H, Evans H P, Snidle R W. Comparison of fatigue model results for rough surface elastohydrodynamic lubrication[J]. Proceedings of the Institution of Mechanical Engineers, Part J: Journal of Engineering Tribology, 2008, 222(3): 381-393.

[176] Qiao H, Evans H P, Snidle R W. Prediction of fatigue damage in rough surface EHL[J]. IUTAM Symposium on Elastohydrodynamics and Micro-Elastohydrodynamics, 2006, 134: 345-356.

[177] Sharif K J, Evans H P, Snidle R W. Prediction of the wear pattern in worm gears[J]. Wear, 2006, 261(5-6): 666-673.

[178] Snidle R W, Evans H P, Alanou M P. Gearing tribology[J]. Tribological Research and Design for Engineering Systems, 2003: 575-588.

[179] Tao J, Hughes T G, Evans H P, et al. Elastohydrodynamic lubrication analysis of gear tooth surfaces from micropitting tests[J]. Journal of Tribology-Transactions of the ASME, 2003, 125(2): 267-274.

[180] Bhushan B. Modern Tribology Handbook[M]. Boca Raton: CRC Press, 2000.

[181] Coy J J, Townsend D P, Zaretsky E V. Dynamic capacity and surface fatigue life for spur and helical gears[J]. Journal of Lubrication Technology, 1976, 98(2): 267-276.

[182] Coy J J, Townsend D P, Zaretsky E V. An update on the life analysis of spur gears[C]. Advanced Power Transmission Technology, 1983: 421-434.

[183] Zaretsky E V. Fatigue criterion to system design, life and reliability[J]. Journal of Propulsion and Power, 1987, 3(1): 76-83.

[184] Epstein D, Yu T H, Wang Q J, et al. An efficient method of analyzing the effect of roughness on fatigue life in mixed-EHL contact[J]. Tribology Transactions, 2003, 46(2): 273-281.

[185] Zhu D, Ren N, Wang Q J. Pitting life prediction based on a 3D line contact mixed EHL analysis and subsurface von Mises stress calculation[J]. Journal of Tribology, 2009, 131(4): 1-8.

[186] Brandão J A, Seabra J H O, Castro J. Surface initiated tooth flank damage, Part II: Prediction of micropitting initiation and mass loss[J]. Wear, 2010, 268(1-2): 13-22.

[187] Brandão J A, Seabra J H O, Castro J. Surface initiated tooth flank damage, Part I: Numerical model[J]. Wear, 2010, 268(1-2): 1-12.

[188] Li S, Kahraman A. A fatigue model for contacts under mixed elastohydrodynamic lubrication condition[J]. International Journal of Fatigue, 2011, 33(3): 427-436.

[189] Akin L S. EHD lubricant film thickness formulas for power transmission gears[J]. ASME Journal of Lubrication Technology, 1974, 96: 426-431.

[190] Wellauer E J, Holloway G A. Application of EHD oil film theory to industrial gear drives[J]. Journal of Engineering for Industry-Transactions of the ASME, 1976, 98(2): 629-634.

[191] Jackson A, Rowe C N. Application of EHL theory to gear lubrication[C]. SAE Earthmoving Industry Conference, Peoria, 1980.

[192] Wang W Z, Hu Y Z, Liu Y C, et al. Solution agreement between dry contacts and lubrication system at ultra-low speed[J]. Proceedings of the Institution of Mechanical Engineers, Part J: Journal of Engineering Tribology, 2010, 224(10): 1049-1060.

[193] Simon V. Elastohydrodynamic lubrication of hypoid gears[J]. Journal of Mechanical Design, 1981, 103: 195-203.

[194] Simon V. Thermal-EHD analysis of lubrication of helical gears[J]. Journal of Mechanisms, Transmissions, and Automation in Design, 1988, 110: 330-336.

[195] Simon V. EHD lubrication characteristics of a new type of ground cylindrical worm gearing[J]. Journal of Mechanical Design, 1997, 119(1): 101-107.

[196] Sharif K J, Kong S, Evans H P, et al. Contact and elastohydrodynamic analysis of worm gears Part 1: theoretical formulation[J]. Proceedings of the Institution of Mechanical Engineers, Part

C: Journal of Mechanical Engineering Science, 2001, 215(7): 817-830.

[197] Sharif K J, Kong S, Evans H P, et al. Contact and elastohydrodynamic analysis of worm gears Part 2: Results[J]. Proceedings of the Institution of Mechanical Engineers, Part C: Journal of Mechanical Engineering Science, 2001, 215(7): 831-846.

[198] 郝伟, 张洪, 郝永福. 有限元法在接触问题中的应用[J]. 机械管理开发, 2005, (2): 49-50.

[199] 张文志. 机械结构有限元分析[M]. 哈尔滨: 哈尔滨工业大学出版社, 2006.

[200] 高小茜. 风电齿轮箱轮齿接触有限元分析[D]. 大连: 大连理工大学, 2008.

[201] 丁源. ABAQUS 6.14中文版有限元分析从入门到精通[M]. 北京: 清华大学出版社, 2016.

第3章 齿轮接触疲劳理论

随着高性能齿轮对长寿命、高可靠性、高功率密度、高效率等性能要求的不断提升，齿轮接触疲劳失效已成为限制航空、高铁、舰船、机器人等高端装备服役安全和可靠性的重要瓶颈。以风力发电机传动系统为例，欧美发达国家风电齿轮箱设计寿命已超过 30 年，然而工程实际中不乏因齿轮接触疲劳失效导致风电设备在短短几个月内出现事故的案例。为满足高端装备对齿轮疲劳寿命日益增长的需求，各国学者、工程师针对齿轮疲劳进行了大量的理论、仿真与试验研究。然而众所周知，齿轮疲劳试验研究费时费力，仅仅为获得某一特定材料和工艺下的齿轮接触疲劳 S-N 曲线就需要投入几个月甚至一年的时间，且试验台、场地、试验耗材、检测设备、数据分析等投入不菲。巨大的时间与经济成本等促使学者对齿轮接触疲劳理论进行了深入探讨，使得如今齿轮接触疲劳理论成为研究齿轮接触疲劳失效和寿命预测不可或缺的重要途径。通过研究齿轮接触疲劳理论，建立齿轮接触疲劳损伤演化和寿命预测模型，阐明齿轮疲劳失效机理及表面完整性参数对接触疲劳寿命的影响规律，对形成齿轮长寿命设计方法、精确寿命预测技术和实现工程中的延寿措施具有重要的理论意义和工程价值。

齿轮作为人类最早开始使用的传动部件之一，其接触疲劳问题很早就得到了人们的广泛关注，然而由于齿轮接触疲劳失效形式多种多样，其失效机理也各不相同，因而目前尚无一个公认的理论能综合、准确地描述各种齿轮的接触疲劳失效问题。尽管如此，经过近百年的发展，学者和工程师们提出了各种不同的齿轮疲劳分析理论与研究方法，且得到了工程实际或试验的检验。

从研究尺度、模拟手段、评价指标、失效阶段等方面可以大致划分齿轮接触疲劳分析方法类别。从研究尺度上，齿轮接触疲劳模型可分为宏观尺度模型、微结构力学模型和多尺度模型等。从宏观尺度上，影响齿轮接触疲劳性能的因素包括齿轮几何精度、模数、硬化层梯度分布等参数。然而，齿轮材料是各种微观结构的组合体，其微观结构特征如晶粒尺寸、晶界、碳化物、夹杂等对齿轮接触疲劳性能的影响显著；此外，随着研究的进一步深入，综合考虑宏观和微观的多尺度模型也得到了快速的发展，为理解各尺度上的行为关联性和失效机理提供了参考。

从模拟手段来看，齿轮接触疲劳分析方法包括解析法、数值法等。解析法通过给出具体的求解公式，获取包括齿面接触应力、摩擦系数、接触疲劳强度等参量。以赫兹接触公式、Lundberg-Palmgren(L-P)公式为代表的解析法由于形式简单，求解方便，目前在工程实际中被广泛使用。例如，在各种齿轮国际标准和我国国家标准中，均通过解析法辅以各种经验或修正系数对齿轮接触疲劳问题进行求解和强度评价。数值法主要基于数值模型和计算机求解数学计算问题。随着计算机性能的提升，数值法也迎来更大的发展。以数值法中的有限单元法为例，它将齿轮整体离散为有限个互不重叠的单元，并在每个单元内通过单元基函数的组合来逼近单元中的真解。伴随着商业有限元软件的兴起和成熟发展，有限单元法是当前工程上求解齿轮应力、变形等力学、疲劳响应最为常用的数值计算方法。

从评价指标来看，齿轮接触疲劳的关注对象可分为齿轮接触疲劳强度、寿命、损伤演化等。齿轮接触疲劳强度是用来评价齿轮整体接触疲劳性能的力学参量，通过这一概念可以直观地评估齿轮在任一工况下能否满足服役要求。而齿轮接触疲劳寿命的提出为定量分析齿轮接触疲劳性能提供了可能。此外，近年来基于连续损伤力学等发展起来的齿轮接触疲劳分析方法也逐渐引起学术界和工业界的重视。

从齿轮接触疲劳失效阶段来看，疲劳理论可划分为疲劳裂纹萌生理论与疲劳裂纹扩展理论。齿轮的接触疲劳失效本质上是疲劳裂纹从萌生到扩展，最终引起材料脱离基体发生断裂的过程。一般而言，疲劳裂纹萌生理论关注齿轮从无裂纹状态到产生初始裂纹的阶段。在疲劳裂纹扩展方面，断裂力学是当前最为成熟的疲劳裂纹研究方法，其最重要的断裂参量为应力强度因子，该值表示裂纹尖端附近应力、应变场的大小。此外，还涉及裂纹扩展路径和扩展寿命的问题，齿轮接触疲劳裂纹萌生与扩展的比例依旧值得关注。

从寿命预测模型上看，齿轮接触疲劳寿命模型可笼统分为统计型模型和确定型模型。齿轮接触疲劳寿命的预测最早借助滚动轴承的接触疲劳寿命分析方法。统计型模型因其简单的求解方式被广泛用于工程实际，而随着计算机技术和数值算法的发展，可对齿轮任意材料点的疲劳寿命进行预测的确定性模型也得到了深入的研究和发展，产生了一批疲劳寿命准则如常见的 Findley 准则、Brown-Miller准则(简称 B-M 准则)、Fatemi-Socie 准则(简称 F-S 准则)等[1-3]。

工程实际常用的零部件疲劳寿命预测方法主要有名义应力法、局部应力应变法和损伤容限法。名义应力法是最早出现的一种疲劳寿命预测算法，它认为循环应力是造成疲劳的原因，构件寿命为断裂或产生裂纹之前达到的全部应力循环次数；局部应力应变法认为由于构件外部结构产生应力集中等原因，造成局部产生的应力和应变往往大于名义应力和应变，因此可以将实际产生的最大应力和应变的循环作为造成疲劳损伤的根据；损伤容限法是随断裂力学的应用和发展，将断裂力学中临界裂纹长度和裂纹扩展速度综合考虑而形成的一种疲劳分析方法。

当前来看，齿轮接触疲劳理论已取得了长足的发展，各种寿命预测等分析方法也层出不穷。但需要注意的是，无论何种齿轮接触疲劳的分析、评估方法都极度依赖循环载荷历程下齿面接触应力/应变响应的精确求解，其大致的疲劳寿命预测流程图如图 3-1 所示。当然，包括材料参数、齿轮几何参数在内的其他参量也是寿命预测所必须提供的，但其不属于本章所讨论的范围。本章将对齿轮接触疲劳寿命理论进行详细介绍。

图 3-1　齿轮接触疲劳寿命预测流程图

3.1　统计型疲劳寿命模型

接触疲劳作为一种典型的零部件疲劳失效形式，往往发生在滚动轴承、齿轮等关键传动零部件服役过程中，影响零件和系统的服役安全和可靠性。当前有关接触疲劳的统计型寿命预测模型的研究可追溯到 Weibull[4]开展的研究工作，他认为材料的疲劳寿命与受到的最大剪切应力和应力体积相关，并给出了计算公式。基于 Weibull 的研究，Lundberg 和 Palmgren[5]提出了最大动态剪切应力理论（即 Lundberg-Palmgren 寿命模型，简称 L-P 模型），进一步给出了点接触和线接触条件下体积应力的计算公式，该模型成为工业界第一个轴承 ISO 标准[6]中轴承疲劳寿命预测的基础，并得以持续发展和广泛的应用。此外，Ioannides 和 Harris[7]提出，讨论疲劳失效时应考虑次表面应力分布的综合影响，通过引入疲劳极限的方式修正了 L-P 模型，形成了著名的 I-H 模型。Tallian[8]通过大量试验数据统计分析，将材料、表面缺陷等诸多影响考虑在内，对 L-P 模型进行了修正。Zaretsky[9]通过舍弃深度影响因子和疲劳极限，简化了 L-P 模型。齿轮失效模式复杂，失效数据离散，且影响齿轮疲劳寿命的因素众多，常用的 L-P 模型、I-H 模型、Zaretsky 模型等疲劳寿命模型都被应用于齿轮传动。长时间以来形成的以大量试验结果为基础的经验公式寿命模型，具有较高的计算准确性与可靠性，已在工程实际中广泛应用。统计型疲劳寿命模型总体的发展历程如图 3-2 所示。

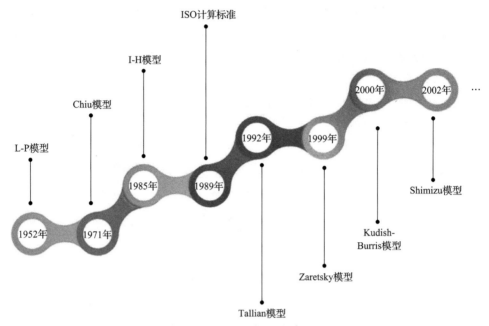

图 3-2　统计型疲劳寿命模型发展历程

3.1.1　L-P 模型

1. L-P 模型的发展

尽管有一些确定型疲劳寿命模型已逐渐应用于齿轮等滚动接触疲劳问题，但是经典的统计型疲劳寿命模型仍是工程中的首选。1939 年，瑞典科学家 Weibull[4] 提出了一种概率密度分布函数模型，涉及位置、形状和尺度三个参数。这是一种由最弱环节模型导出的，即一个整体某一部分失效便会整体失效。因某一个局部失效而导致整体全部停止工作的元件、部件或设备等的寿命都可以看作符合 Weibull 分布，机械中的疲劳强度、疲劳寿命、腐蚀寿命、磨损寿命等都服从 Weibull 分布[10]，其概率分布函数的表达式为

$$F(L) = 1 - \exp\left[-\left(\frac{L}{\beta}\right)^e\right] \tag{3-1}$$

式中，β 为 Weibull 分布函数的尺度参数；e 为 Weibull 分布函数的形状参数；L 为疲劳寿命；$F(L)$ 为疲劳失效概率。

如果用 S 来表示与失效概率相对立的生存概率，则 $S=1-F(L)$，代入式(3-1)中，可改写为

$$\ln\left(\ln\frac{1}{S}\right) = e\ln\frac{L}{\beta} \tag{3-2}$$

Weibull[4]认为疲劳裂纹是在滚动表面下剪应力最大的地方产生的，然后扩展到表面，最终导致疲劳剥落。Weibull 提出了生存概率 S 与表面下的最大切应力 τ、应力循环次数 N 和受应力体积 V 遵从以下关系：

$$\ln\frac{1}{S} \propto \tau^c N^e V \tag{3-3}$$

Weibull 分布能够拟合机械零件疲劳失效的分布形式，被广泛应用于工程当中，是可靠性分析和寿命检验的理论基础。直到现在，Weibull 模型依然广泛应用于轴承、齿轮等关键传动零部件寿命和可靠性的研究中。在实际应用中，Weibull 模型也有一定的局限性。例如，只有失效概率在 0.1~0.6 这个区间内时，疲劳寿命的拟合形式才与 Weibull 分布相吻合，若不在这一区间，则会出现较大的误差[11]。

1947~1952 年，Lundberg 和 Palmgren[5]进一步深化了 Weibull 的理论，提出了最大动态剪切应力理论，该理论认为滚动接触表面的高接触应力造成该作用区域内应力分布不均匀，从而导致接触表面产生疲劳点蚀，并最终造成疲劳失效。与此同时，该理论提出，生存概率、高接触应力影响因子和疲劳寿命三者之间有如下比例关系式：

$$\ln\frac{1}{S} \propto \frac{\tau^c N^e V}{z_0^h} \tag{3-4}$$

式中，τ 为最大正交剪应力；z_0 为最大正交剪应力发生的深度；e 为在 Weibull 概率纸上绘制的试验寿命数据的 Weibull 斜率；c 为应力指数，h 为深度指数，可以通过试验数据确定；V 为高应力影响区域的体积；N 为应力循环次数，即疲劳寿命。

在此理论基础上，Coy 等在 1975 年通过试验指出基于接触疲劳失效原理的相似性[12]，此理论同样适用于对齿轮接触疲劳寿命的估算。因此，当生存概率 S 通常作为设计指标既定后，式(3-4)左边变为常量，则应力循环次数 N 可以视为只与高接触应力影响区域体积 V、最大正交剪应力深度 z_0 和最大正交剪应力 τ 相关的量。式(3-4)变换后的比例关系式如下：

$$N \propto \frac{z_0^{h/e}}{\tau^{c/e} V^{1/e}} \tag{3-5}$$

其中，应力体积如图 3-3 所示，其计算公式为

$$V = az_0(2\pi r_r) \tag{3-6}$$

式中，a 为应力体积的宽度；z_0 为应力体积的深度；r_r 为应力体积的长度。

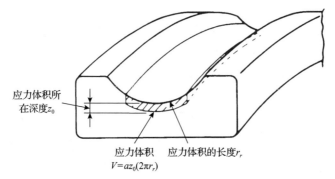

图 3-3　L-P 模型中的应力体积

当齿轮生存概率为 90% 时，式(3-5)可以表示为

$$L_{10} = \left(\frac{K z_0^h}{\tau_0^c V} \right)^{\frac{1}{e}} \tag{3-7}$$

式中，K 为小齿轮单齿承载时生存概率为 90% 时的材料参数；L_{10} 为生存概率为 90% 时的疲劳寿命，即式(3-5)中的应力循环次数 N。小齿轮的单齿疲劳寿命与基本额定动载荷也可以表示为

$$L_{10} = \left(\frac{W_{tP}}{W_t} \right)^p \tag{3-8}$$

$$p = \frac{c - h + 1}{2e} \tag{3-9}$$

$$W_{tP} = K_2 l_c \cos \varphi_t \left[bl \left(\cos \psi_b \right)^{(h-c-3)/2} \left(\sum \rho \right)^{(h+c-1)/2} \right]^{2/(h-c-1)} \tag{3-10}$$

式中，W_{tP} 为小齿轮的单齿基本额定动载荷，即存活率为 90% 时运转 1×10^6 转能承载的最大载荷；W_t 为小齿轮的单齿所承受的切向载荷，N；K_2 为生存概率为 90% 时的材料比例常数，受到可靠度、材料属性与表面完整性参数的影响。对于类似 AISI 52100 轴承钢（表面硬度约为 60HRC）的材料，K_2 可以取值为 5.28×10^8[12]；l_c 为接触线长度，m；φ_t 为压力角，rad；ψ_b 为螺旋角，rad；b 为齿宽，m；l 为渐开线齿廓弧长，m；$\sum \rho$ 为等效曲率半径，m。当 $\psi_b = 0$ 时，齿轮为渐开线直齿齿轮。

在实际啮合过程中，由于小齿轮和大齿轮承受的应力循环次数有所差异且单双齿啮合交替。Coy 和 Zaretsky 推导了齿轮副基本额定动载荷[13]表达式：

$$W_{tM} = \left\{ N_1 \left[1 + \left(\frac{N_1}{N_2} \right)^e \right]^{-1/pe} \right\} W_{tP} \tag{3-11}$$

式中，W_{tM} 为齿轮系统的基本额定动载荷；N_1 为小齿轮齿数；N_2 为大齿轮齿数。在后续案例中，取参数 p=1.5，c=10.33，h=2.33，e=3，得到了齿轮副接触疲劳寿命与动态承载能力公式：

$$L_{10M} = \left(\frac{W_{tM}}{W_t} \right)^{1.5} \tag{3-12}$$

$$W_{tM} = K_2 l_c \cos\varphi_t \left(\cos\psi_b \right)^{11/9} \left(\sum \rho \right)^{-35/27} \left\{ bl N_1 \left[1 + \left(\frac{N_1}{N_2} \right)^3 \right] \right\}^{-2/9} \tag{3-13}$$

L-P 模型以材料内部存在缺陷为前提，同时考虑了外部载荷在材料内部引发的最大应力的应力幅及该应力在材料应力体积内的影响。这种基于材料破坏原则的观点在现今的研究中仍然适用[14]。但受当时认知、技术等因素的限制，该模型存在较大的局限性。例如：

（1）在方程中包含有较多需要由试验确定的常数，这些常数反映的是 20 世纪 30～40 年代中轴承材料、润滑剂和制造方法的情况，因此该寿命理论受到当时材料冶炼、加工工艺等技术的影响较大。随着技术不断进步，这些常数已变得不能符合实际情况，如文献[15]指出该理论只适用于可靠度寿命评估为 90%以及淬火硬度在 58HRC 以上的渗碳钢，并且还需满足内外圈为刚性支撑，在预测时最大误差可达到 60%以上。

（2）模型建立在疲劳裂纹源于次表面的基础之上，没有考虑到裂纹源于表面的情况，主要原因是只考虑了轴承接触表面的法向力，而忽略了切向力的作用。在实际情况中，这些切向力的存在会导致最大剪应力出现的位置向着接触表面靠近，所以可能会导致表面率先出现疲劳裂纹，从而引发微点蚀等疲劳失效。

（3）模型假设接触表面是完全光滑的，但实际情况中，表面会存在划痕、凹坑、表面粗糙度等缺陷，会使得次表面的应力区域偏离载荷接触的理论区域，可能造成疲劳寿命与失效模式出现偏差。

（4）模型有许多的因素没有考虑，如接触表面的能量吸收率、环向应力、材料显微组织的变化以及加工过程中的残余应力等，这些因素可能导致疲劳失效模式、失效位置及疲劳寿命发生变化。

上述几条只列出了 L-P 模型的一部分局限性，正因为这些局限性的存在，人们发现 L-P 模型预测的疲劳寿命与实际寿命可能有较大的差距，因此需要对 L-P 模型持续进行修正和应用验证。

1978 年，Townsend 等[16]进行了 AISI 9310 钢齿轮系统接触疲劳试验，试件分度圆直径为 8.89cm，经过渗碳、淬火等工艺，齿面硬度为 62HRC～64HRC，芯部硬度 35HRC～40HRC，齿面粗糙度大小为 0.406μm。试验得到了切向载荷 W_t/b 为 463×10^3N/m、578×10^3N/m、694×10^3N/m（对应的最大赫兹接触应力分别为 1531MPa、1710MPa、1875MPa）时的齿轮副疲劳寿命 L_{10M}，分别为 23.6×10^6、11.4×10^6、4.3×10^6 次循环，将疲劳试验结果与 L-P 模型预测结果对比后，发现 P-N 曲线的斜率 e 在 2.5 左右，且试验寿命 L_{10M} 与基本额定动载荷和切向载荷之比 W_{tM}/W_t 的 4.3 次方成正比。因此，他们建议将式(3-13)中 (N_1/N_2) 的指数 3 修改为 2.5，式(3-8)中的载荷寿命指数 p 修改为 4.3，其余不变，则给出的齿轮系统寿命与基本额定动载荷公式为

$$L_{10M}=\left(\frac{W_{tM}}{W_t}\right)^{4.3} \tag{3-14}$$

$$W_{tM}=K_2l_c\cos\varphi_t\left(\cos\psi_b\right)^{11/9}\left(\sum\rho\right)^{-35/27}\left\{blN_1\left[1+\left(\frac{N_1}{N_2}\right)^{2.5}\right]\right\}^{-2/9} \tag{3-15}$$

根据试验结果确定了 AISI 9310 钢齿轮系统的材料参数 K_2=8.73×10^7。试验数据和拟合的不同载荷级下齿轮接触疲劳 P-N 曲线如图 3-4 所示。

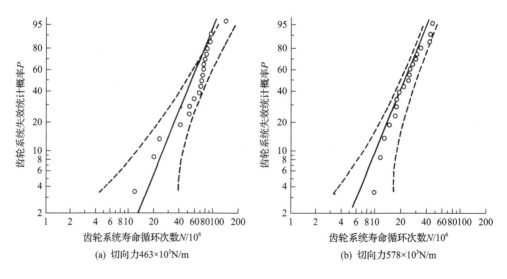

(a) 切向力463×10³N/m　　　　　　　　(b) 切向力578×10³N/m

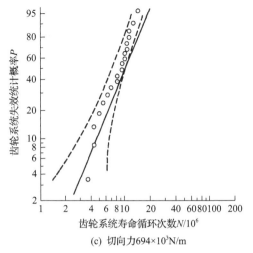

(c) 切向力694×10³N/m

图 3-4　三种载荷下 AISI 9310 钢齿轮系统接触疲劳 P-N 曲线[16]

1983 年，Coy 等[17]认为之前的研究[16]只修正了公式 (3-13) 中的一个系数，并没有从根本上进行修正，提出根据研究试验结果应将式 (3-8)～式 (3-10) 中的系数 c、e、h、p 全部修正，修正后的公式中 c=23.2525、e=2.5、h=2.7525、p=4.3。但随后 1987 年 Zaretsky 等发现 c 和 e 之间没有关联规律，c 的值一般在 6～12 波动。所以，Coy 等本次修正的公式也未产生深远影响[18]。

喷丸等表面强化技术的发展使得齿轮的疲劳寿命大幅度提升，原有 L-P 齿轮疲劳寿命公式计算结果与强化后的齿轮疲劳试验结果有所差异。1988 年，Townsend 和 Zaretsky[19]参考了 1965 年 Zaretsky 等考虑残余应力影响的方法[20]以及 Ioannides 和 Harris 添加疲劳极限应力的思想[7]，通过将喷丸前后齿轮最大剪应力深度处的残余应力添加到主应力上，定量考虑了残余应力对齿轮接触疲劳寿命的影响：

$$LF = \left(\frac{\tau_{max}}{\tau_{max} - \frac{1}{2} S_{ry}} \right)^{9} \tag{3-16}$$

式中，LF 为疲劳残余应力影响系数；S_{ry} 为最大剪应力深度处的残余应力。该公式并没有修改齿轮系统寿命与基本额定动载荷的计算方法，只是在公式 (3-13) 的右侧乘以残余应力影响系数。由于没有剔除喷丸引起的齿轮表面粗糙度和硬度改变，公式的可靠性有待验证，但可以确定的是残余压应力有益于齿轮接触疲劳寿命。1992 年，Townsend[21]应用强力喷丸技术对 AISI 9310 钢航空直齿圆柱齿轮疲劳性能的影响进行了研究，在喷丸之后通过研磨控制试件表面粗糙度一致，其疲劳试验结果与式 (3-14)～式 (3-16) 的数值结果近似，强力喷丸后齿轮副点蚀疲劳寿命约为中强度喷丸后点蚀寿命的 2.15 倍，再次印证了残余压应力对齿轮接触疲劳寿命的提升作用。

但在 Townsend 等后续关于不同强化工艺对 AISI 9310 钢航空齿轮的疲劳影响研究中，由于强化后齿轮表面完整性参数的复杂耦合作用，原始 L-P 疲劳寿命模型的适用性较差。而 ISO 标准[6]中虽然考虑了材料硬度、粗糙度等因素的影响，但选用的经验系数主要来源于轴承和润滑油制造商，对于齿轮并不完全适用。于是，Townsend 等舍弃了对 L-P 疲劳寿命模型的修正，转而从接触疲劳试验的角度研究不同强化工艺（立方硼研磨（CBN）与玻璃磨削方法[22]、真空弧重熔（vacuum-arc-remelted, VAR）与真空感应溶解（vacuum-induction-melted, VIM）[23]等）对齿轮接触疲劳寿命的影响。

在 1982～1990 年间，Savage 等延续了 NASA 的研究，将 L-P 模型应用至齿轮箱中的行星轮系[24,25]、锥齿轮减速器[26]、涡轮螺旋桨传动等机构[27]，他们采用线性近似方法确定齿轮箱系统的 Weibull 斜率 e，推导了机构内部零件的疲劳寿命计算公式，确定了系统的可靠性。在蒙特卡罗方法[28]出现之后，Zaretsky 等[29]于 2007 年分别采用蒙特卡罗方法和 L-P 模型对某商用涡轮螺旋桨齿轮箱的疲劳寿命和可靠性进行了计算，并与现场数据进行了比较，认为 L-P 模型低估了齿轮箱的疲劳寿命。

由于齿轮接触疲劳失效模式众多，失效机理复杂，影响因素众多，一个公式很难全面概括失效类型和表面完整性要素，同时，缺少权威机构提供并整合大量齿轮接触疲劳试验数据，形成准确的齿轮接触疲劳寿命经验公式和计算标准，因此直到现在，统计型齿轮疲劳寿命模型并没有在齿轮行业中得到普及。而随着对齿轮高可靠低成本等要求的提高，齿轮寿命预测成为必须解决的世界工业难题之一。

2. L-P 模型的应用

1) 齿轮试件与接触疲劳试验

试验齿轮材料为国产 18CrNiMo7-6 渗碳钢，它广泛应用于风电等工业重载装备领域，其化学成分如表 3-1 所示。根据 GB/T 14229—2021《齿轮接触疲劳强度试验方法》设计制造了齿轮接触疲劳试验试件，如图 3-5 所示。齿轮试件的几何参数如表 3-2 所示。齿轮热处理主要为渗碳+淬火+回火，渗碳磨削后齿面硬度约为 58HRC，芯部硬度 35HRC～41HRC，硬化层深度约为 1.0～1.2mm，表面粗糙度 Sa 为 0.75μm，表面残余压应力为 550.67MPa。

表 3-1 18CrNiMo7-6 渗碳钢材料的化学成分

元素	Si	Mn	S	P	Cr	Ni	Mo	Cu
质量分数/%	≤ 0.4	0.5～0.8	≤ 0.035	≤ 0.025	1.5～1.8	1.4～1.7	0.25～0.35	≤ 0.25

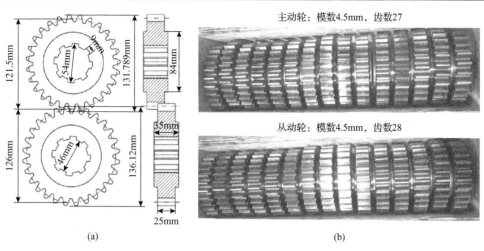

图 3-5　18CrNiMo7-6 渗碳齿轮试件

表 3-2　18CrNiMo7-6 渗碳齿轮试件的几何参数

类别	齿宽/m	模数/m	齿数	压力角/(°)	变位系数	分度圆直径/m	精度
小齿轮	0.025	0.0045	27	20	0.1534	0.1215	5 级
大齿轮	0.025	0.0045	28	20	0.1346	0.126	5 级

　　采用德国 STRAMA MPS 齿轮接触疲劳试验台进行齿轮接触疲劳性能测试。本次试验主动轴扭矩分别设置为 605.6N·m、667.7N·m、732.8N·m，主动轴转速设置为 1100r/min，润滑油为美孚 SHC60，其黏度为 220#，密度为 0.87g/mL，适合作为风电领域齿轮油。试验齿轮箱润滑油量设置为 6L/min，润滑油冷却温度设置为 60℃。齿轮安装方式选择为非全齿宽接触方式，即错位安装，接触宽度为 9mm（全齿宽 25mm）。

　　在齿轮接触疲劳试验中，如果某一齿轮发生点蚀的面积占到一个轮齿齿面的 4%及以上、或所有轮齿齿面的 0.5%及以上时，则判定为齿轮接触疲劳失效；当循环次数达到 $5×10^7$ 次时，齿轮点蚀面积未达到损伤极限，则试验停止，判定该试验点越出。

　　2)试验结果与数值结果对比

　　采用 1978 年 Townsend[16]修正后的 L-P 齿轮疲劳寿命公式(3-14)和基本额定动载荷公式(3-15)，以输入扭矩 732.8N·m 为例，计算此载荷下的 18CrNiMo7-6 渗碳齿轮系统的基本额定动载荷、疲劳寿命 L_{10M} 与 L_{50M}，计算过程如表 3-3 所示。

表 3-3　　18CrNiMo7-6 渗碳齿轮系统疲劳寿命 L_{10M} 与 L_{50M} 计算过程

符号	含义	公式	结果
W_t	传递的切向载荷(圆周力)/N		12063
φ_t	压力角/(°)		20
ψ_b	螺旋角/(°)		0
N_1	小齿轮齿数		27
N_2	大齿轮齿数	已知	28
b	接触齿宽/m		0.009
r_1	小齿轮节圆半径/m		0.06075
r_2	大齿轮节圆半径/m		0.063
r_{a1}	小齿轮齿顶圆半径/m		0.065895
r_{a2}	大齿轮齿顶圆半径/m		0.06806
r_{b1}	小齿轮齿根圆半径/m	$r_1 \cos \varphi_t$	0.057105
r_{b2}	大齿轮齿根圆半径/m	$r_2 \cos \varphi_t$	0.05922
$\sum \rho$	等效曲率半径/m^{-1}	$(r_1 + r_2) \cos \psi_b / (r_1 r_2 \sin \varphi_t)$	94.538
p_b	基圆齿距/m	$2\pi r_{b1} / N_1$	0.0133
ξ	啮合线长度/m	$\sqrt{r_{a1}^2 - r_{b1}^2} + \sqrt{r_{a2}^2 - r_{b2}^2} - (r_1 + r_2) \sin \varphi_t$	0.0241
β_{H1}	单齿啮合旋转角度/rad	$(2p_b - \xi) / r_{b1}$	0.0438
β_{L1}	双齿啮合旋转角度/rad	$(\xi - p_b) / r_{b1}$	0.1891
l_c	接触面最小宽度/m	$f / \cos \psi_b$	0.009
θ_{L1}	开始接触时的旋转角度/rad	$\left[(r_1 + r_2) \sin \varphi_t - \sqrt{r_{a2}^2 - r_{b2}^2} \right] / r_{b1} + \beta_{L1}$	0.3429
θ_{U1}	接触结束时的旋转角度/rad	$\theta_{L1} + \beta_{H1}$	0.3867
l	渐开线受力区域长度/m	$r_{b1}(\theta_{U1}^2 - \theta_{L1}^2) / 2$	0.0009
W_{tP}	小齿轮的单齿基本额定动载荷/N	$K_2 l_c \cos \varphi_t \left[bl (\cos \psi_b)^{-5.5} \left(\sum \rho \right)^{35/6} \right]^{-2/9}$	27472
W_{tM}	齿轮副的基本额定动载荷/N	$\left\{ N_1 \left[1 + \left(\dfrac{N_1}{N_2} \right)^{2.5} \right] \right\}^{-2/9} W_{tP}$	11435
L_{10M}	可靠度为90%时的齿轮系统疲劳寿命/10^6 转	$\left(\dfrac{W_{tM}}{W_t} \right)^{4.3}$	0.795
L_{50M}	可靠度为50%时的齿轮系统疲劳寿命/10^6 转	$\left(\dfrac{\ln \dfrac{1}{0.5}}{\ln \dfrac{1}{0.9}} \right)^{1/2.5} L_{10}$	1.498

渗碳磨削 18CrNiMo7-6 渗碳齿轮时，在输入扭矩为 732.8N·m(圆周力 12063N)情况下，选用两参数 Weibull 分布函数进行疲劳寿命数据处理，得到的接触疲劳 P-N 曲线如图 3-6 所示。试验得到的 Weibull 斜率 e 为 2.3，在 50%、10%、1%失效概率下的齿轮接触疲劳寿命分别为 1.14×10^6 转、5.02×10^5 转、1.8×10^5 转。对比试验与数值结果可以发现，Weibull 斜率 e(试验 2.3，NASA 建议 2.5)差异不大，这说明试验数据的离散性与 NASA 试验基本一致，本次试验结果较为可靠。本次齿轮接触疲劳试验得到的系统疲劳寿命 L_{10M} 为 0.502×10^6 转，而模型计算的数值结果为 0.795×10^6 转，误差为 58.4%；试验得到的系统疲劳寿命 L_{50M} 为 1.14×10^6 转，而模型结果为 1.498×10^6 转，误差为 31.40%。模型在此载荷下的预测结果较为乐观，在两倍误差带范围内。

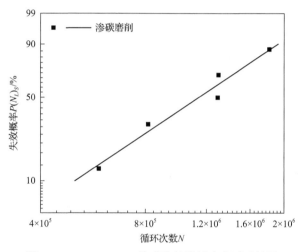

图 3-6　18CrNiMo7-6 渗碳齿轮接触疲劳试验结果

造成试验与理论结果差异原因可能有三点。①L-P齿轮疲劳寿命模型中的参数选取来源于 AISI 9310 钢齿轮接触疲劳试验。AISI 9310 钢与 18CrNiMo7-6 渗碳钢均为高铬钢，具有良好的韧性[30]，但 AISI 9310 钢作为第一代航空钢，其耐热性和强度更高。②热处理等加工工艺与我国不同。尽管试件都经过渗碳等处理，但时间和步骤上的差异对后续的材料性能有显著影响[31,32]。③齿轮的表面完整性参数不同。公式计算参数为：表面硬度为 62HRC～64HRC、表面粗糙度 Sa 为 0.406μm、AISI 9310 钢齿轮，而本次试验采用 18CrNiMo7-6 渗碳齿轮试件，其表面硬度为 58HRC 且表面粗糙度 Sa 为 0.75μm。较小的表面硬度与较大的粗糙度都会引起疲劳寿命减小。这些差异基本反映了我国齿轮的材料性能加工工艺与 NASA 之间的差距。

将渗碳磨削状态齿轮副在 605.6N·m、667.7N·m、732.8N·m 三种扭矩下进行接触疲劳寿命试验，得到的平均疲劳寿命 L_{50M} 如图 3-7 所示。试验得到的主动轴扭矩为 605.6N·m、667.7N·m、732.8N·m 时对应的平均寿命分别为 4.66×10^6

转、2.72×10^6 转、1.14×10^6 转；由 L-P 接触疲劳公式计算得到的系统疲劳寿命 L_{50M} 分别为 3.399×10^6 转、2.234×10^6 转、1.498×10^6 转。模型的预测结果仍在两倍误差范围带内，但拟合的虚线斜率有明显差异，即在此载荷范围内 L-P 公式的计算结果较为准确，如果载荷超过此范围，预测结果可能会有显著差异。

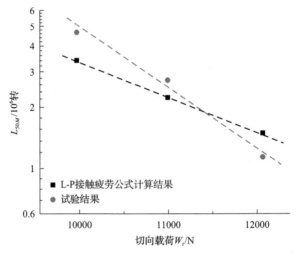

图 3-7　18CrNiMo7-6 渗碳齿轮接触疲劳载荷-寿命结果

修正载荷寿命指数 p 和材料系数 K_2，可以使 L-P 齿轮接触疲劳公式更适用于 18CrNiMo7-6 渗碳齿轮的工艺环境。载荷寿命指数 p 反映了材料承受载荷的能力，p 越大，材料对载荷的敏感程度就越大。Ioannides 和 Harris 给出的球轴承的 p 一般为 3，滚子轴承为 3.33[5,33]，齿轮的一些研究中 p 值在 $4.3 \sim 10$[16,29,34]，这里取 p 为 7.4。材料系数 K_2 是一个综合的系数，受到可靠度、材料属性与表面完整性参数的影响；将 K_2 由 8.73×10^7 修正为 8.6×10^7，得到的计算结果如表 3-4 所示。

表 3-4　三种载荷下的 18CrNiMo7-6 渗碳齿轮副疲劳寿命

输入扭矩 /(N·m)	切向载荷 W_t /N	修正后齿轮副基本额定动载荷 W_{tM} /N	修正后数值接触疲劳寿命 $L_{10M}/10^6$ 转	修正后数值接触疲劳寿命 $L_{50M}/10^6$ 转	试验接触疲劳寿命 $L_{50M}/10^6$ 转	误差/%
605.6	9969		2.467	4.648	4.66	0.26
667.7	10991	11265	1.200	2.261	2.72	16.59
732.8	12063		0.603	1.135	1.14	0.44

修正后的齿轮副寿命与基本额定动载荷公式为

$$L_{10M} = \left(\frac{W_{tM}}{W_t} \right)^{7.4} \tag{3-17}$$

$$W_{tM} = 8.6 \times 10^7 l_c \cos\varphi_t \left(\cos\psi_b\right)^{11/9} \left(\sum\rho\right)^{-35/27} \left\{blN_1\left[1+\left(\frac{N_1}{N_2}\right)^{2.5}\right]\right\}^{-2/9} \quad (3\text{-}18)$$

需要注意的是，该公式与参数适用于我国未经过喷丸、光整等表面强化处理的渗碳齿轮副，且材料属性与硬度同 18CrNiMo7-6 渗碳齿轮近似。该公式未考虑表面完整性参数与热处理等影响，后续可以参考 ISO 轴承设计标准[6]，在齿轮寿命预测中考虑材料性能和表面完整性参数的影响。

3.1.2　I-H 模型

L-P 模型的局限性不只存在于当时的制造技术上，在对疲劳寿命的认知上也是不够全面的，因此，L-P 模型需要完善的不仅仅是公式中的寿命修正系数，其理论的改进也是必然要求。Ioannides 和 Harris[7]在 L-P 寿命模型的理论基础之上，提出了一个新的寿命模型，该模型与 L-P 模型的主要区别之一为材料内部的应力始终低于某一个极限(材料的疲劳极限应力)时不会发生疲劳失效，此时零件的寿命几乎是无限的；只有当材料所受到的应力大于疲劳应力时，其疲劳寿命才是有限的。其次，假设材料体积是离散的，离散的材料点都有其自己的生存概率。将每个材料点上的失效概率进行积分，以获得整体失效风险。在这一理论中，他们引入了一个全新的参数"疲劳极限应力"，该理论的关系式为

$$-\ln\Delta S \propto \frac{N^e(\sigma_i - \sigma_{ui})\Delta V}{z^h} \quad (3\text{-}19)$$

式中，ΔS 为幸存概率增量；ΔV 为应力体积单元；N 为疲劳寿命；z 为所计算材料点的深度；σ_i 和 σ_{ui} 分别为受载应力和疲劳极限应力；若 $\sigma_i - \sigma_{ui} < 0$，则对应的体积部分不会发生疲劳失效，只有当 $\sigma_i - \sigma_{ui} > 0$ 时，对应的体积部分才会发生疲劳。因此，若载荷足够低，以至于在整个体积区域 $\sigma_i - \sigma_{ui} < 0$，则材料和零件具有无限寿命。将式(3-19)在应力体积上积分，它的疲劳寿命的概率具有以下形式：

$$-\ln\Delta S \propto N^e \int_{V_R} \frac{(\sigma - \sigma_u)^c}{z'^h}\mathrm{d}V \quad (3\text{-}20)$$

式中，σ_u 为材料疲劳极限应力；σ 为疲劳裂纹产生的诱发应力，可表达为最大交变剪切应力、最大剪切应力或最大八面剪切应力；V_R 为受应力体积区域；z' 为应力 σ 所在位置的平均深度。

由公式可以看出，I-H 模型与 L-P 模型在形式上极为相似，不同之处除引入疲劳极限应力以外，I-H 模型还抛弃了 L-P 模型中的最大剪切应力及其所在的深

度这两个常量，而代之以考虑受应力体积内各点的应力大小及其所在深度的积分形式。因此，一般认为 I-H 模型比 L-P 模型考虑的情况更为细致，更接近实际。但是，Zaretsky[9]对该模型中引入的疲劳极限应力提出不同看法，认为疲劳极限的引入会提高寿命-载荷指数，从而高估轴承等零件的疲劳寿命。

3.1.3　ISO 轴承标准中的疲劳寿命计算模型

1989 年，国际标准滚动轴承技术委员会召开相关研讨会上，提出对 L-P 寿命理论基本方程的修正方案[6]，即 ANSI 方程，表示为

$$L_{na}=a_1a_2a_3\left(\frac{C}{P}\right)^p \tag{3-21}$$

式中，a_1 为可靠度系数；a_2 为材料系数，包括材料、设计、制造等影响因素；a_3 为使用条件系数，考虑润滑剂、清洁度、装配条件、逆向温度等因素。

a_1 的值可根据实际情况，从文献[6]中进行查找；a_2 一般没有一个恒定的值，只有一个参考值 1，在极小污染或特殊环境条件下制造时，其值大于 1，此外，美国摩擦润滑协会在经过大量的研究之后，也给出了一些可供参考的 a_2 值；a_3 同 a_2 一样也没有固定的值，其推荐值小于 1，只有在极好的润滑条件下 a_3 才大于 1。值得注意的是，a_2 和 a_3 两个值是相关联的，不能简单地通过提高其中某一个系数的值来弥补另一个系数的不足。在一般工作条件下且可靠性为 90%时，由 ANSI 方程与 L-P 寿命理论基本方程计算得到的轴承寿命值是一样的[35]。

ANSI 方程这一计算方法虽然在一定程度上对 L-P 模型做出了修正，但也并不是十分完善。Tallian[8]在对 2520 套轴承的寿命试验数据分析之后指出：生存概率在 0.4~0.92 的寿命分布是服从两参数 Weibull 分布，而生存概率不在这之间的轴承，其寿命分布就有较大的偏离。国外 SKF 公司等研究机构也发现存在超长轴承疲劳寿命现象，即在理想条件下对轴承进行耐久性试验，其测试得到的寿命远远超过式(3-21)计算得出的寿命。由此可见，这一轴承寿命预测模型还需要不断地研究和完善。

3.1.4　Tallian 模型

Tallian[36]在对近 30 年的试验数据进行综合分析后，拟合出一个滚动轴承的疲劳剥落寿命预测模型，该模型把轴承的材料、冶炼工艺、表面缺陷、油膜厚度、洁净程度、粗糙度、保养情况等诸多影响考虑在内，将它们作为修正系数，对 L-P 模型进行了修正。他认为轴承的疲劳裂纹可以分为源于表面和次表面两种类型，同时有能力导致疲劳失效的缺陷可以分为三类：第一类是次表面缺陷，即缺陷不

出现在表面上，而出现在表面下最大正交应力处，一般情况下在距离表面 25～100μm 深的地方，常见种类有非金属夹杂物、气孔和晶粒缺陷等；第二类是局部表面缺陷，如加工过程中导致的压痕、沟槽，以及邻近表面的夹杂物、污染物等；第三类是由表面粗糙的突起相互接触摩擦导致的疲劳剥落，其发生深度一般在 2～5μm。同时，他还推导出了疲劳失效与生存概率的表达式：

$$\ln\frac{1}{S} = \phi_0\phi_2\left(\frac{p_{\max}^{\zeta}}{n_0 z_0}\right)^{-\beta} N^{\beta} V \tag{3-22}$$

式中，ϕ_0 为疲劳敏感性系数；ϕ_2 为考虑了缺陷密度和严重性分布的缺陷参数；n_0 为无因次裂纹扩展积分参数；z_0 为最大正交切应力的出现深度；ζ 为模型中使用的 Paris 公式指数，通常可以取 9.4。

Tallian 模型考虑了诸多影响因素，具有较高的预测精度。虽然该模型考虑较为全面，在一定程度上对 L-P 模型做出了修正，但仍然存在着一些不足，如该模型的推导过程不够严密，且模型中有较多的待定系数不方便实际使用等。

3.1.5　Zaretsky 模型

Zaretsky 等在研究中意识到，不管是在 L-P 理论中还是在 Weibull 分布理论中，极限剪切应力指数 c 和寿命发散指数 e（Weibull 斜率）之间都是有关联的，参数 c/e 才是最有效的极限剪切应力指数，该指数应该与轴承寿命的离散程度有关[37]。于是，Zaretsky 等对该问题进行了深入探究，在调查了大量不同材料和非滚动接触疲劳失效的文献后发现，大多数场合中，极限剪切应力指数值都在 6～12 波动，这表明该指数似乎与疲劳寿命数据之间并没有关系，从而提出一个基于 Weibull 模型的修正寿命模型，其表达式为

$$-\ln S = N^e \tau^{ce} V \tag{3-23}$$

对于给定的生存概率 S，则可以得到

$$N = A\left(\frac{1}{\tau}\right)^c\left(\frac{1}{V}\right)^{\frac{1}{e}} \propto \frac{1}{p_{\max}^n} \tag{3-24}$$

式中，$p_{\max}$ 为最大赫兹接触应力。n 可以根据滚动接触的赫兹理论得到，若为点接触，则 $n = c + 2/e$；若为线接触，则 $n = c + 1/e$。Zaretsky 所给出的 c 和 e 的值分别为 9 和 1.11，则对于点接触 n=10.8，对于线接触 n=9.9。尽管 Zaretsky 模型源于 Weibull 模型，但却与之有着本质上的区别，它们最大的区别在于极限剪切应力指数 c。Zaretsky 模型是一种一般性的结构失效寿命预测方法，可应用有限元等应力分析方法来实现对零件的疲劳寿命预测。

3.2　确定型疲劳寿命模型

统计型疲劳寿命模型本质上基于工程经验，其变量大多通过试验获得，但忽略了载荷作用下的材料本构、残余应力等因素，难以揭示材料疲劳失效机理，且经验系数不一定能反映所使用时的材料、结构、工况等情况，导致寿命预测存在偏差。因此，确定型疲劳寿命模型得到了学界和业界的广泛关注，并用于评估材料疲劳寿命。确定型疲劳寿命模型通过计算循环接触中材料的完整应力-应变行为过程，并依据材料性能及多轴疲劳准则确定材料是否失效。

从材料所受的应力状态看，疲劳可以分为单轴疲劳和多轴疲劳。鉴于齿轮循环接触过程中的时变多轴非比例加载情况，多轴疲劳准则被广泛应用于齿轮接触疲劳性能的预估，故本节只讨论多轴疲劳准则。按照计算疲劳损伤参量的不同，可以将多轴疲劳准则分为应力/应变准则、基于临界面法的准则、基于能量和能量密度准则、基于能量密度-临界面组合法的准则等。图3-8 给出了一些典型多轴疲劳准则的发展历程。

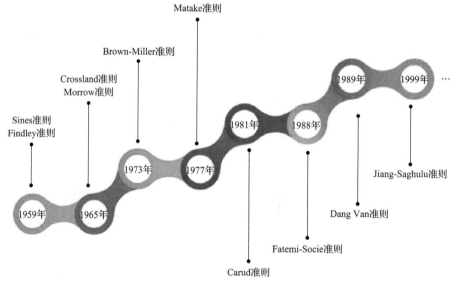

图 3-8　一些典型多轴疲劳准则的发展历程

应力/应变准则包括最大主应力/应变准则、von Mises 等效应力准则、Tresca 最大剪应力准则等。最大主应力/应变准则认为即使在多轴应力状态下，材料损伤也主要由最大主应力/应变造成，其他因素的影响可以忽略不计；von Mises 等效应力准则将损伤简单归结为 von Mises 等效应力的影响，与其他因素无关；Tresca 最大剪应力准则认为材料损伤主要由 Tresca 最大剪应力控制。这种类型的准则适合于比例加载情况，若应用于非比例加载情况，可能无法准确反映零构件的疲劳状况。

临界面法的确立与发展是多轴疲劳理论发展中最为显著的一项进展。很多学者基于临界面法提出了经验和半经验的多轴疲劳损伤模型。因为该方法基于断裂概念和裂纹萌生机理，考虑将材料发生在最大损伤平面上的应变（应力）作为多轴疲劳损伤参量，适当地反映了多轴疲劳破坏平面，物理意义明确，所以在多轴疲劳研究领域中占有非常重要的地位，也在滚动接触疲劳中得到广泛应用。本章将重点讨论几个常用的基于临界面法的多轴疲劳准则。

基于能量的多轴疲劳模型最早由 Morrow[38] 提出，它将能量密度与疲劳循环次数联系起来。能量密度法也采用了能量法的概念，认为应力与应变的乘积代表每一载荷循环中材料的能量密度。当能量密度最大时发生裂纹萌生和扩展。由于能量为标量，所以以能量为参数的准则无法确定裂纹的扩展方向。

此外，还可以将以上的准则组合进行使用。以能量密度-临界面组合的疲劳模型为例，在每一材料平面和各加载增量步，将能量密度作为一个损伤参量进行计算，定义为各方向的应力和应变分量的乘积，每一个分量的乘积都以材料和载荷相关常数来加权，继而将疲劳裂纹面定义为循环载荷中遭受损伤参量最大值的材料平面。本章也将针对多轴非比例加载下的能量准则和能量密度-临界面组合法进行介绍。

3.2.1　Dang Van 多轴疲劳准则

作为最广泛采用的多轴疲劳准则之一，Dang Van 多轴疲劳准则常被用在齿轮或轴承的高周滚动接触疲劳无限寿命设计[39]。该疲劳准则是以剪应力为主导在细观尺度上描述多轴疲劳准则的典型代表，通过考虑瞬时水静应力与剪应力幅值的线性组合来计算材料点所承受的等效应力，以此评估材料的疲劳失效风险，并认为疲劳裂纹的萌生是由于材料内部的临界体积内特征滑移带上晶粒所受的塑性应变引起的，通过最大剪应力幅值来确定临界面的位置。因此，该准则不能计算出具体的疲劳寿命值，只能提供一个失效风险，但由于该准则充分考虑了水静应力的影响，且能确定临界失效面的位置，在滚动接触疲劳研究中获得了广泛的应用。

Dang Van 多轴疲劳准则还着重考虑了时变应力历程与滑滚接触疲劳中产生的较大水静应力的作用，认为水静应力分布对疲劳的影响不可忽略。图 3-9 为经典 Dang Van 多轴疲劳准则示意图[40]。基于 Dang Van 多轴疲劳准则的疲劳参数 FP 可按如下方式确定[2,41]，表示为平面上最大剪应力幅值 $\Delta\tau_{\max}$ 与水静应力 σ_H 的线性叠加：

$$FP(\theta,t) = \frac{\Delta\tau_{\max}(\theta_c,t) + \alpha_D\sigma_H(t)}{\lambda} \tag{3-25}$$

式中，FP 为疲劳失效风险；$\Delta\tau_{max}$ 为最大剪应力幅值；σ_H 为水静应力；α_D 和 λ 为材料参数。

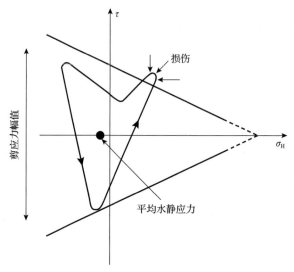

图 3-9 经典 Dang Van 多轴疲劳准则示意图

当剪应力幅值 $\Delta\tau_{max}$ 达到最大时，基于 Dang Van 多轴疲劳准则材料点的临界面将被确定。Dang Van 多轴疲劳准则的中的材料参数 α_D（与上述的 ρ 类似）与 λ 同样可以根据完全反向弯曲疲劳极限 σ_{-1} 及完全反向扭转疲劳极限 τ_{-1} 确定，其表达式如下[42]：

$$\alpha_D = \frac{3\tau_{-1}}{\sigma_{-1}} - \frac{3}{2}, \quad \lambda = \tau_{-1} \tag{3-26}$$

因此，Dang Van 多轴等效应力可表示为[2,41]

$$\tau_{DangVan}(\theta,t) = \Delta\tau_{max}(\theta_c,t) + \alpha_D \cdot \sigma_H(t) \tag{3-27}$$

式中，$\tau_{DangVan}$ 即为 Dang Van 多轴等效应力。Dang Van 多轴疲劳准则还可以显性表示残余应力场的影响，即在准则表达式中加入残余应力影响项，得到如下表达式[42]：

$$\tau_{DangVan}(t) = \tau_{max}(t) + \alpha_D \cdot \left[\sigma_{H,load}(t) + \sigma_{H,Residual}(t)\right] \tag{3-28}$$

其中，水静应力项 $\alpha_D \cdot \sigma_{H,load}$ 通过残余应力项 $\sigma_{H,Residual}$ 的线性修正，模拟了残余应力场叠加载荷后的综合应力场效果[43]。

采用原始 Dang Van 多轴疲劳准则时，若材料点的水静应力值过大，会使得计算的失效风险过于保守，因此需要对它进行部分修正。2006 年，Desimone 等[43]采用光滑样本(淬火回火钢，极限抗拉强度 UTS 1350MPa，断后伸长率 0.6%)进行了 Dang Van 疲劳成核(材料发生疲劳失效的临界状态)校正研究。如图 3-10 所示，他们发现当应力比 R 从–1 变为–2 时，材料的疲劳极限值并没有发生改变，也就是说平均压应力的大小对材料的交变疲劳应力似乎并没有影响，然而若采用原始的单斜率 Dang Van 多轴疲劳准则来评估两种应力比下的材料疲劳极限，理论上来说应力比为–2 时的疲劳极限更高，显然与试验结果不符。这表明，不论是存在残余压应力，还是赫兹压应力的情况下，采用原始 Dang Van 准则可能过高估计了疲劳成核极限。因此，如果将疲劳成核线定义为两条不同斜率的线段，可发现两个好处：①双斜率成核折线与疲劳测试结果更吻合；②对于高周疲劳的预测与安定理论有更好的一致性。

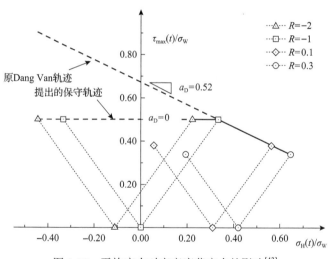

图 3-10　平均应力对交变疲劳应力的影响[43]

Dang Van 多轴疲劳准则因其计算的便捷性以及能够对整个材料点应力轨迹的疲劳失效进行捕捉，已经在滚动接触疲劳领域得到广泛应用。例如，2011 年，Conrado 和 Gorla[44]将 Dang Van 和 Liu-Zenner 多轴疲劳准则用于齿轮和轮轨接触疲劳极限的预测；2012 年，Beretta 和 Foletti[45]基于 Dang Van 多轴疲劳准则很好地预测了轴承、齿轮、轮轨三种不同钢材的疲劳裂纹萌生行为；2018 年，Reis 等[46]基于 Dang Van 多轴疲劳准则，预测了在随机载荷波动下轮轨材料的疲劳裂纹萌生。然而，Dang Van 多轴疲劳准则由于是基于弹性安定理论来研究材料的疲劳失效行为，在材料局部微塑性流动疲劳失效方面的应用还有待考究，且只能计算出单个材料点的疲劳失效风险，不能计算出准确的寿命，这是该准则的一大短板。

3.2.2　Brown-Miller 多轴疲劳准则

1973 年，Brown 与 Miller 基于临界面法推导了一种多轴疲劳准则，该准则认为疲劳裂纹的萌生及扩展方位由破坏面上的应力和应变共同主导，这就是最初的 Brown-Miller 多轴疲劳准则（简称 B-M 准则）[47]。与 Dang Van 多轴疲劳准则不同的是，B-M 准则属于有限疲劳寿命范畴内的准则，可以根据应力-应变历程计算出每个材料点具体的疲劳寿命值[47]。同时，B-M 准则可以给出大部分延展性金属最切实际的疲劳寿命预测值，在工程上得到了广泛的认可，是很多疲劳寿命计算商业软件默认使用的准则之一。B-M 准则可用于弹塑性有限元结果的疲劳分析，是常规材料在室温下首选的疲劳准则。

图3-11 给出了材料点的临界面定义，图中 ε_θ 与 γ_θ 分别为任意平面上的正应变与剪应变，平面方向用参数 θ 来表示，即平面外法线与 x 轴正方向的夹角。根据固体力学理论，任意平面 θ 上的正应变 ε_θ、剪应变 γ_θ 和正应力 σ_θ 可以通过应力、应变分量转换得出：

$$\begin{cases} \sigma_\theta = \sigma_x \cos^2 \theta + \sigma_z \sin^2 \theta + 2\tau_{xz} \sin\theta\cos\theta \\ \varepsilon_\theta = \varepsilon_x \cos^2 \theta + \varepsilon_z \sin^2 \theta + \gamma_{xz} \sin\theta\cos\theta \\ \gamma_\theta = \gamma_{xz}(\cos^2 \theta - \sin^2 \theta) + 2(\varepsilon_z - \varepsilon_x)\sin\theta\cos\theta \end{cases} \tag{3-29}$$

式中，θ 为临界面角度；σ_x、σ_z 和 τ_{xz} 分别表示沿坐标轴的两个正应力分量和一个正交剪应力分量；ε_x、ε_z 和 γ_{xz} 分别表示两个正应变和一个剪应变；σ_θ 表示与滚动方向成 θ 角度的临界平面上的正应力；ε_θ 表示与滚动方向成 θ 角度的临界平面上的正应变；γ_θ 表示与滚动方向成 θ 角度的临界平面上的剪应变。

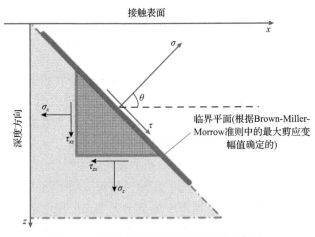

图 3-11　基于多轴疲劳准则的临界面定义

将在一个循环内出现最大剪应变 $\gamma_{\max}$ 的角度记为临界面。在临界面上，最大剪应变幅值 $\Delta\gamma_{\max}$、正应变幅值 $\Delta\varepsilon_n$ 和平均法向应力 σ_{m} 三个主要参数可以计算为

$$
\left\{
\begin{aligned}
\Delta\gamma_{\max} &= \frac{\gamma_{\max} - \gamma_{\min}}{2} \\
\Delta\varepsilon_n &= \frac{\varepsilon_{\max} - \varepsilon_{\min}}{2} \\
\sigma_{\mathrm{m}} &= \frac{\sigma_{\max} + \sigma_{\min}}{2}
\end{aligned}
\right.
\tag{3-30}
$$

式中，$\gamma_{\max}$、$\varepsilon_{\max}$ 与 $\sigma_{\max}$ 分别为本次循环加载过程中在临界面上的最大剪应变、最大正应变与最大正应力；$\gamma_{\min}$、$\varepsilon_{\min}$ 与 $\sigma_{\min}$ 分别为本次循环加载过程中在临界面上的最小剪应变、最小正应变与最小正应力。

B-M 准则认为疲劳裂纹最先出现在最大剪应变所在平面，并将其定义为临界面。临界面上的剪应变幅值与正应变幅值共同影响疲劳性能。该准则表达为

$$
\frac{\Delta\gamma_{\max}}{2} + S\Delta\varepsilon_n = A\frac{\sigma_{\mathrm{f}}'}{E}(2N_{\mathrm{f}})^b + B\varepsilon_{\mathrm{f}}'(2N_{\mathrm{f}})^c
\tag{3-31}
$$

式中，$\Delta\gamma_{\max}$ 和 $\Delta\varepsilon_n$ 分别为临界面上的最大剪应变幅值和正应变幅值；$2N_{\mathrm{f}}$ 为材料点的疲劳寿命；参数 b 和 c 分别为疲劳强度指数和疲劳延性指数；σ_{f}' 与 $\varepsilon_{\mathrm{f}}'$ 分别为单轴疲劳强度和疲劳韧性系数；S 为一个可以通过经典扭转和拉压疲劳试验来确定的材料常数。根据文献 [47]，另外两个材料常数分别计算为 $A=1.3+0.7S$ 和 $B=1.5+0.5S$。

原始的 B-M 多轴疲劳准则没有考虑平均应力的作用。实际上，在齿轮循环接触过程中，接触表面下存在显著的平均应力 σ_{m}，同时伴随残余应力，平均应力效应可能显著影响最终的接触疲劳寿命，尤其是针对高周疲劳场合[48]。据此，Morrow 对 B-M 多轴疲劳准则进行了平均正应力修正[38]，修正后的 Brown-Miller-Morrow（B-M-M）疲劳寿命模型表示为

$$
\frac{\Delta\gamma_{\max}}{2} + S\Delta\varepsilon_n = A\frac{\sigma_{\mathrm{f}}' - \sigma_{\mathrm{m}}}{E}(2N_{\mathrm{f}})^b + B\varepsilon_{\mathrm{f}}'(2N_{\mathrm{f}})^c
\tag{3-32}
$$

式中，σ_{m} 表示临界面上的平均应力。由公式可见，B-M-M 多轴疲劳准则可通过应力-应变历程直接预估零部件各材料点处的疲劳寿命值 $2N_{\mathrm{f}}$。

B-M 多轴疲劳准则在各种零部件的疲劳寿命预测中得到广泛应用。例如，Zheng 等[49]提出了一种基于 B-M 多轴疲劳准则的车轮动态转弯疲劳寿命模型，模型计算结果与试验结果吻合较好；Tomažinčič 等[50]采用仿真与试验相结合的方法

进行研究，发现 B-M 多轴疲劳准则更适用于复杂结构的疲劳寿命分析；张博宇等基于 B-M-M 多轴疲劳准则与实测表面微观形貌，建立了齿轮弹塑性接触疲劳模型，阐述了齿轮点蚀与微点蚀之间的竞争机制[3]。宋恩鹏等[51]研究指出，B-M 多轴疲劳需要确定合适的材料常数 S，才能得到较好的预测结果。

3.2.3 Fatemi-Socie 多轴疲劳准则

材料疲劳破坏的本质与局部塑性诱发产生的微裂纹息息相关，在重载工况下，齿轮的滚动接触疲劳问题同样受局部塑性的显著影响。1988 年，Fatemi 和 Socie[52] 研究指出，在建立临界面疲劳损伤控制参量时，仅采用应变参量（$\Delta\gamma_{max}$ 和 $\Delta\varepsilon_n$）不能有效地反映材料在非比例加载条件下的附加强化效应，而非比例附加强化可以通过临界面上的法向正应力参量来表征。因此，在建立临界面疲劳损伤控制参量时，考虑疲劳损伤临界面上最大剪应变幅值和法向正应力对裂纹形成和扩展的影响，通过引入最大剪应变幅值平面上的最大法向正应力来反映材料非比例附加强化对多轴疲劳损伤的影响。所提出的 Fatemi-Socie 模型（简称 F-S 模型）可表示为

$$\frac{\Delta\gamma_{max}}{2}\left(1+k\frac{\sigma_{max}}{\sigma_{ys}}\right)=\frac{\tau'_f}{G}(2N_f)^b+\gamma'_f(2N_f)^c \tag{3-33}$$

式中，$\Delta\gamma_{max}$ 为临界面上最大剪应变幅值；σ_{max} 为最大正应力；σ_{ys} 为该材料点的屈服极限；τ'_f 与 γ'_f 分别为剪切疲劳强度和剪切疲劳韧性系数；$2N_f$ 为材料点的疲劳寿命。

F-S 模型引入应力项来考虑材料非比例附加强化对多轴疲劳损伤的影响。在非比例加载条件下，预测效果相对较好。Wang 等[53,54]建立了考虑硬度梯度和初始残余应力的渗碳齿轮弹塑性有限元接触模型，采用 F-S 准则估算了渗碳齿轮的滚动接触疲劳寿命，发现残余应力并不影响循环载荷历程中应力和应变的幅值，但影响均值和最大值。初始残余应力通过影响最大正应力，使得 F-S 准则能够反映初始残余应力对接触疲劳失效的影响，而 B-M 多轴疲劳准则不能体现初始残余应力对接触疲劳寿命的作用效果。Kiani 和 Fry[55]采用三维有限元法开发了基于 F-S 多轴疲劳准则的轮轨疲劳损伤模型，用于预测次表面疲劳裂纹的行为。Zeng 等[56] 基于 F-S 准则预测了表面缺陷对车轮钢滚动接触疲劳的影响，发现预焊车轮钢的裂纹萌生于应力集中区域，即缺陷中部边缘区域，随着缺陷尺寸的增加，滚动接触疲劳寿命减小。Castro 和 Jiang[57]通过对挤压 AZ31B 镁合金的裂纹行为和疲劳寿命进行试验观察，发现 F-S 多轴疲劳准则能很好地预测疲劳寿命，但大多数裂纹方向预测不太准确，结果如图 3-12 所示。

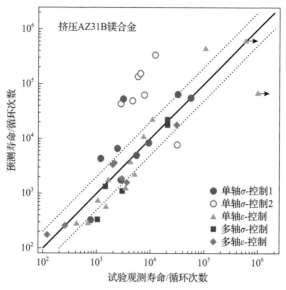

图 3-12　基于 F-S 准则的疲劳寿命预测结果[57]

3.2.4　Jiang-Saghulu 多轴疲劳准则

在承受非对称应力循环载荷时，材料及构件还可能产生塑性应变累积的现象，这种塑性应变称为棘轮应变。图 3-13 为典型的发生棘轮现象的应力-应变响应曲线。棘轮应变的累积会导致疲劳寿命的降低或使结构的变形量超过限制而不能正常工作，是实际工程结构设计中需要考虑的一个重要问题。重载齿轮传动情况下，尤其是考虑齿面粗糙度作用时近表面材料点可能发生棘轮效应，由此带来除了疲劳损伤外的棘轮损伤。对疲劳寿命进行估算时，需要考虑棘轮行为对疲劳性能的影响。

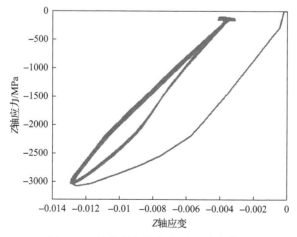

图 3-13　棘轮现象的应力-应变响应曲线

20 世纪 90 年代，Jiang 和 Sehitoglu[58]提出一个多轴疲劳准则 Jiang-Saghulu（J-S）准则，考虑了棘轮损伤对整体疲劳寿命的影响。该准则的疲劳参数 FP 表达为

$$FP = \frac{\Delta \varepsilon}{2} \sigma_{\max} + J \Delta \gamma \Delta \tau \tag{3-34}$$

式中，$\Delta \varepsilon$ 为止应变幅值；$\sigma_{\max}$ 为最大正应力；$\Delta \gamma$ 为剪应变幅值；$\Delta \tau$ 为剪应力幅值；J 为材料相关常数。临界面定义为具有最大 FP 值的面。该准则考虑了剪应力和正应力的综合作用，公式右端第一项考虑最大正应力和正应变幅值的作用，第二项考虑剪应力幅值与剪应变幅值对疲劳寿命的影响。当材料常数 $J = 0$ 时，认为剪应力幅值与剪应变幅值对疲劳寿命的影响可忽略，J-S 多轴疲劳准则退化成描述法向裂纹疲劳的 Smith-Watson-Topper（S-W-T）模型[59]；当材料常数 J 值较大时，第一项的影响逐渐消失，模型可用于描述剪切裂纹疲劳。

J-S 多轴疲劳准则的疲劳参数 FP 与疲劳寿命的关系可表达为

$$(FP - FP_0)^m n_f = C \tag{3-35}$$

式中，n_f 为过程变量；m、FP_0 和 C 为通过试验得到的材料疲劳参数。假设疲劳损伤线性累积，则单次加载循环的疲劳损伤可表达为

$$\frac{dD_f}{dN} = \frac{1}{n_f} = \frac{(FP - FP_0)^m}{C} \tag{3-36}$$

式中，D_f 为疲劳损伤，该值小于等于 1；N 为载荷循环次数，认为疲劳参数小于等于 FP_0 的值时，不会有疲劳损伤发生。

在滚动接触过程中，剪应变分量引起表面流动，进而产生棘轮应变，故棘轮应变 γ_r 可用剪应变分量 γ_{xz} 表示，则棘轮率为 $d\gamma_r / dN$。假设每次循环的棘轮损伤表达为

$$\frac{dD_r}{dN} = \frac{|d\gamma_r / dN|}{\gamma_{cri}} \tag{3-37}$$

式中，D_r 为棘轮损伤；γ_{cri} 为反映材料延展性的常数。总损伤考虑了疲劳损伤和棘轮损伤，可表达为

$$D = D_f + D_r = \sum_{1}^{N} \left(\frac{dD_f}{dN} + \frac{dD_r}{dN} \right) \tag{3-38}$$

当总累积损伤到达 1 时，该材料点发生失效。

目前有关棘轮行为的研究主要集中在不同加载路径下的多种材料的变形行为方面,对滚动接触过程中的棘轮损伤研究较少。J-S 准则作为少数将棘轮损伤与疲劳损伤共同考虑的疲劳准则之一,在接触疲劳研究领域中正逐步得到关注[60,61]。虽然有关棘轮损伤的定义及发生条件也有所差异,但目前多数研究均认为棘轮行为会影响接触疲劳寿命,尤其是低周疲劳寿命;而对于齿轮等零部件的高周疲劳失效问题,棘轮行为也会影响材料的力学性能并加速材料失效,失效时棘轮损伤占据总损伤的比例有时也需要引起重视。

3.2.5 其他准则

除了上述的疲劳寿命准则外,还有一些疲劳准则,如基于应力描述的疲劳准则,主要应用于高周疲劳寿命区间,基于能量的疲劳准则以及基于能量密度-临界面组合法的准则。

1. Sines 准则

Sines 和 Ohgi[62]以 von Mises 应力准则为基础,同时考虑水静应力对疲劳寿命的影响,提出了下列准则:

$$\frac{\Delta\tau_{\text{oct}}}{2} + k(3\sigma_{\text{h}}) = C \tag{3-39}$$

式中,$\Delta\tau_{\text{oct}}$ 为八面体剪应力范围;σ_{h} 为水静应力;k、C 为材料疲劳常数。

该准则的优点是使用方便,只需将各个材料点的应力分量计算出来并代入公式,判断等式是否满足,若大于常数 C 即可判断该材料点发生失效。但该准则不能有效判断发生失效的临界面方向,且只能作为失效判断依据,并不能有效计算出疲劳寿命。陈亚军等[63]选取 2A12 航空铝合金进行应力幅比变量、相位差变量和平均应力变量的多轴疲劳试验,对常用的三种多轴疲劳应力准则寿命预测模型(即 Lee 准则、Carpinteri 准则和 Sines 准则)进行分析讨论,发现 Sines 准则由于未考虑拉-扭应力幅比和相位差因素,其预测寿命与实际寿命相比均出现了较大偏差。沈晓辉等[64]利用 Sines 疲劳准则对辐板疲劳进行了计算评价,发现该准则能够有效探究残余应力对车轮抗疲劳性能的影响,基于 Sines 准则计算出的 SP(Sines parameter,Sines 疲劳参数)值与辐板的残余应力分布形态基本一致。刘东[65]参考 Sines 准则、Crossland 准则和 Dang Van 准则对车轮疲劳强度进行计算,同时对机械载荷与热机耦合载荷作用下的车轮进行强度对比分析,研究了热载荷对车轮强度的影响,结果表明 Sines 准则关注的是各材料点水静应力的平均值,得到的安全系数最小,即意味着基于 Sines 准则的计算偏保守,而基于 Dang Van 准则计算的安全系数最大。Skallerud 等[66]使用 Sines 准则来探究考虑表面粗糙度时部件的接触疲劳行为,发现该准则可以有效地预测部件疲劳裂纹萌生的位置及疲劳寿命。

2. Crossland 准则

Crossland 准则用弯曲疲劳极限与附加静态正应力的线性关系来表示疲劳裂纹萌生的临界条件，该疲劳准则在偏应力张量的第二不变量的基础上又考虑了水静应力最大值的影响，在解决含缺陷的多轴高周疲劳问题上有良好的效果，可表达为

$$\sigma_{eqv} = \sqrt{J_{2,a}} + k\sigma_{hyd,max} \leqslant \lambda \tag{3-40}$$

式中，σ_{eqv} 为等效应力；k 和 λ 均为材料参数，由材料的对称弯曲疲劳极限 σ_e 和对称扭转疲劳极限 τ_e 确定；$\sigma_{hyd,max}$ 为最大静水应力的最大值；$\sqrt{J_{2,a}}$ 为偏应力张量的第二不变量的平方根，进一步写为

$$\sqrt{J_{2,a}} = \max_t \sqrt{\frac{1}{2}(s(t) - s_m)(s(t) - s_m)} \tag{3-41}$$

$$s_m = \min_{s'} \max_t \sqrt{\frac{1}{2}(s(t) - s')(s(t) - s')} \tag{3-42}$$

$$k = 3\frac{\tau_e}{\sigma_e} - \sqrt{3}, \quad \lambda = \tau_e \tag{3-43}$$

式中，$s(t)$ 为某时刻 t 时的应力偏量；s_m 为外接于加载路径的最小超球面的中心[67]；σ_e 为材料的对称弯曲疲劳极限；τ_e 为材料的对称扭转疲劳极限。

相比 Sines 准则，Crossland 准则进一步关注水静应力的最大值，并且提出了对称弯曲极限与静态正应力之间的线性关系。张澎湃等[68]以全尺寸车轮的弯曲疲劳极限替代全尺寸车轮辐板的对称扭转疲劳极限作为判定依据，修正 Crossland 准则，并类比 Sines 准则，发现修正的 Crossland 准则仅适用于非轴对称车轮的疲劳强度评定；王悦东和盛杰琼[69]使用 Crossland 准则来探究城际动车组车轮疲劳强度，发现该准则可以有效地预测高疲劳失效风险的材料点位置；侯杰等[70]提出了一种考虑钉载和疲劳性能的拓扑优化设计方法，使用 Sines 准则和 Crossland 准则来评定优化效果，发现引入 Crossland 准则约束后，钉载降低了 129.1N，刚度有所提升；Bonneric 等[71]通过选择性激光熔覆在铝合金部件中引入人工缺陷的方法来探究缺陷对其拉压疲劳行为的影响，并基于非局部化的 Crossland 准则来探究缺陷的临界度，发现预测结果与试验结果十分吻合。

3. Matake 准则

Matake 准则认为，裂纹最可能先在最大交变剪应力出现的平面萌生，因此它

判断临界面的方法为[2,41]

$$\theta_{\mathrm{c}} = \max_{t}\left[\tau_{\mathrm{a}}(\theta)\right] \tag{3-44}$$

式中，τ_{a} 为与平面角度相关的剪应力；θ_{c} 为临界面角度。图 3-14 为基于 Matake 准则的某齿轮次表面材料疲劳损伤临界面角度分布示意图，图中每个箭头的方向为临界面的方向，箭头正方向与 x 轴的夹角即为各材料点临界面角度。由图可知，在没有考虑表面粗糙度的情况下，同深度位置各材料点临界面角度沿滚动方向均一致，因为该方向材料点的剪应变一样。在表面与近表面位置，材料点的临界面角度约为 45°，随着深度增加，临界面角度逐渐增加，深入一个赫兹接触半宽后，其值基本维持在 86°~88°。

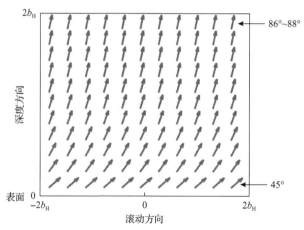

图 3-14　基于 Matake 准则的某齿轮次表面材料疲劳损伤临界面角度分布

此外，Matake 准则的疲劳参数 FP 可表示为[2]

$$\mathrm{FP}(\theta,t) = \frac{\tau_{\mathrm{a}}(\theta_{\mathrm{c}},t) + \rho\sigma_{\max}(\theta_{\mathrm{c}},t)}{\lambda} \tag{3-45}$$

式中，FP 为疲劳失效风险；$\tau_{\mathrm{a}}(\theta_{\mathrm{c}},t)$ 为临界面上的最大剪应力；$\sigma_{\max}$ 为材料点平面上最大正应力；ρ 与 λ 为材料参数，在 Matake 准则中，它们可通过完全反向弯曲疲劳极限 σ_{-1} 及完全反向扭转疲劳极限 τ_{-1} 确定如下[2]：

$$\rho = \frac{2\tau_{-1}}{\sigma_{-1}} - 1, \quad \lambda = \tau_{-1} \tag{3-46}$$

等效应力与疲劳参数之间呈比例关系：

$$\tau_{\mathrm{Matake}}(\theta,t) = \tau_{\mathrm{a}}(\theta_{\mathrm{c}},t) + \rho\sigma_{\max}(\theta_{\mathrm{c}},t) \tag{3-47}$$

式中，τ_{Matake} 为 Matake 等效应力。

　　刘鹤立等探究不同残余应力状态对齿轮接触疲劳性能的影响，并详细对比了 Matake 准则、Findley 准则、Dang Van 准则下材料沿深度方向分布的疲劳指示因子，发现 Matake 准则计算结果偏低，Findley 准则计算结果最高[72]；Slámečka 等[73]对铸造 Inconel 713LC 镍基高温合金圆柱试样开展弯曲、扭转、弯曲-扭转疲劳试验，得到在不同应力组合下的样件失效形式及疲劳寿命，并对比 Gough 准则、Matake 准则和 Crossland 准则发现，在相同载荷和相同材料下，基于临界平面方法的 Matake 准则可提供最佳的疲劳寿命数据估计值，其中大多数估计值在两个带宽的范围内。

　　4. Findley 准则

　　Findley 准则认为临界面应该由正应力与剪应力共同决定，其疲劳参数计算如下：

$$FP(\theta,t) = \frac{\tau_a(\theta_c,t) + \rho \cdot \sigma_{\max}(\theta_c,t)}{\lambda} \tag{3-48}$$

式中，ρ 为材料参数；τ_a 为临界面上的剪应力；$\sigma_{\max}$ 为材料点平面上最大正应力。

　　对于临界面模型，常量 ρ 和 λ 可通过试验疲劳极限获得，其表达式如下：

$$\rho = \frac{2 - (\sigma_{\text{af}} / \tau_{\text{af}})}{2\sqrt{(\sigma_{\text{af}} / \tau_{\text{af}}) - 1}} \tag{3-49}$$

$$\lambda = \frac{\sigma_{\text{af}}}{2\sqrt{(\sigma_{\text{af}} / \tau_{\text{af}}) - 1}} \tag{3-50}$$

式中，σ_{af} 为对称弯曲疲劳极限；τ_{af} 为对称扭转疲劳极限。

　　Findley 准则主要用于有限寿命设计和疲劳裂纹萌生临界面方向预测。何丰[74]采用 von Mises 准则、IIW 准则、EESH 准则、C-S 准则、Findley 准则以及 MWCM 准则六种基于应力的多轴疲劳准则评估焊接接头多轴疲劳强度，通过对比分析这六种准则评估结果的安全性与精度发现，Findley 准则对多轴疲劳评估的适应性较好。杨广雪[75]采用裂纹模拟技术、里兹(Ruiz)准则和 Findley 准则三种方法计算了轴套试样的微动疲劳强度，认为对于旋转弯曲载荷下的过盈配合这类微动，里兹准则不适用于接触边缘的应力奇异性不同的微动疲劳分析，而 Findley 准则在用于此类微动疲劳问题的分析时的结果较为理想。Reis 等[76]开展了比例加载、非比例异相加载、轮轨加载三种疲劳加载试验，并基于 Findley 准则、B-M 准则、F-S 准则、S-W-T 准则四种来探究试样疲劳裂纹扩展方向，发现 Findley 准则在预测比例加载和非比例异相加载裂纹方面具有较高精度。

5. 多轴非比例加载下的能量准则

基于能量的准则将能量密度与疲劳循环次数联系起来。由于能量为标量，以能量为参数的准则无法确定裂纹的扩展方向，但它可以省去长时间的确定临界面的计算。基于单次循环计算的能量密度还可以通过总能量密度来拟合多轴疲劳寿命。基于能量的疲劳准则包含多轴非比例加载下的能量准则和能量密度-临界面组合法。

Garud[77]根据经验给出如下可用于多轴比例与非比例两种加载情况下的能量准则：

$$\Delta\varepsilon\Delta\sigma + C\Delta\gamma\Delta\tau = f(N_\mathrm{f}) \tag{3-51}$$

式中，$\Delta\varepsilon$ 和 $\Delta\gamma$ 为对应的应变幅值；$\Delta\sigma$ 和 $\Delta\tau$ 为对应的应力幅值；N_f 为对应的材料循环加载次数；C 为材料常数。

Farahani[78]考虑轴向平均应力及非比例加载下的附加硬化等因素，提出了既可用于比例加载又可用于非比例加载下的准则：

$$\frac{1}{\sigma_\mathrm{f}'\varepsilon_\mathrm{f}'}(\Delta\sigma_\mathrm{n}\Delta\varepsilon_\mathrm{n}) + \frac{(1+\sigma_\mathrm{nm}/\sigma_\mathrm{f}')}{\tau_\mathrm{f}'\gamma_\mathrm{f}'}\left(\Delta\tau_\mathrm{max}\frac{\Delta\gamma_\mathrm{max}}{2}\right) = f(N_\mathrm{f}) \tag{3-52}$$

式中，σ_f'、ε_f' 分别为轴向疲劳强度系数和轴向疲劳韧性系数；τ_f'、γ_f' 分别为剪切疲劳强度系数和剪切疲劳韧性系数；$\Delta\sigma_\mathrm{n}$、$\Delta\varepsilon_\mathrm{n}$ 分别为正应力幅值和正应变幅值；$\Delta\tau_\mathrm{max}$、$\Delta\gamma_\mathrm{max}$ 分别为最大剪应力幅值和最大剪应变幅值。临界面上的平均正应力 σ_nm 由下式确定：

$$\sigma_\mathrm{nm} = \frac{1}{2}(\sigma_\mathrm{n\,max} + \sigma_\mathrm{n\,min}) \tag{3-53}$$

式中，$\sigma_\mathrm{n\,max}$、$\sigma_\mathrm{n\,min}$ 分别为由莫尔应力环确定的最大正应力和最小正应力。

6. 能量密度-临界面组合法

能量密度-临界面组合法基于的假设是，在每一材料平面和每一加载增量步都应将能量密度作为一个损伤参量计算。损伤参量定义为应力和应变幅值（各方向分量）的乘积 $\alpha\Delta\sigma\Delta\varepsilon + \beta\Delta\tau\Delta\gamma$，每一个分量的乘积都以材料和载荷相关常数 α 及 β 来加权。循环载荷中遭受损伤参量最大值的材料平面定义为裂纹面。这种模型从物理本质上，与疲劳裂纹萌生和断裂的两类加载模式相关：拉伸体现为 $\alpha\Delta\sigma\Delta\varepsilon$，剪切体现为 $\beta\Delta\tau\Delta\gamma$。后续一些研究也采用该方法来计算损伤参量[60,78,79]。这些模型的区别在于它们假设一类还是二类模式主导，以及如何计算 $\alpha\Delta\sigma\Delta\varepsilon$ 和 $\beta\Delta\tau\Delta\gamma$。例如，Jiang 和 Sehitoglu[60]提出的称作 FP 的疲劳损伤参数的表达式为

$$FP = \left\langle \sigma_{\max} \right\rangle \frac{\Delta \varepsilon}{2} + J \Delta \tau \Delta \gamma \tag{3-54}$$

式中，$\langle \ \rangle$ 代表 MacCauley 括号，表示当括号中的值大于 0 时，结果等于该值，反之，结果为零，$\langle x \rangle = 0.5(|x| + x)$；$\sigma_{\max}$ 为垂直于裂纹平面的最大应力；$\Delta \varepsilon$ 为垂直于裂纹平面的应变幅值；$\Delta \tau$ 为裂纹平面上的剪应力幅值；$\Delta \gamma$ 为裂纹面上的工程剪应变幅值。常数 J 与材料和载荷相关，应该从拉伸/扭转测试中得到。具有最大损伤参量 $FP_{\max}$ 的材料平面定义为裂纹面。该裂纹面上发生裂纹萌生的疲劳寿命 N_f 可由式(3-55)描述：

$$FP_{\max} = \left(\left\langle \sigma_{\max} \right\rangle \frac{\Delta \varepsilon}{2} + J \Delta \tau \Delta \gamma \right)_{\max} = \frac{(\sigma_f')^2}{E} (2N_f)^{2b} + \sigma_f' \varepsilon_f' (2N_f)^{b+c} \tag{3-55}$$

式中，E 为弹性模量；σ_f' 和 ε_f' 分别为轴向疲劳强度系数和轴向疲劳延性系数；b 和 c 分别为疲劳强度和疲劳延性指数。若常量 J 设置为 0，则得到 Smith 能量密度模型[80]。这种能量密度-临界面组合法被证实与试验数据吻合良好，适用于非比例加载下导致额外硬化的滚动接触疲劳。

Kapoor[81]提出的经验模型在预测由棘轮导致的疲劳裂纹萌生方面得到了认可。裂纹萌生所需循环次数表达为

$$N_f = \frac{\varepsilon_c}{\Delta \varepsilon_r}, \quad \Delta \varepsilon_r = \sqrt{(\Delta \tilde{\varepsilon})^2 + \left(\frac{\Delta \tilde{\gamma}}{\sqrt{3}} \right)^2} \tag{3-56}$$

式中，ε_c 为通过测试获得的材料常数；$\Delta \varepsilon_r$ 为每一循环的等效棘轮应变(由每一循环的平均正棘轮应变和剪切棘轮应变 $\Delta \varepsilon$ 求得)。滚动接触中的棘轮变形大多数情况下都由棘轮剪应变主导。等效棘轮应变在发生最大剪应变累积的平面上计算。该寿命预测模型结果对材料常数十分敏感。材料常数通过试验确定较为困难。此外，该模型仅适用于棘轮材料响应情况，塑性安定响应时预测寿命无限大。因此，对于低棘轮率的情况，模型结果应与低周疲劳模型结果对比，哪个模型给出的寿命小来决定疲劳寿命[81]。

2014 年，Reis 等[76]针对轮轨接触过程中的主应力方向时变的多轴应力状态，采用有限元分析结合拉伸扭转多轴疲劳试验研究了其接触疲劳问题。研究中采用包括应力不变量或临界面法的多种疲劳准则，如修正的 Sines 准则、Findley 准则、Wang-Brown 准则、F-S 准则和 S-W-T 准则进行了疲劳预测，同时采用上述准则预测了疲劳裂纹路径方向，并与测量得到的裂纹方向进行了对比。研究结果显示，采用考虑平均应力的 S-W-T 准则得到的结果与试验结果相对更接近。Reis 等认为，

滚动接触应力状态是一个需要进一步研究的复杂加载状态,目前的相关研究对于裂纹路径的预测精度还远远不够。

上述多轴疲劳准则的适用范围并不相同,Dang Van 多轴疲劳准则常被用在齿轮或轴承的高周滚动接触疲劳无限寿命设计中;B-M 多轴疲劳准则是常规材料在室温下首选的疲劳准则,在工程上得到了广泛认可,是默认的商业软件使用准则;但当考虑残余应力时,建议选择 F-S 多轴疲劳准则;当考虑表面粗糙度、非金属夹杂物等所引起的棘轮损伤时,可采用 J-S 多轴疲劳准则;作为基于应力描述的多轴疲劳准则优秀典型代表,Sines 准则和 Crossland 准则可以综合考虑水静应力的影响,Sines 准则关注的是各材料点水静应力的平均值,计算偏保守;Crossland 准则重点关注水静应力的最大值,可用于疲劳强度评定;Matake 准则和 Findley 准则均考虑临界面概念,但 Matake 准则认为裂纹出现在最大剪应力幅值所在平面;Findley 准则认为临界面应该由正应力与剪应力共同决定。能量密度准则能够将能量密度与疲劳循环次数联系起来,计算时间成本较低。适用于不同工况、材料、结构下的齿轮接触多轴疲劳准则还有待进一步试验验证和理论研究。

3.3 基于损伤力学的疲劳模型

3.2 节介绍了确定型疲劳寿命模型的预测原理,通过确定材料点的一个完整载荷循环下某一临界面的应力-应变响应,继而计算得到齿轮接触疲劳寿命,体现了应力、应变与疲劳寿命的简单映射。然而,齿轮的接触疲劳失效过程本质上是一个材料力学属性不断劣化、损伤不断累积的过程,且在疲劳历程中,损伤的逐渐累积使得齿轮应力-应变响应在不同服役阶段也并不相同。这使得基于应力应变(或能量)-寿命直接映射方法在齿轮接触疲劳寿命预测精度上稍有不足,而连续损伤力学的提出为更加精确地预测齿轮接触疲劳寿命、分析性能退化过程提供了一种可行的方法。

连续损伤力学是近几十年发展起来的一门新学科,是材料与结构变形和破坏理论的重要组成部分。自 1977 年 Janson 和 Hult[82]第一次提出损伤力学(damage mechanics)这个新名词至今,该理论取得了巨大的发展,并被广泛应用于金属、岩土、复合材料等领域。尽管国内相关方面的研究起步较晚,但从 20 世纪 90 年代开始,国内关于损伤力学的研究逐渐涌现,如 1990 年吴鸿遥[83]出版了《损伤力学》,1997 年余寿文和冯西桥[84]出版了《损伤力学》等,推动了疲劳损伤力学在国内的应用和发展。

金属材料和构件的结构内部大多存在初始缺陷,随着外加循环载荷的持续作用和周围环境的影响，其材料力学性能出现逐渐劣化并影响材料应力-应变行为的现象，称之为损伤。损伤的逐渐累积导致量变进而带来质变，最终引起材料的失效。损伤力学便是研究含损伤的材料损伤变量、材料力学属性的演化发展直至破坏的力学过程的学科，也是对金属材料进行详细疲劳特性分析的基础。损伤力学的内容与方法，既联系和起源于古典的弹性力学和断裂力学，又是它们的必然发展和重要补充。

目前，损伤力学可以大致分成两大类：

(1)连续损伤力学。它利用连续介质热力学与连续介质力学的唯象学方法，来研究损伤的力学过程；它着重考察损伤对材料宏观力学性质的影响以及材料和结构损伤演化的过程与规律，而不细查其损伤演化的细观物理和力学过程。

(2)细观损伤力学。它通过对典型损伤基元如微裂纹、微孔洞、剪切带等以及各种基元组合的观察，根据损伤基元的变形与演化过程，采用某种力学平均化的方法，求得材料变形和损伤过程与细观损伤参量之间的关联。

近年发展起来的基于细观的唯象损伤理论，是介于上述两者之间的一种损伤力学理论，这些理论主要限定在确定性现象的范围内。此外，还有随机损伤理论，研究随机损伤问题。本书面向工程实际常用的齿轮零件，着重基于连续损伤力学揭示齿轮的接触疲劳裂纹萌生现象，因此不对细观尺度的研究展开论述。按损伤的类型，损伤可分为弹性损伤、塑性损伤、蠕变损伤、腐蚀损伤、辐照损伤等。考虑到重载齿轮的服役工况以及损伤的演化将不可避免地导致材料塑性变形，本书着重分析齿轮弹塑性损伤问题。

损伤力学的核心内容包括以下几个方面：

(1)根据所研究问题的特点，引入恰当的标量或张量型的损伤参量，以反映局部缺陷对材料物理性能的影响。损伤参量可以与刚度或质量密度相关，也可以与微裂纹或微孔穴的密度相关，还可以与有效应力、应变相关。损伤参量能用来分析材料的损伤演化规律，是损伤力学研究的一个重要内容。研究材料疲劳问题的首要工作，便是寻找一个合理的损伤参量来正确地反映疲劳机制。损伤变量的物理含义可以通过单独的定义来表达，也可以由它在本构关系中的作用反推出来。

(2)建立损伤材料的本构关系。损伤材料的本构关系通常是指包括损伤演化规律在内的对各状态变量之间关系的描述。材料本构关系的建模原则可以是经验性的，也可以是从热力学或细观力学角度出发得到的。无论通过哪种途径，如果要得到实用表达式，都很难完全避免主观设定的成分。此外，评价一个损伤本构模型，应在建模过程中考虑包括其适用范围、操作可行性及与试验的吻合程度等指标。

(3)损伤力学的计算实现。这包括对该非线性耦合初始边值问题一般性算法的研究，以及针对某一类型损伤过程的特定计算模型的选择。损伤参量的获取(如通过拟合)也可以规划为这方面的内容。

3.3.1　损伤参量的定义与损伤检测方法

材料在受到力、热、辐射等外部因素的作用时会产生微观缺陷。连续介质损伤力学将离散的微观缺陷连续化，进而采用连续的内部场变量来描述微观缺陷的影响，这些连续的内部场变量即为损伤参量。采用一个简单的例子来解释损伤参量的含义。对于一维拉伸直杆，如图 3-15 所示，设无损状态的横截面面积为 A，损伤后有效承载面积减少到 $\tilde{A}$，定义连续度 φ 的表达式如下：

$$\varphi = \frac{\tilde{A}}{A} \tag{3-57}$$

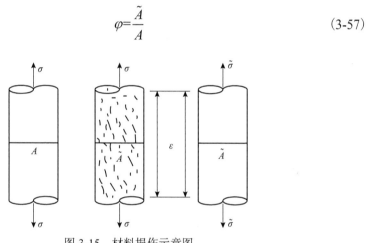

图 3-15　材料损伤示意图

Rabotnov[85]于 1968 年提出用损伤变量概念来描述材料受损状态。损伤变量 D 可以表示为

$$D = 1 - \varphi \tag{3-58}$$

可得到 $D = (A - \tilde{A}) / A$。

在外加载荷 F 的作用下，含有损伤的直杆的有效应力为

$$\tilde{\sigma} = \frac{F}{A(1-D)} = \frac{\sigma}{1-D} \tag{3-59}$$

假设净应力 $\tilde{\sigma}$ 作用在处于无损伤状态的材料上和名义应力 σ 作用在受损状态的材料上引起的应变相等，则有如下表达式[86]：

$$\varepsilon = \frac{\sigma}{\tilde{E}} = \frac{\tilde{\sigma}}{E} = \frac{\sigma}{(1-D)E} \qquad (3\text{-}60)$$

式 (3-60) 为材料处于受损状态时的本构关系，式中，$\tilde{E}$ 为有效弹性模量，则有

$$D = 1 - \frac{\tilde{E}}{E} \qquad (3\text{-}61)$$

由以上方程可知，在无损状态下有 $D=0$，而 $D=1$ 时为理论上的极限损伤状态，材料等效弹性模量为 0，即此时材料完全丧失承载能力。

　　上述例子中定义了弹性模量作为直杆的损伤参量。一些学者从不同方面考虑了损伤参量的选取。其中，较为经典的有：从物理性质的角度出发，热和电性质等参数可以作为损伤参量；从力学性质的角度出发，硬化和弹性模量等可以作为损伤参量；从动态响应的角度出发，应力和应变等可以作为损伤参量。此外，损伤不仅会导致宏观物理性质的变化，还会引起材料微观结构的变化，因此也有学者基于材料微观结构变化(包括材料晶体结构变化、空隙的体积以及空隙的面积等)来定义损伤参量。在研究材料的疲劳问题时，假定损伤累积到一定程度时会萌生裂纹，对于疲劳问题损伤参量的选取，不仅要求损伤参量要能通过简单的试验来获得，而且要求损伤参量应能准确表征循环载荷作用下的损伤过程。在齿轮接触疲劳裂纹萌生分析中，以齿轮材料的力学属性弹性模量、屈服极限、硬化模量为损伤参量进行研究，如图 3-16 所示。记损伤变量(损伤度)为 D，用于描述齿轮材料的损伤劣化过程，D 取 0~1 的值，D 为 0 代表齿轮处于未损伤的状

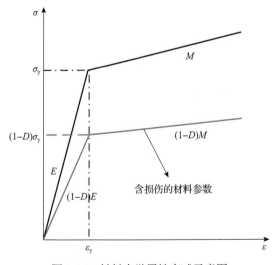

图 3-16　材料力学属性衰减示意图

态，材料的真实力学属性不发生变化；而 D 为 1 时，材料的真实力学属性均衰减为 0，代表此处完全失去承载能力，也就是疲劳裂纹在此处萌生。事实上，试验表明，对金属而言，损伤变量的临界值在 0.2～0.8，但由于材料的损伤随加载次数增加呈指数增长，为了在仿真时便于数学处理，本书将损伤变量的临界值定为 1，该值对齿轮接触疲劳裂纹萌生寿命的预估相对于经验临界值误差极小。

Kachanov[87]认为材料损伤演化机制的本质是由缺陷导致有效承载面积的减少。因此，作为具有实际物理意义的参数，损伤也可以通过物理手段进行测量。目前，有关损伤的检测方法可概括为直接测试法和间接测试法两大类型。直接测试法是指直接测量构件中各种细观缺陷的数目、形状大小、分布状态、裂纹性质(张开型或滑移型)以及各类损伤所占的比例等。间接测试法测量各种唯象定义的损伤变量，包括密度改变测量法、电位法、弹性模量法、超声波法、微观硬度法、循环塑性响应法、第三阶段蠕变响应法等。下面对几种间接测量法做简要的介绍。

(1)密度改变测量法。对纯韧性损伤，损伤是在体内孕育和发展的孔洞，这意味着韧性损伤会导致体积增加。材料在质量不变的情况下，会因体积增加而使密度下降，因此可用密度的下降来换算损伤。

(2)电位法。可以通过测定损伤前后材料两端的电位变化和弹性与塑性形变来确定损伤。对于电学的测量，微裂纹要比微孔洞更敏感些。疲劳损伤一般是由微裂纹引起的，用电学和力学的方法测量损伤的结果彼此相当接近。在蠕变中，损伤主要是由孔洞造成的，用电学方法测得的损伤变量常比用力学方法测得的要小些。

(3)弹性模量法。损伤的出现伴随着材料微孔洞等缺陷的产生，因此受损材料可看作微孔洞和基体共存的复合材料。微孔洞的增加使得材料弹性模量降低，弹性模量法将弹性模量和损伤的大小耦合，它是损伤力学分析中常用的方法之一。

(4)超声波法。超声波在线弹性体中的传播速度与材料弹性模量有关，材料的损伤将劣化材料弹性模量，进而改变超声波的传播速度。基于这一原理，可通过超声波测量损伤。超声波法要求所测体元内的损伤是均匀的，如果不均匀，就需要把物体分割成小块来测量。对金属而言，这一尺寸要受到超声传感器的制约。另外，超声波法的测量精度还受时间测量精度的影响。对于不同材料，所用超声波的频率范围可选择为：金属，1.0～50MHz；聚合物，0.1～5MHz；木材，0.1～5MHz；混凝土，0.1～1MHz。

(5)微观硬度法。从微观硬度测量以导出损伤变量大概是最值得提倡的无损测试法。微观硬度试验使用金刚石压头，硬度可通过压头载荷与压痕面积求得。损伤的产生使得材料在一定程度上变"软"，这意味着材料硬度的下降，因此可用硬度来表征损伤的大小。

部分损伤测量方法的比较如表 3-5 所示。表中，"*"代表效果较差；"**"代表效果中等；"***"代表效果较好。

表 3-5　部分损伤测量方法比较

方法	脆性	延性	蠕变	低周疲劳	高周疲劳
微观形貌法	*	**	**	*	*
密度改变测量法		**	*	*	
弹性模量法	**	***	***	***	
超声波法	***	**	**	*	*
循环应力幅值法		*	*	**	*
第三阶段蠕变响应法		*	***	*	
微观硬度法	**	***	**	***	*
电阻法	*	**	**	*	*

3.3.2　含损伤的本构方程

齿轮疲劳失效历程常伴随着材料力学属性的退化，用等效弹性模量的衰减可代表损伤演化的过程，而弹性模量与齿轮材料本构方程密切相关。因此，本节简要推导含有损伤的齿轮材料本构方程，为后续研究齿轮接触疲劳损伤演化提供依据。

材料的本构方程本质上是描述材料受载变形时应力-应变的对应关系。齿轮的本构方程主要包含三个部分：屈服准则、硬化模型和流动法则。经过几十年的发展，国内外的学者们提出了众多针对金属材料的本构模型及改进模型[88-90]。本节以经典的 Lemaitre-Chaboche 模型[91]为例来描述齿轮材料的弹塑性力学特征及其与损伤的耦合关系。

屈服准则是判定材料中某点的应力分量满足一定关系后是否产生塑性变形的依据。对于弹塑性行为，屈服函数 f 定义为

$$f = J_2 - \sigma_y \tag{3-62}$$

式中，σ_y 为齿轮材料的初始屈服极限，其值等于为屈服面初始半径；J_2 表示 von Mises 等效应力，其值可用式(3-63)计算：

$$J_2 = \left[\frac{3}{2}(s - \alpha):(s - \alpha) \right]^{\frac{1}{2}} \tag{3-63}$$

式中，$\boldsymbol{\alpha}$ 为代表屈服面中心的背应力张量；$\boldsymbol{s}$ 为偏应力张量。

总应变张量 $\boldsymbol{\varepsilon}$ 可分为弹塑性两部分：$\boldsymbol{\varepsilon}=\boldsymbol{\varepsilon}^{e}+\boldsymbol{\varepsilon}^{p}$。其中，$\boldsymbol{\varepsilon}^{e}$ 为弹性应变张量，$\boldsymbol{\varepsilon}^{p}$ 为塑性应变张量。应力张量 $\boldsymbol{\sigma}$ 可由弹性应变张量 $\boldsymbol{\varepsilon}^{e}$ 计算得到，计算公式为

$$\boldsymbol{\sigma}=C_1:(\boldsymbol{\varepsilon}-\boldsymbol{\varepsilon}^{p}) \tag{3-64}$$

式中，C_1 为材料常数。流动法则规定了塑性应变增量各分量的比例，决定了塑性应变增量的方向，可以根据塑性增量理论的本构关系确定应力状态。塑性应变率 $\boldsymbol{\varepsilon}^{p}$ 可表示为

$$\boldsymbol{\varepsilon}^{p}=\dot{\lambda}\frac{\partial f}{\partial \boldsymbol{\sigma}}=\frac{3}{2}\dot{\lambda}\frac{\boldsymbol{s}-\boldsymbol{\alpha}}{J_2} \tag{3-65}$$

式中，$\partial f/\partial \boldsymbol{\sigma}$ 为塑性流动方向。$\dot{\lambda}$ 为比例系数，其值可计算为

$$\dot{\lambda}=\sqrt{\frac{3}{2}\dot{\boldsymbol{\varepsilon}}^{p}:\dot{\boldsymbol{\varepsilon}}^{p}} \tag{3-66}$$

硬化模型描述了材料成形或受载过程中屈服面形状及位置变化的规律，与材料的应力状态、硬化参数及塑性应变相关，对材料疲劳过程数值分析等有很大影响。本节采用 Prager 的线性运动硬化模型[92]计算背应力，计算公式为

$$\dot{\boldsymbol{\alpha}}=\frac{2}{3}C_2\dot{\boldsymbol{\varepsilon}}^{p} \tag{3-67}$$

式中，C_2 为材料常数。

上述过程推导了不含损伤的齿轮材料本构方程，由于损伤的本质是劣化材料力学属性，因此，含有损伤的齿轮材料本构主导方程可表示如下：

$$f=J_2-\sigma_{y} \tag{3-68}$$

其中，

$$J_2=\left[\frac{3}{2}\left(\frac{\boldsymbol{s}}{1-D}-\boldsymbol{\alpha}\right):\left(\frac{\boldsymbol{s}}{1-D}-\boldsymbol{\alpha}\right)\right]^{\frac{1}{2}} \tag{3-69}$$

$$\boldsymbol{\sigma}=(1-D)C:(\boldsymbol{\varepsilon}-\boldsymbol{\varepsilon}^{p}) \tag{3-70}$$

$$\dot{\boldsymbol{\varepsilon}}^{\mathrm{p}} = \dot{\lambda}\frac{\partial f}{\partial \sigma} = \frac{3}{2}\dot{\lambda}\frac{\dfrac{\boldsymbol{s}}{1-D} - \boldsymbol{\alpha}}{J_2(1-D)} \tag{3-71}$$

$$\dot{\boldsymbol{\alpha}} = \frac{2EM(1-D)}{3(E-D)}\dot{\boldsymbol{\varepsilon}}^{\mathrm{p}} \tag{3-72}$$

式中，D 为齿轮某材料点损伤；M 为线性运动硬化模量，可由材料的简单拉伸应力-应变曲线确定。

3.3.3　接触疲劳损伤变量计算

在重载或载荷突变条件、局部粗糙峰接触区域，齿轮材料有可能进入屈服状态，从而产生塑性变形，进而形成由塑性应变导致的塑性损伤。此外，即使齿轮工作在初始屈服极限以内，随着弹性损伤的累积，材料力学属性降低，依旧可能导致塑性变形的产生，因此在计算累积损伤时，有必要同时考虑由弹性变形产生的弹性损伤以及由塑性变形导致的塑性损伤。齿轮总损伤率的计算公式如下：

$$\frac{\mathrm{d}D}{\mathrm{d}N} = \frac{\mathrm{d}D^{\mathrm{e}}}{\mathrm{d}N} = \frac{\mathrm{d}D^{\mathrm{p}}}{\mathrm{d}N} \tag{3-73}$$

式中，N 为应力循环次数；D^{e} 和 D^{p} 分别为弹性损伤变量和塑性损伤变量，其计算公式分别为

$$\frac{\mathrm{d}D^{\mathrm{e}}}{\mathrm{d}N} = \left[\frac{\Delta\tau}{\tau_R(1-D)}\right]^m \tag{3-74}$$

$$\frac{\mathrm{d}D^{\mathrm{p}}}{\mathrm{d}N} = \left[\frac{\sigma_{M,\max}^2}{2ES(1-D)^2}\right]^q \dot{p} \tag{3-75}$$

式中，$\Delta\tau$ 和 $\sigma_{M,\max}$ 分别为剪应力幅值和最大等效应力（von Mises 应力）；τ_R、m、S 和 q 为与材料有关的损伤参量；E 为弹性模量；$\dot{p}$ 为累积塑性应变率。

除了有上述损伤率计算公式以外，各国学者还相继提出了其他的损伤率计算公式，现简要介绍如下。

Lemaitre 等[91]提出了一个基于连续损伤力学方法的非线性累积损伤模型：

$$\mathrm{d}D = D^{\alpha(\sigma_{\max},\sigma_{\mathrm{m}})}\left[\frac{\sigma_{\max}-\sigma_{\mathrm{m}}}{M(\sigma_{\mathrm{m}})}\right]^{\beta}\mathrm{d}N \tag{3-76}$$

式中，$\sigma_{\max}$ 为最大应力；σ_{m} 为平均应力；$M(\sigma_{\mathrm{m}})$ 为关于平均应力 σ_{m} 的函数；β

为与材料有关的常数；α 为与 σ_{max}、σ_m 有关的参数，定义为

$$\alpha(\sigma_{max}, \sigma_m) = 1 - a\left\langle 1 - \frac{\sigma_1(\sigma_m)}{\sigma_{max}} \right\rangle \tag{3-77}$$

式中，σ_1 为非对称加载时的疲劳极限，与平均应力有关；a 为材料相关常数；$\langle f \rangle$ 为函数正的部分；$\sigma_1(\sigma_m) = \sigma_m + \sigma_{-1}(1 - b\sigma_m)$，其中 b 为与材料有关的常数，σ_{-1} 为对称加载时的疲劳极限。

该模型将平均应力和载荷次序的影响考虑在内，是相对剩余寿命而言的损伤演化方程。为了描述损伤演化的非线性特征，Lemaitre 等[91]利用下式进行变量代换：

$$D = 1 - (1-D)^{\beta+1} \tag{3-78}$$

从而有

$$dD = \left[1 - (1-D)^{\beta+1} \right]^{\alpha(\sigma_{max}, \sigma_m)} \left[\frac{\sigma_{max} - \sigma_m}{M(\sigma_m)} \right]^{\beta} dN \tag{3-79}$$

在上述模型的基础上，学者们提出了其他基于连续损伤的疲劳损伤模型。例如，2010 年，Jalalahmadi 和 Sadeghi[93]提出了能考虑材料晶体结构影响的累积损伤方程（3-80）：

$$\frac{dD^e}{dN} = \left[\frac{\Delta\tau}{\tau_R(1-D)} \right]^m \tag{3-80}$$

2017 年，Zhan 等[94]针对多轴循环加载工况，提出了弹性损伤演化方程（3-81）和塑性损伤演化方程（3-82）：

$$\frac{dD^e}{dN} = \left[1 - (1-D)^{\beta+1} \right]^{1-a\left\langle \frac{A_H - \sigma_{l0}(1-3b_1\sigma_{H,m})}{\sigma_u - \sigma_{e,max}} \right\rangle} \left[\frac{A_H}{M_0(1-3b_2\sigma_{H,m})(1-D)} \right]^{\beta} \tag{3-81}$$

$$\dot{D}^p = \left[\frac{\sigma_{eq}^2 R_\upsilon}{2ES(1-D)^2} \right]^s \dot{p} \tag{3-82}$$

式中，$\Delta\tau$ 为晶界剪应力幅值；α、β、M_0、b_1 和 b_2 为由材料决定的疲劳常数；A_H 为八面体剪应力；$\sigma_{H,m}$ 为单次载荷循环里的平均水静应力；$\sigma_{e,max}$ 为单次载荷循环里的最大等效应力；σ_u 和 σ_{l0} 分别为拉伸极限和完全反向加载下的疲劳极

限；σ_{eq} 为等效应力，$\dot{p}$ 为累积塑性应变率；S 和 s 为材料疲劳常数；R_υ 为应力三轴度，

$$R_\upsilon = \frac{2}{3}(1+\mu) + 3(1-2\mu)\left(\frac{\sigma_H}{\sigma_{eq}}\right)^2 \tag{3-83}$$

σ_H 为水静应力。为了考虑焊接接头空隙及残余应力的影响，2017 年，Shen 等[95]提出了多轴应力状态下焊接接头的疲劳损伤方程(3-84)：

$$\frac{dD}{dN} = a\left[\frac{A_H(1+d_{max}^c)}{(1-3b\sigma_{H,m})(1-D)}\right]^\beta \tag{3-84}$$

式中，a、b、c 和 β 为通过非焊接材料的疲劳试验获得的材料常数；d_{max} 为空隙最大直径，$A_H(1+d_{max}^c)$ 代表空隙引入的应力集中效应。2018 年，Guan 等[96]针对碳化物导致的疲劳损伤问题，提出了用于考虑夹杂的微裂纹形核损伤方程(3-85)：

$$D_i = \begin{cases} 1-(1-D_{i-1})F_i, & \sigma_{max} \geqslant S_e \\ D_{i-1}, & \sigma_{max} < S_e \end{cases} \tag{3-85}$$

式中，S_e 为材料疲劳耐久强度；系数 F_i 的计算公式为

$$F_i = \frac{\dfrac{1}{1+1/M}\Delta\varepsilon_{oi}^{1+1/M} - \Delta\varepsilon_{pli}^{1/M}\Delta\varepsilon_{oi} + C_i}{\dfrac{1}{1+1/M}\Delta\varepsilon_{pmi}^{1+1/M} - \Delta\varepsilon_{pli}^{1/M}\Delta\varepsilon_{pmi} + C_i} \tag{3-86}$$

$$C_i = \frac{3\sigma_f}{4K} - \frac{\Delta\varepsilon_{oi}^{1+1/M}}{1+1/M} + \Delta\varepsilon_{pli}^{1/M}\Delta\varepsilon_{oi} \tag{3-87}$$

σ_f 为材料断裂应力；M 为循环硬化指数；K 为应力增强系数；$\Delta\varepsilon$ 为由应力-应变曲线得到的应变；$\Delta\varepsilon_{oi}$ 为第 i 个循环损伤增量的初始应变；$\Delta\varepsilon_{pmi}$ 为第 i 次循环的最大塑性应变范围。

如上所述可知，用于计算累积损伤的方程多种多样，然而尽管损伤变量的计算采用了不同的疲劳参量，其计算方式大同小异，故而本章仅以本节开头所提出的齿轮接触疲劳损伤率公式为例介绍累积损伤的计算流程。对于用于高周疲劳的齿轮，其寿命往往在百万次以上，而使用计算机进行上百万次齿轮受载循环模拟将极大消耗计算资源，因此本章基于 Lemaitre[97]提出的"跳跃循环"(jump-in-cycles)算法进行高周疲劳损伤的高效仿真计算。如图 3-17 所示，"跳跃循环"算

法假设齿轮在某一固定载荷循环次数 ΔN 内的疲劳损伤率保持不变,记固定循环次数 ΔN 为一个载荷循环块,即有限元仿真中的一次载荷应力循环。根据应力响应计算一个载荷块下的损伤率,从而通过固定循环次数计算得到其累计损伤增量,进而求得累计损伤以及此时材料的损伤状态。值得注意的是,固定循环次数 ΔN 的选取必须兼顾仿真求解的精度和计算效率。若该值选择过大,将使得在几次载荷块后达到疲劳损伤阈值,导致累积损伤曲线失真,疲劳寿命预估不准;而当该值选择过小时,将使得循环计算次数极大增加,尽管保证了寿命预估的准确性,但仿真代价过大。一般而言,该值可选择为齿轮接触疲劳寿命的 1%~10%。此外,“跳跃循环”算法还有另一种表示形式,即在有限元仿真中一次载荷应力循环产生的损伤增量 ΔD 保持不变,因此每次载荷块所代表的循环次数不同。通过累加每次载荷块下的循环次数至临界损伤,获取对应的疲劳寿命。这一表示形式可以很方便地控制循环仿真时间,但没有具体的物理意义,因此本章采用固定 ΔN 的方式进行介绍。

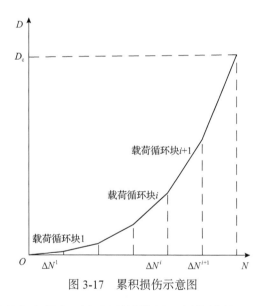

图 3-17　累积损伤示意图

所考虑的材料退化参量主要包括弹性模量、硬化模量、屈服极限。累积损伤及材料性能退化计算公式如下:

$$\Delta D = \frac{\mathrm{d}D}{\mathrm{d}N} \times \Delta N, \quad D^i = \Delta D^i + D^{i-1} \tag{3-88}$$

$$E_j^{i+1} = E_j^i (1 - D_j^i), \quad M_j^{i+1} = M_j^i (1 - D_j^i), \quad (\sigma_y)_j^{i+1} = (\sigma_y)_j^i (1 - D_j^i) \tag{3-89}$$

式中,M 代表齿轮材料硬化模量;σ_y 为齿轮材料屈服极限。上标 i 和下标 j 分别

代表第 i 个载荷循环块和第 j 个材料点。在循环受载过程中,齿轮的每一个材料点的损伤都不相同,因此需要计算出所有材料点的损伤,并逐次累积直到某一材料点率先达到临界损伤状态并视为在此处萌生裂纹。

3.3.4 齿轮接触疲劳损伤参量确定

求解累积损伤的前提是获得齿轮材料的损伤参量,包括弹性损伤系数 τ_R、弹性损伤指数 m、塑性损伤系数 S 和塑性损伤指数 q。上述参数可以通过扭转疲劳 $S\text{-}N$ 曲线计算得出[98]。根据 Basquin 方程[99],扭转疲劳 $S\text{-}N$ 曲线具有如下表达式:

$$\frac{\Delta \tau}{2} = \tau_{\mathrm{f}}' N_{\mathrm{f}}^{B} \tag{3-90}$$

式中,τ_{f}' 和 B 分别为剪切疲劳强度和剪切疲劳强度系数。文献[100]中推荐的金属材料的疲劳强度系数一般可以取值为–0.087。剪切疲劳强度具有如下计算公式[101]:

$$\tau_{\mathrm{f}}' = \frac{1.44}{2(1+\nu)} \sigma_{\mathrm{f}}' \tag{3-91}$$

式中,σ_{f}' 为单轴疲劳强度,可表达如下[100]:

$$\sigma_{\mathrm{f}}' = 1.5\mathrm{UTS} \tag{3-92}$$

UTS 代表材料的拉伸极限。Walvekar 和 Sadeghi[98]认为四个损伤参量可以根据损伤率公式的积分求出。弹塑性损伤率的积分表达式如下:

$$\Delta \tau = \frac{\tau_{\mathrm{R}}}{(m+1)^{1/m}} N_{\mathrm{f}}^{-1/m} \tag{3-93}$$

$$\sigma_{\mathrm{M,max}} = \frac{(2ES)^{1/2} \sigma_{\mathrm{f}}}{\left[(2q+1)\Delta \varepsilon_{\mathrm{p}}\right]^{1/2q}} N_{\mathrm{f}}^{-1/(2q)} \tag{3-94}$$

式中,$\Delta \varepsilon_{\mathrm{p}}$ 是低周疲劳下单次载荷循环的塑性应变幅值,文献[102]推荐该值设为 0.1。剪应力幅值 $\Delta \tau$ 和最大等效应力 $\sigma_{\mathrm{M,max}}$ 之间具有如下关系[103]:

$$\frac{\Delta \tau}{2} = \tau_{\mathrm{max}} = \frac{\sigma_{\mathrm{M,max}}}{\sqrt{3}} \tag{3-95}$$

因此式(3-94)的另外一个表达式为

$$\sigma_{M,max} = \sqrt{3}\tau_f' N_f^B \tag{3-96}$$

联合上述公式,四个疲劳损伤参量可根据如下方程计算得出:

$$m = -\frac{1}{B}, \quad \tau_R = 2\tau_f'\left(-\frac{1}{B}+1\right)^{-B} \tag{3-97}$$

$$q = -\frac{1}{2B} \tag{3-98}$$

$$S = \frac{1}{2E}\left\{\sqrt{3}\tau_f'\left[\left(-\frac{1}{B}+1\right)\Delta\varepsilon_p\right]^{-B}\right\}^2 \tag{3-99}$$

齿轮接触疲劳累积损伤仿真过程如图 3-18 所示。

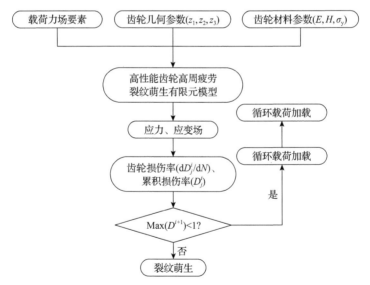

图 3-18 齿轮接触疲劳累积损伤演变仿真流程图

根据齿轮的几何、材料与工况参数,建立损伤耦合的齿轮弹塑性有限元接触疲劳模型。在程序运行前,赋予所有单元相同的材料属性,此时所有材料点的损伤均为 0,记 D_j^i 为第 i 次载荷块加载使第 j 个材料点产生的累积损伤,则 $D_j^0=0$。为模型施加载荷并计算每个材料点的损伤增长率,其由弹性损伤部分和塑性损伤部分组成,公式如下:

$$\left(\frac{\mathrm{d}D}{\mathrm{d}N}\right)_j^i = \left(\frac{\mathrm{d}D^{\mathrm{e}}}{\mathrm{d}N}\right)_j^i = \left(\frac{\mathrm{d}D^{\mathrm{p}}}{\mathrm{d}N}\right)_j^i \tag{3-100}$$

$$\left(\frac{\mathrm{d}D^{\mathrm{e}}}{\mathrm{d}N}\right)_j^i = \left[\frac{\Delta \tau_j^i}{\tau_{\mathrm{R}}(1-D)}\right]^m \tag{3-101}$$

$$\left(\frac{\mathrm{d}D^{\mathrm{p}}}{\mathrm{d}N}\right)_j^i = \left[\frac{\sigma_{\mathrm{M,max}\,j}^{2\,i}}{2ES(1-D_j^i)^2}\right]^q \left(\bar{\varepsilon}^{\mathrm{pl}}\right)_j^i \tag{3-102}$$

该载荷块的临界损伤增长率可表达为

$$\left(\frac{\mathrm{d}D}{\mathrm{d}N}\right)_{\max}^i = \max\left[\left(\frac{\mathrm{d}D}{\mathrm{d}N}\right)_j^i\right] \tag{3-103}$$

该载荷块所代表的循环载荷次数可表达为

$$\Delta N^i = \frac{\Delta D}{\left(\dfrac{\mathrm{d}D}{\mathrm{d}N}\right)_{\max}^i} \tag{3-104}$$

对每个单元的循环次数和损伤更新为

$$N = N + \Delta N^i, \quad \Delta D_j^i = \left(\frac{\mathrm{d}D}{\mathrm{d}N}\right)_j^i \Delta N^i \tag{3-105}$$

得到的下一次循环的损伤以及弹性模量为

$$D_j^{i+1} = D_j^i + \Delta D_j^i, \quad E_j^{i+1} = E_j^i(1-D_j^i), \quad H_j^{i+1} = H_j^i(1-D_j^i) \tag{3-106}$$

若计算出的累积损伤最大值达到临界损伤，则代表发生接触疲劳失效，仿真过程结束，否则，再次为模型添加载荷进行计算。

3.3.5　齿轮接触疲劳损伤演化案例分析

本书以某风电齿轮副为例，分析齿轮接触疲劳损伤演化规律。齿轮副的几何参数与工况参数见表 3-6。齿轮的啮合本质上是齿轮副不断啮入啮出的过程，这意味着理论上每一对齿轮副的循环受载完全相同，而建立完整齿轮模型进行齿轮损伤演化分析将极大增加求解时间与难度，因此本例中仅建立具有 5 对轮齿的齿轮等效简化模型进行损伤演化分析。风电齿轮副等效简化图如图 3-19 所示。

表 3-6 齿轮副的几何参数与工况参数

参数	数值	参数	数值
齿数	$z_1 = 121, z_2 = 24$	压力角	$\alpha_0 = 20°$
模数	$m_0 = 0.011\text{m}$	齿宽	$B = 0.295\text{m}$
泊松比	$v_1 = v_2 = 0.3$	弹性模量	$E_{1,2} = 2.09 \times 10^{11}\text{Pa}$
额定载荷(从动轮)	$T = 62\text{kN} \cdot \text{m}$	额定输入转速	$N_1 = 77\text{r/min}$

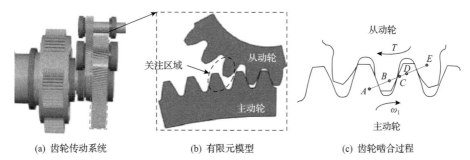

(a) 齿轮传动系统   (b) 有限元模型   (c) 齿轮啮合过程

图 3-19 风电齿轮副等效简化模型

图 3-20 展示了不同循环次数下损伤驱动应力(即剪应力幅值和最大等效应力)的演化云图。可以发现,在整个齿轮接触疲劳寿命的前 75% 周期里,$\Delta\tau$ 的最大值几乎没有变化,然而,塑性损伤驱动应力 $\sigma_{\text{M,max}}$ 的最大值却从最开始的 792.0MPa 增加到了 943.0MPa,增加接近 20%。两个驱动应力在有限的剩余寿命里变化剧烈,二者的最大值从刚开始的节点位置变化到节点沿着齿廓两边的位置,同时节点位置的应力变小。造成这一现象的原因是,当节点的损伤累积至很大的值时,该

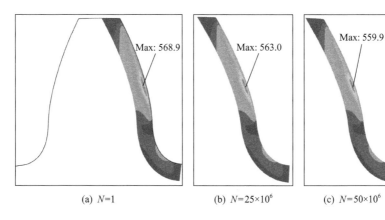

(a) $N=1$ (b) $N=25 \times 10^6$ (c) $N=50 \times 10^6$

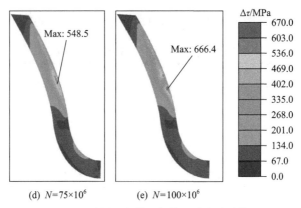

(d) $N=75\times10^6$ (e) $N=100\times10^6$

图 3-20　不同循环次数下损伤驱动应力演化云图

处材料点失去大部分承载能力，导致该点的应力急剧下降，其相邻的材料点应力变大。

定义齿轮节点附近的接触区域为 RVE 区域（代表性体积单元区域）。图 3-21 给出了不同循环次数下沿深度方向 RVE 区域一系列材料点的损伤变化情况。由图可以看出，齿轮疲劳损伤在大部分接触疲劳寿命中累积非常缓慢，例如，损伤累积至 $D=0.1$ 时，占据了 75%的疲劳寿命。这是因为损伤率的增加取决于损伤驱动应力和累积损伤的变化，而 $\Delta\tau$ 在大部分疲劳寿命周期中变化非常小。随着损伤累积至一个较大值时，齿轮材料承载能力下降，导致损伤率急剧增加，进而引起累积损伤的急剧增加。

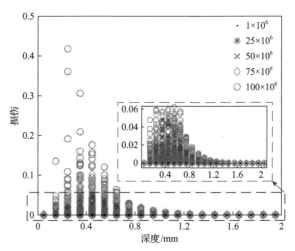

图 3-21　不同循环次数下损伤沿深度方向的分布

根据公式(3-89)，材料属性（弹性模量、硬化模量以及屈服极限等）的演化取决于对应材料点疲劳损伤的变化。这里以弹性模量为例介绍材料属性的演化过程。

图 3-22 为不同循环次数下的等效弹性模量演化云图。从图 3-22(a)中可以看出，在第一个循环加载块后，RVE 区域中所有单元的等效弹性模量几乎没有变化，因为此时疲劳损伤可以忽略不计。从图 3-22(b)和(c)可以看出，在预期寿命的 1/3 和 2/3 左右，距离表层同一深度处，齿轮材料点弹性模量退化基本相同。当某些材料点损伤累积到较大值时，如图 3-22(d)所示，其材料属性衰减为零，使得同一深度材料属性分布不再均匀。图3-23 描述了临界单元弹性模量的演化过程。可以看出，在前 90%接触疲劳寿命中，该单元的等效弹性模量下降相对缓慢，而在最后 10%的预期寿命中，由于疲劳损伤严重增加，该单元处的等效弹性模量急剧下降到接近于零。

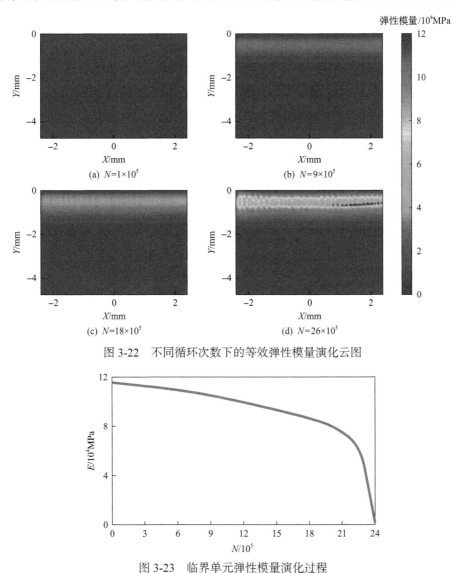

图 3-22 不同循环次数下的等效弹性模量演化云图

图 3-23 临界单元弹性模量演化过程

当某一材料点的累积损伤达到临界值时，代表该处完全失去承载能力，裂纹开始萌生。此时若对该模型进行持续加载，便有可能得到齿轮接触疲劳失效规律。图 3-24 显示了典型的由次表面裂纹引起的点蚀疲劳失效。可以发现，驱动齿轮接触疲劳裂纹萌生的寿命约为 $N = 95 \times 10^6$，然而，仅仅经过 10×10^6 次载荷循环，便从初始裂纹扩展到形成明显的点蚀坑。

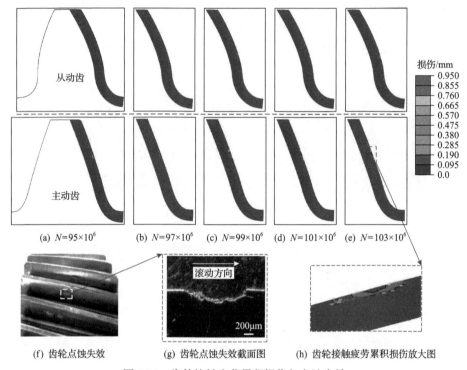

图 3-24　齿轮接触疲劳累积损伤与点蚀失效

图3-25 为齿轮接触疲劳裂纹萌生时，不同法向载荷水平下 RVE 区域中齿轮临界损伤分布。值得注意的是，这里只绘制了距离接触表面 2mm 深度内的单元损伤情况，因为超过这一深度的齿轮疲劳损伤太小，可以忽略不计。随着载荷的逐渐增大，达到临界损伤的齿轮材料区域也逐渐增多，当施加的载荷为 $F^* = 0.75$ 时，临界损伤仅发生在 0.33mm 处；而当载荷增加至 $F^* = 3$，临界损伤除出现在 0.58～1.08mm 的区域中，且随着法向载荷的增大，损伤区域有向齿轮芯部移动的趋势。在所有情况下，疲劳损伤最大值所在的深度位置一直位于约 0.5 倍赫兹接触半宽的深度，这与文献[104]报道的深度值非常吻合。

图3-26为不同载荷加载条件下弹性损伤寿命与总寿命之比（N_e / N_f）的变化情况。结果表明，随着法向载荷的增加，弹性损伤占比逐渐变小，说明塑性变形引起的损伤对总损伤的影响越来越大。需要注意的是，即使载荷变得极高，如载

荷达到 4 倍额定载荷时，弹性损伤的占比仍超过 70%，这表明总损伤仍以弹性损伤为主。另外，即使在完全弹性载荷下，N_e / N_f 也不等于 100%，这是因为，在这样的弹性载荷下，随着损伤的逐渐累积，材料力学性能的劣化最终会导致塑性变形，进而发生塑性损伤。

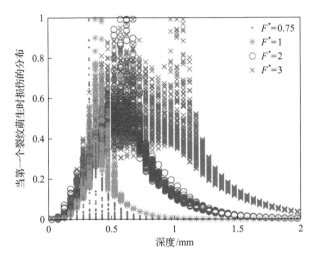

图 3-25　不同载荷下 RVE 区域齿轮临界损伤分布

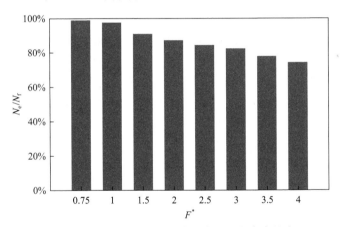

图 3-26　不同载荷下弹性损伤寿命在总寿命中的占比

　　本节基于连续损伤理论讨论了损伤历程中弹性模量等材料参数的衰减规律、弹塑性损伤占比以及载荷等的影响，初步揭示了齿轮接触疲劳损伤演化机理，能够描述齿轮疲劳损伤累积的动态历程。相比于传统的应力应变-寿命直接映射，能够更为准确地预估齿轮接触疲劳寿命。但齿轮的真实接触状态极其复杂，影响因素极多。因此，未来有必要进一步考虑真实载荷谱、齿轮表面完整性因素等影响的更加真实的齿轮接触疲劳损伤模型。

3.4　基于断裂力学的疲劳模型

齿轮疲劳失效包括疲劳裂纹的萌生和扩展过程。齿轮疲劳裂纹萌生的位置和扩展路径直接决定了最终的疲劳失效形式。以次表面起始的点蚀失效为例，齿轮在啮合过程中，由于次表层剪应力的作用导致初始裂纹出现在齿轮啮合区次表面，进而逐渐向表面扩展，最终形成点蚀失效。而齿面断裂往往是由于齿轮次表层硬度不足，使得次表面产生的裂纹向轮齿内部扩展，最终导致轮齿断裂失效。图 3-27 为典型齿轮接触疲劳裂纹扩展形貌图。

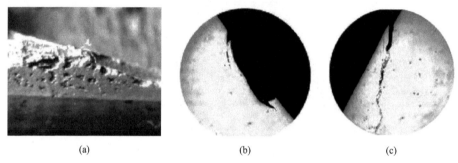

(a)　　　　　　　　　　　(b)　　　　　　　　　　　(c)

图 3-27　典型齿轮接触疲劳裂纹扩展形貌[105]

由于统计型疲劳模型、B-M、F-S 等多轴疲劳准则以及损伤演化准则的适用范围主要集中于齿轮接触疲劳裂纹萌生阶段，无法考虑疲劳裂纹扩展，难以有效地描述齿轮接触疲劳失效的全历程。疲劳裂纹萌生后，齿轮不会立即失效，仍可持续服役一段时间。有研究认为，在特定工况下从齿轮出现疲劳微裂纹直至点蚀失效可经历高达百万次循环载荷[106]。因此，研究齿轮接触疲劳裂纹扩展，对厘清齿轮全寿命周期疲劳失效机理具有重要意义。而当前已被广泛使用的断裂力学理论为研究齿轮疲劳裂纹扩展提供了有效的分析手段。本节将详细介绍采用断裂力学分析齿轮接触疲劳裂纹扩展问题。

3.4.1　断裂力学理论概述

在一般情况下，从材料强度科学或断裂力学来看，裂纹是引起各种结构、零部件失效及工程中的各类重大事故的根源。因此发现各种裂纹现象、了解裂纹扩展及失稳扩展的条件、掌握裂纹扩展的规律及控制裂纹的扩展非常有必要。当前齿轮接触疲劳裂纹扩展阶段所占总寿命比例尚无定论。裂纹扩展决定了疲劳失效的发生方向，且裂纹扩展速率的大小对及时发现裂纹以及避免出现人机安全事故具有重要意义。这促使人们在过去的上百年间对疲劳裂纹扩展问题进行了大量的试验和理论研究[107-113]，进而催生了以断裂力学为代表的疲劳断裂理论。

一般来说，疲劳裂纹的扩展类型可分为张开型（Ⅰ型）、滑移型（Ⅱ型）和撕裂型（Ⅲ型）三类基本裂纹，如图 3-28 所示。其中，Ⅰ型裂纹的形成往往是因为裂纹面的拉应力导致裂纹面的张开，三类基本裂纹中两种或两种以上组合就构成复合型裂纹，由Ⅰ型裂纹主导的复合裂纹是最常见也是最危险的裂纹。而齿轮滚动接触由于处于复杂的多轴应力状态，其裂纹是复合裂纹的典型代表之一。

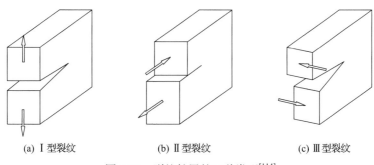

(a) Ⅰ型裂纹　　　　　　(b) Ⅱ型裂纹　　　　　　(c) Ⅲ型裂纹

图 3-28　裂纹扩展的三种类型[114]

疲劳裂纹扩展的研究主要涉及两个问题：①裂纹扩展方向的确定；②裂纹扩展速率的描述。上述问题都与表示裂纹尖端应力强度大小的应力强度因子密切相关。理论上，受载状态下裂纹尖端具有无穷大的应力，这导致裂纹无法使用应力来描述裂纹尖端的应力状态，因此引入应力强度因子 K 的概念来描述裂纹尖端应力场强弱，它是断裂力学最为基本的参数。以某具有中心裂纹的无限大板为例，假设其裂纹长度为 $2a$，如图 3-29 所示，则不同类型裂纹下应力与应力强度因子具有如下关系式。

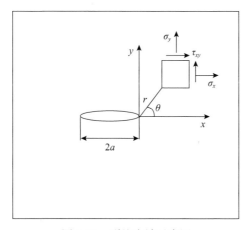

图 3-29　裂纹尖端示意图

(1) 对于 I 型裂纹，裂尖应力分量表示为

$$\sigma_x = \frac{K_I}{\sqrt{2\pi r}} \cos\frac{\theta}{2}\left(1 - \sin\frac{\theta}{2}\sin\frac{3}{2}\theta\right) + o(r^{-1/2})$$

$$\sigma_y = \frac{K_I}{\sqrt{2\pi r}} \cos\frac{\theta}{2}\left(1 + \sin\frac{\theta}{2}\sin\frac{3}{2}\theta\right) + o(r^{-1/2}) \tag{3-107}$$

$$\tau_{xy} = \frac{K_I}{\sqrt{2\pi r}} \cos\frac{\theta}{2}\sin\frac{\theta}{2}\cos\frac{3}{2}\theta + o(r^{-1/2})$$

(2) 对于 II 型裂纹，裂尖应力分量表示为

$$\sigma_x = \frac{K_{II}}{\sqrt{2\pi r}} \sin\frac{\theta}{2}\left(2 + \cos\frac{\theta}{2}\cos\frac{3}{2}\theta\right) + o(r^{-1/2})$$

$$\sigma_y = \frac{K_{II}}{\sqrt{2\pi r}} \cos\frac{\theta}{2}\sin\frac{\theta}{2}\cos\frac{3}{2}\theta + o(r^{-1/2}) \tag{3-108}$$

$$\tau_{xy} = \frac{K_{II}}{\sqrt{2\pi r}} \cos\frac{\theta}{2}\left(1 - \sin\frac{\theta}{2}\sin\frac{3}{2}\theta\right) + o(r^{-1/2})$$

式中，r 为材料点离裂纹尖端的距离；x 和 y 分别为二维平面状态下笛卡儿坐标系下坐标轴，x 的正方向代表平行于裂纹面的外方向，y 轴的正方向代表垂直于裂纹面的方向；θ 为裂纹扩展方向与 x 坐标的夹角；$o(r^{-1/2})$ 和 $o(r^{1/2})$ 分别为比 $r^{-1/2}$ 和 $r^{1/2}$ 更高阶的小量。通过叠加两种状态下的应力场，即可获取复合裂纹下裂尖附近的应力响应。

3.4.2 疲劳裂纹扩展方向预测模型

在断裂力学框架内，疲劳裂纹扩展方向的求解主要依赖特定载荷下裂纹尖端应力强度因子的精确求解，然后基于裂纹扩展准则实现扩展方向的预测。目前，用于裂纹扩展方向预测的准则主要有三种：最小能量密度因子准则、最大能量释放率准则以及最大正应力准则。

(1) 最小能量密度因子准则[115,116]。该准则以最小能耗原理为基础，认为裂纹将向能量密度因子 S 最小的方向扩展。能量密度因子的计算公式如下：

$$S = a_{11}K_I^2 + 2a_{12}K_I K_{II} + a_{22}K_I^2 K_{II}^2 \tag{3-109}$$

式中，a_{11}、a_{12} 和 a_{22} 为系数，其计算公式可表示如下：

$$a_{11} = \frac{1}{16\pi\mu}(3 - 4v - \cos\theta)(1 + \cos\theta) \tag{3-110}$$

$$a_{12} = \frac{1}{8\pi\mu}\sin\theta(\cos\theta - 1 + 2\nu) \tag{3-111}$$

$$a_{22} = \frac{1}{16\pi\mu}[4(1-\nu)(1-\cos\theta) + (3\cos\theta - 1)(1 + \cos\theta)] \tag{3-112}$$

式中，ν 为泊松比；θ 为扩展方向与 x 轴所在方向的夹角。在平面应变假设下 μ 剪切模量的计算公式为

$$\mu = \frac{E}{2(1+\nu)} \tag{3-113}$$

（2）最大能量释放率准则[117,118]。该准则是 Griffith 理论[119]用于 I 型裂纹扩展的能量平衡原理的推广，认为裂纹沿着能产生最大能量释放率 G_{kink} 的方向扩展。能量释放率的计算表达式如下[120]：

$$G_{\text{kink}} = \frac{\kappa + 1}{8\mu}(k_{\text{I}}^2 + k_{\text{II}}^2) \tag{3-114}$$

式中，κ 是 Kolosov 常数，对于平面应变问题 $\kappa = 3 - 4\nu$，对于平面应力问题 $\kappa = (3-\nu)/(1+\nu)$。

$$\begin{aligned} k_{\text{I}} &= C_{11}K_{\text{I}} + C_{12}K_{\text{II}} \\ k_{\text{II}} &= C_{21}K_{\text{I}} + C_{22}K_{\text{II}} \end{aligned} \tag{3-115}$$

文献[121]提供了各系数的计算公式如下：

$$\begin{aligned} C_{11} &= \frac{1}{2}(1+\cos\theta)\cos\frac{\theta}{2} \\ C_{12} &= -\frac{3}{2}\sin\theta\cos\frac{\theta}{2} \\ C_{21} &= \frac{1}{2}\sin\theta\cos\frac{\theta}{2} \\ C_{22} &= \frac{1}{2}(3\cos\theta - 1)\cos\frac{\theta}{2} \end{aligned} \tag{3-116}$$

（3）最大正应力（周向正应力）准则[122]。该准则认为，在受载过程中，裂纹将向使得周向正应力达到最大值的方向扩展。在极坐标下，裂纹尖端的应力可表示如下：

$$\begin{aligned} \sigma_r &= \frac{1}{2\sqrt{2\pi r}}\left[K_{\text{I}}(3-\cos\theta)\cos\frac{\theta}{2} + K_{\text{II}}(3\cos\theta - 1)\sin\frac{\theta}{2} \right] \\ \sigma_\theta &= \frac{1}{2\sqrt{2\pi r}}\cos\frac{\theta}{2}\left(K_{\text{I}}\cos^2\frac{\theta}{2} - \frac{3}{2}K_{\text{II}}\sin\theta \right) \\ \tau_{r\theta} &= \frac{1}{2\sqrt{2\pi r}}\cos\frac{\theta}{2}[K_{\text{I}}\sin\theta + K_{\text{II}}(3\cos\theta - 1)] \end{aligned} \tag{3-117}$$

而当周向应力达到最大值时，扩展角满足如下方程：

$$K_{\mathrm{I}}\sin\theta + K_{\mathrm{II}}(3\cos\theta - 1) = 0 \tag{3-118}$$

因此可以求得最大正应力下裂纹扩展方向为[123]

$$\theta = 2\arctan\left(\frac{-2K_{\mathrm{II}}}{K_{\mathrm{I}} + \sqrt{K_{\mathrm{I}}^2 + 8K_{\mathrm{II}}^2}}\right) \tag{3-119}$$

$$K_{\mathrm{eff}} = \cos^3\left(\frac{\theta}{2}\right)\left[K_{\mathrm{I}} - 3\tan\left(\frac{\theta}{2}\right)K_{\mathrm{II}}\right]\left(\frac{\mathrm{d}a}{\mathrm{d}N(\theta)}\right)_{\max} \tag{3-120}$$

3.4.3　疲劳裂纹扩展速率预测模型

疲劳裂纹扩展寿命求解的核心在于确定裂纹扩展速率与相关力学参量之间的关系式。1946 年，Sneddon[124]定义了疲劳裂纹扩展速率 $\mathrm{d}a/\mathrm{d}N$ 与应力响应的表达式如下：

$$\frac{\mathrm{d}a}{\mathrm{d}N} = A\sigma^m a^n \tag{3-121}$$

式中，σ 为应力；a 为裂纹长度；N 为载荷循环次数；A、m、n 为与材料有关的常数，由试验确定。然而，裂纹附近应力难以在复杂几何结构中精确求解，限制了该公式的应用。

随后 Paris 和 Erdogan[125]对大量的疲劳数据进行分析，发现应力强度因子对疲劳裂纹扩展的影响极大，进而开创性地将应力强度因子引入到裂纹扩展分析中，并提出了用于预测疲劳裂纹扩展速率的著名的 Paris 公式：

$$\frac{\mathrm{d}a}{\mathrm{d}N} = C(\Delta K)^m \tag{3-122}$$

式中，ΔK 为等效应力强度因子幅值；C 和 m 为与断裂有关的材料常数。该公式认为，裂纹扩展寿命主要取决于受载过程中应力强度因子幅值的大小。事实上，疲劳裂纹扩展根据扩展速率的不同可以分为低速扩展区、中速扩展区以及高速扩展区，其扩展速率与应力强度因子的变化如图 3-30 所示，裂纹在低速扩展区域扩展非常缓慢，只有应力强度因子达到一个界限后，裂纹才开始逐渐扩展，这个界限值被称为疲劳裂纹扩展门槛值，用符号 ΔK_{th} 表示。疲劳裂纹扩展门槛值是反映含裂纹构件抗断裂性能的一个重要指标。第二个阶段称之为中速扩展区或者稳定扩展阶段，这个区间占据了疲劳裂纹扩展寿命的绝大部分，而在这一阶段中，$\lg(\mathrm{d}a/\mathrm{d}N)$ 与 $\lg(\Delta K)$ 将呈线性关系，这也是 Paris 公式所使用的区域。当应力强度因子范围达到断裂韧度后，裂纹扩展将进入第三个阶段，此时疲劳裂纹扩展速率将迅速增大，疲劳裂纹扩展将进入失稳扩展阶段，并很快导致疲劳断裂失效[126]。

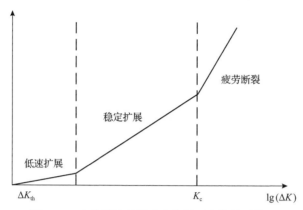

图 3-30　疲劳裂纹扩展速率与循环次数的对数图

此外，裂纹的实际扩展速率一般可通过试验进行测试，国内标准 GB/T 6398—2017《金属材料　疲劳试验　疲劳裂纹扩展方法》及国外标准 ASTM E647-1995a《金属材料疲劳裂纹扩展速率试验方法》等规定了疲劳裂纹扩展速率的测试方法。

在最近的几十年间，为完整考虑裂纹扩展的整个过程以及应力比的影响，其他学者相继提出了一些修正的 Paris 模型，如考虑应力比、断裂韧度的 Forman 公式[127]，Collipriest 公式[128]，以及综合考虑应力比、应力强度因子阈值、断裂韧度等的 NASGRO 公式[129]等。尽管修正的公式进一步提升了裂纹扩展的计算精度，但是由于 Paris 公式涉及的材料参量少，计算简单，求解精度也较高，在工程实际中应用更为广泛，并成为"损伤容限设计"方法的理论基础。

由 3.4.1 节和 3.4.2 节可以看出，应力强度因子是预测疲劳裂纹扩展方向和扩展速率最为关键的因素，其求解方法通常有应力外推法、位移外推法、虚拟裂纹法、J 积分法等。应力外推法与位移外推法不需要复杂的计算，借助裂纹面附近的应力或位移即可方便地求解裂纹尖端的应力强度因子，但采用外推方式的精度不高；J 积分法基于能量守恒的理论，对裂纹尖端应力奇异性的依赖程度较弱，因此计算精度较高，但其计算复杂，一般需要编程求解；虚拟裂纹法通过求解裂纹扩展过程中的应变能释放率来计算应力强度因子，一般也依赖于编程。本节重点介绍求解精度较高的 J 积分法。J 积分是一个表征能量的应力应变参量，用来表征裂纹扩展过程中的能量释放，其积分路径为围绕裂纹前缘的曲线，起点和终点分别在裂纹的两个表面，是与路径无关的守恒积分，因此可以选择远离裂纹尖端的积分回路，如图 3-31 所示，从而提高计算精度。

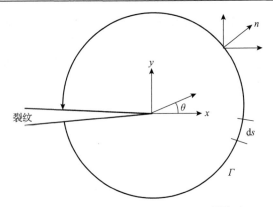

图 3-31　裂纹尖端线积分示意图[115]

J 积分公式可以写为

$$J = \lim_{s \to 0} \int_s \left(W \delta_{1i} - \sigma_{ij} u_{j,1} \right) n_i \mathrm{d}s \tag{3-123}$$

式中，δ_{1i} 为克罗内克符号；n_i 为积分路径 Γ 的单位外法向向量。

$$W = \frac{1}{2} \sigma_{ij} \varepsilon_{ij} = \frac{1}{2} C_{ijkl} \varepsilon_{ij} \varepsilon_{kl} \tag{3-124}$$

J 积分与应力强度因子的关系为(线弹性)

$$J = G = \frac{1}{E_{\mathrm{tip}}} \left(K_{\mathrm{I}}^2 + K_{\mathrm{II}}^2 \right) \tag{3-125}$$

式中，若是平面应力问题，则 $E_{\mathrm{tip}} = E$；若为平面应变问题，则有 $E_{\mathrm{tip}} = E / (1 - \nu^2)$。

在数值计算中，线积分并不容易实现，因为在积分路径上计算应力和应变极其困难。为此，Moran 和 Shih[130]提出了等效积分区域法。将式(3-123)的被积函数乘一个权函数，然后通过散度定理，可将线积分转化为面积分。如图 3-32 所示，对图中 A 区域的面积分数值上与对 Γ 的线积分结果相同，其转化后的公式如下：

$$J = \overbrace{\int_A \left(W \delta_{1i} - \sigma_{ij} u_{j,1} \right) \frac{\partial q}{\partial x_i} \mathrm{d}A}^{J_1} + \overbrace{\int_A \left(W \delta_{1i} - \sigma_{ij} u_{j,1} \right)_{,i} q \mathrm{d}A}^{J_2} \tag{3-126}$$

式中，q 为权函数，对于线弹性材料，第二项为 $J_2 = 0$[131]，即此时

$$J = \int_A \left(W \delta_{1i} - \sigma_{ij} u_{j,1} \right) \frac{\partial q}{\partial x_i} \mathrm{d}A \tag{3-127}$$

Moran 和 Shih 证明了 J 积分的计算值对假设的权函数的形式并不敏感，故权函数可任意选取。但是其边界上的值有规定，即内边界上为 1，外边界上为 0。

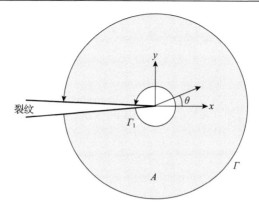

图 3-32 面积分示意图

根据上述方程可以方便地计算出材料裂纹尖端的 J 积分大小，疲劳裂纹扩展速率的计算主要依赖两类应力强度因子。因此，必须将应力强度因子从 J 积分中分离出来。交互积分的提出为解决这一问题提供了可能。对于线弹性材料，内部的应力、应变和位移满足叠加原理。交互积分的思想就是利用此原理，在真实的应力位移场下再叠加一个辅助的应力位移场，然后通过两种状态下的相互作用部分来计算应力强度因子。

目前，学者主要采用均匀无限大板内部裂纹尖端的应力位移场作为辅助应力位移场。辅助应力场和位移场的叠加表达式表述如下：

$$
\begin{aligned}
J^{\text{int}} &= \lim_{s \to 0} \int_s \left[\frac{1}{2} \left(\sigma_{jk} + \sigma_{jk}^{\text{aus}} \right) \left(\varepsilon_{jk} + \varepsilon_{jk}^{\text{aus}} \right) \delta_{1i} - \left(\sigma_{ij} + \sigma_{ij}^{\text{aus}} \right) \left(u_{j,1} + u_{j,1}^{\text{aus}} \right) \right] n_i \mathrm{d}s \\
&= \lim_{s \to 0} \int_s \left(\frac{1}{2} \sigma_{jk} \varepsilon_{jk} \delta_{1i} - \sigma_{ij} u_{j,1} \right) n_i \mathrm{d}s + \lim_{s \to 0} \int_s \left(\frac{1}{2} \sigma_{jk}^{\text{aux}} \varepsilon_{jk}^{\text{aux}} \delta_{1i} - \sigma_{ij}^{\text{aux}} u_{j,1}^{\text{aux}} \right) n_i \mathrm{d}s \\
&\quad + \lim_{s \to 0} \int_s \left[\frac{1}{2} \left(\sigma_{jk} \varepsilon_{jk}^{\text{aus}} + \sigma_{jk}^{\text{aus}} \varepsilon_{jk} \right) \delta_{1i} - \left(\sigma_{ij} u_{j,1}^{\text{aus}} + \sigma_{ij}^{\text{aus}} u_{j,1} \right) \right] n_i \mathrm{d}s \\
&= J + J^{\text{aux}} + I
\end{aligned}
$$

$$(3\text{-}128)$$

式中，σ_{ij}、ε_{jk}、$u_{j,1}$ 为真实场；σ_{jk}^{aux}、$\varepsilon_{jk}^{\text{aus}}$、$u_{j,1}^{\text{aux}}$ 为辅助场；J 为真实场单独作用的 J 积分；J^{aux} 为辅助场单独作用的 J 积分；I 为真实场和辅助场相互作用部分。

根据应力-应变关系可得

$$
\sigma_{ij} \varepsilon_{ij}^{\text{aus}} = C_{ijkl} \varepsilon_{kl} \varepsilon_{ij}^{\text{aus}} = \varepsilon_{kl} \sigma_{kl}^{\text{aux}} \tag{3-129}
$$

将式 (3-129) 代入式 (3-128) 得

$$I = \lim_{s \to 0} \int_s \left[\sigma_{jk}^{\text{aus}} \varepsilon_{jk} \delta_{1i} - \left(\sigma_{ij} u_{j,1}^{\text{aus}} + \sigma_{ij}^{\text{aus}} u_{j,1} \right) \right] n_i \mathrm{d}s \tag{3-130}$$

由散度定理可得

$$I = \overbrace{\int_A \left(\sigma_{jk}^{\text{aus}} \varepsilon_{jk} \delta_{1i} - \sigma_{ij} u_{j,1}^{\text{aus}} - \sigma_{ij}^{\text{aus}} u_{j,1} \right) \frac{\partial q}{\partial x_i} \mathrm{d}A}^{I_1} + \overbrace{\int_A \left(\sigma_{jk}^{\text{aus}} \varepsilon_{jk} \delta_{1i} - \sigma_{ij} u_{j,1}^{\text{aus}} - \sigma_{ij}^{\text{aus}} u_{j,1} \right)_{,i} q \mathrm{d}A}^{I_2}$$

$$\tag{3-131}$$

将 I_2 展开表达为

$$I_2 = \int_A \left(\sigma_{ij,1}^{\text{aus}} \varepsilon_{ij} + \sigma_{ij}^{\text{aus}} \varepsilon_{ij,1} - \sigma_{ij,i} u_{j,1}^{\text{aus}} - \sigma_{ij} u_{j,i1}^{\text{aus}} - \sigma_{ij,i}^{\text{aus}} u_{j,1} - \sigma_{ij}^{\text{aus}} u_{j,i1} \right) q \mathrm{d}A \tag{3-132}$$

辅助应力张量为对称张量，因此有

$$\sigma_{ij}^{\text{aus}} \varepsilon_{ij,1} = \frac{1}{2} \sigma_{ij}^{\text{aus}} \left(u_{j,i1} + u_{i,j1} \right) = \sigma_{ij}^{\text{aus}} u_{j,i1} \tag{3-133}$$

对于真实应力位移场，由平衡方程有

$$\sigma_{ij,i} + f_i = 0 \tag{3-134}$$

其中 f_i 为体力分量，而辅助场的平衡方程为

$$\sigma_{ij,i}^{\text{aus}} = 0 \tag{3-135}$$

将式(3-133)、式(3-134)、式(3-135)代入式(3-132)得

$$I_2 = \int_A \left(\sigma_{ij,1}^{\text{aus}} \varepsilon_{ij} + f_i u_{j,1}^{\text{aus}} - \sigma_{ij} u_{j,i1}^{\text{aus}} \right) q \mathrm{d}A \tag{3-136}$$

由此可得

$$I = \int_A \left(\sigma_{jk}^{\text{aus}} \varepsilon_{jk} \delta_{1i} - \sigma_{ij} u_{j,1}^{\text{aus}} - \sigma_{ij}^{\text{aus}} u_{j,1} \right) \frac{\partial q}{\partial x_i} \mathrm{d}A + \int_A \left(\sigma_{ij,1}^{\text{aus}} \varepsilon_{ij} + f_i u_{j,1}^{\text{aus}} - \sigma_{ij} u_{j,i1}^{\text{aus}} \right) q \mathrm{d}A$$

$$\tag{3-137}$$

式(3-137)中的 $\sigma_{ij,1}^{\text{aus}}$ 和 $u_{j,i1}^{\text{aus}}$ 可由辅助位移场直接求导得到。

根据如上公式，可得到

$$\begin{aligned}
J^{\text{int}} &= \frac{1}{E} \left[\left(K_{\text{I}} + K_{\text{I}}^{\text{aux}} \right)^2 + \left(K_{\text{II}} + K_{\text{II}}^{\text{aux}} \right)^2 \right] \\
&= \frac{1}{E} \left[K_{\text{I}}^2 + K_{\text{II}}^2 + \left(K_{\text{I}}^{\text{aux}} \right)^2 + \left(K_{\text{II}}^{\text{aux}} \right)^2 + 2 \left(K_{\text{I}} K_{\text{I}}^{\text{aux}} + K_{\text{II}} K_{\text{II}}^{\text{aux}} \right) \right] \\
&= J + J^{\text{aux}} + I
\end{aligned} \tag{3-138}$$

$$I = \frac{2}{E}(K_{\mathrm{I}}K_{\mathrm{I}}^{\mathrm{aux}} + K_{\mathrm{II}}K_{\mathrm{II}}^{\mathrm{aux}}) \tag{3-139}$$

因此，选取符合特定条件的辅助场，即可从交互积分中分离出应力强度因子。以求解 K_{I} 为例，令辅助场满足 $K_{\mathrm{I}}^{\mathrm{aux}} = 1$，$K_{\mathrm{II}}^{\mathrm{aux}} = 0$，则可以得到

$$K_{\mathrm{I}} = \frac{E}{2}I_{(1)} \tag{3-140}$$

同理，在求解 K_{II} 时，令辅助场满足 $K_{\mathrm{I}}^{\mathrm{aux}} = 0$，$K_{\mathrm{II}}^{\mathrm{aux}} = 1$，可以得到

$$K_{\mathrm{II}} = \frac{E}{2}I_{(2)} \tag{3-141}$$

根据求解出的齿轮应力强度因子，便可根据式 (3-119) 和式 (3-120) 计算齿轮接触疲劳裂纹扩展速率以及扩展方向，从而得到齿轮疲劳裂纹扩展寿命和裂纹扩展形貌。

推导出的应力强度因子等断裂参量公式通常可集成于有限元中进行疲劳裂纹仿真。这种方法已经有几十年的历史并发展相当成熟，其原理是将裂纹面当成自由边界。因此，划分的网格与裂纹面息息相关，同时由于在裂纹尖端的应力奇异性，使得在裂尖附近需要进行局部加密，且随着裂纹长度的变化需要进行网格的重新划分，国外主流的疲劳断裂分析软件 FRANC 和 ZenCrack 均采用这一方法。使用常规有限元法进行计算的优点在于可实现应力强度因子的精确求解，通过裂尖网格的精细划分使得求解出的应力强度因子具有非常高的精度。但是，其缺点也显而易见，由于裂纹不断扩展，裂尖网格需要不断重新生成，使得计算代价很大。此外值得注意的是，在 Abaqus 2017 及以上版本中，提出了采用线积分而不是常用的面积分方法来计算 J 积分，在一定程度上提高了应力强度因子的计算精度。

Belytschko 等提出采用扩展有限元法来研究裂纹扩展问题[132]。扩展有限元法的核心思想是使裂纹面独立于几何模型，因此它在常规有限元的基础上增加了更多节点和自由度，并对裂纹面和裂尖进行增强，从而解决了由裂纹所带来的不连续力学问题。由于裂纹独立于几何模型，该方法具有在裂纹扩展过程中无须重画网格的巨大优点，目前在裂纹扩展的问题上已经被大量使用。Daux 等[133]于 2000年考虑多分支裂纹引入连接函数将该方法正式更名为扩展有限单元法。2007 年，方修君和金峰[134]解释了扩展有限元法基础方程的含义，阐述了虚拟节点的定义，并在扩展有限元法的基础上对于已有的三角形子域计算方法进行了改进，用于三点弯曲梁断裂过程仿真。随后，谢海和冯淼林[135]针对文献 [134] 中裂纹尖端止于单元边界的缺点做出改进，使裂纹尖端不受单元的制约。杨元帅[136]基于 Abaqus 自带的扩展有限元法功能，计算了齿轮疲劳损伤演化参数，并用于建立齿轮疲劳

裂纹扩展模型，研究了齿根裂纹扩展问题。

如上所述的各种方法已广泛应用于齿轮弯曲疲劳仿真分析中，然而，由于齿轮接触疲劳裂纹扩展机理复杂，目前尚无公认的方法能对齿轮接触疲劳裂纹扩展进行精确预测。

3.4.4　齿轮接触疲劳裂纹扩展案例分析

相比齿根疲劳裂纹扩展和断裂问题，齿轮接触疲劳裂纹扩展问题的相关研究相对较少。但仍可找到基于断裂力学理论的齿轮接触疲劳裂纹扩展的研究报道。20 世纪 80 年代，美国西北大学的 Keer 和 Bryant[137]提出接触疲劳二维裂纹扩展模型，假定初始疲劳裂纹与接触表面成 25°，应力强度因子通过数值方法确定，每个应力循环下的裂纹扩展速率和应力强度因子使用 Paris 公式来描述。随后，Ghaffari 等[138]开发了三维有限元模型来研究齿轮接触疲劳裂纹萌生与扩展，通过损伤力学方法确定了裂纹萌生位置，并采用断裂力学方法来模拟复合型裂纹扩展。与 Ghaffari 的研究思路相似，Fajdiga 和 Sraml[139]将齿轮点蚀寿命分成裂纹萌生和扩展阶段，基于 Coffin-Manson 公式计算疲劳裂纹萌生寿命，又采用短裂纹理论和集成于有限元软件的虚拟裂纹扩展法进行疲劳裂纹扩展仿真。然而，齿轮接触疲劳问题极其复杂，使得齿轮接触疲劳裂纹扩展机理至今尚未被很好揭示。

齿轮接触疲劳裂纹扩展问题大致可分为表面起始裂纹扩展和次表面起始裂纹扩展问题。两种问题的区别在于：对于次表面起始的裂纹，裂纹尖端在一次滚动接触循环过程中由于压应力的作用始终处于闭合状态，这使得裂纹扩展模式由剪切应力所主导，但当裂纹生长出分支裂纹后，尖端将经历极其复杂的应力历程，导致目前尚无统一的准则可用于次表面疲劳裂纹扩展的预测；而对于表面起始型裂纹扩展，由于润滑油压的作用，张开型扩展成为主要模式，如图 3-33 所示，因此可采用最大正应力准则预测表面起始裂纹扩展方向。基于以上假设，裂纹扩展方向需要满足以下方程：

$$K_1 \sin\theta + K_2(3\cos\theta - 1) = 0 \tag{3-142}$$

式中，K_1 和 K_2 分别为张开型和剪切型裂纹应力强度因子。需要注意的是，在一个完整载荷循环内，应力强度因子是时变的，会导致裂纹扩展方向发生变化，因此一个完整载荷循环内最终的裂纹扩展方向为裂纹扩展速率达到最大值 $[\mathrm{d}a/\mathrm{d}N(\theta)]_{\max}$ 时的方向。

采用有限元进行齿轮接触疲劳裂纹扩展仿真时，模型的收敛性检验极其重要，然而裂纹尖端的奇异特性将导致裂纹尖端应力的不收敛现象，且随着裂纹尖端网格尺寸的减小，奇异特性越加明显。因此存在裂纹时，采用应力进行收敛性检验不再适合。本节根据应力强度因子的分布来进行收敛性验证。图 3-34 展示了 1μm、2μm

和 4μm 三种不同网格尺寸下的应力强度因子分布结果。横坐标 x 代表的是齿轮表面到裂纹口(坐标原点)的距离。可以发现,局部网格尺寸为 4μm 和 2μm 时,与 1μm 情况下的结果比较,差异分别为 5.7% 和 2.5%,验证了模型的收敛性。为了在裂纹扩展仿真中保证收敛的同时减少仿真时间,如下的仿真均采用 2μm 网格尺寸进行。

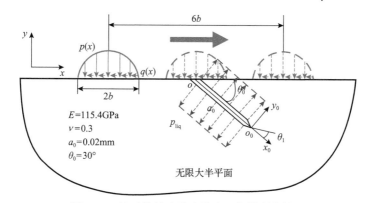

图 3-33 滚动接触疲劳中的表面起始裂纹扩展

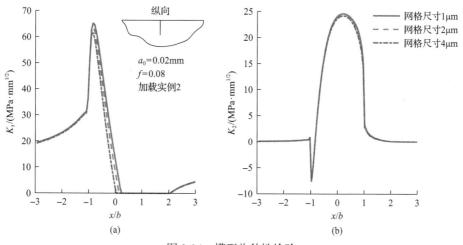

图 3-34 模型收敛性检验

图 3-35(a) 和 (b) 分别描述了一个加载周期内张开型和剪切型应力强度因子的变化过程。应该注意的是,本模型不仅考虑了油压对裂纹面的影响,还将接触面摩擦随润滑状态变化的影响考虑在内。模型中,将润滑状态下的摩擦系数 f 设置为 0.08[140],其余 0.1 到 0.4 的不同摩擦系数代表不存在油液压力的接触条件。可以看到,两类扩展模式的应力强度因子在达到裂纹口之前均为正值,且随着摩擦系数的增大,两类应力强度因子的大小都增大。与无润滑情况相比,有润滑情况下 K_1 急剧上升,然而 K_2 显著下降。这是因为润滑状态下,油液压力倾向于打开裂纹面,故而进一步增大了 K_1。

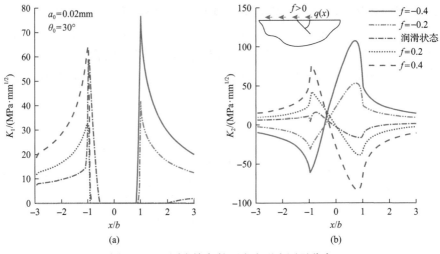

图 3-35　不同摩擦条件下应力强度因子分布

　　图 3-36 为两种润滑情况下等效应力强度因子幅值图。可以看到，在无润滑情况下，ΔK_{eff} 值与摩擦系数存在近似线性关系，摩擦系数越大，ΔK_{eff} 值越大。然而，润滑状态下，润滑油压力引起的裂纹开启效应增加了裂纹扩展的可能性。例如，润滑状态下的等效应力强度因子是摩擦系数为 0.1 情况时的 2 倍。

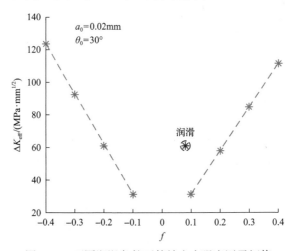

图 3-36　不同润滑条件下等效应力强度因子幅值

　　图 3-37(a)给出了不同初始裂纹角度 θ_0 下，K_1 在一个载荷循环周期内的演化过程。可以看出，较大的初始裂纹角度会使裂纹面在整个加载循环中保持较长时间的裂纹张开状态。同时，θ_0 对 K_2 的影响显著，如图 3-37(b)所示。随着初始裂纹角度从 K_2 变化到 75°，K_2 的最大值从 16MPa·mm$^{1/2}$ 增大到 26.5MPa·mm$^{1/2}$，同时相应的最小值从 –15.5MPa·mm$^{1/2}$ 增大到 5MPa·mm$^{1/2}$。这也意味着，随着裂

纹角度的增加，在一个载荷循环里，疲劳裂纹的扩展方向逐渐由剪切型应力强度因子的正值部分主导。

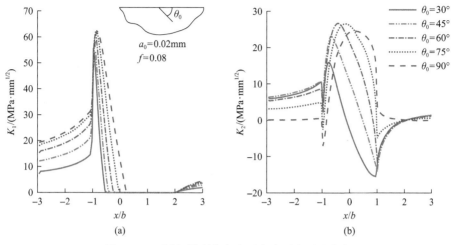

图 3-37 不同初始裂纹角度下应力强度因子分布

不同初始裂纹长度 a_0 下应力强度因子在一个载荷循环周期内的变化如图 3-38 所示。由图可见，初始裂纹长度对应力强度因子有显著影响。初始裂纹长度从 0.02mm 增加到 0.1mm 时，K_1 的最大值 $35\text{MPa} \cdot \text{mm}^{1/2}$ 急剧增大到 $270\text{MPa} \cdot \text{mm}^{1/2}$，相应地，$K_2$ 从 $20\text{MPa} \cdot \text{mm}^{1/2}$ 增大到 $120\text{MPa} \cdot \text{mm}^{1/2}$。同时，随着初始裂纹长度的增加，应力强度因子的峰值位置向右移动。也就是说，初始裂纹的增加使得在一个啮合周期内，应力强度因子峰值出现的时刻后延。

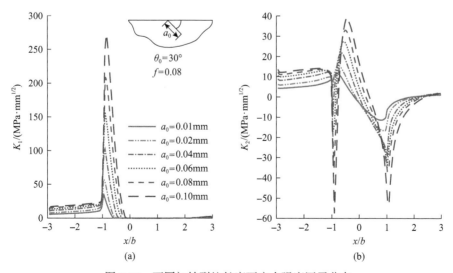

图 3-38 不同初始裂纹长度下应力强度因子分布

初始裂纹参数(包括裂纹长度和角度)对等效应力强度因子幅值 ΔK_{eff} 的综合影响如图 3-39 所示。当初始裂纹方向与齿轮表面夹角较小时(如 30° 和 150°), ΔK_{eff} 的值明显很高，且随着初始裂纹长度的增加，这种现象更加明显。此外，尽管所讨论的初始裂纹方向关于齿面法向对称，但对应的 ΔK_{eff} 并不具备这样相同的对称特征，这是由于在对称的裂纹状态下，其应力分布并不相同，进而形成不同的应力强度因子。

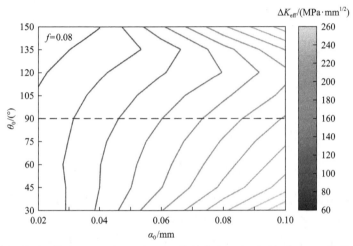

图 3-39　初始裂纹角度 θ_0 和裂纹长度 a_0 对等效应力强度因子幅值 ΔK_{eff} 的综合影响图

图 3-40 给出了不同初始裂纹角度下等效应力强度因子幅值随裂纹长度的变化规律。当初始裂纹角度为 θ_0 为 30° 时， ΔK_{eff} 在裂纹长度 0.1mm 以内增长缓慢，之后急剧上升；相反，该值在其他情况的初始裂纹角度下增长缓慢。初始裂纹角度增长曲线在所研究的范围内与裂纹长度近似呈线性关系。

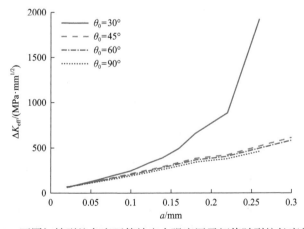

图 3-40　不同初始裂纹角度下等效应力强度因子幅值随裂纹长度的变化

也就是说，当求解 ΔK_{eff} 时，对于短裂纹，分支裂纹可以近似地用直裂纹代替。值得注意的是，当超过断裂韧度 K_{c} 时，Paris 公式定律不适用，因为此时裂纹扩展速率趋于无穷大，裂纹会发生瞬间扩展。然而，该阶段的裂纹扩展对疲劳裂纹扩展寿命的影响几乎可以忽略不计。

图 3-41 给出了不同初始裂纹角度下齿轮滚动接触疲劳裂纹扩展路径，可以看出初始裂纹角度在很大程度上影响了滚动接触疲劳裂纹扩展路径。在裂纹扩展的前期，不同初始角度的裂纹均向齿轮内部扩展。而对于 $\theta_0 = 30°$ 的情况，裂纹在到达最深位置 0.072mm 左右时开始向表面扩展，最终形成典型的表面起始的滚动接触疲劳失效。

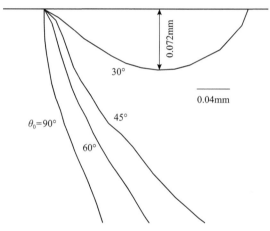

图 3-41　不同初始裂纹角度下齿轮滚动接触疲劳裂纹扩展路径

本节针对考虑润滑油侵入效应的齿轮接触疲劳裂纹扩展进行了案例分析，认为当表面出现疲劳裂纹后，润滑的侵入效应会促进裂纹的扩展。但是，润滑对表面疲劳裂纹的萌生具有很好的抑制作用，因此润滑状态下，接触疲劳总寿命依旧会得到显著提高。本节所探讨的弹流润滑状态是齿轮润滑的理想状态，但真实接触条件下，齿轮往往处于未充分润滑的边界润滑、乏油润滑等其他状态。因此，如何综合考虑界面润滑、表面粗糙度、裂纹萌生状态等因素，建立一个更加真实的齿轮接触疲劳裂纹扩展模型是一个值得深入探讨的问题。

3.5　基于微结构力学的疲劳模型

由第 1 章可知，齿轮的接触疲劳问题是一个多因素影响、多失效模式的复杂问题。在考虑齿轮材料微观结构因素的建模过程中，如何构建更加真实合理的材料微观结构几何拓扑至关重要。目前，国内外采用的较为有效的疲劳模型生成方法主要有：①能够模拟晶粒形核及长大的元胞自动机法；②基于扫描电子显微镜、电子背散射衍射 (electron back-scatter diffraction, EBSD) 等实际微结构形貌测量结果并结合机器视觉识别直接导入模型的方法；③Voronoi 方法。由于 Voronoi 法的晶粒几何形貌生成简单，能够实现晶粒平均尺寸的程序可控且计算原理与实际金属形核长大过程契合，本节着重介绍这种计算图形学中最重要的一种方法。

在齿轮模型中生成材料微观几何结构以后，如果继续使用材料均质性假设，对于只需要考虑晶界上的应力状态对其疲劳寿命影响的研究需求，该模型已经足够。但是，材料中不同晶粒的原子排列方式不同（通常指晶粒取向不同），导致各个晶粒在不同方向上具有不同的力学响应，这会直接造成齿轮次表层相邻晶粒间出现显著的应力集中现象，进而影响齿轮的抗疲劳特性。因此，基于微结构力学的齿轮疲劳模型中还需要考虑该种晶体各向异性弹塑性本构，使计算结果更为准确合理。

3.5.1　材料微结构几何拓扑建模

本章主要介绍使用 MATLAB 及其 MPT 3.0 工具箱生成带梯度的二维 Voronoi 图并提取各顶点坐标信息，为后续使用 Python 软件将顶点坐标导入 Abaqus 齿轮模型中做准备。

生成具有梯度特征的二维 Voronoi 图的基本步骤为：

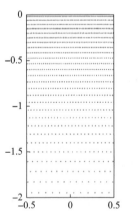

图 3-42　具有梯度特征的规则种子点

（1）布置规则的种子点，即在有限二维空间内生成 N 个种子点，该 N 个种子点将作为后续生成 Voronoi 图的依据。可以通过控制种子点间的间隔来控制最后生成的晶粒尺寸，也可控制不同深度位置处的种子点间距来生成具有梯度特征的 Voronoi 图。初步生成的规则的种子点如图 3-42 所示。

（2）若基于第一步中生成的规则种子点直接画出 Voronoi 图，则得到的晶粒几何拓扑也将会十分规则，这显然是不合理的，因为实际金属材料的微结构几何拓扑具有很强的随机性。因此需要将种子点按照一定规则进行随机偏移处理，以描述材料晶体几何分布的真实特性。偏移规则可以描述为，以初始规则种子点为中心，构建宽度为相邻种子点距离的矩形，通过设定随机偏移因子进而控制初始种子点位置在该矩形内随机波动。由于生成的随机种子点会出现两点距离过近导致 Voronoi 图生成不合理，所以还需通过距离判定来重新生成距离过近的随机种子点。最后生成的随机种子点分布如图 3-43 所示。

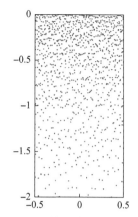

图 3-43 具有梯度特征的随机种子点

（3）将上一步中得到的种子点坐标信息存入 MATLAB 数组中，使用 mpt_voronoi 函数生成 Voronoi 图。生成的 Voronoi 图会出现极短边，这会导致模型网格划分困难，因此，这里需采用短边消除法对生成的 Voronoi 图进一步进行优化。

要去除 Voronoi 多边形的短边，需要找到 MPT 工具箱运行出的 Voronoi 多边形中存在的短边，这里提出两种判断短边的办法。

针对 MPT 工具箱，可以用 Pn.Set.forEach 函数提取 MPT 工具箱生成的 Voronoi 图顶点信息。后续均通过提取出的顶点信息实现 Voronoi 图的优化处理。在判断短边之前需要对读出的点阵信息进行处理。即需要针对每个多边形的顶点进行排序，这样在之后对几何边的循环判断中可以避免重复和乱序。

排序方法上，可通过读取每个多边形顶点和中心连线与 x 轴夹角的反三角函数来排序。

图 3-44 表明在一个单位圆内 atan2 函数在各点的取值，圆内各标注均以幅度表示。

$$\mathrm{atan2}(x,y)=\begin{cases} \arctan\left(\dfrac{y}{x}\right), & x>0 \\ \arctan\left(\dfrac{y}{x}\right)+\pi, & y\geqslant 0, x>0 \\ \arctan\left(\dfrac{y}{x}\right)-\pi, & y<0, x>0 \\ +\dfrac{\pi}{2}, & y>0, x=0 \\ -\dfrac{\pi}{2}, & y<0, x=0 \\ \mathrm{undefined}+\dfrac{\pi}{2}, & y=0, x=0 \end{cases} \tag{3-143}$$

因此，直接将得到的反三角函数值用 sortrows 函数进行升序排序，得到一个由三象限到二象限的逆时针排序。

采用夹角判断法来优化短边，即利用相邻顶点与 Voronoi 多边形中心夹角的大小来判断短边，判断流程如下：

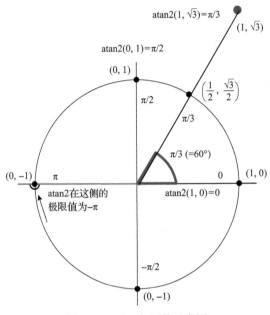

图 3-44　反三角函数示意图

（1）对所有 Voronoi 多边形逐一判断，循环到第 i 个多边形，依次求出该多边形的第 j 个顶点和第 $j+1$ 个顶点与该多边形的中心夹角 θ 。

（2）如果该角度 θ 小于 6°且不等于 0°，则判断 j-$j+1$ 形成的边为极短边，否则，判断下一条边。

（3）对于第一个顶点与最后一个顶点的夹角，需要单独判断。

（4）找到极短边后，短边消除是用后面的点 $j+1$ 替代前面的点 j，即将后面的坐标信息赋给前面的点。

（5）遍历 Voronoi 几何模型中所有的点，找出与 j 点坐标相近的（由于 MATLAB 计算数据偏差，同一点的坐标值有微小的差距，判断距离小于 0.00001 则认为是同一点），均用点 $j+1$ 的坐标信息进行替换。

通过夹角判断法得到的消除短边后的效果如图 3-45 所示，不难看出用该方法可以去掉在 Voronoi 多边形中存在的极短边。

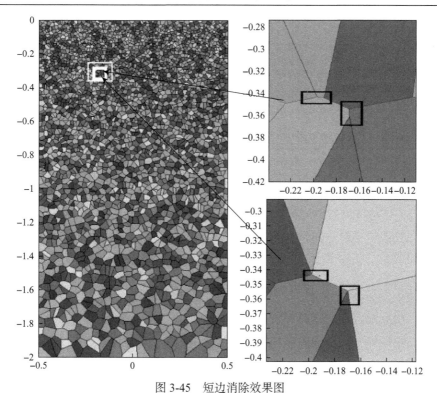

图 3-45　短边消除效果图

图左为消除后的 Voronoi 几何图，图右上为消除前细节图，图右下为消除后细节图

3.5.2　晶体弹塑性本构

对于齿轮疲劳行为的数值模拟，材料力学行为的精确描述非常重要，因为无论是疲劳强度分析、承载能力计算还是疲劳寿命预估，亦或是疲劳裂纹萌生与扩展模拟，都依赖循环受载下的准确的应力-应变响应提取。已有的大多数齿轮疲劳有限元数值模拟都是基于均质材料的假设，属于弹性或弹塑性力学理论范畴[141-143]。尽管如此，已有的相关研究能够得到较为合理的结果，并且在一定程度上支撑齿轮的工程设计与结构优化。然而它们都受限于经验知识，并且依赖于对疲劳形成现象的逼近。在细观力学的理论框架内，材料/结构件的宏观机械性能是由微观结构力学行为所决定的。国内外学者在大量试验观察的基础上，开发了一些可用于金属材料的微结构力学本构模型，主要包括基于连续损伤的 Voronoi有限元模型（CDM-VFEM）、晶体弹性各向异性模型（crystal elasticity anisotropy）、晶体塑性模型（crystal plasticity），应用于滚动接触疲劳描述微结构力学行为，以提升对疲劳关键特征和机理的理解。

采用包含晶体变形运动学和弹塑性本构关系的晶体弹塑性理论框架，描述微观层面上齿轮材料的力学响应。本章将在晶体弹塑性的理论框架下，采用各向同性强化和随动强化的综合强化规律，推导齿轮材料在服役时微观滑移系上的本构关系。

晶体塑性理论起源于 Taylor 和 Elam[144]在 20 世纪 20 年代的早期工作。他们的研究清楚地表明，金属变形和材料晶体学结构特征密切相关，且对于微观结构敏感，并开创性地提出了单晶塑性运动学方程和本构关系，奠定了晶体塑性理论的基础。近几十年来，材料试验表征技术、位错理论的进步以及计算机分析能力的发展，促进了晶体塑性理论向广度和深度发展，基于晶体塑性细观力学的模拟也越来越多被用来探索金属材料和构件等的高周疲劳细观力学和损伤行为[145-147]。基于晶体塑性细观力学的模拟能够考虑材料微观结构特征的同时，纳入多晶体材料的 FCC 或 BCC 滑移系，精确提供局部变形应力-应变响应，由晶粒的细观响应得出宏观力学性能，因此更接近材料疲劳破坏的物理本质。

大多数齿轮材料是典型的多晶多相聚集体，其内部包含奥氏体、马氏体、铁素体等相成分，各相成分均具有不同的力学性能，但本书这里均假设齿轮材料各晶粒均为立方结构，具有高度的结构对称性。由于初始取向的不同，尽管各个晶粒在整体坐标系下的力学响应有很大差别，但在晶体局部坐标系下的力学响应是一致的，因此可以率先从单个晶体本构方程推导。

在晶粒局部坐标系下的弹性本构方程为

$$\boldsymbol{\sigma} = \boldsymbol{C}\boldsymbol{\varepsilon} \tag{3-144}$$

式中，$\boldsymbol{\sigma}$ 和 $\boldsymbol{\varepsilon}$ 分别为材料点的弹性应力和应变，其表达式如下：

$$\boldsymbol{\sigma} = \left\{ \sigma_{xx} \quad \sigma_{yy} \quad \sigma_{zz} \quad \tau_{xy} \quad \tau_{xz} \quad \tau_{yz} \right\} \tag{3-145}$$

$$\boldsymbol{\varepsilon} = \left\{ \varepsilon_{xx} \quad \varepsilon_{yy} \quad \varepsilon_{zz} \quad \gamma_{xy} \quad \gamma_{xz} \quad \gamma_{yz} \right\} \tag{3-146}$$

$\boldsymbol{C}$ 为晶粒局部坐标系下的弹性矩阵，对于立方晶体，$\boldsymbol{C}$ 由 C_{11}、C_{12} 和 C_{44} 三个独立的变量决定，弹性刚度矩阵的具体表达形式如下所示：

$$
\begin{bmatrix} \sigma_{xx} \\ \sigma_{yy} \\ \sigma_{zz} \\ \tau_{xy} \\ \tau_{xz} \\ \tau_{yz} \end{bmatrix} =
\begin{bmatrix}
C_{11} & C_{12} & C_{12} & 0 & 0 & 0 \\
C_{12} & C_{11} & C_{12} & 0 & 0 & 0 \\
C_{12} & C_{12} & C_{11} & 0 & 0 & 0 \\
0 & 0 & 0 & C_{44} & 0 & 0 \\
0 & 0 & 0 & 0 & C_{44} & 0 \\
0 & 0 & 0 & 0 & 0 & C_{44}
\end{bmatrix}
\begin{bmatrix} \varepsilon_{xx} \\ \varepsilon_{yy} \\ \varepsilon_{zz} \\ \gamma_{xy} \\ \gamma_{xz} \\ \gamma_{yz} \end{bmatrix} \tag{3-147}
$$

为了初步评估材料的各向异性程度，需要通过三个弹性常数计算一个 Zener 各向异性比，若计算出来的结果越接近于 1，则材料更趋向于各向同性，若计算值越大，则材料各向异性程度越高，计算公式如下所示：

$$A = \frac{2C_{44}}{2C_{11} - C_{12}} \tag{3-148}$$

由于齿轮材料晶粒取向的随机性，不同晶粒的取向是不同的，因此，当晶粒局部坐标系与整体坐标系的方向不一致时，还需要将弹性矩阵进行如下转换：

$$C_{\text{global}} = A C_{\text{local}} A^{\text{T}} \tag{3-149}$$

式中，A 为与角度相关的旋扭矩阵，具体形式如下所示：

$$A = \begin{bmatrix} l_1^2 & m_1^2 & n_1^2 & 2l_1m_1 & 2l_1n_1 & 2m_1n_1 \\ l_2^2 & m_2^2 & n_2^2 & 2l_2m_2 & 2l_2n_2 & 2m_2n_2 \\ l_3^2 & m_3^2 & n_3^2 & 2l_3m_3 & 2l_3n_3 & 2m_3n_3 \\ l_1l_2 & m_1m_2 & n_1n_2 & l_1m_2 + l_2m_1 & l_1n_2 + l_2n_1 & m_1n_2 + m_2n_1 \\ l_1l_3 & m_1m_3 & n_1n_3 & l_1m_3 + l_3m_1 & l_1n_3 + l_3n_1 & m_1n_3 + m_3n_1 \\ l_2l_3 & m_2m_3 & n_2n_3 & l_2m_3 + l_3m_2 & l_2n_3 + l_3n_2 & m_2n_3 + m_3n_2 \end{bmatrix} \tag{3-150}$$

其中，l_i、m_i 和 n_i（i=1，2，3）分别是如表 3-7 所示的方向余弦。

表 3-7　整体坐标系与晶粒局部坐标系之间的关系

晶粒局部坐标系	整体坐标系		
	x_1	x_2	x_3
x	l_1	m_1	n_1
y	l_2	m_2	n_2
z	l_3	m_3	n_3

1）晶体变形运动学

晶体的变形是由晶体的位错沿特定晶体学平面的滑移和晶格的畸变两部分组成的[148]。晶格畸变属于弹性力学范畴，通常使用弹性力学进行描述，而位错滑移则是塑性变形的结果。由于材料发生塑性变形时，材料晶体内部存在大量位错，因此假设材料的滑移是均匀的，这时便可以使用连续介质力学的方法来进行描述。当金属材料在外载荷的作用下变形时，假设在初始构型与当前构型中间存在一个中间构型。材料先发生沿滑移系的塑性变形，然后在此基础上进行弹性变形的晶格畸变和扭转，进而到达当前构型。

晶体的总变形梯度 F 可以乘法分解为弹性变形梯度 F^{e} 和塑性变形梯度 F^{p}：

$$F = F^{\text{e}} \cdot F^{\text{p}} \tag{3-151}$$

Green 应变张量 E 可写为

$$E = \frac{1}{2}\left(F^{\text{T}}F - I\right) \tag{3-152}$$

滑移系的初始滑移方向和初始法向满足以下关系：

$$s_0^{(\alpha)} \cdot m_0^{(\alpha)} = 0 \tag{3-153}$$

塑性变形梯度 F^{p} 可以被描述为

$$F^{\mathrm{p}} = \sum_{\alpha=1}^{N} F^{(\alpha)\mathrm{p}} = \sum_{\alpha=1}^{N} I + \gamma^{(\alpha)} \left(s_0^{(\alpha)} \otimes m_0^{(\alpha)} \right) \tag{3-154}$$

晶体变形过程中的晶格畸变将导致滑移系的滑移方向和法向发生旋转，当前滑移方向和法向可表示为

$$s^{(\alpha)} = F^{\mathrm{e}} \cdot s_0^{(\alpha)} \tag{3-155}$$

$$m^{(\alpha)} = m_0^{(\alpha)} \cdot F^{\mathrm{e}-1} \tag{3-156}$$

$$s^{(\alpha)} \cdot m^{(\alpha)} = 0 \tag{3-157}$$

即在变形梯度 F 的作用下，滑移方向由 $s_0^{(\alpha)}$ 变为 $s^{(\alpha)}$，滑移系法向由 $m_0^{(\alpha)}$ 变为 $m^{(\alpha)}$。

速度梯度 L 与变形梯度 F 之间的关系可以被描述为

$$L = \frac{\partial v}{\partial x} = \dot{F} F^{-1} = L^{\mathrm{e}} + L^{\mathrm{p}} \tag{3-158}$$

$$L^{\mathrm{e}} = \dot{F}^{\mathrm{e}} \left(F^{\mathrm{e}} \right)^{-1} \tag{3-159}$$

$$L^{\mathrm{p}} = F^{\mathrm{e}} \dot{F}^{\mathrm{p}} \left(F^{\mathrm{p}} \right)^{-1} \left(F^{\mathrm{e}} \right)^{-1} \tag{3-160}$$

式中，L^{e} 为弹性应变引起的晶格畸变与扭转对速度梯度张量的贡献；L^{p} 则为塑性变形的贡献。速度梯度的对称部分 D 变形率张量和反对称部分 Ω 旋率张量可以分别表示为

$$L = D + \Omega \tag{3-161}$$

$$D = \frac{1}{2} \left(L + L^{\mathrm{T}} \right) \tag{3-162}$$

$$\Omega = \frac{1}{2} \left(L - L^{\mathrm{T}} \right) \tag{3-163}$$

$$L^{\mathrm{p}} = D^{\mathrm{p}} + \Omega^{\mathrm{p}} = F^{\mathrm{e}} \cdot \dot{F}^{\mathrm{p}} \cdot \left(F^{\mathrm{p}} \right)^{-1} \cdot \left(F^{\mathrm{e}} \right)^{-1} \tag{3-164}$$

因此可得

$$L^{\mathrm{p}} = \sum_{\alpha=1}^{N} \dot{\gamma}^{(\alpha)} s^{(\alpha)} \otimes m^{(\alpha)} \tag{3-165}$$

进而，变形率张量和旋率张量的塑性部分可描述为

$$\boldsymbol{\Omega}^{\mathrm{p}} = \frac{1}{2}\left(\boldsymbol{L}^{\mathrm{p}} \cdot \left(\boldsymbol{L}^{\mathrm{p^T}}\right)\right) = \sum_{\alpha=1}^{N} \boldsymbol{W}^{(\alpha)} \dot{\gamma}^{(\alpha)} \tag{3-166}$$

$$\boldsymbol{D}^{\mathrm{p}} = \frac{1}{2}\left(\boldsymbol{L}^{\mathrm{p}} + \left(\boldsymbol{L}^{\mathrm{p^T}}\right)\right) = \sum_{\alpha=1}^{N} \boldsymbol{P}^{(\alpha)} \dot{\gamma}^{(\alpha)} \tag{3-167}$$

$$\boldsymbol{\Omega}^{\mathrm{p}} = \frac{1}{2}\sum_{\alpha=1}^{N}\left(\boldsymbol{s}^{(\alpha)} \otimes \boldsymbol{m}^{(\alpha)} - \boldsymbol{m}^{(\alpha)} \otimes \boldsymbol{s}^{(\alpha)}\right)\dot{\gamma}^{(\alpha)} = \sum_{\alpha=1}^{N} \boldsymbol{W}^{(\alpha)} \dot{\gamma}^{(\alpha)} \tag{3-168}$$

$$\boldsymbol{D}^{\mathrm{p}} = \frac{1}{2}\sum_{\alpha=1}^{N}\left(\boldsymbol{s}^{(\alpha)} \otimes \boldsymbol{m}^{(\alpha)} + \boldsymbol{m}^{(\alpha)} \otimes \boldsymbol{s}^{(\alpha)}\right)\dot{\gamma}^{(\alpha)} = \sum_{\alpha=1}^{N} \boldsymbol{P}^{(\alpha)} \dot{\gamma}^{(\alpha)} \tag{3-169}$$

$\boldsymbol{s}^{(\alpha)} \otimes \boldsymbol{m}^{(\alpha)}$ 通常被称为 Schmid 因子，$\boldsymbol{P}$ 与 $\boldsymbol{W}$ 分别为 Schmid 因子的对称部分与反对称部分。

2) 晶体塑性本构

根据晶体塑性理论，滑移系上的分解剪应力可以被施密特分解表示为

$$\tau^{(\alpha)} = \left(\boldsymbol{m}^{(\alpha)} \otimes \boldsymbol{s}^{(\alpha)}\right) : \sigma \tag{3-170}$$

根据 Asaro 和 Rice 等的研究[149,150]，为了克服传统率无关模型中滑移系开动的不确定性，采用率相关硬化模型。该模型对滑移系分解剪应力和滑移率的关系描述为

$$\dot{\gamma}^{(\alpha)} = \dot{\gamma}^{(\alpha)} \operatorname{sgn}\left(\tau^{(\alpha)}\right)\left|\frac{\tau^{(\alpha)}}{g_0^{(\alpha)}}\right| \tag{3-171}$$

为了考虑材料在循环载荷下应力-应变响应的 Bauschinger 效应，Cailletaud 等[151]在每个滑移系上引入背应力演化和非线性随动强化，在该模型下滑移系分解剪应力和滑移率的关系可表示为

$$\dot{\gamma}^{(\alpha)} = \dot{\gamma}_0^{(\alpha)} \operatorname{sgn}\left(\tau^{(\alpha)} - \chi^{(\alpha)}\right)\left|\frac{\tau^{(\alpha)} - \chi^{(\alpha)}}{g_0^{(\alpha)}}\right| \tag{3-172}$$

其中滑移系剪切强度增量可被表示为

$$g_0^{(\alpha)}(\gamma) = \sum_{\beta}^{n} h_{\alpha\beta}(\gamma)\dot{\gamma}^{(\beta)} \tag{3-173}$$

$$\gamma = \int \sum_{\beta}^{n}\left|\mathrm{d}\gamma^{(\beta)}\right| \tag{3-174}$$

$$h_{\alpha\beta}(\gamma) = H\left[q + (1-q)\delta_{\alpha\beta}\right] \tag{3-175}$$

背应力的演化可描述为

$$\dot{\chi}^{(\alpha)} = c\dot{\gamma}^{(\alpha)} - b\chi^{(\alpha)}\left|\dot{\gamma}^{(\alpha)}\right| \tag{3-176}$$

至此，完成了考虑滑移系背应力演化的晶体塑性本构方程建立。

3.5.3　晶体塑性材料参数拟合方法

在完成晶体弹塑性本构方程的推导以后，还需对各材料参数进行拟合标定。参数拟合标定的思路是将目标材料仿真拉伸得到的应力-应变曲线与拉伸试验得到的应力-应变曲线进行对比，逐步调整仿真中的各输入材料参数，最终使两条曲线趋于一致，即完成了材料参数标定。通常对各参数的拟合方法采用试错法，即控制某参数不变，调整控制其他参数，从而使最终的本构曲线与拉伸试验应力-应变曲线基本拟合一致。

在仿真拉伸中，建立准确的拉伸模型至关重要，同时如何提取拉伸后的应力、应变数据点也有不同的方法。

1）拉伸模型的建立

在商业有限元软件中首先建立带晶粒的二维拉伸模型，如图 3-46 所示，其中晶粒个数约为 100，边界条件为约束模型左侧 X 方向的移动和绕 Z 轴的转动，并对左下角的点进行全约束即固定其所有自由度；模型的上下侧进行多点约束，保证所有在该位置处的节点都有相同的 Y 方向的位移，并对模型右侧进行位移加载。

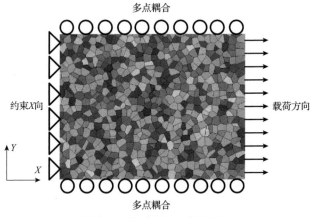

图 3-46　单轴拉伸有限元模型

2）应力平均化的精确提取法

在建立好拉伸模型并进行运算以后，需要提取各单元的应力、应变数据进行曲线拟合获得多晶体的力学响应，较为准确的方法是在整个拉伸模型上提取所有单元的应力、应变数据并进行平均化，从而拟合得到应力-应变曲线，该方法称为

应力平均化的精确提取法(简称精确提取法)。具体计算公式为

$$\sigma = \frac{1}{V}\sum_{i=1}^{M}\sigma^i v^i \tag{3-177}$$

$$\varepsilon = \frac{1}{V}\sum_{i=1}^{M}\varepsilon^i v^i \tag{3-178}$$

式中，v^i 为第 i 个单元的体积；M 为单元的个数；V 为整个拉伸模型的体积；σ^i 和 ε^i 分别为第 i 个单元的应力和应变分量。式(3-177)和式(3-178)表明多晶代表性区域的宏观响应是由各个单元在整个区域上体积平均化的结果。

实施精确提取法需要将整个区域所有单元的应力、应变数据提取并进行平均化，并且该操作需要在每一帧反复进行，因此该方法比较复杂耗时。基于此，本章还提出了第二种方法——快速提取法，即只需要简单提取模型右侧单元节点应力-应变响应：对于位移控制下的单轴拉伸仿真，首先提取在每一个时刻的模型右侧所有节点上的节点力，求和处理为 RF_1，并除以模型右侧面积 Width 来获得宏观应力，由于二维模型厚度为 1，因此右侧面积就为矩形模型的宽度；其次将每一时刻模型右侧的位移 U_1 除以拉伸方向的长度(即矩形的长度 Length)来获得宏观应变。应力和应变的表达式如下：

$$\sigma = \frac{\mathrm{RF}_1}{\mathrm{Length}} \tag{3-179}$$

$$\varepsilon = \frac{U_1}{\mathrm{Width}} \tag{3-180}$$

图3-47 为通过两种不同方法拟合得到的应力-应变曲线。由图可以发现，精确

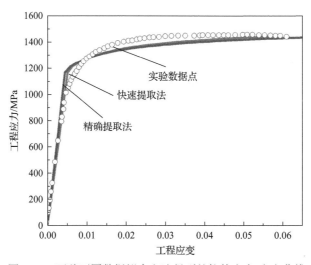

图 3-47　两种不同数据拟合方法得到的拉伸应力-应变曲线

提取法和快速提取法得到的应力-应变曲线基本吻合，因此在实际中可以使用快速提取法来进行材料参数的高效标定。

3.5.4　细观疲劳损伤

在齿轮循环加载过程中，为了模拟材料在微观层面上的退化过程，这里对三个弹性常数和各滑移系上强度进行损伤，如下所示：

$$C_{11}^{n+1} = C_{11}^{n}(1-D), \quad C_{12}^{n+1} = C_{12}^{n}(1-D)$$
$$C_{44}^{n+1} = C_{44}^{n}(1-D), \quad g_{n+1}^{(\alpha)} = g_{n}^{(\alpha)}(1-D) \tag{3-181}$$

式中，D 为损伤；n 和 $n+1$ 分别代表循环过程第 n 次和第 $n+1$ 次。对三个弹性常数进行等比例损伤类似于对宏观材料的弹性模量进行损伤，对各滑移系上强度进行损伤也是对宏观材料屈服极限进行损伤。

针对齿轮滚动接触疲劳失效问题等以剪切为主导的疲劳失效模式，损伤是通过 F-S 多轴疲劳准则来进行定义的，当然也可以根据需求选取其他合适的疲劳准则定义损伤。该准则基于滑移系上塑性剪应变幅值进而计算疲劳指示因子。在晶粒水平上采用考虑滑移面上剪切应变和法向应力为疲劳损伤参量。各滑移系疲劳指示因子可以表示为

$$\mathrm{FIP}_i = \left(1 + k'\frac{\sigma_{\mathrm{n},i}}{\sigma_{\mathrm{y}}}\right)\frac{\Delta\gamma_i}{2} \tag{3-182}$$

式中，$\Delta\gamma_i / 2$ 为第 i 个滑移系的最大剪应变幅值；σ_{y} 为材料屈服极限；σ_{n} 代表滑移面最大正应力；材料常数 k' 取 0.5[152]。

对于齿轮材料，由于次表面夹杂物所引起的应力集中作用，夹杂周围基体的局部材料可能会受到棘轮损伤的影响。局部棘轮损伤的累积是材料延性退化的主要原因，并将进一步引起微裂纹的萌生。因此，这里共考虑两种损伤，一种是齿轮材料在循环载荷下承受的疲劳损伤，另一种是在循环载荷下由局部塑性累积带来的棘轮损伤。单个晶粒每循环的棘轮塑性应变增量定义为

$$\left(\Delta\varepsilon_{ij}^{\mathrm{p}}\right)_{\mathrm{ratch}} = \left.\varepsilon_{ij}^{\mathrm{p}}\right|_{\mathrm{end\ of\ the\ cycle}} - \left.\varepsilon_{ij}^{\mathrm{p}}\right|_{\mathrm{start\ of\ the\ cycle}} \tag{3-183}$$

$$\left(\Delta\gamma_{\max}\right)_{\mathrm{ratch}} = \left(\Delta\varepsilon_{ij}^{\mathrm{p}}\right)_{\mathrm{ratch}}\left(u_i \otimes v_j\right) \tag{3-184}$$

式中，v_j 为临界平面的单位法向量；u_i 为最大剪应变幅值所在平面的单位向量。

基于 F-S 多轴疲劳准则的疲劳损伤指示因子和棘轮损伤指示因子可分别表示为

$$\text{FIP}_{\text{fd}} = \left(1 + k' \frac{\sigma_{\text{n,max}}}{\sigma_{\text{ys}}}\right) \frac{\Delta\gamma_{\text{max}}}{2} \tag{3-185}$$

$$\text{FIP}_{\text{rd}} = \left(1 + k' \frac{\sigma_{\text{n,max}}}{\sigma_{\text{ys}}}\right) \frac{(\Delta\gamma_{\text{max}})_{\text{ratch}}}{2} \tag{3-186}$$

基于 F-S 准则的疲劳寿命计算方法，寿命公式可以表示为

$$\text{FIP}_{\text{max}} = \left(1 + k' \frac{\sigma_{\text{n,max}}}{\sigma_{\text{ys}}}\right) \frac{\Delta\gamma_{\text{max}}}{2} = \frac{\tau'_{\text{f}}}{G}(2N_{\text{f,fd}})^b + \gamma'_{\text{f}}(2N_{\text{f,fd}})^c \tag{3-187}$$

$$N_{\text{f,rd}} = \frac{\gamma_{\text{cri}}}{\text{FIP}_{\text{rd}}} \tag{3-188}$$

式中，τ'_{f} 和 γ'_{f} 分别为剪切疲劳强度和剪切疲劳延性系数；b 和 c 分别为疲劳强度指数和疲劳延性指数；G 为剪切弹性模量；$N_{\text{f,fd}}$ 和 $N_{\text{f,rd}}$ 分别为疲劳损伤和棘轮损伤所对应的产生裂纹萌生的循环服役次数。

单次载荷循环作用下的疲劳和棘轮效应引起的损伤 ΔD_{f} 和 ΔD_{r} 分别可以描述为

$$\frac{\text{d}D_{\text{f}}}{\text{d}N} = \frac{1}{N_{\text{f,fd}}} \tag{3-189}$$

$$\frac{\text{d}D_{\text{r}}}{\text{d}N} = \frac{1}{N_{\text{f,rd}}} = \frac{\text{FIP}_{\text{rd}}}{\gamma_{\text{cri}}} \tag{3-190}$$

式中，γ_{cri} 为反映材料延性的材料常数。

每个载荷循环的损伤是疲劳损伤和棘轮损伤的总和。该累积损伤以线性形式表示为

$$D = D_{\text{f}} + D_{\text{r}} = \sum_{i}^{n}\left(\frac{\text{d}D_{\text{f}}}{\text{d}N} + \frac{\text{d}D_{\text{r}}}{\text{d}N}\right) \tag{3-191}$$

至此，得到了各滑移系上在单次循环块上的总损伤，随后为了模拟材料整个服役退化过程，基于循环跳跃法建立多个循环块便可计算获得各个滑移系在不同循环加载次数的损伤累计值，当总损伤达到设定阈值，便可判定材料发生疲劳失效，并可以计算获得零件的疲劳寿命具体值。

3.5.5　基于晶体弹性理论的齿轮接触疲劳案例分析

本节以某风电齿轮副为例，分析齿轮材料微结构各向异性对其接触疲劳性能的影响，齿轮几何参数见表 3-2。由于齿轮存在单齿、多齿交替啮合区域，沿着齿廓方向的最大接触压力值会随着啮合位置的变化而变化，通常在节点区域附近会产生最大接触压力值，因此，重点考虑节点区域附近材料应力及疲劳失效状态。综合考虑计算代价及计算结果的准确性，主要使用等效简化模型来进行计算。

考虑到齿轮材料是典型的多晶聚集体，在其内部通常具有大量不同初始取向及不同几何拓扑的晶粒，为了更准确描述各向异性下的材料本构模型，简要介绍基于晶体弹性理论的齿轮接触疲劳失效分析。

首先将基于 Python 软件二次开发生成的 Voronoi 图几何信息导入齿轮接触模型中模拟晶粒几何形貌，同时为各晶粒设置不同的随机初始取向，编制晶体弹性本构 FORTRAN 子程序便可实现各向异性模型开发。所建立的齿轮接触疲劳有限元模型示意图如图 3-48 所示。

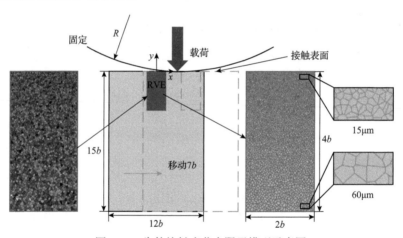

图 3-48　齿轮接触疲劳有限元模型示意图

如图 3-49 所示，基于所建立的有限元模型计算结果可以发现，相较于材料均质性假设，尽管应力云图的大致分布形状区域类似，各向异性模型的次表层 von Mises 应力分布会更加发散，且在局部由于相邻晶粒的变形不匹配性会出现显著的应力集中现象，导致明显的应力水平提升，并进一步增加了材料的失效风险。这表明在开展如齿轮接触疲劳失效这类与材料微结构特征具有强烈关联性的研究工作时，考虑材料内部各向异性特性必不可少。

为了更好地关注各向异性带来的应力波动情况，选择 von Mises 等效应力及两个方向的正应力作为探究对象。根据由齿轮表层到齿轮芯部所建立的路径分别获取各向同性和各向异性模型的三个分应力的分布情况，如图 3-50 所示。可以看

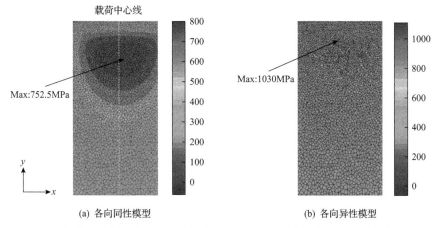

(a) 各向同性模型 (b) 各向异性模型

图 3-49 各向同性与各向异性模型 von Mises 应力比较(单位：MPa)

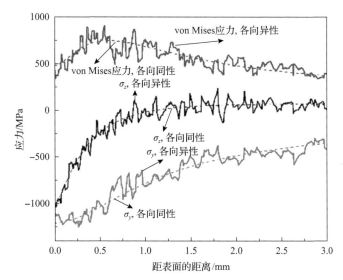

图 3-50 三种应力分量在不同模型中沿深度方向的分布规律

出，材料各向异性特征会导致应力分布出现显著波动，在不同深度位置处三个应力分量均出现了应力集中，而各向同性模型则十分平滑。尽管如此，两种模型的应力分量沿着深度方向的分布趋势基本一致，也进一步验证了所开发的晶体弹性理论的合理性。

3.6 本章小结

本书第 2 章介绍了齿面接触应力-应变响应的求解方法，作为第 2 章的延续，本章基于求解出的齿面接触应力和应变历程，采用接触疲劳理论探讨了齿轮接触疲劳寿命的预测方法；介绍了通过统计型、确定型疲劳寿命预测模型直接获取齿轮接触疲劳寿命，借助临界面理论，还可以考虑接触疲劳多轴应力特征；基于连续损伤力学，将齿轮的接触疲劳过程描述为齿轮材料力学性能不断退化的过程，通过材料性能完全退化来代表齿轮接触疲劳失效；基于经典的断裂力学理论，介绍了齿轮接触疲劳裂纹扩展研究，并提出了求解表面起始裂纹的裂纹扩展速率和扩展路径的方程；从齿轮材料的角度，介绍了基于齿轮微结构的疲劳损伤分析方法，从微结构几何建模到晶体弹塑性本构方程推导再到晶体损伤演化分析。

值得注意的是，齿轮的接触疲劳失效机理复杂，影响因素众多，本章仅对理想状态的齿轮进行了接触疲劳寿命的预测，忽略了诸如残余应力、硬度梯度、粗糙度等表面完整性因素的影响，而表面完整性因素在很大程度上决定了齿轮接触疲劳性能，为此在接下来的4~6章中将重点对齿轮表面完整性因素进行探讨。

参 考 文 献

[1] Liu H, Liu H, Bocher P, et al. Effects of case hardening properties on the contact fatigue of a wind turbine gear pair[J]. International Journal of Mechanical Sciences, 2018, 141: 520-527.

[2] Karolczuk A, Macha E. A review of critical plane orientations in multiaxial fatigue failure criteria of metallic materials[J]. International Journal of Fracture, 2005, 134(3): 267-304.

[3] Zhang B Y, Liu H J, Zhu C C, et al. Numerical simulation of competing mechanism between pitting and micro-pitting of a wind turbine gear considering surface roughness[J]. Engineering Failure Analysis, 2019, 104: 1-12.

[4] Weibull W. A statistical theory of strength of materials[J]. Royal Swedish Institute for Engineering Research, 1939, 151: 1-45.

[5] Lundberg G, Palmgren A. Dynamic capacity of rolling bearings[J]. Acta Polytechnica Mechanical Engineering Sciences, 1947, 7(3): 1-7.

[6] ISO 281-1990. Rolling bearings: Dynamic load ratings and rating life[S]. Geneva: International Organization for Standardization, 1990.

[7] Ioannides E, Harris T A. A new fatigue life model for rolling bearings[J]. Journal of Tribology, 1985, 107(3): 367-377.

[8] Tallian T. Weibull distribution of rolling contact fatigue life and deviations therefrom[J]. Asle Transactions, 1962, 5(1): 183-196.

[9] Zaretsky E V. Fatigue criterion to system design, life, and reliability[J]. Journal of Propulsion and Power, 1987, 3(1): 76-83.

[10] 凌丹. 威布尔分布模型及其在机械可靠性中的应用研究[D]. 成都: 电子科技大学, 2011.

[11] 刘腾腾. 轴承寿命预测及其可靠性分析研究[D]. 洛阳: 河南科技大学, 2009.

[12] Coy J J, Zaretsky E V. Life analysis of helical gear sets using Lundberg-Palmgren theory[R]. NASA, 1975.

[13] Coy J J. Analysis of dynamic capacity of low-contact-ratio spur gears using Lundberg-Palmgren theory[R]. NASA, 1975.

[14] 徐鹤琴, 汪久根, 王庆九. 滚动轴承疲劳失效过程与寿命模型的研究[J]. 轴承, 2016, (4): 57-62.

[15] 王献锋, 陈科, 赖俊贤, 等. 滚动轴承寿命理论的发展[J]. 轴承, 2002, 9: 36-40.

[16] Townsend D P, Coy J J, Zaretsky E V. Experimental and analytical load-life relation for AISI 9310 steel spur gears[J]. Journal of Mechanical Design, 1978, 100(1): 54-60.

[17] Coy J J, Townsend D P, Zaretsky E V. An update on the life analysis of spur gears[J]. Advanced Power Transmission Technology, 1983, 421-433.

[18] Dang V K. Sur la résistance à la fatigue des métaux[D]. Paris: Université de Paris VI, 1971.

[19] Townsend D P, Zaretsky E V. Effect of shot peening on surface fatigue life of carburized and hardened AISI 9310 spur gears[J]. SAE Transactions, 1988, 97: 807-818.

[20] Zaretsky E V, Parker R J, Anderson W J, et al. Effect of component differential hardness on residual stress and rolling-contact fatigue(No. NASA-TN-D-2664-NASA Cleveland Lewis center)[R]. 1965.

[21] Townsend D P. Improvement in surface fatigue life of hardened gears by high-intensity shot peening[C]. The Sixth International Power Transmission and Gearing Conference, Scottsdale, 1992.

[22] Townsend D P, Patel P. Surface fatigue life of CBN and vitreous ground carburized and hardened AISI 9310 spur gears[J]. SAE Transactions, 1988, 97: 819-827.

[23] Townsend D P, Bamberger E N. Surface fatigue life of M50NiL and AISI 9310 spur gears and RC bars[C]. Proceedings of the International Conference on Motion and Power Transmissions, Hiroshima, 1991.

[24] Savage M, Knorr R J, Coy J J. Life and reliability models for helicopter transmissions[C]. Proceedings of the Rotary Wing Propulsion System Specialist Meeting, 1982.

[25] Savage M, Paridon C, Coy J J. Reliability model for planetary gear trains[J]. Journal of Mechanical Design, 1983, 105(3): 291-297.

[26] Savage M, Brikmanis C, Lewicki D, et al. Life and reliability modeling of bevel gear reductions[J]. Journal of Mechanical Design, 1988, 110(2): 189-196.

[27] Savage M, Radil K, Lewicki D, et al. Computerized life and reliability modeling for turboprop transmissions[J]. Journal of Propulsion and Power, 1989, 5(5): 610-614.

[28] Mooney C Z. Monte Carlo Simulation[M]. Thousand Oaks: Sage Publications, 1997.

[29] Zaretsky E V, Lewicki D G, Savage M, et al. Determination of turboprop reduction gearbox system fatigue life and reliability[J]. Tribology transactions, 2007, 50(4): 507-516.

[30] Jantara Jr V L, Papaelias M. Wind turbine gearboxes: Failures, surface treatments and condition monitoring[M]//Papaelias M, Márquez F P G, Karyotakis A. Non-Destructive Testing and

Condition Monitoring Techniques for Renewable Energy Industrial Assets. Amsterdam: Elsevier. 2020: 69-90.

[31] Widmark M, Melander A. Effect of material, heat treatment, grinding and shot peening on contact fatigue life of carburised steels[J]. International Journal of Fatigue, 1999, 21(4): 309-327.

[32] Ferguson B, Freborg A, Li Z. Residual stress and heat treatment-process design for bending fatigue strength improvement of carburized aerospace gears[J]. HTM Journal of Heat Treatment and Materials, 2007, 62(6): 279-284.

[33] Harris T, Skiller J, Spitzer R F. On the fatigue life of M50 NiL rolling bearings[J]. Tribology Transactions, 1992, 35(4): 731-737.

[34] Huffaker G. Compressive failures in transmission gearing[J]. SAE Transactions, 1960, 1: 53-59.

[35] 丁仲明. 滚动轴承寿命计算系数[J]. 轴承, 1998, 2: 4-7.

[36] Tallian T E. Simplified contact fatigue life prediction model—Part II: New model[J]. Journal of Tribology, 1992, 114(2): 214-220.

[37] Zaretsky E V, Poplawski J V, Miller C. Rolling bearing life prediction-past, present, and future[C]. International Tribology Conference, 2000.

[38] Morrow J D. Cyclic plastic strain energy and fatigue of metals[J]. Internal Friction, Damping, and Cyclic Plasticity, 1965, 378: 45-87.

[39] Brandão J A, Seabra J H O, Castro J. Surface initiated tooth flank damage, Part I: Numerical model[J]. Wear, 2010, 268(1-2): 1-12.

[40] van Dang K, Griveau B. On a New Multiaxial Fatigue Limit Criterion- Theory and Application, Biaxial and Multiaxial Fatigue[M]. London: Mechanical Engineering Publications, Ltd, 1989: 479-496.

[41] Hua Q. Prediction of contact fatigue for the rough surface elastohydrodynamic lubrication line contact problem under rolling and sliding conditions[D]. Wales: UK Cardiff University, 2005.

[42] Bernasconi A, Davoli P, Filippini M, et al. An integrated approach to rolling contact sub-surface fatigue assessment of railway wheels[J]. Wear, 2005, 258(7): 973-980.

[43] Desimone H, Bernasconi A, Beretta S. On the application of Dang Van criterion to rolling contact fatigue[J]. Wear, 2006, 260(4-5): 567-572.

[44] Conrado E, Gorla C. Contact fatigue limits of gears, railway wheels and rails determined by means of multiaxial fatigue criteria[J]. Procedia Engineering, 2011, 10: 965-970.

[45] Beretta S, Foletti S. Propagation of small cracks under RCF: A challenge to multiaxial fatigue criteria[C]. Proceedings of the 4th International Conference on Crack Paths, Gruppo Italiano Frattura, Cassino, 2012: 15-28.

[46] Reis T, de Abreu Lima E, Bertelli F, et al. Progression of plastic strain on heavy-haul railway rail under random pure rolling and its influence on crack initiation[J]. Advances in Engineering

Software, 2018, 124: 10-21.

[47] Brown M, Miller K. A theory for fatigue failure under multiaxial ctress-ctrain conditions[J]. Proceedings of the Institution of Mechanical Engineers, 1972, 187: 745-755.

[48] Wang C, Brown M W. A path-independent parameter for fatigue under proportional and non-proportional loading[J]. Fatigue & Fracture of Engineering Materials & Structures, 1993, 16(12): 1285-1297.

[49] Zheng Z, Sun T, Xu X, et al. Numerical simulation of steel wheel dynamic cornering fatigue test[J]. Engineering Failure Analysis, 2014, 39: 124-134.

[50] Tomažinčič D, Nečemer B, Vesenjak M, et al. Low-cycle fatigue life of thin-plate auxetic cellular structures made from aluminium alloy 7075-T651[J]. Fatigue & Fracture of Engineering Materials & Structures, 2019, 42(5): 1022-1036.

[51] 宋恩鹏, 陆华, 何刚, 等. 多轴疲劳寿命分析方法在飞机结构上的应用[J]. 北京航空航天大学学报, 2016, 42(5): 906-911.

[52] Fatemi A, Socie D F. A critical plane approach to multiaxial fatigue damage including out-of-phase loading[J]. Fatigue & Fracture of Engineering Materials & Structures, 1988, 11(3): 149-165.

[53] Wang W, Liu H, Zhu C, et al. Effect of the residual stress on contact fatigue of a wind turbine carburized gear with multiaxial fatigue criteria[J]. International Journal of Mechanical Sciences, 2019, 151: 263-273.

[54] Wang W, Liu H, Zhu C, et al. Evaluation of contact fatigue life of a wind turbine carburized gear considering gradients of mechanical properties[J]. International Journal of Damage Mechanics, 2018, 28(8): 1170-1190.

[55] Kiani M, Fry G. Fatigue analysis of railway wheel using a multiaxial strain-based critical-plane index[J]. Fatigue & Fracture of Engineering Materials & Structures, 2018, 41(2): 412-424.

[56] Zeng D, Xu T, Liu W, et al. Investigation on rolling contact fatigue of railway wheel steel with surface defect[J]. Wear, 2020, 446: 203207.

[57] Castro F, Jiang Y. Fatigue of extruded AZ31B magnesium alloy under stress-and strain-controlled conditions including step loading[J]. Mechanics of Materials, 2017, 108: 77-86.

[58] Jiang Y, Sehitoglu H. Modeling of cyclic ratchetting plasticity, Part I: Development of constitutive relations[J]. Journal of Applied Mechanics, 1996, 63(3): 720-725.

[59] Hockenhull B, Kopalinsky E, Oxley P. An investigation of the role of low cycle fatigue in producing surface damage in sliding metallic friction[J]. Wear, 1991, 148(1): 135-146.

[60] Jiang Y, Sehitoglu H. A model for rolling contact failure[J]. Wear, 1999, 224(1): 38-49.

[61] Zhang B, Liu H, Bai H, et al. Ratchetting-multiaxial fatigue damage analysis in gear rolling contact considering tooth surface roughness[J]. Wear, 2019, 428: 137-146.

[62] Sines G, Ohgi G. Fatigue criteria under combined stresses or strains[J]. Journal of Engineering Materials and Technology, Transactions of the ASME, 1981, 103(2): 82.

[63] 陈亚军, 刘波, 刘辰辰, 等. 2A12 航空铝合金多轴疲劳试验及应力准则寿命预测模型研究[J]. 中国机械工程, 2017, 28(9): 1092-1096, 1100.

[64] 沈晓辉, 黄孝卿, 肖锋, 等. 热处理参数对车轮辐板残余应力及疲劳评价的影响[J]. 金属热处理, 2017, 42(6): 178-184.

[65] 刘东. 机车车轮多轴疲劳强度分析[D]. 成都: 西南交通大学, 2015.

[66] Skallerud B, Ås S K, Ottosen N S. A gradient-based multiaxial criterion for fatigue crack initiation prediction in components with surface roughness[J]. International Journal of Fatigue, 2018, 117: 384-395.

[67] Bernasconi A. Efficient algorithms for calculation of shear stress amplitude and amplitude of the second invariant of the stress deviator in fatigue criteria applications[J]. International Journal of Fatigue, 2002, 24(6): 649-657.

[68] 张澎湃, 刘金朝, 张斌, 等. 基于主应力法和修正的 Crossland 疲劳准则的动车组车轮疲劳强度评定方法[J]. 中国铁道科学, 2014, 35(2): 52-57.

[69] 王悦东, 盛杰琼. 单轴和多轴疲劳准则下的车轮疲劳强度分析[J]. 大连交通大学学报, 2016, 37(2): 47-52.

[70] 侯杰, 朱继宏, 王创, 等. 考虑机械连接载荷和疲劳性能的装配结构拓扑优化设计方法[J]. 科学通报, 2019, 64(1): 79-86.

[71] Bonneric M, Brugger C, Saintier N. Investigation of the sensitivity of the fatigue resistance to defect position in aluminium alloys obtained by Selective laser melting using artificial defects[J]. International Journal of Fatigue, 2020, 134: 105505.

[72] Liu H L, Liu H, Zhu C, et al. Evaluation of contact fatigue life of a wind turbine gear pair considering residual stress[J]. Journal of Tribology, 2018, 140(4): 041102.

[73] Slámečka K, Pokluda J, Kianicov M, et al. Fatigue life of cast Inconel 713LC with/without protective diffusion coating under bending, torsion and their combination[J]. Engineering Fracture Mechanics, 2013, 110: 459-467.

[74] 何丰. 基于缺口应力法的焊接接头多轴疲劳准则研究[D]. 武汉: 武汉理工大学, 2018.

[75] 杨广雪. 高速列车车轴旋转弯曲作用下微动疲劳损伤研究[D]. 北京: 北京交通大学, 2011.

[76] Reis L, Li B, de Freitas M. A multiaxial fatigue approach to rolling contact fatigue in railways[J]. International Journal of Fatigue, 2014, 67: 191-202.

[77] Garud Y S. A new approach to the evaluation of fatigue under multiaxial loadings[J]. Journal of Engineering Materials & Technology, 1981, 103: 118-125.

[78] Farahani A V. A new energy-critical plane parameter for fatigue life assessment of various metallic materials subjected to in-phase and out-of-phase multiaxial fatigue loading conditions[J]. International Journal of Fatigue, 2000, 22(4): 295-305.

[79] Liu K C. A Method Based on Virtual Strain-energy Parameters for Multiaxial Fatigue Life Prediction[J]. Advances in Multiaxial Fatigue, 1993, 1191:67-84.

[80] Smith K. A stress-strain function for the fatigue of metals[J]. Journal of materials, 1970, 5: 767-778.

[81] Kapoor A. A re-evaluation of the life to rupture of ductile metals by cyclic plastic strain[J]. Fatigue & Fracture of Engineering Materials & Structures, 1994, 17(2): 201-219.

[82] Janson J, Hult J. Fracture mechanics and damage mechanics, a combined approach[J]. Journal of Mechanics Application, 1977, 1: 69-84.

[83] 吴鸿遥. 损伤力学[M]. 北京: 国防工业出版社, 1990.

[84] 余寿文, 冯西桥. 损伤力学[M]. 北京: 清华大学出版社, 1997.

[85] Rabotnov Y N. A model of an elastic-plastic medium with delayed yield[J]. Journal of Applied Mechanics and Technical Physics, 1968, 9(3): 265-269.

[86] Lemaitre J D R. Engineering Damage Mechanics[M]. New York: Springer, 2005.

[87] Kachanov M. On the time to failure under creep conditions[J]. Izv AnSssr, Otd Tekhn Nauk, 1958, 8: 26-31.

[88] Prager W. A new methods of analyzing stresses and strains in work hardening plastic solids[J]. Journal of Applied Mechanics, 1956, 23: 493-496.

[89] Ziegler H. A modification of Prager's hardening rule[J]. Quarterly of Applied mathematics, 1959, 17(1): 55-65.

[90] Khan A S, Huang S J. Continuum Theory of Plasticity[M]. New York: John Wiley & Sons, 1995.

[91] Lemaitre J, Chaboche J L, Maji A K. Mechanics of solid materials[J]. Journal of Engineering Mechanics, 1992, 119(3): 642-643.

[92] Prager W. The theory of plasticity: A survey of recent achievements[J]. Proceedings of the Institution of Mechanical Engineers, 1955, 169: 41-57.

[93] Jalalahmadi B, Sadeghi F. A Voronoi FE fatigue damage model for life scatter in rolling contacts[J]. Journal of Tribology, 2010, 132(2): 021404.

[94] Zhan Z X, Hu W, Li B, et al. Continuum damage mechanics combined with the extended finite element method for the total life prediction of a metallic component[J]. International Journal of Mechanical Sciences, 2017, 124-125: 48-58.

[95] Shen F, Zhao B, Li L, et al. Fatigue damage evolution and lifetime prediction of welded joints with the consideration of residual stresses and porosity[J]. International Journal of Fatigue, 2017, 103: 272-279.

[96] Guan J, Wang L, Zhang Z, et al. Fatigue crack nucleation and propagation at clustered metallic carbides in M50 bearing steel[J]. Tribology International, 2018, 119: 165-174.

[97] Lemaitre J. A Course on Damage Mechanics[M]. Berlin: Springer Science & Business Media, 2012.

[98] Walvekar A A, Sadeghi F. Rolling contact fatigue of case carburized steels[J]. International Journal of Fatigue, 2017, 95: 264-281.

[99] Kohout J, Vachet S. Low-temperature and high-temperature anomalies in temperature shift of stress-lifetime fatigue curves[J]. Materials Science Forum, 2008, 567-568: 113-116.

[100] Bäumel A, Seeger T. Materials Data for Cyclic Loading-Supplement[M]. NewYork: Elsevier Science Publishing Company, 1990.

[101] Dowling N E. Mechanical Behavior of Materials: Engineering Methods for Deformation, Fracture, and Fatigue[M]. Englewood: Prentice Hall, 1993.

[102] He H, Liu H, Zhu C, et al. Study of rolling contact fatigue behavior of a wind turbine gear based on damage-coupled elastic-plastic model[J]. International Journal of Mechanical Sciences, 2018, 141: 512-519.

[103] Warhadpande A, Sadeghi F, Kotzalas M N, et al. Effects of plasticity on subsurface initiated spalling in rolling contact fatigue[J]. International Journal of Fatigue, 2012, 36(1): 80-95.

[104] Chen L, Chen Q, Shao E. Study on initiation and propagation angles of subsurface cracks in GCr15 bearing steel under rolling contact[J]. Wear, 1989, 133(2): 205-218.

[105] 冯显磊, 李炎, 胡良波, 等. 推土机齿轮常见裂纹分析与预防[J]. 金属加工: 热加工, 2015(23): 58-61.

[106] Glodez S, Abersek B, Flasker J, et al. Evaluation of the service life of gears in regard to surface pitting[J]. Engineering Fracture Mechanics, 2004, 71(4-6): 429-438.

[107] Le M, Ville F, Kleber X, et al. Rolling contact fatigue crack propagation in nitrided alloyed steels[J]. Proceedings of the Institution of Mechanical Engineers, Part J: Journal of Engineering Tribology, 2017, 231(9): 1192-1208.

[108] Rycerz P, Olver A, Kadiric A. Propagation of surface initiated rolling contact fatigue cracks in bearing steel[J]. International Journal of Fatigue, 2017, 97: 29-38.

[109] Matsunaga H, Shomura N, Muramoto S, et al. Shear mode threshold for a small fatigue crack in a bearing steel[J]. Fatigue & Fracture of Engineering Materials & Structures, 2011, 34(1): 72-82.

[110] Ancellotti S, Fontanari V, Dallago M, et al. A novel experimental procedure to reproduce the load history at the crack tip produced by lubricated rolling sliding contact fatigue[J]. Engineering Fracture Mechanics, 2018, 192: 129-147.

[111] Irwin G R. Analysis of stresses and strains near the end of a crack transversing a plate[J]. Transactions of the ASME, Journal of Applied Mechanics, 1957, 24(24): 361-364.

[112] Keer L M, Bryant M D, Haritos G K. Subsurface and surface cracking due to hertzian contact[J]. Journal of Lubrication Technology, 1982, 104(3): 347-351.

[113] Murakami Y, Kaneta M, Yatsuzuka H. Analysis of surface crack-propagation in lubricated rolling contact[J]. Asle Transactions, 1985, 28(1): 60-68.

[114] 解德, 钱勤, 李长安. 断裂力学中的数值计算方法及工程应用[M]. 北京: 科学出版社, 2009.

[115] Sih G C. Strain-energy-density factor applied to mixed mode crack problems[J]. International Journal of Fracture, 1974, 10(3): 305-321.

[116] Ren Z, Glodez S, Fajdiga G, et al. Surface initiated crack growth simulation in moving lubricated contact[J]. Theoretical and Applied Fracture Mechanics, 2002, 38: 141-149.

[117] Wu C. Maximum-energy-release-rate criterion applied to a tension-compression specimen with crack[J]. Journal of Elasticity, 1978, 8(3): 235-257.

[118] Wu C. Fracture under combined loads by maximum-energy-release-rate criterion[J]. Journal of Applied Mechnics, 1978, 45(3): 553-538.

[119] Griffith A A. The phenomena of rupture and flow in solids[J]. Philosophical Transactions of the Royal Society of London, 1920, 221(582-593): 163-198.

[120] Sun C T, Jin Z H. Chapter 5-Mixed Mode Fracture[M]//Fracture Mechanics. NewYork: Academic Press, 2012: 105-121.

[121] Nuismer R J. An energy release rate criterion for mixed mode fracture[J]. International Journal of Fracture, 1975, 11(2): 245-250.

[122] Jin X, Keer L M, Chez E L. Numerical simulation of growth pattern of a fluid-filled subsurface crack under moving hertzian loading[J]. International Journal of Fracture, 2006, 142(3-4): 219-232.

[123] Baietto M C, Pierres E, Gravouil A, et al. Fretting fatigue crack growth simulation based on a combined experimental and XFEM strategy[J]. International Journal of Fatigue, 2013, 47: 31-43.

[124] Sneddon I N. The distribution of stress in the neighborhood of a crack in an elastic solid[J]. Proceedings of the Royal Society of London Series A, Mathematical and Physical Sciences, 1946, 187(1009): 229-260.

[125] Paris P, Erdogan F. A critical analysis of crack propagation laws[J]. Journal of Basic Engineering-Transactions of the ASME, 1963, 85(4): 528-533.

[126] 欧阳辉. 金属材料疲劳裂纹扩展速率试验方法[J]. 航空标准化, 1982, (6): 13-18.

[127] Forman R G, Kearney V E, Engle R M. Numerical analysis of crack propagation in cyclic-loaded structures[J]. Journal of Basic Engineering-Transactions of the ASME, 1967, 89(3): 459-463.

[128] Collipriest Jr J E. An experimentalist's view of the surface flaw problem[J]. The Surface Crack-Physical Problems and Computational Solutions, 1972: 43-61.

[129] Forman R G, Mettu S R. Behavior of surface and corner cracks subjected to tensile and bending loads in Ti-6Al-4V alloy[R]. NASA Technical Report, 1990.

[130] Moran B, Shih C F. A general treatment of crack tip contour integrals[J]. International Journal of Fracture, 1987, 35(4): 295-310.

[131] Raju I S, Shivakumar K N. Implementation of equivalent domain integral method in the two-dimensional analysis of mixed-mode problems[J]. NASA, 1989, 8: 1-57.

[132] Mo S N, Dolbow J, Belytschko T. A finite element method for crack growth without remeshing[J]. International Journal for Numerical Methods in Engineering, 1999, 46(1): 131-150.

[133] Daux C, Mo S N, Dolbow J, et al. Arbitrary branched and intersecting cracks with the extended finite element method[J]. International Journal for Numerical Methods in Engineering, 2000, 48(12): 1741-1760.

[134] 方修君, 金峰. 基于 ABAQUS 平台的扩展有限元法[J]. 工程力学, 2007, (7): 6-10.

[135] 谢海, 冯淼林. 扩展有限元的 ABAQUS 用户子程序实现[J]. 上海交通大学学报, 2009, (10): 1644-1648.

[136] 杨元帅. 齿轮传动与疲劳裂纹扩展耦合行为研究[D]. 北京: 北京交通大学, 2018.

[137] Keer L M, Bryant M D. A pitting model for rolling contact fatigue[J]. Journal of Lubrication Technology, 1983, 105: 198-205.

[138] Ghaffari M A, Pahl E, Xiao S. Three dimensional fatigue crack initiation and propagation analysis of a gear tooth under various load conditions and fatigue life extension with boron/epoxy patches[J]. Engineering Fracture Mechanics, 2015, 135: 126-146.

[139] Fajdiga G, Sraml M. Fatigue crack initiation and propagation under cyclic contact loading[J]. Engineering Fracture Mechanics, 2009, 76(9): 1320-1335.

[140] Liu H, Zhu C, Wang Z, et al. A theoretical tribological comparison between soft and hard coatings of spur gear pairs[J]. Journal of Tribology-Transactions of the ASME, 2017, 139(3): 031503.

[141] Qin W J, Guan C Y. An investigation of contact stresses and crack initiation in spur gears based on finite element dynamics analysis[J]. International Journal of Mechanical Sciences, 2014, 83: 96-103.

[142] Dowson D. Investigation of contact performance of case-hardened gears under plasto-elastohydrodynamic lubrication[J]. Journal of Applied Mechanics, 2020, 8(87): 1-23.

[143] Šraml M, Flašker J. Computational approach to contact fatigue damage initiation analysis of gear teeth flanks[J]. The International Journal of Advanced Manufacturing Technology, 2006, 31(11-12): 1066-1075.

[144] Taylor G I, Elam C F. Bakerian lecture: The distortion of an aluminium crystal during a tensile test[J]. Proceedings of the Royal Society of London Series A, Containing Papers of a Mathematical and Physical Character, 1923, 102(719): 643-667.

[145] Moore J A, Frankel D, Prasannavenkatesan R, et al. A crystal plasticity-based study of the relationship between microstructure and ultra-high-cycle fatigue life in nickel titanium alloys[J]. International Journal of Fatigue, 2016, 91: 183-194.

[146] Chai G, Zhou N, Ciurea S, et al. Local plasticity exhaustion in a very high cycle fatigue regime[J]. Scripta Materialia, 2012, 66(10): 769-772.

[147] Bridier F, Mcdowell D L, Villechaise P, et al. Crystal plasticity modeling of slip activity in Ti-6Al-4V under high cycle fatigue loading[J]. International Journal of Plasticity, 2009, 25(6): 1066-1082.

[148] 皮华春, 韩静涛, 薛永栋, 等. 金属塑性成形的晶体塑性学有限元模拟研究进展[J]. 机械工程学报, 2006, 42(3): 19-25.

[149] Asaro R J. Crystal plasticity[J]. ASME Journal of Applied Mechanics, 1983, 50(4b): 921-934.

[150] Asaro R J, Rice J. Strain localization in ductile single crystals[J]. Journal of the Mechanics and Physics of Solids, 1977, 25(5): 309-338.

[151] Cailletaud G. A micromechanical approach to inelastic behaviour of metals[J]. International Journal of Plasticity, 1992, 8(1): 55-73.

[152] Sharaf M, Kucharczyk P, Vajragupta N, et al. Modeling the microstructure influence on fatigue life variability in structural steels[J]. Computational Materials Science, 2014, 94: 258-272.

第4章 齿轮接触界面状态的影响

齿轮依靠相互啮合的齿面传递运动和动力,因此润滑、齿面粗糙度、时变滑滚运动等共同作用下的啮合轮齿的复杂界面状态显著影响齿轮接触疲劳的损伤进程与失效模式,如图4-1所示。可以确认的是,至少有若干种齿轮失效形式与接触界面状态的恶化或润滑性能的改变(如油膜厚度的降低、齿面温升、润滑液中的杂质等)有密切关系,如点蚀、微点蚀、胶合和过度磨损[1]。润滑能缓解应力集中,避免金属粗糙峰之间的直接接触,同时降低齿面摩擦和表面切向力对应力场和温升的影响;在机械加工形成的齿面微观形貌作用下产生高的局部接触压力和微应力循环;时变滑滚运动中,齿面微观粗糙度和润滑相互作用,可能导致齿面间部分油膜破裂,形成润滑油膜-粗糙峰干接触并存的复杂状态;此外,往复载荷循环过程中还可能伴随齿面磨损,进一步干预接触疲劳损伤演化进程,并影响最终的失效模式和疲劳寿命[2]。齿面磨损不是即时失效,但齿面磨损程度的增加会降低刚度和传动精度,从而影响齿轮系统的动态响应和服役特性[3]。

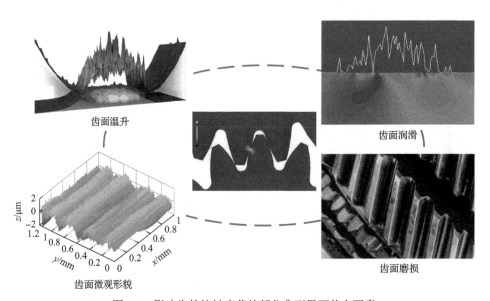

齿面温升

齿面润滑

齿面微观形貌

齿面磨损

图 4-1 影响齿轮接触疲劳的部分典型界面状态要素

4.1　表面微观形貌参数与表征

　　齿轮等工件的实际表面形貌一般由形状偏差、波纹度和表面粗糙度三部分组成，如图 4-2 所示。一般认为一个峰的长度大于 10mm 时，为齿形的形状偏差；长度在 1～10mm 时，为波纹度；长度小于 1mm 时，为表面粗糙度。目前形成共识，表面粗糙度对齿轮接触力学状态有显著影响，其峰与峰的接触会引起表面接触压力的显著提升，产生的应力集中现象导致齿面(或近表面)裂纹萌生风险升高，产生如点蚀、微点蚀等接触疲劳失效问题[4]。对齿轮表面粗糙度的准确测量表征，是认识齿面微观形貌状态、构建确定型齿面接触疲劳模型、探究表面粗糙度对齿轮接触疲劳性能的影响、进一步实现齿面微观形貌主动设计和控制的必要前提。

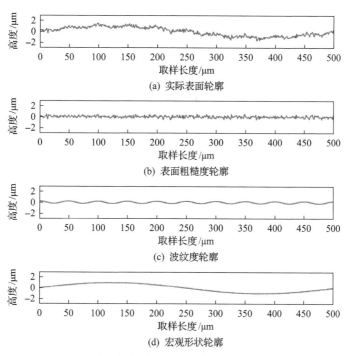

图 4-2　表面粗糙度、波纹度与形状偏差示意图

4.1.1　表面微观形貌参数

　　表面微观几何特征一般可以采用表面粗糙度来描述，取表面上某一个截面的外形轮廓曲线来表示二维表面形貌。目前约有 30 多项参数可以用于表面形貌的量化。常见的表面形貌参数有轮廓的算术平均偏差、轮廓均方根偏差、最大峰谷距、坡度、偏度、峰顶曲率等。由广泛的表面形貌研究可以看出，没有一个单一的数

值参数可以充分描述表面几何形状的所有特征及其影响。其中，两个最简单且应用广泛的表面粗糙度参数是轮廓的算术平均偏差 Ra 和均方根偏差 Rq。

轮廓的算术平均偏差（或称轮廓中心线平均值）Ra 表示轮廓上各点高度在测量长度范围内的算术平均值，可以表达为

$$Ra = \frac{1}{n} \sum_{i=1}^{n} |z_i| \qquad (4\text{-}1)$$

式中，n 为测量点的个数；z_i 为各测量点的轮廓高度。

轮廓均方根偏差 Rq 表示在取样长度内各点轮廓高度的均方根值，可以表达为

$$Rq = \sqrt{\frac{1}{n} \sum_{i=1}^{n} z_i^2} \qquad (4\text{-}2)$$

除了轮廓的算术平均偏差和均方根偏差外，还有一些统计参数可用于粗糙度的描述。轮廓最大高度差 $R_{\max}$ 是在测量长度内最高峰与最低谷之间的高度差，表示表面粗糙度的最大起伏量：

$$R_{\max} = z_{\max} - z_{\min} \qquad (4\text{-}3)$$

式中，$z_{\max}$ 与 $z_{\min}$ 分别为所测量范围内最高峰与最低谷的高度。

轮廓最大高度差 $R_{\max}$ 只关注最值，而忽略其他的一些表面形貌信息。轮廓的算术平均偏差 Ra 是工程中应用最广泛的表面粗糙度参数，但对于某些精加工表面评价并不准确[5]。因此，本节采用轮廓均方根偏差 Rq 分析不同表面粗糙度对齿轮接触疲劳行为的影响。

切削加工的表面形貌包含周期变化和随机变化两个组成部分，因此采用概率密度函数描述表面几何特征比用上述几个形貌参数更加科学，可以反映更多的形貌信息。常见的概率密度函数有高度分布函数、分布曲线的偏差（偏态、峰态等）、表面轮廓的自相关函数等。

有研究表明[6]，切削加工表面的轮廓高度分布接近高斯分布规律，如图 4-3（a）所示表面形貌轮廓曲线，该表面形貌的高度分布密度曲线（图 4-3（b））近似服从高斯分布。

高斯概率密度分布函数可描述为

$$\varphi(z) = \frac{1}{Rq\sqrt{2\pi}} \exp\left(-\frac{z^2}{2Rq^2}\right) \qquad (4\text{-}4)$$

式中，Rq 为表面轮廓均方根偏差，Rq^2 称为方差。式（4-4）表示的分布曲线是标准的高斯分布。高斯概率密度分布函数 $\varphi(z)$ 表示不同高度出现的概率。理论上高斯分布曲线的范围为 $-\infty \sim +\infty$，但实际上一般 $-3Rq \sim +3Rq$ 包含了分布的 99.9%[7]，超

过此范围的表面形貌数据点对统计结果的影响极小，通常可以忽略不计。

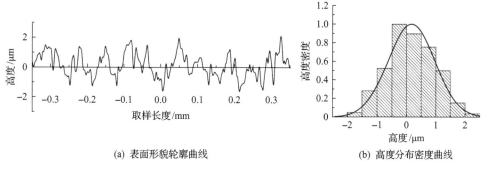

(a) 表面形貌轮廓曲线　　　　　　　　(b) 高度分布密度曲线

图 4-3　某一切削表面形貌及其高度分布密度

对于二维表面形貌参数，如轮廓曲线的坡度和峰顶曲率，也可以用它们的概率密度分布曲线来描述其变化规律。首先根据表面轮廓曲线求出若干点的坡度数值 $\dot{z} = \mathrm{d}z / \mathrm{d}x$，然后依照坡度等于某一数值的点数与总点数的比值作坡度分布的直方图，进而求得坡度分布的概率密度函数 $\varphi(\dot{z})$。对于峰顶曲率 C 或峰顶半径 r，$r = 1/C$，用类似的方法也可以求得其概率密度分布函数 $\varphi(C)$ 或 $\varphi(r)$。

切削加工表面形貌的分布曲线往往与标准高斯分布存在一定偏差[6]，通常可以进一步用偏态、峰态、自相关函数等统计参数表示这种偏差。

偏态 Rsk 是衡量分布曲线偏离对称位置的指标，定义为

$$Rsk = \frac{1}{Rq^3} \int z^3 \varphi(z) \mathrm{d}z \tag{4-5}$$

将标准的高斯分布函数式(4-4)代入式(4-5)，可以求得 $Rsk = 0$，即对称分布曲线的偏态均为零。非对称分布曲线的偏态可为正值或负值。负偏态表示在该表面形貌中，粗糙谷多于粗糙峰；正偏态表示在该表面形貌中，粗糙峰多于粗糙谷。

峰态 Rku 表示分布曲线的尖峭程度，定义为

$$Rku = \frac{1}{Rq^4} \int z^4 \varphi(z) \mathrm{d}z \tag{4-6}$$

将式(4-4)代入式(4-6)，求得标准高斯分布的峰态 $Rku = 3$；$Rku < 3$ 的分布曲线通常称为低峰态，表示峰的高度较为均匀；$Rku > 3$ 的分布曲线通常称为尖峰态，表示该表面形貌中存在少量高的粗糙峰。

在分析表面形貌参数时，抽样间隔的大小对绘制直方图和分布曲线有显著影响。为了表达相邻轮廓的关系和轮廓曲线的变化趋势，可引用另一个统计参数即自相关函数 $R(l)$ 来表示。对于一条轮廓曲线，它的自相关函数是各点的轮廓高度与该点相距一个测量长度 l 处的轮廓高度乘积的数学期望(平均)值，即

$$R(l) = e[z(x)z(x+l)] \tag{4-7}$$

式中，e 为数学期望值。若在测量长度 l 内的测量点数为 n，各测量点的坐标为 x_i，则 $R(l)$ 可以写为

$$R(l) = \frac{1}{n-1}\sum_{i=1}^{n-1} z(x_i)\,z(x_i+l) \tag{4-8}$$

对于连续函数的轮廓曲线，式(4-8)可写成积分形式：

$$R(l) = \lim_{L\to\infty}\frac{1}{L}\int_{-L/2}^{+L/2} z(x)z(x+l)\mathrm{d}x \tag{4-9}$$

$R(l)$ 是测量长度 l 的函数。当 $l=0$ 时，自相关函数记为 $R(l_0)$，且 $R(l_0)=Rq^2$。因此，自相关函数的量纲化形式变为

$$R^*(l) = \frac{R(l)}{R(l_0)} = \frac{R(l)}{\sigma^2} \tag{4-10}$$

图 4-4 为某典型工程表面轮廓曲线的概率分布函数及自相关函数。自相关函数曲线表明：①函数的衰减表明相关性随着测量长度 l 的增加而减小，它代表轮廓随机分量的变化情况；②函数的振荡分量为反映表面轮廓周期性变化的因素。

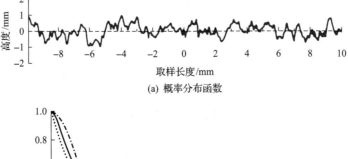

(a) 概率分布函数

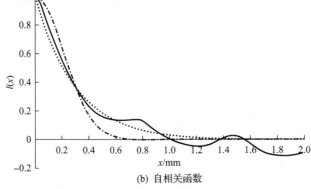

(b) 自相关函数

图 4-4　某一粗糙表面轮廓曲线的概率分布函数及自相关函数[6]

　　计算实际表面的自相关函数需要采集和处理大量的数据。为了简化过程，通常将随机分量表示为按指数关系衰减，将振荡分量表示为按三角函数波动。一般而言，粗加工（铣齿、刨齿、滚齿、插齿等）表面的振荡分量是其主要组成部分，而精加工（磨齿、珩齿、剃齿等）表面的随机分量则是主要的。任何表面形貌的特征都可以用高度分布概率密度函数 $\varphi(z)$ 和自相关函数 $R^*(l)$ 来描述。

　　本节侧重于分析表面微观形貌对齿轮接触疲劳失效的影响，并未过多关注加工与表面形貌间的变化规律，且目前表面形貌的表征仪器精度足够提取该尺度上的表面形貌特征，所以未采用高度分布概率密度函数和自相关函数进行表面重构，仅重点讨论了表面粗糙度 Rq 的影响。

4.1.2　表面微观形貌表征

　　表面形貌仪是用来测量物体表面粗糙度、波纹度等参数的仪器，它可以根据数据绘制形貌图。目前的表面测量方法主要有接触式测量法、光学测量法和扫描显微镜法等。因此，测量表面粗糙度的仪器主要分为以下几种：接触式测量仪、光学形貌测量仪、电子显微镜、原子力显微镜等。

　　触针式轮廓仪常用来测量表面粗糙度，但由于是接触式测量，不适合作为在线测量。以 Talysurf 5P-120 表面形貌仪为例，当驱动器传感器以一定速度滑过被测表面时，触针在不平顺表面上产生的振动使与触针相套的电感线圈的电感量发生变化，这个变化与一个高频等幅波一同加在 RL 电桥的两端调制，再经放大、解调电路，还原轮廓信息并输入滤波器，滤去可以忽略的频率分量后送入模拟计算单元及记录器，最后显示各参数值或绘制轮廓图形。该形貌仪在垂直方向的放大倍数从 100 倍至 20000 倍，垂直方向最小分辨率可达 10nm，可提供 Ra、Rq、R_{max} 等 11 个表面形貌参数测量结果，设备基本测量误差为 5%。Talysurf 5P-120 表面形貌仪及外圆磨表面形貌轮廓曲线如图 4-5 所示。

　　光学测量法是检查工程表面最直观的办法。当可见光束照射表面，该可见光束在关注区域上聚焦，然后通过物镜收集反射的光线和光学系统产生的表面图像。常规光学显微镜设置大约 1000 倍的上限，其对应于约 0.5μm 的波长。当被测样品的某些部分与表面垂直距离非常小时会失焦，这可能会限制光学显微镜的使用范围，此时可采用超景深三维(3D)显微镜进行测试。超景深三维显微镜拥有较为完善的光学系统和新一代的光学技术，可以在绝大多数观察方式下保证较高的清晰度。以 VHX-5000 超景深三维显微镜为例，XY 自动载物台分辨率可达 1μm，垂直方向最小分辨率可达 0.1μm，拥有普通光学显微镜 20 倍以上的景深，可以在多个角度进行观察。VHX-5000 超景深三维显微镜及其所测形貌磨损曲线如图 4-6 所示。

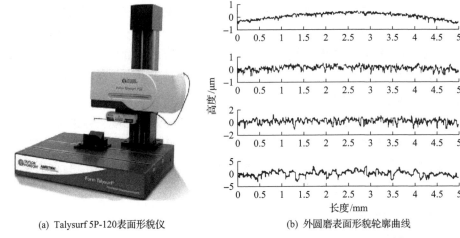

(a) Talysurf 5P-120表面形貌仪　　　　　　(b) 外圆磨表面形貌轮廓曲线

图 4-5　Talysurf 5P-120 表面形貌仪及外圆磨表面形貌轮廓曲线[8]

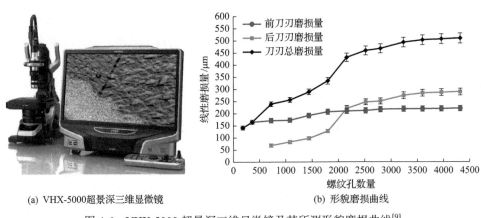

(a) VHX-5000超景深三维显微镜　　　　　　(b) 形貌磨损曲线

图 4-6　VHX-5000 超景深三维显微镜及其所测形貌磨损曲线[9]

电子显微镜的分辨率显著优于光学显微镜，可达零点几纳米的级别。电子显微镜由镜筒、真空装置和电源柜三部分组成，按结构和用途可分为透射电子显微镜、扫描电子显微镜和扫描隧道显微镜等，如图 4-7 所示。透射电子显微镜采用聚焦的高能电子束入射到非常薄的样品上，电子束穿透样品后用电子透镜放大图像并聚焦，分辨率可达 0.1nm，常用于观察普通显微镜所不能分辨的细微物质结构。扫描电子显微镜是继透射电子显微镜发展起来的一种电子显微镜，其工作原理是电子束在样品表面上做光栅状扫描，电子和样品相互作用产生信号电子，信号电子经探测器收集成像在显示系统上。扫描电子显微镜的分辨率可达 1nm，放大倍数变化范围大(几倍到几十万倍)且连续可调，图像景深大、富有立体感，试件可为块状或粉末颗粒。扫描电子显微镜的应用范围很广，覆盖材料的断口形貌分析、材料微观形态观察、生物胚胎组织观察等。20 世纪 80 年代出现了一种新型电子显微镜——扫描隧道显微镜,它已成为摩擦学研究中定量表面检查的标准方法之一。该技术依赖于极薄(小于 0.01μm)绝缘膜分离的两个导体间的电子隧道现象,具有很高的空间分辨率(横向 0.1nm,纵向 0.01nm),可以扫描、刻划、修复原子级表面,但样本必须放置在仪器的真空柱中,因此对样本尺寸有所限制。扫描隧道显微镜在物理学、化学、生命科学、材料科学、纳米生物学、纳米摩擦学等领域得到了广泛的应用。

　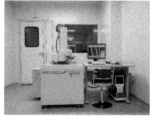　

(a) 透射电子显微镜　　　　　(b) 扫描电子显微镜　　　　　(c) 扫描隧道显微镜

图 4-7　透射电子显微镜、扫描电子显微镜和扫描隧道显微镜

另一种可用于表面形貌测量的精密仪器是原子力显微镜,它可用来研究包括绝缘体在内的固体材料的表面结构。原子力显微镜利用微悬臂感受和放大悬臂上尖细探针与受测样品原子之间的作用力,从而达到检测的目的,具有原子级的分辨率。相对于扫描电子显微镜,原子力显微镜具有许多优点,可以提供真正的三维表面图,不需要对样品做特殊处理,在常压下甚至在液体环境下都可以良好工作。Nanosurf NaioAFM 原子力显微镜及其测量案例如图 4-8 所示,其分辨率为 0.2nm。原子力显微镜广泛应用于材料表面形貌的观察和分析、生物细胞的表面形态观察、生物分子间力谱曲线的观测等[10]。

　　　　　　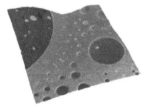

(a) 显微镜　　　　　　　　　　(b) 测量案例

图 4-8　Nanosurf NaioAFM 原子力显微镜及其测量案例

电子显微镜与原子力显微镜的测量尺度已超过了表面形貌通常所研究的尺度范围,达到了原子尺度,但其价格昂贵、样品制作困难,目前在表面形貌宏/微观检测方面应用较少。一般而言,光学形貌显微镜更适用于机械加工表面形貌的检测[11]。

4.1.3　齿面形貌测量表征案例分析

　　本节以四种加工工艺(成形磨、展成磨、超精加工、磨齿后涂层)下的齿轮为例介绍基于图 4-9 所示的光学测量仪器的齿面粗糙度测试表征过程。该仪器配备有图 4-9(b)所示的不同倍率的物镜,可在不同分辨率下采集包括几何形状、波纹度、粗糙度在内的宏/微观几何信息。该仪器除了用于机械零部件的表面精度测量,也常用于人类牙齿、印制电路板(printed-circuit board,PCB)等样本的三维扫描造型。完成齿面形貌原始数据的采集后,仪器的配套软件可滤除宏观几何形状,对轮齿而言,即齿廓曲面;然后通过设置滤波的波长阈值,分离出波纹度和粗糙度。以上三种成分均可以以三维坐标的形式存储为数据集,实现表面形貌的数字化。本节主要针对齿面形貌中的粗糙度成分进行介绍。

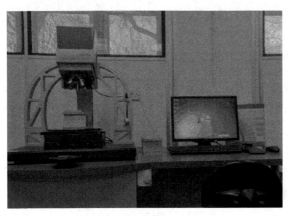

(a) 整体　　　　　　　　　　　　　　　　(b) 物镜

　　　　　　　　　　　　　　　　　　　　(c) 半球状载物台

图 4-9　齿面粗糙度测量仪器(Alicona Infinite Focus G4)

　　由于相邻轮齿的遮挡,通常不便将完整的齿轮放在镜头下测量,需先用切割机从齿轮上切下单个轮齿。在这方面,上述仪器的灵活性略逊于触针式表面轮廓仪。图 4-9(c)为半球状载物台,可以以任意角度倾斜。调节半球状载物台倾角,可使齿廓上待扫描的目标区域在高度方向上位于一个较小的区间内,以减小镜头在该方向上的扫描历程,从而减少测量时间。

　　所测量的四种加工方式的轮齿样本如图 4-10 所示。肉眼可以发现几种加工齿面的微观形貌形式不同,磨齿齿面的加工纹理清晰可见,而超精加工齿面显得光亮平整。

　　图 4-11 为 50 倍物镜下呈现的齿面微观形貌,图中各齿面样本的尺寸为 260μm×220μm。成形磨和展成磨的磨削刀纹清晰可见;超精加工齿面未见明显规则的表面纹理;磨齿后涂层在表面留下了颗粒状质感,并可以观察到一些磨削刀纹的痕迹。

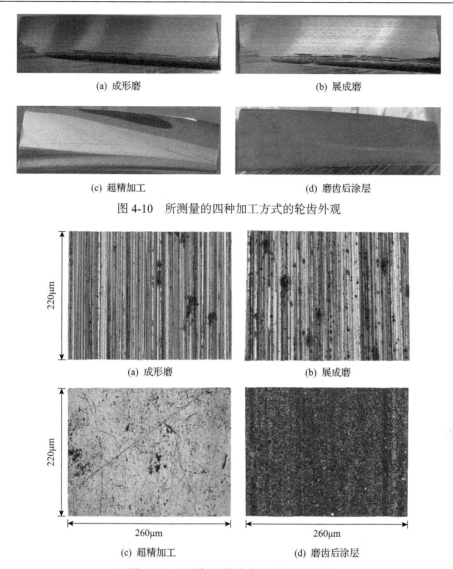

(a) 成形磨　　　　　　　　　　　　(b) 展成磨

(c) 超精加工　　　　　　　　　　　(d) 磨齿后涂层

图 4-10　所测量的四种加工方式的轮齿外观

(a) 成形磨　　　　　　　　　　　　(b) 展成磨

(c) 超精加工　　　　　　　　　　　(d) 磨齿后涂层

图 4-11　四种加工轮齿表面的微观形貌

　　从四种齿面上提取的表面粗糙度样本如图 4-12 所示。各样本的数据点量约为 7278×1200。图 4-12 中，Sa 和 Sq 分别为三维形貌粗糙度节点高度的算术平均偏差和均方根偏差，对应于二维粗糙度参数 Ra 和 Rq。由图可以发现，总体的表面粗糙度水平为：成形磨>磨齿后涂层>展成磨>超精加工，超精加工的粗糙度远低于其余三种。就磨削刀纹而言，成形磨表面具有最多的较为粗壮的刀纹，且单条刀纹的高度纵深大。与成形磨相比，展成磨的磨削刀纹较为细密，而粗壮的单条磨削刀纹较少。磨齿后涂层的齿面，相对均匀地分布着若干较为明显的刀纹。

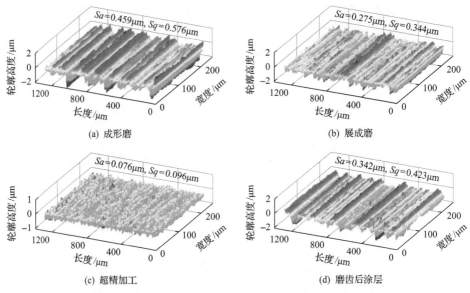

图 4-12　四种加工轮齿表面形貌

4.2　齿面微观形貌的加工保证

齿轮在材料物理特性和加工工艺系统等的影响下，齿面微观形貌高低不平，且加工方法的不同使齿面微观形貌具有显著差异，如图 4-13 所示。表面粗糙度不能完全反映齿面微观形貌特征，具有相同表面粗糙度的轮齿，其微观形貌特征差异可能非常明显。齿面微观形貌对齿轮疲劳强度、耐磨性能、传动效率、接触刚

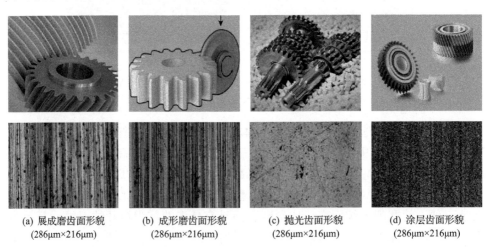

图 4-13　几种典型加工方式与齿面形貌

度、振动噪声等都有重要影响，加工表面沟痕、微裂纹等缺陷会显著缩短接触疲劳寿命。如前所述，较大的表面粗糙度和表面沟痕会导致表面局部应力集中，降低表面疲劳强度，对于高性能齿轮，由于高强度材料具有应力敏感特性，其表面微观形貌的影响尤为明显。

4.2.1　精加工对齿面微观形貌的影响

常规的高性能齿轮加工流程可描述为：粗加工—热处理—精加工—高表面完整性加工。齿轮粗加工以快速去除毛坯余量、形成齿轮轮齿基本形状为目的，通过热处理细化晶粒组织，在精加工阶段进一步提高轮齿几何精度，降低表面粗糙度，而高表面完整性加工以获取齿轮高表面完整性和高服役性能为目的。在粗加工阶段，滚齿是最常见的加工工艺，但滚齿会破坏齿坯内部完整的金属流线，近净成形正逐渐取代滚齿加工成为高性能齿轮粗加工阶段的新手段。一般而言，粗加工齿轮齿面粗糙度 Ra 在 $3.2 \sim 12.5\mu m$，几何精度在 $6 \sim 8$ 级，不能满足高性能齿轮的高精度要求，必须通过后续精加工工艺进一步提高。在齿轮精加工阶段，磨齿、珩齿、剃齿等是常见的齿轮精加工工艺，其中磨齿是最为广泛应用的精加工手段，它根据加工原理主要分为展成磨削和成形磨削两大类。随着国内外磨齿技术和磨齿装备的发展，磨齿加工效率得到提高，砂轮性能也更好，高额成本得以大幅下降，然而磨齿工艺的效率、加工精度和设备的智能化仍是亟须发展的主要方向，复杂齿形的磨齿技术也需要进一步发展。

磨削加工中磨削温度及材料机械、化学和物理性能等的变化，使得磨削齿面表层产生塑性变形、微观裂纹、晶粒变化等，同时磨粒在齿面上的耕犁作用也会使齿轮表面产生塑性侧向隆起，这就形成了磨削齿面的微观几何形貌，如图 4-14 所示。显然，磨齿表面纹理有明显的沿齿廓方向的沟槽，在正常工作条件下，齿面处于混合润滑或边界润滑状态。根据流体交换流动理论[12]，在大部分相互隔绝

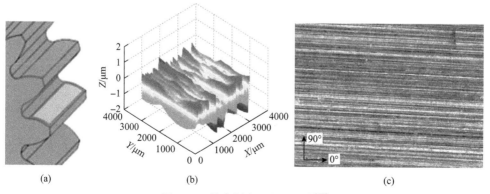

(a)　　　　　　　(b)　　　　　　　(c)

图 4-14　某磨削表面微观形貌[13]

的微观空隙和沟槽中，润滑油可能会由于端泄效应沿沟槽流出，致使局部出现润滑失效和疲劳寿命的降低。

　　磨齿加工过程是一个动态且高度非线性化的过程，不但影响齿面粗糙度，还会直接影响齿轮服役性能。如图 4-15 所示，砂轮上随机磨粒在齿面上经过滑擦、刻划和切削过程来循环磨削工件表面、切削工件材料，并伴随磨削界面力热交互作用使轮齿表面产生弹塑性变形和热变形，由齿面创成机理形成工件表面，进而形成不同表面粗糙度和几何形貌。在滑擦阶段，磨粒切削刃不起切削作用，只在工件表面做滑擦处理。砂轮磨粒切削刃开始与工件表面接触，磨粒在工件表面滑擦过程中，开始使工件表面发生弹性变形。随着切削刃法向力的增加，摩擦力也增大，使工件表面温度显著升高。由于滑擦阶段砂轮磨粒切削的深入，摩擦作用急剧增加，当磨粒承受的法向作用力开始超过材料的屈服应力时，工件表面就容易产生塑性变形，进入耕犁阶段。经塑性变形的金属与前方的未加工表面材料产生挤压作用而被推向磨粒的前方，形成塑性隆起。随着砂轮磨粒的进一步切入，当磨粒切入深度超过工件的一个临界磨削深度时，磨粒切削刃继续推动金属材料向前流动，使被挤压金属产生剪切滑移，两侧面形成沟壁，开始有切屑随着磨粒深入沿切削刃方向流出，完成切削。

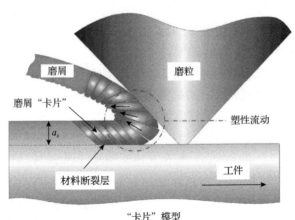

图 4-15　磨削材料去除机理[14]

　　磨齿表面粗糙度和工件的材料、形状、磨齿工艺、润滑冷却状态等息息相关。磨齿工艺参数主要包括砂轮线速度、工件速度、磨齿深度等。图 4-16 为在砂轮冲程速度(200m/min)和砂轮粒度(70#)相同的情况下，采用不同砂轮线速度 v 加工 34CrNiMo6 合金高强钢齿轮后齿面的微观形貌。由图可见，当砂轮线速度为 25m/s 时，齿轮表面有明显的塑性沟槽，表面呈凹凸状；当砂轮线速度增加到 32m/s 时，齿面粗糙度状况有所改善；当砂轮线速度增加到 38m/s 时，齿面几乎看不出明显的塑性沟槽，表面粗糙度状况良好。磨齿加工过程中砂轮线速度较低时，单位时间内砂轮磨粒参与磨削的切削刃数量较少，单个切削刃切削工件厚度较大，塑性变形严重，会在齿面产生明显的塑性沟槽，从而齿面粗糙度状况较差。通常来说，表面粗糙度随着砂轮线速度的增加而降低，这是由于砂轮线速度提高时单位时间单位面积内磨削区域的磨粒数增加，使得磨削时磨粒轨迹之间相互干涉产生的残留高度降低。同时增大砂轮线速度也使单颗磨粒未变形磨屑厚度减小，所以表面粗糙度减小。然而，磨齿加工表面粗糙度并不会随着砂轮线速度的提高而一直增加，砂轮线速度过高会使工件表面受热，很可能造成工件表面烧伤或形成微裂纹，齿面粗糙度状况恶化。

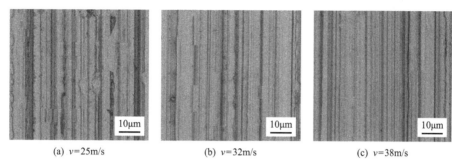

(a) v=25m/s　　　　　　(b) v=32m/s　　　　　　(c) v=38m/s

图 4-16　不同砂轮线速度下齿面微观形貌图[15]

通常情况下，工件速度的增加会加大磨削齿面粗糙度。图 4-17 为不同工件速度下的齿面微观形貌。可以发现，工件速度为 11.12m/min 时表面起伏最为明显，工件速度为 22.24m/min 时表面粗糙度最小，之后随着工件速度的增加表面粗糙度升高。过低的工件速度导致单位时间内有效磨粒数较少，单颗磨粒的磨削时间较长，磨粒轨迹之间相互干涉产生的残留高度较高，因此出现表面粗糙度最大的情况。工件速度的增加使得磨粒的磨削力增大，磨削时在表面留下的磨痕增大，并且磨粒轨迹密度降低，表面粗糙度升高。

齿面粗糙度一般随磨削深度先减小后增加。当磨削深度小于临界值时，表面粗糙度随着磨削深度的增加而降低，这是因为当磨削深度较小时，砂轮与工件的接触弧长较小，磨削过程中产生的热量较少，磨削接触区的温度较低，工件材料的软化效果不明显，脆性去除为主要去除方式，所以磨削后的表面粗糙度较大。随着磨削深度的增加，砂轮与工件的接触弧长不断增大，磨削过程中产生的热量增加，使塑性去除增多，表面粗糙度降低。如图 4-18 所示，随着磨削深度的增加，磨粒与试件的接触变得紧密，磨粒侵入试件的深度增大，导致试件表面划痕变宽。同时，随着磨削深度的增加，磨屑体积变大。磨削深度的增大使单颗磨粒的最大切削厚度增大，划痕数减少，同时塑性变形增大，从而使工件表面变得更加粗糙。

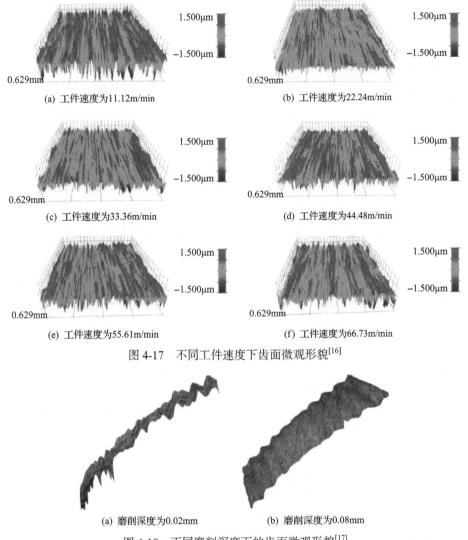

(a) 工件速度为11.12m/min　　　　　　　　　(b) 工件速度为22.24m/min

(c) 工件速度为33.36m/min　　　　　　　　　(d) 工件速度为44.48m/min

(e) 工件速度为55.61m/min　　　　　　　　　(f) 工件速度为66.73m/min

图 4-17　不同工件速度下齿面微观形貌[16]

(a) 磨削深度为0.02mm　　　　　　　　　(b) 磨削深度为0.08mm

图 4-18　不同磨削深度下的齿面微观形貌[17]

　　磨齿工艺应用最为广泛成熟，精度高、效率高，但成本较高，并且磨齿齿面的微观几何形貌不利于降低齿轮的传动噪声；刮齿适用于大型硬齿面齿轮加工，但精度和效率都不及大型数控成形磨齿，随着大型磨齿装备的发展成熟，刮齿工艺应用逐渐减少；研齿主要应用于锥齿轮副精密加工；高速干切技术在小模数齿轮精密加工中逐步得到应用；珩齿因可以获得理想的齿面微观几何形貌，尤其是独特的齿面纹路，对传动装置的振动噪声有非常明显的抑制作用，所以珩齿工艺得到不断的应用和发展，尤其是在汽车等领域齿轮的精密加工中。图 4-19 给出了磨齿和珩齿加工下的齿面微观形貌，磨齿齿面纹路平行于轴向，并且均匀分布；

珩齿齿面切削痕迹在不同部位的铺设方向不同，其纹路呈现"人"字形。表面微观形貌特征决定了循环受载中的实际接触面积以及润滑状态，进而影响接触疲劳寿命。Bergseth 等[18]的研究指出，珩齿后齿轮的实际接触面积要大于磨齿表面，因此珩齿加工的齿轮接触疲劳寿命略高。对于三维加工表面，表面粗糙度不是评价齿面微观形貌的唯一标准，对油膜的保障作用可能还与齿面纹路的取向有关，通常用表面纹理纵横比 Str 和表面纹理方向 Std 来描述。一般来说，若 $Str<0.3$，则说明表面微观纹理方向一致；若 $Str>0.5$，则说明表面微观纹理方向不一致。对于纹理方向性较强的表面微观形貌特征，需额外考虑表面纹理方向参数 Std，主要是指工件表面纹理垂直于测量移动的方向。

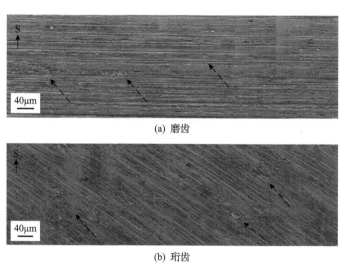

(a) 磨齿

(b) 珩齿

图 4-19　磨齿和珩齿加工下的齿面微观形貌[19]

总体来说，齿轮精加工后几何精度可达4～5级，表面粗糙度 Ra 可控制在0.4～0.8μm。磨齿后齿面纹路平行于轴向，而珩齿齿面纹路呈"人"字形。已有研究[20-22]表明，当齿轮表面粗糙度低于 0.1～0.2μm 时，表面粗糙度对齿轮接触疲劳寿命的影响将大幅降低，目前以磨齿、珩齿等为代表的精加工工艺很难达到如此高的微观表面状态，有赖于齿轮超精加工技术发展，以实现齿面微点蚀、磨损、胶合等失效的有效控制和疲劳可靠性的改善。

4.2.2　超精加工对齿面微观形貌的影响

齿轮表面微观形貌是影响接触力学状态和疲劳性能的一项重要因素，也是航天、航空、风电等高端领域装备关键齿轮设计中需要考虑的重要参数。长寿命、高可靠性齿轮需达到齿轮表面超光滑的要求，然而传统加工工艺难以满足，亟须发展齿面超精加工技术来保证齿面质量，从而提高齿轮接触疲劳强度。在机械加工过程中，旨在提高零件表面质量的各种加工方法、加工技术，统称为表面光整加工技术，这种技术不切除或从零件上切除极薄材料层，以减小零件表面粗糙度[23]。齿面光整不仅能降低齿面粗糙度、去除毛刺、改善齿面的光泽度和光亮程度等，还能提高齿面物理力学性能，改善零件表面应力状态等，具有加工余量小、加工效果好、可实现全方位加工、经济可承受能力高、加工过程环境友好等优点[24,25]。表面光整加工作为一项表面超精加工工艺，已越来越多地应用于高性能零件表面加工的最后一道工序，从而保证零件最后的表面质量。

图 4-20 为工程表面光整加工的典型分类。表面光整主要分为非自由磨具表面光整加工和自由磨具表面光整加工。非自由磨具表面光整加工包括磨削、超精研、抛光、珩磨等；自由磨具表面光整加工包括研磨、滚磨等。齿面光整常采用滚磨光整加工技术，在加工过程中，磨料及其磨剂处于自由状态，通过磨料与齿轮之间产生一定的相对运动和作用力，从而完成光整加工。滚磨光整加工将零件置于盛有加工介质(磨料、磨剂、水等)的容器中，通过零件、容器或两者同时产生一定的运动形式，使零件和磨料之间形成复杂的相对运动，主要表现为：处于游离状态且质量为 m 的磨料以一定相对速度对零件表面进行碰撞、滚压，当产生撞击力时，零件在周围磨块的包围下发生旋转，由此改善零件表面的微观形貌、物理力学性能、清洁度等表面完整性参数，提高了零件的耐磨性和疲劳性能，该方法具有加工效率高、成本低、效果好等优点[26]。

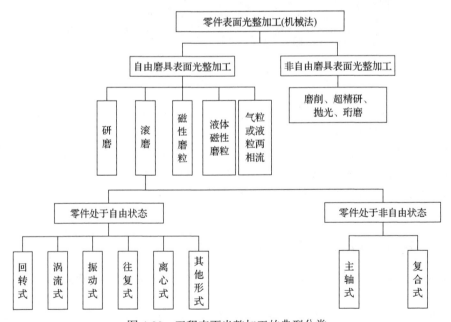

图 4-20　工程表面光整加工的典型分类

　　齿轮滚磨光整加工常采用的光整技术为振动式滚磨光整加工技术和主轴式滚磨光整加工技术，两者的光整原理基本相同，主要不同之处在于磨料与工件之间的运动方式。振动式滚磨光整加工技术是将一定配比的工件、磨料和液体介质装入一定形状的容器中，装在弹簧上的容器在激振电机的作用下产生一定频率和振幅的运动，迫使磨料对工件产生碰撞、滚压和微量磨削，从而达到对工件去毛刺、除锈、边缘倒角及表面光整的效果[27]，其特点是加工效率高、加工质量好、设备结构简单。图 4-21(a)为典型的振动式滚磨光整机。主轴式滚磨光整是将工件装夹在设备主轴上正反旋转，而滚筒沿相反方向旋转，从而实现工件与磨料之间的相对运动，完成工件的光整加工。与振动式滚磨光整机相比，主轴式滚磨光整机的工件固定在工作轴上，避免了工件与工件之间的接触，有效控制了工件之间相互磕碰对表面质量的影响，特别适合对表面质量要求较高的精密零件。图4-21(b)为典型的主轴式滚磨光整机。

(a) 振动式滚磨光整机　　　　　　　　　(b) 主轴式滚磨光整机

图 4-21　振动式滚磨光整机和主轴式滚磨光整机

　　如图 4-22 所示，滚磨光整加工技术的三要素为滚抛磨料、滚抛磨剂以及磨料与零件之间的相对运动。其中，磨料与零件之间的相对运动主要取决于所采用的滚磨光整设备。光整加工过程中要求磨料必须组织致密、硬度高、韧性好，同时对零件表面应具有一定的切削能力，并且耐磨损。滚抛磨料主要有陶瓷磨料、树脂磨料和特殊磨料，其中陶瓷磨料主要应用于各种金属零件毛刺的去除。滚磨光整加工中对加工质量影响较大的主要参数包括磨粒粒度、磨粒硬度和磨粒尺寸。在一般光整加工中，磨粒粒度越大，加工后零件表面粗糙度越小；磨粒硬度必须大于工件硬度，磨料越硬，磨耗量越小，越容易保持原有形状。高硬度磨料适用于粗糙度要求较低的工件；一般来说，磨料棱角越多越尖锐，加工后工件表面粗糙度越大；磨粒尺寸越小，工件表面微观形貌越好。磨剂是由一种或多种化学物质与水配制而成的溶剂，磨剂不仅影响工件外观质感，而且会影响加工效率。

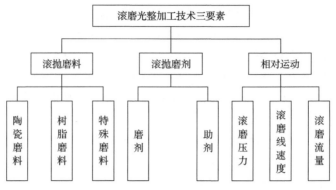

图 4-22　滚磨光整加工技术的三要素

　　齿面光整加工常采用主轴式滚磨光整加工技术，影响齿面光整加工效果的主要因素为设备运动参数（滚筒及主轴的转速、转向）、设备几何参数（主轴偏角）和加工时间。滚筒及主轴的转速主要影响切削速度、切削角等运动参数，从而影响零件表面光整效果。图 4-23 为滚筒转速对某零件齿面粗糙度的影响规律图[28]。由图可以看出，光整加工明显改善了表面粗糙度，而且滚筒转速越大，对表面粗糙度改善的效果越明显，这主要是因为随着滚筒转速的提高，磨料的切削力及流速增大，所以滚筒转速对齿面微观形貌的改善效果十分明显。

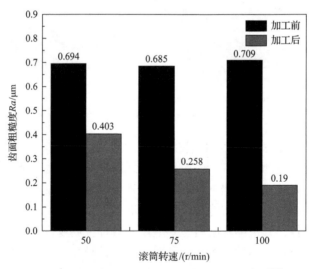

图 4-23　滚筒转速对某零件齿面粗糙度的影响[28]

　　齿轮光整加工时，主轴偏角主要影响的是齿轮偏角，即磨料流动方向与齿轮的夹角。图 4-24 为齿轮偏角对齿轮滚磨光整加工效果的影响规律图[27]。由图可以看出，随着齿轮偏角的增大，齿面粗糙度 Ra 呈现先增大后减小的趋势，这主要是因为齿轮偏角过小造成磨料对齿面的法向力减小，齿轮偏角过大造成磨料与齿面的相对运动减弱。在实际加工过程中，齿轮偏角应在 30°～60°。光整时间越长，磨料对齿轮的作用时间越长，随着光整时间的增加，表面粗糙度呈现逐渐减小随后趋于稳定的趋势[29]。这说明对于表面形貌存在一个最佳的光整时间，实际加工过程中合理安排时间既能够保证工艺效果，又可以控制加工成本。

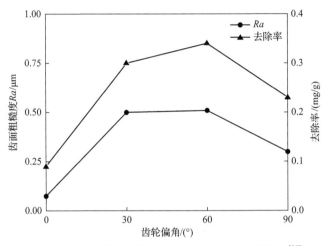

图 4-24　齿轮偏角对齿轮滚磨光整加工效果的影响[27]

影响光整效果的参数较多，本节以 18CrNiMo7-6 渗碳齿轮为例，介绍光整时间、磨料类型对圆盘试件的表面微观形貌的影响规律。圆盘试件如图 4-25 所示，光整前经过渗碳淬火等热处理，表面硬度达到 58HRC～62HRC，有效硬化层为2.2mm。然后分别进行喷丸强度为 0.38mmA、覆盖率分别为 100%和 200%的喷丸处理，圆盘试件表面粗糙度 Sa 在 0.6～0.8μm。选用的加工设备为立式主轴滚磨光整机 XL400，主轴转速为 147r/min，滚筒转速为 47r/min，主轴正转和逆转时间相同；磨剂为 HA-PC（3%浓度），零件埋入深度为 150mm，料筒磨料装入量为 80%；磨料选择为棕刚玉 TP2×2 及白刚玉 TP3×3，光整时间为 16min 及 30min，采用白光干涉仪对光整前后的滚子试件进行表面微观形貌表征。

光整前后试件表面形貌如图 4-26 所示，可以看出光整前试件表面存在明显的因喷丸处理后留下的随机弹痕，而经过光整后弹痕几乎消失，表面变得更为光滑、光亮。

试件表面粗糙度测量结果如图 4-27 所示。光整前试件表面粗糙度 Sa 在 0.8～1.0μm，可以看出经过两种光整工艺后，两种喷丸覆盖率处理后的表面粗糙度变化规律大致相同，采用 2×2 棕刚玉磨料、3×3 白刚玉磨料进行光整均能显著降低试件表面粗糙度，而相比于 2×2 棕刚玉磨料，3×3 白刚玉磨料光整效果更加明显。具体而言，对于初始喷丸覆盖率为 100%的试件，采用 3×3 白刚玉磨料光整后 Sa 从 0.9μm 降至 0.20μm，而采用 2×2 棕刚玉磨料光整后 Sa 降至 0.47μm；对于初始喷丸覆盖率为 200%的试件，采用 3×3 白刚玉磨料光整后 Sa 从 0.86μm 降至 0.20μm，

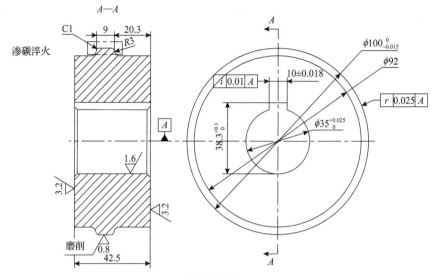

(a) 结构图(单位: mm)

(b) 实物图

图 4-25　18CrNiMo7-6 渗碳齿轮圆盘试件

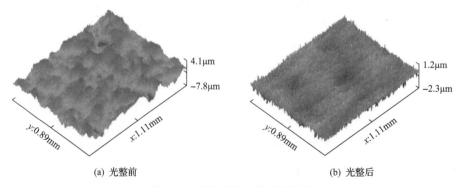

(a) 光整前　　　　　　　　　　　　　(b) 光整后

图 4-26　光整前后试件表面形貌

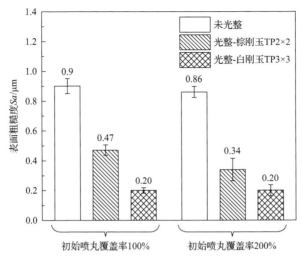

图 4-27　磨料种类对 18CrNiMo7-6 渗碳钢表面粗糙度的影响

而采用 2×2 棕刚玉磨料光整后 Sa 降至 0.34μm，粗糙度等级约提升 2 级，由此可以看出，3×3 白刚玉磨料光整效果更好。

图 4-28 为光整时间对试件表面粗糙度的影响规律。由图可以看出，光整时间对表面粗糙度有较大影响。对于初始喷丸覆盖率为 100%的试件，光整 16min 后表面粗糙度 Sa 从初始的 0.9μm 降至 0.52μm，光整 30min 后降至 0.47μm；对于初始喷丸覆盖率为 200%的试件，光整 16min 后表面粗糙度 Sa 从 0.86μm 降至 0.46μm，光整 30min 后表面粗糙度 Sa 降至 0.34μm，粗糙度等级约提升 1 级。在 0~30min，随着光整时间的增加，表面粗糙度呈现减小的趋势。光整时间对表面粗糙度的影响还取决于靶体材料性能与结构形状。

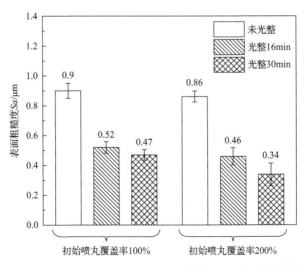

图 4-28　光整时间对 18CrNiMo7-6 渗碳钢表面粗糙度的影响

零件的初始表面粗糙度对滚磨光整加工效果影响显著。一般树脂类磨料和刚玉类磨料所能加工的零件最大初始粗糙度约为 3.2μm；若零件粗糙度大于 0.8μm，则在光整时首先要选择粗加工的磨块进行粗磨；等粗糙度降至 0.8μm 以下时，再选用精加工磨块进行精磨，零件最终的粗糙度可达 0.2μm 以下。滚磨光整加工可以显著降低零件表面粗糙度（提高 1～2 级），提高表面残余压应力及显微硬度，从而提升齿轮等零件的抗疲劳性能。但受齿轮加工成本及光整加工效率的限制，目前光整工艺只在航空、航天、风电等高附加值领域的零件上得到了应用，尚未得到大规模推广。此外，目前滚磨光整工艺应用于齿轮加工还存在"槽效应"，齿槽内的齿面光整效果与齿顶处光整效果尚不均匀。随着光整加工设备与工艺的进一步研发，加工成本高和效率低等问题将会得到解决，光整加工工艺在航空、航天、机器人、汽车、风电等领域的齿轮零件抗疲劳制造中将有更加广阔的应用前景。

4.2.3　表面微织构对齿面微观形貌的影响

为了降低摩擦副的摩擦系数，半个世纪以来科研和工程人员在表面涂层技术、润滑油、降磨或减摩添加剂以及材料表面处理等方面做了大量研究。传统摩擦学理论认为：摩擦副表面越光滑，摩擦系数越低。然而，近年来的大量研究[30-32]已表明，摩擦副表面并非越光滑摩擦系数越低，合理的表面纹理可有效减少摩擦和磨损，提高抗疲劳性能。通过表面纹理改变接触表面的摩擦属性，已成为一门专门的科学，即表面织构科学技术。几种典型的表面微织构形貌如图 4-29 所示。

图 4-29　几种典型的表面微织构形貌

近年来，表面微织构技术已成为降低零部件表面界面摩擦和磨损研究的热点，并在活塞环-缸套、机械密封、滑动轴承、模具、刀具等设计中得到了应用。微小的沟槽或凹坑有助于形成流体动压力，可实现工作面间的非直接接触，有效改善摩擦副界面润滑效果，避免磨损、保障密封和疲劳性能。Etsion 等[33-35]利用激光对摩擦副进行织构化处理，并考察其润滑性能的变化，发现带微孔阵列的表面比光滑表面具有更好的润滑性能，部分表面的织构化能够有效地增加流体动压效应。Gehring公司提出激光研磨气缸套技术，并对 F528 型发动机进行了试验，该技术有效降低了气缸套和活塞环的磨损量，并减少了颗粒排放量[36-38]。此外，表面微织构对改善刀具摩擦接触状态、刀具磨损及抗黏附性方面具有积极作用，以调控界面接触特性为出发点，可以在前刀面设置微沟槽、微凹腔、微凸台等拓扑结构来优化"刀-工-屑"三者间的摩擦学特性[39]。在生物医疗领域，通过对血管支架内仿鲨鱼皮表面织构优化设计，可以优化血流动力学参数，降低血管再狭窄发生率[40]。

在仿生学和表面织构摩擦学研究的推动下，针对复杂工况下的齿面摩擦磨损等问题，在齿轮设计和制造中引入表面织构实现减摩，为齿轮副摩擦特性"主动调控"提供了一条可能的途径，这已逐渐成为新型齿轮传动技术研究的一个热点。齿轮副啮合界面摩擦过程非常复杂，摩擦界面既有滑动摩擦，也有滚动摩擦。在重载条件下，齿轮副所产生的较大变形使得理论上的线接触转变为面接触，润滑液流经微织构时可以产生额外的流体动压效应，这能够使润滑油膜承载更大的压力。Suh 等[41]在真空条件下进行了干摩擦试验，试验结果表明，与光滑表面相比，微沟槽织构表面有着较低的摩擦系数，同时摩擦系数变化幅度较小，他们认为一方面微织构的存在减小了摩擦副之间的接触面积，从而减少了黏附黏着和摩擦，另一方面表面微织构在一定程度上可以储存磨损磨屑，从而减少了磨粒磨损。Kang 等[42]在金属表面加工了微米和纳米尺寸的微织构(图 4-30)，分别在干摩擦和水润滑的环境下测试了材料的摩擦性能，并与光滑表面进行了对比。Kang 等的试验表明，在干摩擦下，两种微织构都会增大表面的摩擦系数，纳米微织构可增大 3 倍左右；而在水润滑条件下，三种表面的摩擦系数都会减小，纳米结构的减摩效果最好，可以减小 60%，微凸起结构减摩效果基本不明显。

高速重载极端工况下，齿面存在复杂的相互摩擦和高温高应力多重作用。对于常规齿轮副啮合界面，外部供应的润滑介质难以在摩擦界面持续存在，致使啮合界面润滑效果不佳，而摩擦界面润滑膜的稳定持续形成可能是实现齿面自润滑、降低齿面摩擦和磨损的关键。表面织构内储存的润滑介质在摩擦热、摩擦力及摩擦振动等作用下，易在摩擦界面迅速铺展并拖覆至摩擦区域成膜，持续参与摩擦过程，改善润滑效果。

吕尤[43]将贝壳类海洋生物表面网格形态用于重载齿轮，研究了织构化齿轮的抗疲劳性能，利用激光束使齿轮表面材料蒸发，利用 135°和 45°的交叉条纹来形成网格形态，与此同时，控制条纹间距和宽度，得到理想的网格型仿生表面形态，如图 4-31 所示。图 4-31(a)为条纹宽度 50μm，条纹横向间距 150μm，条纹纵向间距150μm 的仿生表面形态；图 4-31(b)为条纹宽度 50μm，条纹横向间距 250μm，条纹

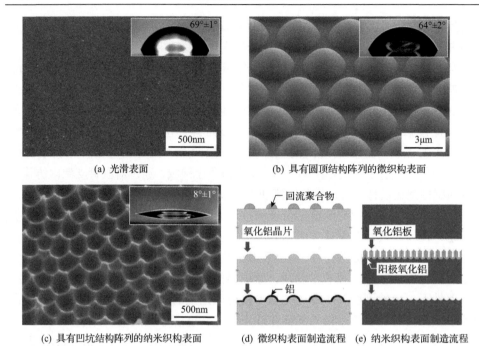

(a) 光滑表面   (b) 具有圆顶结构阵列的微织构表面

(c) 具有凹坑结构阵列的纳米织构表面   (d) 微织构表面制造流程   (e) 纳米织构表面制造流程

图 4-30 三种微织构表面的扫描电子显微镜图像[42]

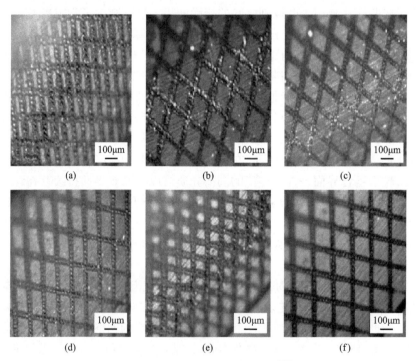

(a)   (b)   (c)

(d)   (e)   (f)

图 4-31 网格型仿生表面形态[43]

纵向间距 200μm 的仿生表面形态；图 4-31(c)为条纹宽度 50μm，条纹横向间距 350μm，条纹纵向间距 250μm 的仿生表面形态；图 4-31(d)为条纹宽度 100μm，条纹横向间距 150μm，条纹纵向间距 250μm 的仿生表面形态；图 4-31(e)为条纹宽度 100μm，条纹横向间距 250μm，条纹纵向间距 150μm 的仿生表面形态；图 4-31(f)为条纹宽度 100μm，条纹横向间距 350μm，条纹纵向间距 200μm 的仿生表面形态。

不同仿生表面形态齿轮的接触疲劳台架试验结果如图 4-32 所示。由结果可以发现，最优仿生表面形态齿轮的齿面只在局部出现微小疲劳点蚀，且硬度较高的网格形态仍然存在，能够继续对齿轮起到一定的保护作用，而普通齿轮表面点蚀面积更大且深度更深，局部出现了剥落损伤的迹象，疲劳损伤状况十分严重。通过激光表面热处理技术所制备的最优仿生表面形态，其齿轮表面硬度和耐磨性都有所增强，拥有更强的抵抗轮齿形变的能力。与此同时，齿轮的抗接触疲劳性能也将有较大幅度的改善，从而保证齿轮能够在更长的时间内处于稳定运行状态。

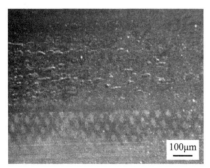

(a) 最优仿生表面形态齿轮   (b) 普通齿轮

图 4-32 最优仿生表面形态齿轮和普通齿轮试件表面的损伤形貌[43]

Gupta 等[44]采用化学蚀刻法在齿面上蚀刻了直径为 250～600μm 的小孔，从轮齿节线到齿顶/齿根，小孔直径逐渐增大，如图 4-33 所示。通过光滑-织构齿轮副运转试验，对比了织构齿轮与常规齿轮齿面磨损形貌和振动行为，发现织构齿轮

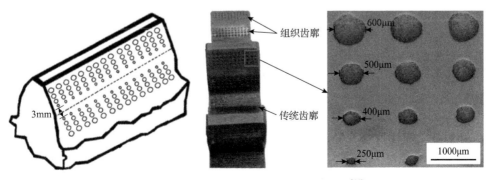

图 4-33 Gupta 等制备的齿面织构形貌特征[44]

显著降低了齿轮振动幅值，下降幅度达 40%～51%。随着转速的增加，振动幅值逐渐下降。同时，织构齿轮齿面磨损量低于光滑表面。

在织构形态方面，织构深宽比、夹角、分布密度等特征参数影响摩擦学性能，一般认为凹坑织构具有最优的减摩性能。在乏油条件下，相较于方形槽凹坑织构和凸包形织构，弧形槽凹坑织构具有更好的抗磨损性能，凸包形织构抗磨损性能最差；此外，当载荷较大时，织构齿轮难以降低界面摩擦系数，反而表现出摩擦系数不断增大。

表面织构复合润滑介质对降低接触界面摩擦、改善界面润滑效果、提高摩擦副抗磨损性能具有积极作用。因此，借鉴表面织构技术在其他摩擦副的现有研究成果，针对齿面摩擦磨损问题，开展更为深入、系统的机制探索和应用技术研究，这对有效改善齿轮传动的摩擦学特性，提高齿轮寿命，以及为该技术的工程化应用奠定基础，具有重要的理论意义和工程价值。目前，国内外针对齿轮织构特征参数的研究较少，仍处于试验探索阶段。在齿轮织构特征研究中，针对齿轮织构特征参数协同不同润滑介质对界面摩擦特性影响涉及的很少，如何发挥润滑介质和织构特征参数协同作用，获取界面最优摩擦性能，尚需进一步深入探索和研究。

表面微织构工艺目前已发展较为成熟，并且成功应用于活塞环、模具、密封环等零部件中，但是微织构技术在齿轮传动中的应用仍存在争议，主要原因是齿轮作为精密传动部件，对传动精度和平稳性有着较高的要求，齿面微织构的存在会降低齿面啮合传动精度。同时，对于重载齿轮传动，齿面微织构会导致齿面局部应力集中，降低齿面承载能力。然而，作为一种齿面加工新技术，在某些特殊场合，齿面微织构技术可能会有较好的应用前景，因此表面微织构理论与技术在齿轮、轴承等关键基础件上的应用还有很长的路要走。

4.3 表面微观形貌的影响

任何摩擦表面均由许多不同形状的粗糙峰和粗糙谷组成，在滑滚接触过程中，齿面粗糙峰处会产生明显的应力集中，局部应力集中的表面状态可能导致近表面处率先发生疲劳失效。讨论齿面粗糙度对齿轮接触性能、疲劳寿命、失效风险与失效模式的影响具有重要意义，可为齿面微观形貌主动设计提供理论支撑。

4.3.1 粗糙表面接触模型

在试图解释经典 Amonton 摩擦定律时，人们就认识到在微观尺度上接触表面是粗糙的，实际接触面积与名义接触面积的比值相当小。为了计算实际接触面积，了解接触面积随载荷等的变化关系，早期将球体间接触的赫兹理论用于单个微观接触点的研究。直至 Holm 提出接触点上的局部应力大到足以超过材料弹性极限而使微凸体塑性屈服这一观点，Bowden 和 Tabor[45]建立了接触的塑性变形模型，并对经典摩擦定律作出解释。随后，Archard 提出了完全不同的弹性变形模型，进行了多重接触假设，得出了即使在完全弹性变形条件下，真实接触面积与载荷的关系也非常接近于线性关系的结论。这些模型与假设为表面形貌统计型接触模型奠定了坚实的基础。

1. 表面形貌统计型接触模型

表面形貌的产生实际上是一个随机过程，粗糙峰的形状、高度、峰顶曲率半径、密度等的分布都具有随机性。表面形貌统计型接触模型将经典接触力学与粗糙表面的统计学特性相结合，分析随机粗糙表面的接触行为。最早的表面形貌统计型接触模型是在 20 世纪 60 年代由 Greenwood 与 Williamson 提出的 G-W 模型[46]，如图 4-34 所示。G-W 模型首次将表面形貌的高度分布看成随机变量，不是以绝对弹性或绝对塑性变形为前提，而是引入塑性指数 Ω 的概念，作为衡量弹性接触面积和塑性接触面积的依据。

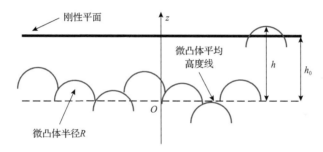

图 4-34　G-W 模型示意图[46]

G-W 模型假设在一个名义平面上分布着无穷多个粗糙峰，高度分布概率假设为高斯分布，单位面积上有 n 个微凸峰；微凸峰的峰顶处表现为旋转抛物线，且具有相同曲率半径；不考虑粗糙峰间的相互作用；每个微凸体接触根据赫兹接触理论计算弹性变形。

首先根据赫兹接触理论求得接触面积上的平均压力 p_c，当平均压力 p_c 达到 $H/3$（H 为材料的布氏硬度（HB））时，开始在表层内出现塑性变形；当平均压力 p_c 增加到 H 时，塑性变形达到肉眼可见的程度。通常选取 $p_c = H/3$ 作为出现塑性变形的判定条件，可求得出现塑性时的法向变形量为

$$\delta = \left(\frac{\pi H}{4 E^*} \right)^2 R = \left(\frac{0.79 H}{E^*} \right)^2 R \tag{4-11}$$

式中，R 为曲率半径；E^* 为等效弹性模量。考虑到从弹性变形转变到塑性变形时的渐变过程，引入适当的裕度，因此取塑性条件为

$$\delta = \left(\frac{H}{E^*}\right)^2 R \tag{4-12}$$

取一个量纲化参数表示塑性条件，即塑性指数 Ω，表达式为

$$\Omega = \sqrt{\frac{\sigma}{\delta}} = \frac{E^*}{H}\sqrt{\frac{\sigma}{R}} \tag{4-13}$$

在载荷一定时，塑性指数 Ω 的值越大，塑性变形比例越大。当塑性指数 $\Omega<0.6$ 时，属于弹性接触状态；当 $\Omega=1$ 时，极小的载荷作用也将导致一部分峰点处于塑性变形状态；当 $1<\Omega<10$ 时，弹性变形与塑性变形混合存在，Ω 值越大，塑性变形所占比例就越大[47]。由塑性指数 Ω 的定义可以看出，表面形貌参数对决定弹性与塑性变形比例起着重要作用。G-W 模型首次考虑了表面形貌参数，比早期的模型更接近于实际，且在表面高度分布为高斯分布时能对经典摩擦定律给出满意解释，因此它对接触理论的研究具有重要影响。

然而，该理论没有考虑粗糙峰间的相互作用，并不适用于重载工况，因此后续出现了大量的改进模型。例如，Bush 等[48]采用具有相同曲率的抛物面逼近表面形貌随机模型的粗糙峰，并使用赫兹解来处理粗糙表面与平面的弹性接触问题，发现载荷近似与接触面积成正比，比例常数取决于弹性模量和横截面斜率；Chang 等[49]将塑性引入原始 G-W 模型中，建立了一种用于分析粗糙表面接触的弹塑性模型；Kogut 和 Etsion[50]利用基于塑性理论的有限元方法，推导出球面与刚性平面接触的曲线拟合力与变形间的关系式，并将该式引入 G-W 模型；Ciavarella 等[51]将接触压力均匀分布在接触区域，由此产生的变形均匀分布，并在有限的表面区域内考虑了粗糙峰的相互作用；Vakis[52]通过一种统计方法解释了接触微凸体与其非接触微凸体之间的相互作用；Song 等[53]建立了考虑塑性与微凸体间相互作用的有限元模型，如图 4-35 所示，发现接触法向力和真实接触面积间的线性关系与材料塑性和表面粗糙度无关，力与面积的比值取决于材料响应。

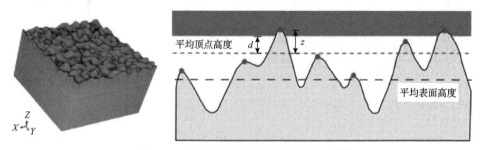

图 4-35　某考虑表面粗糙度的接触模型[53]

用有限的统计参数并不能唯一确定表面形貌，不同表面加工过程可能产生相同的统计参数，并且统计型接触模型不能描述接触区域粗糙峰接触部位的局

部信息，不适用于进一步的疲劳分析等，因此研究的关注点逐渐转向分形模型和确定型模型。

2. 分形模型

随着表面检测技术和数字分析技术的迅速发展，人们意识到基于统计学获得的表面特征参数明显受限于仪器的分辨率及采样长度等，无法准确地反映出表面粗糙度的全部信息，以这些统计学参数为基础建立的接触模型对表面接触状态的计算结果相应表现出不确定性。自 20 世纪 80 年代起，学者开始寻求与尺度无关的粗糙表面表征参数。分形理论作为一种数学理论，在处理无序问题背后的有序性上有独到的见解。分形几何学是一门以非规则几何形态为研究对象的几何学。按照分形几何学观点，一切复杂对象虽然看似杂乱无章，但它们具有相似性，简单地说，就是把复杂对象的某个局部进行放大，其形态和复杂程度与整体相似，如图 4-36 所示。

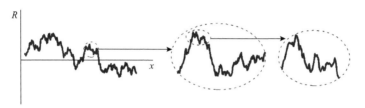

图 4-36　分形表面粗糙度轮廓曲线[54]

分形理论由 Weierstrass 和 Mandelbrot 开创，他们建立了用于描述表面分形形貌的 W-M 函数，其数学特征具有连续性、不可导性和自亲和性[55]，其公式为

$$z(x) = \sum_{n \to -\infty}^{\infty} \gamma^{(D-2)n} \left[\cos\phi_n - \cos\left(\gamma^n x + \phi_n\right) \right] \tag{4-14}$$

式中，x 为轮廓位移坐标；γ^n 为粗糙度的空间频率，$\gamma > 1$，一般取 1.5；D 为分形维数，是描述分形自相似程度大小的参数，可以是整数或分数，取值范围为 $1 < D < 2$，与表面粗糙度 Ra 之间的关系为 $D = 1.528 / Ra^{0.042}$；n 为频率指数，其上限值 $n_{\max} = \mathrm{int}\left[\lg\left(L \cdot L_s^{-1}\right) / \lg\gamma \right]$，$L$ 为取样长度，L_s 为大约为六个晶格距离的截止长度；ϕ_n 为随机相位，用于避免不同频率上表面轮廓点重合，一般是服从高斯分布 $[0,2\pi]$ 的随机数。W-M 模型与 G-W 模型相同之处在于都可将粗糙表面间的接触简化为粗糙表面与刚性理想平面的接触，区别在于这一粗糙表面具有分形特性。

1991 年，Majumdar 和 Bhushan[56]在此基础上提出了适合于工程应用的 M-B 弹塑性接触模型，假定微凸体所发生的形变为完全弹性形变，微凸体之间不发生相互作用，进而确定了分形表面的弹性、塑性接触点上接触面积与载荷的关系，得到了总载荷与真实接触面积间的关系。M-B 弹塑性接触模型公式为

$$z(x) = G^{(D-1)} \sum_{n=0}^{n_{\max}} \gamma^{(D-2)n} \cos\left(2\pi\gamma^n x\right) \tag{4-15}$$

式中，G 为特征尺度，它与表面粗糙度 Ra 的关系式为

$$G = 10^{-5.26/Ra^{0.042}} \tag{4-16}$$

粗糙曲面表面形貌模型的构建思想是在理想的曲面基础上添加随机分布的微凸体，因此将微分几何与 M-B 函数相结合，应用于分形曲面的表面特征中。利用参数化方程在直角坐标系上建立曲线，通常一元向量函数表示为

$$\boldsymbol{r}(\theta) = x(\theta)\boldsymbol{i} + y(\theta)\boldsymbol{j}, \quad \boldsymbol{r}(\theta) \in C^0 \tag{4-17}$$

式中，$\boldsymbol{i}$ 和 $\boldsymbol{j}$ 为单位正交向量；C^0 为连续参数化函数。将式(4-15)和式(4-17)相结合，可得各向粗糙曲面的二维截面公式为

$$\boldsymbol{r}^* = \boldsymbol{r} \pm z(s)\boldsymbol{m} \tag{4-18}$$

$$\boldsymbol{m} = \frac{\left[\dot{\boldsymbol{r}}(\theta) \times \ddot{\boldsymbol{r}}(\theta)\right] \times \dot{\boldsymbol{r}}(\theta)}{\left|\dot{\boldsymbol{r}}(\theta) \times \ddot{\boldsymbol{r}}(\theta)\right| \left|\dot{\boldsymbol{r}}(\theta)\right|} \tag{4-19}$$

与传统 G-W 弹塑性接触模型相比，M-B 弹塑性接触模型利用包含全部表面粗糙度信息的分形参数 D 和 G，能定量表达总的真实接触面积、弹性接触面积、塑性接触面积分别与表面粗糙度的关系，以及接触面积与载荷的关系，从而使粗糙表面的接触性质预测不受仪器分辨率和取样长度的影响，使结果具有唯一性和确定性。

通过对分形表面特征的大量研究发现：粗糙表面具有明显分形特征，在一定范围内，磨削表面和车削表面的分形维数基本都是随着表面粗糙度的减小而增大，变化关系可以用负指数函数来描述；在对粗糙表面进行多尺度测量时，均方根测度表现出二重分形特征，二重分形特征与表面粗糙度水平有关；分形维数属于表面测度相似性的测量参数，无法唯一表达表面的粗糙度水平，需要将分形维数与尺度参数联系在一起。

在基于分形法的粗糙表面接触问题上，已有大量学者进行了探讨，接触模型也逐渐完善。Yan 和 Komvopoulos[57]建立了两个分形粗糙表面的弹塑性接触力学分析模型，并用于研究表面形貌参数和材料性质对变形力的影响；Komvopoulos 和 Ye[58]基于实际表面形貌确定了分形参数并生成了三维粗糙表面，建立了刚体球与粗糙表面接触有限元模型，发现接触载荷随着分形维数 D 的减小或特征尺度 G 的增大而减小；Hyun 等[59]采用三维有限元模型分析了粗糙表面之间的弹性接触与自仿射分形行为，发现接触面积和载荷之间存在线性关系；Sahoo 和 Ghosh[60]在 ANSYS 中采用 W-M 函数生成了三维粗糙表面，考虑接触属性和关键材料及表面参数间的关系，研究了刚性平面和自仿射分形粗糙表面间的非黏着无摩擦弹塑性

接触问题，认为在处理接触问题时必须根据表面的分形性质对表面进行充分的表征；Xiao 等[61]采用修正的 W-M 分形函数描述表面形貌，建立了一种弹塑性微凸接触模型，分析了单微凸体在全塑性、弹塑性和弹性下的接触刚度和接触载荷，发现分形表面的法向接触刚度与法向接触力的关系符合幂律函数，如图 4-37 所示。M-B 模型已用于磨损预测和滑动摩擦表面温度分布的确定等，初步体现了其数学严格性和实用价值[62-65]。

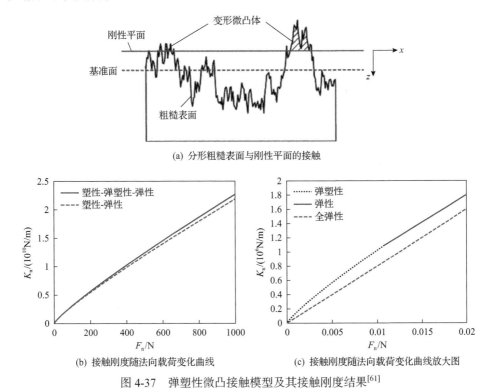

(a) 分形粗糙表面与刚性平面的接触

(b) 接触刚度随法向载荷变化曲线　　　　　(c) 接触刚度随法向载荷变化曲线放大图

图 4-37　弹塑性微凸接触模型及其接触刚度结果[61]

有关接触问题的分形法研究还存在一些缺陷：①并非所有粗糙表面都有分形特性；②分形参数 D 和 G 的尺度独立性都是由统计自仿射分形函数（W-M 函数）推导出来的，对于实际的统计自仿射分形工程表面，D 和 G 的尺度独立性还需验证；③M-B 弹塑性接触模型给出的接触面积分别与分形维数和载荷的关系等，都还缺少足够试验验证。

3. 确定型模型

确定型模型在接触分析过程中尽可能完整地保持了实测表面的几何信息，原始测量表面直接进入计算过程或将表面的局部微凸体根据其特征拟合成简单几何体进行求解，求解方法可以采用有限元法、快速傅里叶变换等方法。确定型模型给出了对接触表面更精确的几何描述，适用于各种表面。

表面粗糙度具有多重尺度的特性，在一定测量条件下获得的表征参数与仪器分辨率及取样长度有关，无法反映表面粗糙度全部信息。随着计算机能力、速度和图像数据处理技术的不断提高，极大地推进了表面微观形貌测量仪的实用化和商品化，表征体系日渐成熟，基于确定型表面形貌模型的接触性能研究也越来越多。江晓禹和金学松[66]采用实测的表面形貌分析了钢轨弹塑性接触问题，认为在考虑粗糙度进行接触分析时要采用弹塑性材料本构模型；Yastrebov 等[67]采用有限元法和简化法两种方法分析刚体平面与实测粗糙表面的弹塑性接触问题，提高了计算效率；瞿珏等[68]通过建立真实粗糙表面不同尺度上的微观接触参数化有限元模型，分析了不同粗糙度下接触参数的关系和不同尺度的粗糙面对接触参数的影响；姜英杰等[69]基于 New View 5022 三维表面轮廓仪测量得到的表面形貌建立了弹塑性接触有限元模型，分析了粗糙表面接触性能，发现塑性变形区域随着载荷的增大而增大，且变化显著。目前，基于有限元法建立真实粗糙表面模型分析结合面接触性能，已经成为国内外普遍认同的一种较为有效的模拟方法。

齿面粗糙度确定型模型大多应用于磨损与微点蚀机理的研究分析中，将实测的表面形貌与仿真分析相结合，能获得更准确的寿命评估结果。姚猛等[70]建立了考虑实测形貌的滚动接触模型，并基于 Zaretsky 寿命模型分析了表面均方根偏差、峰度及偏度、纹理特性对次表面应力分布和滚动接触疲劳寿命的影响；张博宇等基于摩擦磨损试验机(MFT-5000)中白光模块所测量的风电齿轮表面形貌，在有限元软件中建立了确定型齿轮表面形貌模型，采用 Brown-Miller 模型（B-M 模型）进一步阐述了表面形貌对疲劳寿命的影响[4]。Morales-Espejel 等[71]建立了基于实测表面形貌的齿面接触微点蚀模型，考虑了表面疲劳和轻度磨损对轮齿表面粗糙度演化的共同影响，预测结果与接触疲劳试验结果吻合良好；周烨等基于白光干涉仪建立了结合磨损与润滑的接触疲劳数值模型(图 4-38)，研究了表面粗糙度、速度

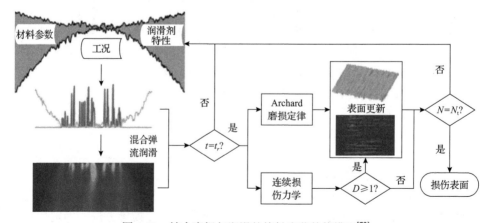

图 4-38　结合磨损与润滑的接触疲劳数值模型[72]

和载荷对微点蚀的影响，发现微点蚀是磨损和接触疲劳共同作用的结果，接触压力对接触疲劳寿命和微点蚀速率有显著影响[72]。

本章关注表面微观形貌对齿轮接触性能及疲劳寿命的影响，采用确定型模型。

4.3.2　粗糙表面齿轮接触案例分析

以某型直升机用航空齿轮为例，建立确定型粗糙表面齿轮接触模型，并分析表面粗糙度的影响。该齿轮材料为美标高强优质低合金钢 AISI 9310，执行标准为 ASTM A322。AISI 9310 钢具有高淬透性、高硬度和高疲劳强度，其化学成分如表 4-1 所示，主要用于航空发动机齿轮、汽轮机齿轮、叶轮等重要高承载零部件，一般称为"第一代航空齿轮钢"。该齿轮的几何参数和工作条件来自某一直升机传动系统，如表 4-2 所示。

表 4-1　齿轮副材料（AISI 9310 钢）主要化学成分含量表

元素	C	Mn	Si	Ni	Cr	Mo	Cu	P	S	Al	Co
质量分数/%	0.12	0.57	0.27	3.33	1.29	0.11	0.11	0.006	<0.001	0.05	0.011

表 4-2　齿轮副主要参数与工况

参数	数值	参数	数值
齿数	$z_1 = 101, z_2 = 59$	压力角	$\alpha_0 = 20°$
法向模数	$m_n = 1.27$	从动轮齿宽	$G = 7.65\text{mm}$
初始弹性模量	$E = 2.1 \times 10^5 \text{MPa}$	泊松比	$\nu = 0.3$
初始屈服极限	$\sigma_y = 1300\text{MPa}$	硬化模量	$M = 10.5\text{GPa}$
主动轮转速	$N_1 = 77\text{r/min}$	额定输出扭矩	$T_1 = 120000\text{N·mm}$

采用的表面形貌表征设备为美国 RTEC 多功能摩擦磨损试验机（MFT-5000）中的白光模块，属于光学测量仪器范畴，如图 4-39(a)、(b) 所示。测试齿轮为风力发电机中间级小齿轮，经扫描可获得齿轮节点附近的表面形貌（图 4-39(c)、(d)），使用图像处理软件 Gwyddion 提取二维形貌用于二维齿面建模。

在 ABAQUS 中，基于编程语言 Python 导入测量得到的齿面微观形貌，建立齿轮弹塑性接触模型，测量得到的表面粗糙度 Rq 为 0.216μm。为了研究表面粗糙度对齿轮接触疲劳行为的影响，将得到的粗糙度数据进行高度方向上的缩放，生成一系列不同粗糙度数据集。在保证粗糙度 Rq 不同的同时，不同数据集应具有相同的偏度和坡度。

考虑表面粗糙度的有限元接触模型存在收敛困难的问题，为了便于收敛，需要细分加载过程。一个完整的加载过程包括五个"step"（ABAQUS 专用的加载步术语)。

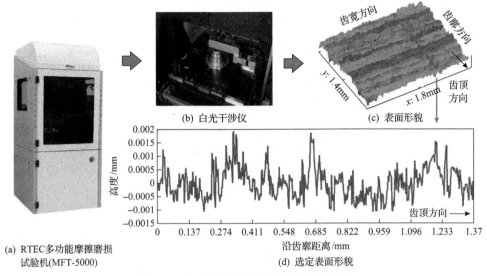

图 4-39　白光干涉仪测量得到的表面形貌

(1)小转角加载：限制小齿轮的移动与转动，使大齿轮旋转一个微小的角度，让两个齿面有微小接触即可。

(2)加载：限制从动小齿轮的移动并施加扭矩，限制大齿轮的移动与转动。

(3)滚动加载：保持小齿轮的扭矩不变，在大齿轮圆心处施加角度，使两个齿轮啮合滚动。

(4)卸载：限制从动小齿轮的移动与转动，使小齿轮扭矩为 0，限制大齿轮的移动与转动；

(5)大齿轮和小齿轮均恢复初始位置。

当考虑表面微观形貌时，近表面区域存在应力集中现象。以表面粗糙度 0.216μm 为例，在齿轮滑滚接触加载过程中，节点附近某一时刻的 von Mises 应力和 Tresca 应力分布情况如图 4-40 所示。近表面处 von Mises 应力和 Tresca 应力均波动剧烈，最大值均出现在深度约为 5μm 处。最大 von Mises 应力为 1120MPa，最大 Tresca 应力为 1210MPa，均对应粗糙峰分布位置。在深度约为 0.1mm(表面光滑时最大 von Mises 应力和最大 Tresca 应力出现深度)处，最大 von Mises 应力约为 650MPa，最大 Tresca 应力约为 700MPa，与表面光滑时该深度处的应力近似相等。认为表面微观形貌对次表面处的应力场影响不大。需要注意的是，AISI 9310 钢的屈服极限达到 1300MPa，在图 4-40 所示的接触时刻，应力未达到屈服极限，此时没有材料点发生塑性变形。但在整个加载过程中，可能存在某一时刻的应力达到屈服极限而发生塑性变形。

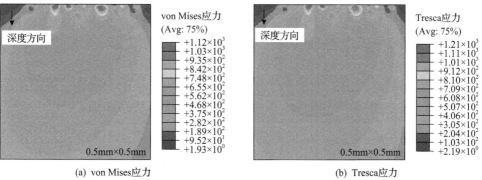

(a) von Mises应力　　　　　　　　(b) Tresca应力

图 4-40　von Mises 应力和 Tresca 应力分布图（单位：MPa）

在该接触时刻正应力分量、剪应力分量分布如图 4-41 所示。近表面处正应力分量 σ_{xx} 与 σ_{zz} 和剪应力分量 τ_{xz} 均波动剧烈。σ_{xx} 与 σ_{zz} 的最大值依旧出现在表面；τ_{xz} 的最大值为 -561MPa，出现在深度约为 5μm 处。应力分量的最大值相对于光滑表面均有明显的增加。表面微观形貌的存在很大程度上影响了齿轮近表面处应力-应变场的分布。

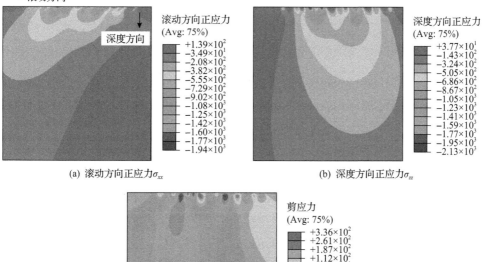

(a) 滚动方向正应力σ_{xx}　　　　　　　(b) 深度方向正应力σ_{zz}

(c) 剪应力τ_{xz}

图 4-41　齿轮某接触时刻次表面应力分量（单位：MPa）

在该接触时刻正应变分量和剪应变分量分布如图 4-42 所示。近表面处正应变分量 ε_{xx} 与 ε_{zz} 和剪应变分量 γ_{xz} 均波动剧烈。ε_{xx} 的最大值为–0.0049，出现在表面；ε_{zz} 和 γ_{xz} 的最大值出现在深度约为 5μm 处。应变分量的最大值相对于光滑表面均有明显的增加。

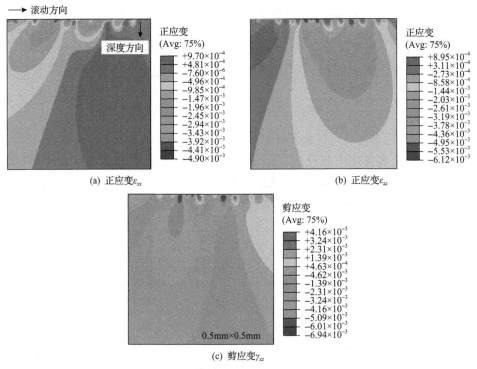

图 4-42　某接触时刻应变分量

在上述云图所示的接触时刻(接触点在节点附近)，没有材料点发生塑性变形，但在整个滚动接触过程中有部分粗糙峰处的应力达到屈服极限而产生塑性变形。卸载后，提取了齿廓节点附近的残余 von Mises 应力和残余 Tresca 应力分布，如图 4-43 所示。可以发现，塑性变形主要产生在深度约为 5μm 的近表面处，这是由表面局部粗糙峰处的应力集中造成的。

在粗糙表面接触分析中，接触面积比和归一化接触载荷两个参量经常用于评定粗糙面的接触状态，详见文献[73]～[75]。两者均为无量纲的参量，分别表示为 A/A_0 和 $F\times10^{-3}/(E\times A_0)$，式中 A 为实际接触面积，A_0 为名义接触面积，F 为法向接触载荷，E 为弹性模量。当齿轮副处于节点啮合位置时，提取此时的实际接触面积，并计算接触面积比和归一化接触载荷。在不同粗糙度均方值下的接触面积比 A/A_0 与归一化接触载荷 $F\times10^{-3}/(E\times A_0)$ 的变化曲线如图 4-44 所示。

可以发现，接触面积比与归一化接触载荷呈现正相关趋势，其趋势与文献[76]结果相似。同时，在相同载荷下，随着表面粗糙度的增大，接触面积比减小。

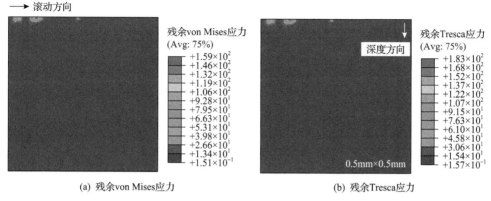

(a) 残余 von Mises 应力　　　　　　　　　(b) 残余 Tresca 应力

图 4-43　卸载后的残余 von Mises 应力和残余 Tresca 应力分布图（单位：MPa）

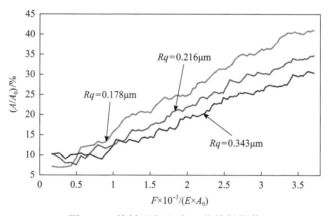

图 4-44　接触面积比-归一化接触载荷

当齿轮副处于节点啮合状态时，不同表面粗糙度下的接触压力分布变化如图 4-45 所示。虚线表示光滑表面的接触压力，呈现为典型的赫兹接触压力形状，近似为椭圆形，最大的接触压力约为 1000MPa，接触半宽约为 0.18mm。当考虑表面微观形貌时，与光滑表面情况相比，各位置处的接触压力波动明显。当粗糙度为 0.343μm 时，局部最大的接触压力达到 2800MPa，接近光滑表面最大赫兹接触压力的 3 倍。随着表面粗糙度的增大，局部粗糙峰处压力波动变得更加明显。但名义接触区大小几乎保持不变，这与文献[77]中的结果相似。

滑滚接触加载过程中最大 von Mises 应力和最大 Tresca 应力如图 4-46 所示。当假设表面光滑时，次表面最大 von Mises 应力为 666MPa，最大 Tresca 应力为 738MPa。当考虑表面微观形貌的作用时，最大 von Mises 应力和最大 Tresca 应力

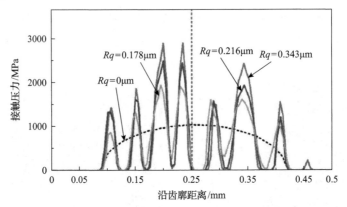

图 4-45　不同表面粗糙度下接触压力分布图

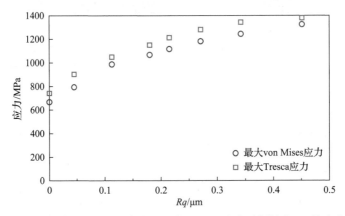

图 4-46　最大 von Mises 应力和最大 Tresca 应力随粗糙度 Rq 的变化

的出现深度有所改变，最大值移至近表面处。随着粗糙度 Rq 的增大，最大 von Mises 应力和最大 Tresca 应力均逐渐增大。当粗糙度 Rq 增大到 0.452μm 时，局部最大 von Mises 应力达到 1300MPa，最大 Tresca 应力达到 1400MPa，与光滑表面结果相比均增大了近一倍，展示了表面粗糙度对应力集中的显著作用，在开展近表面接触疲劳研究和磨损评估时需要予以考虑。

4.3.3　粗糙表面接触疲劳寿命案例分析

　　基于 4.3.2 节所述的航空齿轮副的工况、宏观几何和实测表面粗糙度测量数据，本节建立考虑实测表面粗糙度的齿轮有限元接触模型，基于 B-M-M 疲劳寿命模型，研究粗糙度作用下齿轮接触疲劳问题。材料的疲劳参数如表 4-3 所示，相关参数含义见 3.2.2 节。考虑到承受应力集中的材料点在最初的几次滚动接触过程中，可能发生安定、棘轮等状态，本节选取第 5 次齿轮滚动加载时的应力-应变场，分析齿面微观形貌对变形、应力和疲劳寿命的影响。

表 4-3　某齿轮材料的疲劳参数

参数	σ_f'/MPa	ε_f'	b	c	S	A	B
数值	2894	0.134	−0.087	−0.58	0.5	1.65	1.75

1. 齿面微观形貌对应变幅值的影响

各材料点的临界平面上的最大剪应变幅值 $\Delta\gamma_{max}/2$、正应变幅值 $\Delta\varepsilon_n/2$ 和正应力均值 σ_m 作为计算疲劳寿命的中间值，其大小和变化规律与材料接触疲劳寿命息息相关。因此，选取三种不同粗糙度 Rq 大小(0.178μm、0.216μm、0.343μm)的粗糙表面进行对比，分析表面微观形貌对应变幅值的影响。

图 4-47～图 4-49 分别为在三种微观形貌下的最大剪应变幅值 $\Delta\gamma_{max}/2$ 云图、正应变幅值 $\Delta\varepsilon_n/2$ 云图和正应力均值 σ_m 云图。在滚动接触过程中表面受压，因此正应力均值 σ_m 为负，符号表示应力方向。由图可以看出，当考虑表面微观形貌时，这三个值与表面光滑时相比相差较大。由于表面微观形貌的存在，近表面处这三个值波动剧烈，并且最大值均出现在近表面处。在深度约为 100μm 的次表面处也存在些微应力集中现象，在这三种粗糙度情况下与近表面(约 5μm 深度)应力

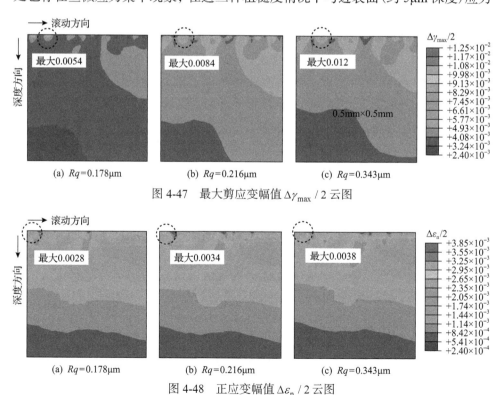

图 4-47　最大剪应变幅值 $\Delta\gamma_{max}/2$ 云图

图 4-48　正应变幅值 $\Delta\varepsilon_n/2$ 云图

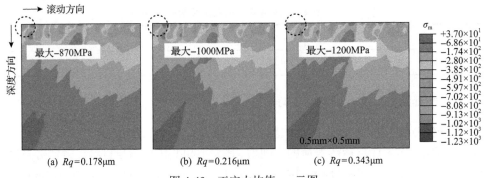

图 4-49　正应力均值 σ_m 云图

集中效应相比，较为轻微。当粗糙度 Rq 为 0.216μm 时，最大剪应变幅值、最大正应变幅值和最大正应力均值分别为 0.0084、0.0034 和 1000MPa。随着粗糙度均方根的增大，三个值都有所增加。可见表面微观形貌对近表面的影响显著，这证实了表面起始裂纹研究中考虑微观形貌影响的必要性。

为了进一步分析齿面粗糙度大小对最大剪应变幅值 $\Delta\gamma_{max}/2$、正应变幅值 $\Delta\varepsilon_n/2$ 和正应力均值 σ_m 的影响，绘制这三个值随着表面粗糙度变化的散点图，如图 4-50 所示。由图可以看出，随着粗糙度的增大，剪应变幅值、正应变幅值和正应力均值的最大值逐渐增大。假设表面光滑，最大剪应变幅值 $\Delta\gamma_{max}/2$、最大正应变幅值 $\Delta\varepsilon_n/2$ 和最大正应力均值 σ_m 分别约为 0.0052、0.002 和 600MPa。在表面粗糙度为 0μm（光滑表面）或粗糙度较小的情况下，三者的最大值均出现在深度约为 100μm 的次表面，而表面粗糙度大于 0.1μm 以后，三者的最大值均出现在近表面处。当粗糙度在 0.216～0.45μm 时，剪应变幅值 $\Delta\gamma_{max}/2$ 增速较快，认为在此粗糙度范围内表面微观形貌对近表面的应力-应变场影响显著。

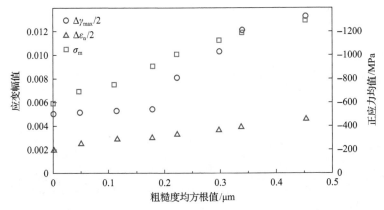

图 4-50　齿面粗糙度对多轴特征应力、应变的影响

2. 齿面微观形貌对接触疲劳寿命的影响

由 B-M-M 多轴疲劳准则可以看出，最大剪应变幅值 $\Delta\gamma_{\max}/2$、正应变幅值 $\Delta\varepsilon_{\mathrm{n}}/2$ 决定了该材料点的疲劳寿命大小，因此本节详细分析表面微观形貌对这两个参数的影响。选取处于典型近表面位置(深度约 5μm)以及典型次表面位置处(深度约 100μm)的材料点，分析近表面与次表面处粗糙度大小对最大剪应变幅值、正应变幅值的影响。

图 4-51 展示了在三种粗糙度 Rq(0.178μm、0.216μm、0.343μm)情况下的剪应变幅值与正应变幅值散点图。点划线作为表示最大剪应变幅值 $\Delta\gamma_{\max}/2$ 与正应变幅值 $\Delta\varepsilon_{\mathrm{n}}/2$ 相等的基准线。倒三角形散点表示次表面处(深度约 100μm)材料点的结果，圆形散点表示近表面处(深度约 5μm)材料点的结果。可以看出，倒三角形散点与圆形散点均位于虚线下面，即材料点的最大剪应变幅值 $\Delta\gamma_{\max}/2$

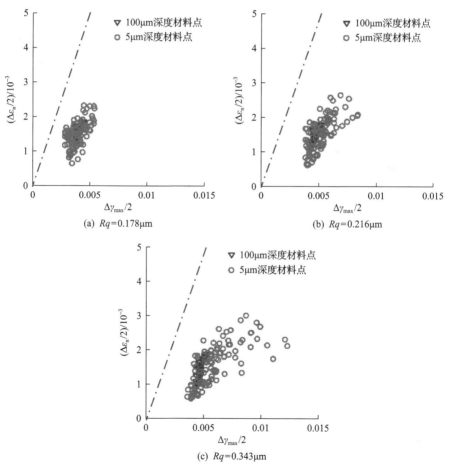

图 4-51　两个深度位置材料点的剪应变幅值与正应变幅值

均大于正应变幅值 $\Delta\varepsilon_n / 2$，这说明与正应变幅值相比，最大剪应变幅值对疲劳寿命的影响更大。与光滑表面相比，当考虑表面微观形貌时，散点的离散性变得突出，这表明近表面处的材料点疲劳寿命波动剧烈。同时，在此三种粗糙度 Rq 情况下，倒三角形散点的离散程度均小于圆形散点，这说明表面微观形貌对次表面失效也有所影响，但其对近表面失效的影响更为显著。随着粗糙度的增大，倒三角形散点与圆形散点的离散程度增大，并且最大剪应变幅值与正应变幅值之和也增大。

　　根据上面得到的剪应变幅值 $\Delta\gamma_{max} / 2$、正应变幅值 $\Delta\varepsilon_n / 2$ 和正应力均值 σ_m，采用 B-M-M 多轴疲劳准则计算各关键材料点的疲劳寿命。依旧选取节点附近长 0.5mm、深 0.5mm 材料区域分析不同表面粗糙度情况下的接触疲劳寿命分布。图 4-52 为在三种表面粗糙度情况下的接触疲劳寿命云图。当考虑表面微观形貌时，近表面处材料点疲劳寿命波动剧烈，这与上文的推测相符合。在三种表面粗糙度情况下，此接触区域内的最小疲劳寿命均出现在近表面处，且次表面应力集中区的疲劳寿命也较小。当表面粗糙度 Rq 为 0.216μm 时，最小疲劳寿命约为 $10^{5.1}$。随着表面粗糙度的不断增大，接触疲劳寿命逐渐减小。当粗糙度相对较小时，近表面粗糙峰和次表面区域的疲劳寿命较为接近。这表明在这种情况下，近表面失效与次表面失效均有可能发生，应该同时评估近表面起始失效与次表面起始失效风险。

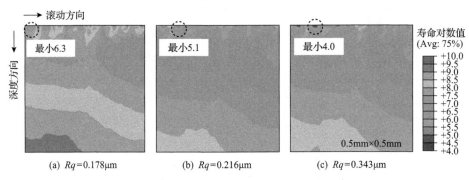

图 4-52　三种表面粗糙度情况下的接触疲劳寿命云图

　　提取齿廓节点处垂直接触面方向上，深度范围为 0~0.5mm 的材料点，绘制不同粗糙度 Rq 情况下的疲劳寿命随深度变化曲线，如图 4-53 所示。由图可以看出，在表面光滑的情况下，近表面处深度为 0.08~0.15mm 的材料点疲劳寿命最小，存在次表面失效风险，但无近表面失效风险；当粗糙度增大到 0.178μm 时，近表面区域的疲劳寿命变小，并略小于次表面区域疲劳寿命。随着粗糙度 Rq 持续增加，近表面区域的滚动接触寿命持续减小，但次表面处材料点的疲劳寿命改变不大，并且近表面区域的滚动接触疲劳寿命明显小于次表面接触区域的疲劳寿命，表明近表面失效更容易发生。当深度大于 0.2mm 时，四条曲线趋于重合，认为表面微观形貌对此深度位置的齿轮材料接触疲劳寿命的影响可以忽略不计。

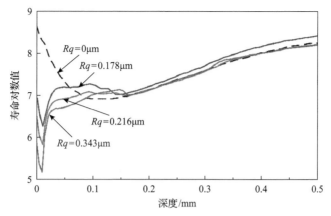

图 4-53　不同表面粗糙度情况下的接触疲劳寿命随深度变化曲线

为进一步分析图 4-53 中近表面与次表面处的材料点疲劳寿命问题，选取水平方向两个特征深度位置的齿轮接触疲劳寿命曲线，如图 4-54 所示。结果表明，近

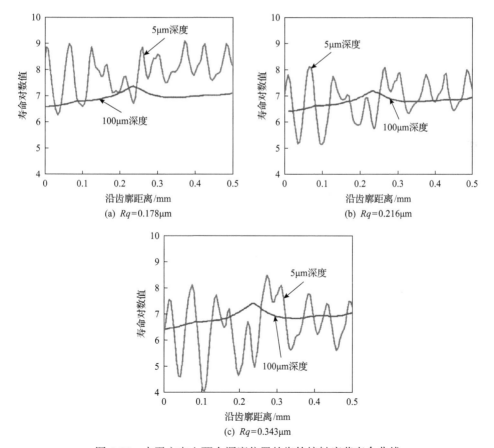

图 4-54　水平方向上两个深度位置的齿轮接触疲劳寿命曲线

表面处材料点（5μm 深度）疲劳寿命波动剧烈，而次表面处材料点（100μm 深度）疲劳寿命基本稳定在 10^7 左右。次表面处材料点曲线低于近表面处材料点曲线的部分说明在该处倾向于发生次表面材料点失效；而近表面处材料点曲线低于次表面处材料点曲线的部分说明在该处倾向于发生近表面材料点失效。也就是说，在垂直于接触面方向上的材料点的最小疲劳寿命出现的位置存在竞争现象。随着表面粗糙度的增大，近表面处材料点曲线低于次表面处材料点曲线的区域逐渐增大，这表明近表面起始疲劳失效的概率逐渐增大。

　　为了进一步分析齿面粗糙度对接触疲劳寿命的影响，绘制表面粗糙度-接触疲劳寿命曲线，如图 4-55 所示。由图可以清楚地看出，随着粗糙度 Rq 的增大，该接触区的最小疲劳寿命从 $10^{6.5}$（光滑表面）下降到 $10^{3.8}$（Rq 为 0.452μm），降低了两个数量级以上。当粗糙度 Rq 小于 0.131μm 时，最小疲劳寿命出现在次表面处；当粗糙度 Rq 大于 0.131μm 时，最小疲劳寿命出现在近表面处。因此，推测粗糙度 Rq 存在一个影响失效位置的临界值，当 Rq 大于这个临界值时，倾向于发生近表面失效，而当 Rq 小于这个临界值时，材料发生次表面失效的概率较大。根据图中寿命结果进行分析，认为在此工况下临界值可能出现在 0.15～0.25μm。

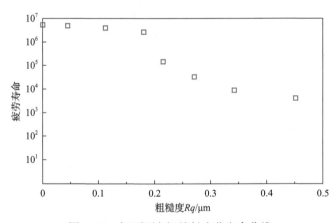

图 4-55　表面粗糙度-接触疲劳寿命曲线

　　另外，还可以发现粗糙度较大时的最小疲劳寿命数值并不能满足航空齿轮的设计要求，主要原因如下：

　　(1) 选用的是磨削加工后的初始表面微观形貌，并且只基于某一次滚动接触过程中的应力-应变场求解疲劳寿命，但磨损将改变表面微观形貌，使其趋于平滑[72]，润滑[78,79]也会缓和局部应力集中。

　　(2) 所研究的载荷为许用最大载荷，而在工程实际中，齿轮服役过程中受到载荷谱[80,81]的作用，意味着在相当长的运行周期内，载荷水平比本节中讨论的载荷要小。

3. 润滑与微应力循环的影响

通过弹流润滑控制方程可以纳入表面粗糙度的影响，利用追赶法与牛顿迭代法求解表面压力及油膜厚度，借助离散卷积-快速傅里叶变换求解表面压力，建立滑滚接触-形貌演化数值模型。图 4-56 为滑滚接触模拟示意图。

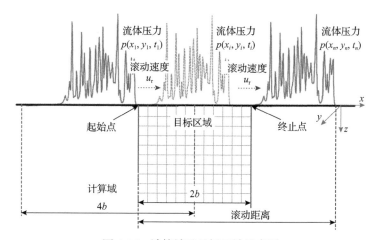

图 4-56 计算域及目标区域示意图

计算域大小为 $-2 \leqslant x/b \leqslant 2$，$-0.5 \leqslant y/l \leqslant 0.5$，$0 \leqslant z/b \leqslant 2$，其中 b 为赫兹接触半宽，l 为接触区宽度，整个计算域离散为 256×128 节点的网格。在目标区域中记录压力、应力以及粗糙度等变量，目标区域大小为 $2b$，节点数为 128×128。整个接触过程从接触区进入目标区域开始，到接触区退出目标区域为止，接触区宽度取 $2b$，则整个加载循环中接触区移动的距离为 $4b$，将整个接触过程离散为 128 个时间步。在整个接触过程结束后，得到目标区域所有点的应力历史，之后基于应力历史提取应力循环，计算累积损伤。采用跳跃循环 (jump-in-cycle) 的方法[82]来模拟齿轮高周疲劳过程，模型中采用的表面形貌基于展成磨加工成形的齿面，由高分辨率光学测量系统测得，如图 4-57 所示，齿面 1 和 2 的表面粗糙度分别由不同的采样间隔从测得的齿面形貌上取得，模拟聚焦在齿轮副上单齿啮合最低点单齿区一侧。

图 4-58 展示了一个加载周期内目标区域不同时刻的压力分布。如前所述，一个接触周期从接触区进入目标区域开始，至接触区退出目标区域结束，压力分布的变化反映了接触区完整穿过目标区域的运动过程。$t=0$ 时的目标区域几乎没有压力，$t=T_0$ 时也仅有轻微的压力波动，这与典型的弹流润滑油膜压力分布一致，这

两个位置分别对应各自接触瞬时的出口区和入口区,在入口区,动压效应会使压力分布区域比赫兹接触区域更宽。在 $t=1/2T_0$ 时刻,接触区完全覆盖目标区域,此时目标区域上的压力分布代表接触区的有效压力,可见压力分布直接反映了表面形貌的特征,"山脊状"的压力峰与表面上的磨削刀纹对应。由于粗糙峰的存在,压力峰值可以达到 2.5~3.5GPa,比最大名义赫兹接触压力高出 2~3 倍。

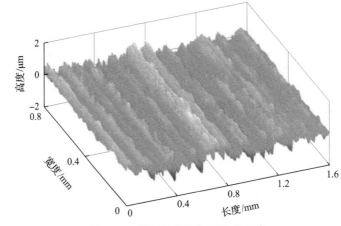

图 4-57　某磨削齿轮齿面微观形貌

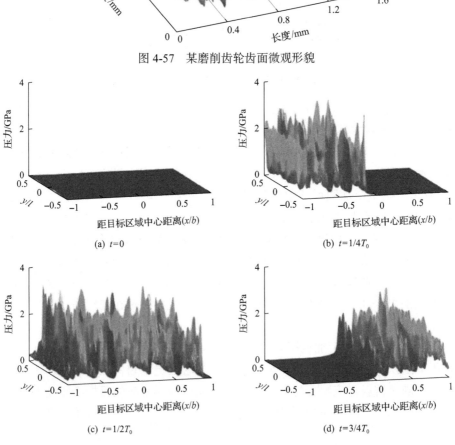

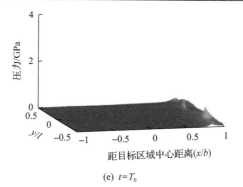

(e) $t=T_0$

图 4-58　一次加载循环中不同时刻的压力分布

　　表面压力的波动将改变次表面应力，并在近表面处造成应力集中，后者被认为是微点蚀的主要诱因之一。为了阐明次表面应力的变化，选取 *XOZ* 平面（中平面 $y=0$）作为参考面。图 4-59（a）为表面深度 $z=0.05b$ 处 von Mises 应力沿空间与时

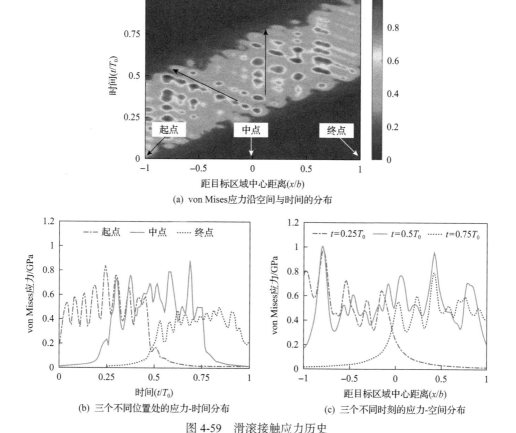

(a) von Mises应力沿空间与时间的分布

(b) 三个不同位置处的应力-时间分布

(c) 三个不同时刻的应力-空间分布

图 4-59　滑滚接触应力历史

间的分布,图中纵坐标为一个接触周期内的时间。由于表面上的粗糙峰引起局部接触,降低了承载面积,故局部应力升高,这表明在靠近表面区域的每个点所经历的应力历史与粗糙峰间的相对位置有关。从图 4-59(a)中可以看到明显的应力峰移动的轨迹(如图中箭头所示,也是粗糙峰相对移动的轨迹),其中一条与时间轴呈一定的角度,另一条与时间轴平行,由此可以分辨出由配合面(表面 2)上的粗糙峰引起的应力峰及由表面 1 本身粗糙峰引起的应力峰。所有分析都是针对表面 1,经历的是负滑动($u_1 < u_2$),即配合面上的粗糙峰反映到应力峰轨迹上与运动方向相反。图 4-59(b)和(c)分别为等值线图中沿 x 和 y 方向的截面图。其中,图 4-59(b)为三个不同位置处的应力-时间分布,可以看到在一个接触周期内,一个材料点会经历多个应力峰-谷波动,这些应力峰可以看成交变应力和平均应力的叠加;图 4-59(c)为三个不同时刻的应力-空间分布,它反映了不同瞬时目标区域每个点的受力情况。

　　为进一步研究微观应力循环的起因,提取了相同载荷及条件下纯滚动接触的应力历史,如图 4-60 所示。由图 4-60(a)可以看到,在纯滚动条件下,应力峰轨迹变成了连续的高应力带,其方向与时间轴平行如图中箭头所示。考虑到在纯滚动中两表面的粗糙峰间没有相对运动,因此其综合粗糙度(两粗糙度的叠加)不变,反映到应力历史上即为一条峰值迹线。图 4-60(b)中的应力-时间分布图像与滑滚接触结果明显不同,纯滚动工况下为相对平滑的曲线,没有多个应力峰值,即只有一个完整的应力循环。在同样的粗糙接触条件下,应力-空间分布较为相似,如图 4-60(c)所示。考虑粗糙表面的微观应力循环可以解释如下:粗糙表面与光滑表面发生相对运动,粗糙表面特定区域所承受的压力始终是不变的;光滑表面则会经历变化的表面粗糙峰,即会有压力的波动,从而引起微观应力循环。从上述实例可以看出,粗糙峰的相对移动是产生微观应力循环的主要原因,而不同表面的

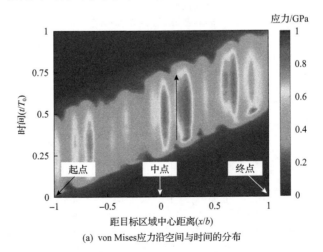

(a) von Mises应力沿空间与时间的分布

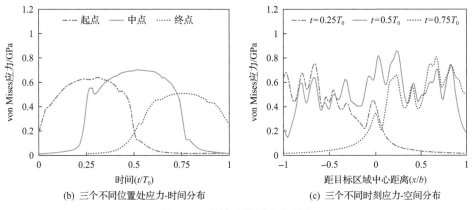

(b) 三个不同位置处应力-时间分布　　　　(c) 三个不同时刻应力-空间分布

图 4-60　纯滚动接触应力历史

粗糙度、卷吸速度以及滑滚比都会影响微观应力循环。

应力循环的变化最终将影响材料的疲劳行为。图 4-61 展示了一个接触周期后雨流计数法与损伤累积的结果。图 4-61(a) 为平面上每个点应力循环幅值的条形图，图中实线代表对应的累积损伤，由图可以看到累积损伤的峰值点与高应力幅值区域对应，累积损伤在 $x=0.03b$ 处取得最大值，在此处可以观察到较为密集

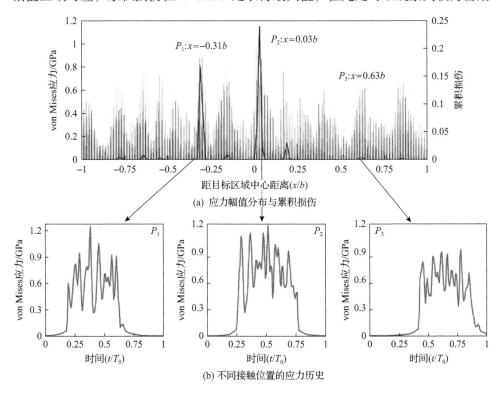

(a) 应力幅值分布与累积损伤

(b) 不同接触位置的应力历史

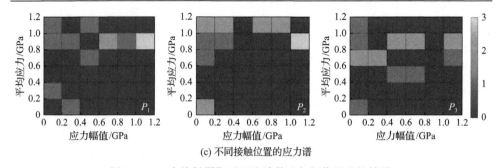

(c) 不同接触位置的应力谱

图 4-61　一个接触周期后雨流计数法与损伤累积的结果

的高应力幅值。三个峰值点所对应的应力历史及其雨流计数结果如图 4-61(b)、(c)所示，在 P_1 点和 P_2 点 von Mises 应力最大值分别为 1.25GPa 和 1.18GPa，在 P_3 点只有 0.9GPa。与 P_1 点相比，最大累积损伤所在的 P_2 点有更多应力峰值。雨流计数法得出的结果简化为图 4-61(c)所示的应力谱。可以看到大多数应力循环的平均应力都超过 0.6GPa，在 P_1 点和 P_2 点都有三个应力循环的幅值超过 1GPa，而 P_2 点中平均应力高于 1GPa 的循环数量高于 P_1 点。P_3 点应力循环的幅值和均值相对较低，这与图 4-61(b)中观察到的应力峰-谷序列是一致的。

4.4　表面磨损的影响

齿轮副啮合时，齿面发生相对滑滚运动，表层材料不断去除，从而发生磨损。磨损过程是一种在不同因素的共同作用下产生的表面演变现象。齿轮副的几何特性、啮合时的工况、滑滚状态、界面状态等均对磨损速率有所影响[83]，因此磨损的形成机理十分复杂。关于齿轮表面磨损规律，当前已有大量研究，且主要侧重于在一些假定条件下对轮齿表面沿啮合线方向的摩擦效率、摩擦因数和摩擦损失进行模拟和试验验证[84-86]，但针对磨损状态下的疲劳失效分析以及磨损-损伤耦合中的失效机理分析相对较少，因此在 4.4.3 节介绍磨损-损伤耦合失效案例分析，考虑磨损引起的表面微观形貌演化与材料点力学属性的劣化行为，基于不断改变的表面微观形貌和材料力学属性，分析整个齿轮加载周期中的疲劳损伤过程。

4.4.1　磨损概述

磨损是相互接触的物体在相对运动中表层材料不断损伤的过程，它是伴随摩擦而产生的必然结果。摩擦磨损种类繁多，如黏着磨损、磨粒磨损、疲劳磨损和冲击磨损等，这些都是机械设备发生故障，造成设备寿命下降、可靠性和效率降低的根本原因，因此设法减少表面的摩擦磨损是提高能源利用效率和使用寿命的根本措施。

机械零件正常运行的磨损过程一般分为三个阶段：跑合阶段、稳定磨损阶段和剧烈磨损阶段。跑合阶段也称磨合阶段，在这一阶段，机械零件开始运行后，在一定载荷作用下，带有一定粗糙度的表面逐渐被磨平，使原本很小的实际接触面积逐渐增大，接触面积的弹性部分逐渐增加而塑性部分逐渐减小，磨损速度由加速逐渐减慢。跑合阶段结束后，随着平衡粗糙度的形成，摩擦表面进入稳定磨损阶段，此阶段磨损速度比较缓慢且趋向一定的数值，磨损量与时间关系的斜率（磨损速率）基本保持不变。随着表面层的逐步失去和疲劳的不断累积，磨损速度急剧增大，平衡状态的破坏越来越严重，摩擦表面进入剧烈磨损阶段，这是由于摩擦副的间隙及表面形状的改变，精度丧失，机械效率下降，甚至产生噪声、振动，温度迅速升高，最终导致零件失效。所有系统都会发生磨损，但在服役周期内的不同阶段具备不同磨损率。磨损率曲线可通过浴盆曲线（磨损-时间曲线）很好地描述，如图 4-62 所示。

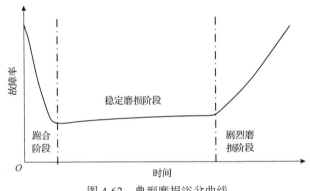

图 4-62　典型磨损浴盆曲线

　　磨损是在不同因素的共同作用下进行的，这些因素决定了在磨损过程中各种变化的发生。影响摩擦副磨损率的因素有：材料的耐磨性（工况载荷、温度、速度、摩擦状态等）、外部介质（环境介质的组成情况，润滑剂、磨料是否存在）、摩擦副的结构（配偶表面的几何形状）、润滑材料送往接触区的方式、散热系统及密封是否存在、使用运行条件等。因此，它没有类似物理、化学等固有的性能，不能对它进行普通形式的性能分析，并且磨损过程是一种微观动态过程。因此，磨损的研究过程非常复杂，其在理论和实践方面都还不够完善。

　　1. 磨损分类

　　一般情况下，磨损可以按照接触零部件材料（金属、非金属）、相对运动特性（滑动、滚动）、载荷特性（低应力、高应力和冲击）、润滑条件（有/无润滑）、互相作用特性（物理、机械和化学作用）、磨屑形成特性以及磨损机理等进行分类。目前常用的磨损类型是按照磨损过程的物理特性和磨损机理来分类的，主要分为黏着磨损、磨料磨损、疲劳磨损、腐蚀磨损等，如图 4-63 所示。根据磨损程度，磨损一般分为轻微磨损和严重磨损。轻微磨损是最常见的复合磨损形式，由于这种磨损具有缓慢的渐进性特点，对机械系统的性能影响与突发性失效相比往往容易被忽视，但其危害性很大。严重磨损本身可以定义为一种失效形式，必须避免。

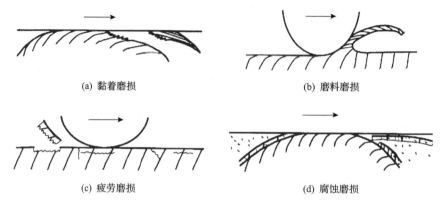

(a) 黏着磨损　　　　　　　　　　　　　(b) 磨料磨损

(c) 疲劳磨损　　　　　　　　　　　　　(d) 腐蚀磨损

图 4-63　磨损方式示意图[87]

摩擦副接触时由于表面不平，在相对滑动和一定载荷作用下，在接触点发生塑性变形或剪切，使得表面膜破裂，磨损表面温度升高，严重时表层金属会软化或熔化，此时接触点产生黏着，然后出现黏着—剪断—再黏着—再剪断的循环过程，这就形成了黏着磨损，如图 4-64 所示。润滑表面在油膜破裂后才可能发生黏着，无润滑表面在表面污染膜失效后，也可能发生黏着。黏着磨损常采用 Archard 模型。随后，Archard 模型也被用于研究疲劳磨损、微动磨损等其他磨损失效。

图 4-64　典型黏着磨损形貌图[9]

Archard 模型假设两个相互接触的摩擦副由表面凸起组成，为方便计算，设微凸体平均半径为 a，屈服应力近似等于 $H/3$，H 为较软材料的硬度，基于接触应力及相对滑动距离是影响接触面磨损的主要因素的假设，提出经典 Archard 磨损公式：

$$V = K \frac{W}{H} s \tag{4-20}$$

式中，V 为磨损体积，mm^3；W 为接触法向力，N；H 为磨损材料的表面硬度，N/mm^2；s 为滑动距离，mm；K 为接触面无量纲磨损系数。Archard 模型没有考虑摩擦副材料本身的特性，如材料变形特性、加工硬化、摩擦热对材料的影响。对于钢，一般情况下，当材料表面压力小于硬度的 1/3 时，磨损系数较小且保持不变；但当材料表面压力超过硬度的 1/3 时，磨损系数急剧增大，磨损量也急剧增大，这意味着高载荷作用下会发生大面积的黏着焊合，此时表面发生塑性变形，实际接触面积与载荷不再成正比。

磨粒磨损是最普遍的磨损形式，是指外界硬颗粒或对磨表面上的硬突起物在摩擦过程中引起表面材料脱落的现象。一般来说，磨粒磨损的机理是磨粒的犁沟作用，即微观切削过程。显然，材料相对于磨粒的硬度和载荷起着重要作用。磨损表面会产生划痕、犁皱、擦伤和微切削的形貌。磨粒磨损公式与 Archard 磨损公式基本相同，即磨损量与载荷及相对滑移距离成正比，与被磨损材料硬度成反比。

疲劳磨损指的是在摩擦时表面有周期性的载荷作用，使接触区产生很大的变形和应力，并形成裂纹而破坏的现象。疲劳裂纹一般是在固体有缺陷的地方最先出现。这种缺陷可能是机械加工时的毛刺或材料在冶炼过程中造成的缺陷，如气孔等，裂纹还可以在金属相之间和晶界之间形成。通常，齿轮副、滚动轴承、钢轨、凸轮副等部位比较容易出现表面疲劳磨损。由于存在粗糙峰和波纹度，表面接触是不连续的；摩擦过程中接触峰点受周期性载荷作用，从而产生疲劳破坏，即磨损；疲劳磨损取决于接触峰点的应力状态；根据摩擦副的载荷、滑动速度、表面形貌和材料性质等，应用弹塑性力学模型可以建立磨损量计算公式。

摩擦时材料与周围介质发生化学或电化学相互作用所产生的磨损称为腐蚀磨损。腐蚀磨损发生时，材料的摩擦表面被破坏，同时发生了两个过程，即腐蚀和机械磨损。机械磨损可能是由两个相配合表面的滑动摩擦引起的，也可能是在气蚀和非气蚀条件下因有硬颗粒介质流的作用而发生腐蚀，由材料与介质发生化学或电化学相互作用过程引起的。

2. 齿轮磨损

齿面磨损是指啮合面之间因摩擦导致摩擦面逐渐有微小颗粒分离出来，形成磨屑，并且反复进行，使齿轮表面不断发生尺寸变化和材料损失。典型齿面磨损形貌图如图 4-65 所示。齿轮的磨损问题较为复杂，齿面磨损的影响因素较多，通常是多种磨损机理的复合作用，建立完全符合实际的齿面磨损模型难度较大。学术界普遍认为，齿轮磨损的机制与法向载荷和滑动距离相关，Archard 磨损模型考虑了法向载荷和滑动距离及磨损量的时变性，因此也可采用 Archard 磨损模型模拟齿轮磨损过程。

(a) 典型齿面磨损宏观形貌图

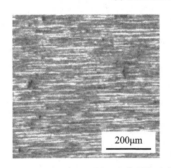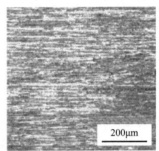

(b) 典型齿面磨损微观形貌图

图 4-65　典型齿面磨损形貌图[88]

Andersson 和 Eriksson[89]开创性地将 Archard 磨损公式引入直齿轮磨损计算中，假设在一个啮合周期内齿面上特定点 A 的压力是恒定的，计算磨损深度公式为

$$\begin{cases} s_{A,1} = 2a_{\mathrm{h}}\left(1 - v_{A,2} / v_{A,1}\right) \\ s_{A,2} = 2a_{\mathrm{h}}\left(v_{A,2} / v_{A,1} - 1\right) \end{cases} \tag{4-21}$$

$$h_{A,n} = h_{A,n-1} + kp_{A,n-1}s_A \tag{4-22}$$

式中，$s_{A,1}$、$s_{A,2}$ 分别为两个齿轮在啮合过程中的齿面滑移距离；a_{h} 为赫兹接触半宽；$v_{A,1}$、$v_{A,2}$ 分别为两个齿轮在啮合处的切向速度；$h_{A,n}$ 为经过 n 次积分循环后齿面上 A 点的磨损深度；$h_{A,n-1}$ 为经过 $n-1$ 次积分循环后齿面上 A 点的磨损深度；$p_{A,n-1}$ 为 A 点在穿过作用线时的平均压力；s_A 为 A 点相对啮合齿的滑动距离；k 为磨损系数。

Wu 和 Cheng[90]考虑齿轮动力学和粗糙表面弹流润滑接触影响研究了直齿轮的滑动磨损问题，推导了沿啮合线的等效磨损率和轮齿磨损轮廓，结果表明，齿根和齿顶部位材料磨损最严重,最大磨损量发生在啮入时刻(主动轮齿根和从动轮齿顶位置)。

Archard 磨损公式并未考虑随着齿面磨损量的增加,齿面偏差与啮合载荷发生改变的问题。针对此不足,1997 年,Flodin 等[85]提出了基于 Archard 磨损公式和 Winkler 弹性模型的直齿轮磨损数值模型。模型经过 N 次啮合之后进行一次齿面重构,可以考虑磨损过程对齿面接触的影响,其公式为

$$h_{A,n} = h_{A,n-1} + \Delta t \, kN \sum_{i=1}^{K} p_{A,i} v_{A,i} \tag{4-23}$$

式中,Δt 为单次啮合离散后的时间步长;N 为齿面接触条件相同的啮合次数。

2001 年,Flodin 和 Andersson[91]提出了一个斜齿轮磨损预测的简化模型,将斜齿轮考虑成若干相互独立的薄片式直齿轮组合;2001 年,Molinari 等[92]进行了金属干滑动磨损有限元模型的校准和验证,采用连续自适应网格划分作为消除单元变形的手段,并解析了磨损过程的精细特征;2004 年,Bajpai 等[93]基于有限元接触模型和 Archard 磨损公式,提出了一个直齿轮和斜齿轮的表面磨损预测方法,分析了考虑修形的真实表面的磨损行为,利用试验结果对分析结果进行了验证;2005 年,Hegadekatte 等[94]在 ABAQUS 后处理中实现了 Archard 磨损定律模拟,随后采用欧拉积分法计算局部磨损,模拟了表面的演化过程,从而得到接触表面真实的压力分布;2008 年,Hegadekatte 等[95]提出了一种基于子程序(UMESHMOTION)的高效 Archard 磨损模型,以增量式形式模拟滑动和滑移磨损;2014 年,赵丽娟和孙婉轩[96]以采煤机摇臂传动系统的末级齿轮为例,运用有限元法分析了不同位置、不同程度齿面磨损对低速重载齿轮啮合传动、齿面接触有效应力的影响;2018 年,Morales- Espejel 等[71]提出了一种考虑表面疲劳和磨损对表面粗糙度演化影响作用的微点蚀预测模型。

总体而言,绝大多数学者采用 Archard 磨损模型或其修正模型分析齿轮表面磨损行为。本节基于 Archard 磨损模型,通过开发 ABAQUS UMESHMOTION 磨损子程序,并结合任意拉格朗日-欧拉(arbitrary Lagrangian-Eulerian, ALE)自适应网格技术实现渐开线直齿轮齿面磨损仿真。

4.4.2　齿轮磨损案例分析

本节采用 4.3.2 节中所述的齿轮几何参数、材料参数和工况参数,建立齿轮干接触磨损弹塑性模型,该模型调用了子程序 UMESHMOTION,可在每个增量步更新表面微观形貌。以从动小齿轮为研究对象,分析磨损演化过程。材料采用随动强化本构模型,齿面接触副间的摩擦系数定义为 0.1,以减少计算时间,且考虑小齿轮节点附近 0.5mm×0.5mm 区域的磨损情况。为保证计算结果可靠,对该区域进行网格细化,考虑到网格单元的适应性,选择 CPE4 平面单元,细化区域网格大小为 0.005mm,模型如图 4-66 所示。

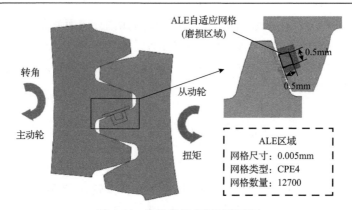

图 4-66　齿轮磨损有限元模型图

　　UMESHMOTION 子程序根据求解后的有限元结果访问接触点信息，并记录节点接触压力、节点相对滑动位移及节点坐标等数据，然后根据 Archard 磨损公式计算磨损深度和方向。在每个增量步计算结束后，将计算值应用于该节点的移动，然后通过 ALE 自适应网格技术进行网格重画，并更新磨损面几何特征。在下一个磨损周期中，记录新的接触面各节点的状态变量，重新开始计算，直至整个磨损周期结束。基于有限元的齿轮磨损仿真流程如图 4-67 所示。

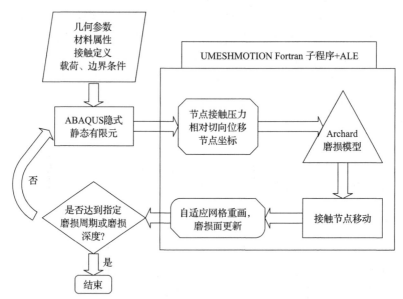

图 4-67　基于有限元的齿轮磨损仿真流程

　　图 4-68 展示了磨损区域的表面接触压力及相对滑动位移分布，图中横坐标表示由节点起始沿齿廓方向的距离。由图可以看到在节点附近 0.5mm×0.5mm 区域，接触压力沿啮合点移动方向逐渐上升，节点处接触压力约 1200MPa；同时相对滑

动位移沿节点两侧呈线性上升趋势，节点位置理论上为纯滚动状态，考虑到实际过程中接触发生的弹性变形，节点位置存在微小相对滑动位移。

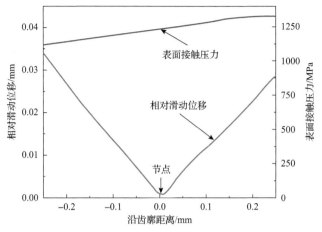

图 4-68　表面接触压力及相对滑动位移分布

图 4-69(a) 为不同啮合周期下磨损区域的磨损深度分布，可以看到，随着循环次数的累积，磨损深度逐渐增加，同时磨损速率有下降趋势。磨损深度沿节点两侧逐渐增加，这主要归因于两侧相对滑动位移的线性增长(图 4-68)。节点处存在较大的接触压力，但相对滑动位移很小，因此节点磨损深度最小。图 4-69(b) 为磨损区域在磨损过程中接触压力的变化，可以看到，节点处接触压力变化较为明显，在经历过 $1×10^7$ 次啮合周期后，接触压力由初始状态的 1200MPa 增加到 1350MPa，节点两侧磨损速度高于节点处的磨损速度，进而导致节点应力集中效应，可能会增加节点处失效风险。

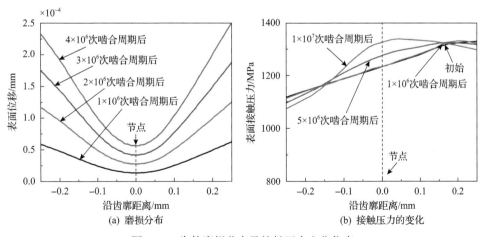

(a) 磨损分布　　　　　　　　　(b) 接触压力的变化

图 4-69　齿轮磨损分布及接触压力变化仿真

4.4.3 磨损-损伤耦合失效案例分析

本案例采用 4.4.2 节所述的航空齿轮几何参数和工作条件，基于 4.3.2 节测量的表面微观形貌，在 ABAQUS 中建立齿轮弹塑性接触模型。材料本构采用子程序 UMAT 编辑，在每个循环加载后更新材料属性；在子程序 UMESHMOTION 中编写 Archard 磨损模型，表面形貌在每个增量步后更新；根据 B-M-M 多轴疲劳准则和"跳循环"方法计算每次加载的损伤并累积，具体过程和结果如下。

使用编程语言 Python 读取粗糙度采样点数据(测量方法及选取的微观形貌已在 4.3.2 节中介绍)，导入到小齿轮中间齿的齿廓上，模型如图 4-70 所示。选取小齿轮节点附近 0.5mm×0.5mm 区域设置为 ALE 自适应网格，并调用子程序 UMESHMOTION，以读取接触压力、滑移距离增量和接触节点在当前时刻的坐标，计算当前加载周期的磨损深度，并更新表面接触节点的坐标。在接触区域内划分大小为 5μm×5μm 的细网格，网格类型为 CPE4 或 CPE3，其余区域网格尺寸渐变可以保证结果收敛，计算精度满足分析要求且时间成本可接受。齿面接触副间的摩擦系数定义为 0.1，材料本构因涉及与应力、应变状态相关的损伤变量，需要调用子程序 UMAT 自定义开发。

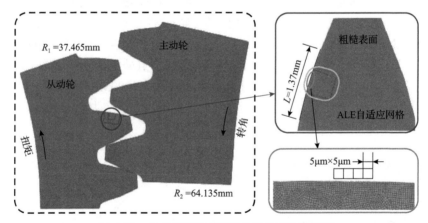

图 4-70 考虑表面微观形貌的齿轮副接触模型

图 4-71 为建模过程中的编程逻辑，首先设置初始材料属性以及初始疲劳损伤为 0；然后基于初始材料参数以及子程序 UMAT 中的材料本构，计算当前时刻的应力-应变场；读取此时的接触压力、滑移距离增量以及接触节点在当前时刻的坐标，并基于 Archard 磨损模型与子程序 UMESHMOTION 计算此时的磨损量，并更新接触节点的坐标，实现表面微观形貌的实时更新；计算、读取并存储每个材料点在一个滚动加载过程中的正应变、剪应变以及正应力；当前滚动加载过程结束后，查找在整个滚动加载过程中每一个材料点的最大剪应变及其所在的平面(确

定临界面）；计算每一个材料点在其临界面上的最大剪应变幅值、正应变幅值和正应力均值；根据 B-M-M 多轴疲劳准则计算该次滚动加载所造成的材料点疲劳损伤，并根据"跳循环"方法累计总疲劳损伤，更新该材料点的材料力学属性，实现材料属性的实时更新；若某一材料点的总损伤达到预定的临界值，则计算终止；若某一材料点的总损伤未达到预定的临界值，则继续循环加载，直至失效。

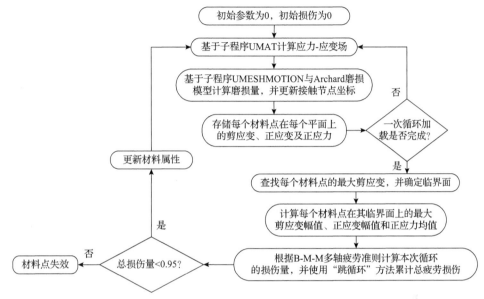

图 4-71　齿轮接触疲劳-磨损耦合编程逻辑图

本节讨论表面粗糙度 Rq 为 0.216μm 时的齿面微观形貌演变与疲劳损伤演化过程，同时为了区分考虑磨损与不考虑磨损两种情况下的表面形貌的差异，在保证齿形及工况条件相同的基础上分别建立两个模型，其中一个模型使用子程序 UMESHMOTION 并采用 Archard 磨损模型，另一个模型并未使用 UMESHMOTION 改变表面节点的坐标，但依旧考虑了应力集中可能带来的塑性变形。通过对比分析，研究齿面磨损对表面法向位移的影响。

在初始表面粗糙度 Rq 为 0.216μm 的情况下，小齿轮节点附近表面位移曲线如图 4-72 所示。图 4-72(a) 为考虑磨损对表面微观形貌的影响，图 4-72(b) 为不考虑磨损，但考虑塑性变形对表面微观形貌的影响。值得注意的是，由于塑性的影响，图 4-72(a) 中的表面位移由两部分组成，即磨损所造成的材料去除以及表面受压导致的垂直于接触面的塑性变形。可以发现，无论是否考虑磨损，粗糙峰处的表面位移总是随着加载周期的增大而增大，早期的研究[4]也证实了这一结论。当滚动接触次数较少时，如 $1×10^6$ 次，图 4-72(a) 和 (b) 中表面位移曲线相似。当循环次数增加到 $1×10^7$ 时，有无磨损的两条表面位移曲线有明显的差异。粗糙峰处存在较高的接触压力,导致此处磨损深度也较大,这与文献[97]的发现相似。随着循环次数的进一步增大,两种结果之间的差异变得更加显著。当考虑磨损对表面微观形貌的影响时,发现沿齿廓方向距节点越远,磨损深度越大。磨损不仅发生在粗糙峰处,而且在某些粗糙谷中也会发生,特别是在远离节点的齿廓位置。

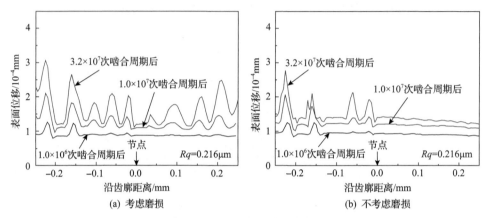

图 4-72　粗糙齿面位移曲线

　　在 B-M-M 多轴疲劳准则中,正应变幅值和剪应变幅值是决定疲劳寿命的两个重要参数,采用本节所述的计算方法计算各材料点最大剪应变所在的临界面角度,以及各材料点的临界平面上的最大剪应变幅值、正应变幅值和正应力均值。在考虑磨损的影响,并且在初始表面粗糙度 Rq 为 0.216μm 的情况下,选取小齿轮节点附近的 0.5mm×0.5mm 区域分析不同循环次数下的正应变幅值和剪应变幅值,如图 4-73 所示。由于表面微观形貌的存在,近表面处正应变幅值和剪应变幅值波动明显,并且最大值均出现在近表面处;次表面处的正应变幅值和剪应变幅值较大,并且大部分材料点的正应变幅值小于剪应变幅值,这与早期的研究一致。随着加载循环次数的增加,次表面处正应变幅值和剪应变幅值逐渐增大。猜测这是由于疲劳损伤累积导致材料点弹性模量降低,在工况不变的前提下应变幅值有所增加。同理,尽管表面微观形貌趋于平缓,近表面粗糙峰处的正应变幅值和剪应变幅值也逐渐增大。为了进一步分析此猜测的正确性,还需要分析应变幅值和与损伤率之间的关系。

　　使用前述计算得到的临界平面上的最大剪应变幅值、正应变幅值和正应力均值,并基于与损伤耦合的 B-M-M 公式计算每个加载块的损伤率。图 4-74 为在初始表面粗糙度 Rq 为 0.216μm 的情况下,不同循环次数下应变幅值和(正应变幅值与剪应变幅值之和)与损伤率的关系。该图可以准确反映材料点属性及损伤过程。

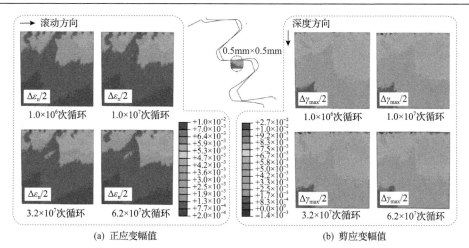

(a) 正应变幅值　　　　　　　　　　　　　　　　(b) 剪应变幅值

图 4-73　不同循环次数下的正应变幅值和剪应变幅值[2]

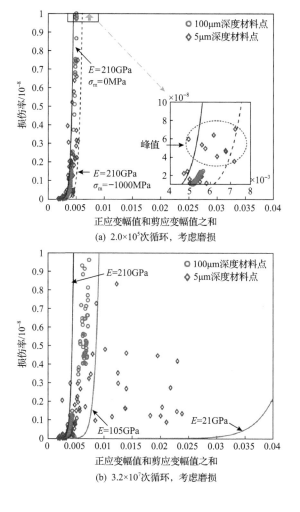

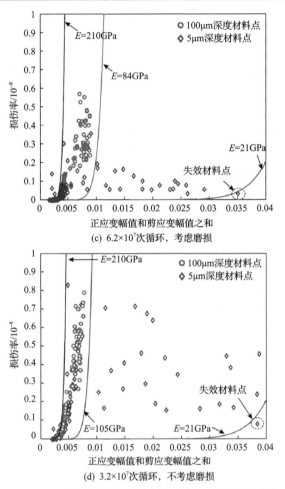

图 4-74　不同疲劳阶段应变幅值和与损伤率的关系[2]

　　在假定正应力均值为 0 的情况下，根据 B-M-M 多轴疲劳准则拟合应变幅值和与损伤率曲线。由曲线拟合的结果可以发现，当应变幅值和相同时，随着弹性模量 E 的减小，损伤率急剧减小。材料属性弹性模量 E 的大小显著影响损伤率结果，即材料的损伤程度显著影响应变幅值和与损伤率的大小。同时，为了进一步分析近表面与次表面处材料点损伤过程，选取深度分别为 0.1mm 和 5μm 的材料点，分析在考虑磨损影响时不同加载周期下的应变幅值和与损伤率的关系，如图 4-74(a)～(c)所示，并且在图 4-74(d)中对比无磨损的情况。

　　当循环次数等于 2×10^5（第一个加载块）时，应变幅值和与损伤率的关系如图 4-74(a)所示。由于在第一个加载块之前，材料点没有损伤，认为所有材料点的弹性模量为 $E= 210\text{GPa}$。可以发现，散点基本集中在实线（$E=210\text{GPa}$，$\sigma_m = 0\text{MPa}$）

与虚线（$E=210\text{GPa}$，$\sigma_\text{m}=-1000\text{MPa}$）之间。近表面某粗糙峰处材料点损伤率最大，其值约为 8.0×10^{-8}；次表面处应变幅值和基本处于 $0.003\sim0.006$，最大损伤率小于 3.0×10^{-8}。由于表面微观形貌的作用，近表面材料点的应变幅值和-损伤率散点分布更为离散。

图 4-74(b) 为循环次数达到 3.2×10^7 时的应变幅值和与损伤率图。可以发现，损伤率不断下降，应变幅值和逐渐增加。与图 4-74(a) 不同的是，损伤率最大的材料点出现在次表面，最大损伤率低于 1.0×10^{-8}。此外，圆形散点与图 4-74(a) 相比更加分散，这是由不同材料点的损伤程度不同造成的，但圆形散点主要分布在曲线（$E=210\text{GPa}$）和曲线（$E=105\text{GPa}$）之间，说明近表面处材料点的损伤值均低于 0.5。同时，在材料点属性劣化和表面微观形貌改善共同作用下，近表面处的应变幅值和-损伤率散点更加分散。

当循环次数达到 6.2×10^7 时，近表面与次表面的应变幅值和与损伤率散点如图 4-74(c) 所示。可以发现，近表面和次表面材料点的损伤率不断下降。次表面处材料点的最大应变幅值和小于 0.01，最大损伤率低于 0.6×10^{-8}。此时，曲线 $E=210\text{GPa}$ 和曲线 $E=84\text{GPa}$ 成为次表面处材料点散点的包络线。在曲线 $E=21\text{GPa}$ 外有一个菱形散点，被认为是近表面率先失效材料点。随着循环次数的增加，损伤的材料点的正应变幅值和剪应变幅值之和逐渐增大，其增长程度取决于该材料点的损伤程度，但损伤率逐渐减小，这与公式拟合的曲线一致。

图 4-74(d) 为不考虑磨损时的应变幅值和与损伤率图，可以发现，与考虑磨损的结果相比，近表面处材料点更加分散，次表面损伤率较低。曲线 $E=21\text{GPa}$ 外的菱形散点被认为是率先失效材料点。对比图 4-74(b) 和 (d) 的结果可知，磨损改善了粗糙表面，减小了一些粗糙峰的应变幅值，延缓了齿轮接触疲劳失效的出现。

当初始表面粗糙度 Rq 为 $0.216\mu\text{m}$ 且考虑磨损影响时，不同循环次数的材料点损伤分布如图 4-75 所示。设置损伤显示的阈值为 0.1，即损伤值小于 0.1 的材料点不可见。可以发现，当循环加载次数为 1.0×10^6 时，近表面处的材料点损伤最大（最大值为 0.392），而次表面处的损伤值均小于 0.1。随着循环次数的增加，损伤值达到 0.1 以上的材料点数量逐渐增加。在第 6.2×10^7 次循环时，最大损伤值达到 0.95（失效临界值），出现在近表面处，表示这是第一个率先失效的材料点，因此失效模式体现为近表面起始失效。同时，次表面处的最大损伤值仅为 0.5 左右，说明在此微观形貌及工况条件下，次表面的材料点疲劳寿命比近表面处的更长。因此，在表面粗糙度 Rq 为 $0.216\mu\text{m}$ 的情况下，会发生近表面材料点引起的疲劳失效。值得注意的是，失效模式（无论是近表面起始失效还是次表面起始失效）

取决于表面粗糙度的大小。

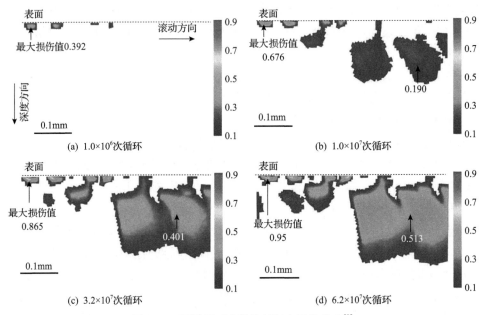

(a) 1.0×10⁶次循环

(b) 1.0×10⁷次循环

(c) 3.2×10⁷次循环

(d) 6.2×10⁷次循环

图 4-75　不同循环次数的材料点损伤分布[2]

表面粗糙度 Rq 对累积损伤和失效模式同样具有影响。以粗糙度 Rq 为 0.216μm 与 0μm（光滑齿面）两种特定情况的损伤演化过程为例，分析近表面与次表面处材料点损伤演化规律。当粗糙度等于 0.216μm 时，选取深度为 5μm 的材料点和深度为 100μm 的材料点分别代表近表面（图 4-76(a)）和次表面（图 4-76(b)）结果；图 4-76(c) 为几个关键材料点的损伤过程。可以发现，近表面处某些粗糙峰点（如 A 点、B 点）早期损伤累积较快，但随着累积损伤的增大，损伤速度逐渐减慢。这

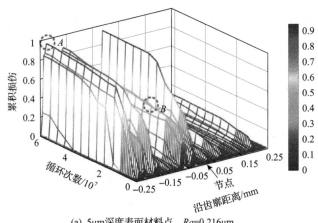

(a) 5μm深度表面材料点，Rq=0.216μm

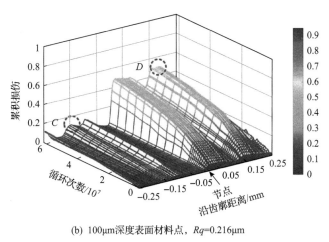

(b) 100μm深度表面材料点，Rq=0.216μm

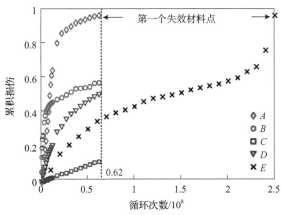

(c) 几个关键材料点的损伤过程

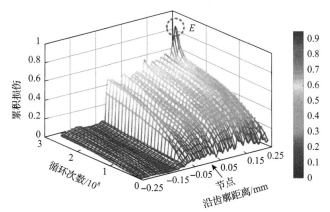

(d) 100μm深度表面材料点，Rq=0μm

图 4-76　近表面与次表面处材料点损伤演化规律

是由于早期表面形貌波动剧烈，应力集中明显，造成某些粗糙峰点的损伤率较大，损伤累积速度较快；表面磨损逐渐降低了粗糙峰的高度，极大地改善了表面的应力集中现象，进而使该粗糙峰点处的损伤累积速度逐渐降低。

在图 4-76(b)所示的次表面区域，与近表面结果相比，损伤的累积更加平稳。如图 4-76(c)中 C 点与 D 点所示，在循环次数较低时，材料点的损伤累积速度较快。然后，随着加载周期的增加，损伤累积速度逐渐降低，但仍保持在一个较为可观的水平。此次表面损伤累积趋势与早期研究中[98]的趋势一致。这是由次表面处一直都是应力集中区域造成的。

表面光滑时次表面的损伤演化过程如图 4-76(d)所示。可以看出，在循环加载的初期，次表面材料点的损伤累积过程与考虑粗糙度时趋势一致；随着加载周期的增加，损伤的累积较为平稳。值得关注的是，当累积损伤值达到 0.6 时，材料点将在一个或几个加载周期快速失效，如图 4-76(c)中 E 点所示。这种损伤加速现象也可以在一些连续损伤理论文献[99-101]中发现。对于接触面粗糙的情况，在近表面处材料点率先失效时，近表面材料点的最大损伤值仍处于 0.5 左右，若降低初始表面粗糙度，则有可能出现次表面失效。

图 4-77 为在四种不同表面粗糙度条件下，小齿轮节点附近的 0.5mm×0.5mm 区域内已有某一材料点失效时的损伤分布情况。由图可以看出，随着粗糙度 Rq 的逐渐增大，近表面粗糙峰处的材料点疲劳损伤逐渐增大，而次表面粗糙峰处的材料点疲劳损伤逐渐减小。当粗糙度 Rq 小于 0.2μm 时，最先失效的材料点出现在次表面；当粗糙度 Rq 超过 0.2μm 时，最先失效的材料点出现在近表面。同时，

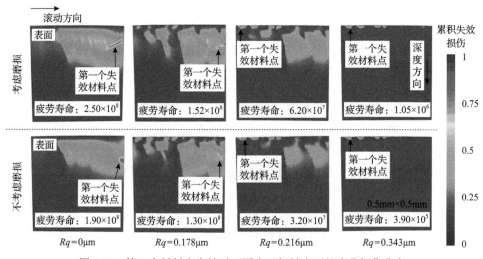

图 4-77　第一个材料点失效时不同表面粗糙度下的疲劳损伤分布

考虑磨损影响时接触疲劳寿命均高于未考虑磨损效应的情况。这是由于磨损降低了齿面粗糙峰高度，改善了近表面峰处应力集中现象，提高了齿轮接触疲劳寿命。当粗糙度 Rq 较小或表面光滑时，磨损也在一定程度上改变了齿廓宏观几何形状，影响了接触面的曲率半径，进而提高齿轮接触疲劳寿命。

图 4-78 统计了考虑和不考虑磨损时不同表面粗糙度条件下的疲劳寿命和失效模式。结果表明，在此工况下，当表面粗糙度 Rq 小于 0.2μm 时，齿轮接触疲劳寿命很高，失效发生在次表面区域，并且随着粗糙度的增大，疲劳寿命略微减小；当表面粗糙度 Rq 超过 0.2μm 时，疲劳失效更倾向于发生在近表面，并且随着粗糙度的增大，疲劳寿命快速下降。这种随着表面粗糙度的增加，失效模式从次表面失效转化为近表面失效的转变可参见文献[22]。目前，可以采用表面超精加工技术将表面粗糙度 Rq 控制在 0.2μm 以下，同时结合良好的润滑条件极大地提高齿轮接触疲劳寿命，可有效抑制近表面起始失效如微点蚀和胶合的发生。

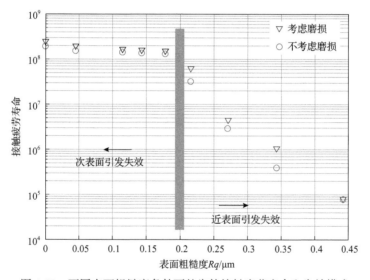

图 4-78　不同表面粗糙度条件下的齿轮接触疲劳寿命和失效模式

需要注意的是，该粗糙表面齿轮接触疲劳-磨损耦合分析案例未考虑齿轮润滑状态的影响，且采用某一磨削加工的表面形貌，若改变加工方式、润滑状态、材料特性和服役工况，可能会对疲劳分析结果有一定的影响，但所提出的分析方法为研究这些复杂因素的综合作用提供了思路。

4.5　本 章 小 结

表面形貌对齿轮接触状态与疲劳寿命具有显著影响，在接触过程中，表面形貌影响齿面接触状态应力场、温度场、摩擦力分布等，同时影响表层和次表面材料组织结构的演化及油膜物理化学性质的转变等；在磨损的作用下，表面形貌的不断改变加剧了接触分析的难度。

　　本章探讨了齿轮的界面状态对齿轮接触疲劳寿命的影响，分别从表面形貌的参数与表征、表面微观形貌的加工保证、干接触及磨损的角度简述了齿轮接触分析结果，着重讨论了齿轮的不同界面状态对其接触疲劳寿命的影响。有效控制表面形貌可起到改善接触状态、提高接触疲劳寿命和可靠性的效果。界面状态对齿轮疲劳的影响依旧需要关注并持续研究。

参 考 文 献

[1] Bhushan B. Modern Tribology Handbook[M]. Boca Raton: CRC Press, 2001.

[2] Zhang B Y, Liu H J, Zhu C C, et al. Simulation of the fatigue-wear coupling mechanism of an aviation gear[J]. Friction, 2021, 9(6): 1616-1634.

[3] Amarnath M, Sujatha C, Swarnamani S. Experimental studies on the effects of reduction in gear tooth stiffness and lubricant film thickness in a spur geared system[J]. Tribology International, 2009, 42(2): 340-352.

[4] Zhang B Y, Liu H J, Zhu C C, et al. Numerical simulation of competing mechanism between pitting and micro-pitting of a wind turbine gear considering surface roughness[J]. Engineering Failure Analysis, 2019, 104: 1-12.

[5] 李伯奎, 刘远伟. 表面粗糙度理论发展研究[J]. 工具技术, 2004, 38(1): 63-67.

[6] Ogilvy J A, Foster J R. Rough surfaces: Gaussian or exponential statistics?[J]. Journal of Physics D: Applied Physics, 1989, 22(9): 1243-1251.

[7] 黄平, 郭丹, 温诗铸. 界面力学[M]. 北京: 清华大学出版社, 2013.

[8] 杨大勇, 刘莹. 两种磨削表面形貌的分形表征[J]. 南昌大学学报(工科版), 2007, 29(3): 243-245.

[9] Barooah R K, Arif A F M, Paiva J M, et al. Wear of form taps in threading of Al-Si alloy parts: Mechanisms and measurements[J]. Wear, 2020, 442/443: 203153.

[10] 朱杰, 孙润广. 原子力显微镜的基本原理及其方法学研究[J]. 生命科学仪器, 2005, 3(1): 22-26.

[11] Zawada-Tomkiewicz A. Estimation of surface roughness parameter based on machined surface image[J]. Metrology and Measurement Systems, 2010, 17(3): 493-503.

[12] Mayer E. 机械密封[M]. 6版. 姚兆生, 等, 译. 北京: 化学工业出版社, 1981.

[13] 王龙, 田欣利, 唐修检, 等. 成形砂轮磨削齿轮表面形貌特征及摩擦学特性分析[J]. 制造技术与机床, 2019, (1): 49-53.

[14] Zhang Y B, Li C H, Ji H J, et al. Analysis of grinding mechanics and improved predictive force

model based on material-removal and plastic-stacking mechanisms[J]. International Journal of Machine Tools and Manufacture, 2017, 122: 81-97.

[15] 李鹏程. 大型精密齿圈加工表面完整性研究[D]. 南京: 南京航空航天大学, 2014.

[16] 王建军. 外圆磨削18CrNiMo7-6表面完整性试验研究[D]. 郑州: 郑州大学, 2019.

[17] 李可夫. 齿轮材料高效磨削机理研究[D]. 长沙: 湖南大学, 2013.

[18] Bergseth E, Sjöberg S, Björklund S. Influence of real surface topography on the contact area ratio in differently manufactured spur gears[J]. Tribology International, 2012, 56: 72-80.

[19] Mallipeddi D, Norell M, Sosa M, et al. The effect of manufacturing method and running-in load on the surface integrity of efficiency tested ground, honed and superfinished gears[J]. Tribology International, 2019, 131: 277-287.

[20] Townsend D P, Bamberger E N, Zaretsky E V. Comparison of pitting fatigue life of ausforged and standard forged AISI M-50 and AISI 9310 spur gears[R]. Washington: National Aeronautics and Space Administration, 1975.

[21] Townsend D P, Patel P R. Surface fatigue life of CBN and vitreous ground carburized and hardened AISI 9310 spur gears[J]. International Journal of Fatigue, 1988, 97: 819-827.

[22] Liu H J, Liu H L, Zhu C C, et al. A review on micropitting studies of steel gears[J]. Coatings, 2019, 9(1): 42.

[23] 罗丽霞, 武增宏. 光整加工对齿轮传动影响的研究[J]. 机械工程师, 2018, (11): 155-157, 163.

[24] 杨胜强, 李文辉, 陈红玲. 表面光整加工理论与新技术[M]. 北京: 国防工业出版社, 2011.

[25] 杨胜强, 李文辉, 李秀红, 等. 高性能零件滚磨光整加工的研究进展[J]. 表面技术, 2019, 48(10): 13-24.

[26] 赵光辉. 齿面各向同性光整工艺对齿面接触疲劳特性影响的研究[D]. 北京: 机械科学研究总院, 2017.

[27] 谢盼新. 大齿轮变异主轴式滚磨光整加工方案设计及实验验证[D]. 太原: 太原理工大学, 2016.

[28] 雷洪. 垂直交叉主轴式滚磨光整加工工艺改善齿轮表面完整性及使用性能的实验研究[D]. 太原: 太原理工大学, 2017.

[29] 谢盼新, 李文辉, 杨胜强, 等. 齿轮滚磨光整加工的理论分析及实验验证[J]. 机械设计与研究, 2016, 32(6): 102-105, 109.

[30] 陈俊, 王振辉, 王玮, 等. 超疏水表面材料的制备与应用[J]. 中国材料进展, 2013, 32(7): 399-405.

[31] 佟威, 熊党生. 仿生超疏水表面的发展及其应用研究进展[J]. 无机材料学报, 2019, 34(11): 1133-1144.

[32] 丁元迪, 周潼, 王若云, 等. 金属基体上超疏水表面的制备及其机械耐久性的研究进展[J].

表面技术, 2019, 48(12): 68-86.

[33] Etsion I. State of the art in laser surface texturing[J]. Journal of Tribology, 2005, 127: 761-762.

[34] Etsion I, Kligerman Y, Halperin G. Analytical and experimental investigation of laser-textured mechanical seal faces[J]. Tribology Transactions, 1999, 42(3): 511-516.

[35] Etsion I, Burstein L. A model for mechanical seals with regular microsurface structure[J]. Tribology Transactions, 1996, 39(3): 677-683.

[36] Bolander N W, Sadeghi F. Surface Modification for Piston Ring and Liner[M]. Berlin: Springer, 2006.

[37] Evans H P, Snidle R W. IUTAM Symposium on Elastohydrodynamics and Micro-elastohydrodynamics[M]. Berlin: Springer, 2006.

[38] 高元, 王文中, 赵自强, 等. 表面织构对滑动轴承润滑性能的影响[J]. 润滑与密封, 2016, 41(8): 6-13.

[39] Sugihara T, Nishimoto Y, Enomoto T. Development of a novel cubic boron nitride cutting tool with a textured flank face for high-speed machining of Inconel 718[J]. Precision Engineering, 2017, 48: 75-82.

[40] 朱诗文. 血管支架表面织构设计及其血流动力学仿真分析[D]. 武汉: 武汉科技大学, 2019.

[41] Suh N P, Mosleh M, Howard P S. Control of friction[J]. Wear, 1994, 175(1/2): 151-158.

[42] Kang M, Park Y M, Kim B H, et al. Micro- and nanoscale surface texturing effects on surface friction[J]. Applied Surface Science, 2015, 345(1): 344-348.

[43] 吕尤. 网格型仿生表面形态汽车齿轮抗疲劳性能研究与数值模拟[D]. 长春: 吉林大学, 2012.

[44] Gupta N, Tandon N, Pandey R K. An exploration of the performance behaviors of lubricated textured and conventional spur gearsets[J]. Tribology International, 2018, 128: 376-385.

[45] Bowden F P, Tabor D. The area of contact between stationary and moving surfaces[J]. Proceedings of the Royal Society of London Series A, Mathematical and Physical Sciences, 1939, 169(938): 391-413.

[46] 班力壬, 戚承志, 单仁亮, 等. 考虑微凸体曲率半径变化的GW改进模型[J]. 矿业科学学报, 2018, 3(5): 442-450.

[47] Sepehri A, Farhang K. A finite element-based elastic-plastic model for the contact of rough surfaces[J]. Modelling and Simulation in Engineering, 2011, 2011: 1-11.

[48] Bush A W, Gibson R D, Thomas T R. The elastic contact of a rough surface[J]. Wear, 1975, 35(1): 87-111.

[49] Chang W R, Etsion I, Bogy D B. An elastic-plastic model for the contact of rough surfaces[J]. Journal of Tribology, 1987, 109(2): 257-263.

[50] Kogut L, Etsion I. Elastic-plastic contact analysis of a sphere and a rigid flat[J]. Journal of

Applied Mechanics, 2002, 69(5): 657-662.

[51] Ciavarella M, Greenwood J A, Paggi M. Inclusion of "interaction" in the Greenwood and Williamson contact theory[J]. Wear, 2008, 265(5/6): 729-734.

[52] Vakis A I. Asperity interaction and substrate deformation in statistical summation models of contact between rough surfaces[J]. Journal of Applied Mechanics, 2014, 81(4): 041012.

[53] Song H, Vakis A I, Liu X, et al. Statistical model of rough surface contact accounting for size-dependent plasticity and asperity interaction[J]. Journal of the Mechanics and Physics of Solids, 2017, 106: 1-14.

[54] 张程宾, 陈永平, 施明恒, 等. 表面粗糙度的分形特征及其对微通道内层流流动的影响[J]. 物理学报, 2009, 58(10): 7050-7056.

[55] 杨荣松, 张益铭, 孙少强. 分形理论模型的摆线针轮的接触刚度研究[J]. 工程科学与技术, 2020(1): 126-133.

[56] Majumdar A, Bhushan B. Fractal model of elastic-plastic contact between rough surfaces[J]. Journal of Tribology, 1991, 113(1): 1-11.

[57] Yan W, Komvopoulos K. Contact analysis of elastic-plastic fractal surfaces[J]. Journal of Applied Physics, 1998, 84(7): 3617-3624.

[58] Komvopoulos K, Ye N. Three-dimensional contact analysis of elastic-plastic layered media with fractal surface topographies[J]. Journal of Tribology, 2001, 123(3): 632-640.

[59] Hyun S, Pei L, Molinari J F, et al. Finite-element analysis of contact between elastic self-affine surfaces[J]. Physical Review E, 2004, 70(2): 026117.

[60] Sahoo P, Ghosh N. Finite element contact analysis of fractal surfaces[J]. Journal of Physics D: Applied Physics, 2007, 40(14): 4245-4252.

[61] Xiao H F, Sun Y Y, Chen Z G. Fractal modeling of normal contact stiffness for rough surface contact considering the elastic-plastic deformation[J]. Journal of the Brazilian Society of Mechanical Sciences and Engineering, 2019, 41(1): 11.

[62] Johnson K L, Keer L M. Contact mechanics[J]. Journal of Tribology, 1986, 108(4): 659.

[63] Wang S, Komvopoulos K. A fractal theory of the interfacial temperature distribution in the slow sliding regime: Part I—Elastic contact and heat transfer analysis[J]. Journal of Tribology, 1994, 116(4): 812-822.

[64] Wang S, Komvopoulos K. A fractal theory of the interfacial temperature distribution in the slow sliding regime: Part II—Multiple domains, elastoplastic contacts and applications[J]. Journal of Tribology, 1994, 116(4): 824-832.

[65] Jackson R L. An analytical solution to an archard-type fractal rough surface contact model[J]. Tribology Transactions, 2010, 53(4): 543-553.

[66] 江晓禹, 金学松. 考虑表面微观粗糙度的轮轨接触弹塑性分析[J]. 西南交通大学学报,

2001, 36 (6): 588-590.

[67] Yastrebov V A, Durand J, Proudhon H, et al. Rough surface contact analysis by means of the finite element method and of a new reduced model[J]. Comptes Rendus Mécanique, 2011, 339 (7/8): 473-490.

[68] 瞿珏, 王崴, 肖强明, 等. 基于ANSYS的真实粗糙表面微观接触分析[J]. 机械设计与制造, 2012, (8): 72-74.

[69] 姜英杰, 黄伟强, 孙志勇, 等. 零件真实粗糙表面构建及微观接触性能分析[J]. 机械设计与制造, 2018, (8): 8-10, 14.

[70] 姚猛, 张明, 任家骏, 等. 表面形貌对滚动接触疲劳寿命的影响[J]. 热加工工艺, 2017, 46 (10): 38-41, 47.

[71] Morales-Espejel G E, Rycerz P, Kadiric A. Prediction of micropitting damage in gear teeth contacts considering the concurrent effects of surface fatigue and mild wear[J]. Wear, 2018, 398/399: 99-115.

[72] Zhou Y, Zhu C C, Gould B, et al. The effect of contact severity on micropitting: Simulation and experiments[J]. Tribology International, 2019, 138: 463-472.

[73] Persson B N J. Elastoplastic contact between randomly rough surfaces[J]. Physical Review Letters, 2001, 87 (11): 116101.

[74] Kogut L, Etsion I. A finite element based elastic-plastic model for the contact of rough surfaces[J]. Tribology Transactions, 2003, 46 (3): 383-390.

[75] Pei L, Hyun S, Molinari J F, et al. Finite element modeling of elasto-plastic contact between rough surfaces[J]. Journal of the Mechanics and Physics of Solids, 2005, 53 (11): 2385-2409.

[76] Song H, van der Giessen E, Liu X. Strain gradient plasticity analysis of elasto-plastic contact between rough surfaces[J]. Journal of the Mechanics and Physics of Solids, 2016, 96: 18-28.

[77] Zhang S G, Wang W Z, Zhao Z Q. The effect of surface roughness characteristics on the elastic-plastic contact performance[J]. Tribology International, 2014, 79: 59-73.

[78] Biboulet N, Houpert L, Lubrecht A A. Contact stress and rolling contact fatigue of indented contacts: Part I, Numerical analysis[J]. Proceedings of the Institution of Mechanical Engineers, Part J: Journal of Engineering Tribology, 2013, 227 (4): 310-318.

[79] Biboulet N, Houpert L, Lubrecht A A, et al. Contact stress and rolling contact fatigue of indented contacts: Part II, Rolling element bearing life calculation and experimental data of indent geometries[J]. Proceedings of the Institution of Mechanical Engineers, Part J: Journal of Engineering Tribology, 2013, 227 (4): 319-327.

[80] 阎楚良, 高镇同. 飞机高置信度中值随机疲劳载荷谱的编制原理[D]. 北京: 北京航空航天大学, 2000.

[81] Li D Y, Ye Z Q, Chen Y, et al. Load spectrum and fatigue life analysis of the blade of horizontal

axis wind turbine[J]. Wind Engineering, 2003, 27(6): 495-506.

[82] Lemaître J, Desmorat R. Engineering Damage Mechanics: Ductile, Creep, Fatigue and Brittle Failures[M]. Berlin: Springer, 2005.

[83] Oila A, Bull S J. Assessment of the factors influencing micropitting in rolling/sliding contacts[J]. Wear, 2005, 258(10): 1510-1524.

[84] Janakiraman V, Li S, Kahraman A. An investigation of the impacts of contact parameters on wear coefficient[J]. Journal of Tribology, 2014, 136(3): 031602.

[85] Flodin A, Andersson S. Simulation of mild wear in spur gears[J]. Wear, 1997, 207(1/2): 16-23.

[86] 石万凯, 王旭, 韩振华, 等. 渐开线微齿轮磨损仿真分析[J]. 机械传动, 2016, 40(4): 10-14.

[87] Kato K. Classification of wear mechanisms/models[J]. Proceedings of the Institution of Mechanical Engineers, Part J: Journal of Engineering Tribology, 2002, 216(6): 349-355.

[88] 张建阁, 刘少军, 方特, 等. 油润滑直齿轮的齿面磨损[J]. 东北大学学报(自然科学版), 2018, 39(10): 1495-1500, 1505.

[89] Andersson S, Eriksson B. Prediction of the sliding wear of spur gears[C]. Fourth Nordic Symposium on Tribology, 1990.

[90] Wu S F, Cheng H S. Sliding wear calculation in spur gears[J]. Journal of Tribology, 1993, 115(3): 493-500.

[91] Flodin A, Andersson S. A simplified model for wear prediction in helical gears[J]. Wear, 2001, 249(3/4): 285-292.

[92] Molinari J F, Ortiz M, Radovitzky R, et al. Finite-element modeling of dry sliding wear in metals[J]. Engineering Computations, 2001, 18(3/4): 592-610.

[93] Bajpai P, Kahraman A, Anderson N E. A surface wear prediction methodology for parallel-axis gear pairs[J]. Journal of Tribology, 2004, 126(3): 597-605.

[94] Hegadekatte V, Huber N, Kraft O. Finite element based simulation of dry sliding wear[J]. Modelling and Simulation in Materials Science and Engineering, 2005, 13(1): 57-75.

[95] Hegadekatte V, Kurzenhäuser S, Huber N, et al. A predictive modeling scheme for wear in tribometers[J]. Tribology International, 2008, 41(11): 1020-1031.

[96] 赵丽娟, 孙婉轩. 低速重载齿轮齿面磨损有限元分析[J]. 机械传动, 2014, 38(11): 152-156.

[97] Zhou Y, Zhu C, Liu H. A micropitting study considering rough sliding and mild wear[J]. Coatings, 2019, 9(10): 639.

[98] Zhang B Y, Liu H J, Bai H Y, et al. Ratchetting-multiaxial fatigue damage analysis in gear rolling contact considering tooth surface roughness[J]. Wear, 2019, 428: 137-146.

[99] Yuan R, Li H Q, Huang H Z, et al. A new non-linear continuum damage mechanics model for the fatigue life prediction under variable loading[J]. Mechanics, 2013, 19(5): 506-511.

[100] Gautam A, Ajit K P, Sarkar P K. Fatigue damage estimation through continuum damage

mechanics[J]. Procedia Engineering, 2017, 173: 1567-1574.

[101] Shen F, Zhao B, Li L, et al. Fatigue damage evolution and lifetime prediction of welded joints with the consideration of residual stresses and porosity[J]. International Journal of Fatigue, 2017, 103: 272-279.

第5章 材料微观结构的影响

材料微观结构要素是齿轮接触疲劳研究中的重要内容。国内外研究人员逐渐意识到齿轮的接触疲劳失效问题除了受加载条件、润滑环境、残余应力、表面宏微观形貌等因素的影响外，还与材料微观结构特征及组织性能关系密切，甚至可以说材料的微观结构特征从根本上决定了齿轮接触疲劳性能的优劣；此外，疲劳进程中还存在材料微观结构的演变和力学性能的退化等现象，如"灰蚀区""蝴蝶翼""白蚀带""鱼眼"等失效现象反映了这些材料微观结构层面的变化。随着现代装备对齿轮服役性能和成本的双重要求，探讨材料微观结构对齿轮接触疲劳性能的影响，并形成材料微观结构抗疲劳控制技术已成为工程和学术界的研究热点和难点。本章着重讨论晶体形貌与尺寸、非金属夹杂等材料微观结构对齿轮接触疲劳性能的影响。

5.1 材料微观结构及其研究概述

5.1.1 材料微观结构

通常来讲，齿轮等零部件和钢铁等材料的测试表征与力学计算分为几个不同的尺度，如图 5-1 所示。宏观尺度通常是在 10^{-3}m 级别以上，在该尺度范围内，通常只需要考虑材料的宏观力学状态，大多表现为(或可以认为是)宏观各向同性特性；当尺度降低到 10^{-5}m 时，材料微观结构特征，如晶体几何、相结构以及非金属夹杂物特征等的效应凸显，此时材料均质的假设在该尺寸层面将不再适用；尺度继续降低，可以在晶体内部观察到明显的位错特征(10^{-7}m)、离散位错特征(10^{-8}m)，以及原子排列特征(10^{-10}m)等，此时需要采用新的物理力学模型对材料力学响应和疲劳损伤演化进行准确描述。常用齿轮钢材料表现为明显的多晶体特征，本节主要讨论尺度在 10^{-5}m 左右的材料微观结构特征，着重探究材料金相组织、晶体微观结构、非金属夹杂物等因素对齿轮接触疲劳的影响规律。

特征	宏观	晶体夹杂	位错形貌	离散位错	原子
尺度	(10^{-3}m)	(10^{-5}m)	(10^{-7}m)	(10^{-8}m)	(10^{-10}m)

图 5-1 齿轮材料各级结构特征尺度

　　齿轮可由多种材料制成，如钢铁、合金粉末、高分子聚合物和复合材料等。本节更多关注的是钢铁材料，齿轮钢在航空、航天、船舶、车辆、高铁、机器人等工业应用中使用最为广泛。高性能齿轮钢一般要求具有高强度、耐磨的坚硬表层以及在冲击载荷下可防止脆性破坏的强韧芯部。因此，国内外开发出了各种合金钢材料，并结合热机械、化学处理等实现这种高性能齿轮所需的材料性能组合。以风电齿轮为代表的重载齿轮通常使用具有足够硬度、耐磨性和疲劳寿命的渗碳钢制造。在不同的应用场景中，齿轮制造商会综合考虑性能需求、制造成本、服役环境要求，使用渗碳合金钢，如 AISI9310、8620H、18CrNiMo7-6 和 20Cr2Ni4A 等牌号[1]。不同国家在冶炼工艺上具有差异性，所选择的合金也不同，导致不同国家在钢铁材料方面有不同的牌号体系。除了钢铁，球墨铸铁（austempering ductile iron, ADI）等在齿轮制造中也得到了应用。18CrNiMo7-6 渗碳合金钢因具有出色的机械加工性能，成为重型机械装备变速箱中传动齿轮等关键构件的首选钢种。图 5-2 为典型淬火状态下的 18CrNiMo7-6 渗碳合金钢材料内部典型微观组织图，由图可以观察到其内部存在板条马氏体（martensite）、残余奥氏体（retained austenite, RA）等相成分。

图 5-2　典型淬火状态下的 18CrNiMo7-6 渗碳合金钢材料微观组织

　　齿轮钢材料体现为典型的多晶多相聚集体，一般包含马氏体、残余奥氏体、珠光体、贝氏体、铁素体、碳化物等，具体组成视其材料牌号与热处理工艺而定。马氏体与残余奥氏体是渗碳淬火齿轮钢材料中最为常见的显微组织。其中，马氏体是黑色金属材料的一种组织名称，是碳在 α-Fe 中的过饱和固溶体；残余奥氏体是指含碳量大于 0.5% 的奥氏体在淬火时被保留到室温不转变的那部分奥氏体，在显微镜下呈白亮色，一般分布在马氏体之间，无固定形态。显微组织中残余奥氏体含量变化很大，这取决于碳和合金的含量、热处理条件以及特殊的处理步骤等。通常碳和合金的含量越高，马氏体开始转变温度越低，组织中残余奥氏体含量越高。对于渗碳齿轮材料，其含量对齿轮疲劳性能有着重要的影响。在板条马氏体间存在适量的残余奥氏体，不仅有利于增加裂纹穿过板条条界时的塑性撕裂功，还有利于缓解尖端的应力集中，使裂纹尖端钝化，因此，残余奥氏体的存在在一定程度上有利于提高渗碳钢的抗疲劳性能[2, 3]。能产生良好抗疲劳性能的残余奥氏体的具体含量比例目前存在争议，在直接淬火齿轮的近表面，其含量为 10%～30%(体积分数)情况下最为常见[4]。一般而言，在航空齿轮等应用场合，残余奥氏体含量相对较小，以保持齿轮服役稳定性。已有部分研究表明，随着残余奥氏体含量的提高，在服役过程中产生形变强化和相变强化，表面实际强度和残余压应力增大，有益于渗碳齿轮钢疲劳性能的提升；相反地，一些研究表明，在较高含量的残余奥氏体情况下，马氏体和残余压应力的减少以及未转变的亚稳态奥氏体转变为未回火的马氏体导致材料变脆，对渗碳钢疲劳性能有害，并降低了其耐久极限。残余奥氏体含量的控制优化仍是材料与齿轮工业界需要研究的方向之一。

晶粒度是晶粒尺寸大小的度量，是金属材料的重要显微组织参量。金属和合金的晶粒大小与金属材料的机械性能、工艺性能以及物理性能有密切关系，也是影响齿轮服役性能和疲劳寿命的重要因素，因此工程实际中普遍要求进行晶粒度表征测试。国内外常用的晶粒度评定标准主要包括 GB/T 6394—2017《金属平均晶粒度测定方法》、ASTM E211《显微镜用盖玻片和载玻片的标准规格》、ISO 643:2012《钢—表观晶粒度的显微测定》、JIS G0551:1998《钢的奥氏体晶粒度测定法》等。大量研究表明，细化晶粒能够有效提高晶体材料的强度及硬度。20 世纪中期，Hall 和 Petch 根据位错塞积理论总结出了具有普遍适用性的计算公式，即著名的霍尔-佩奇(Hall-Petch)方程：

$$\sigma_y = \sigma_i + Kd^{-1/2} \tag{5-1}$$

式中，σ_y 为材料屈服极限；σ_i 和 K 为与材料有关的常数；d 为晶粒等效球体直径[5]。

可以发现，随着晶粒尺寸的细化，材料屈服极限将会进一步提高。因此，可开展一些措施来改善齿轮材料晶粒度级别。例如，从冶金角度来看，可加入能产生细化晶粒作用的合金元素，如 Nb、Ti、V、W 等元素，元素含量在 0.1%以下时可细化晶粒并抑制其长大，继续增加合金元素含量，会导致特殊碳化物的形成，并降低钢的脆性破坏力。此外，还应采用最佳的冶炼工艺、轧制工艺，并加强齿轮进厂钢材检验，同时考虑其锻造过热的敏感性，严格控制锻造加热温度和终止温度，必须检查锻后晶粒度。国内外学者提出了奥氏体形变、二次淬火、钉扎效应等抑制齿轮钢的初生奥氏体晶粒长大的有效方法[6, 7]，但仍需进一步的工程应用验证。近年来，喷丸等表面机械强化处理方法逐渐应用于工程，通过在齿轮近表层引入塑性应变细化晶粒以提升齿轮疲劳性能。然而随着晶粒细化研究的深入，研究者发现晶粒尺寸并不是越小越好，在大量试验中，当多晶材料的晶粒小于某一临界尺寸(d_c)时,材料屈服极限和硬度趋于不变或者出现降低的现象,即反 Hall-

Petch 现象[8]，但该临界尺寸一般较小，在常见的齿轮晶粒度范围内，一般还是可以认为随着晶粒的细化，材料屈服极限逐渐增大。

　　作为齿轮金属材料冶炼过程中不可避免的衍生物，非金属夹杂物会对齿轮材料的疲劳性能、冲击韧性与塑性、耐腐蚀性等产生显著的影响，对于夹杂的控制水平已经成为钢铁冶炼技术的"代名词"。一般认为夹杂物是钢铁疲劳破坏的裂纹起源，对于高强钢，若构件表面加工状态与润滑良好，则次表层夹杂物处裂纹萌生成为主要的疲劳开裂方式。不同夹杂的类型、尺寸、形貌、分布等特征对疲劳性能具有差异性影响。结合力弱、尺寸大的脆性夹杂物和球状不变形夹杂物对疲劳性能影响较大。根据 GB/T 10561—2005《钢中非金属夹杂物含量的测定-标准评级图显微检验法》，夹杂物分为 A、B、C、D 和 DS 五类，其中，A 类为硫化物类，B 类为氧化铝类，C 类为硅酸盐类，D 类为球状氧化物类，DS 类为单颗粒球状类；根据夹杂物长度（A 类、B 类、C 类）、夹杂物数量（D 类）和夹杂物直径（DS 类）的不同，夹杂物分为 0.5、1、1.5、2、2.5、3 等 6 个级别。一般而言，夹杂物颗粒尺寸越大，危害越大，当夹杂物颗粒尺寸大于 10μm 时，会明显降低钢的屈服极限，同时降低钢的抗拉强度；当夹杂物颗粒尺寸小到一定程度（如 10μm）时，钢的屈服极限和抗拉强度都将增大，小尺寸的夹杂物可能对裂纹形核影响不大，但是有利于疲劳裂纹扩展。夹杂物的分布和形态特征，是造成齿轮疲劳寿命分散性强的重要因素。对于高性能齿轮，控制表层和近表面夹杂物的分布工艺是齿轮钢冶炼及锻铸工艺控制的重要环节。日本、瑞典等提出的超纯净-零夹杂钢，进一步发挥了齿轮钢材料的性能优势。

　　除此之外，夹杂物对腐蚀、氢致延迟断裂等齿轮服役行为也有显著的影响。钢中非金属夹杂物是导致钢耐腐蚀性能降低的重要原因。非金属夹杂物与基体钢之间有不同的化学位，与基体钢之间易形成微电池，一旦有环境腐蚀介质存在，就会产生电化学腐蚀，形成腐蚀坑和裂纹，严重时会导致破裂失效；侵入材料内部的氢或是介质与材料表面电化学作用产生的氢，在一定条件下将不断扩散，较易在夹杂物等缺陷处聚集结合成氢分子，当缺陷处氢分子压力超过材料的强度极限时，会形成裂纹核，随着氢的继续扩散、聚集，最终导致材料的宏观断裂。

5.1.2　材料微观结构对疲劳的影响研究现状

　　影响齿轮接触疲劳性能的因素众多，其中材料微观结构特征的影响尤为重要。微观结构特征如晶粒大小、取向以及夹杂物等对局部疲劳损伤、裂纹萌生、裂纹扩展和最终疲劳寿命的影响非常显著。经典的疲劳试验表明，应变局部化是裂纹萌生的先导。局部应变主要是通过多晶聚集体晶粒内部位错运动导致的滑移进行累积的。在每次循环加载中，滑移系沿着不同的方向滑移，并且滑移过程是不可逆的，不同相成分的变化会直接导致材料不同的应变响应，如图 5-3 所示。材料的晶界特征、各向异性、夹杂等均会影响其局部应力-应变场，直接影响疲劳损伤的进程。因此，为了建立疲劳失效的因果关系，降低失效的可能性，从材料微观结构特征角度开展齿轮疲劳行为研究，对阐明疲劳失效的物理机制具有重要的现实意义与科学价值。

滑移带

图 5-3　材料微观结构尺度上的应变和疲劳示意图[9]

　　材料微观结构特征是滚动接触疲劳研究中不可忽视的重要影响因素，国内外为此开展了大量相关研究。在残余奥氏体研究方面，陆淑屏和聂权[10]采用机械封闭齿轮试验机研究了不同残余奥氏体含量对齿轮弯曲疲劳强度和接触疲劳强度的影响，结果表明，齿轮的接触和弯曲疲劳强度随着残余奥氏体含量的增加而增加。Zhu 等[11]等报道了残余奥氏体体积分数从 7%增加到 50%，可以使滚动接触疲劳寿命提高 10 倍。Ooi 等[12]结合滚动接触疲劳试验和扩展有限元数值分析，探究对比了不同残余奥氏体含量对 AISI 8620 钢接触疲劳性能的影响，如图 5-4 所示，发现残余奥氏体含量的增大会显著提高材料的抗疲劳性能。邵尔王等[2]发现，提高表面薄层残余奥氏体含量（50%～70%）对提高齿轮接触疲劳寿命有显著效果，并推测是由于齿面残余奥氏体在使用过程中产生形变强化和相变强化提高了表面实际强度，并产生大量有益的残余压应力，延缓了接触疲劳裂纹的产生。Johnston 等[13]研究了轴承运行过程中残余应力的演变以及残余奥氏体的相应分解，发现残余应力的大小与残余奥氏体的分解成一定比例，残余应力最大值随着残余奥氏体分解的增加而增大。O'Brien 等[14]推导了相场方程（phase-field equation），模拟在淬火和循环加载过程中残余奥氏体-马氏体的转变，发现在低应力加载情况下，高残余奥氏体基体基本不会发生相变；同时在高应力级、低残余奥氏体基体下，还发现在卸载区域由于内应力的存在马氏体向残余奥氏体转变的情况。目前来看，关于残余奥氏体含量对齿轮接触疲劳影响的描述尚不能统一，且残余奥氏体转变机理复杂，接触疲劳过程是由热驱动还是高应力驱动转变还不能够完全明确，相关研究还需进一步开展。

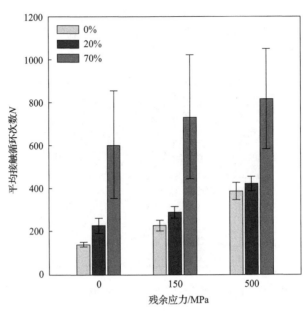

图 5-4　不同残余奥氏体含量对 AISI 8620 钢接触疲劳性能的影响[12]

　　碳化物是渗碳齿轮钢的重要组成相，具有耐磨、抑制晶粒长大以及吸收合金元素使钢热处理后获得令人满意的性能的作用。渗碳钢中碳化物的形貌、分布状态、数量和尺寸直接影响齿轮疲劳行为和寿命。Shur 等[15]研究发现，减小碳化物的尺寸及其变形程度，会增加钢的滚动接触疲劳强度，并提高其抗塑性变形的能力。张新宝[16]针对表面碳化物形态对接触疲劳强度的影响进行了研究，发现接触疲劳寿命随着细小弥散分布的碳化物面积百分比的增加而提高。Cao 等[17,18]发现，采用双重淬火、真空淬火等工艺细化碳化物和尺寸初生奥氏体晶粒，相比传统热处工艺可以显著提高滚动接触疲劳寿命（L_{10}）5～10 倍[17,18]。冯宝萍等[19]通过轴承钢显微组织中未溶碳化物的尺寸大小、形态分布和接触疲劳寿命进行对比试验研究指出，为了避免未溶解碳化物的危害，要求未溶碳化物小（尺寸细小）、匀（尺寸相差小且分布均匀）、圆（碳化物颗粒呈球形）。Guan 等[20]研究发现，存在碳化物聚集时，轴承钢滚动接触疲劳中几乎所有的微裂纹都在碳化物边界成核，并沿着这些碳化物周围基体材料扩展，直至聚合失效，如图 5-5 所示。Le 等[21]研究发现，碳化物是优先裂纹扩展部位，滚动接触疲劳中表面裂纹会沿着晶间碳化物在渗层中扩展。因此，碳化物对齿轮接触疲劳性能的影响主要是其与基体在性能上存在差别，变形不协调导致显著的应力集中，且热处理后与基体之间产生残余拉应力和压应力，削弱了碳化物与基体的结合强度，使其与基体逐渐分离，并且在碳化物颗粒周围形成形状不规则的孔洞，在孔的尖角处形成应力集中点，进一步降低了材料抗疲劳性能。

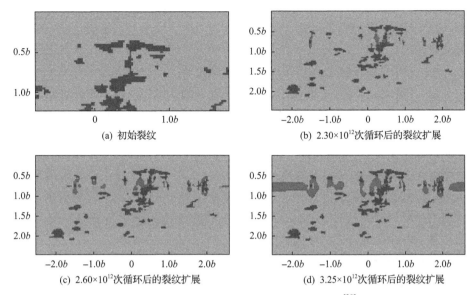

(a) 初始裂纹

(b) 2.30×10¹²次循环后的裂纹扩展

(c) 2.60×10¹²次循环后的裂纹扩展

(d) 3.25×10¹²次循环后的裂纹扩展

图 5-5 碳化物周围材料点的损伤分布演化[20]

在材料晶体结构特征的影响方面，王彦彬等[22]、Matlock 等[23]研究了渗碳钢晶粒尺寸与弯曲疲劳极限之间的定量关系，结果表明，晶粒越细，疲劳极限越高，二者呈类似 Hall-Petch 关系；对疲劳断口观察发现，疲劳裂纹起源于渗碳层，并沿原奥氏体晶界扩展，细化渗碳层晶粒有利于提高疲劳裂纹扩展阻力，从而改善疲劳性能。如图 5-6 所示，Shen 等[24]、Noyel 等[25]进一步结合晶界黏附单元(cohesive elements)法，构建了考虑材料微观结构的晶界结合力有限元模型，实现了轴承钢滚动接触疲劳裂纹萌生-扩展全寿命模拟，预测出了材料微观结构导致的寿命散点特征。Wang 等[26]基于多轴疲劳晶体塑性模型，研究了晶体取向对齿轮接触及弯曲疲劳的影响规律，发现不同的初始晶向导致不同的弯曲疲劳损伤及接触疲劳失效位置。关于材料晶体微观结构对齿轮接触疲劳性能的影响研究，大多包含晶粒几何拓扑的模拟、晶粒各向异性材料赋予及晶界裂纹仿真，能够在一定程度上探究材料晶体微观结构对接触疲劳性能的影响。为了更好地描述材料疲劳失效物理本质，还需要对材料本构行为进行更合理的描述，如耦合材料位错密度等晶体塑性本构方程推导、耦合损伤等各向异性建模等。

非金属夹杂被认为是影响齿轮、轴承等接触疲劳性能的重要材料因素。Chen 等[27]通过开展含夹杂 GCr15 钢的疲劳裂纹试验，提出了夹杂物临界尺寸、最大剪应力幅值和寿命之间的经验方程。Gillner 等[28]构建了包含夹杂物尺寸、形状、力学属性信息的代表性体积单元和晶体塑性本构的数值模型，分析了夹杂物对疲劳性能的影响，如图 5-7 所示，结果表明，夹杂物尺寸是影响寿命的最大因素，而夹杂物表面的形状和粗糙度的影响可以忽略不计。Kabo[29]采用有限元数值模拟，借助多轴疲劳准则研究了滚动载荷作用下材料缺陷对接触疲劳的影响，研究发现，材料缺陷的聚集导致相邻缺陷间存在一个高应力区，次表面疲劳裂纹很可能通过该应力区扩展。同时，一些传统的夹杂物评级方法已被采用为特定的国家标准或行业标准，然而利用现有方法难以评估疲劳极限与夹杂物的类型、尺寸和分布之间的关系。Peterscn 等[30]研究表明，夹杂物表现为小缺陷，可以根据在垂直于最大主应力方向的平面上最大夹杂物的投影面积的平方根，评估夹杂物对疲劳强度的定量影响。国际知名企业如瑞典 SKF、德国 FAG、美国 TIMKEN 等在钢材冶炼工艺、操作水平、控轧控冷工艺、参数控制与检验检测以及自动化能力等方面具有先进水平，研制出的超纯净钢以及夹杂尺寸小于 $1\mu m$ 的零夹杂钢能够显著提高轴承的接触疲劳寿命。非金属夹杂物主要是作为次表层材料的应力集中点，提高其周围材料疲劳失效风险，增大其周围疲劳裂纹萌生概率，且不同形状、尺寸、弹性模量、表面光滑与否、与基体材料是否黏合、夹杂物间最小距离、是否成絮、多夹杂分布概率等对接触疲劳均有显著的影响，因此在开展相关研究时应尽量考虑这些因素。

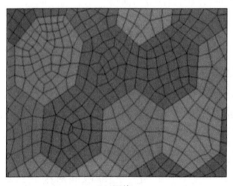
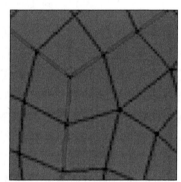

(a) 网格　　　　　　　　　　　　(b) 网格及黏附单元

图 5-6　晶间插入零厚度黏性单元建模[25]

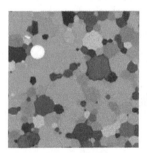
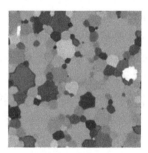
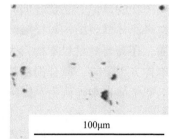

(a) 圆形夹杂物　　　　(b) 圆形粗糙表面夹杂物　　　(c) 圆形粗糙表面夹杂物500倍显微图

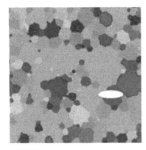 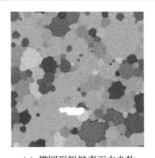 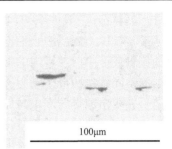

(d) 椭圆形夹杂物　　　(e) 椭圆形粗糙表面夹杂物　　(f) 椭圆形粗糙表面夹杂物500倍显微图

图 5-7　考虑非金属夹杂物的晶体塑性建模示意图[28]

齿轮内部微裂纹的萌生与微区材料局部塑性流动息息相关，而材料局部塑性流动又与其内部位错运动有很强的关联。因此，探究齿轮服役过程中位错如何分布流动也是齿轮疲劳研究中的重要一环。太原理工大学的 Zhao 等[31]提出了一种基于部分轮齿啮合的接触疲劳试验方法，试验具有恒定振幅和不同长度的负载循环，且考虑了不同因素（如疲劳循环次数、齿面形貌、残余应力、硬度和疲劳）下的微观组织演变，研究发现位错密度增大，位错堆积导致晶界和相界的应力集中，从而引起齿侧疲劳裂纹的产生。Matsui 和 Kamiyu[32]采用 X 射线衍射法测量表征滚动接触疲劳中受影响层中的晶粒尺寸和位错密度，发现累积一定的工作载荷后，在次表层中观察到（晶格方向 111）织构形成；由滚动接触疲劳引起的位错主要源于表层中的螺旋位错，而次表层中的位错主要源于刃位错。这种差异可能是由位错的特性、切向载荷、施加的剪切应力，以及表面粗糙度接触引起的局部应力集中等造成的。Hoeprich[33]报道了在循环受载下高粗糙接触和交变应力引起的齿轮亚表面灰蚀区，出现微点蚀现象，认为齿轮中的灰蚀效应是由局部化塑性变形和位错积累引起的。冯宝萍等[19]通过透射电镜发现大块不规则碳化物周围存在大量错位塞积，而位错塞积所造成的畸变和应力集中，常常是疲劳裂纹的起源。目前，关于位错对齿轮接触疲劳的影响大多是关于试验表征方面，本构模型的开发应用到齿轮接触疲劳相对较少，因此未来发展趋势是从位错密度对材料力学性能的影响以及模拟位错在齿轮服役过程中的演化、考虑位错密度下的裂纹萌生寿命预估等方面开展研究。

5.1.3　材料微观结构及其影响的研究方法

齿轮接触疲劳失效内在机理的深入探索需要借助现代的试验表征测试手段和先进的数值模拟分析手段。得益于现代材料试验表征技术的快速发展，人们对材料疲劳过程中的微观尺度因素有了极大的认识，从基于金相显微镜的马氏体、残余奥氏体形貌和含量、晶粒度测定，逐渐发展到基于扫描电子显微镜技术的晶粒形貌、晶体取向与统计分析，再到疲劳进程中基于透射电子显微镜等现代表征手段进行晶粒细化、晶体织构、相变以及蝴蝶翼、灰蚀区(dark etching regions, DER)、白蚀带 WEB、位错密度演化等的表征。例如，Li 等[34]采用原子探针扫描表征了滚动接触疲劳中白蚀带内的微观结构与碳的分布，发现与周围基体呈现板状马氏体结构不同，白蚀带呈现为等轴晶，且有相对高的碳集中，晶界处也富含碳，这些结果表明白蚀带的产生与显著的局部塑性变形有关，局部化的塑性变形造成了碳化物分解及碳元素的重新分布。Grabulov 等[35]基于电子背散射衍射仪、透射电子显微镜、聚焦离子束等先进的表征测试手段，探究了滚动接触疲劳过程中裂纹周围微结构演变过程，在非金属夹杂物周围发现了与基体不同的黏结区域，蝴蝶翼内裂纹周围出现了超细铁素体晶粒。Güntner 等[36]经过大量齿轮疲劳试验和材料表征研究，发现由马氏体和残余奥氏体(少于 30%)组成的微观结构具有高耐久性能，与标准工艺的渗碳齿轮相比，含有更高残余奥氏体含量的微观结构可以增加齿面承载能力，且不会对齿根弯曲强度造成负面影响。扫描电子显微镜、透射电子显微镜、电子背散射衍射仪等先进的测试表征体系的完善与健全保证了材料微观结构特征信息的准确获取，为建立更为真实合理有效的物理模型提供了数据输入。

除了材料试验表征技术的进步外，齿轮疲劳的数值模拟技术成为预测齿轮疲劳行为和优化结构/材料力学性能的重要工具。相对于建立在连续介质力学基础上的经典弹塑性疲劳数值模型等，开展考虑材料微观结构齿轮疲劳数值分析面临着很多挑战，包括开发有效的几何建模工具、建立考虑微观结构非均匀性的真实材料本构模型、材料疲劳参数的系统试验获取等。其中，齿轮材料微观结构数字化重构和本构模型开发是基于微观结构敏感性齿轮疲劳数值模拟的两大核心任务。目前，微观结构几何特征模拟方法主要包括基于 Voronoi 剖分的微观结构生成方法[37]、基于扫描电子显微镜或电子背散射衍射表征图像的微观结构生成方法[38]、基于微观结构组分统计信息的微观结构生成方法[39]，以及分层化微观结构重构方法[40]。

在进行有效的微观拓扑结构模拟之后，可得到合理的材料晶体几何形貌，但是真正影响次表层材料应力-应变响应的是晶体力学性能，因此晶体层面的力学描述也十分重要。在晶体层面微细观力学方面，以位错和滑移为主要变形机制的塑性变形理论被重点发展，即晶体塑性理论。基于晶体塑性变形理论的计算流程如图 5-8 所示[41]。晶体塑性理论起源于 20 世纪 20 年代的研究工作[42]，它表明金属塑性变形与晶体学结构特征密切相关，具有高度的微观结构敏感特性。该理论可将材料微观结构特征(多晶、晶粒、位错、析出相及各种点线缺陷)引入描述塑性过程数值模拟的本构框架内，纳入多晶体材料的面心立方或体心立方滑移系，精确提供局部变形应力-应变响应，预测微观组织随塑性变形的演变和发展，阐明材料细观结构和宏观力学性质二者间的定量关系，实现其对宏观力学行为的影响，因此更接近材料疲劳破坏的物理本质。Chai[43]和 Castelluccio 等[44]基于晶体塑性数值模拟对高周

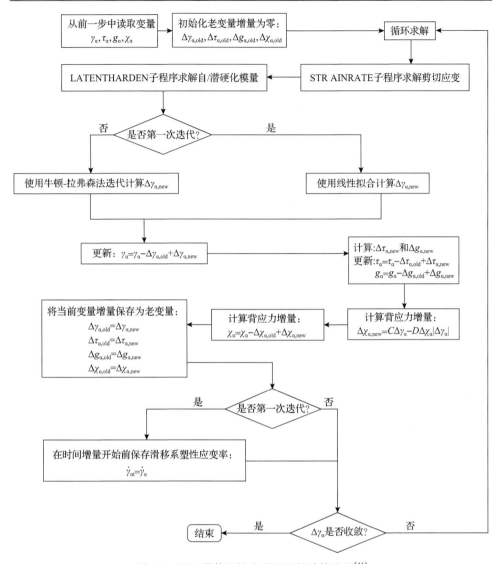

图 5-8　基于晶体塑性变形理论的计算流程[41]

γ_α 为累积塑性滑移；τ_α 为剪切应力；g_α 为应变硬化；χ_α 为背应力；C 为初始硬化模量；D 为衰变率

疲劳中的细观力学和损伤行为进行了研究，发现循环微塑性变形在非常小的局部区域发生，晶体属性、晶粒取向和晶界对疲劳损伤的作用显著。Alley 和 Neu[45]通过晶体塑性模拟研究了轴承钢滚动接触疲劳行为，并与均质材料 J2 塑性理论进行了对比，发现晶体塑性理论预测的累积局部塑性应变更加接近真实的试验数据。Wang 等[46]建立了风电齿轮滚动接触疲劳晶体塑性有限元模型，结合 F-S 模型中疲劳指示因子，模拟晶粒尺度上的滑移系应力-应变行为和疲劳损伤，随后，进一步考虑齿轮材料渗层晶体尺度力学属性梯度[47]和不同相、夹杂特征[48]，研究了材料微观结构对齿轮接触疲劳损伤的影响，发现不同晶粒尺寸分布会改变材料失效风险，不同相成分内部应力分布的不均匀性会导致疲劳寿命出现波动，且非金属夹杂物周围应力集中导致的棘轮效应也会在材料内部造成额外损伤，从而降低材料抗疲劳性能。

因此，为了辨识一些材料微观结构特征对齿轮接触疲劳性能的影响，探究齿轮疲劳失效内在物理机理，尝试建立考虑材料微观结构特征的齿轮接触疲劳模型。下面主要论述材料微观结构的表征方法、微观结构特征以及材料缺陷对齿轮接触疲劳性能的影响。

5.2   材料微观结构表征

在考虑材料微观结构特征的齿轮接触疲劳数值模拟中，材料微观结构特征参数的准确、合理获取与输入是得到理想的疲劳分析结果的先决条件，同时也是研究齿轮服役进程中微观结构演化和疲劳失效内在物理机制的重要前提。因此，本节针对齿轮材料金相组织、晶粒尺寸、晶体形貌等典型微观结构特征，论述各材料微观结构因素的表征测试方法，为实现微观结构敏感数值模型构建、疲劳进程数值分析和试验研究奠定基础。图 5-9 为齿轮材料典型微观结构的表征方法示意图。

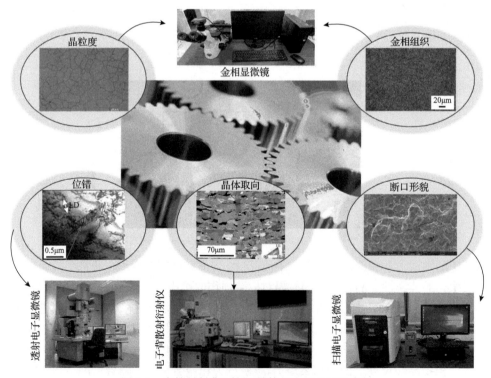

图 5-9   齿轮材料典型微观结构的表征方法示意图

5.2.1　金相组织的测试表征

　　金相试验的意义众所周知，合金的成分、热处理工艺、冷热加工工艺直接影响金属材料的内部组织、结构的变化，从而使零件的机械性能发生变化。因此，用金相分析的方法来观察检验金属内部的组织结构是工业生产中的一种重要手段，几乎所有齿轮制造商的理化分析中心都须具备金相分析的能力。金相分析所必备的设备之一就是金相显微镜，其成像原理如图 5-10 所示，当被观察物体 AB置于物镜前焦点略远处时，物体的反射光线穿过物镜经折射后，得到一个放大的实像 $A'B'$，若 AB 处于目镜焦距之内，则通过目镜观察到的物镜是经目镜再次放大的虚像 $A''B''$。正常人眼观察物体时最适宜的距离约为 250mm，因此在设计显微镜时，应使虚像 $A''B''$正好落在距人眼 250mm 处，以使观察到的物体影像最清晰。金相显微镜商用技术十分成熟，图 5-11 为意大利品牌的 IM-3MET 倒置金相显微镜，表 5-1 给出了 IM-3MET 倒置金相显微镜的基本参数。

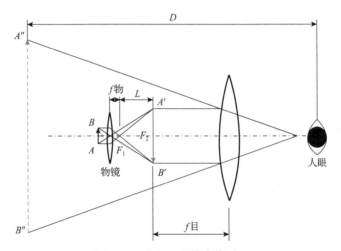

图 5-10　金相显微镜成像原理

图 5-11　IM-3MET 倒置金相显微镜

表 5-1　IM-3MET 倒置金相显微镜的基本参数

名称	参数
光源	卤素灯泡 12V/50W；电压：110/240V，50/60Hz，1A；最大功率要求：62W
聚焦	同轴粗微调机制(刻度 0.002mm)，带调焦上限位装置，粗调焦旋钮可调节张力
目镜	超宽视野平场目镜 EWF10×/22mm，视野数 22
物镜	平场消色差物镜，长工作距离、无限远补正光学系统
拍摄系统	CCD：C-P8；传感器：SONY CMOS 1/2.5″；分辨率：830 万像素(3840×2160)

　　在采用金相显微镜对齿轮钢等材料的金相组织进行观察、表征时，首先需要对齿轮钢样品进行取样与制样。金相样品的制备包括样品的取样切割、镶嵌、抛光、侵蚀、清洁等环节，如图 5-12 所示。首先通过线切割技术截取齿轮试样的待观测区域，然后通过树脂热镶嵌方法镶嵌金相试样，镶嵌后的样品高度保持在 10～15mm。接着将镶嵌好的试样在不同粒度的金相砂纸上进行逐步磨光，先在粗砂轮上进行粗磨，磨至磨痕均匀一致后，移至细砂轮上进行精磨，研磨时必须用水冷却试样，使金属组织不因为受热而发生变化，由粗砂纸更换至细砂纸时试样必须旋转 90°，使打磨方向与旧磨痕呈垂直方向；经预磨后的试样，先在抛光机上进行粗抛光(抛光织物为细绒布、抛光液为 W2.5 金刚石抛光膏)，然后进行精

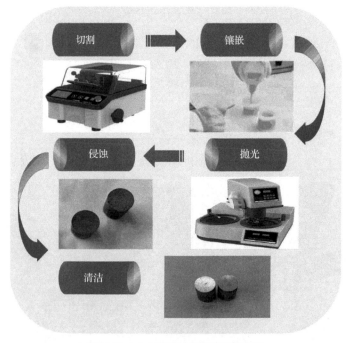

图 5-12　金相样品的典型制备流程

抛光(抛光织物为锦丝绒,抛光液为 W1.5 金刚石抛光膏),抛光到试样上的磨痕完全去除而表面呈现出镜面,即抛光面光洁平整、无划痕时为止。试样抛光完成后用大量自来水及无水乙醇清洗抛光表面,并立即将试样吹干[49]。

以某兆瓦级风电渗碳齿轮为例,对它进行金相组织的表征测试,在制备好金相试样后,应立即进行腐蚀,腐蚀方法为采用浸润在 4%硝酸酒精溶液中的棉球擦试试样表面,时间为 2s。当试样表面的金属光泽消失,呈现淡灰色时,表明试样腐蚀完成,立即用自来水和无水乙醇冲洗试样表面,吹干后即可在金相显微镜下进行金相组织的观察。

大多数齿轮钢材料经过渗碳淬火等热处理后,其金相组织主要包括马氏体、残余奥氏体、碳化物等。齿轮表层经过了渗碳处理,含碳量较高,因此得到的主要是针状马氏体组织。在金相显微镜下,针状马氏体组织呈现竹叶状或针状,针与针之间呈一定的角度。最先形成的马氏体较粗大,往往横贯整个奥氏体晶粒,将奥氏体晶粒加以分割,使以后形成的马氏体的尺寸受到限制。因此,针状马氏体的大小不一,同时有些马氏体有一条中脊线,并在马氏体周围有残余奥氏体。针状马氏体的硬度高,但是韧性差。

渗碳齿轮芯部含碳量降低,其芯部组织主要为板条状马氏体,其组织形态是由尺寸大致相同的细马氏体条定向平行排列组成马氏体束或马氏体领域。在马氏体束之间位向差较大,一个奥氏体晶粒内可形成几个不同的马氏体领域。板条状马氏体的硬度比针状马氏体低,但是其韧性较好。

图 5-13 为采用 IM-3MET 倒置金相显微镜拍摄的某风电渗碳齿轮近表面和芯部显微组织形貌。表层组织为隐晶马氏体,马氏体等级为 2.0 级,残余奥氏体为2.0 级,芯部组织为低碳马氏体和少量游离铁素体,马氏体等级为 3.0 级。

(a) 近表面   (b) 芯部

图 5-13 某风电渗碳齿轮近表面和芯部显微组织形貌

碳化物是渗碳齿轮钢的重要组成相。目前齿轮采用的渗碳工艺一般为强渗+扩散两段法,强渗期的碳势一般控制在 1.15%C(质量分数),扩散期的碳势一般控制在 0.85%C, 二者的时间比一般为 3：1、2：1、1：1, 表层渗碳处理通常将碳含量提高到 0.8%～1%的水平。GB/T 25744—2010《钢件渗碳淬火回火金相检验》依据渗层碳化物的形态、大小、数量及分布情况评定等级, 将碳化物分为 6 个级别。图 5-14 为使用光学显微镜拍摄的某风电渗碳齿轮表层渗碳处理后不同深度处碳化物的显微组织形貌, 参考标准 GB/T 25744—2010, 发现该齿轮近表层渗层碳化物等级为 2 级。

(a) 深度为0.1mm　　　　　(b) 深度为0.5mm　　　　　(c) 深度为1.0mm

(d) 深度为1.5mm　　　　　(e) 深度为2.0mm　　　　　(f) 深度为2.5mm

图 5-14　某渗碳齿轮表层不同深度处碳化物显微组织形貌

5.2.2　晶粒度的测试表征

金属和合金的晶粒大小与金属材料的机械性能、工艺性能以及物理性能有密切的关系。细晶粒金属材料的机械性能工艺性能均比较好, 冲击韧性和强度较高, 在热处理和淬火时不易变形和开裂。粗晶粒金属材料的机械性能和工艺性能比较差。一般用晶粒度来表示晶粒大小的尺度, 齿轮钢的晶粒度不仅与齿轮钢渗碳性能、热处理变形有密切关联, 对齿轮的强度性能也有重要影响。

对于齿轮钢材料晶粒度的观测, 同样需要进行金相样品的制备, 制样过程与金相组织试样的制备相同, 不同的是腐蚀液配比。以某兆瓦级风电齿轮为例, 观测晶粒度的腐蚀液配比为 100mL 热水+两勺苦味酸(4g)+少许洗衣粉(十二烷基磺酸钠)，如图 5-15(a)为该配比下的腐蚀液，腐蚀时间为 15～20min，腐蚀至试样表面氧化为如图 5-15(b)所示的灰暗色后，立即用自来水和无水乙醇冲洗试样表面，吹干后即可进行渗碳齿轮钢晶粒度的观察。

(a) 苦味酸腐蚀液　　　　　　　　　　(b) 腐蚀氧化结果

图 5-15　腐蚀液和氧化结果

图 5-16 为采用图 5-11 所示的 IM-3MET 倒置金相显微镜拍摄的某兆瓦级风电齿轮渗碳层不同深度处的晶粒形貌，该齿轮有效硬化层厚度约为 2.2mm，可以看出平均晶粒尺寸从表层的 10μm 逐渐过渡到有效硬化层深处的 40μm。

(a) 表层　　　　　　(b) 深度为0.5mm　　　　　　(c) 深度为1.0mm

(d) 深度为1.5mm　　　　　　(e) 深度为2.0mm　　　　　　(f) 深度为2.5mm

图 5-16　某齿轮渗碳层不同深度处的晶粒形貌

齿轮材料的晶粒大小、形状与相成分分布等信息测定后，还需要经过数图转换对其微观结构进行重构，在此基础上结合有限元等方法实现齿轮材料微观结构影响的数值模拟，从而弥补试验难以描述微观结构特征对疲劳性能影响的不足，更好地阐明疲劳失效机理，实现齿轮材料微观组织结构的"性能导向型"设计[50]。对于一个已有的齿轮钢多晶体材料，可以首先制作该材料的金相试样，经由光学显微镜采集试样微观结构的几何等信息，再进行"数-图"转换与复制，将数字化微观结构的几何信息转换为对应的微观结构模型，并据此开展微结构力学响应计算分析和疲劳评估。

材料微观结构图像分析流程如图 5-17 所示，主要包括灰度化处理、灰度变换增强、滤波处理、边缘检测、形态学操作、晶粒重构等处理步骤。

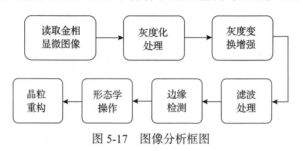

图 5-17　图像分析框图

基于数字化的齿轮材料微观结构重构典型步骤如图 5-18 所示，具体流程如下：

(1) 读取图 5-18(a) 所示的齿轮材料微观结构表征图像，采用 MATLAB 图像处理工具箱 (image processing toolbox, IPT) 进行灰度化处理[51]，去除源图片中大量冗余信息，以减小后续图像处理过程中的计算量。灰度化处理结果如图 5-18(b) 所示。

(2) 进一步对图像进行灰度变化增强处理，以调整图像的对比度，结果如图 5-18(c) 所示。

(3) 接着进行滤波处理，可采用均值滤波、中值滤波、自适应维纳滤波、形态学噪声滤波等多种滤波方法，去除金相显微观结构图片的采集过程和图像的数字化过程中引入的噪点，以精确识别出单个晶粒。图 5-18(d) 为采用中值滤波处理后消除孤立的噪声点并保留图像边缘的结果图。

(4) 滤波处理后需要进行边缘检测，常用的边缘检测模板有 Laplacian 算子、Roberts 算子、Sobel 算子、log(Laplacian-Gauss) 算子、Kirsch 算子和 Prewitt 算子、Canny 算子等。图 5-18(e) 为采用 Sobel 算子经边缘检测后得到的二值图，白色像素即为检测出的晶粒边界。

(5) 受金相制样过程中抛光及腐蚀等操作的影响，边缘检测提取的晶界图像中含有大量的杂点小颗粒，通过设置面积阈值将杂点颗粒从晶界图像中删除。清除杂点颗粒后，图像中的晶界曲线仍存在不连续的毛刺状晶界和孔状晶界。晶粒边界不封闭，将会导致晶粒几何模型重构过程中出现错误[52]。采用形态学膨胀处理，填充不连续晶界间的空隙。晶粒边界封闭后，采用细化处理、剪枝运算，得到图 5-18(f)所示的单像素(单一宽度)图像。

(6)基于求得的晶粒边界交点坐标将晶界曲线简化为直线,并将简化为直线后的短边进行融合,最终建立如图 5-18(g)所示的基于真实微观结构的齿轮材料晶粒几何拓扑结构模型。

该模型基于图像数据处理技术，可以根据齿轮材料晶粒图像的拓扑信息，提取出真实的微观组织结构晶粒形状，继而进行数值模拟分析。但是在边缘检测过程中存在不连续的边界，给后续建模造成困难，后期可通过改进边缘检测算法进行改善。

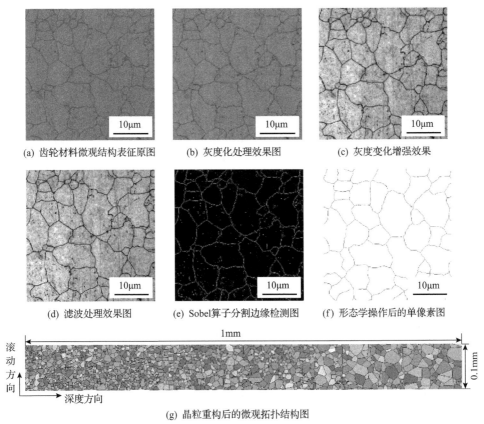

(a) 齿轮材料微观结构表征原图　　(b) 灰度化处理效果图　　　(c) 灰度变化增强效果

(d) 滤波处理效果图　　　(e) Sobel算子分割边缘检测图　　(f) 形态学操作后的单像素图

(g) 晶粒重构后的微观拓扑结构图

图 5-18　图像处理过程

5.2.3　断口形貌的测试表征

断口形貌从严格意义上并不完全属于材料微观结构的范畴，但它是进行齿轮疲劳失效分析的重要手段，结合金相检测，综合判断造成疲劳失效的根本原因，因此材料断口形貌分析一般和材料微观结构表征相伴相随。断口形貌有宏观形貌和微观形貌之分，必须将两者综合进行分析，首先借助低倍显微镜，观察断口的整体形貌，找出可能存在的疲劳源，初步断定失效原因；接着采用扫描电子显微镜观察其微观特征，如材料的延性断裂、脆性断裂、疲劳断裂、应力腐蚀断裂和氢脆断裂等不同类型的断裂各有其特定的显微形貌特征，从宏、微形貌特征进一步辅助分析判断，从而综合分析揭示材料的断裂原因、过程和机理[53]。

扫描电子显微镜样品的制备相对于透射电子显微镜更简单，对于金属、一些矿物和半导体等导电性材料，一般只需要样品尺寸适于样品台的大小。使用丙酮或无水乙醇对试样进行超声清洗去除油污、尘埃、腐蚀液等污染物，并吹干，使样品干燥、干净、无污染物。保证测试样品不具有挥发性、放射性，对于含水分或其他易挥发性物质的样品，需要烘干去除水分和易挥发物质。对于不导电样品，还需要进行表面喷镀（喷金或喷碳等）处理，使表面形成连续的导电膜，制备完成的扫描电子显微镜样品如图 5-19(a) 所示。

扫描电子显微镜是用一束极细的电子束在样品表面按顺序逐行扫描成像，FEI Nova400 场发射扫描电子显微镜如图 5-19(b) 所示。当具有一定能量的电子束轰击固体样品时，电子束将与样品内原子核和核外电子发生弹性和非弹性散射过程，激发固体样品产生多种物理信号，如图 5-20 所示，在样品表面激发出二次电子、背散射电子、特征 X 射线和连续谱 X 射线、俄歇电子、透射电子，以及在可见、紫外、红外光区域产生的电磁辐射等[54]。扫描电子显微镜具有景深大、图像富有立体感等特点，可以进行材料断口的分析，观测到的断口形貌从深层次、高景深的角度呈现材料断裂的本质，因此在材料断裂原因分析、事故原因分析以及工艺合理性判定等方面是一个强有力的手段。在观察形貌的同时，还可以借助能量色散 X 射线谱（X-ray energy dispersive spectrum, EDS）分析技术进行微区的成分分析。

(a) 齿轮钢材料制备样品　　　　(b) FEI Nova400场发射扫描电子显微镜

图 5-19　制备样品和 FEI Nova400 场发射扫描电子显微镜

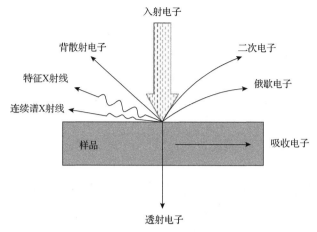

图 5-20　入射电子轰击样品产生的物理信号

背散射电子是指被固体样品中的原子反弹回来的一部分入射电子，包括弹性背散射电子和非弹性背散射电子。背散射电子的产生范围在 100nm 到 1μm 深，背散射电子的产额随着原子序数的增加而增加，所以利用背散射电子作为成像信号不仅能分析形貌特征，还可以用来显示原子序数衬度，以及反映表面微观形貌和晶体学信息，定性地进行成分分析。

二次电子是指被入射电子轰击出来的核外电子。若散射过程发生在比较接近样品的表层，则那些能量尚大于材料逸出功的自由电子可从样品表面逸出，变成真空中的自由电子，即二次电子。二次电子来自表面 50～500A 的区域，它发自试样表面层，入射电子还没有较多次散射，因此产生二次电子的面积与入射电子的照射面积基本相同。二次电子的分辨率较高，一般可达到 50～100A，扫描电子显微镜的分辨率通常就是二次电子分辨率。二次电子产额随原子序数的变化不明显，但二次电子对试样表面状态非常敏感，能非常有效地显示试样表面形貌。

特征 X 射线是原子的内层电子受到激发以后，在能级跃迁过程中直接释放的具有特征能量和波长的一种电磁波辐射。X 射线的波长 λ 和原子序数 Z 之间服从莫塞莱定律：

$$\lambda=\frac{K}{(Z-\sigma)^2} \tag{5-2}$$

式中，Z 为原子序数；K、σ 均为常数。

由式(5-2)可以看出，原子序数和特征能量之间是有对应关系的，利用这一对应关系可以进行成分分析。如果用 X 射线探测器检测到了样品微区中存在某一特征波长，就可以判定该微区中存在的相应元素。

处于激发态的原子体系释放能量的另一形式是发射具有特征能量的俄歇电子。若原子内层电子能级跃迁过程所释放的能量，大于包括空位层在内的邻近或较外层的电子临界电离激发能，则有可能引起原子再一次电离，发射具有特征能量的俄歇电子。俄歇电子是由试样表面极有限的几个原子层中发出的，这说明俄歇电子适用于表面微观形貌和微区成分分析。

以某渗碳齿轮为例，对经过脉动弯曲疲劳试验的汽车 8620H 钢齿轮断口进行扫描电子显微镜表征测试。对弯曲疲劳失效试样进行扫描电子显微镜表征测试之前，发现在齿轮表层与芯部存在着不同失效断裂模式，如图 5-21 所示，在硬度较高接近表层材料断口呈亮白色，而芯部材料呈灰色，这说明轮齿的表层和芯部的断裂机理是不同的。

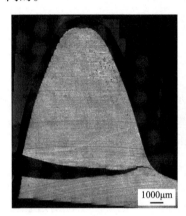

图 5-21　轮齿根部宏观断口

采用扫描电子显微镜对断口的不同区域进行观察，以了解齿轮材料表层至芯部不同区域的断裂机制。首先对断裂起始面处附近的断口进行观察，如图 5-22 所示，发现从材料表面至 600μm 深度范围内的材料断口呈现出粒状，属于脆性沿晶断口。

对图 5-22 中脆性沿晶断裂区再进行 2000 倍局部放大，可以发现脆性沿晶断裂区呈现出冰糖状（石状）的形貌特征，如图 5-23 中 A 处所示。一般认为这是由于晶界处的弱化或者晶间的脆性导致裂纹沿晶界分离，因此沿晶界形成的断口形貌也较为平整。但是除了沿晶界断裂，在脆性沿晶断裂区还会发生穿晶断裂，产生的断面微观形貌也较为粗糙，如图 5-23 中的 B 处与 C 处。再对图 5-23 中 A、C 处进行局部 6000 倍的放大，如图 5-24 所示，可以清晰地看到因沿晶断裂而暴露出的晶粒。沿晶面的断口微观形貌平整光洁，因此在光线的照射下，发生了平面反射，脆性沿晶断口区呈现出亮白色。然而穿晶断裂形成的断口显微形貌比较粗糙，断面上存在大量的鸡爪撕裂棱。

图 5-22 中除了脆性沿晶断裂，还发现了准解理穿晶断裂的现象。解理指的是晶体内部某一结晶面发生断裂，是金属脆性较大的特征。准解理断裂是介于韧窝断裂和解理断裂之间的一种过渡模式。准解理断口上可能出现三种断口形态，即解理台阶、舌状物和撕裂岭。将图 5-22 中准解理断裂区进行 6000 倍放大，如

图 5-25 所示,可以发现断口处发生了较为明显的塑性变形,并且在图 5-25 中的 A、B 和 C 处均发现了舌状物。

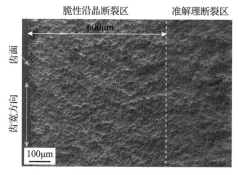

图 5-22　靠近断裂起始面处的断口

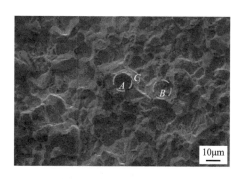

图 5-23　脆性沿晶断裂区 2000 倍局部放大图

图 5-24　脆性沿晶断裂区 6000 倍局部放大图

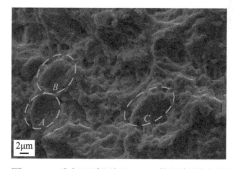

图 5-25　准解理断裂区 6000 倍局部放大图

　　观察图 5-21 中的韧性断裂区,放大 500 倍,如图 5-26(a)所示。很明显,韧性断裂区上没有如图 5-22 中脆性沿晶断裂区中的"冰糖状"的断口形貌,而是发生了明显的塑性变形,出现了许多的褶皱。图 5-26(b)为图 5-26(a)中的 A 处放大 2000 倍的局部放大图,可以看到断口上分布着许多微小的"孔洞",这些"孔洞"

(a) 放大500倍

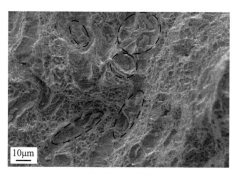

(b) 放大2000倍

图 5-26　韧性断裂区 500 倍和 2000 倍的局部放大图

即为韧窝。显然断口中存在着尺寸不同的韧窝，图5-26(b)中虚线圈标记的韧窝的尺寸明显大于分布在其周围的小韧窝，且它们的底部存在夹杂物。

齿轮经脉动弯曲疲劳试验，发生断齿后，裂纹率先在齿根一侧萌生，在裂纹萌生附近位置发现主要失效形式为脆性沿晶断裂，且该区域宽度约为0.6mm。随着持续加载，裂纹逐渐向齿根另一侧扩展，逐渐出现准解理断裂区和韧性断裂区，且在韧性断裂区可以观察到分布的夹杂物，说明夹杂物对裂纹扩展及齿根断裂也有一定的影响。

5.3　晶体微观结构对疲劳的影响

齿轮材料晶体微观结构特征主要包含晶粒尺寸、晶界、晶体组织均匀性、多相等。总体来说，晶粒几何拓扑、取向随机性、相成分等晶体微观结构均会对齿轮次表层材料应力-应变响应产生重大影响，进而影响齿轮抗疲劳服役性能。现有的齿轮强度设计基于赫兹接触理论，忽视了材料在宏、细观尺度上的非均质性，不能揭示材料微观结构在齿轮疲劳中的作用机理，无法满足现代高性能齿轮抗疲劳的要求。因此，从细观角度研究齿轮循环受载晶体微观结构形变力学行为和疲劳损伤，为齿轮疲劳性能演化赋予真实的细观几何形象和物理过程，能够深化对齿轮失效过程物理本质的认识，对进一步理解齿轮疲劳失效机理具有极其重要的意义。

本章建立的齿轮接触疲劳模型主要有两种。一种是基于节点区域等效简化的接触模型，另外一种是真实齿形直接接触模型。基于节点区域等效简化的模型首先需要确定的就是等效简化的曲率半径和等效弹性模量，该值可以通过赫兹接触理论计算获得[55]。在建立好相应的接触模型后，基于Python编程将材料微观结构结合信息导入模型中，并建立相应的代表性体积单元(representative volume element, RVE)区域。随后，若需要赋予材料各向异性属性，则还需要对不同晶粒材料属性进行单独赋予。详细建模过程可参考本书第3章。建立考虑材料微观结构特征的齿轮接触有限元模型流程如图5-27所示。

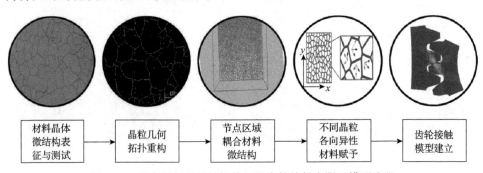

图5-27　考虑材料微观结构特征的齿轮接触有限元模型流程

5.3.1　晶粒尺寸及晶界的影响

工程中发现,晶界及晶粒尺寸对疲劳裂纹萌生和齿轮抗疲劳性能有重大影响。齿轮常见的点蚀失效特征区域内部能够发现明显的沿晶断裂现象,且在晶界发现了大量的疲劳微裂纹[9],如图 5-28 所示,因此探究晶粒尺寸及晶界对齿轮接触疲劳性能的影响极为重要。本节主要使用的模型是第 3 章详述的齿轮接触有限元模型。通过将应力分量沿晶界投影来实现对晶界影响的探究;通过调整种子点随机偏移因子来控制不同深度位置处平均晶体几何尺寸,以探究晶粒尺寸的影响,并使用 F-S 准则计算疲劳指示因子,以评估材料失效风险。

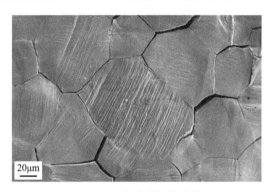

图 5-28　晶界处的微裂纹

通过开发基于 Voronoi 剖分法、数字图像法等准确模拟材料微观结构的模型,可以研究齿轮材料晶粒、晶界等微观结构特征对接触疲劳性能的影响。图 5-29 展示了齿轮材料次表层沿晶界位置处的剪应力变化范围云图及其沿深度方向的分布规律。可以看出,发生的较大沿晶界剪应力基本分布在材料的次表层固定区域,最大值区域基本分布在 0.4~0.6 倍接触半宽区间。由图 5-29(b)可以看出,在模型中考虑了晶界影响后,同一深度处次表层材料点剪应力变化范围波动性增大,这也增大了材料点发生失效位置的随机性。

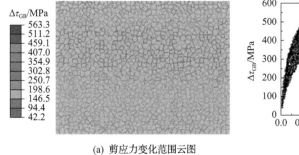

(a) 剪应力变化范围云图

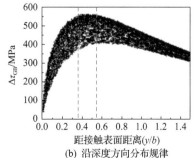

(b) 沿深度方向分布规律

图 5-29　齿轮材料次表层晶界剪应力结果

　　为了更好地探究晶界分布随机性对齿轮接触疲劳性能的影响，随机生成了 10 组具有不同晶界位置及角度分布的晶粒几何拓扑图，其中 3 组如图 5-30 所示。代入计算模型，如图 5-31 所示，晶界分布的随机性会使齿轮的接触疲劳寿命出现一定程度的波动，可以发现晶界的随机性对齿轮材料点在损伤初期并没有什么影响，即循环次数与损伤的演变规律变化不大，但随着循环次数的增加，在损伤末期，不同的随机晶界取向会导致材料点发生失效的寿命出现波动性。由图 5-31(b) 可以看出，晶界取向的随机性会导致发生失效的材料点的深度位置出现一定程度的波动性，波动区间为 40%～60% 赫兹接触半宽。

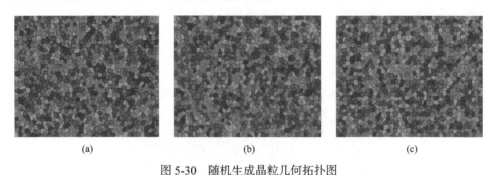

(a)　　　　　　　　　　(b)　　　　　　　　　　(c)

图 5-30　随机生成晶粒几何拓扑图

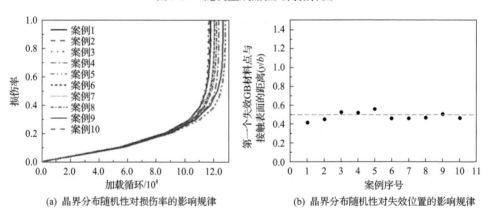

(a) 晶界分布随机性对损伤率的影响规律　　　　(b) 晶界分布随机性对失效位置的影响规律

图 5-31　晶界随机初始分布对齿轮接触疲劳性能的影响

　　图 5-32 为两种不同晶粒尺寸的疲劳指示因子的分布结果。在给定载荷条件(输入扭矩为 282.8kN·m)下，较大晶粒尺寸齿轮的最大疲劳指示因子为 $6.6×10^{-3}$，比小晶粒尺寸(表层 15μm，芯部 60μm 的梯度尺寸结构)高 17.9%。这意味着渗碳硬化处理所带来的细晶粒分布会显著提高齿轮材料的抗疲劳性能。此外，晶粒尺寸在失效过程中还会存在一定的粗化现象[56]。

　　图 5-33 为两种不同晶粒尺寸齿轮在服役过程中节点附近位置的累积塑性应变分布云图。较大晶粒尺寸齿轮发生较显著的累积塑性应变出现在 $0.3b_H$(b_H 为接触

半宽)至 $1.2b_H$ 的深度范围。较大晶粒尺寸齿轮的塑性应变累积显著,其疲劳指示因子相比于较小晶粒尺寸齿轮更高且分布更分散。如图 5-33(b)所示,三个塑性应变较高的区域(A、B 和 C)疲劳指示因子(FIP)显著高于周围晶粒。渗碳硬化工艺所带来的晶粒细化使齿轮具有更高的抵抗塑性变形的能力,因此其抗接触疲劳失效的性能也显著增强。非渗碳硬化齿轮所呈现出来的较大的晶粒尺寸在重载工况下的塑性应变累积量较大,具有较高的接触疲劳失效风险。

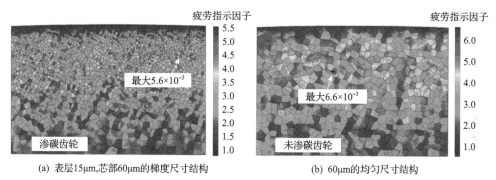

(a) 表层15μm,芯部60μm的梯度尺寸结构　　　　　(b) 60μm的均匀尺寸结构

图 5-32　不同晶粒尺寸下齿轮接触疲劳指示因子分布云图

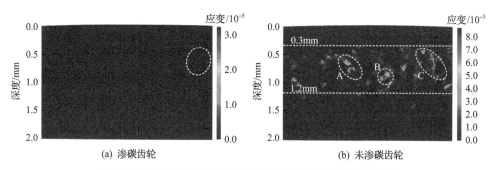

(a) 渗碳齿轮　　　　　　　　　　　　　(b) 未渗碳齿轮

图 5-33　两种不同晶粒尺寸齿轮的累积塑性应变分布云图

　　需要注意的是,上面的分析只是详细讨论了晶粒尺寸和晶界随机变化对材料接触力学及疲劳性能的影响,然而晶体微观结构并非只有晶界几何分布和晶粒平均几何尺寸会对材料力学性能产生影响,各向异性所导致的相邻晶粒的变形不匹配性也会显著改变次表层材料疲劳失效概率,这部分将在后续章节详细讨论。

5.3.2　晶体各向异性的影响

　　大多数齿轮材料是典型的多晶聚集体,其内部材料由具有不同几何形貌和取向的多相多晶构成,齿轮受载时在材料内部会出现显著应力集中现象,导致应力水平高于材料均质假设条件下的计算结果,使传统的疲劳寿命计算结果出现一定的偏差,不符合齿轮真实服役状态。因此,本节主要介绍基于所建立的耦合晶粒几何拓扑结构以及材料各向异性本构的齿轮高周疲劳模型，探究材料晶体微观结构各向异性对齿轮受力状态及抗疲劳性能的影响，实现齿轮疲劳寿命的精准预估。

　　图5-34为材料微观结构敏感模型和各向同性模型在不同啮合位置的最大接触压力对比图。两种模型计算得出的压力分布规律基本一致，大小处在同一量级，但基于微观结构敏感模型得出的压力分布波动更明显。通过对比三处啮合位置的接触压力结果可知，材料微观结构各向异性对节点处接触压力的影响最大，而对其他两处啮合位置的影响较小。造成这一现象的原因可能是节点附近的接触压力明显高于其他啮合点附近的接触压力。

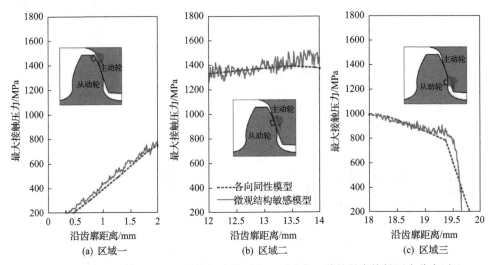

图5-34　各向同性模型和微观结构敏感模型在不同啮合区域的最大接触压力分布对比

　　各向同性模型和微观结构敏感模型预测的 von Mises 应力和正交剪应力分布如图5-35所示。由图可见，微观结构敏感模型的 von Mises 应力和正交剪应力的分布是不均匀的，两种模型的应力场分布规律吻合良好。微观结构敏感模型 von Mises 应力的最大值和正交剪应力幅值分别达到 1122MPa 和 993MPa。本节模拟了10组具有不同随机晶体取向的模型，微观结构敏感模型的最大 von Mises 应力和正交剪切应力的幅值分别比各向同性模型高20%和30%。这种应力显著增大的结果是由材料微观结构的各向异性导致的。材料微观结构的各向异性导致应力在相邻的晶界上显著增大。

　　如前所述，剪切应变和正应力是 F-S 准则中的两个重要参数。因此，需要对正应力 σ_x 和正交剪应变幅值 $\Delta\gamma_a$ 的影响进行详细的讨论。图5-36～图5-39是材料微观结构模型计算得到的最大正应力和正交剪应变幅值的结果，将结果与传统各向同性模型进行详细对比，以阐述各向异性等因素的影响。

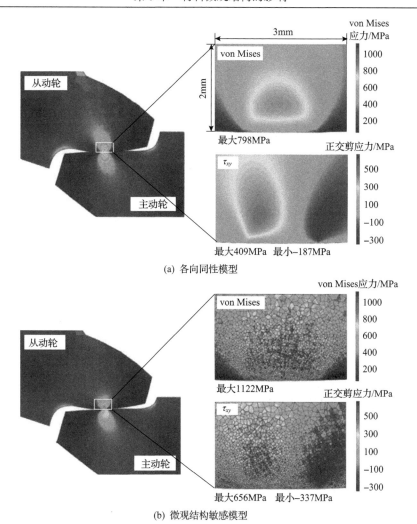

(a) 各向同性模型

(b) 微观结构敏感模型

图 5-35　各向同性模型及微观结构敏感模型预测的 von Mises 应力和正交剪应力 τ_{xy} 分布

　　根据仿真结果，接触半宽 b_H 在节点、啮入点和啮出点分别为 1.0mm、0.4mm 和 0.5mm。材料各向同性模型和微观结构敏感模型预测的正交剪应变幅值 $\Delta\gamma_a$ 如图 5-36 所示。如图 5-36(a) 所示，在同一深度位置，正交剪应变幅值 $\Delta\gamma_a$ 几乎相同。正交剪应变幅值最大值 $\Delta\gamma_{a,max}$ 发生在次表面的某一深度位置，而不是在表面。该最大值深度大约为 $0.5b_H$，基本符合常用的 L-P 等滚动接触疲劳寿命模型的正交剪应力预测位置。各向同性模型预测的 $\Delta\gamma_a$ 的分布情况与材料微观结构敏感模型的分布吻合。在数值上，10 组随机晶体取向的计算案例结果表明，材料微观结构模型预测的局部最大正交剪应变幅值 $\Delta\gamma_{a,max}$ 比各向同性模型高 35.90%。两个模型的最大正交剪应变幅值 $\Delta\gamma_{a,max}$ 发生位置接近，这表明正交剪应变幅值 $\Delta\gamma_{a,max}$

的深度位置受到材料微观结构的影响非常微弱,而局部剪应变幅值受其影响显著。

(a) 各向同性模型 (b) 微观结构敏感模型

图 5-36　各向同性模型和微观结构敏感模型预测的正交剪应变幅值分布

　　为清楚地描述正交剪应变幅值沿深度方向和滚动方向的分布情况,图 5-37 展示了正交剪应变幅值 $\Delta\gamma_a$ 沿着自定义路径 1 和路径 2 的变化。路径 1 位于节点处目标材料区域的中心,沿深度方向。路径 2 为深度为 $0.5b_H$ 的沿滚动方向的平行路径。微观结构敏感模型的预测结果如图中实线所示。微观结构敏感模型晶粒间具有显著各向异性,相邻晶粒之间的晶界处产生应力集中,从而导致应力曲线显著波动,各向同性模型的结果如图中虚线所示,其预测的应力分布平滑,且与微观结构敏感模型变化的总体趋势吻合良好。

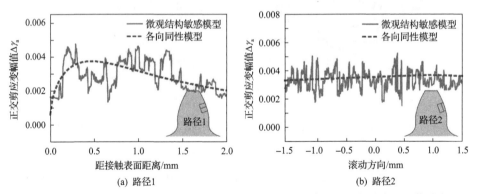

(a) 路径1 (b) 路径2

图 5-37　各向同性模型和微观结构敏感模型预测的沿两路径的正交剪应变幅值分布

　　图 5-38 给出了由各向同性模型和微观结构敏感模型得到的沿滚动方向的最大正应力分布。两模型计算结果均表明正应力 σ_x 的最大值 $\sigma_{x,\max}$ 发生在齿轮表面,且随着深度的增加逐渐减小。如图 5-38(b)所示,微观结构敏感模型的计算结果有轻微波动,它计算的最大正应力略大于各向同性模型。由此可知,材料微观结构的各向异性特征对 $\sigma_{x,\max}$ 的影响是相对温和的。图 5-39 为由各向同性模型和微观结构敏感模型得到的沿路径 1 的最大正应力分布。取路径 1 为研究路径,在齿轮

啮合过程中，沿深度方向的最大正应力 $\sigma_{z,\max}$ 仅为沿滚动方向的最大正应力 $\sigma_{x,\max}$ 的 50%。如图 5-39 中实线所示，两个正应力结果均随着深度的增加发生显著波动。材料微观结构对疲劳性能的影响已通过大量的理论和试验研究报道，这种显著的影响主要是由应力和应变波动引起的。Paulson 等[57]还使用晶体弹性模型讨论了应力波动的影响，他们的研究中的应力波动与图 5-37 和图 5-39 中的波动处在同一水平。

(a) 各向同性模型　　　　　　　　　(b) 微观结构敏感模型

图 5-38　由各向同性模型和微观结构敏感模型得到的最大正应力分布

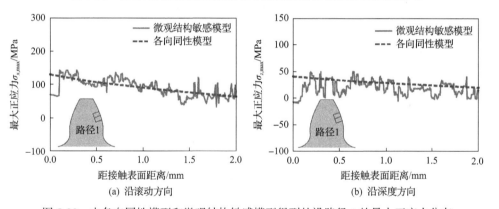

(a) 沿滚动方向　　　　　　　　　(b) 沿深度方向

图 5-39　由各向同性模型和微观结构敏感模型得到的沿路径 1 的最大正应力分布

5.3.3　材料多相特征的影响

　　模拟多晶材料的微观结构和研究其疲劳行为除了必须考虑一些随机因素，如晶体形貌、晶粒取向和次表面非金属夹杂物外，材料相组织差异性也是影响其疲劳性能的重要特征。不同相成分会在材料次表层引入应力-应变响应的差异性，从而导致其疲劳失效风险出现显著波动，因此还需将材料多相特征引入齿轮接触疲劳模型。图 5-40 为考虑材料马氏体-奥氏体相和夹杂物的某风电齿轮接触疲劳应力分布云图，给出的三组模型中夹杂物周围基体晶粒分别具有不同的随机取向。三组模型在额定载荷条件(282.8kN·m)下，von Mises 应力在第一个载荷循环后呈现出不同的分布趋势。然而，由于三组模型晶体的相状态相同，von Mises 应力的分布差异并不明显。图 5-41 为在相同晶体取向下三组具有不同的相成分(奥氏体-奥氏体、马氏体-马氏体和马氏体-奥氏体)微观结构模型的齿轮接触疲劳应力计算结果。通过对比图 5-40 和图 5-41 可知,不同相成分对基体应力场分布的影响尤其显著,明显高于晶体随机取向的影响。

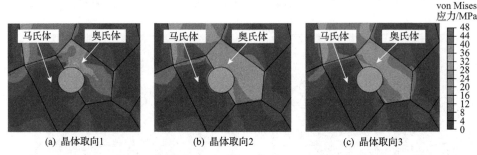

图 5-40　第一个载荷循环后三种晶体取向下的 von Mises 应力分布

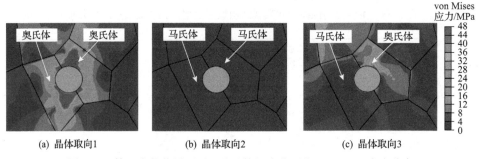

图 5-41　第一个载荷循环后三种基体相成分下的 von Mises 应力分布

图 5-42 为无夹杂物时的最大正应力 $\sigma_{n,max}$ 分布情况和三种含有夹杂物的分布情况。在第一次循环加载下, $\sigma_{n,max}$ 在四种情况下均保持为正值。如图 5-42(a)所示,由于材料微观结构各向异性的影响,最大正应力 $\sigma_{n,max}$ 发生在晶界附近,无夹杂物状态下的最大正应力 $\sigma_{n,max}$ 略低于其他三种情况,约为 205MPa。当存在夹杂物时,周围基体的应力不是均匀分布的,如图 5-42(b)～(d)所示,较高的最大正应力 $\sigma_{n,max}$ 发生在夹杂物的左右两侧,而最大正应力 $\sigma_{n,max}$ 在夹杂物上下两侧的值相对较小。通过比较图 5-42(b)～(d)的结果可以看出,这三种不同相成分模型的最大正应力 $\sigma_{n,max}$ 结果没有显著差别,这说明不同基体相成分对夹杂物周围的最大正应力分布没有显著影响,尤其是与无夹杂物的情况相比。

图 5-43 为最大剪应变幅值 $\Delta\gamma_{max}/2$ 在上述四种情况下的分布云图。夹杂物引起应力集中,因此包含夹杂物模型的最大剪应变幅值比没有夹杂物模型的结果更大。此外,对比三种含夹杂物的情况可知,最大剪应变幅值的大小和分布形式在

这三种情况下呈现出显著差异。最大剪应变幅值在奥氏体-奥氏体模型的情况下是最大的，大约高于马氏体-马氏体模型 37.5%。在马氏体-马氏体模型的结果中，最大剪应变幅值呈现出周期分布状态，相对较高的最大剪应变幅值在夹杂物周围交替出现。然而，在奥氏体-奥氏体和马氏体-奥氏体情况下，应变分布没有明显规律，分布不均匀。

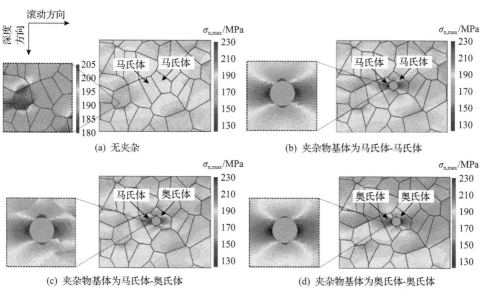

图 5-42　最大正应力分布

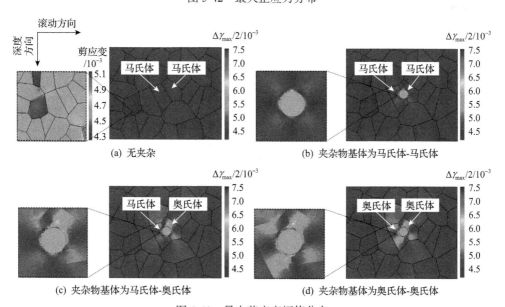

图 5-43　最大剪应变幅值分布

图 5-44 为疲劳指示因子 FIP$_{fd}$ 沿深度方向的分布。对于上述四种给定的情况，详细说明齿廓节点附近区域所有单元的疲劳指示因子与深度位置的关系。如图 5-44(a)所示，在无夹杂物的情况下，在深度约 0.5mm 处疲劳指示因子达到最大，约为 0.0064，是给定的四种情况中最低的。在图 5-44(b)~(d)中，由夹杂物引起的 FIP$_{fd}$ 升高的单元点如图中灰色处，可以看出，夹杂物对 FIP$_{fd}$ 的影响只出现在一个较小的深度范围内，奥氏体-奥氏体模型的最大 FIP$_{fd}$ 是四种情况中最大的。与无夹杂物的情况相比，奥氏体-奥氏体、马氏体-奥氏体和马氏体-马氏体模型的最大 FIP$_{fd}$ 分别升高了 31.2%、21.9% 和 4.7%。由此可以看出，夹杂物周围的基体是奥氏体时，夹杂物对接触疲劳失效的作用尤为显著。但当夹杂物周围的基体是马氏体时，马氏体晶粒具有较高的力学性能，因此夹杂物对接触疲劳的影响作用会减弱。

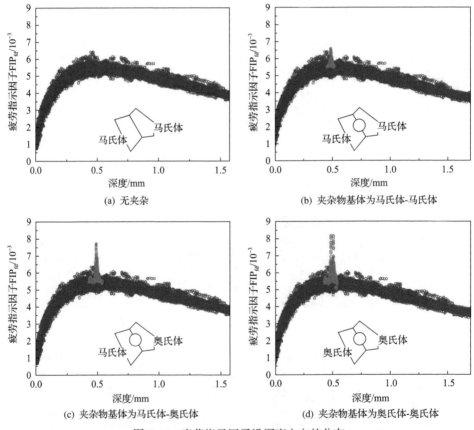

图 5-44　疲劳指示因子沿深度方向的分布

图 5-45 为在三种选定的载荷循环下(第一个、第五个和第十个载荷循环)，三组含夹杂物的疲劳损伤增量 ΔD_f 的分布。由图 5-45(a)~(c)可以看出，在三种相

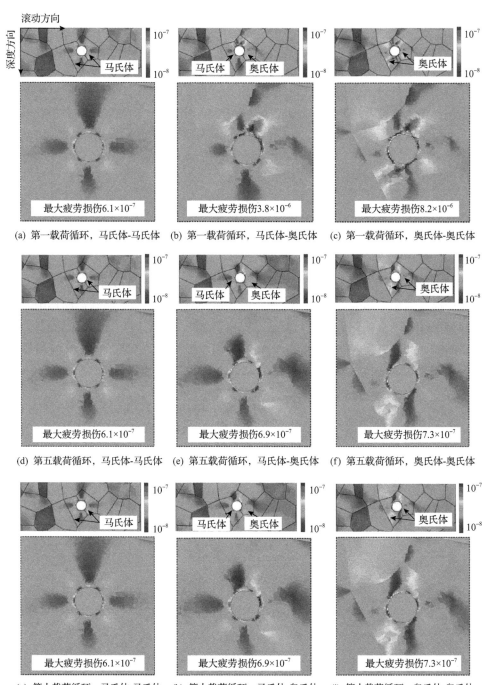

图 5-45　三组含夹杂物的疲劳损伤 ΔD_f 的分布

成分中，奥氏体-奥氏体模型第一个载荷循环产生的 ΔD_f 最大，约为 8.2×10^{-6}。随着加载次数的增加，奥氏体-奥氏体和马氏体-奥氏体的接触疲劳损伤增量逐渐减小。同时，在马氏体-马氏体情况下没有塑性变形发生，随着加载次数的增加，图 5-45(a)、(d) 和 (g) 中的 ΔD_f 几乎没有变化。对比第五个载荷循环和第十个载荷循环的结果可以看出，在前五个载荷循环中，ΔD_f 已经达到了稳定，从第五个载荷循环到第十个载荷循环，三种情况下的疲劳损伤增量几乎没有增加。三种模型在第十个加载循环时，奥氏体-奥氏体模型的最大疲劳损伤增量是最高的，比马氏体-马氏体模型和马氏体-奥氏体模型分别高 19.7% 和 5.8%。

材料在循环载荷作用下产生的棘轮损伤对疲劳微裂纹的形成和材料本身延展性的退化有重要影响。对于滚动接触疲劳问题，材料在循环剪切作用下的棘轮应变对疲劳失效分析十分重要，不容忽视。因此，本节研究夹杂物周围基体相成分对循环载荷下棘轮损伤的影响。图 5-46 为前十个载荷循环下滑移系的分解剪应力与剪应变的关系，该关系可以用来说明材料典型的棘轮响应。如图 5-46 所示，应力-应变响应在循环载荷作用下不稳定，在滑移系剪应变周期震荡变化时，滑移系的应变逐渐增加。第一载荷循环的棘轮应变最为明显。在随后的载荷循环中，每个载荷循环中仍有塑性累积。这种塑性累积的趋势逐渐减弱，可以预测的是，在大量的循环加载后，棘轮应变在每个周期的增量最终将变为零。对于齿轮接触疲劳这种高周甚至超高周疲劳问题，棘轮损伤并不是主导因素。

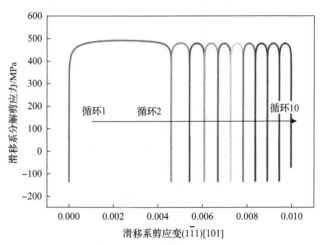

图 5-46　前十个载荷循环下滑移系的分解剪应力与剪应变的关系

图 5-47 给出了夹杂物基体棘轮损伤增量 ΔD_r 的分布。如图 5-47(a) 所示，在奥氏体-奥氏体模型的情况下，第一个载荷循环中记录的 ΔD_r 达到 4.8×10^{-4}，较第五个和第十个载荷循环更为显著。棘轮损伤增量 ΔD_r 主要发生在夹杂物附近，发

生棘轮损伤较高的区域与滚动方向约为 45°。如图 5-47(b)所示，在第五个载荷循环中，最大棘轮损伤增量 ΔD_r 相比于第一个载荷循环发生显著退化，仅为 5.6×10^{-5}。如图 5-47(c)所示，第十个载荷循环的棘轮损伤增量 ΔD_r 相比于第五个载荷循环下降幅度较小。另外，在第五个和第十个载荷循环中，棘轮损伤增量 ΔD_r 的分布规律与第一个载荷循环不同。具体来说，在第一个载荷循环中，显著的棘轮损伤发生位置几乎与晶界无关，主要集中在夹杂物附近。随着载荷次数的增加，棘轮损伤增量 ΔD_r 更多出现在晶粒中，特别是靠近晶界处，这种现象是由夹杂物和晶界对棘轮损伤的不同贡献引起的。在某些较低的载荷条件下，晶粒边界处的棘轮损伤大于夹杂物周围的棘轮损伤。

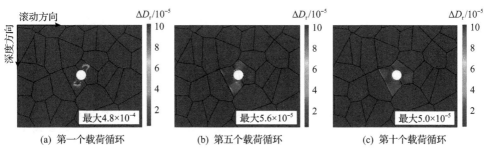

图 5-47　夹杂物基体棘轮损伤增量的分布

为了更好地理解棘轮损伤的分布，第一个循环周期后的棘轮应变分布如图 5-48(a)所示。由结果可知，最大棘轮应变发生在夹杂物周围的 C 点。在夹杂物周围选择了 5 个点($A\sim E$)来研究循环载荷下的棘轮损伤演化规律。如图 5-48(b)所示，在棘轮应变较高的区域，如点 A、点 B 和点 C，在前三个载荷循环中，棘轮损伤增量 ΔD_r 逐渐减小且变化幅度较大。随后，随着载荷循环次数的增大，ΔD_r 继续减小，但变化趋势逐渐平缓。相比之下，高棘轮应变区以外的区域，如点 D，棘轮损伤增量 ΔD_r 从较高值(约 10^{-5})迅速减小到一个可以忽略的值(约 10^{-9})，这意味着棘轮损伤增量 ΔD_r 的累积只在一个特定的区域发生，超出这一区域后，棘轮损伤增量 ΔD_r 将在前几个循环载荷内大幅减弱，从而不会在这个区域内对接触疲劳失效产生主导影响。E 点为靠近晶界的位置点，由图可以看出，棘轮损伤增量 ΔD_r 在晶界附近区域 E 点出现时，数值较小，但随着载荷循环次数的增加逐渐增大，这也说明了夹杂物周围和晶界附近棘轮损伤的不同演化模式。

图 5-49(a)和(b)分别显示了前十个载荷循环中夹杂物周围基体的疲劳损伤和棘轮损伤分布。通过观察图 5-49(a)的结果可以发现，较高的疲劳损伤 D_f 出现在夹杂物周围左侧和右侧。如图 5-49(b)所示，较大的棘轮损伤 D_r 主要分布在与滚动方向成 45°的区域，这说明显著的棘轮损伤和疲劳损伤并不出现在相同的区域。

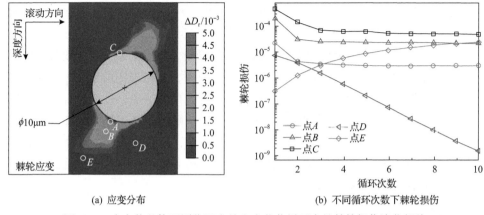

(a) 应变分布   (b) 不同循环次数下棘轮损伤

图 5-48 夹杂物基体不同位置在前十个载荷循环中的棘轮损伤演化规律

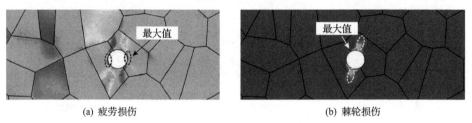

(a) 疲劳损伤   (b) 棘轮损伤

图 5-49 疲劳损伤分布区域和棘轮损伤分布区域

在不同基体相成分的条件下，第一个、第五个和第十个循环周期后的总损伤累积分布结果如图 5-50~图 5-52 所示。通过对比这三种情况不难看出，奥氏体-奥氏体模型与马氏体-奥氏体模型累积的总损伤较为接近，远高于马氏体-马氏体模型。如图 5-50 和图 5-51 所示，总损伤主要集中在棘轮损伤较大的区域。此外，由于晶界效应，在晶界附近的区域也出现损伤累积。然而，这些数值并不显著，最大的损伤仍然发生在夹杂物周围。图 5-52 为马氏体-马氏体模型的总损伤累积情况，在前十个循环中，总损伤仍然以疲劳损伤为主。

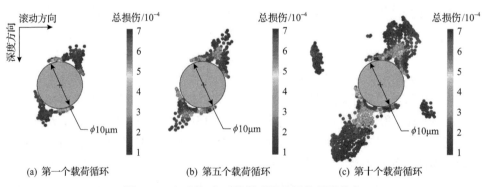

(a) 第一个载荷循环   (b) 第五个载荷循环   (c) 第十个载荷循环

图 5-50 奥氏体-奥氏体模型的总损伤累积分布

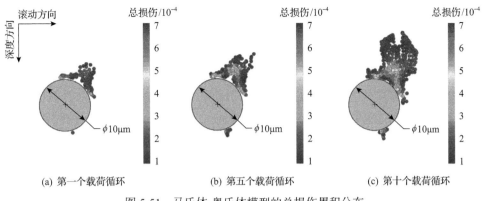

(a) 第一个载荷循环　　　　　(b) 第五个载荷循环　　　　　(c) 第十个载荷循环

图 5-51　马氏体-奥氏体模型的总损伤累积分布

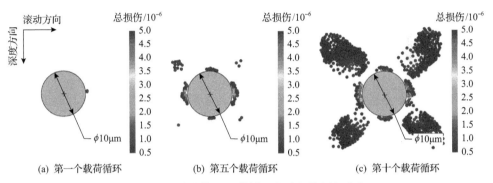

(a) 第一个载荷循环　　　　　(b) 第五个载荷循环　　　　　(c) 第十个载荷循环

图 5-52　马氏体-马氏体模型的总损伤累积分布

图 5-53 为三种不同相成分在前十个载荷循环下的最大累积损伤演化规律。奥氏体-奥氏体模型和马氏体-奥氏体模型的累积损伤随加载周期的增加呈非线性变化。在最初的几个周期内，损伤会大量累积，随后，增长趋势逐渐减弱。相反，

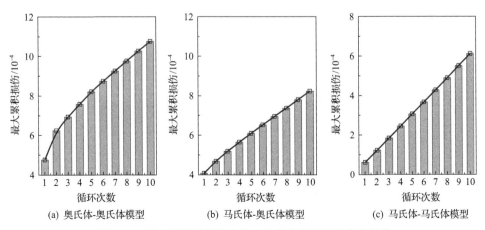

(a) 奥氏体-奥氏体模型　　　　(b) 马氏体-奥氏体模型　　　　(c) 马氏体-马氏体模型

图 5-53　最大累积总损伤在前十个载荷循环下的演化规律

在马氏体-马氏体模型的情况下，最大损伤累积呈近似线性的趋势。

　　需要注意的是，上述研究详细讨论了晶粒尺寸、晶界、各向异性、多相特征对齿轮接触疲劳性能的影响，能够对次表层应力-应变场不均匀分布进行很好的描述，但是模型及本构方面仍需进一步改进，例如，在材料各向异性本构中，虽然晶体塑性理论能够对相邻晶粒的变形不匹配性进行很好的模拟，但目前只能模拟滑移系上塑性剪应变导致的宏观塑性应变响应，关于面向材料物理失效本质的位错密度对材料塑性及损伤的贡献则无法描述，因此关于此类型的本构开发还需进一步开展研究。同时本书多相模型采用随机晶粒赋予不同金相成分的方法，虽然能够实现不同相成分对接触疲劳失效的影响研究，但材料真实相成分形貌分布还尚未考虑，以马氏体为例，大多数以条状分布，因此后续还需要对现有模型进一步改进完善。

5.4　材料缺陷的影响

　　随着齿轮材料性能的不断提高，经过热处理后的高性能齿轮材料已经具有良好的抗疲劳性能。但是，材料中的初始缺陷，如非金属夹杂物、空隙、碳化物聚集等，往往是无法完全避免的。非金属夹杂物是典型的应力集中和疲劳裂纹萌生诱发部位，特别是在高强度钢中[9,58]。在齿轮工作时，位于齿轮次表面的材料缺陷由于与基体之间存在"不匹配"效应[59]会导致齿轮材料产生应力集中现象，从而导致裂纹萌生。基体材料和夹杂物不匹配类型主要包括刚度及强度和延展性不匹配、热膨胀不匹配和化学不匹配三种。其中，材料的刚度特征是弹性模量 E。基于该参数，夹杂物与基体材料之间的刚度不匹配可以被分为过匹配和欠匹配。E_i 和 E_m 分别为夹杂物和基体的弹性模量，欠匹配即 $E_i<E_m$，过匹配即 $E_i>E_m$。当裂纹扩展到齿面时，就发生了点蚀或剥落等疲劳问题。图 5-54 显示了某汽车变速器齿轮从动轮由夹杂物所导致的疲劳失效的失效断口情况[60]。因此，有必要开展材料夹杂物等缺陷对齿轮接触疲劳失效影响的机理研究。

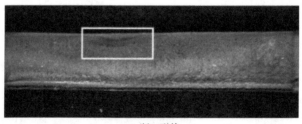

(a) 断口形貌

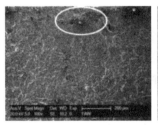 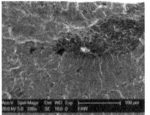

(b) 疲劳源区　　　　　　　　　　(c) 疲劳源夹杂物

图 5-54　夹杂物导致的齿轮疲劳失效[60]

5.4.1　材料缺陷概述

材料缺陷按照其尺度大致可以分为表面缺陷、低倍组织缺陷、显微组织缺陷[61]，如图 5-55 所示。表面缺陷是指位于材料表面的尺度较大的缺陷，包括表面裂纹、划伤、表面夹杂、氧化皮、锈蚀等。低倍组织缺陷是指借助肉眼和 30 倍以下的放大镜可观察到的缺陷，包括偏析、缩孔、疏松、白点、粗大夹杂物、发纹等。Böhme 等[62]研究发现，具有明显微偏析的不均匀材料微观结构会对材料的显微硬度产生影响，从而导致亚表面引发疲劳裂纹的可能性。显微组织缺陷是指借助放大 100 倍以上的显微镜才可观察到的材料缺陷，包括非金属夹杂物、不均匀碳化物、热处理组织缺陷等。表面缺陷和低倍组织缺陷由于尺度较大，在冶金和加工环节容易避免，在检测环节借助无损探伤等手段也容易检测出来。而以非金属夹杂物为代表的显微组织缺陷尺度较小，难以完全避免，不易在失效前检测出来，是制约高性能齿轮接触疲劳性能的关键因素之一。齿轮在工作时，齿轮次表面缺陷的存在会破坏材料的连续性，进而导致应力集中，最终可能导致裂纹的萌生乃至齿轮的疲劳失效。

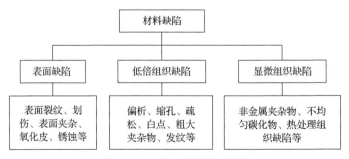

图 5-55　齿轮材料缺陷分类图

在材料缺陷中，隶属于显微组织缺陷的非金属夹杂物是钢中典型的疲劳裂纹萌生部位，在齿轮循环受载过程中会在该区域产生显著的应力集中、微观结构演变等现象，导致齿轮疲劳失效。因此，本节重点探究齿轮材料中的非金属夹杂物对接触疲劳性能的影响。材料中的非金属夹杂物因材料和冶炼工艺的不同而存在差异。按夹杂物来源可分为内生夹杂物和外生夹杂物。外生夹杂物是由耐火材料、熔渣或两者的反应产物混入并残留在钢中的颗粒夹杂，一般尺寸较大且外形不规则，可以通过正确的操作避免；内生夹杂物是在冶炼、浇注和凝固过程中，钢液、固体钢内进行各种物化反应，来不及排除且残存在钢中的反应生成物[63]。内生夹杂物一般颗粒较小，不能完全被渣池吸收，但可以通过真空电弧熔炼或金属熔融体过滤等二次冶金来降低其体积分数。非金属夹杂物按化学成分可分为氧化物（氧化铝、氧化亚铁等）、硫化物（硫化锰、硫化亚铁等）、氮化物（氮化钛、氮化铝等）等，如图 5-56 所示。

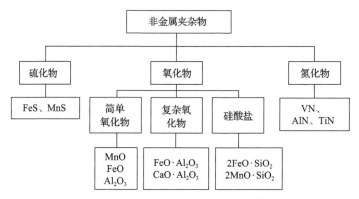

图 5-56　钢中非金属夹杂物按照化学成分分类图

以常用于工业重载齿轮传动的 18CrNiMo7-6 渗碳钢为例，其成品材中主要包括 Mg、Al 的氧化物夹杂，硫化物以 MgS 为主，有少量 MnS、CaS，其形态如图 5-57 所示[64-66]。其中，氧化铝夹杂物是冶炼过程中的脱氧产物，硫化锰为脱硫产物，而氮化钛夹杂的产生是由于氮元素与钢中的合金元素钛亲和力非常强，其结合的产物即为氮化钛夹杂物。可以发现，其属性和形态各异。其中，氧化铝夹杂物通常表现为规则的圆形，硫化锰夹杂物呈现为椭圆形，氮化钛则具有棱角方形。氧化铝夹杂物和氮化钛夹杂物具有较高的弹性模量，硫化锰夹杂物则比基体软且具有良好的延展性。当钢中存在这几种夹杂物时，均会对疲劳性能造成不同程度的损害[67]。钢中氧化物的存在破坏了金属基体的连续性，氧化物的膨胀系数小于基体膨胀系数，当承受交变应力时，易于产生应力集中，使其成为金属疲劳的发源地；硫化物能很好地包围在氧化物周围，减少氧化物对疲劳寿命的影响，所以夹杂物对疲劳寿命的不利影响并非绝对，而与夹杂物的性质、大小和分布有关。

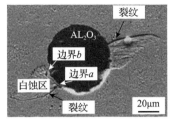
(a) 氧化铝

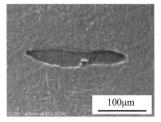
(b) 硫化锰

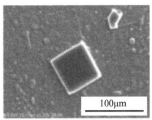
(c) 氮化钛

图 5-57　电镜中的氧化铝[66]以及硫化锰和氮化钛[67]三种夹杂物示意图

对材料中的非金属夹杂物的评定不仅能评定钢的纯净度、保障钢的质量，同时也能为冶金工艺提供支持。钢中非金属夹杂物的评定是衡量钢的质量的一种重要方法，通过该方法的检验能反映钢中非金属夹杂物的含量以及类型。随着显微技术和电子金相技术的不断发展，采用自动图像仪及计算机软件来评定非金属夹杂物的图谱方法已越来越多地被用于科学研究和实际生产检验。随着钢铁冶金技术的不断发展，以及钢铁材料质量的要求不断提高，标准图谱评级的显微方法检验标准也在不断地修改和完善[68]。国外提出了各种夹杂物评定方法，如日本标准 JIS G0555:2003《钢中非金属夹杂物显微检测方法》、美国标准 ASTM E45《钢中夹杂物含量的测定—标准检验法》、德国标准 DIN EN 10247:2007《使用标准图片对钢的非金属夹杂物含量的显微图检验》等。我国标准 GB/T 10561—2005《钢中非金属夹杂物含量的测定-标准评级图显微检验法》中有关非金属夹杂物含量的显微检测方法也已得到了广泛应用，但是 GB/T 10561—2005 中的夹杂物评定方法适用于轧制(锻压)比大于或等于 3 的轧制和锻制钢材中的非金属夹杂物的显微评定。非传统类型夹杂物(如球状硫化物、碳化物、碳氮化合物、氮化物等)的评定也可通过将其形状与上述五类夹杂物进行比较，注明其化学特征。图谱法的流程一般为：先将待测试样打磨抛光成金相试样，然后在光学显微镜或扫描电子显微镜下，对暴露在金相试样面上的夹杂物进行检测研究，并与标准图谱进行对比评估。图谱法的优点是简单、直观、快速。但是夹杂物在钢中的含量很少，在三维空间的分布又是随机的，所以夹杂物的存在分布状态不确定。此外，许多夹杂物并没有沿着最大的轴切割，因此测量的大多是表观最大粒径，而不是真实粒径。目前，可采用两种方法来避免这种误差，第一种方法是极值统计[30]，第二种方法是增大金相检测区域尺寸或者数量。

然而，由于高强度钢的纯净度越来越高，图谱法(GB/T 10561—2005)越来越无法对这些钢的质量进行有效评估，很多新的非金属夹杂物等的定量检测方法不断被提出。目前，钢中非金属夹杂物检测技术主要有高频超声波检测技术、ASPEX 全自动夹杂物分析检测仪、旋转弯曲疲劳试验法、接触疲劳试验机(包括推力片试验机和棒球试验机等)等[69]。这些方法各有特点，应根据需求选用合适的检测方法。

　　齿轮材料缺陷的存在会破坏材料的连续性，导致应力集中，最终可能导致疲劳裂纹的萌生及扩展断裂，如图 5-58 所示。工程实际经验表明，无论是齿轮接触疲劳失效[70]还是弯曲疲劳失效[71]，都有可能是由夹杂物等材料缺陷所引起的。非金属夹杂物引起齿轮疲劳失效的原因主要有两方面：①在冷却过程中齿轮基体材料与夹杂物的热塑性不同；②齿轮基体材料与夹杂物的弹性常数不同。在外界载荷作用下，夹杂物和基体界面会产生很强的应力集中，甚至发生棘轮效应[72]，造成夹杂物和基体界面剥离或夹杂物本身开裂，导致基体产生裂纹，诱发齿轮疲劳失效。

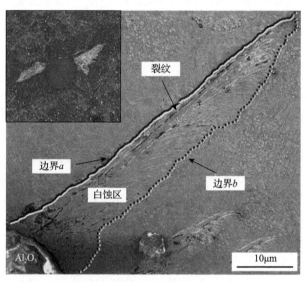

图 5-58　滚动接触疲劳中夹杂物引起的疲劳裂纹[35]

　　夹杂物的尺寸对材料疲劳强度有显著的影响。一般而言，夹杂物尺寸越大，对疲劳强度的危害越大。有研究表明，相同大小的夹杂物的影响可能会随着它们位于试样横截面上的位置不同而变化，同时，夹杂物尺寸小于某一阈值时并不会危害材料的疲劳强度[73]。为了将夹杂物的大小与疲劳强度联系起来，各种对夹杂物尺寸的定义相继被提出，如 Ramsey 和 Kedzie[74]采用了夹杂物长度和宽度的几何平均值，Dekazinczy[75]使用了包围夹杂物的外接圆直径，然而他们的分析结果都呈现出相当程度的离散性。Petersen 等[30]提出将夹杂物尺寸定义为夹杂物面积的平方根，使用电子显微镜观测一系列相同大小的视场中的最大夹杂物面积，并将夹杂物的尺寸大小定义为该面积的平方根，然后根据这些数据运用 Gumbel 极值分布函数对大体积钢中的最大夹杂物尺寸进行评估，最终得到夹杂物尺寸与疲劳极限呈负相关的表达式，与试验数据较好地吻合。杨振国等[76]依据 Petersen 的"夹杂物等效投影面积模型"估算了在高周疲劳条件下一定硬度(或强度)高强钢的临界夹杂物尺寸，估算结果表明，随着钢硬度(或强度)的增加，临界夹杂物尺寸逐渐减小，当材料基体中的夹杂物尺寸小于计算临界尺寸时，疲劳裂纹就不会在夹杂物处萌生，也就是说对工业生产而言，无限追求夹杂物的减小，会大幅提高生产成本，因此寻求材料经济洁净度是很有意义的。另外，在某些情况下，即使是相同尺寸的夹杂物，疲劳寿命也可能会相差一个数量级。这意味着疲劳寿命可能不仅受到夹杂物尺寸的影响，也可能受到其他因素的影响，如夹杂物形状、材料属性、深度等夹杂物因素，以及残余应力分布、表面粗糙度等因素。

在承受循环载荷时，材料中的非金属夹杂物周围基体上常会发生微观结构的改变，如蝴蝶翼、鱼眼等。蝴蝶翼是出现在以夹杂物为代表的材料缺陷附近的形似蝴蝶翅膀状的微观结构。蝴蝶翼常分布在夹杂物附近，与滚动方向成 45°，如图 5-59(a) 所示。研究表明，蝴蝶翼的产生和非金属夹杂物的分布有着密切联系[29, 77]。高强度钢在超高周疲劳下，疲劳裂纹从内部缺陷处萌生并伴随"鱼眼"现象，鱼眼中心位置的光学暗区呈现出颗粒状的特征，即细晶区(fine granular area，FGA)。由非金属夹杂物引起的超高周疲劳失效的试样断面上观察到的"鱼眼"特征如图 5-59(b) 所示，它是高强度钢超高周疲劳裂纹内部萌生的典型特征。一些研究提出，夹杂物和氢的共同作用是导致高强度钢的超高周疲劳破坏的关键因素，夹杂物在高周疲劳过程中会捕获材料中的氢，从而引起夹杂物周围材料微观结构的改变[77-79]。

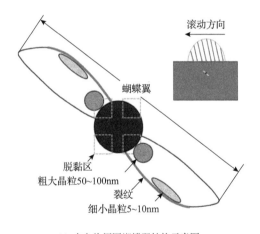
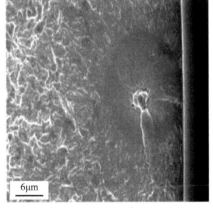

(a) 夹杂物周围蝴蝶翼结构示意图　　　　　　(b) 超高周疲劳裂纹源的"鱼眼"特征

图 5-59　夹杂物周围蝴蝶翼结构示意图[80]和超高周疲劳裂纹源的"鱼眼"特征[81]

事实上，工程实际中早就意识到材料缺陷对疲劳性能和可靠性具有重要影响，同时随着科学技术的进步，各行各业对钢材性能和质量的要求也越来越高。长期以来，人们尝试通过不断开发更先进的冶炼工艺等提高材料的纯净度，减少钢中的夹杂物含量来提升材料的疲劳性能。目前，国内外已建立了纯净钢及相关产品大规模生产流程，钢中有害元素 C、S、P、N、H、O 等的含量之和可控制在 0.01%

以下。一些冶金学家还提出了超纯净钢的概念，并将其界定为 C、S、P、N、H、O 含量之和在 0.004% 以下[82]。有学者提出了临界夹杂尺寸的概念，即当夹杂物的尺寸小到一定程度时，疲劳裂纹将不再从该处萌生，这个尺寸称为"临界夹杂尺寸"[83, 84]。当夹杂物的尺寸达到萌生裂纹的临界尺寸时，裂纹会从夹杂物处萌生，当夹杂物的尺寸低于萌生裂纹的临界尺寸时，裂纹则会从其他种类的缺陷处萌生。Fukumoto 和 Mitchell[85]将夹杂物尺寸小于 1μm 的钢材定义为零夹杂钢。张继明等[86]利用超声疲劳试验方法研究了普通 42CrMo 钢和零夹杂 42CrMo 钢的超长寿命疲劳性能，结果表明，普通 42CrMo 试样疲劳开裂大多起源于非金属夹杂物，而零夹杂 42CrMo 钢全部起源于基体表面，零夹杂钢的疲劳寿命的可靠性显著增加。此外，有企业也尝试通过控制夹杂物的形状和分布来提高钢的疲劳性能[87]。据瑞典 OVAKO 公司报道，其各向同性产品如轴承及齿轮钢(IQ-Steel)中的全部夹杂物的尺寸、旋转弯曲疲劳强度、冲击韧性等在横、纵两个方向基本相同；同时，通过控制超低的硫含量和极低的各类夹杂物的尺寸，可使该型轴承齿轮钢表现出各向同性。随着炼钢技术的发展，特别是二次净化和控制非金属夹杂物等新技术的应用，大大提高了钢的纯净度，降低了钢中非金属夹杂物的大小和含量。零夹杂钢在凝固之前非金属夹杂物不析出，在固相状态下析出的非金属夹杂物高度弥散分布，无法用光学显微镜观察到，此种状态的夹杂物可发挥有益的作用[88]，使钢的抗疲劳性能大幅度提高。

综上所述，材料中的非金属夹杂物严重制约齿轮等零部件的接触疲劳性能。因此，开展非金属夹杂物对齿轮接触疲劳性能的影响机理的研究对提升装备可靠性有重要意义，为材料冶炼和纯净度控制提供了参考。

5.4.2　含材料夹杂的齿轮接触疲劳建模

建立完整的含夹杂物的齿轮接触疲劳模型，需要结合齿轮的几何特征和载荷大小使用 ABAQUS 等商用有限元软件建立齿轮副等效有限元模型，并将夹杂物特征引入模型中，计算得出循环接触过程中的应力-应变历程，然后选用合适的寿命评估准则，评估应力-应变历程对齿轮接触疲劳强度的影响。本节在 Fe-Safe 软件中选用多轴疲劳准则进行齿轮接触疲劳寿命的计算。Fe-Safe 是一款商用疲劳分析软件，广泛应用于汽车、火车、家电产品、石化设备、内燃机、核能、电站设备、通用机械等各个领域。目前很多知名公司把 Fe-Safe 作为标准的寿命分析工具，将有限元计算得到的应力-应变结果导入 Fe-Safe 中，利用所选用的多轴疲劳准则计算齿轮接触疲劳寿命。

齿轮在节点处啮合时为单齿啮合，法向载荷达到最大值，且接触应力最大，发生接触疲劳破坏的风险高，因此取齿轮在节点附近啮合时的状态进行分析。此时，节点处瞬时接触的应力状态为确定的应力场，齿轮副在此时的接触可等效为两个具有不同曲率半径的可变形体相互接触。根据接触力学[89]，无论是斜齿轮还是直齿轮，齿轮副在任何啮合时刻的接触都可以简化为两个具有不同曲率半径的可变形体相互接触，如图 5-60 所示。因此，选取在节点处啮合时最容易失效且具有代表性的截面进行分析计算。

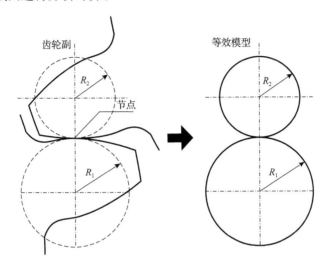

图 5-60　齿轮副等效接触过程示意图

如图 5-61 所示，选取节点啮合时小齿轮上啮合近似 2mm×2mm 的正方形区域为研究区域。以小齿轮为例，该近似 2mm×2mm 的正方形区域内齿面上的曲率半径范围为 49～51mm，其曲率变化非常小，因此可以忽略所选区域曲率变化的影响。该斜齿轮副存在螺旋角，但在每个齿宽方向的截面上都可以看成一对渐开线直齿轮副接触啮合。据此可以将齿轮三维接触问题简化为二维接触问题。研究对象为大模数重载风电齿轮，齿宽达 0.3m，由于涉及材料夹杂物等微尺度分析，对于有限元网格质量要求较高，若使用三维模型分析，计算难度过大。因此，将齿轮啮合模型等效为两二维弹性圆之间的滚动接触，研究齿轮节圆啮合时的接触疲劳性能，以代表齿轮的接触疲劳性能。

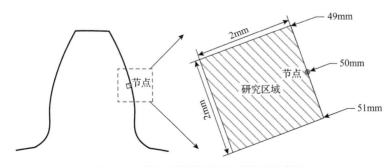

图 5-61　节点处研究区域曲率半径示意图

　　齿轮材料为 18CrNiMo7-6 渗碳钢。它是一种表面硬化钢，具有高强度、高韧性和高淬透性等优点，在矿山、运输、机车牵引、起重和风电等工业领域得到了广泛应用。18CrNiMo7-6 渗碳钢中主要的夹杂物类型为铝和镁的氧化物，硫化物以 MgS 为主，有少量 MnS、CaS[64]。铝是一种良好的冶炼脱氧剂，因此在钢中常常残留其脱氧产物氧化铝。氧化铝夹杂物在齿轮钢中的分布十分普遍，一般而言，其弹性模量和基体差异大，在齿轮啮合过程中极易引发应力集中而成为疲劳裂纹源。本书以氧化铝夹杂物为例，探究夹杂物对齿轮接触疲劳性能的影响。钢中的氧化铝夹杂物一般呈球形且形状比较光滑，因此在有限元模拟中常被处理为球形（圆形）[90]。齿轮基体材料和氧化铝夹杂物的弹性模量分别为 210GPa 和 389GPa，泊松比分别为 0.3 和 0.25。

　　在有限元模型中将夹杂物所在区域赋予夹杂物的材料属性，夹杂物和基体之间的连接为完全结合，即夹杂物和基体间的边界间不会发生相对位移。同时，这两种夹杂物材料性能远高于基体材料，因此假设夹杂物本身不发生破坏，应力集中将导致夹杂物周围基体材料发生破坏。含单个夹杂物的有限元模型及网格划分如图 5-62 所示，单元类型为二维平面应变单元。夹杂物边界上设置 80 个种子，当夹杂物半径为 5μm 时，夹杂物附近区域的网格大小约为 0.4μm，以提高此关键区域的计算精度，便于捕捉此处的应力集中现象。同时，将远离夹杂物区域的网格适当放大，以节约计算成本。最终，含单个夹杂物时的有限元模型中总体网格单元数约为 53000 个。

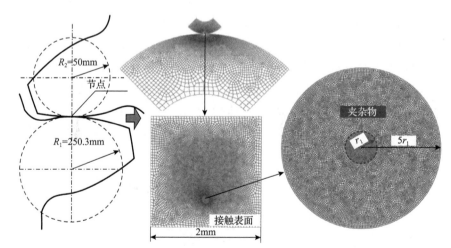

图 5-62　考虑夹杂的齿轮有限元模型及网格示意图

　　齿轮啮合时，其接触点下的次表面应力场为典型的多轴应力状态，即应力随着滚动历程呈现非线性变化；次表面应力分量的最大值并不是同时出现的，且剪应力随时间变化甚至出现拉、压应力性质的转变。另外，接触疲劳过程中也会产生较大幅值的平均应力，对疲劳损伤有重要影响，而经典疲劳理论中未考虑这些因素[91]。因此，这就需要选用合适的并且能同时考虑多种因素的多轴疲劳准则来评估应力-应变场对寿命的影响。通过有限元计算得到整个接触历程中的应力-应变场之后，就能进一步通过多轴疲劳寿命模型预估齿轮的接触疲劳寿命。

　　为了充分考虑平均应力 σ_m 对最终接触疲劳寿命的影响，选用 B-M-M 多轴疲劳准则[92]。与其他疲劳准则相比，B-M-M 多轴疲劳准则可直接预估零部件接触疲劳寿命，无须再通过疲劳参数或寿命模型进一步计算。同时 B-M-M 多轴疲劳准则对延性金属材料的寿命估计与实际最相符，非常适用于此处，它是美国汽车制造商协会推荐的方法[93]，也是商用疲劳软件 Fe-Safe 的默认准则。

　　为了分析单个夹杂物的存在对次表面局部应力场及疲劳寿命的影响，在次表面 0.5mm 深度位置设置一个半径为 5μm 的圆形氧化铝夹杂物。此时，计算得出的基体上的 von Mises 应力和正交剪应力的分布如图 5-63 所示。接触中心正下方的正交剪应力很小，图 5-63(c) 中夹杂物引起的应力集中不明显，因此提取一个滚动过程中的正交剪应力来反映夹杂物引起的正交剪应力集中现象。图 5-63(d) 为夹杂物处于 0.5mm 深度时夹杂物周围局部正交剪应力的分布情况。

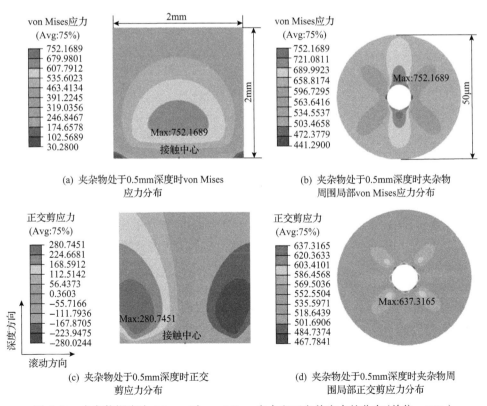

(a) 夹杂物处于0.5mm深度时von Mises
应力分布

(b) 夹杂物处于0.5mm深度时夹杂物
周围局部von Mises应力分布

(c) 夹杂物处于0.5mm深度时正交
剪应力分布

(d) 夹杂物处于0.5mm深度时夹杂物周
围局部正交剪应力分布

图 5-63　夹杂物深度为 0.5mm 时 von Mises 应力和正交剪应力的分布（单位：MPa）

可以发现，夹杂物显著改变了其周围局部区域的应力场，有明显的应力集中现象。夹杂物的存在使周围的最大 von Mises 应力和最大正交剪应力分别达到了752.2MPa 和 637.3MPa，相对于无夹杂物时基体上的最大应力有了明显提升。高von Mises 应力区域分布在夹杂物上下两个方向，而高剪应力区域分布在夹杂物与基体边界，以及稍远处四个方向的基体上，高、低应力区域呈现交错分布。由于夹杂物的存在，夹杂物周围基体上的最大 von Mises 应力以及正交剪应力均有明显提升，此区域易成为疲劳裂纹源，进而引发失效。同时可以发现，无论是对于 von Mises 应力还是正交剪应力，应力场的整体分布并没有改变，说明夹杂物仅影响了夹杂物所在局部区域的应力场。

　　图 5-64 为齿轮啮合时啮合点下沿深度方向的 von Mises 应力分布情况。可以很明显地发现，除了在夹杂物所在深度(0.5mm)附近有显著差异，其他深度区域的应力分布情况完全一致。此外，对于弹性模量大于基体的氧化铝夹杂物，在夹杂物上的 von Mises 应力显著高于基体上的应力。

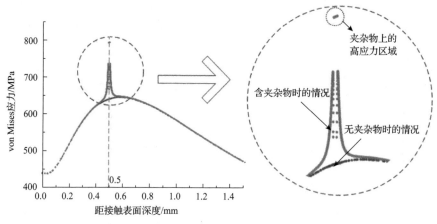

图 5-64　沿深度方向的 von Mises 应力分布

　　得到图 5-63 所示的应力场后，进一步在 Fe-Safe 软件中(或自行在有限元软件中二次开发)用 B-M-M 多轴疲劳准则评估其对接触疲劳寿命的影响。计算得到的寿命分布如图 5-65 所示，最小疲劳寿命约为 $10^{8.47}$ 次循环，与无夹杂物时的 $10^{9.02}$ 次循环相比，减小了约 72%，显然夹杂物的存在对齿轮接触疲劳寿命的危害极大。与不含夹杂物的情况类似，考虑夹杂后疲劳寿命的整体分布并未改变，仍然呈现出分层现象。但是，可以明显发现，夹杂物周围基体上的局部应力集中造成了局部寿命的减小，夹杂物周围区域的基体上出现了低寿命区域。其中，低寿命区域主要分布于夹杂物和基体边界附近。值得注意的是，图 5-63 所示的夹杂物周围基体上的应力场呈现出较为对称的形式，但是通过 B-M-M 多轴疲劳准则计算得到的疲劳寿命分布呈现出一定程度上的不对称性，较为明显的是在与滚动方向约为 135°方向有

"蝴蝶翼状"的低寿命区域，该结果与文献中的试验[94]、仿真[80]结果吻合。

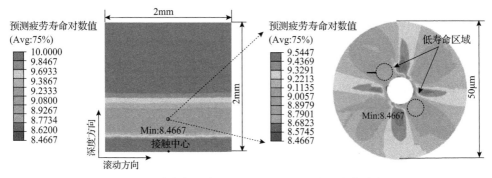

图 5-65　夹杂物深度为 0.5mm 时预测的疲劳寿命分布

本节将无夹杂物时的有限元接触和疲劳分析结果与经典赫兹公式以及文献结果进行了对比，验证了有限元模型的准确性，分析了夹杂物存在时的应力-应变场以及预测疲劳寿命分布。结果表明，夹杂物的存在并没有改变整体区域的应力-应变场分布，但是在夹杂物周围局部区域造成了应力集中，提升了局部最大应力-应变，从而导致夹杂物周围局部区域接触疲劳寿命缩短。

显然，不同尺寸、不同形状以及不同材料属性的夹杂物在不同深度时的影响是不同的，这些参数的影响需要进一步研究。同时，材料中往往存在着局部区域具有多个夹杂物呈链状或簇状分布的情况，对其周围应力场的影响与单个夹杂物时的情况也不同。后面针对由材料中非金属夹杂物导致的齿轮接触疲劳失效，考虑到现有夹杂物影响研究中对多轴应力状态考虑不足，且对夹杂物随机分布特征的研究很少的现状，构建含单个和多个夹杂物及随机分布夹杂物的齿轮接触疲劳寿命预测模型，探究材料中非金属夹杂物对齿轮接触疲劳寿命的影响规律。

5.4.3　单个夹杂物的影响

钢中夹杂物的尺寸对疲劳性能产生显著影响[95]。Petersen 等[30]提到，相比于夹杂类型，夹杂的尺寸和形状对轴承钢的疲劳寿命及强度影响更为显著。有研究[96]给出了某些钢材疲劳寿命与夹杂尺寸之间的经验关系，即夹杂物尺寸越大，疲劳强度越小，疲劳寿命越短。大夹杂，特别是那些较大的脆性非金属夹杂，严重地影响钢的性能[97]。Neishi 等[95]采用包含两种 MnS 形状(细梁形和球形)的渗碳 SAE4320 钢研究了 MnS 形状与次表层剪切疲劳裂纹之间的关系，发现滚动接触疲劳寿命与投影到载荷轴的 MnS 的长度一致，随着 MnS 夹杂物长度的增加，次表层剪切裂纹起始加快。Liu 等[98]考虑了不同夹杂物尺寸和位置对齿轮疲劳寿命的影响，结果表明，随着夹杂物尺寸的增大，齿轮的疲劳寿命大大降低，夹杂物越靠近啮合面或齿顶，齿轮的疲劳寿命越短。

考虑半径分别为 10μm、15μm、20μm 的圆形氧化铝夹杂物在 0.5mm 深度时，其在周围基体上引起的应力集中及预测疲劳寿命分布情况，如图 5-66 所示。可以发现，位于同一位置时，不同尺寸的夹杂物造成的应力集中现象相似，最大应力没有明显区别，由此计算得来的最小预测疲劳寿命也区别不大。需要指出的是，虽然应力、寿命分布以及极值大小区别不大，但夹杂物影响的区域，即高应力、低寿命区域的面积显著增大。此结果与 Guan 等[99]的研究结果类似，即有限元仿真结果中的夹杂物尺寸对应力集中强度的影响不明显。各种实验结果已经表明，一般而言夹杂物的尺寸及其危害性呈正相关，其中的原因有待进一步研究。

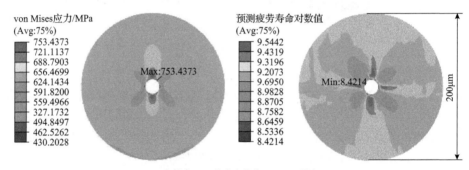

(a) 半径为10μm的夹杂物位于0.5mm深度

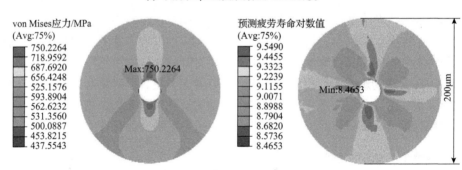

(b) 半径为15μm的夹杂物位于0.5mm深度

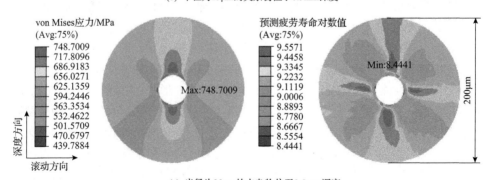

(c) 半径为20μm的夹杂物位于0.5mm深度

图 5-66 不同尺寸夹杂物对应的 von Mises 应力和预测疲劳寿命分布

钢中的非金属夹杂物的形状并不都是光滑或规则的，而是具有很强的随机性。氧化铝夹杂物一般被认为是比较光滑和规则的，但是很多情况下仍然被检测出具有不规则的形状或者尖角。夹杂物形状的不同必然会造成其对应力集中的影响不同。在模型中引入带尖角的正方形氧化铝夹杂物，以评估夹杂物形状对疲劳性能的影响。同时，正方形夹杂物与圆形夹杂物的显著区别为正方形夹杂物相对于啮合方向存在一个分布角度 α，如图 5-67 所示。

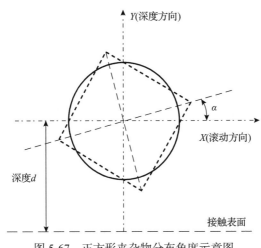

图 5-67　正方形夹杂物分布角度示意图

为了分析夹杂物形状的影响，需要保证正方形夹杂物尺寸和圆形夹杂物尺寸相同。采用 Petersen 等所定义的夹杂物尺寸 $\sqrt{A}$，A 为夹杂物面积，和半径为 5μm 的圆形夹杂物同等大小的正方形夹杂物边长 a 可表示为 $a=5\times\sqrt{\pi}\mathrm{μm}$。为了更好地捕捉尖角处应力集中效应，在尖角处对网格进行了加密。

图 5-68 为两种不同角度的正方形夹杂物位于 0.5mm 深度时周围区域的 von Mises 应力和正交剪应力幅值分布情况。可以发现，正方形夹杂物周围的应力分布与圆形夹杂物的情况有明显不同。同尺寸的圆形夹杂物在同一位置时的最大 von Mises 应力和最大正交剪应力幅值分别为 752.2MPa 和 637.3MPa。对比两种角度下的两个最大应力可以发现，图 5-68(a) 所示角度中的最大 von Mises 应力达 899.3MPa，位于夹杂物尖角处，相对于圆形夹杂物的情况提升显著。但剪应力集中分布区域较大，最大正交剪应力幅值相对于圆形夹杂物的情况有所降低。图 5-68(b) 所示角度中的最大 von Mises 应力和最大正交剪应力幅值相对于圆形夹杂物的情况分别有小幅度增大和减小。两种角度的夹杂物尖角处均有显著的应力集中现象，尤其是图 5-68(a) 所示角度下，最大 von Mises 应力幅值提升约 20%。

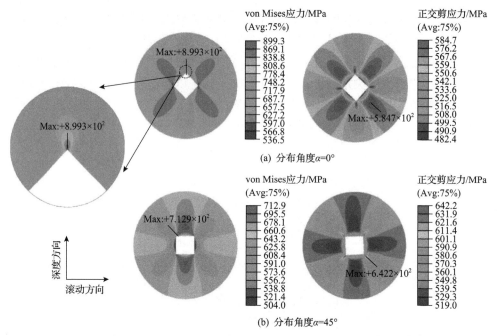

(a) 分布角度$\alpha=0°$

(b) 分布角度$\alpha=45°$

图 5-68　两种不同角度的正方形夹杂物位于 0.5mm 深度时的局部应力分布情况

基于有限元模型的应力-应变结果，采用 B-M-M 多轴疲劳准则进行疲劳寿命的计算，结果如图 5-69 所示。图 5-69(a)所示角度的最小疲劳寿命值为 $10^{8.363}$ 次循环，低寿命区域位于上下两个尖角处；图 5-69(b)所示角度的最小疲劳寿命值为 $10^{8.205}$ 次循环，低寿命区域分布于四个尖角处。由此得知，非圆形的夹杂物相对啮合方向的角度对疲劳寿命危害性有影响。两种情况下求得的疲劳寿命均比同尺寸圆形夹杂物下的疲劳寿命($10^{8.467}$ 次循环)要低，说明同尺寸下，带尖角的方形夹杂物危害更大。相比于同尺寸的圆形夹杂物，方形夹杂物的存在可使疲劳寿命减小 45%。同时，应力集中区域和低寿命区域均位于尖角附近，说明夹杂物尖角造成的应力集中是导致其危害比圆形夹杂物更大的重要原因。

夹杂物按硬度的不同可以分为软夹杂物(弹性模量小于基体)和硬夹杂物(弹性模量大于基体)。氧化铝即为一种典型的硬夹杂物，此外，典型的硬夹杂物还包括氮化钛、二氧化硅等。软夹杂物有硫化锰等。夹杂物材料属性与基体间的弹性模量不同会导致不匹配效应而造成应力集中，进而可能导致裂纹的萌生。因此，有必要对夹杂物的弹性模量对接触疲劳性能的影响进行研究。

采用 E_i 和 E_m 分别表示夹杂物和基体的弹性模量。对于钢基体材料，Al_2O_3 和 TiN 夹杂物的弹性模量远大于基体材料，表现出刚度过匹配；MnS 夹杂物的弹性模量小于钢基体，会表现为欠匹配。当存在不匹配效应时，在同一载荷下，基体材料的应变和夹杂物的应变不同，会在夹杂物所在区域引起应变集中，进而导致残余应力，也可能会导致小裂纹在基体-夹杂物边界和夹杂物周围的基质材料上萌生。

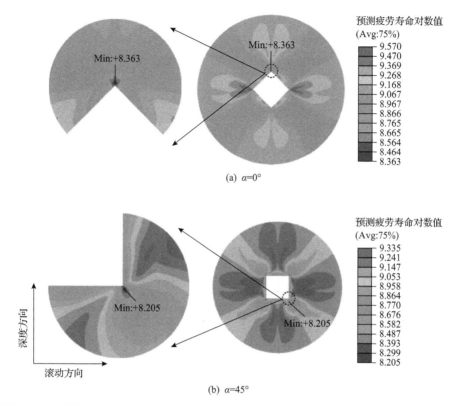

(a) $\alpha=0°$

(b) $\alpha=45°$

图 5-69　分布角度 α 分别为 0°和 45°的方形夹杂物位于 0.5mm 深度时的局部疲劳寿命分布

图 5-70 为单个半径 $r=5\mu m$ 软夹杂物 $(E_i=0.5E_m)$ 和硬夹杂物 $(E_i=2E_m)$ 在 0.5mm 深度时的 von Mises 应力和正交剪应力分布情况，可以发现夹杂物附近都存在应力集中现象，但应力分布差异明显，软夹杂物上的应力大于周围基体，而硬夹杂物上的应力小于周围基体。整体上，软、硬夹杂物周围的高、低应力区分布刚好相反，即软夹杂物高应力区域对应硬夹杂物低应力区域，软夹杂物低应力区域对应硬夹杂物高应力区域。

图 5-71 为夹杂物弹性模量变化时，夹杂物周围基体上的最大应力和最小寿命变化情况。可以发现，夹杂物和基体弹性模量相差越大，应力集中效应越明显，预测疲劳寿命越小。软夹杂物在基体上造成的应力集中和寿命减小效应要强于硬夹杂物。当夹杂物弹性模量为 0，等效于孔隙时，所造成的应力集中和寿命减小效应最强，危害最大，此时预测疲劳寿命可减小至 $10^{4.63}$ 次循环，相比于氧化铝夹杂物时疲劳寿命减小 2 个数量级。随着硬夹杂物弹性模量的增大，其危害增加的幅度趋于减缓。值得注意的是，夹杂物弹性模量的不匹配不是影响其危害的唯一

因素。例如，硫化锰夹杂物，其弹性模量小于基体，理论上其危害应该比作为硬夹杂物的氮化钛和氧化铝大，但是它具有更好的延展性，从而导致氧化物和氮化物通常被认为比硫化物更有害。

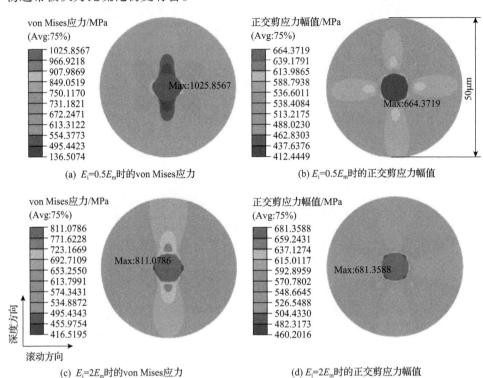

图 5-70　夹杂物周围基体上的 von Mises 应力和正交剪应力幅值分布

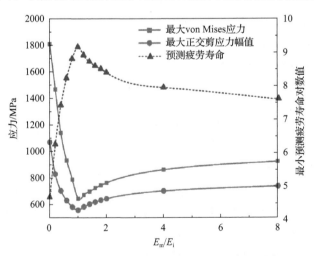

图 5-71　夹杂物的弹性模量对应力和寿命的影响

齿轮啮合时，其次表面应力场十分复杂，沿深度方向变化剧烈。因此，当夹杂物位于不同深度时，必然会对齿轮的疲劳寿命产生不同的影响。本节将单个夹杂物设置于次表面不同深度，建立齿轮接触有限元模型，以探究夹杂物所处深度对齿轮接触疲劳性能的影响。

图 5-72 为半径为 5μm 的圆形氧化铝夹杂物位于齿轮不同深度时，夹杂物周围基体上的最大应力和最小预测疲劳寿命的变化情况。可以发现，两种应力随夹杂物深度的增加均呈现出先增加后减小的趋势，但最大正交剪应力达到最大值的夹杂物深度相对更浅。其中，von Mises 应力在夹杂物深度为 $0.55mm(0.67b_H)$ 时达到最大值 755.0MPa，相比于无夹杂物时的情况(646.5MPa)增大了 16.8%；正交剪应力幅值在 $0.4mm(0.49b_H)$ 时达到最大值 641.5MPa，比无夹杂物时的情况(558.5MPa)增大了 14.9%。与应力变化趋势相反，夹杂物周围基体上的预测疲劳寿命随深度的增加先减小后增大，在夹杂物位于 $0.4mm(0.49b_H)$ 时有最小值 $10^{8.44}$，比无夹杂物时的情况($10^{9.02}$)减小了约 74%。疲劳寿命和剪应力幅值均在 $0.49b_H$ 左右深度达到其最小和最大值，这表明夹杂物在此深度时剪应力最大，疲劳寿命最小，这与文献[75]中的试验结果相吻合。尽管采用 B-M-M 多轴疲劳准则考虑了多轴应力特征，但非金属夹杂物引起的失效深度位置与最大剪应力深度位置显示出极大的相关性，表明非金属夹杂引起的疲劳失效模式和剪切作用高度相关。图中，水平虚线是无夹杂物时基体上的最小疲劳寿命，可以发现，当夹杂物所在深度在 $0.21\sim0.87mm(0.26b_H\sim1.06b_H)$ 时，夹杂物周围基体上的局部最小疲劳寿命小于 $10^{9.02}$ 次循环。可以视为，夹杂物在 $0.26b_H\sim1.06b_H$ 深度时，对该齿轮的接触疲劳性能有影响，当夹杂物深度小于 $0.26b_H$ 或大于 $1.06b_H$ 时，夹杂物的存在不会对该齿轮的接触疲劳性能造成影响。

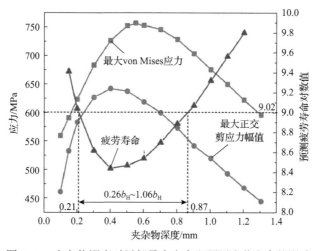

图 5-72　夹杂物深度对局部最大应力和预测疲劳寿命的影响

5.4.4　材料缺陷分布特征的影响

5.4.3 节已经对齿轮中单个夹杂物对接触疲劳性能的影响进行了分析,考虑了单个夹杂物的几何尺寸、形状、材料属性以及分布深度等因素的影响。然而,金属中的夹杂物往往不是单独存在的,而是可能呈链状或簇状的聚集分布方式[96, 100, 101]。在轧制或锻造等机械制造过程中,原来的夹杂物颗粒可能会发生变形和破碎[102, 103]。同时,在铸造过程中也会产生呈链状或簇状的聚集分布的夹杂物[104]。研究表明,夹杂物的聚集分布对疲劳性能的影响与单个夹杂物时的情况有显著区别[105, 106]。一般情况下,夹杂物聚集的危害要大于夹杂物单独存在时的情况,即使是很小尺寸的夹杂物,当聚集成簇时,也会对疲劳性能产生巨大危害[104]。同时,聚集分布的夹杂物相对于载荷方向的角度也对零件的疲劳强度有显著影响,这也是材料疲劳强度呈现各向异性的原因之一[107-109],最终材料相对于载荷方向的纵向和横向疲劳极限差异可达 50%[100]。因此,有必要分析多夹杂物分布方式对接触疲劳性能的影响。

材料中夹杂物的分布具有随机性,聚集的情况具有多样化[96, 100, 101, 104]。图 5-73 为某渗碳齿轮失效断口的扫描电子显微镜图[110],结果显示,疲劳裂纹在聚集的氧化铝夹杂物处萌生,并最终导致失效。

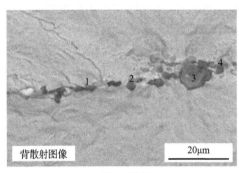
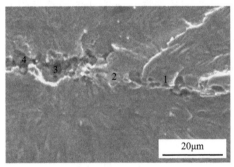

(a) 齿轮断裂表面　　　　　　　　　　(b) 齿轮断裂匹配表面

图 5-73　齿轮断口中的氧化铝夹杂物聚集分布[110]

为了探究夹杂物聚集时的应力集中情况,人工设置了图 5-74 中两种夹杂物聚集的情况。其中,深度为 0.5mm,夹杂物的半径均为 5μm。聚集情况 1 中的三个夹杂物呈等边三角形状排列,聚集情况 2 中的三个夹杂物呈链状排列,与滚动方向的夹角为 45°。

图 5-75 为假定的两种夹杂物聚集分布时的 von Mises 应力和正交剪应力幅值分布情况,可以发现,夹杂物已然造成了显著的应力集中效应,并且与单个夹杂物时的情况有明显区别,可以看成各夹杂物造成的应力集中相互影响、相互叠加。此外,单个夹杂物在相同位置时的最大 von Mises 应力和正交剪应力幅值分别为

752.2MPa 和 637.3MPa，而在这两种夹杂物聚集的情况下，最大 von Mises 应力和正交剪应力幅值均有所增大。也就是说，在这两种夹杂物聚集的情况下，相比于单个夹杂物时应力集中效应均有明显增强，特别是在多个夹杂物之间有明显的应力叠加导致的高应力区域。

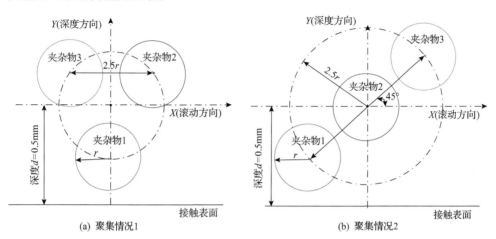

图 5-74 人工设置的两种夹杂物聚集情况示意图

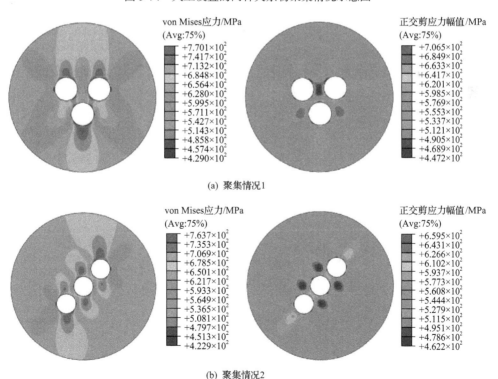

图 5-75 两种夹杂物聚集分布时的 von Mises 应力和正交剪应力幅值分布

　　图 5-76 为上述两种夹杂物聚集情况下采用 B-M-M 多轴疲劳准则计算得到的疲劳寿命分布情况。可以发现，这两种夹杂物聚集时的疲劳寿命分别为 $10^{7.94}$ 和 $10^{7.91}$ 次循环，远低于单个夹杂物在同一深度时的疲劳寿命 $10^{8.47}$ 次循环。这说明一般情况下，夹杂物聚集对接触疲劳强度的危害要大于单个夹杂物时的危害，且夹杂物之间的基体上寿命一般较低，这说明疲劳裂纹更容易在夹杂物之间的基体上率先萌生和扩展。

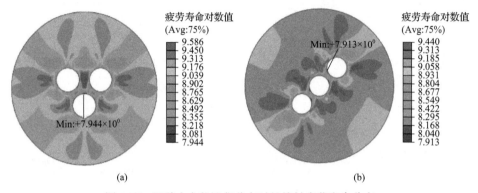

图 5-76　两种夹杂物聚集分布时的接触疲劳寿命分布

　　综上所述，夹杂物的聚集会导致一定程度的应力集中效应的增强，因此对疲劳寿命的危害更大。但聚集的情况如夹杂物间的距离、角度等的不同，对应力场和疲劳寿命的影响也有不同。现通过两个夹杂物的聚集情况来反映夹杂物聚集分布对齿轮接触疲劳性能的影响。假设两尺寸相同的圆形氧化铝夹杂物位于某一深度 d，研究夹杂物排列角度 ϕ 和间距 l 对接触疲劳性能的影响。其中，排列角度 ϕ 和间距 l 的定义如图 5-77 所示，显然，ϕ 的范围从 $0°\sim180°$变化，l 大于 $2r$。

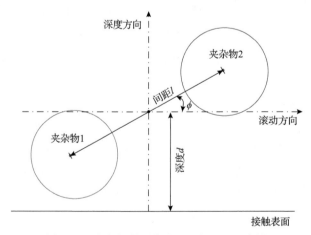

图 5-77　夹杂物排列角度 ϕ 和间距 l 示意图

图 5-78 为几种不同分布角度下，夹杂物周围基体上的最大应力和预测疲劳寿命随夹杂物间距变化的情况。可以发现，最大应力随着夹杂物间距的增大而呈现出减小的趋势；预测疲劳寿命则随着夹杂物间距的增大而呈现出增大的趋势。在夹杂物间距大于 6r 后，两个夹杂物对应力和寿命的影响与单个夹杂物的影响区别不大，这说明夹杂物只有在间距很小时才能使其各自周围的应力场发生相互影响，进而加大对寿命的危害。也就是说，当夹杂物间距很小，聚集成簇时，两个夹杂物比单个夹杂物时造成的危害更大。

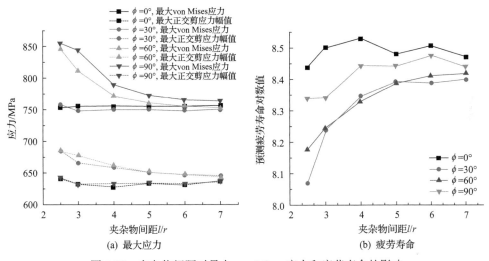

图 5-78 夹杂物间距对最大 von Mises 应力和疲劳寿命的影响

同时还可以发现，对于不同分布角度，夹杂物间距的变化对最大应力和预测疲劳寿命的影响不同。例如，当 ϕ =0°，即两夹杂物水平排列时，夹杂物间距对最大应力和预测疲劳寿命的影响不明显。

图 5-79 为深度为 0.5mm，夹杂物间距 l=2.5r，排列角度 ϕ 分别为 0°、45°、90° 时，夹杂物周围基体上的应力场及疲劳寿命分布。当两夹杂物距离很近时，其周围基体上的应力场与单个夹杂物时有显著差异。两夹杂物周围的应力场相互影响，引起应力的重新分布。一般而言，相对于单个夹杂物的情况，两个夹杂物引起的最大应力更大，高应力区域的面积更大。相应地，所得到的预测疲劳寿命相比于单个夹杂物时的情况有不同程度的减小。前面已经发现，单个夹杂物时 von Mises 应力主要在夹杂物上下区域的基体上有高应力区域，所以当夹杂物竖直排列，即 ϕ =90°时，两个夹杂物之间的基体上会有很大的 von Mises 应力叠加；而当夹杂物水平排列，即 ϕ =0°时，von Mises 应力没有发生明显的应力叠加，最大 von Mises 应力相对于单个夹杂物的情况也没有明显的区别。同时，排列角度对正交剪应力分布的影响与对 von Mises 应力的影响有明显差异。在 ϕ =0°时的最大正交剪应力

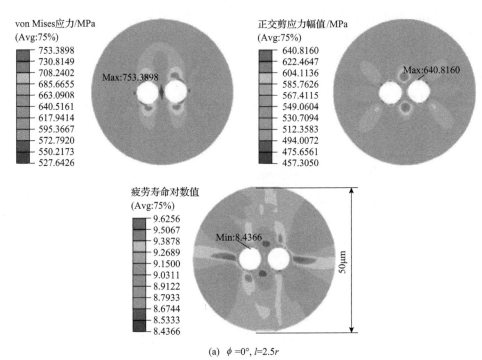

(a) $\phi=0°$, $l=2.5r$

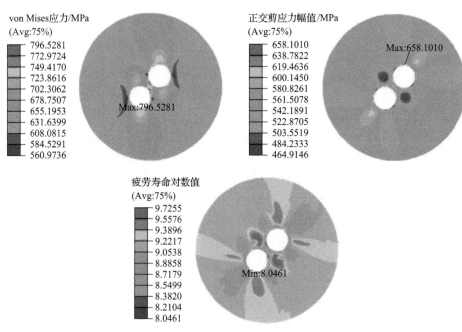

(b) $\phi=45°$, $l=2.5r$

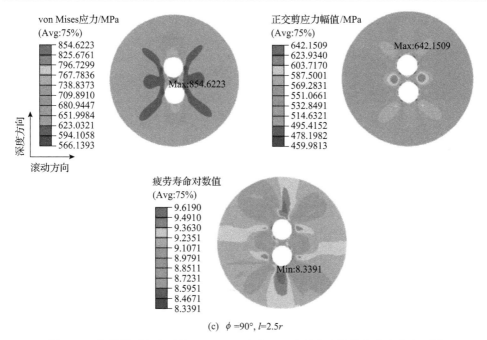

(c)　$\phi =90°$, $l=2.5r$

图 5-79　几种排列角度下的 von Mises 应力、正交剪应力幅值和寿命分布云图

幅值明显比 $\phi =45°$或 90°时要高。此外，剪应力云图与预测疲劳寿命云图有显著的相似之处，即高剪应力区域和低剪应力区域分别对应低寿命区域和高寿命区域，说明用 B-M-M 多轴疲劳准则计算得到的该齿轮的接触疲劳失效呈现出剪应力主导模式。

图 5-80 为当深度为 0.5mm，两夹杂物间距（两夹杂物中心的距离）为 $2.5r$（12.5μm）时，夹杂物周围基体上的最大应力及预测疲劳寿命随着排列角度 ϕ 变化的情况。可以发现，夹杂物的排列方式使其周围的预测疲劳寿命不同程度地减小。随着角度 ϕ 变化，von Mises 应力先增大后减小，以 90°为轴呈现出对称性。ϕ 在 0°～30°和 150°～180°变化时，相比单个夹杂物时的情况，最大 von Mises 应力几乎没有变化；ϕ 在 60°～110°变化时，最大 von Mises 应力大幅增大。最大正交剪应力幅值呈现周期性波动，ϕ 为 30°、60°、120°、150°时处于较高的水平。预测疲劳寿命在 30°～45°和 120°～150°时位于较低水平。显然，预测疲劳寿命受到 von Mises 应力及剪应力的共同影响。当 $\phi =0°$或 180°，即两夹杂物平行于滚动方向时，最大 von Mises 应力和最大正交剪应力幅值都处于较低的水平，因此计算得到的预测疲劳寿命处于较高的水平。Temmel 等[100]的研究结果表明，仅当夹杂物簇的分布方向与加载方向垂直时，其与单个夹杂物的影响区别不大。夹杂物引起的疲劳失效模式与剪应力高度相关，所以当 $\phi =90°$左右，即夹杂物近似垂直于滚动方向时，von Mises 应力处于高水平，但剪应力处于低水平，因此得到了较高的疲劳

寿命；在 ϕ =30°、60°、120°、150°时，剪应力处于高水平，此时得到的对应的预测疲劳寿命也很低。

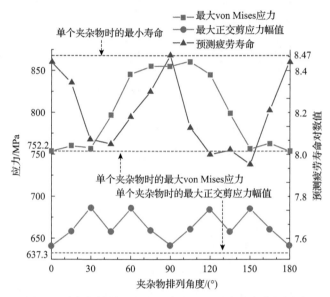

图 5-80　夹杂物排列角度对应力及预测疲劳寿命的影响

5.4.5　夹杂物随机分布特征对接触疲劳的影响

随着对齿轮接触疲劳研究的深入，人们在赫兹接触理论的基础上深化和扩展，建立了大量考虑不同表面完整性参数的齿轮接触疲劳模型[48,111,112]，但这些研究主要集中在基于物理建模上，忽略了疲劳的统计特性。一般而言，金属零部件的疲劳寿命呈现出分散性，即使同一批产品在相同工况下，其疲劳寿命也会呈现出分散性。疲劳寿命呈现分散性很大的原因之一是材料本身存在随机性。材料的随机性即材料的随机分布特征，包括材料缺陷、残余应力、粗糙度、微观结构、硬化层等。目前，大部分接触疲劳寿命模型的缺陷之一是无法考虑材料随机分布特征，从而影响模型的普适性。其主要根源在于这些模型仅简单地基于 Weibull 强度理论对疲劳寿命进行预测，未将材料随机性的表征融入进去。因此，在进行齿轮接触疲劳寿命预测时，有必要考虑材料的随机性。然而，材料的随机性包含的因素很多，涉及参数过多，单一模型难以同时考虑所有的材料随机因素，从而导致齿轮接触疲劳失效的疲劳裂纹往往萌生于材料次表面的初始缺陷如材料夹杂物附近，因此考虑非金属夹杂物的随机分布特征对齿轮接触疲劳性能的影响很有必要。本节主要介绍基于蒙特卡罗法的夹杂物随机分布特征对接触疲劳的影响。

蒙特卡罗法，即蒙特卡罗随机抽样或统计试验方法，其实质是通过服从某种分布的随机变量来模拟随机现象。蒙特卡罗法的基本原理是[113]：当变量概率分布已知时，通过对变量的随机抽样，得到变量抽样值，再结合自变量与因变量的关系来确定因变量的模拟值；重复多次即可得到因变量的一组抽样数值，当重复的次数足够多时，即可以通过分析模拟结果来获得与实际情况接近的因变量的一些统计特征。蒙特卡罗法对计算量的需求很大，依托计算机技术的大力发展，这一限制蒙特卡罗法的缺点被大大弱化，大量计算得以满足。蒙特卡罗法如今被广泛应用于各类工程实践中，如航天航空工程、地质工程等。一般将蒙特卡罗法的应用分为两类，一类是求解问题本身就有严格的数学形式；另一类是求解问题的本身具有统计特性。

蒙特卡罗法首先要对研究自变量的统计模型进行确定，用恰当的理论分布来描述该随机变量的概率分布；同时要确立与求解相关的函数模型，用于后续计算；然后根据变量的统计模型进行随机抽样，以获得相应的随机变量样本；最后通过对抽取的随机变量进行分析，得到一系列仿真值，仿真值的概率分布及各参数特征在模拟次数足够多时是无限逼近真实情况的。蒙特卡罗法模拟时不仅要将随机变量的性质如概率分布、数学期望等与实际问题相联系，而且需要保证其客观性，从而计算模拟出相应的结果。

蒙特卡罗法的一般计算流程如图 5-81 所示。首先需要确定待测量与输入变量，其次建立变量间函数模型，在确定好输入变量概率分布与试验次数后，将抽取得到的随机样本代入计算得到模拟值，最后分析模拟值与输入值的关系即可。

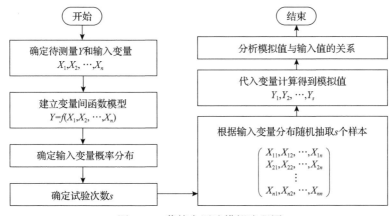

图 5-81　蒙特卡罗法模拟流程图

本节待测量为齿轮的接触疲劳寿命，输入变量为夹杂物的随机分布特征，包括尺寸及夹杂物的位置坐标。待测量和输入变量间的函数关系利用有限元技术和多轴疲劳准则来计算。

本节中夹杂物的位置被假设为完全随机分布，夹杂物的密度约为每平方毫米

30 个，在所分析的 2mm×1mm 的近似矩形区域内随机分布 60 个夹杂物。考虑到极小尺寸的夹杂物不会危害疲劳强度[73]，且尺寸过小将使得有限元建模极其困难，因此仅考虑面积在 $25\sim100\mu m^2$ 的夹杂物。假设各尺寸夹杂物出现的概率相等，即夹杂物尺寸均匀分布，从而得到样本的体积分数的期望值约为 0.188%。

为实现夹杂物尺寸的随机分布，用 Python 语言中的随机数生成函数 random 函数生成每个夹杂物的大小 $area_i$，即 $area_i$=random(25,100)。与之类似，为了实现夹杂物的位置随机分布，在生成每个夹杂物坐标(x_i, y_i)时，使用 random 函数生成随机坐标，以表示夹杂物的随机位置。值得注意的是，在生成每一个夹杂物坐标时，都应检测是否与已生成的夹杂物发生干涉。图 5-82 为蒙特卡罗法抽样得到的四个特征样本的夹杂物分布示意图，各样本的夹杂物尺寸和位置在材料上随机生成，即夹杂物尺寸和位置坐标服从均匀分布。

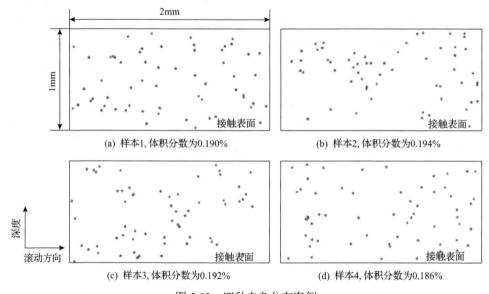

(a) 样本1, 体积分数为0.190%　　　　　(b) 样本2, 体积分数为0.194%

(c) 样本3, 体积分数为0.192%　　　　　(d) 样本4, 体积分数为0.186%

图 5-82　四种夹杂分布案例

然后利用 Python 脚本辅助建模，将得到的夹杂物特征导入 ABAQUS 中建立二维平面应变有限元等效模型，以计算应力-应变场，再导入 Fe-Safe 寿命软件中，用多轴疲劳准则计算得到齿轮的接触疲劳寿命。

为得到齿轮接触疲劳的概率-应力-疲劳寿命(P-S-N)曲线，选取法向载荷 F_n 分别为 1150N/mm、1450N/mm、1750N/mm、2050N/mm 四种加载条件进行计算分析。四种加载条件下节点啮合时的表面赫兹接触压力和赫兹接触半宽如表 5-2 所示。每种加载条件下，基于蒙特卡罗抽样计算了约 40 个样本，并最终用这四种载荷下的疲劳寿命结果进行接触疲劳寿命 P-S-N 曲线的拟合和绘制。

表 5-2　四种载荷下的赫兹接触参数

单位法向载荷 F_n/(N/mm)	最大赫兹接触压力 p_H/MPa	赫兹接触半宽 b_H/mm
1150	1007	0.727
1450	1130	0.817
1750	1242	0.897
2050	1344	0.971

图 5-83 为在法向载荷 F_n 为 1450N/mm（对应的最大赫兹接触应力 p_H 为 1130MPa）的载荷作用下，某一样本的应力和寿命分布情况。结果表明，夹杂物的随机分布对齿轮整体的寿命分布规律没有影响，即寿命沿深度变化的整体趋势仍然是先减小后增大，但对局部应力集中和疲劳寿命影响较大。与无夹杂物的情况相比，基体上最大正交剪应力幅值从 562MPa 升高到 621MPa，提高约 10.5%；最小疲劳寿命从 $10^{9.288}$ 次循环降低到 $10^{8.567}$ 次循环，减小了约 81%。将某夹杂物聚集区域进行局部放大可以发现，夹杂物的聚集导致明显的应力集中和显著的寿命降低，与前面分析相吻合。

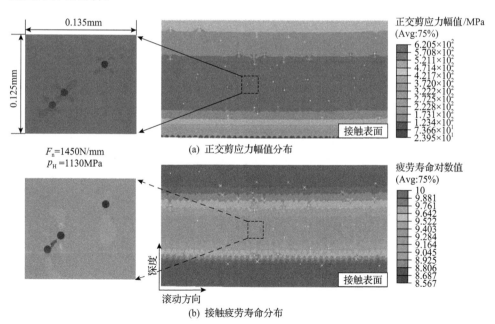

图 5-83　法向载荷为 1450N/mm 时某样本的正交剪应力幅值与接触疲劳寿命分布

图 5-84 显示了 180 个样本的最小接触疲劳寿命及其对应的深度。可以发现，由于夹杂物和残余应力的随机性，最小疲劳寿命和最小疲劳寿命所处深度呈现出散点性。在相同载荷水平下，最小疲劳寿命所处深度相差可达 4.4 倍。结果表明，

最小疲劳寿命均出现在夹杂物周围的基体上，说明相比于残余应力，次表面夹杂物对齿轮疲劳寿命的影响更为显著。

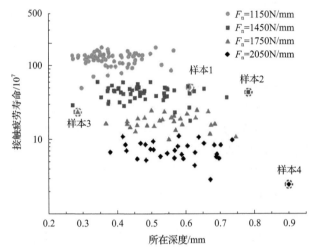

图 5-84　最小接触疲劳寿命及其对应的深度

四个特殊样本的疲劳寿命或最小寿命所在深度呈现出明显的特殊性，即疲劳寿命相比于同一载荷下的其他样本明显偏低或是最小寿命所在深度明显偏深或偏浅，如图 5-84 所示。图 5-85 是这四个特殊样本的最小寿命处的局部应力和疲劳

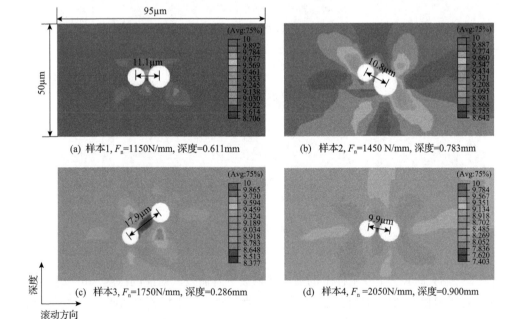

图 5-85　四种特殊情况下的局部寿命分布

寿命分布。夹杂物的聚集比单个夹杂物的情况对疲劳寿命的危害更大。显然，这几个样本的最小寿命均是由多个夹杂物聚集导致的。这表明，次表面夹杂物簇对疲劳寿命及其相应深度有很大的影响。在工程实际中，冶炼过程中已经能将夹杂物的总量控制得较低，但偶尔有个别大尺寸的夹杂物碰巧出现在滚道面或次表面最大应力区，或出现多夹杂聚集的情况时，会导致零部件疲劳寿命非常短，从而使整批零部件的可靠性大大降低。因此，需要改善夹杂物分布的均匀性才能提高零部件的寿命和可靠性，在降低夹杂物含量的同时，要严格控制夹杂物分布的均匀性，尽量避免接触表面之下关键深度的夹杂物，尤其是夹杂物聚集成簇的情况。

由接触疲劳理论可知，随着载荷的增加，首先发生破坏的深度增加，如图 5-84 所示。将深度用接触半宽 b_H 进行无量纲化，得到图 5-84 的另一种表现形式，如图 5-86(a)所示。可以发现，深度无量纲化后，各载荷下最小寿命深度分布表现出一致性。图 5-86(b)为四种载荷下最小寿命深度的累积概率分布，由图可以发现，四种载荷条件下最小寿命所在深度在 $0.35b_H \sim 0.75b_H$ 深度区间的概率达 90%以上。这说明，分布在次表面在 $0.35b_H \sim 0.75b_H$ 深度区间的非金属夹杂物对齿轮的接触疲劳性能有巨大危害，绝大多数由次表面夹杂物引起的接触疲劳失效起源于此深度范围。

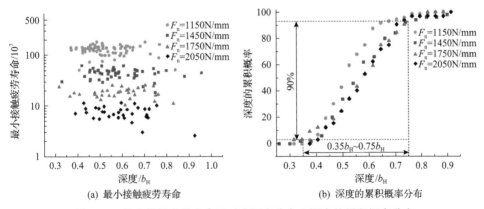

图 5-86　最小接触疲劳寿命及对应深度分布和深度的累积概率分布

拟合优度检验通常是指检验一组数据是否服从某一个特定分布的检验。通过将一组待检测样本的频率分布和已知分布函数进行对比，来判断该样本是否来自于该已知分布函数。最早提出的拟合优度检验为 Pearson χ^2 检验，此后不断有新的检验方法被提出，如 Shapiro-Wilk 检验、Kolmogolov-Smirnov 检验、Anderson-Darling 检验(以下简称 AD 检验)等。其中，AD 检验[114]是检验所收集的数据是否服从某种分布(如正态分布、指数分布、Weibull 分布等)的方法，是一种非参数检验方法，常被用来评估检验对象的分布规律。对某一组已知的数据，用不同的常用分布进行 AD 检验，可得到拟合优度检验的 P 值，若 AD 检验的 P 值低于选择的显著性水平（通常为 0.05），则可以得出数据不服从指定分布的结论。P 值越大，数据越符合指定的分布类型，由此可以确定该组数据最符合的分布类型。本节在 Minitab 软件中对数据进行 AD 检验。在 Minitab 中，有时不会为 AD 检验提供 P 值结果，因为在某些情况下 P 值在数学意义上并不存在。

在 95%显著性水平下，对最小寿命深度分布用四种常用分布函数（正态分布、对数正态分布、两参数 Weibull 分布和三参数 Weibull 分布）进行 AD 检验，图 5-87 为检验的结果。图中，μ 为三参数 Weibull 分布的位置参数。由图可以看出，对数正态分布和三参数 Weibull 分布的 AD 检验 P 值均远大于 0.05，即最小寿命深度分布与对数正态分布，与三参数 Weibull 分布符合得很好；而正态分布和两参数 Weibull 分布的 AD 检验 P 值则小于 0.05，即最小寿命深度分布与正态分布和两参数 Weibull 分布不符合。

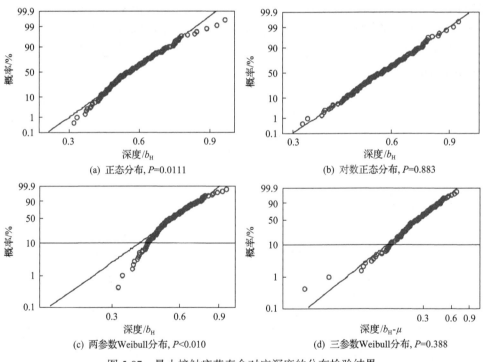

图 5-87　最小接触疲劳寿命对应深度的分布检验结果

图 5-88 为四种不同载荷下的最小接触疲劳寿命累积概率分布图。可以发现，在这四种加载条件下，虽然最小疲劳寿命大小不同，但其分布趋势是相似的。对于它们具体服从哪种分布函数，则需要进行进一步检验。

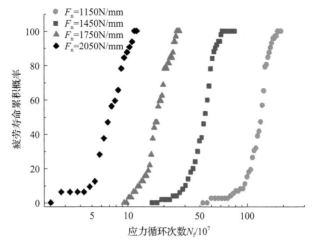

图 5-88　最小接触疲劳寿命的累积概率分布

对各载荷下的疲劳寿命进行 AD 检验。图 5-89 是法向载荷为 1450N/mm 时，用正态分布、对数正态分布、两参数 Weibull 分布和三参数 Weibull 分布分别进行 AD 检验的结果。结果表明，只有对数正态分布的 AD 检验 P 值小于 0.05，其他均远大于 0.05。疲劳寿命分布最符合三参数 Weibull 分布，其次是两参数 Weibull

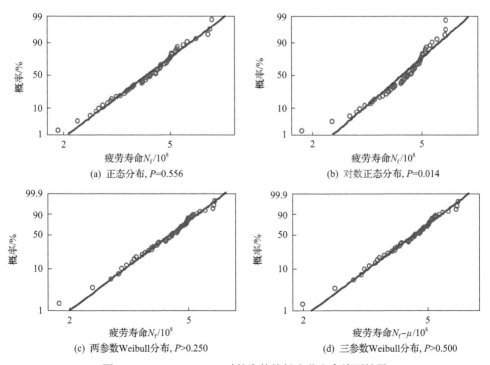

图 5-89　F_n=1450N/mm 时的齿轮接触疲劳寿命检测结果

分布和正态分布，不符合对数正态分布。其他载荷条件下的检验结果如表 5-3 所示，可以发现无论加载条件如何，检验结果都是相似的。

表 5-3　四种常用分布检测的 P 值

单位法向载荷 F_n/(N/mm)	正态分布	对数正态分布	两参数 Weibull 分布	三参数 Weibull 分布
1150	0.020	<0.005	0.196	0.196
1450	0.556	0.014	>0.250	>0.500
1750	0.618	0.646	>0.250	>0.500
2050	0.752	0.053	>0.250	>0.500

通过试验确定接触疲劳 P-S-N 曲线[115]非常耗时和烦琐，已经有很多研究通过疲劳仿真模拟生成 P-S-N 曲线[116, 117]。然而，通过模拟得到的具有不同失效概率的 P-S-N 曲线很少被提及。因此，采用适当的方法模拟得到 P-S-N 曲线，有利于零部件的抗疲劳设计工作。

5.4.4 节已经确定了疲劳寿命的分布类型，可根据确定的分布类型，用最小二乘法进行 P-S-N 曲线的拟合。对于高周疲劳区应力幅值和循环次数之间的关系，可以用多种形式的经验公式进行拟合。其中，最常用的是 Basquin 公式[118]，也是本节所采用的公式：

$$S = \sigma_f' \cdot (2N)^e \qquad (5-3)$$

对该等式两侧取对数并整理可转化为

$$\ln S = e \ln N_f + f \qquad (5-4)$$

式中，S 为应力幅值；σ_f' 为疲劳强度系数；e 为试验常数；N_f 为疲劳寿命。

由式 (5-4) 可得，$\ln S$ 和 $\ln N_f$ 之间为线性关系，即在对数坐标上为一条直线。由此，即可通过最小二乘法拟合得到应力幅值 S 和疲劳寿命 N_f 之间的线性表达式。图 5-90 为通过正态分布、对数正态分布、两参数 Weibull 分布和三参数 Weibull 分布这四个分布函数得到的失效率分别为 5%、10% 和 50% 的 P-S-N 曲线。可以发现，选择不同的分布函数，得到的 P-S-N 曲线只出现微小的区别，只有采用两参数 Weibull 分布所得到的 50% 失效率下的曲线斜率与其他曲线有明显差异。总体而言，选择不同的分布函数对得到的 P-S-N 曲线影响不大。

需要注意的是，夹杂物对齿轮接触疲劳性能的影响不仅仅只是体现在单个夹杂引起的应力集中以及多个夹杂随机分布等引起的应力场波动。关于夹杂对齿轮接触疲劳性能的影响还可以继续挖掘，如本章只考虑将夹杂等效为圆形和矩形，但是实际夹杂通常为表面十分粗糙的曲边形，同时夹杂物与基体是否黏合也对计算结果产生很大的影响，且循环接触加载后非金属夹杂物周围通常都会产生相变

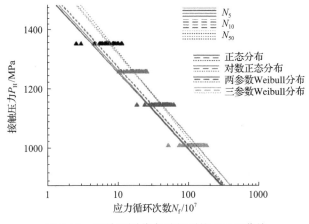

图 5-90　四种不同分布时得到的 P-S-N 曲线

行为，如典型的"蝴蝶翼"，其上通常会产生超细晶。因此，后续研究还可往这些方向继续推进，进一步阐明非金属夹杂物导致齿轮发生接触疲劳的机理。

5.5　多种因素影响的对比

前述章节详细讨论了表面粗糙度以及不同材料微观结构对齿轮接触疲劳性能的影响。在齿轮的真实服役过程中，其疲劳失效是不同影响因素综合作用的结果，也就是说不同的影响因素对其抗疲劳性能的影响存在一定程度的竞争关系。因此，有必要将不同的影响因素耦合到统一计算模型中，进而在同种工况条件下探究不同因素对其疲劳失效的贡献。本节主要建立四种组合模型来探究各个因素的影响，并使用 Dang Van 多轴疲劳准则来计算材料的疲劳失效风险。

（1）组合 1(Case1)：假定材料为均质各向同性。

（2）组合 2(Case2)：假定材料为弹性各向异性。

（3）组合 3(Case3)：同时考虑弹性各向异性以及非金属夹杂。

（4）组合 4(Case4)：同时考虑弹性各向异性以及表面粗糙度。

四种组合模型齿轮参数均来自于表 3-6，其中输入扭矩为 210kN·m，表面粗糙度 Rq=0.31μm，夹杂物的弹性模量为 389GPa，泊松比为 0.25。除 RVE 区域，其余模型区域材料定义均为各向同性，弹性模量为 210GPa，泊松比为 0.3。图 5-91 展示了四种组合模型在载荷移动到 RVE 区域附近时表层接触压力分布情况。可以看出，在引入表面粗糙度以后，接触面的峰-峰接触所产生的应力集中会导致接触压力出现显著波动，最高可达 4GPa 左右，其他三种组合模型的接触压力分布基本一致。值得注意的是，粗糙度会显著引起接触压力的波动，但是计算结果表明，其对接触半宽并没有产生太大的影响。

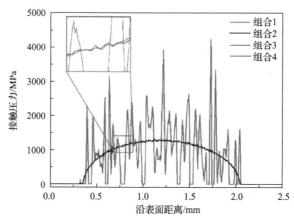

图 5-91　四种组合模型的表面接触压力分布

图 5-92 为四种组合模型在载荷移动到 RVE 区域附近时次表层 von Mises 应力分布情况。可以看出，在组合 1 情况下，由于材料属性定义为各向同性，此时次表层应力场呈现出均匀的赫兹分布形状。在考虑晶体各向异性材料属性后，尽管整个应力分布区域形状和各向同性材料定义相似，但在材料次表层出现了一定程度的应力波动现象，并且可以在晶界位置处发现一定程度的应力集中，说明相邻晶粒变形不匹配会导致次表层应力水平出现一定程度的提升，从而导致材料出现较高的失效风险。通过组合 3 模型计算结果可以看出，非金属夹杂物的引入会进一步带来比各向异性更明显的应力提升效果，次表层材料点的最大 von Mises 应力出现在夹杂物附近，且沿着夹杂物周围上下方分布材料点承受较大的应力。组合 4 模型的计算结果表明，相比于前面三种模型，表面粗糙度的引入会带来最显著的应力提升效果，近表层材料点的最大 von Mises 应力高达 2.3GPa 左右，这显然已经超过了材料屈服极限，但本节只考虑材料的弹性阶段，因此未考虑材料发生屈服后的塑性流动所带来的影响，但是作为应力提升效果来讲，该计算结果有一定的参考意义。可以发现，表面粗糙度会带来显著的应力提升效果，但是其作

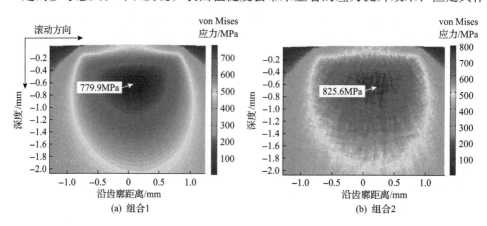

(a) 组合1　　　　　　　　　　　　　　　　(b) 组合2

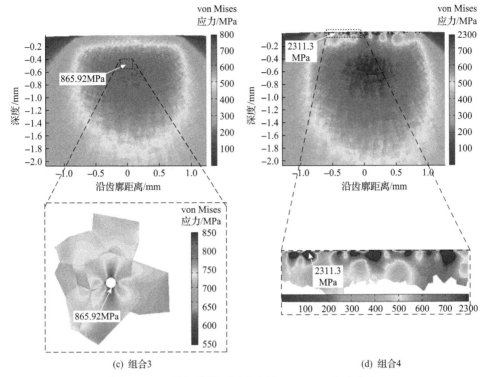

(c) 组合3　　　　　　　　　　　　(d) 组合4

图 5-92　四种组合模型的次表层 von Mises 应力分布

用深度较浅，在深度超过 0.2mm 左右后，von Mises 应力分布趋势与前三个模型基本一致。

　　图 5-93 为四种不同组合模型下 RVE 区域中材料疲劳失效风险随着深度的分布情况。可以看出，当材料定义为各向同性时，整个区域的疲劳失效风险值随深度的分布呈现出先增大后减小的趋势，且当深度为 0.42mm 时，出现最大材料疲劳失效风险。当考虑材料晶体弹性各向异性时，尽管疲劳失效风险随深度分布也呈现出先增大后减小的趋势，但是与组合 1 模型计算结果相比，在同一深度位置处的疲劳失效风险值出现更大的变化范围，这应该是由各向异性所带来的应力集中进而导致在晶界位置附近的材料点有着更高的疲劳失效风险，同时尽管出现最大疲劳失效风险值的深度位置与组合 1 的基本相同，但是可以看到各向异性会使计算的最大疲劳失效风险更高。这也进一步说明了传统的材料均质性假设计算结果偏于保守，有必要将材料的微观结构特征考虑在内。由组合 3、组合 4 模型的计算结果可以发现，非金属夹杂物与表面粗糙度均会导致在其区域附近的材料点的疲劳失效风险更高，从而导致在相应位置处萌生疲劳裂纹的概率更大。计算结果表明，表面粗糙度会带来最大的材料疲劳失效风险，但也可以发现，其作用范围深度有限，大约为 0.07mm，这进一步说明，当齿轮没有在良好的润滑条件下运

行且表面粗糙峰值没有得到有效控制时，在材料近表面容易萌生疲劳裂纹，裂纹向表层扩展，引发如微点蚀等失效形式，若向芯部扩展，也有可能会产生由表面微裂纹引起的较深的点蚀以及剥落失效形式。

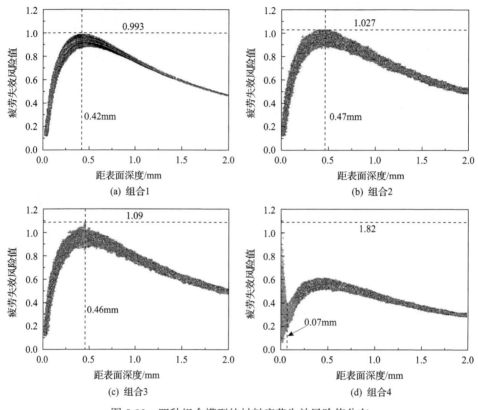

图 5-93　四种组合模型的材料疲劳失效风险值分布

值得注意的是，本节模型能够在同一工况条件下同时探究多个表面完整性因素对齿轮接触疲劳的失效竞争关系，可以发现，考虑表面粗糙度下的应力计算结果偏高，这显然是没有考虑材料屈服后发生塑性流动的原因。因此，后续研究一方面可以使用 J2 塑性流动理论或者晶体塑性理论对材料的塑性变形行为进行描述；另一方面可以将多个夹杂分布在材料次表层区域来消除单个夹杂单一深度位置所带来的计算结果的非代表性；同时还可以改变模型输入参数，通过大量计算样本数据进行参数统计得到最优表面完整参数组合模型。

5.6　本章小结

在齿轮接触疲劳研究中，如晶粒几何形貌、晶界、相成分、非金属夹杂等材料微观结构特征均会影响其应力-应变响应和疲劳损伤行为。因此，从材料微观结构角度开展齿轮接触疲劳行为和机理研究极为重要。需要进行准确的表征测试，以获得不同材料微观结构特征定性或者定量的描述，建立考虑材料微观结构特征的齿轮接触疲劳模型，进而探究各材料微观结构因素对疲劳性能的影响规律。

　　本章开展了基于金相显微镜、三维超景深、扫描电子显微镜、显微硬度仪等设备的表征测试试验，获得了齿轮初生奥氏体几何形貌及分布、金相组织分布、非金属夹杂物等测试结果，基于测试统计数据结果，建立了考虑材料微观结构特征的齿轮接触疲劳数值分析模型，计算分析了微观结构几何拓扑特征、晶体取向差异性、多相及非金属夹杂物对齿轮接触疲劳失效的影响机理。研究发现，晶体微观结构几何拓扑上的晶界剪应力与其几何形貌具有强烈的关联性，几何拓扑的随机性也是导致失效材料点位置发散性的主要因素之一；同时，考虑晶体材料各向异性本构关系后，会在材料次表层区域出现局部应力水平的提高，且各滑移系上塑性剪应变幅值也会随着晶粒取向的变化展现出不同的变化特征，最后导致齿轮在循环受载后局部萌生微裂纹；相成分含量的差异性也会显著导致应力水平的波动性，进而使不同相成分在同一载荷水平下出现不同应变特征，导致次表层应力-应变响应十分复杂；非金属夹杂物作为导致材料发生明显特征改变（如蝴蝶翼）的直接影响因素，会显著提高裂纹在该区域的萌生概率，夹杂物形状、几何尺寸、位置、力学属性、分布概率均会对齿轮接触疲劳行为产生不同程度的影响。为了更深入地分析齿轮疲劳失效的内在机理，形成抗疲劳主动设计方法，亟须全面、深刻理解齿轮材料微观结构特征及其在齿轮接触疲劳中的作用，后续需要进一步围绕齿轮材料微观特征的精确重构、细观力学行为的准确描述、疲劳进程中的微观结构演化和力学性能退化、材料微观结构特征优化设计与控制等方面开展研究，支撑高性能齿轮的抗疲劳设计制造。

参 考 文 献

[1] Walters J, Wu W T, Arvind A, et al. Recent development of process simulation for industrial applications[J]. Journal of Materials Processing Technology, 2000, 98（2）: 205-211.

[2] 邵尔王, 王长生, 祝要民. 表面薄层残留奥氏体对齿轮接触疲劳强度作用的研究[J]. 机械设计与研究, 1984, （1）: 25-40.

[3] Roy S, Ooi G T C, Sundararajan S. Effect of retained austenite on micropitting behavior of carburized AISI 8620 steel under boundary lubrication[J]. Materialia, 2018, 3: 192-201.

[4] Wise J, Krauss G, Matlock D. Microstructure and fatigue resistance of carburized steels[C]. The 20th ASM Heat Treating Society Conference, 2000.

[5] Hansen N. Hall-Petch relation and boundary strengthening[J]. Scripta Materialia, 2004, 51（8）: 801-806.

[6] 杨延辉, 王毛球, 陈敬超, 等. 高温渗碳齿轮钢的研究进展[J]. 特殊钢, 2013, 34(1): 22-24.

[7] Ma L, Wang M Q, Shi J, et al. Influence of niobium microalloying on rotating bending fatigue properties of case carburized steels[J]. Materials Science and Engineering: A, 2008, 498(1/2): 258-265.

[8] 贾少伟, 张郑, 王文, 等. 超细晶/纳米晶反 Hall-Petch 变形机制最新研究进展[J]. 材料导报, 2015, 29(23): 114-118.

[9] Chan K S. Roles of microstructure in fatigue crack initiation[J]. International Journal of Fatigue, 2010, 32(9): 1428-1447.

[10] 陆淑屏, 聂权. 齿轮碳氮共渗层中残余奥氏体对接触疲劳弯曲疲劳寿命的影响[J]. 青岛建筑工程学院学报, 1993, (4): 48-57.

[11] Zhu D, Wang F X, Cai Q G, et al. Effect of retained austenite on rolling element fatigue and its mechanism[J]. Wear, 1985, 105(3): 223-234.

[12] Ooi G T C, Roy S, Sundararajan S. Investigating the effect of retained austenite and residual stress on rolling contact fatigue of carburized steel with XFEM and experimental approaches[J]. Materials Science and Engineering: A, 2018, 732: 311-319.

[13] Johnston G B, Andersson T, Amerongen E, et al. Experience of element and full-bearing testing of materials over several years[J]. ASTM International, 1982, 771:190-205.

[14] O'Brien E C H C, Yeddu H K. Multi-length scale modeling of carburization, martensitic microstructure evolution and fatigue properties of steel gears[J]. Journal of Materials Science and Technology, 2020, 49: 157-165.

[15] Shur E A, Bychkova N Y, Trushevsky S M. Physical metallurgy aspects of rolling contact fatigue of rail steels[J]. Wear, 2005, 258(7/8): 1165-1171.

[16] 张新宝. 碳化物析出形态对高浓度渗碳材疲劳强度的影响[J]. 上海钢研, 2006, (4): 57-62.

[17] Cao Z X, Shi Z Y, Yu F, et al. Effects of double quenching on fatigue properties of high carbon bearing steel with extra-high purity[J]. International Journal of Fatigue, 2019, 128: 105176.

[18] Cao Z X, Liu T Q, Yu F, et al. Carburization induced extra-long rolling contact fatigue life of high carbon bearing steel[J]. International Journal of Fatigue, 2020, 131: 105351.

[19] 冯宝萍, 仇亚军, 王传恩, 等. 碳化物对 GCr15 轴承钢接触疲劳寿命的影响[J]. 轴承, 2003, (10): 30-32.

[20] Guan J, Wang L Q, Zhang Z Q, et al. Fatigue crack nucleation and propagation at clustered metallic carbides in M50 bearing steel[J]. Tribology International, 2018, 119: 165-174.

[21] Le M, Ville F, Kleber X, et al. Rolling contact fatigue crack propagation in nitrided alloyed steels[J]. Proceedings of the Institution of Mechanical Engineers, Part J: Journal of Engineering Tribology, 2017, 231(9): 1192-1208.

[22] 王彦彬, 王毛球, 黎振华, 等. 晶粒尺寸对表面渗碳钢疲劳极限的影响[J]. 钢铁研究学报,

2010, 22 (11): 23-27.

[23] Matlock D K, Alogab K A, Richards M D, et al. Surface processing to improve the fatigue resistance of advanced bar steels for automotive applications[J]. Materials Research, 2005, 8 (4): 453-459.

[24] Shen Y, Moghadam S M, Sadeghi F, et al. Effect of retained austenite-Compressive residual stresses on rolling contact fatigue life of carburized AISI 8620 steel[J]. International Journal of Fatigue, 2015, 75: 135-144.

[25] Noyel J P, Ville F, Jacquet P, et al. Development of a granular cohesive model for rolling contact fatigue analysis: Crystal anisotropy modeling[J]. Tribology Transactions, 2016, 59 (3): 469-479.

[26] Wang W, Wei P T, Liu H J, et al. Damage behavior due to rolling contact fatigue and bending fatigue of a gear using crystal plasticity modeling[J]. Fatigue and Fracture of Engineering Materials & Structures, 2021, 44 (10): 2736-2750.

[27] Chen Q, Shao E Y, Zhao D M, et al. Measurement of the critical size of inclusions initiating contact fatigue cracks and its application in bearing steel[J]. Wear, 1991, 147 (2): 285-294.

[28] Gillner K, Henrich M, Münstermann S. Numerical study of inclusion parameters and their influence on fatigue lifetime[J]. International Journal of Fatigue, 2018, 111: 70-80.

[29] Kabo E. Material defects in rolling contact fatigue—Influence of overloads and defect clusters[J]. International Journal of Fatigue, 2002, 24 (8): 887-894.

[30] Petersen D R, Murakami Y, Toriyama T, et al. Instructions for a new method of inclusion rating and correlations with the fatigue limit[J]. Journal of Testing and Evaluation, 1994, 22 (4): 318.

[31] Zhao F Q, Ding X F, Fan X Y, et al. Contact fatigue failure analysis of helical gears with non-entire tooth meshing tests[J]. Metals, 2018, 8 (9): 693.

[32] Matsui M, Kamiya Y. Evaluation of material deterioration of rails subjected to rolling contact fatigue using X-ray diffraction[J]. Wear, 2013, 304 (1/2): 29-35.

[33] Hoeprich M R. Analysis of micropitting of prototype surface fatigue test gears[J]. Tribotest, 2001, 7 (4): 333-347.

[34] Li Y J, Herbig M, Goto S, et al. Atomic scale characterization of white etching area and its adjacent matrix in a martensitic 100Cr6 bearing steel[J]. Materials Characterization, 2017, 123: 349-353.

[35] Grabulov A, Petrov R, Zandbergen H W. EBSD investigation of the crack initiation and TEM/FIB analyses of the microstructural changes around the cracks formed under Rolling Contact Fatigue (RCF)[J]. International Journal of Fatigue, 2010, 32 (3): 576-583.

[36] Güntner C, Tobie T, Stahl K. Alternative microstructures and their influence on mechanical properties of case-hardened gears[J]. Forschung Im Ingenieurwesen, 2017, 81 (2): 245-251.

[37] Ghosh S, Moorthy S. Three dimensional Voronoi cell finite element model for microstructures

with ellipsoidal heterogeneties[J]. Computational Mechanics, 2004, 34(6): 510-531.

[38] Lewis A C, Jordan K A, Geltmacher A B. Determination of critical microstructural features in an austenitic stainless steel using image-based finite element modeling[J]. Metallurgical and Materials Transactions A, 2008, 39(5): 1109-1117.

[39] Vajragupta N, Wechsuwanmanee P, Lian J, et al. The modeling scheme to evaluate the influence of microstructure features on microcrack formation of DP-steel: The artificial microstructure model and its application to predict the strain hardening behavior[J]. Computational Materials Science, 2014, 94: 198-213.

[40] Sun F W, Meade E D, O'Dowd N P. Microscale modelling of the deformation of a martensitic steel using the Voronoi tessellation method[J]. Journal of the Mechanics and Physics of Solids, 2018, 113: 35-55.

[41] Sweeney C A, McHugh P E, McGarry J P, et al. Micromechanical methodology for fatigue in cardiovascular stents[J]. International Journal of Fatigue, 2012, 44: 202-216.

[42] Taylor G I, Elam C F. Bakerian lecture: The distortion of an aluminium crystal during a tensile test[J]. Proceedings of the Royal Society of London Series A, 1923, 102(719): 643-667.

[43] Chai G C. Micro mechanical behaviors and damage in nickel base alloy and steels during very high cycle fatigue[J]. Solid State Phenomena, 2016, 258: 506-513.

[44] Castelluccio G M, Musinski W D, McDowell D L. Computational micromechanics of fatigue of microstructures in the HCF-VHCF regimes[J]. International Journal of Fatigue, 2016, 93: 387-396.

[45] Alley E S, Neu R W. Microstructure-sensitive modeling of rolling contact fatigue[J]. International Journal of Fatigue, 2010, 32(5): 841-850.

[46] Wang W, Liu H J, Zhu C C, et al. Effects of microstructure on rolling contact fatigue of a wind turbine gear based on crystal plasticity modeling[J]. International Journal of Fatigue, 2019, 120: 73-86.

[47] Liu H J, Wang W, Zhu C C, et al. A microstructure sensitive contact fatigue model of a carburized gear[J]. Wear, 2019, 436/437: 203035.

[48] Wang W, Liu H J, Zhu C C, et al. Micromechanical analysis of gear fatigue-ratcheting damage considering the phase state and inclusion[J]. Tribology International, 2019, 136: 182-195.

[49] Oila A, Bull S J. Phase transformations associated with micropitting in rolling/sliding contacts[J]. Journal of Materials Science, 2005, 40(18): 4767-4774.

[50] 任淮辉, 李旭东. 钛合金微结构力学计算与虚拟失效分析[J]. 郑州大学学报(工学版), 2009, 30(1): 43-47.

[51] Yue Z Q, Chen S, Tham L G. Finite element modeling of geomaterials using digital image processing[J]. Computers and Geotechnics, 2003, 30(5): 375-397.

[52] Wu G C, Li Y F, Wang G L. Probabilistic simulation of shape instability based on the true microstructure model[J]. Strength of Materials, 2018, 50(1): 47-53.

[53] 姜锡山, 赵晗. 钢铁显微断口速查手册[M]. 北京: 机械工业出版社, 2010.

[54] 凌妍, 钟娇丽, 唐晓山, 等. 扫描电子显微镜的工作原理及应用[J]. 山东化工, 2018, 47(9): 78-79, 83.

[55] Wang W, Liu H J, Zhu C C, et al. Evaluation of rolling contact fatigue of a carburized wind turbine gear considering the residual stress and hardness gradient[J]. Journal of Tribology, 2018, 140(6): 061401.

[56] Yan H, Wei P T, Zhou P L, et al. Experimental investigation of crack growth behaviors and mechanical properties degradation during gear bending fatigue[J]. Journal of Mechanical Science and Technology, 2022, 36(3): 1233-1242.

[57] Paulson N R, Bomidi J A R, Sadeghi F, et al. Effects of crystal elasticity on rolling contact fatigue[J]. International Journal of Fatigue, 2014, 61: 67-75.

[58] Lu L T, Zhang J W, Shiozawa K. Influence of inclusion size on S-N curve characteristics of high-strength steels in the giga-cycle fatigue regime[J]. Fatigue & Fracture of Engineering Materials & Structures, 2009, 32(8): 647-655.

[59] Zerbst U, Madia M, Klinger C, et al. Defects as a root cause of fatigue failure of metallic components. II: Non-metallic inclusions[J]. Engineering Failure Analysis, 2019, 98: 228-239.

[60] 李凯, 张国政, 邵亮, 等. 某重型载货汽车变速器齿轮失效分析[J]. 汽车工艺与材料, 2015, (7): 50-52.

[61] 蒋沂萍. 原材料缺陷对钢球质量的影响[J]. 轴承, 2002, (8): 36-39.

[62] Böhme S A, Merson D, Vinogradov A. On subsurface initiated failures in marine bevel gears[J]. Engineering Failure Analysis, 2020, 110: 104415.

[63] 王春芳, 李文成, 李继康. 钢中非金属夹杂物及对性能的影响[J]. 物理测试, 2018, 36(4): 25-29.

[64] 刘金鑫, 冯桂萍, 张龙, 等. 60t LF-VD 精炼过程 18CrNiMo7-6 齿轮钢夹杂物的演变[J]. 特殊钢, 2016, 37(6): 5-8.

[65] Grabulov A, Ziese U, Zandbergen H W. TEM/SEM investigation of microstructural changes within the white etching area under rolling contact fatigue and 3-D crack reconstruction by focused ion beam[J]. Scripta Materialia, 2007, 57(7): 635-638.

[66] Hashimoto K, Fujimatsu T, Tsunekage N, et al. Study of rolling contact fatigue of bearing steels in relation to various oxide inclusions[J]. Materials and Design, 2011, 32(3): 1605-1611.

[67] Cogne J, Heritier B, Monnot J. Cleanness and fatigue life of bearing steels[C]. Proceedings of the Conference on Clean Steel, Hungary, 1986.

[68] 何群雄, 孙时秋. GB/T 10561-2005 钢中非金属夹杂物含量的测定: 标准评级图显微检验法

介绍[J]. 理化检验-物理分册, 2007, 43（1）: 43-47.

[69] 俞峰, 陈兴品, 徐海峰, 等. 滚动轴承钢冶金质量与疲劳性能现状及高端轴承钢发展方向[J]. 金属学报, 2020, 56（4）: 513-522.

[70] Donzella G, Faccoli M, Mazzù A, et al. Influence of inclusion content on rolling contact fatigue in a gear steel: Experimental analysis and predictive modelling[J]. Engineering Fracture Mechanics, 2011, 78（16）: 2761-2774.

[71] Brecher C, Löpenhaus C, Pollaschek J. Inclusion-based bending strength calculation of gears[J]. Gear Technology, 2017,（5）: 56-66.

[72] Pandkar A S, Arakere N, Subhash G. Microstructure-sensitive accumulation of plastic strain due to ratcheting in bearing steels subject to rolling contact fatigue[J]. International Journal of Fatigue, 2014, 63: 191-202.

[73] Kawada Y, Kodama S. A review on the effect of nonmetallic inclusions on the fatigue strength of steels[J]. Journal of the Japanese Society for Strength and Fracture of Materials, 1971, 6: 1-17.

[74] Ramsey P W, Kedzie D P. Prot fatigue study of an aircraft steel in the ultra high strength range[J]. The Journal of the Minerals, 1957, 9（4）: 401-406.

[75] Dekazinczy F. Effect of small defects on the fatigue properties of medium-strength cast steel[J]. Journal of the Iron and Steel Institute, 1970, 208（9）: 851-855.

[76] 杨振国, 张继明, 李守新, 等. 高周疲劳条件下高强钢临界夹杂物尺寸估算[J]. 金属学报, 2005, 41（11）: 28-34.

[77] Murakami Y, Yokoyama N N, Nagata J. Mechanism of fatigue failure in ultralong life regime[J]. Fatigue and Fracture of Engineering Materials and Structures, 2002, 25（8/9）: 735-746.

[78] Murakami Y, Nomoto T, Ueda T, et al. On the mechanism of fatigue failure in the superlong life regime（N>10^7 cycles）, Part II: Influence of hydrogen trapped by inclusions[J]. Fatigue and Fracture of Engineering Materials and Structures, 2000, 23（11）: 903-910.

[79] Matsunaga H, Sun C, Hong Y, et al. Dominant factors for very-high-cycle fatigue of high-strength steels and a new design method for components[J]. Fatigue & Fracture of Engineering Materials & Structures, 2015, 38（11）: 1274-1284.

[80] Mobasher Moghaddam S, Sadeghi F, Weinzapfel N, et al. A damage mechanics approach to simulate butterfly wing formation around nonmetallic inclusions[J]. Journal of Tribology, 2015, 137（1）: 011404.

[81] 周承恩, 谢季佳, 洪友士. 超高周疲劳研究现状及展望[J]. 机械强度, 2004, 26（5）: 526-533.

[82] 潘秀兰, 郭艳玲, 王艳红. 国内外纯净钢生产技术的新进展[J]. 鞍钢技术, 2003,（5）: 1-5.

[83] Yang Z G, Li S X, Zhang J M, et al. The fatigue behaviors of zero-inclusion and commercial 42CrMo steels in the super-long fatigue life regime[J]. Acta Materialia, 2004, 52（18）: 5235-5241.

[84] 李守新. 夹杂对高强钢超高周疲劳行为的影响[J]. 鞍钢技术, 2007, (2): 1-6.

[85] Fukumoto S, Mitchell A. The manufacture of alloys with zero oxide inclusion content[C]. 1991 Vacuum Metallurgy Conference on the Melting and Processing of Specialty Materials, 1991.

[86] 张继明, 杨振国, 张建锋, 等. 零夹杂 42CrMo 高强钢的超长寿命疲劳性能[J]. 金属学报, 2005, 41(2): 145-149.

[87] 李昭昆, 雷建中, 徐海峰, 等. 国内外轴承钢的现状与发展趋势[J]. 钢铁研究学报, 2016, 28(3): 1-12.

[88] 李正邦. 超洁净钢的新进展[J]. 材料与冶金学报, 2002, 1(3): 161-165.

[89] Johnson K L. Contact Mechanics[M]. Cambridge: Cambridge University Press, 1987.

[90] Cerullo M, Tvergaard V. Micromechanical study of the effect of inclusions on fatigue failure in a roller bearing[J]. International Journal of Structural Integrity, 2015, 6(1): 124-141.

[91] Sadeghi F, Jalalahmadi B, Slack T S, et al. A review of rolling contact fatigue[J]. Journal of Tribology, 2009, 131(4): 1.

[92] Morrow J. Fatigue design handbook[J]. Advances in Engineering, 1968, 4: 21-29.

[93] He P Y, Hong R J, Wang H, et al. Fatigue life analysis of slewing bearings in wind turbines[J]. International Journal of Fatigue, 2018, 111: 233-242.

[94] Tricot R, Monnot J, Lluansi M. How microstructural alterations affect fatigue properties of 52100 steel[J]. Metals Engineering Quarterly, 1972, 12(2): 39-47.

[95] Neishi Y, Makino T, Matsui N, et al. Influence of the inclusion shape on the rolling contact fatigue life of carburized steels[J]. Metallurgical and Materials Transactions A, 2013, 44(5): 2131-2140.

[96] Zhang J M, Li S X, Yang Z G, et al. Influence of inclusion size on fatigue behavior of high strength steels in the gigacycle fatigue regime[J]. International Journal of Fatigue, 2007, 29(4): 765-771.

[97] Tomita Y. Improved fracture toughness of ultrahigh strength steel through control of non-metallic inclusions[J]. Journal of Materials Science, 1993, 28(4): 853-859.

[98] Liu R, Sun D X, Hou J L, et al. Fatigue life analysis of wind turbine gear with oxide inclusion[J]. Fatigue and Fracture of Engineering Materials and Structures, 2021, 44(3): 776-787.

[99] Guan J, Wang L Q, Zhang C W, et al. Effects of non-metallic inclusions on the crack propagation in bearing steel[J]. Tribology International, 2017, 106: 123-131.

[100] Temmel C, Karlsson B, Ingesten N G. Fatigue crack initiation in hardened medium carbon steel due to manganese sulphide inclusion clusters[J]. Fatigue and Fracture of Engineering Materials and Structures, 2008, 31(6): 466-477.

[101] He B Y, Soady K A, Mellor B G, et al. Fatigue crack growth behaviour in the LCF regime in a shot peened steam turbine blade material[J]. International Journal of Fatigue, 2016, 82:

280-291.

[102] Leban M B, Tisu R. The effect of TiN inclusions and deformation-induced martensite on the corrosion properties of AISI 321 stainless steel[J]. Engineering Failure Analysis, 2013, 33: 430-438.

[103] Sattar A, Abbas M, Hasham H J, et al. Experimental and analytical investigation of steel bolts failed after isothermal heat treatment[J]. Journal of Failure Analysis and Prevention, 2015, 15(2): 327-333.

[104] Krewerth D, Lippmann T, Weidner A, et al. Influence of non-metallic inclusions on fatigue life in the very high cycle fatigue regime[J]. International Journal of Fatigue, 2016, 84: 40-52.

[105] 冯磊, 轩福贞. 非金属夹杂物对材料内局部应力集中的影响[J]. 机械工程学报, 2013, 49(8): 41-48.

[106] 王冲, 曾燕屏, 谢锡善. 拉伸与低周疲劳载荷作用下夹杂物特征参数对航空用超高强度钢中裂纹萌生与扩展的影响[J]. 北京科技大学学报, 2009, 16(5): 557-562.

[107] Holappa L E K, Helle A S. Inclusion control in high-performance steels[J]. Journal of Materials Processing Technology, 1995, 53(1/2): 177-186.

[108] Ma J, Zhang B, Xu D K, et al. Effects of inclusion and loading direction on the fatigue behavior of hot rolled low carbon steel[J]. International Journal of Fatigue, 2010, 32(7): 1116-1125.

[109] Roiko A, Hänninen H, Vuorikari H. Anisotropic distribution of non-metallic inclusions in a forged steel roll and its influence on fatigue limit[J]. International Journal of Fatigue, 2012, 41: 158-167.

[110] Tiemens B L. Performance optimization and computational design of ultra-high strength gear steels[D]. Evanston: Northwestern University, 2006.

[111] Liu H L, Liu H J, Bocher P, et al. Effects of case hardening properties on the contact fatigue of a wind turbine gear pair[J]. International Journal of Mechanical Sciences, 2018, 141: 520-527.

[112] Zhang B Y, Liu H J, Bai H Y, et al. Ratchetting-multiaxial fatigue damage analysis in gear rolling contact considering tooth surface roughness[J]. Wear, 2019, 428: 137-146.

[113] 张文娟. 静力试验结果影响因素识别及蒙特卡洛仿真[D]. 大连: 大连理工大学, 2019.

[114] Anderson T W, Darling D A. Asymptotic theory of certain "goodness of fit" criteria based on stochastic processes[J]. The Annals of Mathematical Statistics, 1952, 23(2): 193-212.

[115] 何晓华. 20CrMoH齿轮弯曲疲劳强度研究[D]. 重庆: 重庆大学, 2011.

[116] Zargarian A, Esfahanian M, Kadkhodapour J, et al. On the fatigue behavior of additive manufactured lattice structures[J]. Theoretical and Applied Fracture Mechanics, 2019, 100: 225-232.

[117] Lotsberg I, Sigurdsson G. Hot spot stress S-N curve for fatigue analysis of plated structures[J].

Journal of Offshore Mechanics and Arctic Engineering, 2006, 128 (4) : 330-336.

[118] Han Q H, Guo Q, Yin Y, et al. Effects of strain ratio on fatigue behavior of G20Mn5QT cast steel[J]. Transactions of Tianjin University, 2016, 22 (4) : 302-307.

第6章　表面硬化与残余应力的影响

齿轮循环受载过程中，其接触疲劳寿命一方面取决于接触区域材料应力-应变响应，另一方面取决于齿轮材料本身的疲劳性能(抵抗疲劳的能力)。图 6-1 为典型齿轮加工工艺通过影响硬化层和残余应力改变齿轮接触疲劳性能的示意图。齿轮热处理等工艺使齿轮形成了沿深度方向的硬度梯度及残余应力分布。本质上，在齿轮制造全流程中，齿轮的残余应力和硬度梯度都会在一定程度上受到影响，进而最终改变齿轮接触疲劳性能。以渗碳、渗氮、感应淬火等为代表的热处理技术，以及喷丸、光整等表面工程技术一方面通过为齿轮引入初始残余应力层改变齿轮受载过程中的力学响应，另一方面通过强化齿面及次表层硬度、屈服极限等力学性能参数改变齿轮材料抵抗疲劳的性能。这使得表面硬化热处理等工艺成为提高齿轮承载能力和疲劳性能的重要途径，在工业界得到了广泛应用，硬齿面的使用频次相比于几十年前有了极大的提高。渗碳硬化甚至深层渗碳硬化逐渐成为大型重载齿轮热处理过程的标配。本章主要探究齿轮表面完整性参数对齿轮接触疲劳的影响机理，不再过多讨论加工工艺参数的影响，仅专注于分析硬化层和残余应力对齿轮接触疲劳的影响规律。

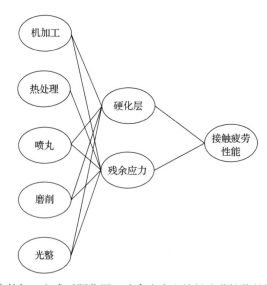

图 6-1　齿轮加工方式对硬化层、残余应力和接触疲劳性能的影响示意图

齿轮接触疲劳裂纹的萌生、扩展往往发生在表层或近表层位置，这些位置具

有较大的应力水平,其恰好处于齿轮材料的屈服极限、残余应力等力学参数发生显著梯度变化的区域,这些力学参数的分布特征在很大程度上决定了齿轮的失效模式与疲劳寿命。通过热处理等工艺加强承受高应力作用的表层和次表层材料的力学性能,有助于提高接触疲劳强度。过小或过大的硬化层、过低或过高的表面硬度等均无法达到预期的硬化效果;喷丸等强化技术可为材料近表层引入一定的残余压应力,从而改善齿轮接触疲劳性能,但不当的处理工艺所引入的残余拉应力将极大地危害齿轮疲劳性能。因此,热处理或喷丸等表面工程工艺后的材料力学参量梯度状态对齿轮的接触性能和疲劳寿命至关重要。本章主要介绍齿轮表面硬化层和残余应力对齿轮接触疲劳性能的影响。

6.1　表面硬化层的影响

　　随着航空、风电、舰船、军用车辆、新能源汽车等整机装备对传动系统功率密度、承载能力和可靠性需求的不断提高,高性能齿轮的设计制造变得越来越关键,为此,各国学者、工程师开发出各种工程技术来满足这一要求。在这些技术中,表面硬化技术为常见的工艺手段,甚至成为当今重载齿轮的工艺标准配置。渗碳、渗氮、碳氮共渗、感应淬火等表面硬化所引入的硬化层使齿轮表层和次表层沿深度方向呈现硬度梯度现象,这导致硬化齿轮和普通非硬化齿轮在失效形式上有所区别。对于普通非硬化齿轮,其疲劳失效位置往往位于应力响应最恶劣的地方,而硬化齿轮的失效除了与应力状态有关,还与硬化层分布等有关。当硬化层过浅时,较深位置接触疲劳强度不足,尤其在有效硬化层与芯部交界区域,易导致由次表层萌生裂纹引起的轮齿齿面深层断裂;然而,当硬化层深度过厚时,齿轮所要求的芯部韧性会出现一定程度的损失,导致齿轮变脆变硬,同时,过厚的硬化层将极大地增加制造成本。因此,研究齿轮硬化层对接触疲劳性能的影响,探究硬化层与齿轮表面完整性、接触疲劳失效模式、接触疲劳寿命的关联规律,揭示表面硬化齿轮的接触疲劳失效机理,对实现齿轮抗疲劳设计制造具有极大的工程价值和科学意义。

6.1.1　齿轮硬化层概述

　　齿轮常用的表面硬化技术(或实际提高硬度的技术)包括渗碳、渗氮、感应淬火、喷丸强化、热喷涂、表面滚压等[1],如图 6-2 所示。表面硬化是指通过适当途径使零件表层硬化,而芯部保持强韧性的处理技术。通过这种处理可改善零件的耐磨性能和耐疲劳性能,甚至耐腐蚀性能,同时由于芯部具有合适的韧性和强度,对冲击载荷也有良好的抵抗作用,非常适用于齿轮所面临的重载、冲击等复杂服役工况。

图 6-2　部分典型的齿轮表面硬化技术

齿轮加工过程中，渗碳等热处理工艺提升了齿轮近表层碳含量，从而形成沿深度方向分布的硬度梯度，磨削工艺在降低齿轮表面粗糙度的同时去除了表层材料，使得齿轮的表面硬度相比于渗碳状态出现一定的降低，而喷丸强化通过引起表面的塑性变形可一定程度地提升齿轮硬度。

渗碳热处理是齿轮表面硬化主要热处理工艺之一，一般处理工艺流程如图 6-3所示。将齿轮置入具有活性渗碳介质中，加热到 900～950℃的单相奥氏体区，保温足够时间后，使渗碳介质中分解出的活性碳原子渗入齿轮表层，从而使其表层具有高硬度和耐磨性，而芯部仍然保持良好的韧性和塑性。按含碳介质的不同，渗碳可分为气体渗碳、固体渗碳、液体渗碳和碳氮共渗等。渗碳的过程使齿轮沿深度方向具有不同的碳含量，而碳含量的不同导致齿轮沿深度方向具有不同的硬度，即齿轮硬度梯度特征。渗碳齿轮表面硬度可达 58HRC～63HRC，其渗碳深度可达 2mm，最新发展的深层渗碳技术可使硬化深度达 4～5mm。我国可用作渗碳齿轮钢的牌号有数十种，常见的渗碳处理的齿轮钢牌号包括 18CrNiMo7-6、AISI9310、8620H、20Cr2Ni4A、20CrMnTi 等[2]。

齿轮渗碳工艺主要有渗碳后预冷直接淬火、渗碳后空冷+一次淬火和渗碳后空冷+二次淬火以及渗碳淬火后回火等，主要工艺参数有渗碳温度、渗碳浓度、保持时间等。微合金元素对渗碳钢性能具有显著影响，根据微合金元素应用的不同，

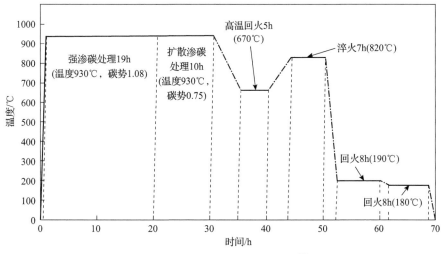

图 6-3　齿轮渗碳工艺典型流程[3]

区分主要国家的渗碳钢牌号和性能。例如，有研究表明[4]，$Nb(C, N)$ 析出相的钉扎作用，使 20CrMoNbH 渗碳齿轮钢渗层奥氏体晶粒平均尺寸为 16μm，细于 20CrMoH 钢的 26μm，进而使弯曲疲劳极限值提升 10%，硫含量从 0.02%提升至 0.035%可导致其弯曲疲劳性能下降约 6%。需要注意的是，同样化学成分的渗碳钢或渗碳齿轮，其疲劳性能可能显著不同，这主要是由材料夹杂等缺陷水平不同而导致的[5]，国内外相同牌号的齿轮钢性能产生差异已被工程实践所证实。渗碳齿轮的主要问题之一是容易产生热处理畸变(或称热处理变形)，尤其是大型薄壁构件，某些情况下畸变量超过设计要求，也会影响后续的磨削加工等工艺和齿轮最终的服役性能[6]。常用的渗碳淬火表面强化还可以满足一般齿轮的强度性能要求，但是对内氧化、渗碳淬火畸变等控制要求高的场合如航空齿轮，精度和性能难以保证。随着低温化学热处理技术的迅速发展，近年来齿轮制造业，尤其是大型精密齿轮行业探索以渗氮技术部分代替渗碳淬火取得了进展。渗氮齿轮的表面硬度相对更高，可达 66HRC～70HRC，同时可能产生更高的残余压应力，但硬化深度相比于渗碳齿轮较浅，因此大模数齿轮的渗氮工艺相比于渗碳应用较为有限。当然，新型时效硬化钢和深层离子渗氮工艺的出现和发展，将扩大渗氮齿轮的应用范围[7]。齿轮渗氮处理与渗碳类似，不同之处在于介质不同，适用的钢牌号也不同，一般而言，渗碳适用于低碳钢，如 20Cr2Ni4、12Cr2Ni4A 等牌号钢，渗氮所采用的钢种范围较广，低碳或者中碳钢均可渗氮，如 20CrMnTi、38CrMoAl、45 号钢等[8]。

齿轮喷丸强化工艺是利用高速喷射的细小钢丸在室温下撞击受喷齿轮表面，使工件表层材料产生塑性变形，形成塑性变形层的过程。这一过程使齿轮引入高残余压应力的同时形成一定的表面硬化层。以 18CrNiMo7-6 渗碳齿轮为例，喷丸后表面硬度能从磨削状态的 670HV 左右提升到 860HV，残余压应力水平从磨削处理状态的–52MPa 提升到–585MPa[9]。喷丸在齿根疲劳强度上的提升已经达成共识，但对齿轮接触疲劳强度的影响尚未形成一致的结论，通过良好的工艺控制可以满足齿轮接触疲劳强度的提升需求，这需要进一步开展喷丸工艺优化、工艺规范的制定和相关理论试验验证，其中如何将喷丸导致的残余应力和硬度梯度的变化定量反映在齿轮接触疲劳模型中成为一个关键的技术问题。

　　齿轮光整处理主要是以应对机械加工对零件造成的不足，提高零部件的表面加工质量为主要目的加工技术。齿轮多以磨粒磨削的方法进行表面的光整加工，该加工流程是将齿轮置于盛有磨块和磨剂等介质的滚筒中，在复杂的相对运动下，游离状态的磨块始终以一定的压力对齿轮表面进行碰撞、滚压和微量磨削，从而降低表面粗糙度，去除加工毛刺和表面微观缺陷，提升表面物理机械性能，达到提高零件表面质量和改善使用性能的目的。有研究发现，强力光整工艺不仅能起到表面的"美容"效果，还能改变硬度和残余应力分布，因此本节将其定义为一种齿轮表面工程。

　　描述齿轮硬化层的参数主要包括表面硬度、芯部硬度以及有效硬化层深度(effective case depth, ECD)等[10]。通过显微硬度计、纳米压痕测试仪等测试设备可以获取齿轮沿深度方向不同位置处的硬度，从而绘制从表层到芯部的硬度梯度曲线。各种齿轮硬化加工的本质都是使齿轮产生沿深度方向具有梯度特性的力学属性，具备表面高硬度的同时保证芯部的良好韧性，如图 6-4 所示[11]。在应力响应恶劣的表层和次表层(这些部位的应力水平达 GPa 级)，提升其力学性能可以使齿轮具有良好的抗疲劳性能。相对而言，热处理引起的硬化层内不同深度材料点的屈服极限等力学参数不易精确标定，但通过测量齿轮硬度，可便于借助硬度与屈服极限之间的关系来获取齿轮沿深度方向的屈服极限数据。

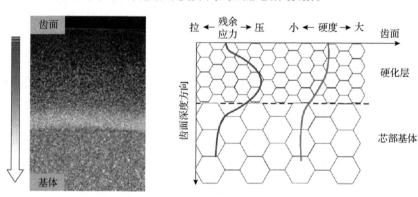

图 6-4　齿轮硬化层力学属性变化示意图[11]

当前，高硬度齿轮具有更高的承载能力与接触疲劳强度已经得到学术和工业界的广泛认可。但硬度与疲劳性能之间的定量关系尚未被完全揭示,为此各国学者对硬度与强度之间的定量关系进行了深入研究。2011 年,Branch 等[12]采用沿深度方向的显微硬度测试和硬度-屈服极限的关系,研究了表面硬化不锈钢的材料力学参量梯度行为,发现这种钢材拥有线性变化的屈服极限而应变硬化指数保持恒定,揭示了通过优化硬度梯度曲线实现摩擦学性能最优化的可行性。Asi 等[13]研究了硬化层深度对气体渗碳硬化钢 8620 疲劳性能的影响,结果表明疲劳极限与微观结构、硬化层厚度、残余奥氏体分布有关,气体渗碳样本的弯曲疲劳强度随着硬化层深度的增加而降低,这是由内氧化的增加以及表面的非马氏体相变导致的。黄帅等[14]采用旋转弯曲疲劳试验研究了渗碳层深度对 18Cr2Ni2MoVNb 钢重载齿轮疲劳性能的影响,结果表明,随着渗碳时间的延长,渗碳层深度增加,残余奥氏体含量增加。Ahlroos 等[15]对比了碳氮共渗、表面渗碳热处理工艺以及表面类金刚石碳(diamond like carbon, DLC)涂层对微点蚀的影响,发现碳氮共渗的试件比表面渗碳的试件有更好的抗微点蚀能力,而 DLC 涂层也在一定程度上缓解了微点蚀疲劳。D'Errico[16]对比了多种热处理工艺对材料微点蚀性能的影响,结果发现,淬火和回火钢的主要失效形式为微点蚀,其裂纹从表面萌生并往内部延伸最终形成宏观点蚀,而渗碳工艺下,微点蚀主要发生在表面晶界氧化夹杂物处。Kolednik 等[17]提出了一种解析方法研究了非均质材料的屈服应力梯度效应,发现塑性应变能沿裂纹扩展方向变化,认为屈服应力沿深度的梯度效应对硬化表面的断裂行为有显著影响。谢琴等[18]采用有限元法定义完全弹塑性材料本构行为,针对渗氮 4140 钢的硬度和屈服极限梯度特性,研究渗氮钢和非渗氮钢的弹塑性接触行为,发现渗氮钢可承载更大的接触应力,降低发生塑性变形的概率。Li 等[19]通过齿轮接触疲劳试验研究了硬化层深度分别为 0.5mm、1.0mm、1.5mm 对齿轮接触疲劳强度的影响,发现渗碳层并不是越深越好,而是具有一个最佳值。Lorenz 等[20]研究也发现,滚动接触疲劳性能具有一个最佳硬度分布。

　　齿轮沿深度方向具有不同的硬度,不同位置的材料点应力响应也不同,这就带来了整个硬化层范围内的疲劳控制问题。各国学者通过理论和试验探索了硬化层特征对齿轮疲劳性能的影响。Walvekar 和 Sadeghi[21]基于微压痕试验(获得硬度梯度)开发了弹塑性有限元模型,研究了渗碳硬化钢 8620(较 GB 的 20CrNiMo 含 Ni 量更低,国内试制牌号通常称为 20NiCrMo)的滚动接触疲劳问题,该有限元模型采用了基于 von Mises 的塑性模型与运动硬化来体现材料塑性的影响,材料硬度数据通过显微硬度计测试得到,如图 6-5 所示。结果表明,存在一个最优的硬化层深度使得接触疲劳寿命最长,且剥落形状和损伤起始深度取决于硬化层厚度。随后,Paulson 等[22]提出了一个基于连续损伤力学和弹塑性模型的修复渗碳硬化钢 8620 轴承的滚动接触疲劳寿命模型,结果发现,对于渗碳硬化轴承,翻新工艺去除了部分硬化层,将较软的材料暴露在高应力区域,导致翻新轴承的疲劳寿命降低。但随着硬化层厚度的增加，这种效果逐渐减弱，在硬化层厚度达 1mm 后渗碳硬化轴承翻新后的寿命超过淬透轴承。

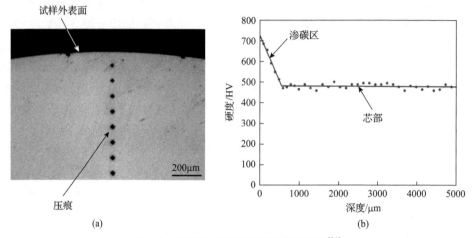

图 6-5　实测渗碳硬化钢硬度梯度曲线[21]

20 世纪 60 年代，Zaretsky 等[23]基于 NASA 五球疲劳试验台，研究了不同表面硬度的钢球对滚动零件接触疲劳寿命的影响。结果表明，高载荷作用下硬度与接触疲劳寿命具有相互关系，提出的计算关系式可表达为

$$L_2 / L_1 = \mathrm{e}^{0.1(\mathrm{HRC}_2 - \mathrm{HRC}_1)} \tag{6-1}$$

式中，L_1 和 L_2 分别为 HRC_1 和 HRC_2 时的额定寿命。

Liu 等[24]通过旋转弯曲疲劳试验和滚动接触疲劳试验研究了两种表面硬化钢在渗碳后的疲劳性能。结果表明，Al 和 N 含量较高的钢具有较高的旋转弯曲疲劳极限和滚动接触疲劳极限。

考虑到硬化层深度同样对接触疲劳具有影响，曹锐等[25]针对齿轮加工常用材料 18CrNiMo7-6 渗碳钢，采用巴克豪森噪声检测方法，分析了材料热处理的有效硬化深度指标。试验发现，巴克豪森噪声信号随齿轮材料的有效硬化层深度的增加而呈逐渐减小的规律，在硬度、马氏体含量、奥氏体含量、碳化物含量等指标近似的情况下，巴克豪森噪声信号特征值（如均方根、均值、峰-峰值等）随着 18CrNiMo7-6 渗碳钢的有效硬化层深度的增大而减小。Genel 和 Demirkol[26]提到相对硬化层厚度（零件尺寸与硬化层厚度的相对关系）是决定疲劳性能的一个重要参数，采用直径为 10mm、渗碳层厚度为 0.73～1.1mm 的 AISI 8620 钢制样本的系列旋转弯曲疲劳试验研究了相对硬化层厚度对疲劳性能的影响，构造了相对硬化层厚度和疲劳强度（循环基数为 10^6 次）的经验关系式，结果表明，指数型公式可以描述二者的关系。齿轮几何形貌复杂，为了在分析硬化层对齿轮接触疲劳的影响时考虑齿轮形貌因素，Boiadjiev 等[27]研究发现，齿面断裂裂纹主要萌生在硬化层与芯部之间的过渡区域，可能的原因是此处的应力超过了材料局部强度，或者是此区域存在非金属夹杂物或空穴。彭忠江和杨存平[28]分析了机车高频感应淬火从动齿轮部分齿面出现无硬化层的"软区"，发生剥落的原因，并提出了改进措施。陆频和李铋[29]通过断口分析、材料理化检测分析方法对风电齿轮箱齿轮剥落的原因进行了分析，结果表明，在渗碳热处理过程中存在内氧化缺陷是齿轮根部产生疲劳裂纹的主要原因。

目前，大型重载硬齿面齿轮出现承载能力偏低的情况大部分是由硬化层与芯部过渡区剥落引起的，显示出了硬化层设计不足的缺陷。2007 年，朱百智等[30]针对仅使用 2 个月就出现轮齿剥落失效的某齿轮进行了原材料质量状况、渗碳淬火过程和组织形态特点等方面的分析，发现该齿轮的齿面硬度和有效硬化层深度均不满足要求，其齿面硬度为 53.5HRC，有效硬化层深度为 1.1mm，然而其设计值分别为 57HRC 和 2.6mm，差距较大，同时给出建议，在大模数齿轮设计中，为避免过渡区发生剥落失效，不仅要进行表面接触疲劳强度的计算，还要进行深层疲劳剥落强度的计算。2008 年，黄丽荣和汤宏智[31]根据国内外齿轮硬化层的推荐值，提出了汽车齿轮渗碳层深度的计算公式，并通过台架和道路试验验证了计算公式的有效性。2016 年，肖伟中[32]研究了齿面下剪切应力的分布特点及其与材料剪切强度的对应关系，讨论了齿轮硬化层深度的力学意义，分析了齿轮曲率半径、芯部硬度、残余应力及齿面加工质量等与齿轮硬化层剥落的关系。研究结果显示，单独用齿轮模数或齿数是不能准确描述齿轮所需的有效硬化层深度。齿轮的曲率半径、中心距和小齿轮的直径与齿轮有效硬化层深度的关系更为密切，且齿轮综合曲率半径与所需硬化层深度的关系最为密切，因此通过齿轮综合曲率半径来确定齿轮的有效硬化层深度更为科学合理。然而，工程应用中由于曲率半径计算相比于模数等参数不够直观，齿轮硬化层深度与模数之间的对应关系在工程界使用更为普遍，大多推荐值与基于综合曲率半径的计算结果相对吻合。因此，在齿轮使用要求不太高的情况下，可近似用模数来确定齿轮有效硬化层深度的具体值。国际标准化组织齿轮技术委员会工作组在德国慕尼黑工业大学齿轮研究中心理论与试验工作的基础上，尝试编制了齿轮深层疲劳剥落风险预估标准[33]。美国齿轮制造商协会也提出了渗碳齿轮硬化层深度与模数的对应关系；同时，齿轮设计软件 KISSsoft 等也提供了根据齿轮模数获取齿轮最佳有效硬化层的方法。机械、铁道行业标准也推荐了齿轮有效硬化层深度。表 6-1 列出了不同标准或单位推荐的渗碳齿轮有效硬化层深度。表中的推荐值是在不同行业长期齿轮制造经验基础上确定的，经过了长期的实践考验，但各经验公式所采用的硬化层设计方法依据不同，因此套用至同一齿轮时结果差别较大，使得对于最佳硬化层设计的说法尚无统一意见。随着齿轮制造技术精细化要求的提高，面向长寿命、高功率密度、低成本的硬化层精细设计方法是未来齿轮行业研究的重点之一。

表 6-1　渗碳齿轮有效硬化层深度推荐值

资料来源	推荐值
GB/T 3480	$t = (0.20 \sim 0.30) m_n$
DIN 3990	$t = 0.25 m_n$
AGMA	$t = (1/5 \sim 1/7) p_n$
日本石田制作所	$t \geqslant 3.15b$

注：b 为接触半宽；m_n 为法向模数；p_n 为齿厚。

6.1.2　齿轮硬度梯度表征与有限元建模

1. 齿轮硬度梯度表征

通过对齿轮进行渗碳、渗氮等表面强化处理，可在表层产生硬化层，并有助于提高接触疲劳强度。不当的工艺控制会形成不利的硬化层分布特征，继而恶化齿轮接触疲劳及其他服役性能。因此，如何设计出良好的有效硬化层极其重要，对齿轮近表层硬度梯度力学参量特征进行准确的测试表征是第一步。

硬化层特征的基本表征物理量是硬度。硬度是指固体材料在受到其他物体力的作用，被侵入时所呈现的抵抗弹性变形、塑性变形及破裂的综合能力。与强度、伸长率等不同，硬度这一术语，并不代表固体材料的一个确定的物理量，而是弹性、塑性、塑性变形强化率、强度和韧性等一系列不同物理量的综合性能指标。它不仅取决于所研究材料本身的性质，还取决于测量条件和试验方法。因此，各种硬度值之间并不存在数学上的换算关系，只存在试验后所得到的对照关系。测定硬度的方法有压入法、刻划法、回跳法等。在机械行业，最常用的是压入法。试验时用载荷将压头(钢球、金刚石、圆锥体等)压入试样表层，根据压入程度来测定其硬度。对于不同材料的试样，压入深度(或压痕面积)越大，表明该材料硬度越低，反之越高。因此，压入法硬度表示材料抵抗压头压入(引起的塑性变形)的能力。常用的压入法硬度试验有布氏硬度试验、洛氏硬度试验和维氏硬度试验等。表 6-2 列出了各种硬度试验的硬度换算关系。

表 6-2　各种硬度试验的硬度换算表

抗拉强度/MPa	维氏硬度/HV	布氏硬度/HBW	洛氏硬度/HRC	洛氏硬度/HR
770	240	228	20.3	41.7
850	265	252	24.8	45.7
965	300	285	29.8	50.2

续表

抗拉强度/MPa	维氏硬度/HV	布氏硬度/HBW	洛氏硬度/HRC	洛氏硬度/HR
1290	400	380	40.8	60.2
1740	530	504	51.1	69.5
1995	600	570	55.2	73.2
2180	650	618	57.8	75.5
—	700	—	60.1	77.6
—	720		61	78.4
—	760	—	62.5	79.7
—	800	—	64	81.1
—	840	—	65.3	82.2

对于具有硬化层的齿轮硬度检测，通常采用显微维氏硬度法，"显微硬度"是相对于"宏观硬度"的一种人为划分。目前，这一概念参照国际标准 ISO 6507-1：2023《金属材料 维氏硬度试验 第 1 部分：试验方法》中规定的"负荷小于 0.2kgf(1.96N)维氏显微硬度试验"，以及我国国家标准 GB/T 4340.1—2009《金属材料 维氏硬度试验 第 1 部分：试验方法》中规定的"显微维氏硬度"负荷范围为"0.01～0.2kgf(0.098～1.96N)"而确定。负荷小于 0.2kgf(≤1.96N)的静力压入被试验样品的试验称为显微硬度试验。以实施显微硬度试验为主，负荷在 0.01～1kgf(0.098～9.8N) 范围的硬度计称为显微硬度计。显微硬度计已经成为非常成熟、应用十分普遍的商用硬度测量仪器，几乎成为理化测试车间的标配。

显微维氏硬度试验原理可以描述为：将一个相对夹角为 136°的正四棱锥体金刚石压头施以几克到几百克质量所产生的重力(压力)压入试验材料表面，经规定保持时间后，卸除试验力，测量压痕两对角线长度。维氏硬度是试验力与压痕表面积的商：

$$HV = \frac{2F\sin\left(\frac{136°}{2}\right)}{d^2} = 1.8544\frac{F}{d^2} \tag{6-2}$$

式中，HV 为维氏硬度；F 为法向试验力，kgf；d 为压痕两对角线的算术平均值，mm。

为了表征齿轮近表层的硬度梯度，以 MHVS-1000AT 自动转塔显微硬度计为例进行测量。所采用的 MHVS-1000AT 自动转塔显微硬度计如图 6-6 所示，该仪器的试验力范围为 0.01～1kgf，测量显微镜的放大倍数有 100×(观察时)、400×(测量时)，测量微小压痕的最小分辨率为 0.1μm。测量齿轮近表层硬度梯度时，首先需要对切割下来的轮齿试样在镶嵌机上进行镶嵌，保证试样表面的平整，然后在磨抛机上进行磨削抛光处理，抛光处理后的试样表面不应有太多的划痕。抛光完成后的试样如图 6-7 所示，将抛光完成后的试样放在显微硬度计的载物台上，进行硬度梯度的测试。

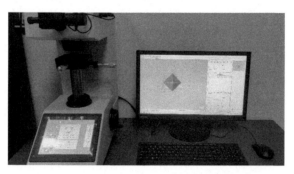

图 6-6　MHVS-1000AT 自动转塔显微硬度计

图 6-7　硬度测试试样抛光后的效果图

硬度测试对试样的一般要求如下：

(1)试样的试验面必须精细制备，一般为光滑平面，不应有氧化皮及外来污物。在试样制备过程中，应尽量避免因受热、冷作硬化对试样表面硬度的影响。

(2)必须保证压痕对角线能精确测量，试验面粗糙度 Ra 一般应小于 0.2μm。

(3)试样或试验层的厚度至少应为压痕对角线平均长度的 1.5 倍。试验后，试样背面不应出现可见变形痕迹。

(4)试样的试验面应与支撑面平行，其斜度应不大于 2°。

(5)试样的试验面应为平面，必要时也可测试曲率半径不小于 5mm 的试样，其结果只能与相同曲率半径的结果相比较，但结果加以修正后，仍可同平面时测得的硬度进行比较。

齿轮硬度测试基本流程可描述如下：

(1)打开 MHVS-1000AT 自动转塔显微硬度计自带的测量软件，该软件可以进行一些基本参数的设置，如加载力、保荷时间、硬度的换算以及相机的部分参数等。

(2)为了从齿轮的表层开始测量硬度,将测量显微镜的放大倍数设置为100×,旋转手轮将载物台升起到离镜头一定的高度,通过移动载物台 X、Y 方向的旋钮,快速将镜头聚焦在齿轮的表层处,聚焦完成后,将显微镜的放大倍数切换成400×,设置好加载力和保荷时间(保荷时间设置得越长,压痕的效果越好,测量读数会越精确,但同时需要等待的时间也就越长),即可以进行第一个点的硬度测量。

(3)单击软件界面上的"开始打压"按钮,转塔开始自动旋转,金刚石压头会自动聚焦在该点处进行打压。

(4)压头施加力并保持一段时间,然后压头抬起,镜头旋转,自动聚焦在该打压点处,单击软件中的"自动测量",仪器就会自动识别压痕图像并计算出该点的硬度值,若机器不能自动识别到压痕的位置,则进行四边形卡点测量。

打压完成的齿轮表层的第一个点如图 6-8 所示。为了测量齿轮的硬度梯度,需要从第一个点往齿轮芯部方向进行打压。以测量齿面节圆处硬度梯度为例,调节 X 方向为深度方向,每次旋转 10 小格(间隔为 0.1mm),得到的一系列数据点即为齿轮从齿面到芯部的硬度梯度数据。

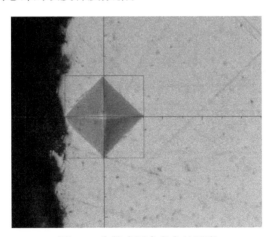

图 6-8 齿轮表层参考点的压痕

图 6-9 中数据点展示了通过显微硬度仪测试的某 11mm 模数 18CrNiMo7-6 渗碳钢淬火齿轮节圆附近沿深度分布的硬度曲线。硬度值从齿面至芯部呈现明显的递减趋势,该样本硬度从表面 670HV 减至芯部约 420HV,有效硬化层深度(ECD)为 2.2mm,有效硬化层深度一般定义为硬度是 550HV 的深度位置。除了基于硬度仪的测量,一些典型工艺如渗碳淬火齿轮的硬度梯度也可由一些经验方法如 Thomas 公式[34]或 Lang 公式[35]获得。图 6-9 中的曲线即通过 Thomas 公式拟合的齿轮硬度曲线。

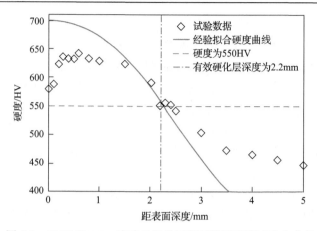

图 6-9　18CrNiMo7-6 渗碳齿轮节圆附近沿深度硬度分布曲线

Thomas[34]提出的齿轮硬化层硬度梯度设计方法可以表达如下。

当 $0 \leqslant z < \mathrm{ECD}$ 时（z 为当前深度），有

$$\mathrm{HV}(z) = a_\mathrm{a} z^2 + b_\mathrm{a} z + c_\mathrm{a} \tag{6-3}$$

当 $\mathrm{ECD} \leqslant z < z_\mathrm{core}$ 时（z_core 为达到芯部硬度时的深度），有

$$\mathrm{HV}(z) = a_\mathrm{b} z^2 + b_\mathrm{b} z + c_\mathrm{b} \tag{6-4}$$

当 $z \geqslant z_\mathrm{core}$ 时，有

$$\mathrm{HV}(z) = \mathrm{HV}_\mathrm{core} \tag{6-5}$$

其中，

$$a_\mathrm{a} = \frac{550 - \mathrm{HV}_\mathrm{core}}{\mathrm{ECD}^2 - 2z_\mathrm{HV,max} \cdot \mathrm{ECD}}, \quad b_\mathrm{a} = -2a_\mathrm{a} z_\mathrm{HV,max}, \quad c_\mathrm{a} = \mathrm{HV}_\mathrm{surface}$$

$$a_\mathrm{b} = \frac{H'(\mathrm{ECD})}{2(\mathrm{ECD} - z_\mathrm{core})}, \quad b_\mathrm{b} = -2a_\mathrm{b} z_\mathrm{core}, \quad c_\mathrm{b} = 550 - a_\mathrm{b}\mathrm{ECD}^2 - b_\mathrm{b}\mathrm{ECD}$$

$$H'(\mathrm{ECD}) = 2a_\mathrm{a} \cdot \mathrm{ECD} + b_\mathrm{a}, \quad z_\mathrm{core} = \frac{-B + \sqrt{B^2 - 4AC}}{2A}$$

$$A = -H'(\mathrm{ECD}), \quad B = 2\mathrm{ECD} \cdot H'(\mathrm{ECD}) + 2(\mathrm{HV}_\mathrm{core} - 550)$$

$$C = -\mathrm{ECD}^2 \cdot H'(\mathrm{ECD}) - 2\mathrm{ECD}(\mathrm{HV}_\mathrm{core} - 550)$$

式中，HV_{core} 和 $HV_{surface}$ 分别为芯部硬度和表面硬度。此外，Lang[36]还提出了其他硬化梯度设计方法。上述经验公式是基于大量的测试结果得出的，但由于材料、工艺和质量等级随具体情况而不同，使用这些硬度梯度经验公式需要视情况而定。

2. 齿轮硬度梯度有限元建模

渗碳等工艺对齿轮具有硬化作用，导致齿轮硬度沿深度方向具有明显的梯度效应，通常常规齿轮有限元模型将材料作为均质处理，没有考虑这一因素，难以反映真实的齿轮材料性能，无法实施硬化层对齿轮接触疲劳的影响分析，本节介绍一种考虑这一梯度特性的齿轮有限元建模方法，主要步骤如下。

(1) 采用硬度测试仪对齿轮硬度梯度进行测量，并对测试数据进行曲线拟合，若不方便对齿轮进行测试，在已知齿轮表面、芯部硬度以及有效硬化层深度时，也可根据经典的 Thomas 等硬度梯度公式，获取渗碳硬化齿轮的硬度梯度曲线。典型的齿轮硬度曲线如图 6-10 所示。

(2) 在对齿轮进行疲劳分析时，齿轮有限元模型本身并不能直接考虑硬度梯度这一参量。根据 ISO 6336-5 标准，齿轮的硬度与屈服极限之间有如下线性关系：

$$\sigma_{y(d)} = \sigma_{y(core)} + (\sigma_{y(surface)} - \sigma_{y(core)}) / (HV_{surface} - HV_{core})(HV_{(d)} - HV_{core}) \quad (6\text{-}6)$$

式中，$\sigma_{y(d)}$ 和 $HV_{(d)}$ 分别为距表面深度为 d 处的屈服极限和硬度；$\sigma_{y(core)}$ 为芯部的屈服极限；$\sigma_{y(surface)}$ 为表面的屈服极限。

因此，可通过得到的硬度梯度数据，转化为齿轮的屈服曲线，从而考虑硬度对疲劳性能的影响。图 6-11 显示了某风电齿轮屈服极限梯度曲线。

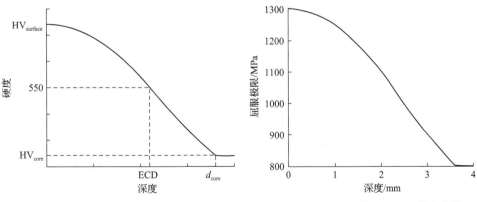

图 6-10　齿轮硬度曲线示意图　　图 6-11　某风电齿轮屈服极限梯度曲线

一些研究者还给出或采用了其他形式的硬化齿轮钢的硬度-极限关系式[37]。需要注意的是，材料强度包含很多具体概念，如拉伸强度、屈服极限、弯曲疲劳强度、接触疲劳强度等，具体选用何种硬度-强度关系式需要根据所用的疲劳准则而定。例如，德国慕尼黑工业大学齿轮研究中心研究者给出了渗碳硬化齿轮的抗齿面轮齿断裂的材料强度与硬度的关系[38]：

$$\tau_{\mathrm{localstr}}(z) = K_\tau K_{\mathrm{material}} \cdot \mathrm{HV}(z) \tag{6-7}$$

式中，HV 为维氏硬度；z 为深度；τ_{localstr} 为材料强度，MPa；K_τ 为转换系数；K_{material} 为材料系数。

（3）建立通用齿轮有限元几何模型，如图 6-12（a）所示。齿轮的硬度梯度本质上沿深度方向材料属性不同，因此，需要为不同深度的齿轮材料设置不同的材料属性，如图 6-12（b）和（c）所示。模型切分的区域越细，所添加的屈服极限越准确，模型越符合实际状态，因此应将齿轮模型切分得足够精细，此时使用手动的方法无法实现，需要借助仿真软件的二次开发接口，对齿轮沿深度方向进行全自动切分，并借助计算好的屈服极限数据，为不同深度材料设置不同材料屈服极限数据，进而获得考虑硬度梯度的齿轮有限元模型。

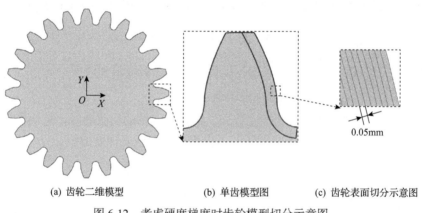

(a) 齿轮二维模型　　　　(b) 单齿模型图　　　(c) 齿轮表面切分示意图

图 6-12　考虑硬度梯度时齿轮模型切分示意图

齿轮的硬度梯度特征伴随着制造全流程产生和演变，其对接触疲劳性能具有显著的影响，因此现代硬化齿轮的接触疲劳分析必须考虑硬度梯度的影响。本节所介绍的齿轮有限元模型考虑了硬度梯度特征，可用于分析其对齿轮应力-应变响应、疲劳性能的影响。值得注意的是，齿轮的硬度梯度特征出现在齿轮沿齿廓的所有方向，如齿顶处沿深度的硬度曲线和齿根处沿深度的硬度曲线存在区别。本节所建立的模型仅对进行接触分析的齿廓进行了硬度梯度建模，忽略了齿顶以及其他齿廓部位的影响。

6.1.3　表面硬度对接触疲劳的影响案例分析

齿轮表面硬化层主要涉及表面硬度和有效硬化层深度两个参数（芯部硬度一

般取决于锻件材料性能，本节不作过多讨论，但本节提出的方法论可以讨论芯部硬度的影响），二者对齿轮接触疲劳性能均有不同程度的影响，本节依旧以某11mm 模数 18CrNiMo7-6 渗碳钢风电齿轮为例讨论齿轮表面硬度对接触疲劳性能的影响。取有效硬化层深度 ECD = 2.2mm，芯部硬度为 440HV。基于 Thomas 硬度公式，得到不同表面硬度的齿轮硬度曲线，如图 6-13 所示。

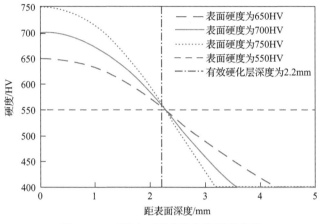

图 6-13　不同表面硬度的齿轮硬度曲线

图 6-14 为表面硬度对齿面压力、油膜厚度及等效塑性应变的影响，可以发现最大压力随着齿面硬度的减小而降低，而油膜厚度的变化较小。可能的原因是降低硬度导致塑性应变累积的增大，增加了表面残余位移。值得注意的是，在图 6-14(b)中展示的等效塑性应变 (PEEQ) 的变化反映了同样的趋势，在表面硬度从 600 HV 增加到 750HV 时，PEEQ 最大值从 2.3×10^{-3} 减小至 5.7×10^{-5}。图 6-15 表明，在 750HV

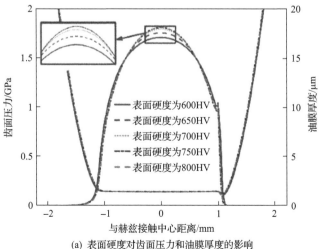

(a) 表面硬度对齿面压力和油膜厚度的影响

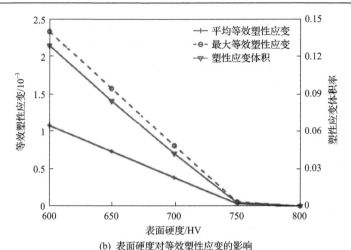

(b) 表面硬度对等效塑性应变的影响

图 6-14　表面硬度对齿面压力、油膜厚度及等效塑性应变的影响

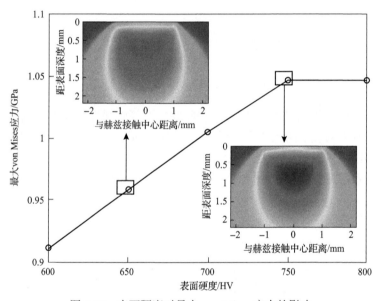

图 6-15　表面硬度对最大 von Mises 应力的影响

之前，最大 von Mises 应力随着表面硬度的增加呈线性增长，而超过 750HV 后没有明显变化。对比图 6-14(b)，在表面硬度为 800HV 时塑性应变为 0，说明在此工况下未发生屈服，这也正是最大 von Mises 应力没有明显变化的原因。

图 6-16 为采用 Dang Van 准则时疲劳参数 FP 的变化，有效硬化层深度为 2.2mm，最大赫兹接触压力为 1.9GPa。随着表面硬度的增加，FP 最大值显著降低，表面硬度从 600HV 增加到 750HV 时，FP 最大值从 1.1 降至 0.9，而且其所在深度也由 0.42mm 变为 0.69mm。这表明在光滑表面假设下，随着表面硬度的增加，裂纹萌

生的风险逐渐降低，同时裂纹萌生的位置逐渐深入齿面。这一结果与 Al 等[39]对于硬化齿轮容易发生轮齿齿面断裂(tooth tlank fracture, TIF)的讨论是一致的。

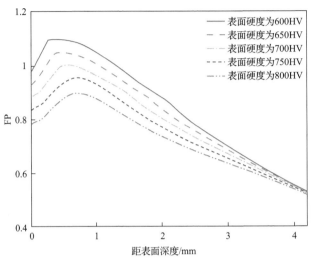

图 6-16　表面硬度对齿轮接触疲劳参数的影响

图 6-17 讨论了三种不同表面硬度(650HV、700HV、750HV)对材料暴露值 A 的影响。有效硬化层深度为 2.2mm，芯部硬度为 440HV。材料暴露值的定义[38]为

$$A(z) = \frac{\tau_{\text{eff}}(z) - \Delta\tau_{\text{eff}, r}(z) - \tau_{\text{eff}, r}(z)}{\tau_{\text{localstr}}(z)} \qquad (6\text{-}8)$$

式中，z 代表齿廓深度方向；A 为材料暴露值；τ_{eff} 为等效剪切应力；$\Delta\tau_{\text{eff}, r}$ 为残余应力影响参数；$\tau_{\text{eff}, r}$ 为准静态残余应力分布；τ_{localstr} 为局部材料强度。可以发现，当表面硬度小于 650HV 时，发生点蚀(裂纹萌生位置在几百微米深度)的风险

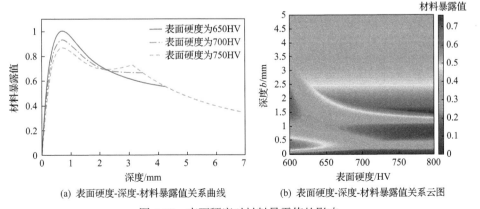

(a) 表面硬度-深度-材料暴露值关系曲线　　(b) 表面硬度-深度-材料暴露值关系云图

图 6-17　表面硬度对材料暴露值的影响

要高于发生深层剥落的风险；当表面硬度高于 650HV 时，发生深层剥落(本例中深度为 1.5~2.5mm)的风险要高于发生点蚀的风险。这与工程实际较为符合，工程实际表明高硬度齿面齿轮发生疲劳剥落的概率较大。

6.1.4　有效硬化层深度对接触疲劳的影响案例分析

本节取表面硬度为 700HV，芯部硬度为 440HV，讨论有效硬化层深度 ECD 对接触性能的影响。图 6-18 为不同有效硬化层深度下的齿面压力分布以及等效塑

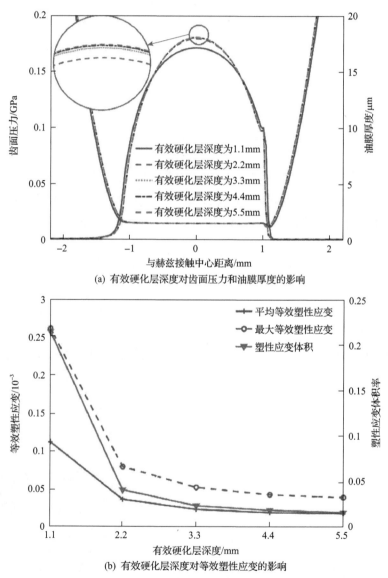

(a) 有效硬化层深度对齿面压力和油膜厚度的影响

(b) 有效硬化层深度对等效塑性应变的影响

图 6-18　有效硬化层深度对齿面压力、油膜厚度及等效塑性应变的影响

性应变的变化。由图可见，最大接触压力（P_{max}）随着有效硬化层深度的增加而增加，在 ECD $= 1.1$mm 时 $P_{max} = 1.71$GPa。ECD 的变化对油膜厚度的影响较小，可能的原因是在此工况下塑性变形相对于油膜厚度较小，塑性应变造成的塑性变形变化量体现在油膜厚度上几乎不可见。图 6-18(b) 展示了有效硬化层深度对等效塑性应变的影响，其中平均等效塑性应变是指塑性应变总和与塑性应变区体积的比值，即每个单元内的平均值，塑性应变区体积率是塑性应变区与计算域的体积比。当有效硬化层深度从 1.1mm 增加到 2.2mm 时，等效塑性应变显著下降，PEEQ 的最大值从 1.1×10^{-3} 降低到 0.38×10^{-3}。有效硬化层深度进一步增加，从 2.2mm 增加到 5.5mm，塑性应变的变化有限，PEEQ 的最大值只从 0.38×10^{-3} 降低到 0.2×10^{-3}。这与图 6-18(a) 中压力峰值的变化是对应的，较大的塑性应变显著削弱了表面压力。

图 6-19 为不同有效硬化层深度对 von Mises 应力分布的影响，其中表面硬度为 700HV，最大赫兹接触压力为 1.9GPa，光滑接触。与 PEEQ 的情况类似，有效硬化层深度在 2.2～5.5mm 范围时，最大 von Mises 应力的变化并不明显，仅从 1.01GPa 增加到 1.02GPa。进一步观察可以发现，等值线图中深色区域是逐渐增大的，这表明尽管应力峰值变化较小，但承受高应力的区域仍逐渐增加。

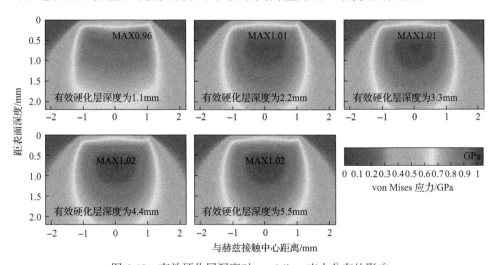

图 6-19　有效硬化层深度对 von Mises 应力分布的影响

图 6-20 为不同有效硬化层深度下采用 Dang Van 准则时疲劳参数 FP 的对比，表面硬度为 700HV，最大赫兹接触压力为 1.9GPa。除了有效硬化层深度为 1.1mm 的算例外，FP 的变化曲线都呈现相同的趋势：FP 在 0.55mm 左右的深度达到最大值，然后随着深度的增加逐渐减小。从无量纲的角度来看，0.55mm 的深度约为 $0.5b_H$，小于赫兹接触中最大 von Mises 应力所在的深度 $0.78b_H$，说明即使在光滑

表面假设之下，通过临界面求得的裂纹萌生位置也要比最大 von Mises 应力所在位置更接近表面。对于有效硬化层深度为 1.1mm 的异常情况，可能的原因是硬化层带来的高硬度区域较浅，不足以覆盖高应力区域。硬度随着深度而变化，较小的有效硬化层深度会在次表层（如 $z<b_H$ 区域）引起硬度的剧烈下降，而这一区域正是应力峰值所在的区域。同时，硬度或屈服极限的降低可能会导致剧烈的塑性流动，这同样会削弱该位置的抗疲劳性能。

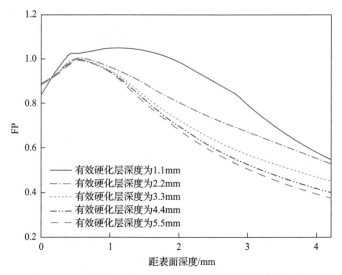

图 6-20　有效硬化层深度对齿轮接触疲劳参数的影响

图 6-21 为不同有效硬化层深度对剩余承载潜力的影响曲线，其中表面硬度为 700HV，芯部硬度为 400HV，采用 Thomas 硬度曲线。可以发现，四种有效硬化

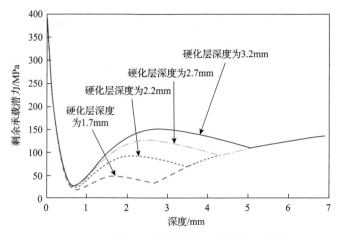

图 6-21　有效硬化层深度对剩余承载潜力的影响

层深度下的最薄弱位置均位于 0.7mm 深度处。值得注意的是，对于有效硬化层深度为 1.7mm 的情况，在 2.7mm 深度位置(硬化层与芯部的交界处)出现了第二个薄弱点，该情况下在 0.5～2.7mm 深度范围剩余承载潜力都低于 50MPa，应引起足够重视。

图 6-22(a) 为有效硬化层深度对材料暴露值的影响，表面硬度为 700HV，芯部硬度为 400HV。可以发现在 0.7mm 深度位置几种硬化层深度情况下暴露值都达到 0.9 左右。若以材料暴露值超过 0.8 认定为危险区域(该认定标准尚无依据)，则有效硬化层深度为 1.7mm 的情况在 0.4～3mm 非常大的深度范围均存在裂纹萌生的风险，而有效硬化层深度增加到 2.2mm 后该风险范围缩减到 0.4～1.5mm 深度范围，硬化层与芯部交界处的疲劳风险大大降低。保证一定的渗碳层深度对于大型重载齿轮很有必要，渗碳层深度的选取应综合考虑包含疲劳剥落风险、成本、微观组织等各方面的因素。图 6-22(b) 展示了有效硬化层深度-深度-暴露值三维图，可用作齿轮抗疲劳设计评估，当有效硬化层厚度增大时，处于 1～2mm 深度位置的疲劳失效风险显著降低。

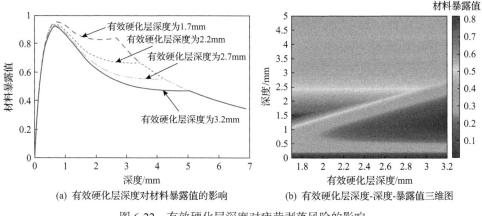

(a) 有效硬化层深度对材料暴露值的影响　　(b) 有效硬化层深度-深度-暴露值三维图

图 6-22　有效硬化层深度对疲劳剥落风险的影响

实现合理的硬化层梯度分布是热处理过程中的重要目标，该过程主要控制的参数包括表面硬度、芯部硬度、有效硬化层深度等。良好的硬化层设计能在保证足够疲劳强度的同时，避免过高的热处理工艺代价。事实上，不同的抗疲劳特性对硬化层设计需求并不相同。例如，表面硬度对齿轮微点蚀和点蚀的影响显著，这是因为表面硬度直接决定了齿面材料的强度和抗磨性，相比较而言，硬化层具体的分布特征对齿廓断裂失效的影响更加显著。尽管如此，单一寻求过高的表面硬度、芯部硬度或者有效硬化层也并不一定有益于齿轮抗接触疲劳性能，有效硬化层深度过大，表面耐压强度反而下降，同时导致渗碳时间延长，降低生产效率，浪费资源。应根据齿轮的应用及服役特性，综合设计硬化层梯度分布，根据抗点蚀或抗齿面断裂强度设计需求，相应提高次表面或深层的接触疲劳强度。在热处理工程中，齿轮热处理变形同样需要得到很好的控制，若仅保证硬化层的设计而无法控制热处理变形，则后续的磨削等过程将破坏原有的硬化层，进而无法满足设计要求。

此外，硬度梯度的产生往往也伴随着残余应力的产生。有研究表明，齿轮残余应力对疲劳特性具有很大的影响，尤其是齿轮磨削烧伤等不恰当的加工操作所引入的初始残余拉应力将极大地劣化齿轮的疲劳性能，而一定的初始残余压应力有利于提升齿轮抗疲劳性能。因此，下面将详细探讨残余应力对齿轮接触疲劳性能的影响规律。

6.2　残余应力的影响

残余应力又称为内应力、自有应力、残留应力等，是指在没有外力和外力矩作用下依然存在于物体内部并维持自身平衡的应力。齿轮制造流程中引入的残余应力与施载应力共同影响齿轮表面及次表面变形行为与应力-应变场分布，继而影响接触疲劳寿命。适当的近表面残余压应力分布是保证齿轮接触疲劳强度的重要因素。材料内部必须同时存在残余拉应力和残余压应力，以保证内力/力矩的平衡，因此残余应力的梯度分布成为影响疲劳裂纹萌生位置、裂纹扩展方向和扩展速率的重要因素，是表面完整性重要的组成部分。

目前残余应力对齿根弯曲疲劳的影响已经明确，但现有齿轮设计方法、规范标准几乎都没有直接体现残余应力对接触疲劳寿命的作用，且残余拉应力和残余压应力对齿轮接触疲劳的影响机理并不相同，尚未明确。残余应力对齿轮接触疲劳的影响已逐渐成为研究热点。尤其对于以航空、风电齿轮为代表的高品质齿轮，对功率密度和寿命要求不断提高，且发生疲劳失效造成的后果更为严重，改善残余应力对提高接触强度和抑制早期失效起到良好作用。越来越多的研究表明，喷丸、低塑性滚压、复合工艺等强化方法为齿轮提供了更深和更稳定的残余压应力梯度，从而提高疲劳寿命。对残余应力和疲劳强度关联规律认识的加强为解决齿轮等传动件早期接触疲劳问题提供了一种有效途径。

6.2.1　残余应力的产生与演变

几乎所有热处理、表面强化与机械加工操作都会引起或改变残余应力，主要机理是通过塑性变形、热扩散不匹配、相变、热/结构效应产生。目前加工工艺中生成残余应力的环节主要包括：①机械加工环节；②热处理环节；③表面强化环节。具体残余应力产生的机理如表 6-3 所示。

表 6-3　加工工艺与残余应力

加工过程	机械应力	热应力	结构应力
铸造	无	冷却温度梯度	相变
喷丸，锤击，滚压，激光冲击处理，弯曲，滚轧，套螺纹，挤压，矫直	表面与芯部间的各种塑性变形	无	取决于材料
磨削，车削，铣削，钻孔，镗孔	切削塑性变形	加工热造成的温度梯度	温度达到足够高产生相变
无相变淬火	无	温度梯度	无
伴随相变的表面淬火（感应、等离子体淬火等）	无	温度梯度	相变造成的体积变化
表面硬化，渗氮处理	无	受热不协调	引入新的化学成分
焊接	收缩	温度梯度	热影响区微结构改变
电镀	机制不相容	机制不相容	取决于所用镀液镀层成分
热喷涂（等离子，激光 HVOF）	机制不相容	受热不协调，温度梯度	镀层中相变

　　金属材料的机械加工过程如切削、磨削、车削等会通过热循环、微结构相变和材料去除的变形导致残余应力。磨削加工产生残余应力的机理是由于磨削表面材料产生的热弹塑性变形，通过各种应力和影响因素综合作用的结果，如图 6-23 所示。一般来说，磨削对残余应力的影响深度一般在 $30\mu m$ 左右，最多可达 1mm。磨削工艺如磨削量、磨削速度、砂轮与冷却等对磨削件残余应力分布均会造成影响。磨削烧伤过程产生显著的热力耦合，磨削生热足够高，可导致材料屈服等力学性能的降低。在冷却作用下，屈服的材料有收缩的趋势，而周围材料限制了它的收缩，从而产生表面残余拉应力，危害接触疲劳强度。

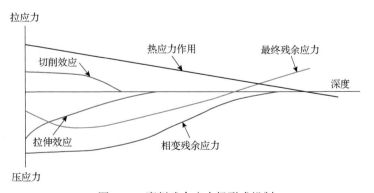

图 6-23　磨削残余应力场形成机制

　　磨削过程中残余应力的产生与演变问题已经被广泛关注。早在 20 世纪 50 年代，Colwell 等[40]研究了硬化 4340 钢磨削加工过程中引入的残余应力，发现钢材硬度等级越高，材料中的残余应力越高；Yonetani 等[41]测量了不同条件下高硬度样本磨削的残余应力，发现残余应力大小和分布受磨削热影响显著，最大残余应力和磨削温度有线性关系；刘竹丽等[42]发现采用电镀立方氮化硼锥砂轮磨削 20CrMnMo 钢齿面近表面全部处于残余压应力状态，陶瓷立方氮化硼锥砂轮有 72%处于残余压应力状态，还发现展成速度是影响残余应力的显著因素；Lemaster 等[43]对渗碳淬火齿轮磨削后齿面残余应力进行了试验研究，通过分组对比淬火齿轮磨削前后的残余应力分析了磨齿对残余应力变化的影响，并得出结论，残余应力的变化和磨齿材料去除量之间存在线性关系；Zou 等[44]开展了 40Cr 的磨削硬化试验与基于 X-350A 射线仪的残余应力测试研究，并采用 ANSYS 对工件表面热应力进行了仿真模拟，研究表明磨削工艺参数对硬化层残余应力分布有显著影响，如图 6-24 所示。

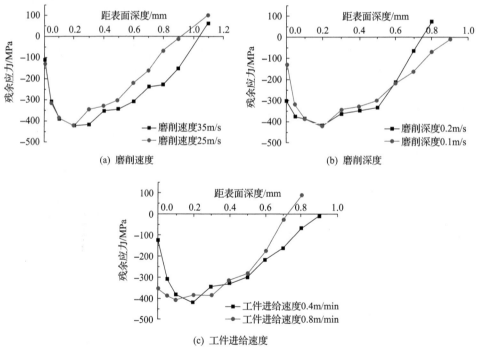

图 6-24　磨削工艺参数对残余应力分布的影响案例[44]

　　渗碳淬火工艺中，残余应力的产生过程较为复杂。在渗碳淬火过程中，从奥氏体到马氏体相变过程中产生了不均匀的体积变化，同时产生热应力和相变应力。渗碳淬火钢中，芯部的奥氏体到马氏体的相变温度比表层的温度要高得多，奥氏体到马氏体相变会产生体积的扩展。因此，随着零件冷却，相变从芯部开始不断移向表层，使芯部产生拉应力，而表层产生压应力。表层的压应力可以帮助抑制轮齿应力导致的点蚀问题，也有助于缓解齿根处弯曲造成的拉应力。典型的渗碳硬化钢碳含量、残余奥氏体含量与残余应力沿深度的梯度分布特征曲线如图 6-25 所示。渗碳钢的残余应力受到渗碳深度，特别是受到由表面到内部的渗碳梯度、试样尺度及冷却方式的影响，也受到材料成分的影响。

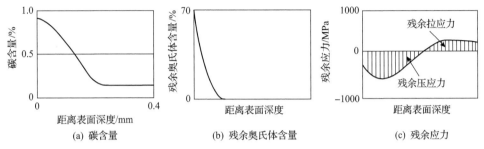

(a) 碳含量　　　　　　(b) 残余奥氏体含量　　　　　　(c) 残余应力

图 6-25　典型渗碳硬化钢碳含量、残余奥氏体含量与残余应力沿深度的梯度分布特征曲线

　　喷丸处理采用丸粒轰击工件表面并引入残余压应力，从而提升工件的疲劳强度[45]。高速运动的弹丸撞击工件表面使其发生剧烈的塑性变形，表层材料因塑性变形向外延伸，而次表层材料只发生弹性变形而恢复原状，这种不均衡的变形在表层引入较大的残余压应力。例如，Qian[46]研究了喷丸处理 18CrNiMo7-6 渗碳钢的残余应力分布规律，发现通过喷丸和激光喷丸可引入高达 1.5GPa 的表面残余压应力而不会产生过大的表面粗糙度或表面缺陷。齿轮喷丸现场与喷丸后残余应力分布状态如图 6-26 所示。对于常见齿轮，喷丸后的表面残余压应力能够达到700MPa 以上，产生的残余应力场深度能够达到 150～200μm；残余压应力的分布呈现出"倒钩状"(先增加后减小)的分布规律；最大残余压应力一般出现在距离表面50～75μm 的深度位置，其值能达到 1100～1200MPa[47]。喷丸后可通过磨削、光整等进一步修整齿面，需要保证修整量不超过有残余应力的表面层厚度的 10%[48]。

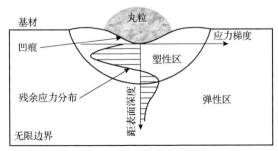

(a) 齿轮喷丸现场　　　　　　　　　(b) 喷丸后残余应力

图 6-26　齿轮喷丸现场与喷丸后残余应力分布示意图

喷丸工艺参数较多，与表面完整性关联规律较为复杂。一般认为，喷丸所产生的残余应力场深度与最大残余压应力深度、喷丸覆盖率、喷丸强度、丸粒直径、材料属性等有关。已有的研究表明，当喷丸覆盖率小于 100% 时，最大残余压应力随着喷丸覆盖率的增加而逐渐增大，当喷丸覆盖率超过 100% 时，喷丸覆盖率对残余应力影响不大[47]；随着喷丸强度的增加，表面残余压应力逐渐减小，最大残余压应力逐渐增加至 50%~60% 的抗拉疲劳强度(utimate tensile strength, UTS)[49]；随着丸粒直径的增大，最大残余压应力增大[50]；随工件材料硬度的增大，最大残余压应力减小[50]。在丸粒直径为 0.6mm，喷丸覆盖率为 200% 时，喷丸强度(0.15~0.55mmA) 对 18CrNiMo7-6 渗碳钢的残余应力的影响如图 6-27 所示。喷丸处理后，

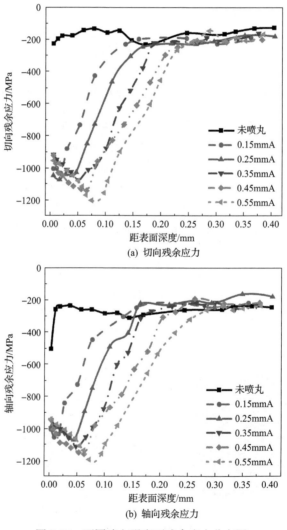

(a) 切向残余应力

(b) 轴向残余应力

图 6-27　不同喷丸强度下残余应力分布图

产生的残余压应力趋于各向同性；表面残余压应力得到显著提高，残余压应力在近表层达到最大后逐渐减小，最后减小到与未喷丸的残余压应力相同。随着喷丸强度的增大，最大残余压应力增大且其出现的位置逐渐加深，能够有效抑制次表层疲劳失效的发生。

　　齿面光整作为旨在提高表面质量的最后一道工序，除了可显著降低表面粗糙度外，还可能引起残余应力的变化。在光整加工过程中磨料往往对齿面起到碰撞、滚压、划擦及微量切削的作用，从而使齿轮近表层产生塑性变形，而除近表层之外材料仍保持弹性状态，但其弹性变形受到塑性变形区域材料的限制，从而在弹性变形区域产生残余拉应力，在塑性变形区域产生残余压应力[51]。图 6-28 为喷丸齿轮在进行光整前后的残余应力结果，可以看出，光整后材料表面残余压应力达到了 1300～1400MPa，相比光整前提升约 500MPa，且残余应力深度从 0.2mm 移

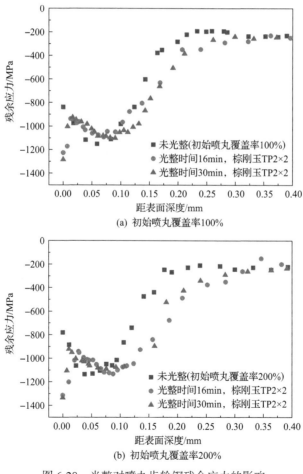

图 6-28　光整对喷丸齿轮钢残余应力的影响

到 0.25~0.3mm，可以看出光整对近表层残余应力及残余应力深度具有显著的提升作用，从而提高齿轮疲劳强度。

工程实际中通常采用机械加工、热处理、磨削、喷丸等多种工艺开展齿轮加工，材料内部残余应力的分布随着工艺流程逐渐遗传演变。受工艺流程与工艺参数等多变因素的影响，残余应力演化机理极其复杂，目前对多工艺流程中残余应力的演变研究较少，有待深入探讨。已有的初步研究认为残余应力分布，尤其是表面处残余应力，取决于钢材属性和渗碳硬化工艺，如碳势、热处理时间、淬火介质和冷却条件等。

此外，制造工艺中引入的初始残余应力在服役过程中发生松弛和重新分布的问题也极为复杂。载荷超过屈服极限后再卸载，残余应力会发生变化，即使在单次载荷循环中没有超过屈服极限,循环加载也会引起残余应力随时间的逐渐变化。此外，温度过高会导致残余应力的松弛，疲劳裂纹的扩展也会在某些情况下导致残余应力场的显著改变。Lu 等[52]发现循环硬化材料的残余应力松弛在前几次循环载荷下即可完成，而循环软化材料随着循环次数的增加残余应力松弛到一个稳定状态；Kuhn 等[53]研究了 1045 钢在不同热处理和不同应力集中条件下残余应力松弛情况，发现在较大的疲劳应力幅值情况下，残余应力显著松弛；高玉魁[54]研究了超高强度钢 23Co14Ni12Cr3MoE 旋转弯曲疲劳过程中喷丸表面残余应力的松弛变化规律，结果表明，在疲劳循环过程中残余应力的松弛主要发生在疲劳的初始循环 100 周次内，疲劳循环 100 周次后残余应力基本稳定在某一个应力水平上，而且其中的大幅度松弛发生在疲劳的初始循环 10 周次内。齿轮服役过程中残余应力状态的演化规律尚未明晰，有待进一步开展研究。

6.2.2 残余应力的表征与有限元建模

随着残余应力表征方法的不断发展，精确的表征结果为齿轮接触疲劳中残余应力的产生与演变机理的探究提供了有力的保障。

1）常用的残余应力表征方法

目前，常用的残余应力测量手段有光测法、机械法、纳米压痕法、磁测法、超声波法、衍射法等，各自优缺点及其适用范围归纳如表 6-4 所示，不同残余应力表征方法的有效深度如图 6-29 所示。

表 6-4 不同残余应力表征方法优缺点及适用范围概述

方法	伤害特性	精确性	难度	优势	不足	适宜情景
小孔法	有损	较好	难度高	精度佳，仪器成本低且便于携带，能准确获得应力具体数值	有损测试，工艺烦琐，测量用时长，不适合对在役设备进行测量	机械法适用于测量工件表面的残余应力

续表

方法	伤害特性	精确性	难度	优势	不足	适宜情景
环芯法	有损	优于小孔法	难度较高	精度好,仪器成本低且便于携带,能够实现应力的准确度量	有损测试,流程烦琐,测量用时长,不适合对在役设备进行测量	
磁声发射法	无损	偏低	适中	测量效率高,测量深度深,能够达到几十毫米	需要磁化,对表面质量要求高,要配备压电传感设备,对测量设备要求比较严格	
磁应变法	无损	偏低	适中	测量速度快	需要磁化,必须作特殊的数据搜集与整理,设备复杂	磁测法适用于铁磁类材料,测量误差较大
巴克豪森噪声法	无损	偏低	低	测量速度快	需要磁化,同时进行特殊的信息搜集与处理,设备复杂	
超声波法	无损	适中	较容易	可以测量表层残余应力或垂直方向上的残余应力,测量用时短	受材料金相组织、温度等影响较大,理论尚不完善,表面处理要求高	铁轨车轮及建筑行业紧固螺栓的应力测量
X 射线衍射法	无损	高	较容易	测量误差小且能够实现定量测量	传统的设备较复杂,测量用时长,难以用于工业领域	材料表面的残余应力
中子射线衍射法	无损	高	难	测量误差小且能够实现定量测量	设备复杂且成本高,测试用时长,不适宜在工业过程中广泛运用	较深厚度的表面残余应力

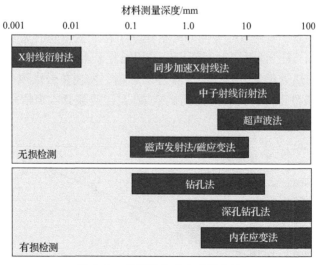

图 6-29　常用残余应力表征方法

机械法目的是去除或分离零件中存在残余应力的部分,从而释放应力,接着测量零件应变量，通过一系列计算并在计算中加入各种修正，得到残余应力。机械法对残余应力测量精度较高，但会对工件造成损伤，属于有损检测，不适合对在役设备进行检测。机械法包含小孔法和环芯法等。小孔法在零件表面钻孔，布置三向应变片测量钻孔前后的应变数值，结合应力减少前后的应变量以及应力学方程求解相应的主应力及其方向。环芯法是指在测量零件上布置应变花，在其四周铣出浅环槽，切割掉环芯区域，释放残余应力，利用应变片测量的结果与对应的应力运算方程，得到零件测量点的主应力及方向。

对于在役设备或元件，最好使用无损测试法，无损测试法有磁测法、光测法、超声波法、纳米压痕法、衍射法（X 射线衍射法、中子射线衍射法）等。磁测法主要是针对大型工件，而且只对铁磁性材料有效，不同材料检测结果波动大，检测结果的准确性和重复性有待提高，且每次测试都需要先进行标定，还必须准备与被测件相同的标准试件；超声波法基于声弹性理论，声速与应力存在对应关系，测量无应力和有应力作用时物体内超声波波速的变化，即可计算出应力。超声波法对测试方式和设备的精度与灵敏度提出了十分严格的要求。现阶段，超声波法测试残余应力主要应用于铁轨车轮、螺栓紧固、焊接残余应力的应力测试；X 射线衍射法利用 X 射线衍射手段测量晶格应变，基于弹性力学理论能够获得宏观应变，根据晶格应变即可推断宏观应力；中子射线衍射法将样品放置在中子流中，若晶面满足布拉格方程发生衍射，获取衍射峰，由峰值所处位置与大小得到应力、应变和组成的相关结果。相较于 X 射线，中子的穿透力明显更强，能获取钢铁焊接件在深度方向上的残余应力。

Sorsa 等[55]基于 X 射线衍射法和巴克豪森噪声法研究了硬化钢化试样的残余应力和硬度，并基于多变量线性回归分析建立了特征变量间的关系，如图 6-30 所示；Vrkoslavová 等[56]针对风电磨削齿轮采用巴克豪森噪声分析仪和 X 射线仪研究了切削速度和热处理工艺对表面完整性的影响，发现在磁化频率为 225Hz、磁化电压为 12V 条件下能得到较好的测试结果，且巴克豪森噪声信号和 X 射线结果对比一致。

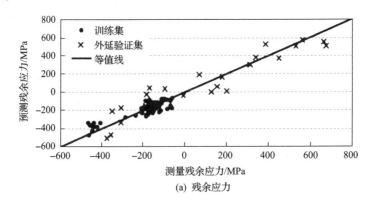

(a) 残余应力

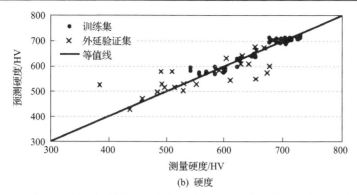

(b) 硬度

图 6-30 基于 X 射线衍射法和巴克豪森噪声法的残余应力、硬度测量结果[55]

2) 基于 X 射线衍射法的残余应力表征

X 射线衍射法是一种无损测试方法，随着检测仪器的商业化发展，X 射线衍射法逐渐成为最常用、便捷的残余应力表征手段。本节采用 X 射线衍射法对齿轮副样本进行齿面残余应力、衍射峰等测试，具体表征方法和建模过程将在下面介绍。20 世纪初，人们开始利用 X 射线来测定晶体的应力；后来日本成功设计开发了 X 射线应力测定仪，对残余应力测试技术的发展起到了巨大的推动作用；自 1961 年提出了基于 X 射线的 $\sin(2\psi)$ 残余应力测试方法以来，利用晶面间距变化时产生的布拉格衍射现象测定衍射角并计算残余应力，使残余应力测定的实际应用向前推进了一大步[57]。

X 射线衍射法根据测量原理不同分为 $\sin(2\psi)$ 法和 $\cos\alpha$ 法，如图 6-31 所示。X 射线应力测量 $\sin(2\psi)$ 法的本质目的就是选择多组 ψ 角（衍射晶面方位角），利用测角仪获得其相应的衍射角 2θ；$\cos\alpha$ 法又称为二维面探法，该方法仅需在特定的角度测量一次，搜集某一面的衍射角转变，即可获得待测样本的应力大小。

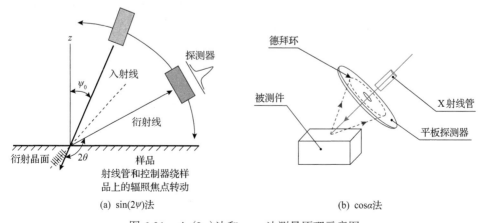

图 6-31 $\sin(2\psi)$ 法和 $\cos\alpha$ 法测量原理示意图

　　X 射线衍射法也存在缺点。例如，该方法需要 X 光束射线，且仅能测量小于 10μm 的厚度，因此只能通过电解抛光破坏性测量次表面情况。电解抛光时也有技术要求，例如，破坏面积不可过大，以免引起残余应力松弛和再分布，抛蚀面应尽可能平整，以免影响测量精度。

　　X 射线衍射法的应用场合包括：①材料研究，如淬硬（调质）、表面硬化等可以引起表层和次表层残余应力和残余奥氏体的变化；②工艺质量控制，如确定喷丸引入的残余压应力、磨削带来的残余拉应力、应力释放热处理带来的残余应力改变等，总体来说，表面和次表面残余应力曲线是全面评估热处理、机械加工、磨削、喷丸和其他工艺效果的重要因素；③失效分析，如分析残余应力和残余奥氏体是否满足要求，载荷、塑性变形和热应力是否引起残余应力变化；④断裂力学损伤容限，近表层和次表层残余应力控制疲劳裂纹的扩展，在评估损伤容限时应加以考虑。

　　采用 X 射线衍射法对齿轮副样本进行齿面残余应力表征。需要注意的是，μ-360s 型应力测试仪 X 射线管的工作电压为 30kV，电流小于 5mA，因此其只能透射深度约 50μm 的表面，被测零件的表面质量直接影响测试精度，在测试之前必须将试件擦拭干净。此外，透射深度的限制导致其只能测试工件表面的残余应力，因此若希望得到沿深度分布的残余应力，则需要借助 Proto-8818 电解抛光机对检测部位进行电化学腐蚀，其一般设置电压为 60V，电流为 1.6A，电解液为饱和氯化钠溶液，并使用数显千分尺对电解腐蚀深度进行测量。图 6-32 为 Proto-8818 电解抛光机和数显千分尺。

(a) Proto-8818电解抛光机　　　　　　　　　　(b) 数显千分尺

图 6-32　Proto-8818 电解抛光机与数显千分尺

　　以渗碳淬火磨齿状态的重载风电齿轮为例，齿轮残余应力分布测试如图 6-33 所示。测试结果表明，沿着深度方向，残余应力保持压应力状态，表面残余压应力幅值约为 100MPa，最大残余压应力幅值约为 200MPa，出现在深度为 0.5～

0.7mm 的位置，随后压应力幅值随着深度的增加呈不断减小的趋势。根据测试结果，齿轮深度方向(z 轴方向)的残余应力的幅值比其他两个方向小，因此可不考虑深度方向的残余应力梯度。

(a) 齿轮残余应力分布测试

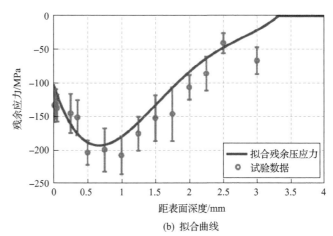

(b) 拟合曲线

图 6-33 18CrNiMo7-6 渗碳齿轮残余应力分布测试及拟合曲线

3)考虑残余应力的齿轮有限元模型

与硬化层类似，齿轮残余应力在沿深度方向同样具有明显的梯度特征，因此可基于考虑硬度梯度的齿轮有限元模型建模方法引入残余应力。然而应力相比于硬度的显著不同在于其具有坐标相关性，尤其是对于齿轮这类几何结构复杂的零件，这一特性使得齿轮残余应力建模更加困难，本节介绍一种能够考虑齿轮残余应力分布的有限元建模方法，步骤如下。

(1)目前尚无类似 Thomas 硬度梯度公式[34]的残余应力拟合公式，因此需采用 X 射线残余应力衍射仪对齿轮轮齿沿齿宽(切向)和齿廓(径向)方向的初始残余应力进行测量，并采用腐蚀法对齿轮表面进行腐蚀，逐步获得不同深度下的初始残余应力。检测结果表明，切向与径向的初始残余应力数值大小较为接近[58]。因此，仅对一个方向的残余应力进行测量，并对测量结果进行曲线拟合。图 6-34 为某风电齿轮的残余应力测试数据与拟合曲线。

(2)残余应力具有与硬化层相似的梯度特征，因此也需要对齿轮有限元模型沿深度方向进行切分，具体可参见 6.1.2 节考虑硬度梯度的齿轮模型切分方法。

(3)在步骤(2)中建立的齿轮模型已设置了模型的全局坐标系，齿轮的残余应力在同一深度下的齿宽和齿向为恒定值，然而有限元模型中残余应力的添加以坐标系的 x 和 y 方向作为基准。这导致残余应力的添加与坐标系和齿轮几何密切相关，因此必须将齿轮沿齿宽和齿向的残余应力分量转化为沿坐标系方向的残余应力分量。文献[59]详细介绍了不同方向的应力推导计算公式。通过应力转换法，

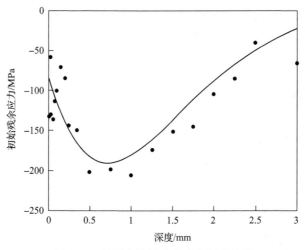

图 6-34　某风电齿轮残余应力测试结果

将测得的沿齿宽和齿向的初始残余正应力转换为沿有限元模型中坐标轴的初始残余正应力。

图 6-35 为建立的考虑初始残余应力分布的有限元模型。在该有限元模型中，定义齿轮接触面上滚动方向为笛卡儿坐标系 x 轴，齿面深度方向为 y 轴，齿宽方向为 z 轴。考虑该齿轮在齿宽和齿廓方向的初始残余应力（其他方向的残余应力忽略不计），可得到如下应力转换公式：

$$\sigma_{z,r} = \sigma_{T,r} \tag{6-9}$$

$$\sigma_{x,r} = \frac{\sigma_{R,r}}{2}\left[1 - \cos(2\alpha)\right] \tag{6-10}$$

$$\sigma_{y,r} = \frac{\sigma_{R,r}}{2}\left[1 + \cos(2\alpha)\right] \tag{6-11}$$

$$\tau_{xy,r} = \frac{\sigma_{R,r}}{2}\sin(2\alpha) \tag{6-12}$$

式中，σ、τ 分别代表正应力和切应力分量；下标 x、y、z 代表标准笛卡儿坐标系中的三个坐标轴；下标 T 和 R 分别代表齿轮的齿宽及滚动方向；下标 r 代表初始残余应力；α 代表齿廓任一点的法向与 x 方向的夹角。

图 6-36 为初始残余应力云图，可以发现在 x、y 方向的残余应力分布有非常大的差异，这是由齿廓的法向和 x 轴的夹角在每个点都不相同所导致的。由得到的等效 von Mises 残余应力云图可以发现，该图具有与拟合残余应力曲线相同的

分布。此外，尽管在有限元模型中无法直观地用云图来展示模型中各材料点的屈服极限，但屈服极限曲线的添加与残余应力的添加方法类似。

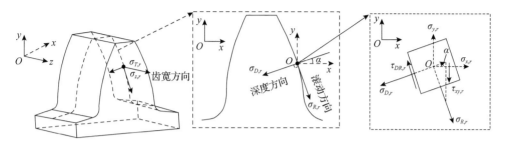

图 6-35　齿轮残余应力坐标转换示意图

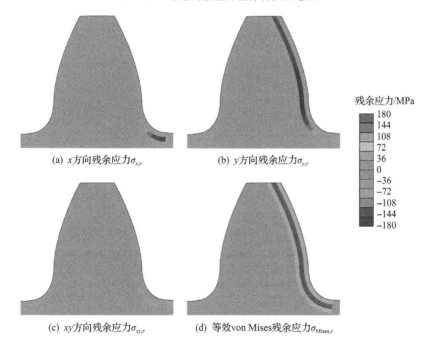

(a) x 方向残余应力 $\sigma_{x,r}$　　　　　(b) y 方向残余应力 $\sigma_{y,r}$

(c) xy 方向残余应力 $\sigma_{xy,r}$　　　(d) 等效 von Mises 残余应力 $\sigma_{\text{Mises},r}$

图 6-36　齿轮初始残余应力添加效果图

残余应力/MPa
180
144
108
72
36
0
−36
−72
−108
−144
−180

　　残余应力可通过多种方式影响应力历程。如果在载荷循环过程中残余应力不发生变化，那么这种情况下残余应力不影响应力幅值，但会改变每次循环的应力平均值或最大值。在疲劳循环条件下，应力平均或最大值的变化对疲劳寿命影响显著。图 6-37 为几种初始残余应力状态对 von Mises 等效应力的影响，可以发现残余拉应力显著增大了 von Mises 应力，最高值达到 750MPa（深度约 0.5mm），而残余压应力可以明显降低次表面的 von Mises 应力，且随着残余压应力水平的提高，对 von Mises 等效应力的降低效应更加明显，这有助于改善接触疲劳性能。

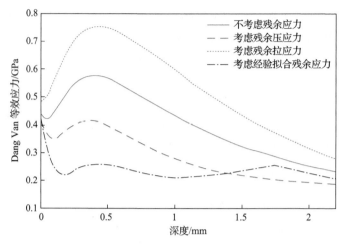

图 6-37　考虑残余应力的 Dang Van 等效应力

6.2.3　残余应力的影响

硬化齿轮热处理和机械加工等工艺会显著改变残余应力幅值与分布状态，残余应力影响齿轮的总应力-应变场、接触疲劳失效模式和疲劳寿命。因此，在预估硬化齿轮接触疲劳风险时必须考虑真实的残余应力状态。Zhang 等[60]通过试验研究了脉冲磁化处理对 20Cr2Ni4A 钢齿轮滚动接触性能的影响。他们发现，当残余压应力从–80MPa 增加到–120MPa 时，中值寿命从 9.23×10^6 次增加到 10.49×10^6 次。

在力学响应中，残余应力与施加的载荷应力以某种形式叠加，共同影响零件力学行为。目前有几种方式可以体现残余应力对总应力-应变场的影响，包括将残余应力考虑为最大剪应力、等效应力、水静应力和平均应力等。20 世纪 60 年代，Zaretsky 等[61]研究了残余应力对最大剪应力的影响，可表示为

$$(\tau_{\max})_r = -3.22 \times 10^6 \left(\frac{P_N}{R^2 S_{\max}} \right)^{1/2} - 0.5(\pm \mathrm{Sr}_x) \tag{6-13}$$

式中，$S_{\max}$ 为该材料点的最大主应力；$\pm \mathrm{Sr}_x$ 代表残余拉应力或残余压应力。他们认为，残余压应力会降低最大剪应力，从而提高疲劳寿命。

Agha[62]将残余应力非线性叠加到主应力上，得到考虑残余应力的 von Mises 准则等效应力，可以表示为

$$\sigma_{\mathrm{eq}} = \frac{1}{\sqrt{2}} \sqrt{ \left[(\sigma_x + \sigma_{xr}) - (\sigma_y + \sigma_{yr}) \right]^2 + \left[(\sigma_y + \sigma_{yr}) - (\sigma_z + \sigma_{zr}) \right]^2 }$$
$$+ \sqrt{ \left[(\sigma_z + \sigma_{zr}) - (\sigma_x + \sigma_{xr}) \right]^2 + 6(\tau_{xy}^2 + \tau_{yz}^2 + \tau_{xz}^2) } \tag{6-14}$$

式中，σ_{xr}、σ_{yr}、σ_{zr} 分别为三个方向的残余应力，且 $\sigma_{zr} = -\nu(\sigma_{xr} + \sigma_{yr})$，$\nu$ 为泊松比。Agha 认为，该方法可以很好地预测疲劳寿命模型中的最大等效应力及其深度。

Bernasconi 等[63]提出，当采用 Dang Van 准则分析车轮滚动接触疲劳行为时，残余应力只影响水静应力，从而降低最大等效应力。Guo 和 Barkey[64]采用二维有限元法考虑了机械加工引入的残余应力梯度曲线对滚动接触的影响，发现残余应力分布几乎不影响次表面最大应力幅值及位置，但显著影响表面变形。还有学者将残余应力考虑成平均应力 σ_{m} 进而分析残余应力对疲劳强度的影响。一般情况下，拉伸平均应力会促进裂纹萌生，并加速裂纹扩展。随着平均应力的增加，疲劳强度降低。因此，将残余应力考虑成局部平均应力是一种直观的方法。残余应力与疲劳强度的关系可以在 Haigh 图中体现，如图 6-38 所示。

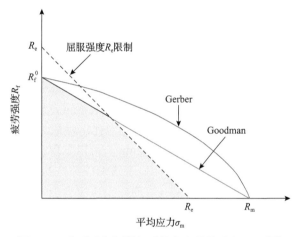

图 6-38　典型耐久极限与平均应力的关系(Haigh 图)

Goodman 准则与 Gerber 抛物线均可用于描述残余应力对疲劳强度的影响。Goodman 准则[65]可表示为

$$R_{\mathrm{f}} = R_{\mathrm{f}}^0(1 - \sigma_{\mathrm{m}} / R_{\mathrm{m}}) \tag{6-15}$$

式中，R_{f} 为疲劳强度；R_{f}^0 为平均应力 $\sigma_{\mathrm{m}} = 0$ 时的疲劳强度；R_{m} 为拉伸强度。

Gerber 准则可表示为

$$R_{\mathrm{f}} = R_{\mathrm{f}}^0\left[1 - (\sigma_{\mathrm{m}} / R_{\mathrm{m}})^2\right] \tag{6-16}$$

通常认为 Goodman 准则较为保守，而 Gerber 准则为非保守估计，大多数残余应力与疲劳强度关系的试验数据结果在 Goodman 准则和 Gerber 准则之间。需要注意的是，基于 Haigh 图的残余应力的计算只能实现将提高的疲劳强度预估为残余应力的函数。这种方法只允许单轴应力的组合，而齿轮接触过程中材料应力体现为多轴性质，因此在分析残余应力对齿轮接触疲劳强度的影响时一般不采用Haigh图方法。

　　良好的残余应力分布是提升齿轮接触疲劳强度的重要条件。大部分齿轮接触与疲劳研究[66-68]忽略了残余应力的影响。近年来，在残余应力分布及其对接触疲劳影响方面逐渐开始有所研究。已有一些齿轮强度设计方法与标准考虑了残余应力对齿轮接触疲劳的影响。有研究采用材料暴露值概念[69]来评估考虑残余应力等因素不同深度位置材料点的失效风险。

　　残余拉应力和残余压应力对齿轮接触疲劳的作用机理并不相同。有试验研究[70]表明，残余拉应力和残余压应力对疲劳寿命的改变作用有明显差异，即残余压应力的增加不会明显改善疲劳性能，而残余拉应力的存在会显著降低疲劳寿命。AL-Mayali 等[71]通过建立考虑真实齿面粗糙度的弹塑性有限元模型，得到齿轮磨合过程中形成的残余应力场，随后叠加到齿轮混合润滑模型的弹性应力场中，预估残余应力对疲劳寿命的影响，发现残余拉应力对近表面处部分材料点的疲劳损伤有促进作用。Seo 等[72]考虑了热处理、制动和滚动接触引起的残余应力对车轨接触疲劳寿命的影响，认为残余压应力增加了车轨接触疲劳寿命，而残余拉应力显著降低了车轨接触疲劳寿命。图 6-39 为考虑残余压应力和残余拉应力后疲劳失效风险与不考虑残余应力时的疲劳失效风险的对比。参数为表面硬度为 700HV，芯部硬度为 400HV，有效硬化层深度为 2.2mm。可以发现，疲劳失效最危险的区域约在 0.5mm 深度位置。残余拉应力会显著增加该部位的疲劳失效风险（相比于无残余应力状态最大暴露值增加约 35%），而残余压应力会相应降低该部位的疲劳失效风险（相比于无残余应力状态最大暴露值降低约 33%）。从材料暴露值 0.8 阈

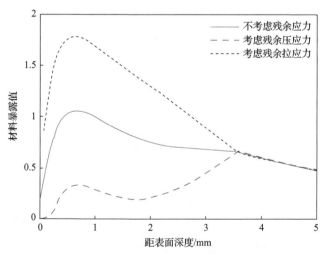

图 6-39　考虑残余拉/压应力的材料暴露值与不考虑残余应力的材料暴露值对比[10]

值来看，在考虑残余压应力后，在额定载荷下，材料内部所有部位都不会有疲劳失效风险。

对于大型齿轮，在相同载荷作用下，相对较大的接触曲率半径会导致最大接触应力朝向更深的位置移动。同时热处理形成的残余应力分布特征通常为近表面处受压，而朝向芯部的深部区域受拉(或压应力幅值减小)，如图 6-40 所示。这进一步影响了齿轮疲劳裂纹起始部位的应力状态。载荷应力和残余应力的共同作用使内部疲劳裂纹起始部位这个危险区域通常存在一个相对较高的主剪应力。因此，即使齿轮满足点蚀和弯曲疲劳强度校核要求，也无法确保不发生轮齿深层齿面断裂失效。

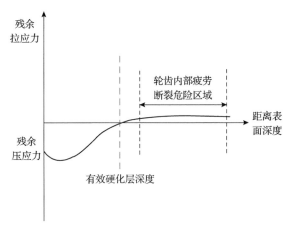

图 6-40　典型残余应力沿深度方向分布示意图

Stahl 等[73]提出了一种局部材料强度法计算轮齿齿面断裂风险，认为在材料暴露值超过 0.8 这个阈值后即发生轮齿齿面断裂失效。图 6-41 为某齿轮考虑和未考

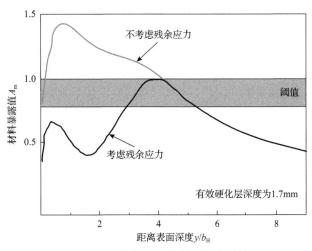

图 6-41　轮齿齿面断裂风险对比[73]

虑近表面处残余应力的计算结果对比[73]。位于节圆啮合位置，最大赫兹接触应力 p_H=1534MPa，赫兹接触半宽 b_H=1mm。可以发现，忽略硬化层中的残余压应力后，最大暴露值移向表面方向。这说明残余应力对齿轮疲劳行为极其重要，只有考虑残余应力后才能准确预测轮齿齿面断裂失效。

刘鹤立等基于修正的 Dang Van 多轴应力轨迹图(图 6-42)，实现了残余应力对齿轮接触疲劳失效风险影响的评估，发现残余压应力的存在使接触次表面应力位置在轨迹图上左移，潜在失效风险降低[10]。他们基于材料暴露值的概念，研究了残余应力对点蚀-齿廓断裂失效竞争的影响，发现对大型重载硬化齿轮而言，残余压应力的存在使齿轮等效应力或接触疲劳失效风险出现"双峰值"现象。忽略残余应力分布特征的影响，可能会对齿轮接触疲劳失效形式产生错误判断。

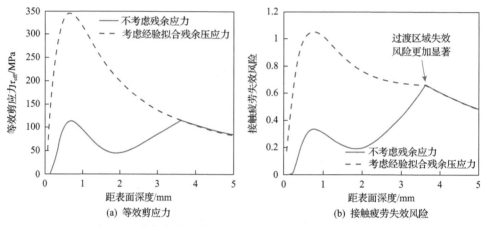

图 6-42　残余应力对等效剪应力及接触疲劳失效风险的影响

残余应力对疲劳寿命的作用也体现在其对裂纹扩展寿命的影响上。何家文等[74]在分析表面强化问题时，将残余应力看成平均应力来评估其裂纹扩展期的影响，发现表面形变强化引入残余应力的同时也带来了表面损伤(甚至出现微裂纹)，但由于裂纹扩展期变长，零件的寿命增加。疲劳裂纹扩展是交变应力幅值和平均应力的函数，这意味着当疲劳裂纹尺寸相对小时残余应力对疲劳裂纹扩展的影响更为显著。在这种情况下，残余应力成为关键因素，它决定了疲劳微裂纹是继续扩展还是受到抑制。然而上述结论仍存在争议。例如，Batista 等[75]通过弹塑性接触模型、Dang Van 准则结合试验研究了碳氮共渗齿轮接触疲劳问题，发现残余应力对裂纹扩展寿命的影响比对裂纹萌生的影响更为显著；Brandão 等[76]基于考虑初始残余应力的 Dang Van 准则，发现残余应力对齿轮接触疲劳萌生寿命影响显著。造成以上问题的一个根源可能是，制造工艺在引入残余应力的同时，也会导致其他材料、形貌等因素的变化，如表面粗糙度的变化和微结构变形等，这些因素对疲劳行为的影响使残余应力与疲劳间的关联规律更加复杂。

6.2.4　残余应力对齿轮接触疲劳的影响案例分析

本节以某风电齿轮为例，介绍残余应力对齿轮接触疲劳的影响。齿轮参数如表 6-5 所示。该齿轮表面硬度为 670HV，芯部硬度为 420HV，有效硬化层深度为 2.2mm。根据接触力学，齿轮副在任意啮合时刻的接触可简化为两个不同曲率半径的物体之间的接触。为了研究不同残余应力对疲劳性能的影响，采用经验公式获得了以下 13 组残余应力分布。残余应力峰值从–300MPa 变化到 300MPa，如图 6-43 所示。本节基于 F-S 多轴疲劳准则以及临界面法分析残余拉、压应力对齿轮接触疲劳性能的影响。

表 6-5　齿轮参数

参数	数值	参数	数值
齿数	$z_1=121, z_2=24$	齿宽	$b=0.295\mathrm{m}$
法向模数	$m_0=0.011\mathrm{m}$	压力角	$\alpha_0=20°$
泊松比	$v=0.3$	弹性模量	$E=2.1\times10^5\mathrm{MPa}$
节圆处的曲率半径	$R_1=0.684\mathrm{m}, R_2=0.136\mathrm{m}$	额定输入扭矩	$T_1=282.8\mathrm{kN\cdot m}$

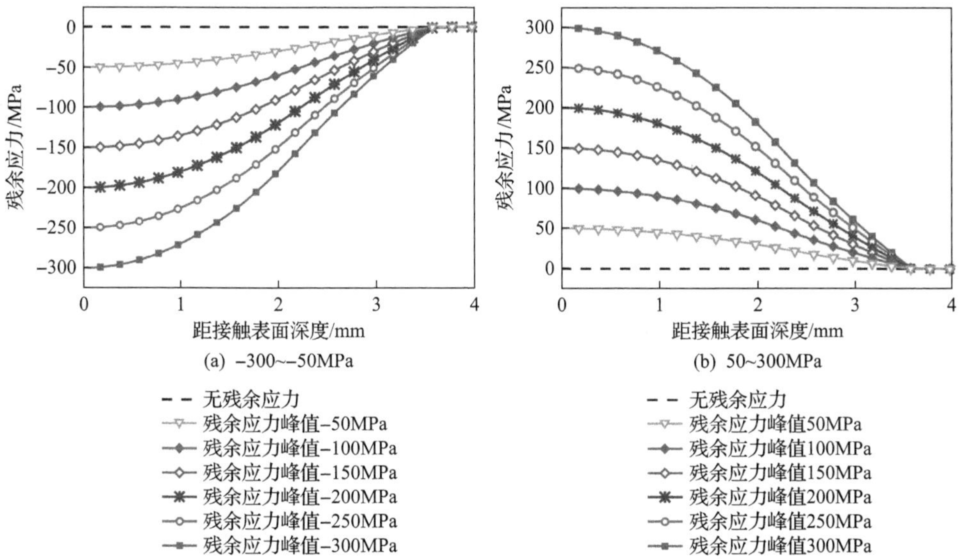

(a) –300~–50MPa　　　　(b) 50~300MPa

- - - 无残余应力
- ▽ 残余应力峰值–50MPa
- ◆ 残余应力峰值–100MPa
- ◇ 残余应力峰值–150MPa
- ✳ 残余应力峰值–200MPa
- ○ 残余应力峰值–250MPa
- ■ 残余应力峰值–300MPa

- - - 无残余应力
- ▽ 残余应力峰值50MPa
- ◆ 残余应力峰值100MPa
- ◇ 残余应力峰值150MPa
- ✳ 残余应力峰值200MPa
- ○ 残余应力峰值250MPa
- ■ 残余应力峰值300MPa

图 6-43　拟合的齿轮残余应力分布

图 6-44 展示了在不同载荷条件下，残余应力对应力-应变场以及接触疲劳损伤的影响。可以发现，在载荷水平较高的条件下，次表面发生屈服，齿轮次表面较高的应力水平和塑性应变会使初始残余应力的分布形态发生改变。在载荷为

848.4kN·m 条件下，残余应力分布形态均发生显著改变，塑性区的残余应力趋于一致；在载荷为 1131.2kN·m 条件下，初始残余应力分布形态已经完全改变，在所研究深度范围内分布基本趋于一致。

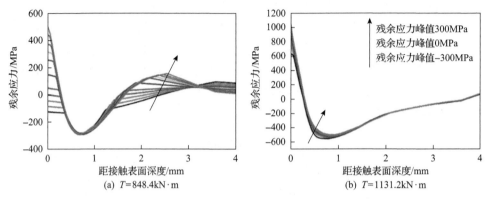

图 6-44　848.4kN·m 和 1131.2kN·m 下 5 周循环加载后残余应力分布

在重载条件(848.4kN·m)下，初始残余应力对最大正应力的影响如图 6-45 所示，可以发现次表面有塑性变形产生，如图中虚线所示的区域，在考虑残余拉应力时，该塑性区范围最大，而残余压应力降低了塑性区范围。此外，循环载荷对材料点在不同平面上的最大正应力的影响不同，在 0° 临界面左右位置的塑性区产生较高的压应力，同时导致在靠近表面的非塑性区产生较高的拉应力。初始残余应力不影响其塑性区的压应力，但显著影响近表面非塑性区的拉应力，在考虑残余拉应力后，在近表面形成的拉应力更高，这将导致齿轮近表面局部疲劳损伤在 0° 临界面增加。

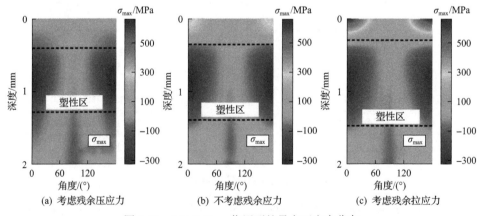

图 6-45　848.4kN·m 作用下的最大正应力分布

图 6-46 展示了在三种残余应力水平下，基于 Fatemi-Socie 疲劳寿命准则(F-S

准则)计算出的材料点各个临界面上的损伤值。可以发现,在无残余应力的条件下,最大剪应变幅值深度位置约为 0.4mm,而循环塑性带来的近表面非塑性区正应力导致最大损伤位置更靠近表面,深度为 0.38mm,其出现在 0°临界面左右。残余压应力对近表面非塑性区正应力的降低作用使得损伤在 90°临界面左右发生,其深度位置约为 0.45mm。在重载条件下,残余应力对裂纹萌生的位置有显著影响,在表面的残余压应力足够高的情况下,裂纹会在更深的位置萌生。

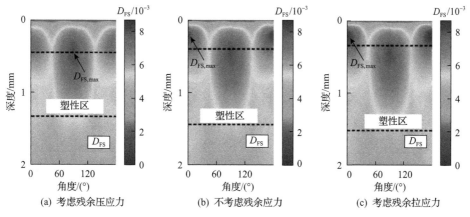

图 6-46　基于 F-S 准则的不同残余应力状态下损伤分布结果

图 6-47 展示了在不同载荷工况下,残余应力对接触疲劳损伤的影响。可以看出,接触疲劳损伤随残余应力变化呈双线性变化,在各种载荷条件下,随着残余拉应力的增加,齿轮次表面最大疲劳损伤值线性增加,而残余压应力仅在一定范围内对接触疲劳损伤的影响满足线性关系,图中粗实线表示该范围的分界线(双线性的转折点),在粗实线右侧,随着残余压应力的增加,接触疲劳损伤线性降低;在粗实线左侧,随着残余压应力的增加,接触疲劳损伤无变化,在该情况下,通过提高残余压应力来提高接触疲劳寿命的意义不大。转折点对应的残余压应力的大小与载荷相关。在载荷较小的条件下,转折点对应的残余压应力很小;在载荷较大的条件下,转折点对应的残余压应力较大。

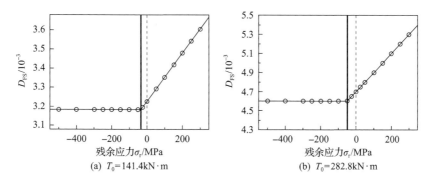

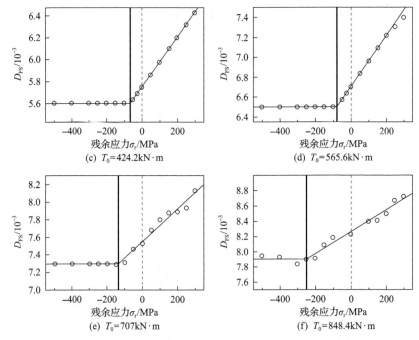

图 6-47　不同载荷条件下残余应力对接触疲劳损伤的影响

图 6-48 给出了基于 F-S 准则并考虑残余应力和硬度梯度下的齿轮滚动接触疲劳寿命。在额定载荷条件下,考虑残余压应力模型(CRS 模型)的最小寿命为 9.00×10^7,与无残余应力模型(RS 模型)相比,CRS 模型的寿命提高了 28%,而考虑残余拉应力模型(TRS 模型)的寿命降低了 73%。

在不同载荷条件下,初始残余应力对齿轮滚动接触疲劳寿命的影响如图 6-49 所示。可以发现,随着载荷的增加,齿轮寿命呈对数下降。残余应力对寿命的影响随着载荷的变化可以分为两个阶段,在第一载荷阶段,齿轮次表面为弹性状态,此时,残余应力所在深度范围内的正应力均受到影响,进而影响疲劳寿命,拉应力对寿命的削弱作用较强,而压应力对寿命的提升作用较弱。当载荷较高(T>

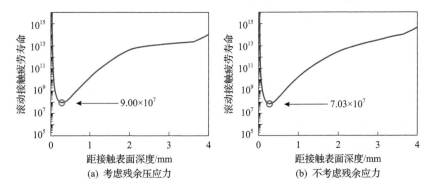

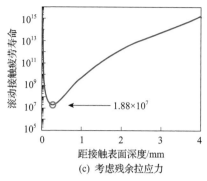

(c) 考虑残余拉应力

图 6-48　不同残余应力状态下滚动接触疲劳寿命

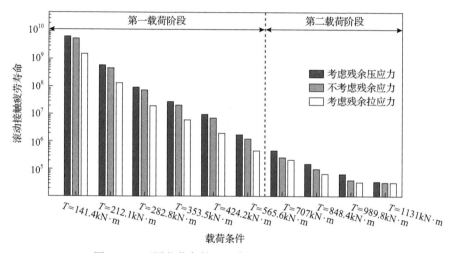

图 6-49　不同载荷条件下残余应力对疲劳寿命的影响

565.6kN·m)时,齿轮次表面出现弹塑性状态,此时,残余应力仅影响近表面非塑性区的正应力,由于初始残余应力形貌的改变,残余应力对寿命的影响作用减弱。

6.3　基于数据驱动的齿轮接触疲劳性能预测方法

在第 4～第 6 章已经讨论了表面形貌、残余应力、显微硬度、微观结构等表面完整性参数对齿轮接触疲劳性能的影响规律,若要形成有效的齿轮接触疲劳性能预测及设计方法,则还需要建立齿轮表面完整性与接触疲劳性能之间的定量关联规律。本节以 18CrNiMo7-6 渗碳齿轮接触疲劳性能预测公式建立过程为例,介绍基于数据驱动的齿轮接触疲劳性能预测方法。该方法基于表面完整性参数与齿轮接触疲劳试验数据,采用相关性、贡献度分析及多元回归分析方法建立考虑表面完整性参数的齿轮接触疲劳寿命预测公式,形成齿轮抗疲劳主动设计方法,以期指导齿轮加工工艺设计。

6.3.1　表面完整性参数相关性分析

　　表面完整性参数对齿轮接触疲劳性能具有重要影响,且表面完整性参数众多,参数影响具有复杂的耦合协同作用。例如,若在建立考虑表面完整性参数的齿轮接触疲劳性能预测公式时考虑全部表面完整性参数,则会使预测公式变得非常复杂,也会使该预测公式无法有效应用于工程实际。因此,在建立考虑表面完整性参数的齿轮接触疲劳性能预测公式前,需要选取具有代表性的表面完整性参数,以简化疲劳性能预测公式。根据经验,初选表面粗糙度 Sa、表面硬度 MH、最大残余压应力 MCRS、有效残余压应力深度 DECRS(残余压应力为 -700MPa 时所在深度)、应力集中系数 Kt、各向同性参数 Str 为建立齿轮接触疲劳性能预测公式时考虑的初始表面完整性特征参数,如表 6-6 所示。后续还需要通过表面完整性参数之间的相关性分析,遴选出建立齿轮接触疲劳性能预测公式考虑的表面完整性参数。

表 6-6　齿轮接触疲劳性能预测公式的初始表面完整性特征参数

状态	$Sa/\mu m$	MH/HV	MCRS/MPa	DECRS/μm	Kt	Str
渗碳磨削	0.75	658.7	-550.67	0	1.82	0.04
喷丸强化	1.6	680.8	-1236	123	2.47	0.86
滚磨光整	0.23	665.3	-1131.56	5	1.74	0.93
喷丸光整	0.36	686.5	-1161.89	99	1.86	0.82

　　上述已经初选出建立齿轮接触疲劳性能预测公式时考虑的表面完整性参数集合,但对于建立简洁且精度高的预测公式依然存在参数较多的问题。一般情况下,除了表面完整性参数与齿轮接触疲劳性能之间存在一定的关系,各个表面完整性参数之间也存在一定的关联性,需要采取相关性分析方法去除表面完整性特征参数之间的多重共线性。相关性一般是指两个或多个变量之间相关密切程度,一般地,如果一个变量高的值对应于另一变量高的值,低的值对应于低的值,那么称这两个变量呈正相关性;相反,称这两个变量呈负相关性。

　　相关性分析方法一般有 Pearson 相关系数计算方法、Spearman 秩相关系数计算方法、卡方检验计算方法。其中,Pearson 相关系数计算方法适用于连续变量的相关性分析。Spearman 秩相关系数计算方法属于非参数方法,检验效能较 Pearson 相关系数计算方法更低。而卡方检验计算方法用于评价两个无序分类变量的相关性。经过对比选择常用的 Pearson 相关系数计算方法作为表面完整性参数之间的相关性分析方法,其公式如式(6-17)所示[77]:

$$\rho_{X,Y} = \frac{\sum (X - \bar{X})(Y - \bar{Y})}{\sqrt{\sum (X - \bar{X})^2 \sum (Y - \bar{Y})^2}} \tag{6-17}$$

式中，$\rho_{X,Y}$ 为 X、Y 之间的相关系数，取值范围为[–1，1]；X、Y 为变量；$\bar{X}$、$\bar{Y}$ 分别为 X、Y 的均值。

相关系数绝对值越接近 1，两个参数之间的相关性越显著；相关系数绝对值越接近 0，两个参数之间的相关性越弱。一般认为两个参数之间的相关系数绝对值大于 0.8 时显示出强相关性，在建立考虑表面完整性的齿轮接触疲劳性能预测公式时需要保留其中一个表面完整性参数，而去除另外一个表面完整性参数。通过 Pearson 相关系数计算方法计算出来的初选表面完整性特征参数之间的相关系数如图 6-50 所示。可以看出，Sa 与 MH、Sa 与 MCRS、Sa 与 Str、Str 与 Kt 呈现非常弱的相关性；而 Sa 与 Kt、MH 与 DECRS、MCRS 与 Str 之间的相关系数绝对值均大于 0.9，呈现非常强的相关性。Sa 与 Kt 之间的相关系数较大可能是因为表面粗糙度越大，两齿面接触面积越小，越容易造成应力集中，从而齿面应力集中系数较高。MH 与 DECRS 之间的相关系数较大可能是因为引起残余压应力与硬度增加都是由表层材料的塑性变形造成的，而其他表面完整性参数之间的相关系数绝对值均小于 0.8，呈现弱相关性。因此，去除 Kt、DECRS 以及 Str，保留 Sa、MH、MCRS。后续将以这三个表面完整性参数为基础，建立考虑表面完整性参数的齿轮接触疲劳性能预测公式。

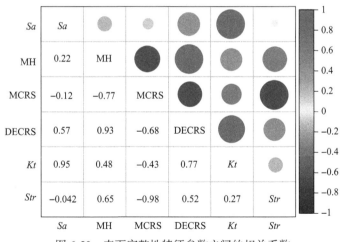

图 6-50　表面完整性特征参数之间的相关系数

6.3.2　表面完整性参数贡献度分析

为了量化各个表面完整性参数对齿轮接触疲劳性能的影响程度，需要采用相关的贡献度分析方法。随机森林算法是常用的贡献度分析方法，其利用集成方法对多个决策树模型进行集成[78]，主要包括决策树的生长和投票过程，可用于分类和回归分析，预测精度高。常见的随机森林贡献度计算方法有两种，一种基于平均不纯度的减少，另一种基于平均准确率的减少[79]。本节采用基于平均准确率的减少的随机森林贡献度分析方法计算各表面完整性参数对齿轮接触疲劳性能的贡献度。这种方法的原理是通过对每个特征参数添加扰动，然后分析扰动对结果准确率的影响程度，若影响程度大，则该特征参数对结果的贡献度高，反之则贡献度低。基于平均准确率的减少的随机森林贡献度公式如式(6-18)所示：

$$\text{VIM}(X) = \frac{1}{N_{\text{T}}} \sum_{j=1}^{N} (\text{ER}_j - \text{ER}'_j) \tag{6-18}$$

式中，N_{T} 为随机森林中树的棵数；ER_j 为特征 X 扰动前第 j 棵树对应的预测误差 ER'_j 为特征 X 扰动后第 j 棵树对应的预测误差。

通过上述贡献度公式计算，表面粗糙度 Sa、表面显微硬度 MH、最大残余压应力 MCRS 三个表面完整性参数对齿轮接触疲劳中值寿命(2200MPa 接触压力)的贡献度如图 6-51 所示。可以看出，MH、MCRS、Sa 三个表面完整性参数对齿轮接触疲劳寿命的贡献度分别为 40%、37%、23%，其中表面显微硬度 MH 对齿轮接触疲劳寿命的贡献度最大，最大残余压应力 MCRS 次之，均超过了 35%，这主要是因为硬度与残余压应力等力学性能的增加提高了齿轮的抗疲劳及抗磨损性能，并通过大量的试验和工程实践得到了验证[80,81]。在三个表面完整性参数中，表面粗糙度 Sa 对齿轮接触疲劳寿命影响最小，贡献度低于 25%，这主要是因为随着现代制造技术的发展，表面粗糙度已控制在较低水平，且磨合效应进一步降低了表面粗糙度。此外，充足的供油量降低了其对应力集中和齿面摩擦的影响。

表面硬度 MH、最大残余压应力 MCRS、表面粗糙度 Sa 三个表面完整性参数对齿轮接触疲劳极限的贡献度如图 6-52 所示。可以看出，三个参数对齿轮接触疲劳极限的贡献度分别为 44%、36%、20%，这与对齿轮接触疲劳中值寿命的贡献度结果相似。这主要是因为齿轮接触疲劳寿命与齿轮接触疲劳极限同属于齿轮接触疲劳性能的评价参数，疲劳寿命和强度极限受表面完整性影响的趋势一致。齿轮接触疲劳极限是指齿面经过无穷多次应力循环而不发生失效的最大应力，一般齿轮接触疲劳极限越高，在相同的接触压力下(大于齿轮接触疲劳极限)齿面能承受的应力循环次数越多，即接触疲劳寿命越高，因此表面粗糙度 Sa、表面硬度 MH、最大残余压应力 MCRS 三个表面完整性参数对齿轮接触疲劳中值寿命及极限的贡献度结果相似。

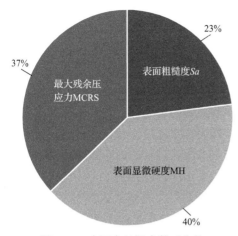

图 6-51　表面完整性参数对齿轮
接触疲劳中值寿命的贡献度

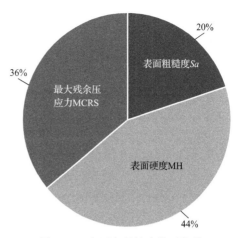

图 6-52　表面完整性参数对齿轮
接触疲劳极限的贡献度

6.3.3　齿轮接触疲劳性能预测公式

在建立齿轮接触疲劳性能预测公式前，还需要明晰各个表面完整性参数对齿轮接触疲劳性能的具体影响规律。本节采用拟合回归方法分析各个表面完整性参数对齿轮接触疲劳性能的单独影响规律，然后考虑各个表面完整性参数对齿轮接触疲劳性能的贡献度，从而建立考虑表面完整性参数的齿轮接触疲劳性能预测公式。

首先，为了得到各个表面完整性参数对齿轮接触疲劳中值寿命(2200MPa 接触压力)的单独影响规律，选择渗碳磨削、滚磨光整、喷丸光整三种表面完整性状态的表面完整性数据及齿轮接触疲劳中值寿命数据，拟合各个表面完整性参数与齿轮接触疲劳中值寿命之间的函数关系式。经过拟合回归发现，表面粗糙度 Sa 与齿轮接触疲劳中值寿命 L 之间满足指数函数关系，表面粗糙度 Sa 越小，齿轮接触疲劳中值寿命 L 越大。表面硬度 MH 与齿轮接触疲劳中值寿命 L 呈现明显的线性关系，即表面硬度 MH 越大，齿轮接触疲劳中值寿命 L 越大。最大残余压应力 MCRS 与齿轮接触疲劳中值寿命 L 之间呈现指数函数关系，最大残余压应力 MCRS 越大，齿轮接触疲劳中值寿命 L 越大。各个表面完整性参数与齿轮接触疲劳中值寿命之间的关系如式(6-19)～式(6-21)所示：

$$L = 7.8 \times 10^{6} \mathrm{e}^{-2.38Sa} \tag{6-19}$$

$$L = 1.58 \times 10^{5} \mathrm{MH} - 1.02 \times 10^{8} \tag{6-20}$$

$$L = 3.34 \times 10^{5} \mathrm{e}^{-0.0022\mathrm{MCRS}} \tag{6-21}$$

根据前面计算得到的各表面完整性参数对齿轮接触疲劳中值寿命的贡献度，

将其作为权重分别乘以各表面完整性参数与齿轮接触疲劳中值寿命之间的拟合回归关系式，然后相加，得到考虑表面粗糙度、表面硬度、最大残余压应力三个表面完整性参数的齿轮接触疲劳中值寿命预测公式，如式(6-22)所示：

$$L = 1.79 \times 10^6 \, e^{-2.38Sa} + 6.3 \times 10^4 \, MH + 1.24 \times 10^5 \, e^{-0.0022MCRS} - 4.09 \times 10^7 \quad (6\text{-}22)$$

为了验证上述齿轮接触疲劳中值寿命预测公式的准确性，将喷丸强化工艺下表面完整性状态的表面粗糙度、表面硬度、最大残余压应力代入上述齿轮接触疲劳中值寿命预测公式(6-22)中，并与该表面完整性状态下的齿轮接触疲劳中值寿命试验值进行对比，可以看出该表面完整性状态下的齿轮接触疲劳中值寿命试验值与预测值的相对误差为13.11%，误差较小。其他表面完整性状态下齿轮接触疲劳中值寿命试验值与预测值相对误差如图 6-53 及表 6-7 所示，相对误差均小于20%，预测精度较高。四种表面完整性状态下齿轮接触疲劳中值寿命预测值均在1.5 倍分散带内，满足工程实际[82]要求，有望为齿轮高功率密度设计提供支撑。

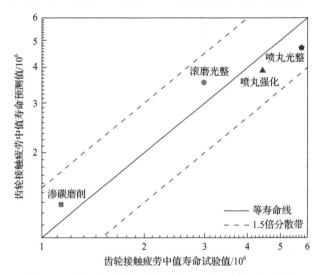

图 6-53　齿轮接触疲劳中值寿命试验值与预测值对比

表 6-7　齿轮接触疲劳中值寿命试验值与预测值相对误差

状态	$Sa/\mu m$	MH/HV	MCRS/MPa	试验寿命 $L_T/10^6$	预测寿命 $L_P/10^6$	预测误差/%
渗碳磨削	0.75	658.7	−550.67	1.14	1.31	14.91
喷丸强化	1.6	680.8	−1236	4.43	3.9	13.11
滚磨光整	0.23	665.3	−1131.56	2.98	3.54	18.79
喷丸光整	0.36	686.5	−1161.89	5.76	4.7	18.4

经过拟合回归发现，表面粗糙度 Sa 与齿轮接触疲劳极限 σ_{Hlim} 满足幂函数关

系，表面粗糙度越小，齿轮接触疲劳极限越大。表面硬度 MH 与齿轮接触疲劳极限 σ_{Hlim} 呈现明显的线性关系，表面硬度越大，齿轮接触疲劳极限越大。最大残余压应力 MCRS 与齿轮接触疲劳极限 σ_{Hlim} 之间呈指数函数关系，最大残余压应力越大，齿轮接触疲劳极限越大。各个表面完整性参数与齿轮接触疲劳极限之间的关系如式(6-23)～式(6-25)所示：

$$\sigma_{\text{Hlim}} = 1.56 \times 10^3 Sa^{-0.0959} \tag{6-23}$$

$$\sigma_{\text{Hlim}} = 7.25\text{MH} - 3.15 \times 10^3 \tag{6-24}$$

$$\sigma_{\text{Hlim}} = 1.4 \times 10^3 \, \text{e}^{-0.0002\text{MCRS}} \tag{6-25}$$

根据前面计算出的各表面完整性参数对齿轮接触疲劳极限的贡献度，将其作为权重分别乘以各表面完整性参数与齿轮接触疲劳极限之间的拟合回归关系式，然后相加，得到考虑表面粗糙度、表面硬度、最大残余压应力三个表面完整性参数的齿轮接触疲劳极限预测公式，如式(6-26)所示：

$$\sigma_{\text{Hlim}} = 3.12 \times 10^2 Sa^{-0.0962} + 3.26\text{MH} + 5.04 \times 10^2 \, \text{e}^{-0.0002\text{MCRS}} - 1.43 \times 10^3 \tag{6-26}$$

为了验证上述齿轮接触疲劳极限预测公式的准确性，将喷丸强化工艺下表面完整性状态的表面粗糙度、表面硬度、最大残余压应力代入齿轮接触疲劳极限预测公式(6-26)中，并与该表面完整性状态下的齿轮接触疲劳极限试验值进行对比，可以看出该表面完整性状态下的齿轮接触疲劳极限试验值与预测值的相对误差为 2.10%，误差较小。其他表面完整性状态下齿轮接触疲劳极限试验值与预测值相对误差如图 6-54 及表 6-8 所示，相对误差均小于 2.1%，预测精度较高，有望应用于工程实际。

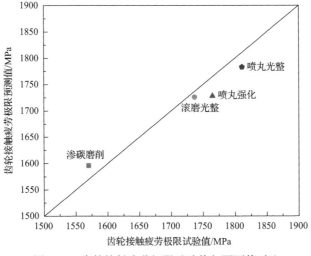

图 6-54　齿轮接触疲劳极限试验值与预测值对比

表 6-8　齿轮接触疲劳极限试验值与预测值相对误差

状态	Sa/μm	MH/HV	MCRS/MPa	试验极限 σ_{Hlimt}/MPa	预测极限 σ_{Hlimp}/MPa	预测误差/%
渗碳磨削	0.75	658.7	−550.67	1570	1597	1.72
喷丸强化	1.6	680.8	−1236	1765	1728	2.10
滚磨光整	0.23	665.3	−1131.56	1737	1726	0.63
喷丸光整	0.36	686.5	−1161.89	1807	1782	1.38

6.4　齿轮接触疲劳分析软件开发

齿轮是重要的工业基础件，设计出高性能、易加工、低成本的齿轮是齿轮制造企业的不懈追求。这离不开高性能齿轮分析软件的支持，齿轮分析软件是无可争辩的"基础中的基础"。事实上，当前我国齿轮行业已经具有部分自主知识产权的齿轮软件，北京艾克斯特工业自动化技术有限公司为推动我国齿轮行业技术的发展和推广 20 世纪 90 年代最新齿轮标准，于 1996 年立项开发齿轮设计专家系统软件，充分利用清华大学强大的技术实力，在对国内外数十本设计手册进行消化分析的基础上，开发出了一套基于国际齿轮标准的齿轮计算设计工具软件——齿轮设计专家系统 XTGDES；北京索为系统技术股份有限公司基于国家重点研发计划项目"齿轮传动数字化设计分析与数据平台"，搭建了一个面向全行业的基于工业互联网的齿轮传动设计分析与数据平台，以实现数据共享与资源重用，有力解决了齿轮传动系统设计质量问题；湖南精益传动机械设计有限公司联合重庆理工大学从事齿轮软件研发工作十余年，开发出了包括系统建模、载荷处理、齿轮强度校核等 48 个功能模块的精益传动软件。然而，当前我国齿轮行业国产软件严重不足，市场占有率低，齿轮设计软件仍被 Romax、KISSsoft、Masta 等国外软件垄断。此外，当前主流的通用仿真软件仅止步于求解齿轮应力-应变状态，无论是齿轮自动化建模还是齿轮性能仿真分析，均有赖于工作人员对软件的二次开发。主流的齿轮专业软件尽管能方便地实现齿轮建模、设计、优化等工作，但其疲劳仿真往往需要借助于依靠经验的应力/应变寿命理论，忽略齿轮微观形貌等对疲劳性能的影响，同时假设齿轮材料均匀连续，没有考虑热处理等工艺过程引入的材料表面完整性特性，缺少对齿轮服役过程中服役性能退化的深层次科学认识，难以支撑高性能齿轮的抗疲劳设计制造。

基于这一现状，本节面向齿轮行业的需求，结合近年来齿轮表面完整性相关的研究进展和积累，尝试开发集成齿轮几何、应力、疲劳、优化等分析模块的高性能齿轮疲劳仿真软件。该软件基于 ABAQUS 有限元分析平台，借助 Python 语言二次开发以及 UMAT 用户材料子程序接口构建而成。用户仅需要输入齿轮材料、结构、工况以及表面完整性参数，即可自动实现考虑表面完整性参数的齿轮有限元建模、齿轮啮合应力分析、齿轮疲劳损伤演化分析以及寿命预估等功能。需要说明的是，尝试开发的仿真软件仅是一个初步版本，功能和准确性尚未完善，随着对齿轮接触疲劳的进一步研究，所开发的高性能齿轮疲劳仿真软件也会进行相应的丰富、扩展、迭代。本节对该软件开发过程进行简要介绍。

6.4.1　软件功能与界面简介

1. 软件功能简介

该齿轮疲劳仿真软件目前具有六大功能模块，主要涉及齿轮标准设计、齿轮应力分析、齿轮疲劳损伤演化、齿轮寿命预估、齿轮可靠性评估、齿轮结构优化，如图 6-55 所示。通过该软件，可以考虑表面粗糙度、残余应力、硬度梯度、材料夹杂、载荷谱等单一参数以及综合作用的影响，有望实现高性能齿轮从选型到疲劳分析，最终进行参数优化的全流程设计，为实现高性能齿轮正向设计体系提供有益支撑。

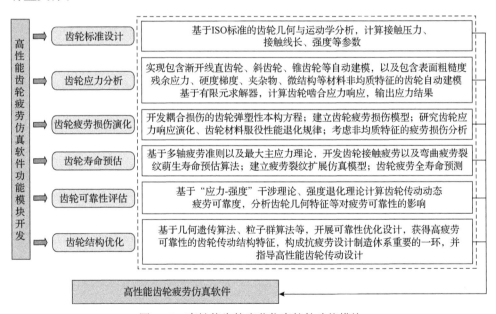

图 6-55　高性能齿轮疲劳仿真软件功能模块

（1）齿轮标准设计模块功能：基于 ISO 6336、GB/T 3480 等主流齿轮设计标准，进行齿轮几何与运动学分析，求解齿轮啮合接触压力、接触线长、接触应力、弯曲应力等，根据材料和热处理等级选取许用强度，进行齿轮疲劳强度校核。

（2）齿轮应力分析模块功能：该模块可实现包含渐开线直齿轮、斜齿轮、锥齿轮等不同齿轮传动类型的自动建模，以及包含表面粗糙度、残余应力、硬度梯度、夹杂物、微结构等表面完整性特征自动建模；进一步，可以基于商用有限元软件自带的求解器，进行齿轮静态和动态应力-应变分析，实现应力、应变历程的自动提取，服务于齿轮损伤演化、寿命预估等功能模块。

(3)齿轮疲劳损伤演化模块功能：该模块可自动化建立耦合损伤的齿轮弹塑性有限元模型，进行含损伤的齿轮应力响应和损伤累积分析，获取齿轮材料疲劳损伤演化与服役性能退化规律；还可进行载荷条件、修形效果、表面完整性等特征对疲劳损伤影响的研究，实现损伤变量法则的自定义功能。

(4)齿轮寿命预估模块功能：该模块可实现基于多轴疲劳准则的齿轮接触疲劳和弯曲疲劳的寿命预估，以及不同多轴疲劳准则的快速选取和对比，针对齿轮接触疲劳寿命预估，推荐使用 Brown-Miller 多轴疲劳准则；针对齿轮弯曲疲劳寿命预估，推荐使用最大主应力疲劳准则；可针对齿轮疲劳裂纹扩展过程，基于断裂力学理论建立疲劳裂纹扩展仿真模型，预测疲劳裂纹扩展路径及寿命，实现齿轮疲劳全寿命预估。

(5)齿轮可靠性评估模块功能：该模块基于"应力-强度"干涉理论、强度退化理论，计算齿轮传动动态疲劳可靠度，获取齿轮疲劳可靠度、疲劳失效概率等结果，可用于齿轮几何特征、载荷谱、表面完整性参数等对疲劳可靠性的参数影响分析。

(6)齿轮结构优化模块功能：该模块基于几何遗传算法、粒子群算法等，可针对不同的优化目标与约束条件，进行齿轮传动优化设计，得到中心距、传动比、齿宽、螺旋角、齿数、模数、压力角、变位系数等优化结果，实现高可靠齿轮传动设计。

软件运行逻辑如图 6-56 所示，具体操作流程如下：

(1)单击主界面"标准设计"按钮，调用齿轮标准设计内核程序，并弹出相应子界面选项，选择需要输出的设计参数(传动比、变位系数等)，计算结果将自动存入当前工作目录。

(2)单击齿轮"应力分析"按钮，进入应力分析子界面，该界面可自动创建具有 6 种不同材料特征的齿轮有限元模型，选择某一特征并进行参数输入后，参数将传入齿轮自动参数化建模程序中并进行建模，建模结束调用弹塑性应力分析求解器进行齿轮应力分析。

(3)单击齿轮"疲劳损伤演化"按钮，进入损伤分析子界面，输入具体材料的弹性模量、屈服极限等参数，以及弹性、塑性等损伤参量，调用齿轮自动建模程序，建模结束后进一步调用耦合损伤的齿轮本构方程子程序，从而对齿轮损伤演化进行分析。需要注意的是，该建模以及损伤演化分析所需时间较长，以包含 4 万网格的齿轮损伤分析为例，在配置较为丰富的个人计算机上，仿真大概需要 10h。

(4)单击齿轮"疲劳寿命预估"按钮，进入寿命预估模块，选择齿轮应力分析 ODB、FIL 等结果文件，选择所需的寿命预估准则并输入相应材料的疲劳参数，调用齿轮疲劳寿命预估内核程序，最终得到齿轮接触或弯曲疲劳寿命预估结果。

(5)单击齿轮"可靠性评估"按钮，弹出可靠性评估子界面，选择相应可靠性评估内容以及齿轮疲劳寿命预估结果(如 ODB、FIL 文件)，调用可靠性评估内核程序，进而输出齿轮疲劳可靠度、失效概率等结果。

(6)单击齿轮"结构优化"按钮，弹出结构优化子界面，设定相应约束条件以及优化目标，基于齿轮疲劳寿命以及可靠性预测结果，调用齿轮结构优化内核程序，进而输出齿轮优化参数。

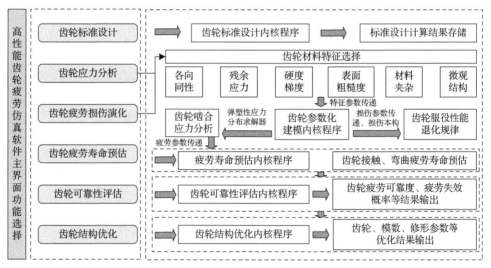

图 6-56　软件运行逻辑

2. 软件界面简介

该齿轮疲劳仿真软件界面主要由齿轮基本参数输入模块和功能分析模块组成。其中，齿轮基本参数输入模块主要输入参数有齿数、模数、变位系数、压力角、齿宽、输入扭矩等。功能分析模块主要由六大模块组成，包括齿轮标准设计(Standard design)、应力分析(Stress analysis)、损伤演化(Damage evolution)、寿命预估(Life prediction)、可靠性评估(Reliability assessment)、结构优化(Structural optimization)，如图 6-57 所示。点击相应的功能模块即可进入子界面进行对应的参数输入与功能分析。本节以齿轮应力分析和寿命预估为例，简要介绍软件的使用方法。

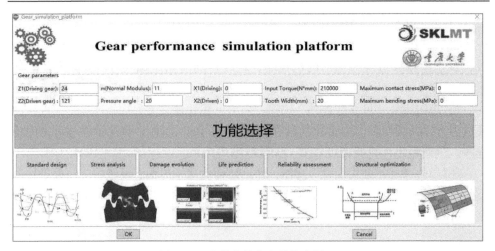

图 6-57　齿轮疲劳仿真软件主界面

1)齿轮应力分析

在主界面中输入齿轮基本参数，如图 6-57 所示，单击"Stress analysis"按钮，进入应力分析子界面。应力分析主要由六个子模块组成，包含均质材料（Homogeneous）、残余应力（Residual stress）、硬度梯度（Hardness gradient）、表面粗糙度（Surface roughness）、材料夹杂（Material inclusions）、材料微结构（Material microstructure）特征的应力分析，如图 6-58 所示。

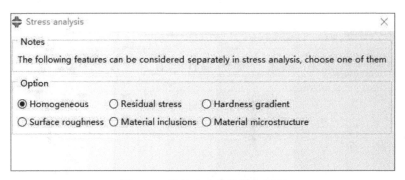

图 6-58　齿轮应力分析模块界面

进入应力分析子界面后，若不考虑齿轮表面完整性参数的影响，则直接单击均质材料 Homogeneous 按钮，再单击 OK 按钮即可直接进行应力分析；若需要考虑残余应力进行齿轮啮合分析，则如图 6-59(b)所示，仅需要输入齿轮残余应力在各深度下的应力，该数据可以通过手动直接在界面上输入，也可通过导入残余应力 txt 文件的形式输入。完成输入后，单击 OK 按钮即可进行考虑残余应力的齿轮啮合分析；硬度梯度与残余应力具有相似的梯度特征，因此考虑齿轮硬度梯度时，其操作步骤与考虑残余应力类似，其界面如图 6-59(c) 所示，这里不再赘述；在进行考虑表面粗糙度的应力分析时，如图 6-59(d) 所示，仅需要输入代表粗糙度水平的轮廓平均偏差 Ra 和 Sma 参数，即可进行相应的分析。在材料夹杂模块需要输入材料夹杂物属性，如弹性模量、抗拉强度、屈服极限和泊松比，夹杂物形状与尺寸，如圆形、椭圆形(长轴、短轴、分布角度)和长方形(长轴、短轴、分布角度)，夹杂物所在深度等参数，单击 OK 后，即可进行考虑材料夹杂的齿轮应力分析。材料微结构模块需要输入设定区域面积(宽度、深度)、平均晶粒度(表层晶粒度、底部晶粒度)、几何拓扑控制(随机偏移因子、长度控制角度)等参数。

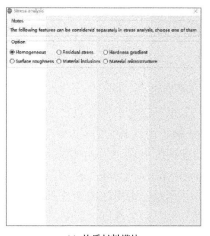

(a) 均质材料模块

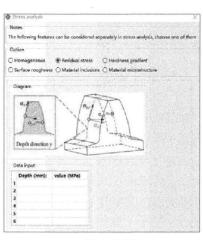

(b) 残余应力模块

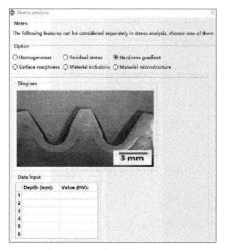

(c) 硬度梯度模块

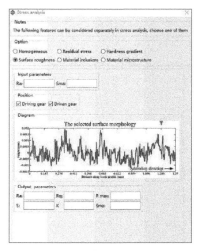

(d) 表面粗糙度模块

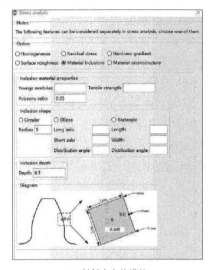 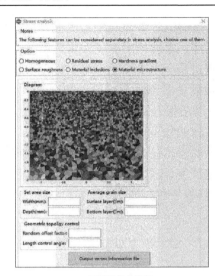

(e) 材料夹杂物模块　　　　　　　　　　(f) 材料微结构模块

图 6-59　各模块子界面图

2）寿命预测

由第 3 章可知，齿轮接触疲劳寿命预测依赖于齿轮啮合过程中的应力-应变响应，结合应力-应变响应与具体疲劳寿命预测准则即可获得齿轮接触疲劳寿命，本疲劳仿真软件提供了三种寿命预测准则（Brown-Miller、Dang van 和 Fatemi-Socie，后续可根据需要完善其他准则类型），导入利用应力分析模块或者外部计算的齿轮应力 ODB 结果文件，并在寿命预估界面输入对应寿命准则的材料疲劳参数即可进行寿命分析。疲劳寿命预测模块子界面如图 6-60 所示。

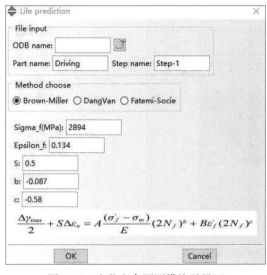

图 6-60　疲劳寿命预测模块子界面

6.4.2 软件运行条件与界面开发

1）软件运行条件

该软件运行的环境要求包括软件运行硬件环境和软件运行软件环境。软件运行硬件环境至少满足：①CPU，高性能 Intel 与 AMD 处理器（推荐8核及以上）；②内存，推荐2G及以上；③硬盘，推荐200G及以上存储空间。

软件运行软件环境至少满足：该平台借助于 ABAQUS 有限元分析软件，UMAT 用户材料子程序采用 FORTRAN 编译，用户需要先安装 ABAQUS 以及 FORTRAN 软件并将二者关联。此后，直接将本软件拷贝至 ABAQUS 安装目录"abaqus_plugins"中即可。

2）软件界面开发

该软件基于 ABAQUS 平台，借助 Python 语言二次开发，这里简要介绍仿真软件的界面制作方法。图形用户界面（graphical user interface, GUI）的创建方式有两种方式：①采用 RSG 对话框构造器创建；②使用"Abaqus GUI"工具包创建。

其中，RSG 对话框构造器是 ABAQUS/CAE 软件内嵌的 GUI 插件开发辅助工具，位于 ABAQUS/CAE 主视图"Plug-ins"菜单下的"Abaqus"子菜单中。用户利用 RSG 对话框构造器，可以根据需求选择相应控件，自定义对话框，并关联该执行的内核函数，如图 6-61 所示。使用 RSG 对话框构造器，构造对话框方便快捷，是插件程序开发非常高效的辅助工具，RSG 对话框构造器自身包含的控件种类较少，只可以满足简单的 GUI 开发。对于复杂的 GUI 程序，需要用到更多的控

图 6-61　RSG 对话框构造器

件，如 ABAQUS/CAE 中常用的飞出按钮(flyout button)以及树控件(FXTreeList)等，此时 RSG 对话框构造器已经无法满足需求，需要采用第二种 GUI 的创建方式，即直接在源程序文件中编辑 GUI 命令。该方法所能创建的控件种类丰富，功能齐全，但是所创建的 GUI 不能像 RSG 对话框构造器那么直观。本章所介绍的软件较为复杂，因此采用第二种方式进行开发得到。以主界面为例介绍界面开发流程。

　　3) 主界面制作

　　在该软件主界面开发中，首先插入标题图片，该图片包含软件名称、软件版本号、软件开发单位等信息，具体代码如下：

```
fileName = os.path.join(thisDir, 'title.png')
icon = afxCreatePNGIcon(fileName)
icon.scale(1100,100)#控制图片尺寸
 FXLabel(p=self, text='', ic=icon)
```

　　主界面标题图如图 6-62 所示。

 Gear performance simulation platform

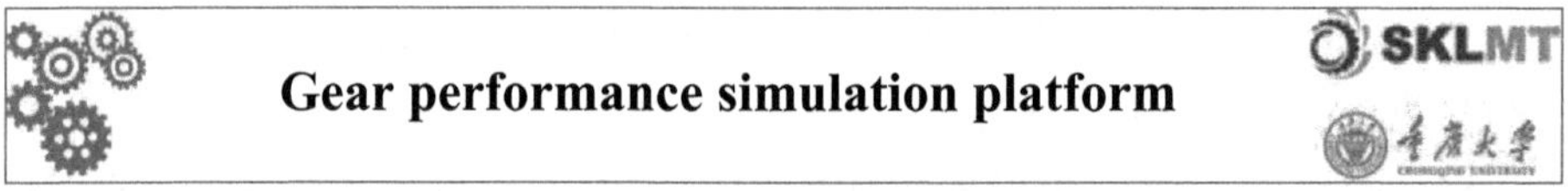

图 6-62　主界面标题图

　　齿轮基本参数输入部分主要输入主动轮和从动轮齿数 z、模数 m_n(mm)、压力角 α (°)、主动轮和从动轮变位系数 x、齿宽 b(mm)、输入转矩 T(N·mm)，输入完成之后会基于 ISO 6336 等标准计算齿轮最大接触应力与弯曲应力并显示，其代码如下：

```
GroupBox_1=FXGroupBox(p=self, text='Gear parameters', opts=FRAME_GROOVE)
HFrame_1 = FXHorizontalFrame(p=GroupBox_1, opts=0, x=0, y=0, w=0, h=0, pl=0, pr=0, pt=0,
pb=0)
    VFrame_1 = AFXVerticalAligner(p=HFrame_1, opts=0, x=0, y=0, w=0, h=0, pl=0, pr=0, pt=0,
pb=0)
    AFXTextField(p=VFrame_1, ncols=12, labelText='Z1(Driving gear):', tgt=form.z1Kw, sel=0)
    AFXTextField(p=VFrame_1, ncols=12, labelText='Z2(Driven gear):', tgt=form.z2Kw, sel=0)
    VFrame_2 = AFXVerticalAligner(p=HFrame_1, opts=0, x=0, y=0, w=0, h=0, pl=0, pr=0, pt=0,
pb=0)
    AFXTextField(p=VFrame_2, ncols=12, labelText='m(Normal Modulus):', tgt=form.mnKw,
sel=0)
    AFXTextField(p=VFrame_2, ncols=12, labelText='Pressure angle:', tgt=form.presangleKw,
sel=0)
```

VFrame_3 = AFXVerticalAligner(p=HFrame_1, opts=0, x=0, y=0, w=0, h=0, pl=0, pr=0, pt=0, pb=0)

AFXTextField(p=VFrame_3, ncols=12, labelText='X1(Driving):', tgt=form.x1Kw, sel=0)

AFXTextField(p=VFrame_3, ncols=12, labelText='X2(Driven):', tgt=form.x2Kw, sel=0)

VFrame_4 = AFXVerticalAligner(p=HFrame_1, opts=0, x=0, y=0, w=0, h=0, pl=0, pr=0, pt=0, pb=0)

AFXTextField(p=VFrame_4,ncols=12,labelText='Input Torque(N*mm):', tgt=form.TorqueKw, sel=0)

AFXTextField(p=VFrame_4, ncols=12, labelText='Tooth Width(mm):', tgt=form.WidthKw, sel=0)

VFrame_5 = AFXVerticalAligner(p=HFrame_1, opts=0, x=0, y=0, w=0, h=0, pl=0, pr=0, pt=0, pb=0)

AFXTextField(p=VFrame_5, ncols=12, labelText='Maximum contact stress(MPa):', tgt=form.contactstressKw, sel=0)

AFXTextField(p=VFrame_5, ncols=12, labelText='Maximum bending stress(MPa):', tgt=form.bendingstressKw, sel=0)

主界面齿轮参数输入如图 6-63 所示。

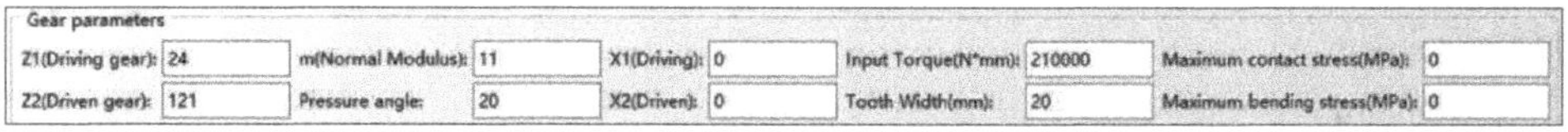

图 6-63　主界面齿轮参数输入

功能选择模块主要分为六个部分，主要包括齿轮标准设计、应力分析、损伤演化、寿命预估、可靠性评估、结构优化。本软件中将上述模块建立成独立的按钮，按钮采用 push button 格式进行设置，单击按钮后会弹出各模块对应的子界面框，具体代码如下：

fileName = os.path.join(thisDir, 'function.png')

icon = afxCreatePNGIcon(fileName)

icon.scale(1100,80) #控制图片尺寸

FXLabel(p=self, text='', ic=icon)

GroupBox_2 = FXGroupBox(p=self, text='', opts=FRAME_GROOVE)

HFrame_4 = FXHorizontalFrame(p=GroupBox_2, opts=0, x=0, y=0, w=0, h=0, pl=0, pr=0, pt=0, pb=0)

FXMAPFUNC(self, SEL_COMMAND, self.ID_Standard_button, Gear_simulation_platformDB.onCmdMybutton)

FXButton(p=HFrame_4, text='Standard design', sel=self.ID_Standard_button,tgt=self,pl=35,pr=35, pt=15,pb=15）

FXMAPFUNC（self, SEL_COMMAND, self.ID_Stress_button, Gear_simulation_platformDB. onCmdMybutton）

self.Stress_button=FXButton（p=HFrame_4, text='Stress analysis', sel=self.ID_Stress_button,tgt=self, pl=35,pr=35,pt=15,pb=15）

FXMAPFUNC（self, SEL_COMMAND, self.ID_Performance_button, Gear_simulation_platformDB. onCmdMybutton）

FXButton（p=HFrame_4, text='Damage evolution', sel=self.ID_Performance_button,tgt=self,pl=35, pr=35,pt=15,pb=15）

FXMAPFUNC（self, SEL_COMMAND, self.ID_Life_button, Gear_simulation_platformDB. onCmdMybutton）

FXButton（p=HFrame_4, text='Life prediction',sel=self.ID_Life_button, tgt=self,pl=35,pr=35,pt=15, pb=15）

FXMAPFUNC（self, SEL_COMMAND, self.ID_Reliability_button, Gear_simulation_platformDB. onCmdMybutton）

FXButton（p=HFrame_4, text='Reliability assessment', sel=self.ID_Reliability_button,tgt=self, pl=35,pr=35,pt=15,pb=15）

FXMAPFUNC（self, SEL_COMMAND, self.ID_Structural_button, Gear_simulation_platformDB. onCmdMybutton）

FXButton（p=HFrame_4, text='Structural optimization', sel=self.ID_Structural_button,tgt=self,pl=35, pr=35,pt=15,pb=15）

　　　　　　　　　　　fileName = os.path.join（thisDir, 'stress_figure.png'）

　　　　　　　　　　　icon = afxCreatePNGIcon（fileName）

icon.scale（1100,100）#控制图片尺寸

FXLabel（p=self, text=", ic=icon）

图 6-64 为主界面功能选择图片。

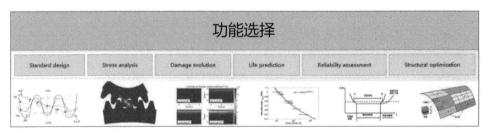

图 6-64　主界面功能选择图片

本软件需要通过单击按钮弹出界面框，因此对每个按钮变量进行了赋值，并

通过窗口激活函数对后续模块的子窗口进行显示，具体实现代码如下：

```
ID_Standard_button = AFXDataDialog.ID_LAST
ID_Stress_button = AFXDataDialog.ID_LAST+2
ID_Life_button = AFXDataDialog.ID_LAST+4
ID_Performance_button = AFXDataDialog.ID_LAST+6
ID_Reliability_button = AFXDataDialog.ID_LAST+8
ID_Structural_button = AFXDataDialog.ID_LAST+10
```

其他子界面的开发流程与主界面类似，在完成整个界面开发后，将界面与齿轮分析内核程序关联，即可进行齿轮疲劳分析。

仿真软件自动建模结果如图 6-65 所示，展现了通过该疲劳分析软件建立的考虑齿轮硬度梯度以及残余应力的齿轮有限元模型。

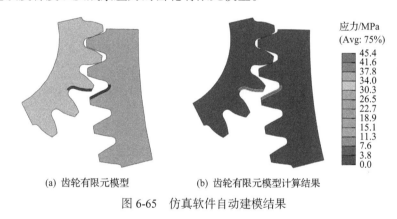

应力/MPa
(Avg: 75%)

45.4
41.6
37.8
34.0
30.3
26.5
22.7
18.9
15.1
11.3
7.6
3.8
0.0

(a) 齿轮有限元模型　　(b) 齿轮有限元模型计算结果

图 6-65　仿真软件自动建模结果

6.5　本 章 小 结

通过热处理、喷丸强化等工艺技术改善齿轮硬度梯度、残余应力等力学特征参量是提高齿轮承载能力和疲劳性能的重要途径，探究硬化层、残余应力等梯度特征对齿轮疲劳性能的作用机理对高性能齿轮抗疲劳设计制造具有重要的工程意义和科学价值。本章介绍了齿轮硬化层与残余应力的内涵及测试表征技术，并以表面硬度、硬化层深度、残余应力分布状态等为参量介绍了硬化层与残余应力表面完整性要素对齿轮滚动接触应力响应和疲劳失效风险的影响。值得注意的是，齿轮硬度梯度以及残余应力特征并非孤立存在的，这使得齿轮接触疲劳分析过程中，单一变量的控制难以通过试验进行验证，因此如何通过试验来分析以硬化层、残余应力为代表的表面完整性因素对齿轮疲劳性能的影响是未来研究的方向之一。

本章还介绍了考虑表面完整性的齿轮疲劳仿真软件的开发过程，对齿轮疲劳仿真软件进行了简要介绍，但该软件目前仅具备较为有限的齿轮疲劳分析功能，未来有待开发更加完善的版本，同时进行试验验证和检测。以期为便捷分析表面完整性、载荷工况与载荷谱等对齿轮疲劳性能的定量影响和优化提供有效设计分析工具。

参 考 文 献

[1] Zhan Z X. Fatigue life calculation for TC4-TC11 titanium alloy specimens fabricated by laser melting deposition[J]. Theoretical and Applied Fracture Mechanics, 2018, 96: 114-122.

[2] 国家质量监督检验检疫总局. 合金结构钢[S]. GB/T 3077—2015. 北京: 中国标准出版社, 2016.

[3] Wu J Z, Liu H J, Wei P T, et al. Effect of shot peening coverage on hardness, residual stress and surface topography of carburized rollers[J]. Surface and Coatings Technology, 2020, 384: 125273.

[4] 贺笃鹏, 张家涛, 董瀚, 等. 细晶粒渗碳齿轮钢的疲劳性能[J]. 汽车工艺与材料, 2010, (11): 56-59.

[5] Fagerlund J, Kamjou L. Fatigue performance and cleanliness of carburizing steels for gears[J]. Gear Technology, 2018: 31-37.

[6] 赵玉凯, 范斌, 逯发虎. 关于渗碳淬火齿轮畸变的探讨[J]. 热处理, 2012, 27(6): 77-81.

[7] 杜树芳. 一种时效硬化钢的深层离子渗氮[J]. 金属热处理, 2014, 39(7): 85-88.

[8] 国家市场监督管理总局. 渗氮钢[S]. GB/T 37618—2019. 北京: 中国标准出版社, 2019.

[9] 谢俊峰, 何声馨, 李纪强, 等. 喷丸强化对 18CrNiMo7-6 渗碳齿轮表面性能的影响[J]. 热加工工艺, 2017, 46(18): 179-181, 186.

[10] Liu H L, Liu H J, Bocher P, et al. Effects of case hardening properties on the contact fatigue of a wind turbine gear pair[J]. International Journal of Mechanical Sciences, 2018, 141: 520-527.

[11] 董辉立. 油润滑渐开线斜齿轮摩擦动力学特性及疲劳寿命预估[D]. 北京: 北京理工大学, 2014.

[12] Branch N A, Subhash G, Arakere N K, et al. A new reverse analysis to determine the constitutive response of plastically graded case hardened bearing steels[J]. International Journal of Solids and Structures, 2011, 48(3/4): 584-591.

[13] Asi O, Can A Ç, Pineault J, et al. The relationship between case depth and bending fatigue strength of gas carburized SAE 8620 steel[J]. Surface and Coatings Technology, 2007, 201(12): 5979-5987.

[14] 黄帅, 张国强, 王毛球, 等. 不同渗碳层深度下重载齿轮钢的疲劳性能[J]. 钢铁研究学报, 2012, 24(4): 34-38.

[15] Ahlroos T, Ronkainen H, Helle A, et al. Twin disc micropitting tests[J]. Tribology International,

2009, 42(10): 1460-1466.

[16] D'Errico F. Micropitting damage mechanism on hardened and tempered, nitrided, and carburizing steels[J]. Materials and Manufacturing Processes, 2011, 26(1): 7-13.

[17] Kolednik O, Predan J, Fischer F D. Cracks in inhomogeneous materials: Comprehensive assessment using the configurational forces concept[J]. Engineering Fracture Mechanics, 2010, 77(14): 2698-2711.

[18] 谢琴, 刘更, Wang Qian Jane, 等. 渗氮钢粗糙表面的弹塑性接触研究[J]. 中国机械工程, 2007, 18(22): 2748-2751, 2765.

[19] Li W, Deng S, Liu B S. Experimental study on the influence of different carburized layer depth on gear contact fatigue strength[J]. Engineering Failure Analysis, 2020, 107: 104225.

[20] Lorenz S J, Sadeghi F, Wang C. Effect of spatial hardness distribution in rolling contact fatigue performance of bearing contacts[J]. Tribology International, 2022, 171: 107550.

[21] Walvekar A A, Sadeghi F. Rolling contact fatigue of case carburized steels[J]. International Journal of Fatigue, 2017, 95: 264-281.

[22] Paulson N R, Golmohammadi Z, Walvekar A A, et al. Rolling contact fatigue in refurbished case carburized bearings[J]. Tribology International, 2017, 115: 348-364.

[23] Zaretsky E V, Parker R J, Anderson W J. Effect of Component Differential Hardnesses on Rolling-Contact Fatigue and Load Capacity[M]. Washington: National Aeronautics and Space Administration, 1965.

[24] Liu Y, Wang M Q, Shi J, et al. Fatigue properties of two case hardening steels after carburization[J]. International Journal of Fatigue, 2009, 31(2): 292-299.

[25] 曹锐, 王平, 田贵云, 等. 齿轮材料有效硬化层深度对巴克豪森噪声信号的影响[J]. 无损检测, 2013, 35(10): 59-62.

[26] Genel K, Demirkol M. Effect of case depth on fatigue performance of AISI 8620 carburized steel[J]. International Journal of Fatigue, 1999, 21(2): 207-212.

[27] Boiadjiev I, Witzig J, Tobie T, et al. Tooth flank fracture–basic principles and calculation model for a sub-surface-initiated fatigue failure mode of case-hardened gears[C]. Proceedings of the International Gear Conference, Lyon, 2014: 26-28.

[28] 彭忠江, 杨存平. DF4C 机车从动齿轮齿面剥落分析[J]. 机车车辆工艺, 2002, (1): 36-37.

[29] 陆频, 李铋. 风电齿轮箱齿轮剥落分析[J]. 物理测试, 2016, 34(1): 43-45.

[30] 朱百智, 石斌, 马红武, 等. 深层渗碳淬火齿轮剥落原因分析[J]. 机械工人(热加工), 2007, (10): 36-38.

[31] 黄丽荣, 汤宏智. 汽车齿轮硬化层深的设计[J]. 热处理技术与装备, 2008, 29(6): 28-31, 36.

[32] 肖伟中. 齿轮硬化层疲劳剥落强度研究与应用[D]. 北京: 机械科学研究总院, 2016.

[33] Beermann D S, Kissling D U. Tooth flank fracture—A critical failure mode influence of macro

and mciro geometry[C]. KISSsoft User Conference, 2015.

[34] Thomas J. Flankentragfähigkeit und laufverhalten von hartfeinbearbeiteten kegelrädern[D]. Munich: Technical University of Munich, 1997.

[35] Lang O R, Kernen I R. Dimensionierung komplizierter bauteile aus stahl im bereich der zeit-und dauerfestigkeit[J]. Materialwissenschaft Und Werkstofftechnik, 1979, 10(1): 24-29.

[36] Lang O R. The dimensioning of complex steel members in the range of endurance strength and fatigue life[J]. Zeitschrift fuer Werkstofftechnik, 1979, 10: 24-29.

[37] Wang W, Liu H J, Zhu C C, et al. Evaluation of rolling contact fatigue of a carburized wind turbine gear considering the residual stress and hardness gradient[J]. Journal of Tribology, 2018, 140(6): 061401.

[38] Witzig J. Flankenbruch-eine grenze der zahnradtragfähigkeit in der werkstofftiefe[D]. München: Technische Universität of München, 2012.

[39] Al B C, Patel R, Langlois P. Comparison of tooth interior fatigue fracture load capacity to standardized gear failure modes[C]. Fall Technical Meeting, 2016.

[40] Colwell L V, Sinnott M J, Tobin J C. The determination of residual stresses in hardened, ground steel[J]. Transactions of the American Society of Mechanical Engineers, 1955, 77: 1099-1105.

[41] Yonetani S, Notoya H, Takatsuji Y. Grinding residual stress in heat treated hardness steels[J]. Journal of the Japan Institute of Metals and Materials, 1984, 48(6): 611-617.

[42] 刘竹丽, 王翊, 周永新. 电镀 CBN 锥砂轮磨削齿面残余应力的研究[J]. 机械传动, 2000, 24(4): 20-22, 34.

[43] Lemaster R, Boggs B L, Bunn J, et al. Grinding induced changes in residual stresses of carburized gears[C]. AGMA Fall Technical Meeting, 2009.

[44] Zou J F, Pei H J, Hua C L, et al. Residual stress distribution at grind-hardening layer surface of the 40Cr workpiece[J]. Materials Research Innovations, 2015, 19(sup5): S5-580.

[45] Li W, Liu B S. Experimental investigation on the effect of shot peening on contact fatigue strength for carburized and quenched gears[J]. International Journal of Fatigue, 2018, 106: 103-113.

[46] Qian Y N. Residual stress control and design of next-generation ultra-hard gear steels[D]. Evanston: Northwestern University, 2007.

[47] Wu J Z, Liu H J, Wei P T, et al. Effect of shot peening coverage on residual stress and surface roughness of 18CrNiMo7-6 steel[J]. International Journal of Mechanical Sciences, 2020, 183: 105785.

[48] 蔡君康. 喷丸结合光整加工修复齿面失效[J]. 金属加工(冷加工), 2020, (11): 49-52.

[49] 高玉魁. 高强度钢喷丸强化残余压应力场特征[J]. 金属热处理, 2003, 28(4): 42-44.

[50] Cheng X M. Experimental and numerical approaches for improving rolling contact fatigue of

bearing steel through enhanced compressive residual stress[D]. Columbus: The Ohio State University, 2007.

[51] 李卫国. 深孔滚压光整强化机理及残余应力分析研究[D]. 太原: 中北大学, 2019.

[52] Lu J, Flavenot J F, Turbat A. Prediction of Residual Stress Relaxation During Fatigue[M]. West Conshohocken: ASTM Special Technical Publications, 1988.

[53] Kuhn G, Hoffmann J, Eifler D, et al. Instability of machining residual stresses in differently heat treated notched parts of SAE 1045 during cyclic deformation[J]. Science and Technology, 1991, 2: 1294-1301.

[54] 高玉魁. 超高强度钢喷丸表面残余应力在疲劳过程中的松弛规律[J]. 材料热处理学报, 2007, 28 (S1): 102-105.

[55] Sorsa A, Leiviskä K, Santa-aho S, et al. Quantitative prediction of residual stress and hardness in case-hardened steel based on the Barkhausen noise measurement[J]. NDT and E International, 2012, 46: 100-106.

[56] Vrkoslavová L, Louda P, Malec J. Analysis of surface integrity of grinded gears using Barkhausen noise analysis and X-ray diffraction[C]. AIP Conference, 2014.

[57] Guo J, Fu H Y, Pan B, et al. Recent progress of residual stress measurement methods: A review[J]. Chinese Journal of Aeronautics, 2021, 34 (2): 54-78.

[58] Liu H L, Liu H J, Zhu C C, et al. Evaluation of contact fatigue life of a wind turbine gear pair considering residual stress[J]. Journal of Tribology, 2018, 140 (4): 041102.

[59] 陈天富, 冯贤桂. 材料力学[M]. 2 版. 重庆: 重庆大学出版社, 2006.

[60] Zhang Y F, Fang C Y, Huang Y F, et al. Enhancement of fatigue performance of 20Cr2Ni4A gear steel treated by pulsed magnetic treatment: Influence mechanism of residual stress[J]. Journal of Magnetism and Magnetic Materials, 2021, 540: 168327.

[61] Zaretsky E, Parker R, Anderson W, et al. Effect of component differential hardness on residual stress and rolling-contact fatigue[R]. Washington: National Aeronautics and Space Administration, 1965.

[62] Agha S R. Fatigue performance of superfinish hard turned surfaces in rolling contact[D]. West Lafayette: Purdue University, 2000.

[63] Bernasconi A, Davoli P, Filippini M, et al. An integrated approach to rolling contact sub-surface fatigue assessment of railway wheels[J]. Wear, 2005, 258 (7/8): 973-980.

[64] Guo Y B, Barkey M E. FE-simulation of the effects of machining-induced residual stress profile on rolling contact of hard machined components[J]. International Journal of Mechanical Sciences, 2004, 46 (3): 371-388.

[65] Goodman J. Mechanics Applied to Engineering[M]. Athens: Alpha Editions, 1941.

[66] Zhou Y, Zhu C C, Liu H J, et al. A numerical study on the contact fatigue life of a coated gear

pair under EHL[J]. Industrial Lubrication and Tribology, 2018, 70(1): 23-32.

[67] Liu H J, Mao K, Zhu C C, et al. Mixed lubricated line contact analysis for spur gears using a deterministic model[J]. Journal of Tribology, 2012, 134(2): 1.

[68] Li S, Wagner J J. An approach for the gear rolling contact fatigue acceleration[J]. Journal of Mechanical Design, 2016, 138(3): 034501.

[69] Boiadjiev I, Witzig J, Tobie T, et al. Tooth flank fracture–basic principles and calculation model for a sub-surface-initiated fatigue failure mode of case-hardened gears[C]. International Gear Conference, Lyon, 2014: 670-680.

[70] Terrin A, Meneghetti G. A comparison of rolling contact fatigue behaviour of 17NiCrMo6-4 case-hardened disc specimens and gears[J]. Fatigue & Fracture of Engineering Materials & Structures, 2018, 41(11): 2321-2337.

[71] AL-Mayali M F, Evans H P, Sharif K J. Assessment of the effects of residual stresses on fatigue life of real rough surfaces in lubricated contact[C]. International Conference for Students on Applied Engineering, 2016.

[72] Seo J W, Goo B C, Choi J B, et al. A study on the contact fatigue life evaluation for railway wheels considering residual stress variation[J]. Transactions of the Korean Society of Mechanical Engineers A, 2004, 28(9): 1391-1398.

[73] Stahl K, Hoehn B R, Tobie T. Tooth flank breakage: Influences on subsurface initiated fatigue failures of case hardened gears[C]. American Society of Mechanical Engineers International Design Engineering Technical Conferences and Computers and Information in Engineering Conference(DETC2013), 2013.

[74] 何家文, 胡奈赛, 张定铨. 残余应力对高周疲劳性能的影响[J]. 西安交通大学学报, 1992, 26(3): 25-32.

[75] Batista A C, Lebrun A M, Le Floür J C, et al. Contact fatigue of automotive gears: Evolution and effects of residual stresses introduced by surface treatments[J]. Fatigue & Fracture of Engineering Materials & Structures, 2000, 23(3): 217-228.

[76] Brandão J A, Seabra J H O, Castro J. Surface initiated tooth flank damage[J]. Wear, 2010, 268(1/2): 1-12.

[77] Benesty J, Chen J D, Huang Y T, et al. Pearson Correlation Coefficient[M]// Noise Reduction in Speech Processing. Berlin, Heidelberg: Springer, 2009: 1-4.

[78] Rigatti S J. Random forest[J]. Journal of Insurance Medicine, 2017, 47(1): 31-39.

[79] Han H, Guo X L, Yu H. Variable selection using mean decrease accuracy and mean decrease gini based on random forest[C]. The 7th Institute of Electrical and Electronics Engineers International Conference on Software Engineering and Service Science, 2016.

[80] Choi Y. A study on the effects of machining-induced residual stress on rolling contact fatigue[J].

International Journal of Fatigue, 2009, 31(10): 1517-1523.

[81] Ishida M, Abe N. Experimental study on rolling contact fatigue from the aspect of residual stress[J]. Wear, 1996, 191(1/2): 65-71.

[82] Zhou K, Sun X Y, Shi S W, et al. Machine learning-based genetic feature identification and fatigue life prediction[J]. Fatigue & Fracture of Engineering Materials & Structures, 2021, 44(9): 2524-2537.

第7章 齿轮接触疲劳可靠性

疲劳问题总会涉及可靠性，齿轮的接触疲劳也不例外。载荷的随机性、材料性能的不确定性、疲劳试验数据的小样本性、人为因素等，均会使齿轮的接触疲劳性能存在差异，从而导致疲劳可靠性问题。小到生活用品，大到汽车、高铁、飞机、军事装备、宇宙飞船等高端装备，都能找到不同的可靠性要求。在民航领域，欧洲航空安全局(European Union Aviation Safety Agency, EASA)规定适航飞机失效率不高于 10^{-9}[1]；在载人航天领域，零部件要求可靠度达到 99.99% 以上[2]；机床领域，某汽车齿轮自动生产线设备平均故障间隔时间(mean time between failures, MTBF)大于 900h[3]。图 7-1 为可靠性指标在不同领域中的不同体现[4, 5]。随着工业水平的不断提高与对高可靠装备的不懈追求，人们对可靠性研究与应用也越来越重视，高可靠也成为现代高端装备显著特征与重要发展趋势。

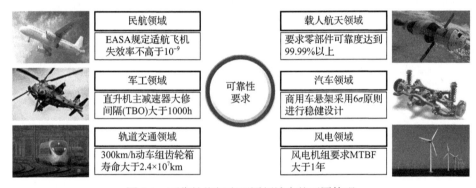

图 7-1　可靠性指标在不同领域中的不同体现

可靠性源于无法被传统质量分析方法有效解释的失效问题，单独作为一门学科已经有 50 多年的历史。在第二次世界大战期间，德国研制火箭时故障频发，带来严重损失(首批 10 枚 V-1 导弹全部发射失败)的同时，失效机理难以通过传统方法解释。德国火箭专家开始关注火箭系统的可靠性问题，并根据概率乘法法则提出了系统可靠性的概念[6]。与此同时，飞行故障使美军在二战期间损失飞机约 21000 架，数量为实战中被击落飞机的 1.5 倍。运往远东作战飞机的电子设备有 60% 在运输中失效，有 50% 在存储期内失效，海军舰艇上的电子设备有 70% 因意外事故失效。美军开始研究意外事故发生的规律，并提出零部件可靠性的相关概念[7]。随着工业水平的发展与高端装备的运用，可靠性问题带来的损失越发严重。零部件可靠性考虑不足，导致 1986 年美国挑战者号航天飞机升空后发生爆炸，7 名宇航员全部罹难。经调查，事故主要起因为火箭助推器上的 O 形环等结构的可靠性不足[8]。据调查，2013 年世界范围内的直升机损毁事故多达 517 起，总计 420 人死亡。其中，传动系统故障引发的事故多达 74 起[9]。直升机驾驶员违规操作致使直升机发生不可靠问题也多有发生。对零部件和系统可靠性认识不足、机理不清引发的事故不胜枚举。因此，可靠性研究与应用得到广泛重视，促进了可靠性学科的发展，可靠性相关技术与应用也逐渐成为工程分析中不可或缺的部分。

可靠性是指研究对象在规定时间内、规定条件下，完成预定功能的能力，包括研究对象的安全性、适用性和耐久性，工程实际中常以质量的方式来体现。可靠性的高低直接影响装备的质量、安全、效益等，成为工程分析中不可回避的关键环节。工程实际中存在大量导致研究对象失效的因素，通常难以建立确定性模型进行分析解释，而采用统计学模型。可靠性研究通过统计的方法寻找常规物理模型、经验公式、质量分析方法等难以解释失效问题的统计规律。针对不同的研究问题与侧重点，衍生出了零部件可靠性、系统可靠性、统计学可靠性、结构可靠性等多个可靠性研究流派，可靠性研究大致可分为如图7-2 所示的四大类。在结构

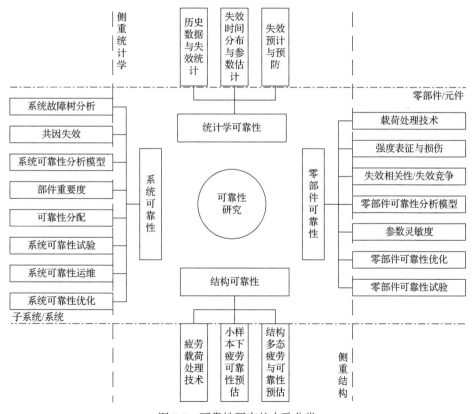

图 7-2　可靠性研究的大致分类

可靠性问题中，80%的机械零部件失效形式为疲劳破坏[7]。疲劳失效与时间具有强相关性，且影响因素众多，无明显先兆，造成的破坏性后果严重，使得疲劳可靠性得到广泛关注并成为可靠性研究的重要分支。传动系统作为装备的重要机械结构，其长期稳定运行与其疲劳可靠性密切相关。现代装备在严苛工况下的服役需求不断攀升，传动系统通常被要求满足高速(齿轮线速度大于140m/s)、重载(齿面压应力大于 3GPa)、精密(传递误差小于 30″)等要求。与此同时，设计寿命的不断提高，要求传动系统在设计寿命内不发生严重失效，甚至不失效，或具有较长的 MTBF 等。轻量化与"降成本"的需求日益增长，导致传动系统功率密度不断提升(汽车轻量化系数低于2.85)。因此，传动系统失效导致装备可靠性不足的案例时有发生。随着齿轮传动向着"高精度、高效率、高可靠、绿色化、智能化"的趋势不断迈进，以及人们对装备可靠运转的不懈追求，机械传动领域的疲劳可靠性问题引起广泛关注。

疲劳破坏的危险性表现在结构到达疲劳寿命(通常小于设计寿命)时，无明显先兆(显著变形)而突然失效。实践表明，作用在结构上的载荷与其本身性能存在随机性，通常使同一结构在相同工况下体现不同的效能，导致疲劳寿命存在一定的随机性，通过图7-3可以直观了解疲劳可靠性的内涵。然而，采用安全系数法、当量载荷法等静态分析方法难以满足齿轮传动在高可靠性要求下，疲劳可靠性合理预估与结构精细化设计。疲劳可靠性综合数理统计、疲劳学、损伤力学、材料科学等学科，旨在从经济性和可维修性要求出发，在规定工作条件下、完成规定功能条件下、规定使用寿命期间，使结构因疲劳强度不足而失效的可能性(破坏概率)减至最低[10]。

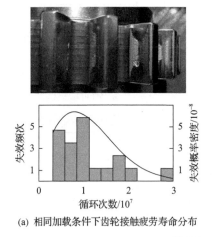

(a) 相同加载条件下齿轮接触疲劳寿命分布

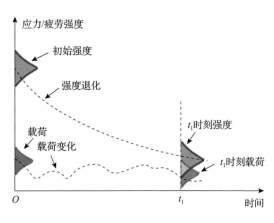

(b) 疲劳可靠性分析原理

图 7-3　疲劳可靠性的基本内涵

疲劳失效仍是传动系统中齿轮等零部件的主要失效形式。随着高端装备对功率密度、承载能力和可靠性的不懈追求，齿轮传动在高速、重载等极端苛刻环境下的服役需求不断攀升，齿面接触疲劳失效问题日益突出，接触疲劳可靠性将成为齿轮箱产品今后竞争的焦点。齿轮接触疲劳可靠性相关研究理论和方法各有不同。从评价指标角度出发，常用可靠性指标包括可靠度、失效率、平均故障间隔时间、可用度等；从疲劳损伤模型与疲劳寿命理论角度出发，常用的强度退化模型与寿命理论包括线性强度退化模型[11]、非线性强度退化模型[12]，以及 Brown-Miller 多轴疲劳理论[13]、Fatemi-Socie 疲劳模型等[14]；从传动链可靠性分析角度出发，可以分为零部件疲劳可靠性与系统可靠性；从疲劳可靠性分析方法角度出发，常用的分析方法包括应力-强度干涉(stress-strength interference, SSI)理论[15]、疲劳累积损伤理论[16]、随机有限元模型等[17]。工程实际中常采用概率-疲劳应力-寿命(P-S-N)曲线、Miner 准则、安全系数法以及应力-强度干涉理论进行齿轮传动接触疲劳寿命预估与可靠性分析。通常根据 P-S-N 曲线确定疲劳寿命，利用 Miner 准则计算疲劳损伤情况并实时反映疲劳寿命，结合安全系数法与工程经验评估接触疲劳可靠性。此外，还可以根据应力分布与疲劳强度统计规律评估齿轮接触疲劳可靠性。通过齿轮传动疲劳可靠性研究，可评估服役过程中传动系统的运行状态，根据运行状态提出针对性的运维策略。根据疲劳可靠性变化趋势，寻找疲劳可靠性较低的薄弱环节进行针对性优化与改进。

本章从可靠性的发展历程、基本理论与相关技术手段等方面对可靠性研究进行概述。随后，从可靠性研究概述过渡到疲劳可靠性的相关理论研究，并重点阐述齿轮接触疲劳可靠性相关研究方法、分析流程以及基于疲劳可靠性的结构参数优化求解，并通过齿轮零部件与传动系统两个层面的可靠性研究案例着重阐述齿轮传动接触疲劳可靠性分析与结构参数优化流程。

7.1 可靠性研究概述

7.1.1 可靠性发展历程

最早的可靠性研究可以追溯到 20 世纪 30 年代，Shewhart 等[18]成功采用统计方法代替传统质量分析方法，对工业产品的质量进行评估。与此同时，瑞典工程师、数学家 Weibull[19]对材料疲劳寿命与概率特征等进行研究，根据疲劳寿命统计规律，提出了适用于机电产品可靠性研究的重要分布——Weibull 分布。第二次世界大战中，武器装备失效的原因不明，带来严重的损失，采用传统质量分析方法难以有效解释其失效机理。与此同时，各国对武器装备的可靠性提出了更高的要求，为可靠性技术的发展带来契机。零部件可靠性的概念最早可以追溯到 1939 年美国航空委员会出版的 *Notes on Airworthiness Statistics*（《适航性统计学注释》）[7]，首次提出了飞机由于各种零件失效与相关事故率之间的关系，并要求飞机事故率不应超过 0.0001/h，随后被认为是最早的安全性和可靠性定量指标。系统可靠性理论可以追溯到 1944 年德国火箭研究参与人 Lusser 在 V-II 火箭研制中，依据概率乘法法则，提出了火箭系统可靠度等于组成系统所有子系统可靠度的乘积[6]。1947 年，美国学者 Freudenthal 在土木工程师学会刊物上发表的 "The safety of structures"（结构安全度）一文中首次提出了应力-强度干涉模型[20]。可靠性问题开始引起学术界和工程界的普遍关注和重视，应力-强度干涉模型也成为机械零部件和电子元件可靠性分析的一个重要方法。

自 20 世纪 50 年代起，随着美苏关系发生变化，在"冷战"背景下各国开展了大量的军备竞赛。各国对装备可靠性提出更高要求的同时，进一步促进了可靠性学科的发展。1952 年，美国成立电子设备可靠性咨询小组（Advisory Group on the Reliability of Electronic Equipment, AGREE）[21]，该小组在 1955 年开始制订和实施从设计、试验、生产到交付、储存和使用的全面可靠性计划，并于 1957 年发表了重要报告 *Reliability of military electronic equipment*（《军用电子设备可靠性》），该报告被公认为是可靠性发展历程中的重要文献[7]。苏联也提出可靠性设计、可靠性试验、生产中的可靠性、储存可靠性、使用中的可靠性等可靠性保证概念，并强调生产制造阶段对产品可靠性影响的重要性[22]。

从 20 世纪 60 年代开始，随着电子、航空、航天、核能等事业的蓬勃发展，世界各国学者、工程师在可靠性理论、方法和应用等方面进行了大量研究，可靠性研究取得长足进步。在可靠性理论方面，故障模式与影响分析（fault modes and effect analysis, FMEA）、故障树分析（fault tree analysis, FTA）等概念相继被提出；在设计理念方面，开始采用冗余设计，并开展可靠性试验、验收试验和老练试验等；在管理模式方面，开始对产品进行可靠性评审；在应用领域方面，可靠性理论与技术已经从电子、航空、航天、宇航等尖端工业领域逐渐渗透到电力系统、机械设备、动力、土木、冶金等民用领域。这期间发生了许多标志性事件，并诞生了一系列典型的可靠性研究成果。1964 年，美国可靠性领域的先驱者 Kececioglu 首次将应力-强度干涉理论用于机械零件疲劳强度中[23]，其同事 Haugen 在此基础上于 1968 年出版专著 *Probabilistic Approaches to Design*（《概率设计方法》）[24]，1980 年出版 *Probabilistic Mechanical Design*（《机械概率设计》）[25]。1969 年，美国 Apollo-11 号成功登月后，NASA 把可靠性列为美国三大科技成就之一[26]。与此同时，国际上首个可靠性专业学术杂志 *IEEE Transaction on Reliability* 在 1963 年问世，不断发展成为涵盖可维护性、故障物理、寿命测试、预测、可靠性设计和制造、系统可靠性、网络可用性、安全以及各种有效性度量等可靠性领域研究的国际交流前沿基地。

从 20 世纪 70 年代开始，可靠性理论与实践发展进入成熟阶段。大力发展原子能，为可靠性学科发展带来了契机。美国专门成立了以 Rausand 教授为首的研究小组对原子能风险评估问题开展研究，数百万研究经费的投入造就了世界上第一份原子能安全风险评估报告——"WASH-1400 NUREG-75/014"，后被称为著名的 Rausand 报告[27]。

20 世纪 80 年代，可靠性研究向更深、更远的方向发展。加拿大学者 Dhillong 在 1980 年对"冗余系统的应力-强度可靠性分析"、"应用于机械系统的干涉理论"、"统一可用性模型：具有机械、电气、软件人为因素和共因失效的冗余系统"、"具有共因失效的系统概率分析"以及"机械人的可靠性和安全性"等机械可靠性方面的专题进行了大量研究[28]；英国学者 Cater 主要研究磨损引起的机械失效下的机械可靠性，并出版专著 *Mechanincal Reliability*（《机械可靠性》）[29]和 *Mechanical Reliability and Design*（《机械可靠性与设计》）[30]；学者 O'Connor 在 1982 年出版了专著 *Practical Reliability Engineering*（《实用可靠性工程》）[31]，重点关注可靠性研究成果在工程中的应用。

20 世纪 90 年代至今，可靠性研究正朝着综合化、自动化、系统化和智能化方向发展。可靠性也从单一领域的研究扩展到各个学科门类的相关研究中，并形成学科交叉与渗透。例如，在机械传动疲劳问题研究中，存在失效机理不清、确定性模型难以建立等问题，将上述问题与数理统计、损伤力学等学科结合，从而形成疲劳可靠性这一专门的学科，为机械传动领域疲劳问题研究提供解决方案。除此之外，许多学者将人工智能、随机模拟、神经网络、信息论、突变论等学科思想扩展、交叉应用到可靠性分析中，出现了可靠性分析综合认知模型、模糊可靠性模型等新兴研究方法。目前，对电子产品的可靠性研究已较为成熟，机械结构的疲劳可靠性研究发展受理论模型不成熟、疲劳数据样本量小且难以获取、结构受载复杂等限制相对还不完善。较之电子产品，机械结构的受载方式更为复杂，服役环境更加恶劣，其失效和可靠性影响因素也更为多样，至今还没有较为统一的数学模型和分析方法直接用于机械结构疲劳可靠性研究。机械结构疲劳可靠性研究主要面临以下三个问题：①大量的分析方法基本沿用以电子元件为对象总结出来的可靠性理论与方法；②机械结构多为疲劳失效，试验数据有限，小样本条件下的可靠性分析问题亟待解决；③常规的可靠性理论在二态假设和概率假设基础上建立，工程实际中很难满足这样的假设。图7-4 为可靠性研究与应用的大致发展历程与标志性事件。

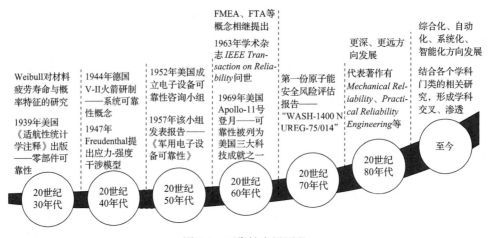

图 7-4　可靠性发展历程

国内可靠性研究起步较晚，第一次"机械可靠性座谈会"于 1983 年在北京召开[32]，经过四十多年的发展，可靠性研究与应用取得显著成就的同时，涌现出了大量的专家学者和工程实践队伍。例如，高镇同院士长期从事疲劳统计学、疲劳可靠性等方面的研究，出版了《疲劳统计学》《疲劳可靠性》等 6 部专著，系统介绍了统计学与疲劳可靠性的内涵与相关理论研究[10]；北京航空航天大学成立了专门的可靠性与系统工程学院，构成设计分析、试验验证、应用运维可靠性研究体系，主要研究成果包括可靠性理论方法、可靠性试验验证平台、可靠性软件平台等；东北大学谢里阳教授长期从事机械强度、疲劳寿命与系统可靠性方面的研究工作，于 2008 年出版专著《机械可靠性基本理论与方法》[33]；沈阳化工大学张义民教授[34-36]长期从事机械可靠性研究，研究内容涵盖机械动态可靠性与振动控制、机械渐变可靠性与抗疲劳及抗磨损机制、机械系统热-流-固耦合、基于人工智能与故障诊断、动态与渐变耦合可靠性优化设计和寿命预测等；兰州理工大学安宗文教授[37-40]也长期从事机械可靠性方面的研究，研究方向包括机械零件及结构可靠性设计理论、机械传动系统可靠性建模与加速寿命试验等；电子科技大学黄洪钟教授[41-45]长期从事可靠性设计、状态监测、故障诊断与寿命预测、人工智能与优化设计、数字化设计与智能制造等方面的研究；西南交通大学赵永翔教授[46-49]长期从事结构疲劳断裂与可靠性和安全性研究，研究方向包括结构疲劳强度及可靠性、结构疲劳断裂与安全性、全寿命周期可靠性工程、结构强度优化设计等；重庆大学张根保教授[50-54]长期从事先进制造技术、计算机集成制造系统、数控机床可靠性、现代质量工程、企业信息化等方面的研究；北京可维创业科技有限公司推出"RMS 技术集成应用平台——GARMS 可靠性软件"[55, 56]，这标志着我国具有自主知识产权的可靠性工程技术的成熟。此外，还有大量学者与工程实践队伍从事可靠性结合各个学科门类的相关研究。

同时，我国也非常重视可靠性在工程实际中的应用。早在 2011 年，《国家重大科学仪器设备开发专项可靠性工作指南》中就明确指出 2012 年度申报的所有项目中均要求提出明确的可靠性指标要求。《工业产品质量发展"十二五"规划》中提出"加强重大装备可靠性设计、试验与验证技术研究，提高产品加工精度、内在质量和使用寿命。支持航空、航天、船舶、轨道交通、汽车等装备制造行业，以提升可靠性水平为中心，加强技术改造、技术创新与技术攻关，突破制约重大装备可靠性提升的关键材料、工艺与制造技术，推进新工艺、新材料、新技术的工程应用"。《"十三五"国家科技创新规划》中提到"重点攻克高档数控系统、功能部件及刀具等关键共性技术和高档数控机床可靠性、精度保持性等关键技术，满足航空航天、汽车领域对高精度、高速度、高可靠性高档数控机床的急需"。

7.1.2　可靠性基本理论

1. 可靠性内涵与指标

可靠性是指产品单元在规定时间（设计寿命）内、规定条件（如额定温度、负载、电压等）下，正常运转或完成特定任务的能力或概率。判断一个产品单元运转"可靠"的状况，常用状态变量表示。$X(t)$ 为产品单元的状态变量，表示为

$$X(t) = \begin{cases} 1, & t \text{ 时刻产品单元正常工作} \\ 0, & t \text{ 时刻产品单元发生失效} \end{cases} \tag{7-1}$$

评价一批产品或一个系统/元件的可靠程度，通常采用相应的可靠性指标进行度量。常用的可靠性指标包括失效概率 $F(t)$、失效概率密度 $f(t)$、可靠度 $R(t)$、失效率 $h(t)$ 等。

1）失效概率 $F(t)$

首先明确失效时间 T 的定义，失效时间指产品单元从开始工作直至因故障而不能工作的时间。失效时间并非一定为时间 t 的连续变量，可以为开关启动次数、齿轮、轴承工作循环数，汽车行驶里程，飞机航程等离散变量。设失效时间 T 为时间 t 的连续变量，记其概率密度函数为 $f(t)$，其分布函数 $F(t)$ 表示为

$$F(t) = \Pr(T \leqslant t) = \int_0^t f(u) \mathrm{d}u, \quad t > 0 \tag{7-2}$$

$F(t)$ 也称失效概率、不可靠度等。其中，$\Pr$ 为可靠概率；t 为试验时长；$f(u)$ 为失效分布函数的"变化率"，也称失效概率密度。

2) 失效概率密度 $f(t)$

根据式 (7-2)，失效时间的概率密度函数 $f(t)$ 可以表示为

$$f(t) = \frac{\mathrm{d}}{\mathrm{d}t}F(t) = \lim_{\Delta t \to \infty} \frac{F(t+\Delta t) - F(t)}{\Delta t} = \lim_{\Delta t \to \infty} \frac{\Pr(t < T \leqslant t+\Delta t)}{\Delta t} \tag{7-3}$$

通过图 7-5 可以更为直观地反映失效概率 $F(t)$ 与失效概率密度 $f(t)$ 之间的关系。

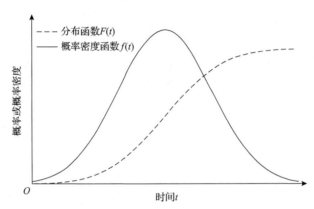

图 7-5　失效概率 $F(t)$ 与失效概率密度 $f(t)$ 之间的关系

3) 可靠度 $R(t)$

失效概率 $F(t)$ 是指 t 时刻产品单元失效的概率，也可以定义为失效密度 $f(t)$ 的累计分布函数。相反，t 时刻产品单元的可靠程度则可以定义为可靠度 $R(t)$。同理，失效概率 $F(t)$ 是可靠度 $R(t)$ 的补集，即

$$R(t) + F(t) = 1 \tag{7-4}$$

4) 失效率 $h(t)$

根据式 (7-3) 可以得到可靠性指标之间的关系式：

$$f(t) = \frac{\mathrm{d}}{\mathrm{d}t}F(t) = \frac{\mathrm{d}}{\mathrm{d}t}\left[1 - R(t)\right] = -R'(t) \tag{7-5}$$

通过上述几个指标的转换关系，当 Δt 趋近于 0 时，即可得到失效率 $h(t)$：

$$h(t) = \lim_{\Delta t \to \infty} \frac{R(t) - R(t+\Delta t)}{\Delta t R(t)} = \frac{1}{R(t)}\left[\lim_{\Delta t \to \infty} \frac{F(t+\Delta t) - F(t)}{\Delta t}\right] = \frac{f(t)}{R(t)} \tag{7-6}$$

失效率 $h(t)$ 表示产品单元 t 时刻还在工作，在区间 $(t,\ t+\Delta t]$ 失效的概率，即

$$\Pr(t < T \leqslant t + \Delta t | T > t) \approx h(t) \cdot \Delta t \tag{7-7}$$

在工程实际中，产品投入使用后，进入早期失效阶段，此时失效率一般处于较高水平，主要由设计、原材料和制造过程中的缺陷造成的。通常采用投入前进行试运转等方法，将这一阶段时间尽可能地缩短或消除。随后，产品进入偶然失效阶段，失效率较低，且稳定。偶尔发生的失效，通常由质量缺陷、材料自身性能、使用环境、操作不当等因素引起。最后，产品进入损耗失效阶段，失效率随着时间的增长而剧烈增长。该现象主要是由工作时间超过产品寿命、磨损、疲劳、老化等造成的。以产品的失效率 $h(t)$ 为纵轴，以时间 t 为横轴，可以绘制出工程实际中常用的浴盆曲线(失效率曲线)，浴盆曲线可以直观地反映出产品在服役周期内失效率 $h(t)$ 呈现两边高中间低的特征，类似一个"浴盆"，如图 7-6 所示。

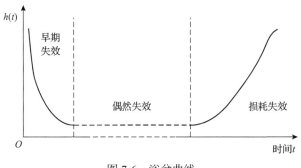

图 7-6　浴盆曲线

5) 平均故障间隔时间 MTBF、平均维修时间 MTTR、有效度 A

除失效概率 $F(t)$、失效概率密度 $f(t)$、可靠度 $R(t)$、失效率 $h(t)$ 等常用于理论计算的可靠性指标外，还可以通过试验的方法获取相应的可靠性指标。不可修的平均失效时间，记为 MTTF，它为失效时间 T 的数学期望：

$$\mathrm{MTTF} = E(T) = \int_0^\infty t \cdot f(t) \mathrm{d}t \tag{7-8}$$

针对可维修产品单元，若修理时间不可忽略，则可靠性指标为平均故障间隔时间 MTBF、平均维修时间 MTTR 和有效度 A。通常这三个指标的约束关系可以通过式(7-9)表示，获取其中两个指标即可得到第三个指标：

$$A = \frac{\mathrm{MTBF}}{\mathrm{MTBF} + \mathrm{MTTR}} \tag{7-9}$$

6) 平均剩余寿命 MRL(t)

在失效时间为 T 的一个产品单元在 $t=0$ 时刻开始工作，工作到 t 时刻后，产品单元再能工作 t_1 时间的可靠度为

$$R(t_1|t) = \Pr(T > t_1 + t \,|\, T > t) = \frac{\Pr(T > t_1 + t)}{\Pr(T > t)} = \frac{R(t_1 + t)}{R(t)} \tag{7-10}$$

则 t 时刻产品单元的平均剩余寿命为

$$\mathrm{MRL}(t) = \mu(t) = \int_0^\infty R(t_1|t)\mathrm{d}x = \frac{1}{R(t)}\int_0^\infty R(t_1)\mathrm{d}x \tag{7-11}$$

式中，$\mu(t)$ 为 t 时刻的剩余寿命。

$\mu(0)=\mu=\mathrm{MTTF}$，$g(t)$ 表示 MRL(t) 占 MTTF 的百分比，可以表示为

$$g(t) = \frac{\mathrm{MRL}(t)}{\mathrm{MTTF}} = \frac{\mu(t)}{\mu} \tag{7-12}$$

对 $\mu(t)$ 求导也可以得到失效率 $h(t)$ 的另一种表达形式：

$$h(t) = \frac{1 + \mu'(t)}{\mu(t)} \tag{7-13}$$

以上介绍了可靠性理论分析中常用的可靠性指标及试验过程中经常测试或预估的可靠性指标。除此之外，可靠性分析中常用的指标还有首发故障时间、可用度、重要度、灵敏度等。无论是零部件可靠性分析，还是系统/子系统的可靠性分析，它们都是从计算相应可靠性指标入手，通过计算、测量相应指标，从而度量可靠程度，并制定一系列措施，提高设备的运转能力或效能。

2. 零部件可靠性

零部件是指系统/子系统中不可拆分的元件。零部件可靠性分析的含义是通过计算零部件相应的可靠性指标，从而度量零部件的可靠程度。然而在计算零部件可靠性指标时通常出现失效随时间变化、零部件存在多种失效模式、失效模式之间存在竞争关系等问题。本节从失效率服从不同分布形式时的零部件可靠性指标计算、多失效形式下零部件可靠性指标计算两个方面展开对零部件可靠性分析的讨论。

通过前面介绍不难发现，通常情况下得到失效率 $h(t)$ 时，就可以得到另外几个可靠性指标。当失效率 $h(t)$ 呈现不同变化规律或不同分布形式时，可以将其分

为如表 7-1 所示的几种常见情况，然后计算相应的可靠性指标。

表 7-1　失效率服从不同分布时的可靠性指标

失效率 $h(t)$ 分布形式	失效概率密度 $f(t)$	失效概率 $F(t)$	可靠度 $R(t)$
恒定失效率 $h(t)=\lambda$	$f(t)=\lambda e^{-\lambda t}$	$F(t)=1-e^{-\lambda t}$	$R(t)=e^{-\lambda t}$
失效率呈线性 $h(t)=\lambda t$	$f(t)=\lambda t e^{-\frac{\lambda t^2}{2}}$	$F(t)=1-e^{-\frac{\lambda t^2}{2}}$	$R(t)=e^{-\frac{\lambda t^2}{2}}$
失效率呈 Weibull 分布 $h(t)=\frac{\gamma}{\theta}\left(\frac{t}{\theta}\right)^{\gamma-1}$	$f(t)=\frac{\gamma}{\theta}\left(\frac{t}{\theta}\right)^{\gamma-1}e^{-\left(\frac{t}{\theta}\right)^{\gamma}}$	$F(t)=1-e^{-\left(\frac{t}{\theta}\right)^{\gamma}}$	$R(t)=e^{-\left(\frac{t}{\theta}\right)^{\gamma}}$
失效率呈指数分布 $h(t)=be^{\alpha t}$	$f(t)=be^{\alpha t}e^{-\frac{b}{\alpha}\left(e^{\alpha t}-1\right)}$	$F(t)=1-e^{-\frac{b}{\alpha}\left(e^{\alpha t}-1\right)}$	$R(t)=e^{-\frac{b}{\alpha}\left(e^{\alpha t}-1\right)}$

当一个零部件面临多种失效模式时，不同失效模式之间可能相互独立，或存在竞争（相关）关系，本节分为失效独立与失效相关两种情况进行讨论。

当零部件存在多种失效模式且满足：每一种失效模式相互独立、一种失效发生则零部件失效、每种失效有自己的失效分布，该零部件可靠性指标可以通过以下公式进行计算：

$$
\begin{cases}
F(t)=1-\left[1-F_1(t)\right]\left[1-F_2(t)\right]\cdots\left[1-F_n(t)\right] \\
R(t)=R_1(t)R_2(t)\cdots R_n(t)=\prod_{i=1}^{n}R_i(t) \\
f(t)=\prod_{i=1}^{n}f_i(t) \\
h(t)=\sum_{i=1}^{n}h_i(t)
\end{cases}
\tag{7-14}
$$

若失效模式之间存在相关性，则可采用 Copula 函数刻画相关关系。Copula 是一个拉丁语词汇，含义是"联系，连接，捆绑"等[57]。使用 Copula 函数时，应满足：对于 n 维随机变量 $X=(x_1,x_2,\cdots,x_n)$，假设其失效概率边缘分布连续且为 $F_1(x_1),F_2(x_2),\cdots,F_n(x_n)$，则存在唯一的 Copula 函数 C，使得多种失效模式的失效概率为

$$
F(X)=C\left(F_{X_1}(x_1),F_{X_2}(x_2),\cdots,F_{X_n}(x_n)\right)
\tag{7-15}
$$

式中，$F(X)$ 为零部件的失效概率；$F_{X_n}(x_n)$ 为零部件第 n 种失效形式的失效概率。

假设 $F(X)$ 具有 n 阶偏导数，则

$$
\begin{aligned}
f(X) &= \frac{\partial^n C\big(F_1(x_1), F_2(x_2), \cdots, F_n(x_n)\big)}{\partial F_1(x_1)\partial F_2(x_2)\cdots\partial F_n(x_n)} \prod_{i=1}^{n} f_i(x_i) \\
&= c\big(F_1(x_1), F_2(x_2), \cdots, F_n(x_n)\big) \prod_{i=1}^{n} f_i(x_i)
\end{aligned}
\tag{7-16}
$$

式中，$f(X)$ 为零部件的失效概率密度；$f_i(x_i)$ 为零部件第 i 种失效形式的失效概率密度；$c\big(F_1(x_1), F_2(x_2), \cdots, F_n(x_n)\big)$ 被称为 Copula 密度函数。根据式 (7-16) 可以分别构建多元变量的联合分布函数和联合概率密度函数。

依据 Sklar 定理[58]，Copula 函数能够将多维随机变量的边缘分布和边缘分布之间的相关性分开研究。在可靠性工程中，边缘分布即零部件可靠度可以通过试验或者可靠性分析获取，而相关性能够依据数据信息由 Copula 函数捕捉，由于 Copula 函数对复杂的非线性相关性可以准确刻画，给多失效模式零部件的可靠性分析提供了一条有效途径。Copula 函数的种类很多，比较常用的有椭圆型 Copula 函数和阿基米德型 Copula 函数。表 7-2 列出了常用的 Copula 函数的二维形式。

表 7-2　几种经典 Copula 函数及其参数

属类	模型	$C(u, v \mid \theta)$	相关参数 θ
椭圆型	正态 Copula	$\displaystyle\int_{-\infty}^{\phi^{-1}(u)}\int_{-\infty}^{\phi^{-1}(v)} \frac{\exp\left[\dfrac{2\theta sw - s^2 - w^2}{2(1-\theta^2)}\right]}{2\pi\sqrt{1-\theta^2}}\,ds\,dw$	$[-1, 1]$
	t-Copula	$T_{m,\theta}\big(t_m^{-1}(u), t_m^{-1}(v)\big)$	—
阿基米德型	Gumbel Copula	$\exp\left\{-\left[(-\ln u)^{1/\theta} + (-\ln v)^{1/\theta}\right]^{\theta}\right\}$	$(0, 1]$
	Clayton Copula	$\big(u^{-\theta} + v^{-\theta} - 1\big)^{-1/\theta}$	$(0, \infty)$
	Frank Copula	$-\dfrac{1}{\theta}\ln\left[1 + \dfrac{(\mathrm{e}^{-\theta u}-1)(\mathrm{e}^{-\theta v}-1)}{\mathrm{e}^{-\theta}-1}\right]$	$(-\infty, 0)\cup(0, \infty)$
	AMH	$\dfrac{uv}{1 - \theta(1-u)(1-v)}$	$(-1, 1]$

通常情况下，需要通过实际需求选择合适的 Copula 函数与相关系数 θ，从而计算相应的可靠性指标。例如，齿轮零部件接触疲劳可靠度为 R_1，弯曲疲劳可靠度为 R_2，选择 Gumbel Copula 函数时，需要将 u、v 替换为可靠度 R_1、R_2，并选择合适的相关系数 θ，从而计算考虑失效相关的齿轮疲劳可靠度 R_r。其他可靠性

指标则需要通过指标之间的转换关系进行推导。

3. 系统可靠性

系统是由某些彼此相互独立又相互协调工作的零部件、子系统组成的，是具有完成特定功能能力的综合体[7]。组成系统并相对独立的部分称为元件，系统与元件的含义均为相对的概念，由研究对象确定。系统可靠性不仅与组成该系统的元件、子系统可靠性有关，还与组成该系统各元件间的组合方式有关。

研究系统可靠性是计算系统可靠性指标，从而评估系统的可靠程度。元件可靠性分配，使系统在满足规定可靠性指标、完成预定功能的前提下，其技术性能、重量指标、制造成本及使用寿命等相互协调并达到最优化的结果。同时进行系统失效分析，鉴别失效模式、失效机理、失效部位、失效时间和失效影响，并据此进行针对性的优化改进。本节从系统可靠性预计模型、可靠性分配、失效分析三个方面展开系统可靠性基本理论的介绍。

假设系统中 n 个元件都正常工作，系统才能正常工作，若其中一个失效，则系统失效，所有元件构成串联系统，示意图如图 7-7 所示。根据概率的乘法定理，串联系统的可靠度可通过式(7-17)预计：

$$R_{\mathrm{s}}(t) = R_1(t)R_2(t)\cdots R_n(t) = \prod_{i=1}^{n} R_i(t) \tag{7-17}$$

式中，$R_{\mathrm{s}}(t)$ 为 t 时刻系统可靠度；$R_i(t)$ 为 t 时刻元件 i 的可靠度。

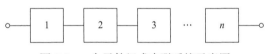

图 7-7 n 个元件组成串联系统示意图

假设 n 个元件组成的系统满足：所有元件中任一元件不失效，整个系统就不会失效。此时 n 个元件组成并联系统，示意图如图 7-8 所示，可靠度可以通过式(7-18)计算：

$$R_{\mathrm{s}}(t) = 1 - \prod_{i=1}^{n} R_i(t) \tag{7-18}$$

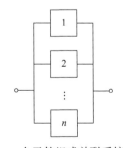

图 7-8 n 个元件组成并联系统示意图

当多个元件组成的系统中既有串联特征，又有并联特征时，该系统称为混联系统。图 7-9 为 5 个元件组成的混联系统示意图。系统可靠度预计时，可以将混联系统拆分为不同的串联和并联系统的组合，在图 7-9 所示的混联系统中，可以将 1～3 元件、4～5 元件分别视为两个串联系统，两个串联系统再构成并联系统，从而组成整个混联系统，此时系统可靠度可以通过式(7-19)预计：

$$\begin{cases} R'_j(t)=\prod_{i=1}^{n} R_i(t) \\ R_s(t) = 1 - \prod_{j=1}^{2} R'_j(t) \end{cases} \tag{7-19}$$

式中，$R'_j(t)$ 为 t 时刻 1～3 元件、4～5 元件构成串联系统的可靠度。

若组成系统的 n 个元件中，只要有 $k(1 \leqslant k \leqslant n)$ 个元件不失效，系统就不会失效，则称该系统为 n 中取 k 的表决系统，或 k/n 系统。图 7-10 为 2/3 表决系统示意图，根据概率的加法和乘法原则系统可靠度为

$$\begin{aligned} R_s(t) = &R_1(t)R_2(t)R_3(t) + [1 - R_1(t)] R_2(t)R_2(t) \\ &+ R_1(t)[1 - R_2(t)] R_3(t) + R_1(t)R_2(t)[1 - R_3(t)] \end{aligned} \tag{7-20}$$

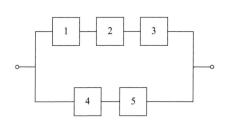

图 7-9　5 个元件组成混联系统示意图

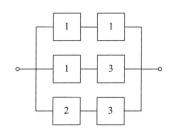

图 7-10　2/3 表决系统示意图

可靠性分配是指将工程实际规定的系统可靠性指标合理分配给组成该系统的各个元件或子系统，确定系统各个组成元件或子系统(总成、分总成、组件、零件)的可靠性指标定量要求，使系统在满足规定可靠性指标、完成预定功能的前提下，其技术性能、重量指标、制造成本及使用寿命等相互协调并达到最优化的结果，下面介绍可靠性分配中常用的几种方法。

等分配法常用于设计初期，对可靠性资料掌握不全时采用。假设各个元件条件相同，串联系统等分配可靠度为

$$R_i = R_s^{1/n}, \quad i = 1 \sim n \tag{7-21}$$

式中，R_i 为元件 i 分配的可靠度；R_s 为系统可靠度。

并联系统根据等分原理不可靠度为

$$F_i = F_s^{1/n} = (1 - R_s)^{1/n}, \quad i = 1 \sim n \tag{7-22}$$

式中，F_i 为元件 i 分配的不可靠度(失效概率)。

混联系统采用等分配法进行可靠度分配时，一般先化为等效的元件，同级等效元件分配相同的可靠度。

对于组成系统的各子系统，根据它在系统中的重要程度不同，分配不同的可靠度。重要度是反映第 i 个元件或子系统失效时，整个系统发生失效的概率。常用的重要度有 Birnbaum 重要度、关键重要度、Fussell-Vesely 重要度和 Barlow-Proschan 重要度等。这里以 Birnbaum 重要度为例展开介绍。Birnbaum 重要度可以表示为

$$I_{\mathrm{B}}^{i}(t) = \frac{\partial G(q(t))}{\partial q_i(t)} = G(1_i, q(t)) - G(0_i, q(t)) \tag{7-23}$$

式中，$I_{\mathrm{B}}^{i}(t)$ 为元件或子系统的 Birnbaum 重要度；$G(1_i, q(t))$ 表示 t 时刻元件或子系统 i 失效时系统的不可靠度(失效概率 $F(t)$)；$G(0_i, q(t))$ 表示 t 时刻元件或子系统 i 正常运行时系统的不可靠度(失效概率 $F(t)$)。

分配给 i 个元件或子系统的可靠度可以通过式(7-24)计算：

$$R_i(t) = 1 - \frac{1 - R_{\mathrm{s}}(t)^{W_i}}{I_{\mathrm{B}}^{i}} \tag{7-24}$$

式中，$R_{\mathrm{s}}(t)$ 为 t 时刻系统的可靠度；W_i 为相对失效率，$W_i = f_i/f_s$。

子系统的复杂程度 C_i，通常用子系统中元件数量与整个系统元件数量的比值来表示：

$$C_i = \frac{n_i}{N} \tag{7-25}$$

式中，n_i 为第 i 个子系统中的元件数量；N 为整个系统中的元件数量。

各子系统的相对复杂度为

$$v_i = \frac{C_i}{\sum_{i=1}^{m} C_i} \tag{7-26}$$

各子系统分配的可靠度为

$$R_{i\mathrm{a}} = 1 - v_i F_{\mathrm{sa}} \tag{7-27}$$

式中，F_{sa} 为系统的不可靠度(失效概率)。

故障树分析也称为失效树分析，简称 FTA，是系统失效分析常用的方法之一，也是系统安全性保障的重要手段。采用故障树对系统进行失效分析可以得到与系

统有关或不希望发生的原因和组合。定量分析相关事件发生的概率，并在系统设计阶段判明潜在故障以便改进。故障树分析的主要步骤包括故障树的建立、故障树定性分析、故障树定量分析、获得分析结论。

故障树的建立按演绎法从顶事件开始由上而下，循序渐进逐级进行，包括选择和确定顶事件、直接原因作为输入事件并确定逻辑门关系、分析已有输入事件、逐级分解直至不能分解。故障树的定性分析是找出故障树中所有导致顶事件发生的最小割集，即导致故障树顶事件发生的若干底事件的合集；故障树的定量分析则是计算顶事件发生的概率及其他定量指标。

在系统可靠性研究中常用故障树进行失效分析，这里借助相关案例进行介绍。李垚等[59]根据风电机组液压系统工作原理、实际失效模式和失效机理，引入动态逻辑门，建立了如图 7-11 所示的故障树模型。图中，"液压系统回路压力不足"为顶事件 T，E_1 为高速轴制动回路故障，E_2 为偏航制动回路故障，E_3 为主干路故障，E_{31} 为油路故障，E_{32} 为供油故障，X_2 为液压泵故障，X_3 为主溢流阀故障，X_4 为单向阀故障，X_5 为溢流阀故障，X_6 为过滤器故障，X_7 为截止阀故障，X_8 为偏航制动器液压缸故障，X_9、X_{10}、X_{14}、X_{16} 为两位两通电磁换向阀故障，X_{11} 为偏航溢流阀故障，X_{17} 为高速轴制动液压缸故障，X_{18} 为蓄能器故障，X_{19} 为压力继电器故障，FDEP 表示功能相关门。

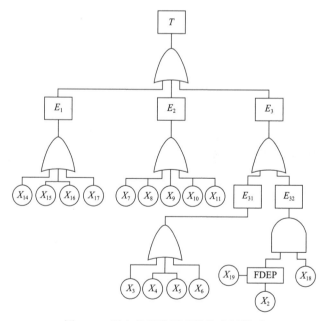

图 7-11　风电机组液压系统故障树模型

如图 7-11 所示的故障树模型中相关符号的含义如表 7-3 所示。求解导致系统失效的最小单元集合(最小割集)中,不难看出最小割集 $\{X_{19}, X_2, X_{18}\}$ 较为特殊(其他最小割集分别为 $\{X_3\}$、$\{X_4\}$、$\{X_5\}$、$\{X_6\}$、$\{X_7\}$、$\{X_8\}$、$\{X_9\}$、$\{X_{10}\}$、$\{X_{11}\}$、$\{X_{14}\}$、$\{X_{15}\}$、$\{X_{16}\}$、$\{X_{17}\}$)。当集合中单元全部失效时,才会导致系统失效。因此,可在系统完好状态与系统完全失效状态之间再划分三个中间状态,即 X_{19} 失效导致的系统部分故障、X_2 失效导致的系统部分故障、X_{18} 失效导致的系统部分故障。将故障树模型结合马尔可夫模型等方法可以定量分析相关事件的可靠性指标,从不同的侧重点对风电机组液压系统进行失效分析。

表 7-3　案例 FTA 模型中符号含义

符号	符号名称	含义
(□)	基本事件	无须探明其发生原因的底事件
(○)	结果事件	由其他事件或事件组合导致的事件
(或门)	或门	至少一个输入事件发生时,输出事件发生
(FDEP)	功能相关门	触发事件 T 发生时,即引发相关事件 $X_1, X_2, \cdots, X_n$ 发生

除此之外,Wang 等[60]针对废旧零件的多重失效特征使再制造过程复杂的问题,采用故障树分析法提取和分析零件的失效特征及其原因,提出了一种基于失效特征建模的废旧零件再制造方法,并以蜗轮蜗杆为例验证了该方法的有效性。虎丽丽等[61]基于动态故障树(dynamic fault tree, DFT)模型,结合马尔可夫方法和二元决策图方法分别计算了单网、双网和射频拉远单元三种交织冗余结构的可靠性指标。Zhu 等[62]采用故障树分析和二元决策图相结合的方法,对实验室爆炸事故的三个主要来源(气瓶、压力装置和危险化学品)进行了定量分析,从而对实验室安全性进行了评估。针对系统可靠性研究,除上述的系统可靠性预计模型、可靠性分配、失效分析等,还有相关研究针对系统修复、修复系统可靠性、系统运维等方面开展。

7.1.3　可靠性试验与应用

1. 可靠性试验

可靠性试验是指通过统计分析试件在一定条件下的失效数据,计算可靠性指标，从而达到评估产品可靠程度、验证可靠性理论计算目的的手段，通常在有限样本、时间和使用费用等条件下进行。通过可靠性试验可以分析、评价以及提高产品的可靠性[63]。根据不同的试验目的，可靠性试验大致可以分为可靠性验证试验、可靠性验收试验、加速寿命试验和可靠性预计试验等。也可以从产品效益角度出发，将可靠性试验大致分为估计可靠性指标提高产品可靠性的试验、产品质量检验缩短上市周期的试验等。常见的可靠性试验名称及目的如表 7-4 所示。本节从常用可靠性试验方法的定义与应用两个方面展开介绍。

表 7-4　常用的可靠性试验方法

试验类型	试验名称	试验目的
可靠性指标 估算	可靠性增长试验（RGT）	设计阶段为产品提供持续的可靠性改进
	可靠性验证试验（RDT）	验证产品（系统、子系统、元件）是否达到相应可靠性指标
	可靠性验收试验（RAT）	根据受试产品的情况做出是否接受的决定
产品质量 检验	高加速应力筛选试验（HASS）	使用非破坏性极限载荷，在不影响产品可靠性的情况下， 找出产品设计或生产缺陷
	高加速寿命试验（HALT）	确定产品（系统、子系统、元件）工作极限
	加速寿命试验（ALT）	激发产品的性能、估计可靠性指标、预估故障模式

1）可靠性增长试验

可靠性增长试验是指通过对产品施加真实的或模拟的综合环境应力，暴露产品的潜在缺陷并采取纠正措施，使产品的可靠性达到预定要求的一种试验方法。可靠性增长试验是一个有计划的"试验—分析—改进"的过程。值得注意的是，可靠性增长试验不是针对设计低劣的产品，而是针对经过认真设计仍然因某些技术达不到要求的产品。

软件开发具有不断迭代升级的特征，与可靠性增长试验的特征高度契合。徐如远等[64]通过测试覆盖率函数来表示软件故障检测率，建立了基于非齐次泊松过程的软件可靠性增长模型，提高了软件的可靠性。王金勇等[65]提出了一种基于 Weibull 分布引进故障的软件可靠性增长模型，该模型考虑了故障内容（总数）函数服从 Weibull 分布，并用相关的试验验证了模型的拟合和预测性能。除了软件开发领域，可靠性增长试验也在机械、土木、电子等领域有所体现。赵静一等[66]针对个别 FAST 液压促动器液压系统管路存在的振动噪声问题，搭建了可靠性试验台，进行了可靠性增长试验研究，在找出故障原因后，对原系统进行可靠性优化设计，并对改进结构设计进行流场分析，确定了优化设计方案。Li 等[67]针对传统的可靠性增长规划方法侧重于产品设计而并非产品的整个生命周期问题，通过考虑可靠性增长试验成本、提前发布激励或延迟发布惩罚成本、售后维护成本、提出了一种考虑产品全寿命周期成本性能的可靠性增长规划联合建模方法，并结合相关算例说明了该方法的优越性。

2）可靠性验证试验

可靠性验证试验重点关注产品是否达到相应的可靠性指标。可靠性验证试验有多种，如"成功率"试验、序贯试验、定时截尾试验等。在"成功率"试验中，需要事先确定受试产品的样本量，若试验过程中发生故障的试件量没有达到规定值，则这批产品合格。序贯试验则是对现有试件一个接一个地展开试验，循序而连贯地进行，直至出现规定的结果即结束试验。定时截尾试验是指事先规定一个试验时间，试验达到所规定的时间就停止。样本中出现故障的样品数是随机的，事先无法知道，因此具体采用哪种可靠性验证试验方法需要视具体情况而定。

可靠性验证试验在可靠性研究和工程实际中应用广泛，在各个领域都有所体现。在核能领域，赵建成等[68]建立了不确定度数学模型，并对整个氚的制样、测量过程中不确定度产生来源进行了分析，通过比率 E_n 对比对测量结果进行评价，同一环境水样分别经两种前处理方法所得样品的氚测量结果相近时，比率$|E_n|<1$ 代表比对结果满意。在风电领域，靳交通等[69]对一后缘铺梁存在贯穿性褶皱缺陷的某兆瓦级大尺寸风电叶片进行了静强度试验和疲劳试验验证，试验结果表明，该缺陷叶片通过了静强度试验验证，但在疲劳试验验证阶段出现了发白、分层现象，证明了褶皱对叶片疲劳性能的影响更大。

3）可靠性验收试验

可靠性验收试验重点关注产品的相关性能，如果产品能够在 200 个周期不发生失效，则接受这批试验。在汽车领域，汽车引擎盖循环开闭 6000 次不失效则认为验收成功[70]。在风电领域，国际电工委员会(International Electrotechnical Commission, IEC)在关于风电机组的雷电防护标准 IEC 61400-24 *Wind energy generation systems - Part 24: Lightning protection*（《风力发电系统　第 24 部分：防雷》）中对如何验证风电叶片防雷系统的可靠性给出了指导性要求。该标准中相关测试主要包括高电压初始先导测试、高电压扫掠通道测试、大电流电弧引入测试、大电流传导测试四个项目[71]，从而对风电叶片的防雷可靠性进行验收。

4）高加速应力筛选试验

高加速应力筛选试验的目的是在试件可靠性不受影响的情况下进行优化生产筛选。该试验方法主要特点为：能用最低费用和最短时间激发出产品的潜在缺陷，提高产品外场可靠性，降低产品生产、筛选、维修和担保总费用。

5）高加速寿命试验

高加速寿命试验的主要目的是，在产品设计和试产阶段，通过试验快速发现产品的潜在缺陷，并加以改进和验证，从而增加产品的极限值，提高其坚固性及可靠性。试件通过高加速试验暴露的缺陷，涉及设计、工艺、元件和结构等方面因素。施加于试件的应力，包括振动、高/低温、温度循环、电力开关循环、电压边际及频率边际测试等。该试验方法的主要特点有快速检测缺陷并消除故障、评估可靠性指标(失效率、平均故障间隔时间等)。高加速试验主要针对早期设计和验证阶段，而高应力筛选针对产品生产阶段。两种可靠性试验方法在工程实际中应用广泛。在我国载人航天领域，为了使空间能满足计划运营 10 年以上的年限要求，对应用有效载荷提出"长寿命、低成本"的任务需求，而采用高加速试验技术(高加速试验、高应力筛选等)能提高并评估航天产品的可靠性[72]。

6) 加速寿命试验

加速寿命试验的目的是通过使用定量加速因子，确定产品在加速试验条件下与在真实使用环境下所能经受的时间之间的关系。估计一项或多项可靠性指标，并用于产品质量检验。加速寿命试验应用十分广泛，特别是在疲劳可靠性研究领域。由于试验周期长、试验数据分散，通常采用加速寿命试验进行相应的疲劳试验，从而绘制应力-寿命曲线。张强等[73]在试验台上模拟敞车线路运行的车体振动和受力状态，创建加速寿命试验的驱动信号，并利用此驱动信号进行车体加速疲劳试验，进而对车体寿命进行评估。武亮亮等[74]采用 th-2200 型人工心瓣疲劳寿命测试仪对聚甲醛瓣叶的双叶心脏瓣膜和 ON-X 心脏瓣膜进行加速疲劳试验，发现该瓣膜经 3×10^8 次疲劳测试后，瓣环无明显磨损，瓣叶转动灵活，心瓣正常工作。郭玉梁等[75]根据 Miner 线性损伤累计理论和 Locati 加速疲劳试验，结合 ANSYS 软件对 20CrNiMo 锥齿轮的疲劳寿命进行仿真加速试验，获得其弯曲疲劳极为 439MPa。Guo 等[76]针对外啮合齿轮泵磨损退化问题，基于加速寿命试验理论，提出了一种基于流场分析的外啮合齿轮泵磨损退化状态识别方法，结合 ALT 软件对理论和仿真进行验证，结果表明，该方法能有效地识别四台样品泵的磨损退化状态。

2. 可靠性运维

在时间 $(0,t)$，系统、子系统、元件发生的预计失效数是工程中常探究的变量之一。该变量常用于确定最佳的预修计划、制定保修对策，也可以用作可靠性验收试验的标准。假设生产商对在时间 T(保修期内)之前破坏的产品免费维修，$M(T)$ 记为保修期内更换/维修的次数，c 为维修费用，则保修费用 $C(T)$ 为

$$C(T) = cM(T) \tag{7-28}$$

其中，维修费用 c 为每次更换的固定费用。通过式(7-28)不难发现，在每次维修费用 c 变化不大的情况下，保修费用 $C(T)$ 很大程度上受更换次数 $M(T)$ 的影响。如果一个生产厂家生产了大批产品，那么预计保修期 T 内的失效次数就显得非常重要，预计不当就会发生一系列灾难性后果，如发生计算机电池召回、汽车因制动或油门性能不足召回等事件。因此，本节从失效次数预计、预防性维修策略、

担保模型三个方面对可靠性运维相关理论、研究等进行讨论。

在已知产品单元失效时间的分布密度函数 $f(t)$ 的情况下（这里以失效概况密度 $f(t)=\lambda\mathrm{e}^{-\lambda t}$、失效率 $h(t)=\lambda$ 为例说明），将失效概率密度 $f(t)$ 通过拉普拉斯变换获取函数 $f^*(s)$：

$$f^*(s)=\int_0^\infty f(t)\,\mathrm{e}^{st}\mathrm{d}t=\int_0^\infty \lambda\mathrm{e}^{-\lambda t}\mathrm{e}^{st}\mathrm{d}t \tag{7-29}$$

式中，λ 为失效率；s 为拉普拉斯算子。

若更新函数记为 $M(t)$，则更新函数 $M(t)$ 的拉普拉斯变化函数 $M^*(t)$ 为

$$M^*(t)=\frac{f^*(s)}{s\left[1-f^*(s)\right]}=\frac{\lambda/(\lambda+s)}{s\left[1-\lambda/(\lambda+s)\right]}=\frac{\lambda}{s^2} \tag{7-30}$$

对函数 $M^*(t)$ 进行逆拉普拉斯变换可以得到更新函数 $M(t)$：

$$M(t)=\mathcal{L}^{-1}\frac{\lambda}{s^2}=\lambda t \tag{7-31}$$

元件被一个新的相同元件更换或经过维修恢复到最初运行水平的过程称为更新过程。更新函数 $M(t)$ 反映失效次数与时间 t 之间的关系，可以预计元件在工作期间的失效次数。

系统的可靠性在很大程度上受其结构设计、质量和子系统可靠性等因素的影响。然而，针对可修系统，还可以通过预防性维修的方式来提高系统可靠性。根据维修目的的不同，维修方式可以分为最小维修费用、最小停机时间等多种方式，这里对上述两种维修方式展开介绍。

令单位时间总更换费用 $c(t_\mathrm{p})$ 为工作时间 t_p 的函数：

$$c(t_\mathrm{p})=\frac{时间间隔\left(0,t_\mathrm{p}\right]内总预计费用}{预计时间长度} \tag{7-32}$$

式中，时间间隔 $\left(0,t_\mathrm{p}\right]$ 内总预计费用是故障更换的预计费用与预防性更换的费用之和。在时间段 $\left(0,t_\mathrm{p}\right]$，一次预防性更换的费用为 c_p，一次故障更换的费用为 c_f，假定在该时间段内更换（或更新）的预计数量为 $M(t_\mathrm{p})$，则式（7-32）可以改写为

$$c(t_\mathrm{p})=\frac{c_\mathrm{p}+c_\mathrm{f}M(t_\mathrm{p})}{t_\mathrm{p}} \tag{7-33}$$

预计故障次数 $M(t_p)$ 可以通过失效次数预计模型获取。通过计算得到式(7-33)最小值，相应的时刻 t_{p1min} 为最小维修费用时刻，从而制定最小维修费用预防性维修计划。

总停机时间 t_s 和因故障引起的停机时间 t_f 与因预防性更换引起的停机时间 t_p 有关，则总停机时间 t_s 可以表示为

$$t_s = t_f + t_p \tag{7-34}$$

停机时间指标 $D(t_p)$ 可以表示为

$$D(t_p) = \frac{T_f M(t_p) + T_p}{T_p + t_p} \tag{7-35}$$

通过计算得到式(7-35)最小值，相应的时刻 t_{p2min} 为最短停机时间，从而制订最短停机时间预防性维修计划。

除了提高产品质量和降低价格等策略，厂家往往会通过一些其他策略来占有更大的市场份额，因此担保模型应运而生。对产品而言，担保方式可以分为免费更换担保、无限免费更换担保以及比例担保等多种担保形式。针对担保模型的建立，可以分为针对不可修产品与可修产品两种形式。下面从不可修产品担保模型与可修产品担保模型两个方面进行简要介绍。

对于不可修产品，若失效率为定值，即 $h(t)=\lambda$ 时担保成本 R 可以表示为

$$R = Lc\left[1 - \left(\frac{m}{w}\right)\left(1 - \mathrm{e}^{-\frac{w}{m}}\right)\right] \tag{7-36}$$

式中，R 为担保成本；L 为担保产品数量；c 为产品单价；m 为不可修产品平均故障时间；w 为担保期长度。

根据产品销售情况可以得到产品担保成本 $r(R/L)$ 与产品单价 c 比值、担保期长度 w 与产品平均故障时间 m 比值之间的关系，从而选择合适的担保期 w，并制订相应的担保计划。

针对可修产品，若修复前失效率为 $h(0)$，修后失效率为 $h(t)$，则担保期 w 内当前维修成本 C_w 为[53]

$$C_w = r\beta\left(\frac{\lambda}{i}\right)^{\beta} \exp(-iw)\sum_{k=0}^{\infty} \frac{(iw)^k}{\beta(\beta+1)\cdots(\beta+k)} \tag{7-37}$$

式中，r 为每次维修的平均花费；β 为 Weibull 分布形状参数；i 为节省将来花费的

名义利率；w 为担保期长度。

终身担保成本 C_∞ 为

$$C_\infty = r\left(\frac{\lambda}{i}\right)^\beta \Gamma(\beta+1) \tag{7-38}$$

式中，Γ 为伽马函数。

可靠性运维在工程实际中应用非常广泛，涉及领域涵盖机械、医疗、军事、化工、电气等。贺德强等[77]针对列车关键部件预防性维修存在欠维修或过维修问题，在传统预防性维修策略的基础上，提出一种基于可靠性的列车关键部件机会预防性维修优化模型，该模型考虑部件可靠性对机会维修阈值的影响，得出最佳预防性维修役龄和机会维修役龄。南雁飞等[78]以适用于装备的 S4000P ISMO 军用飞机流程为基础，结合军用飞机的特点，对原流程进行调整和个性化设计，构建预防性维修任务优化的逻辑流程。刘长泰等[79]针对产品故障免费担保问题，提出了产品故障免费担保模型，从而为厂商制订产品故障免费担保营销策略，确定最佳担保期，增强其竞争实力提供了理论基础。张江红等[80]针对国内核电厂面临的临时停机现状以及所导致的设备可靠性降低的问题，提出了受临时停机影响设备的预防性维修策略动态调整方法，为核电厂长期临时停机的设备可靠性分析提供了基础。Su 和 Cheng[81]基于受临时停机影响设备识别方法提出了受临时停机影响设备的预防性维修策略动态调整方法，以风力机齿轮箱为例，验证了所提出的基于可用性的保修策略的有效性。

7.2 疲劳可靠性理论

7.2.1 疲劳可靠性与可靠性研究关系

据统计，在工程实际中，机械零部件疲劳破坏的占比达到 50%～90%[82]。构件在交变载荷作用下，材料性能不断发生退化，最终产生损伤发生失效，这一过程称为疲劳[83]。受载次数低于 10^3 发生破坏称为静力破坏，大于 10^3 低于 10^5 称为低周疲劳破坏，大于 10^5 称为高周疲劳破坏[84]。作用在构件上的疲劳载荷与构件本身的性能存在一定随机性，通常使得同一构件在相同工况下体现不同的效能，导致疲劳可靠性问题。

疲劳可靠性作为可靠性研究的一个重要分支，重点关注构件/结构疲劳现象导致的可靠性问题。其基本内涵与重点关注电子产品可靠性问题发展而来的经典可靠性理论高度同源，但又存在如样本数量少、疲劳载荷复杂、分析模型不同等差异。疲劳数据的获取费时费力，很难做到试验数据覆盖全部设计案例，且疲劳可靠性理论通常建立在小样本疲劳试验数据条件下，所使用的统计模型与传统可靠性理论存在差异。诱发构件疲劳失效的因素多、随机性强，与传统可靠性理论相比，疲劳可靠性理论更加关注疲劳载荷的采集与统计分析。疲劳可靠性分析过程中，由于构件存在"多态"现象（并非 0 或 1 失效），通常更关注疲劳寿命内构件动态可靠性指标变化。通过构件的一些疲劳现象将疲劳可靠性分析过程分为不同阶段进行讨论，而采用二态假设的传统可靠性理论未能较好地反映构件疲劳现象和可靠性。

在没有明确寿命指标时，盲目规定寿命阈值会导致严重后果。2007 年，一架隶属于美国密苏里州空中国民兵的 F-15C，在执行任务过程中突然空中解体，前机身于座舱罩后侧位置处断裂并与机体完全脱离，失事时飞行时数接近 5900h，而 F-15C 原始设计规范为安全寿命 4000h。由于风电齿轮箱可靠性要求高，通常规定设计寿命为 20 年。国内风电行业起步较晚，目前还未能有任何一台国产齿轮箱历经并通过 20 年的寿命考验，且通常在 7~8 年会故障频发，而欧洲已经将设计寿命提高到 25~30 年。20 世纪 60 年代以来，各国科学家，如 Weibull、Freudentbal、Lipson、Haugen、Ishikawa、Kececioglu、高镇同等[10]对疲劳可靠性进行了海量的开拓性工作，为疲劳可靠性的发展奠定了理论基础。本节针对 1.5 节提出的三个问题，从疲劳载荷统计处理、疲劳可靠性分析、疲劳可靠性试验与应用三个层面展开讨论。

7.2.2 疲劳载荷统计处理

1. 疲劳载荷的采集与处理

疲劳载荷作为直接决定构件疲劳寿命的重要因素之一，通常具有随机性强、类型繁多且需要量化分析等特征，需要被采集与统计分析，为后续疲劳可靠性分析提供基础。常用的疲劳载荷通常包括扭矩、转速、温度、冲击、压力等。通常情况下，扭矩作为影响构件疲劳寿命的主要疲劳载荷，同时是疲劳可靠性分析的重要输入之一，且采集与处理方法多样，本节以扭矩的采集与处理为例对疲劳载荷的采集与处理方法进行介绍。

工程实际中常用扭矩传感器采集扭矩信号，以获取构件在工作中所承受的疲劳载荷。下面以轴零件的疲劳载荷采集为例进行说明。通常情况下，扭矩传感器的安装需要将被测轴打断或破坏，且轴在工作时绕自身轴线做回转运动时，会造成信号传输线缠绕。很难做到直接在试验车上应用扭矩传感器，轴扭矩的测量一般通过对轴的弹性扭转形变测量来实现。目前，普遍采用的方法是利用应变花采集扭矩。该方法将半轴的扭转形变转化为电信号，再将采集到的电信号使用无线传输方式发送到计算机中储存。轴在扭矩的作用下，其表面受力大小与位置有关，在与轴线成 45°角的方向受力最大，进而扭转形变也最大。因此，工程实际中通常将一片二轴 90°应变花粘贴在半轴上，并调整角度，使两片应变片的角平分线方向与半轴轴线方向一致，如图 7-12(a)所示。按上述方法粘贴应变花后，扭转形变将使其中一片应变片阻值减小，使另一片应变片阻值增大。将这两片应变片作为电桥相邻的两臂接入电桥，在扭矩为零的情况下调整电桥平衡，当扭矩存在时，电桥输出的电压即为扭矩的度量。

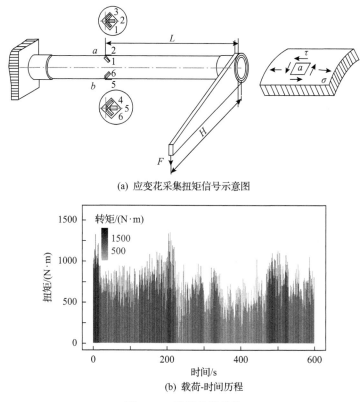

(a) 应变花采集扭矩信号示意图

(b) 载荷-时间历程

图 7-12　疲劳载荷采集

工程实际中通常将载荷处理为扭矩(载荷)-时间历程、多级载荷谱形式。其中，多级载荷谱可以通过对应的载荷-历程进行统计分析得到，这里针对载荷-时间历程形式的疲劳载荷处理方法进行介绍。通常情况下，可以通过计数法和功率谱法获得载荷-时间历程。计数法的基本原理是，将载荷-时间历程疲劳载荷通过计数转化为一系列全循环或半循环载荷历程。随后对各个循环出现的频次进行累加，据此获得载荷-时间信号的统计特性、分布形式及其他相关信息。计数法通常从时域入手，其数据处理量比功率谱法少，步骤简单，是目前广泛采用的载荷处理方法。功率谱法的原理是，将采集到的载荷-时间信号经过快速傅里叶变换得到载荷信号的功率谱密度函数,通过该函数的各次矩求得载荷信号的统计特性和统计学参数。

对任何一个实测的载荷历程进行统计处理的前提是,载荷随机过程必须是平稳的且各态历经的随机过程。根据工程经验,通常所遇到的无明显异常的平稳随机信号都可以视为各态历经的。对信号进行平稳性检验,工程中常采用多次测量对比的办法检查信号的平稳性。

对载荷平稳性检验之后,为了能够准确客观地从随机载荷中提取疲劳损伤寿命计算所需的载荷量及对应的频次,可采用 Matsuishi 与 Endo[85]提出的雨流计数法。该方法能够准确地描述载荷循环与局部应力-应变滞回特性的关系。雨流计数法(图 7-13(a))将载荷视为雨滴,将坐标轴旋转 90°,则可以视为雨滴从塔尖由上向下流,将载荷-时间历程处理成多个半循环和全循环[86]。计数流程具体如下:

(1)雨水流下时若遇到下层有更大的峰值,则继续往下流(如 $O{\rightarrow}a$ 遇到更大峰值 c,雨水应该继续往下流)。若下一层峰值比较小,则雨水就滴下(如雨水到 c 点后,e 点峰值更小,雨水滴落),每完成一次滴落就统计一次(如 $O{\rightarrow}a{\rightarrow}a'{\rightarrow}c$ 统计为一次半循环)。

(2)若雨水已经沿一线路(循环)流下(如 $O{\rightarrow}a{\rightarrow}a'{\rightarrow}c$),则顶点反向的雨水(如 $a{\rightarrow}b$),无论下层有无更大的峰值或更深的谷(如 d 峰值比 b 峰值更大),均不能继续流下而是直接滴落,并做一次统计(如 $a{\rightarrow}b$、$d{\rightarrow}e$、$g{\rightarrow}h$)。

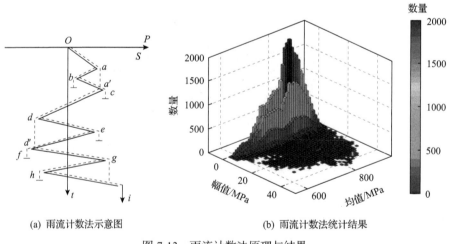

(a) 雨流计数法示意图　　　　(b) 雨流计数法统计结果

图 7-13　雨流计数法原理与结果

(3)雨水下流时容易遇到另一路雨水,应在相遇处中断,并进行一次统计(如 $a{\rightarrow}b{\rightarrow}a'$ 统计为一次全循环,除此之外还有 $d{\rightarrow}e{\rightarrow}d'$、$g{\rightarrow}h{\rightarrow}g'$)。

对图 7-13(a)所示的部分时间-载荷历程进行统计后不难发现,可以将其处理为 $a{\rightarrow}b{\rightarrow}a'$、$d{\rightarrow}e{\rightarrow}d'$、$g{\rightarrow}h{\rightarrow}g'$ 交变应力全循环,$O{\rightarrow}a{\rightarrow}a'{\rightarrow}c$、$c{\rightarrow}d{\rightarrow}d'{\rightarrow}f$、

$f \to g \to g' \to i$ 交变应力半循环，对多个应力全循环进行均值、幅值计算并统计，可以得到如图 7-13(b)所示的雨流计算法统计结果。

值得注意的是，整个载荷幅值大都集中在小载荷幅值区域，如图 7-13(b)所示。这种幅值很小但在循环次数中占比很大的载荷，在构件形成裂纹之前无法构成疲劳损伤，应当成无效幅值从循环应力谱中剔除。通常对于小载荷的剔除标准各不相同，一般情况下可以设定某个阈值，如将最大载荷幅值的 10%以下作为小载荷进行剔除[87]。

应力-疲劳寿命曲线通常在平均应力为零的对称循环应力下进行试验得出，为修正平均应力对疲劳寿命的影响，工程中常用 Goodman 线性准则或 Geber 二次曲线对雨流计数法统计的均值和幅值载荷进行修正。修正后的应力与钢材交变试验加载力相对应。应用 Goodman 线性准则计算的等效应力与实际情况吻合较好，应用广泛，具体计算方法如下：

$$\sigma_{eq} = \sigma_M \frac{\sigma_b}{\sigma_b - \sigma_m} \tag{7-39}$$

式中，σ_b 为材料的抗拉强度，MPa；σ_M 为应力幅值，MPa；σ_m 为应力均值，MPa；σ_{eq} 为 Goodman 线性准则修正后的应力等效值，MPa。

对于疲劳可靠性问题，最关注的是零部件载荷幅值谱中最大载荷的概率分布。经过 Goodman 准则修正后，得到不同幅值下的等效对称循环应力(均值为 0)，并记录不同幅值的循环次数，即各幅值的样本。无论载荷幅值服从何种分布，其最大值的分布通常是三种极值分布中的一种[88]。根据构件载荷-时间历程统计结果确定载荷的分布，当载荷服从正态分布和对数正态分布时[89]，其最大值服从 I 型极值分布(Gumbel 分布)。根据极值分布的渐进分布理论和 I 型极值分布对应的吸引场[90]，当载荷幅值为正态分布与对数正态分布时，其极值分布函数(式(7-40))中的形状参数 α 和尺度参数 u 可以进一步表示为

$$\alpha = \frac{1}{\sigma\sqrt{2\ln nu}} \tag{7-40}$$

$$u = \exp\left\{\mu + \sigma\left[\sqrt{2\ln n} - \frac{\ln(4\pi) + \ln(\ln n)}{2\sqrt{2\ln n}}\right]\right\} \tag{7-41}$$

式中，n 为载荷幅值的样本数；μ、σ 分别为对数正态分布的位置参数和形状参数。

根据对数正态分布的概率密度，如式(7-42)所示，采用非线性最小二乘法回归拟合等效循环应力载荷幅值分布的参数，至此获得了构件所受等效应力幅值分

布情况，如图 7-14 所示，为后续构件的疲劳可靠性分析奠定了基础。

$$f(x) = \frac{1}{\sqrt{2\pi}\sigma x} e^{-\frac{\ln x - \mu}{2\sigma^2}} \tag{7-42}$$

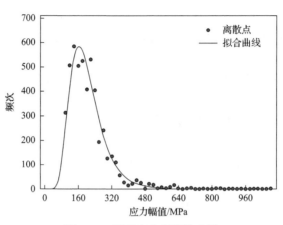

图 7-14 　循环应力幅值散点图

2. 疲劳载荷谱的外推与编制

受试验测试时间与测试场地的限制，往往难以获得某一构件全寿命周期的载荷-时间历程，通常需要通过有限的载荷样本外推构件在全寿命周期内可能出现的载荷及对应的频次。随着数理统计理论的不断完善，载荷谱外推技术也逐渐获得了国内外众多专家学者与工程实际队伍的关注。载荷外推技术，即将试验测得的短期载荷，尤其是极值载荷进行外推或者延展，从而得到代表研究对象在整个寿命期间的长期载荷谱。例如，采用最简单雨流外推，即将获得的雨流矩阵乘以一定的外推倍数，得到整个寿命内的长期疲劳载荷。这样仅实现了载荷循环频次的增多，而载荷的均值和幅值大小没有变化。工程实际中，载荷信号具有随机性与时间强相关性，即使在相同机床、相同加工方式、相同工况和相同环境下，每次获得的载荷信号及对应的雨流矩阵也不可能完全相同，因此一定程度上这种方法并不能够得到有效的长期载荷数据。载荷外推时必须充分考虑载荷信号的统计特性，依据载荷的分布情况、密度大小等参量对载荷特征统计量和频次同时进行外推，以期获得较为真实、准确的长期载荷信息。常用的载荷外推方法包括时域频次外推法、参数外推法、雨流矩阵外推法等，本节对上述三种载荷外推方法展开介绍。

时域频次外推是将测试的信号通过过滤的方式直接外推得到所需载荷-时间历程。这种方法适用于时域信号的产生，进而应用得到的载荷-时间历程进行疲劳测试或者作为疲劳寿命预估与可靠性分析的输入条件。时域外推法的基本原理如图 7-15 所示，其具体步骤如下。

(1)测试一段载荷信号，过滤小循环，提取时域信号的拐点。

(2)采用门限峰值法提取极值，估计超出量的平均值，这些超出量通常情况下服从广义极值分布中的指数分布。

(3)结合超出量的分布情况，在现有载荷序列的基础上随机产生载荷序列，得到所需的 k 个载荷序列，将各个载荷时间序列连接起来即可得到想要外推的时域信号。

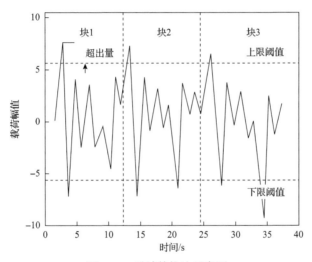

图 7-15　时域外推法示意图

时域频次外推法原理简单，可操作性强，但是该方法只对超出阈值的超出量进行外推，而两个阈值之间的峰谷值并未进行处理，缺少对小载荷数据随机性的拟合，使得通过时域外推的长期载荷难以表征全寿命周期内的载荷特征，导致外推载荷缺乏代表性。

参数外推法根据工程经验及对问题本身的认知，对所测试的疲劳载荷进行一定程度外推。通常假设疲劳载荷符合某一特定的分布函数，从而估算总体的概率分布。分布函数的参数未知，因此需要通过样本值来估计。参数外推法主要步骤包括载荷统计处理、分布拟合、载荷外推。首先，采用雨流计数法对疲劳载荷-时间历程进行统计分析，得到均值、幅值与频次的关系。随后，采用分布拟合法对均值与频次、幅值与频次进行拟合分析，并对分布拟合情况进行检验。通常情况下，幅值与均值分别服从 Weibull 分布和正态分布。最后，检验两个函数的相关性，得到联合概率密度函数，计算各工况的累积频次。扩展频次的计算公式为

$$N_i' = kN_i \qquad (7\text{-}43)$$

式中，N_i' 为某工作段载荷扩展后的累积频次数；N_i 为某工作段实测的载荷累计频次数，i 为工作段（载荷级数）；k 为扩展因子，$k=10^6/N$，N 为扩展前总累积频次，$N=\sum N_i$，

$$N = N' \int_{S_{a1}}^{S_{a2}} \int_{S_{m1}}^{S_{m2}} f(x,y) \mathrm{d}x \mathrm{d}y \tag{7-44}$$

其中，S_{a1} 和 S_{a2} 分别为载荷幅值的积分下限和上限；S_{m1} 和 S_{m2} 分别为载荷均值的积分下限和上限；N' 为各工况扩展后的载荷频次数；$f(x,y)$ 为均值和幅值联合概率密度函数，x 为载荷幅值，y 为载荷均值。

参数外推法虽然可以对各工况载荷全寿命周期内的频次外推，但并未达到载荷和频次的双向外推，不能够准确地预测零部件在全寿命周期内可能出现的某些极值载荷，而这些数量很少的极值载荷往往对零部件的疲劳寿命与可靠性有较大的影响。

雨流矩阵外推法主要包括参数雨流外推法、极限雨流外推法和非参数雨流外推法三种类型。参数雨流外推法的基本思想是通过雨流计数法获取载荷雨流域信号，并表示为均值-幅值（mean-range）矩阵形式，采用参数估计法求取载荷均值、幅值概率分布及二者的联合概率密度分布，再对载荷均值、幅值进行分级离散化处理。依据均值-幅值联合概率分布及指定外推后的载荷总循环频次获取外推后各个载荷离散单元的循环频次，从而实现载荷的外推，主要步骤如下。

(1)通过雨流计数法将测得的载荷时域信号转化为载荷雨流域信号，计数过程中，对小载荷循环进行雨流滤除处理，得到雨流均值-幅值矩阵。将载荷均值、幅值分别用随机变量 X、Y 表示，绘制载荷均值-循环次数直方图和载荷幅值-循环次数直方图。假设 X 的概率分布服从一个分布（如正态分布等），Y 的概率分布服从一个分布（如 Weibull 分布等），记两者的概率密度分别为 $f(x)$ 和 $f(y)$。通过参数估计法（如最小二乘法、极大似然估计法等）对载荷均值、幅值分布进行参数估计，并进行拟合优度检验。通过独立检验方法（如卡方皮尔逊检验法、相关系数检验法等）对载荷均值、幅值的概率分布进行独立性检验，若二者之间独立，则联合概率密度函数为二者概率密度函数的乘积，表达式为

$$f(x,y) = f(x) \cdot f(y) \tag{7-45}$$

若二者之间不相互独立，存在相关性，则将分布 1 和分布 2 视为两个边缘分布，记为 $F(x)$ 和 $G(y)$，二者的累积分布函数记为 U 和 V。建立两个边缘分布的联合概率密度函数，例如，采用 Copula 函数，令 $H(x,y)$ 为具有两个边缘分布 $F(x)$ 和 $G(y)$ 的联合分布函数，表达式为

$$H(x,y) = C(F(x), G(y)) \tag{7-46}$$

式中，$C(\cdot)$ 代表 Copula 函数。

（2）假设第 m 个工况下（载荷集）的载荷均值极值点为 $x_{\max}$，载荷幅值极值点为 $y_{\max}$，外推后多工况载荷循环次数为 N_e，则求解载荷均值、幅值极值点的表达式如下：

$$\begin{cases} \int_{x_{\max}}^{\infty} f(x)\mathrm{d}x = N_e^{-1} \\ \int_{y_{\max}}^{\infty} f(y)\mathrm{d}y = N_e^{-1} \end{cases} \tag{7-47}$$

（3）对第 m 个工况下的载荷均值、幅值进行载荷分级，通常对于均值和幅值进行不等间隔划分，设划分级数为 n，则划分后得到的雨流矩阵具有 $n \times n$ 个离散单元。已知外推后多工况载荷循环次数为 N_e，设外推前多工况载荷循环次数为 N_0，外推前第 m 个工况下的载荷循环次数为 N_{0m}，则外推后第 m 个工况下的载荷循环次数为 N_{em}，其表达式为

$$N_{em} = N_e \cdot \frac{N_{0m}}{N_0} \tag{7-48}$$

第 m 个工况下各离散单元的载荷循环次数为

$$n = N_{em} \iint f(x, y)\mathrm{d}x\mathrm{d}y \tag{7-49}$$

参数外推法与参数雨流外推法存在一定差别，参数雨流外推法通常考虑均值、幅值的分布形式与相关性，在此基础上进行均值、复杂疲劳载荷的外推，计算量更大，精度更高；而参数外推法先入为主，假设均值、幅值服从某种分布，在此基础上对疲劳载荷进行适当外推，适用性更强。

极限雨流外推法的主要步骤如下：通过雨流计数法将测得的载荷时域信息转化为载荷雨流域信息，计数过程中对小载荷循环进行雨流滤除处理，得到的雨流矩阵形式为最小值-最大值（min-max）矩阵。令 n 为载荷分级个数，i 为每个分级对应的最小值，j 为每个分级对应的最大值，N_{ij} 为 i-j 对应的载荷循环次数，则最小值-最大值矩阵可以表示为

$$\boldsymbol{M} = (N_{ij})_{i,j=1}^{n} \tag{7-50}$$

求解载荷的穿级水平谱：

$$\boldsymbol{N}_{\text{level}} = (N_k)_{k=1}^{n} \tag{7-51}$$

$$N_k = \sum_{i < k < j} N_{ij} \tag{7-52}$$

式中，N_k 代表 $[i,j]$ 范围累积载荷循环次数。

令 $\delta_k = |N_k - N_{k-1}|$，选取所有 $\delta_k \neq 0$ 的级数 k 组成集合 $\{k\}$，则穿级水平外推的上阈值 t_u、下阈值 t_d 分别为

$$t_u = k_a, \quad t_d = k_b \tag{7-53}$$

式中，k_a 为集合 $\{k\}$ 上 20%对应级数；k_b 为集合 $\{k\}$ 下 20%对应级数，如图 7-16 所示。

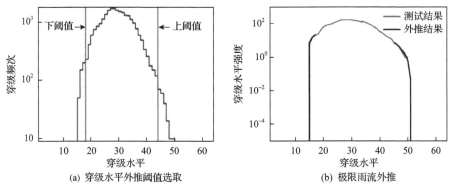

(a) 穿级水平外推阈值选取　　　　　　　(b) 极限雨流外推

图 7-16　极限雨流外推法示意图

去除最大值大于上阈值 t_u、最小值小于下阈值 t_d 的载荷循环，对 $[t_u, t_d]$ 的超越量进行广义帕累托分布拟合，再通过参数估计得到穿级水平强度。外推获得新穿级水平谱，再反向求解得到极限雨流矩阵 M_l。

对测得的最小值-最大值矩阵进行核圆润处理，获得核圆润雨流矩阵 M_s。利用极限雨流矩阵 M_l 代替大载荷循环的核圆润雨流矩阵，并与 M_s 其余部分合并，获得外推后雨流矩阵 M_e。设外推倍数为 N_e，则外推后全寿命周期雨流矩阵表达式为

$$M_e^{life} = N_e \cdot M_e \tag{7-54}$$

通常情况下，将实测载荷-时间历程进行雨流计数后，得到的雨流矩阵形状复杂，用简单的单峰分布很难描述雨流矩阵分布的所有特征。因此，学者 Socie 提出基于核密度估计的非参数雨流外推方法[91]。核密度估计不需要假设样本数据服从某种分布，可以突破对母体分布的依赖，对载荷概率密度进行准确非参数估计。与参数雨流外推法相比，非参数雨流外推法具有较强的适用性。

非参数雨流外推法的主要步骤如下：通过雨流计数法将测得的载荷时域信息转化为载荷雨流域信息，计数过程中对小载荷循环进行雨流滤除处理，得到的雨

流矩阵形式为机器排序(From-To)矩阵。对机器排序雨流矩阵进行二变量核密度估计，得到连续二维概率密度函数 $f(x,y)$，其中 x、y 分别代表机器排序雨流矩阵的起始变量和终止变量；选取合适的核函数进行估计，以 Epanechnikov 核为例作为核密度估计中的核函数。根据样本数据，计算初始核带宽 λ，σ 为雨流矩阵样本数据的标准差，n 为雨流矩阵样本量。考虑样本分布稀疏程度，基于初始核密度估计，计算自适应因子以得到自适应带宽，从而对雨流矩阵进行自适应核密度估计：

$$\lambda_i = \sqrt{\frac{f(X_i,Y_i)}{\sqrt{\left[\prod_{i=1}^{n} f(X_i,Y_i)\right]^{-n}}}} \tag{7-55}$$

$$f(x,y) = \frac{1}{n}\sum_{i=1}^{n}\left[\frac{1}{(h\lambda_i)^2}K\left(\frac{x-X_i}{h\lambda_i},\frac{y-Y_i}{h\lambda_i}\right)\right] \tag{7-56}$$

式中，K 为 X_i 和 Y_i 对应的核心估算子；h、λ_i 分别为核心和自适应带宽。

采用不同核函数外推的机器排序矩阵如图 7-17 所示。

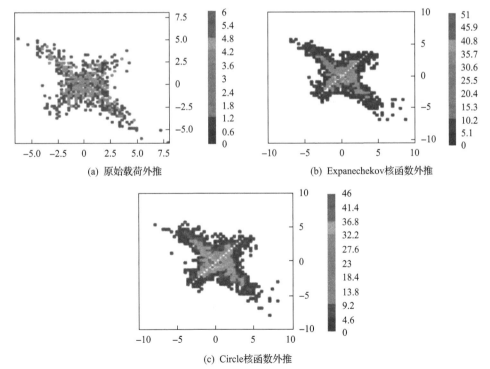

(a) 原始载荷外推　　　　　　　(b) Expanechekov核函数外推

(c) Circle核函数外推

图 7-17　不同核函数外推的机器排序矩阵[92]

采用两参数 Weibull 分布拟合测试载荷循环的幅值-累积频次曲线，按照预期载荷循环数 Z_e，以 $1/Z_e$ 的概率得到载荷幅值的极值 R_{max}。

根据载荷幅值的极值，将式(7-57)作为约束条件，迭代得到新的带宽 h^*：

$$R_{max} = [R(X_i, Y_i) + h^* \lambda_i^{max}]_{max} \tag{7-57}$$

式中，$R(X_i, Y_i)$ 为 X_i、Y_i 处的载荷幅值。

重新对雨流矩阵进行核密度估计，并运用蒙特卡罗法实现载荷外推。对比分析三种常见的载荷外推方法可知，参数外推法易受到主观因素的影响；时域外推法可直接产生时域序列，但对错误的修正能力差；参数雨流外推法适用于载荷时域信号较为平稳、雨流矩阵形状较为简单的情况。通过极限雨流外推法可以获得对疲劳损伤影响较大的极值载荷矩阵，该方法对于大载荷循环部分可以实现较为理想的求取。非参数雨流外推法可以更好地应对形状复杂的雨流矩阵，并且不必预判载荷统计特征量服从某种分布。上述几种载荷外推方法的优缺点对比结果如表 7-5 所示。

表 7-5　几种载荷外推方法对比

外推方法	优点	缺点
参数外推法	得到均值和幅值的概率分布，便于计算	受主观因素的影响较大
时域外推法	产生的载荷谱更真实，直接产生时域序列	对错误的修正能力差
参数雨流外推法	获得均值和幅值统计特性，用于信号平稳、雨流矩阵形状简单的情况	只实现对频次外推，无法摆脱对均值和幅值样本原始分布的依赖
极限雨流外推法	对大载荷循环较理想	无法摆脱对均值和幅值样本原始分布的依赖，极值分布类型和上、下阈值的选取受主观影响
非参数雨流外推法	任意形状雨流矩阵，摆脱对母分布的依赖，实现载荷和频次同时外推	关键问题在于核函数和带宽的选取，受样本数据量的限制

7.2.3　疲劳可靠性分析

1. 应力-强度干涉理论

应力-强度干涉理论作为结构疲劳可靠性分析应用最广泛的方法之一，将施加于产品或零件的物理量，如应力、压力、温度、湿度、冲击等导致疲劳失效的任何因素统称为应力 s，而将产品或零件能够承受这种应力的程度，即阻止失效发生的任何因素统称为强度 r。各种不确定因素导致应力 s 与强度 r 通常存在一定随机性，应力-强度干涉理论通过两者的干涉程度评估可靠性。应力-强度干涉理论是机械结构疲劳可靠性分析中最基本，也是最经典的分析方法之一。其基本内涵为构件所承受的应力小于构件强度时才能保证安全使用，这与机械结构设计分析时的失效判据高度契合。在工程实际中，随机因素导致疲劳载荷、疲劳强度存在随机性与不确定性，进而导致应力 s 与强度 r 存在某种分布形式。因此，构件的疲劳可靠度主要取决于应力分布与强度分布曲线的干涉程度，应力-强度干涉理论的基本内涵如图 7-18 所示。

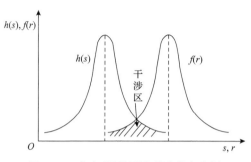

图 7-18　应力-强度干涉理论基本内涵

在应力-强度干涉理论中，通常通过状态功能函数 z，即强度 r 减去应力 s 是否大于等于 0，反映构件可靠状态，状态功能函数 z 可以表示为

$$z = r - s \tag{7-58}$$

计算状态功能函数大于 0 的概率可以反映构件可靠程度 R，反之，可以计算失效概率 F（不可靠度）：

$$R = P\{z = r - s > 0\} \tag{7-59}$$

通常存在影响应力与强度的多个因素，采用应力-强度理论进行可靠性分析时，可将状态功能函数记为 $g(x)$，可以表示为

$$g(x) = g(x_1, x_2, \cdots, x_n) = r(x) - s(x) \tag{7-60}$$

式中，x 为影响应力或强度的若干因素；$r(x)$ 为构件强度；$s(x)$ 为构件承受应力。若考虑时间变化，则式 (7-60) 可以表示为

$$g(x,t) = r(x,t) - s(x,t) \tag{7-61}$$

为进一步通过应力-强度干涉模型量化计算可靠度，将应力-强度干涉区放大后得到图 7-19 所示的干涉区域放大图。通过干涉区域放大图可以直观地发现，当应力与强度发生重叠时才会导致可靠度问题（不可靠度并非阴影部分全部面积）。

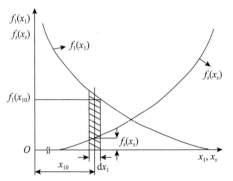

图 7-19　应力-强度干涉区域放大图

当且仅当离散点强度 r_1、离散点应力 s_1 均落在阴影部分，离散点应力 s_1 大于离散点强度 r_1 时，发生失效。根据图 7-19，假设应力 x_1 落在 x_{10} 附近 $\mathrm{d}x_1$ 小区间内的概率记为[7]

$$P\left(x_{10} - \frac{\mathrm{d}x_1}{2} \leqslant x_1 \leqslant x_{10} + \frac{\mathrm{d}x_1}{2}\right) = f_1(x_{10})\mathrm{d}x_1 \tag{7-62}$$

强度 x_s 大于应力 x_{10} 的概率为

$$P\left(x_s > x_{10} \mid x_{10} - \frac{\mathrm{d}x_1}{2} \leqslant x_1 \leqslant x_{10} + \frac{\mathrm{d}x_1}{2}\right) = \int_{x_{10}}^{\infty} f_s(x_s)\mathrm{d}x_s \tag{7-63}$$

根据概率乘法定理，两事件 x_1 落在小区间 $\left(x_{10} - \dfrac{\mathrm{d}x_1}{2}, x_{10} + \dfrac{\mathrm{d}x_1}{2}\right)$ 与 $(x_s > x_{10})$ 同时发生的概率为

$$P\left(x_{10} - \frac{\mathrm{d}x_1}{2} \leqslant x_1 \leqslant x_{10} + \frac{\mathrm{d}x_1}{2}, x_s > x_{10}\right)$$
$$= P\left(x_{10} - \frac{\mathrm{d}x_1}{2} \leqslant x_1 \leqslant x_{10} + \frac{\mathrm{d}x_1}{2}\right) \times P\left(x_s > x_{10} \mid x_{10} - \frac{\mathrm{d}x_1}{2} \leqslant x_1 \leqslant x_{10} + \frac{\mathrm{d}x_1}{2}\right) \tag{7-64}$$
$$= f_1(x_{10})\mathrm{d}x_1 \int_{x_{10}}^{\infty} f_s(x_s)\mathrm{d}x_s$$

根据可靠度的定义，对于应力 x_1 所有可能的值，强度 x_s 均大于应力 x_1 的概率，即事件 $(x_s > x_1)$ 发生的概率为可靠度，则有

$$R = P(x_s > x_1) = \int_{-\infty}^{\infty} f_1(x_1)\left[\int_{x_1}^{\infty} f_s(x_s)\mathrm{d}x_s\right]\mathrm{d}x_1 \tag{7-65}$$

也可以表示为

$$R = \int_{-\infty}^{\infty} f_s(x_s) \left[\int_{-\infty}^{x_s} f_1(x_1) \mathrm{d}x_1 \right] \mathrm{d}x_s \tag{7-66}$$

式 (7-65) 与式 (7-66) 为可靠度计算的一般表达式，其推导与计算过程较为复杂。在工程实际中，应用应力-强度干涉理论计算可靠度时，通常将应力与强度假设为某一分布，从而简化推导过程。当应力与强度服从某一特定分布时，可以参照表 7-6 中的情况，采用特定表达式进行可靠度计算。

表 7-6 典型应力、强度分布下可靠度计算公式

应力分布	强度分布	可靠度公式
正态 $N\left(x_1, s_{x1}^2\right)$	正态 $N\left(x_s, s_{x_s}^2\right)$	$R = \dfrac{x_s - x_1}{\sqrt{s_{x_s}^2 + s_{x_1}^2}}$
对数正态 $N\left(\mu_{\ln x_1}, s_{\ln x_1}^2\right)$	对数正态 $N\left(\mu_{\ln x_s}, s_{\ln x_s}^2\right)$	$R = \dfrac{\mu_{\ln x_s} - \mu_{\ln x_1}}{\sqrt{s_{\ln x_s}^2 + s_{\ln x_1}^2}}$
正态 $N\left(x_1, s_{x1}^2\right)$	指数 $e(\lambda_s)$	$R \approx \exp\left[0.5\left(2x_1\lambda_s - \lambda_s^2 s_{x1}^2\right) \right]$
正态 $N\left(x_1, s_{x1}^2\right)$	伽马 $\Gamma\left(\alpha_2, \beta_2\right)$	$R = 1 - \left(1 + x_1\beta_2 - s_{x_1}^2 \beta_2^2\right)\exp\left[-0.5\left(s_{x_s}^2 \beta_2^2 - 2x_1\beta_2\right) \right]$
正态 $N\left(x_1, s_{x1}^2\right)$	瑞利 $R(\mu_1)$	$R = 1 - \dfrac{\mu_1}{\sqrt{\left(\mu_1^2 + s_{x_1}^2\right)}}\exp\left[-0.5\left(\dfrac{x_1^2}{\mu_1^2 + s_{x_1}^2}\right) \right]$

应力-强度干涉理论在疲劳可靠度分析与工程实际中应用十分广泛，涉及领域包含机械、电子等领域。Lewis[69]针对系统可靠性问题，采用负载能力(应力-强度)干涉理论，模拟 1/2:G 冗余系统的时间相关行为，并检查共模故障。Zhou 等[93]建立了基于灵敏度与应力-强度干涉理论相结合的疲劳可靠性模型，对采矿机械行星轮系疲劳可靠性与灵敏度进行分析。Xie 等[94]建立了基于应力-强度干涉模型的系统可靠性分析改进模型，改善了传统串并联分析方法对齿轮系统可靠性分析不准确的问题。宋占勋等[95]建立了变换的 S-N 曲线与阶梯谱拟合曲线的应力-强度干涉数学模型，对铁路货车转向架侧架运行 36 万 km(一个段修期)内，分阶段的多次载荷谱测试数据进行了分析。郑州机电工程研究所的高洋等[96]以某产品卡紧机构为例，在其应力和强度均服从正态分布的情况下对其可靠性进行了预计，为可靠性预计在工程上的应用提供了手段。

应力-强度干涉理论是机械结构疲劳可靠性分析过程中运用最多的理论，其基本内涵与机械结构分析设计时采用的失效判据高度契合，即以强度与应力之差是否大于 0 作为失效判据。在采用应力-强度干涉理论时，通常将强度和应力的随机特征等效为某种特定分布，这样可以显著提高求解效率。若不采用相关假设将应力与强度等随机变量等效为特定分布，则会出现解析公式难以推导等问题，进而导致求解效率低、求解不精确等问题，需要借助蒙特卡罗方法进行辅助求解。通常，应力-强度干涉模型适用于强度、应力随机特征较为明确，即强度与应力随机分布特征与某种分布特征契合度较高等场合。然而，工程实际中的强度与应力都可能存在较强的随机分布特征，往往不能完全服从某一特定分布，这时采用应力-强度干涉理论进行可靠性分析往往会导致一定误差，通常需要对模型进行改进，或采用其他可靠性分析模型。

2. 疲劳累积损伤理论

疲劳累积损伤理论是疲劳寿命预测与疲劳可靠性分析的关键。疲劳累积损伤理论重点关注构件承受变幅载荷作用时所产生的疲劳损伤会以怎样的规律累积发展，以及累积发展到一个怎样的程度构件就会产生疲劳失效。疲劳寿命预测与疲劳可靠性研究的关键问题之一在于疲劳损伤累积导致的疲劳破坏。疲劳累积损伤理论对抗疲劳设计和疲劳可靠性尤为重要，受到众多专家和学者的高度重视[83]。基于疲劳累积损伤理论评估构件的疲劳可靠性，是直接从构件疲劳寿命出发，通过损伤与阈值之间的关系评估构件的疲劳可靠性。累积损伤法根据累积损伤 $D(t)$ 反映构件的损伤程度，通常有线性累积损伤和非线性累积损伤等多种形式。基于疲劳累积损伤理论分析疲劳可靠性则是根据"损伤程度-损伤临界值"干涉模型计算疲劳可靠度。损伤可以根据式(7-67)来计算[97]：

$$D(t) = \frac{\left[r(0) - s_{\mathrm{p}}\right]\left(\dfrac{t}{T}\right)^{r}}{r(0)} \tag{7-67}$$

式中，$D(t)$ 为 t 时刻的损伤；$r(0)$ 为材料的静拉伸强度；r 为强度退化系数；s_{p} 为疲劳应力峰值；T 为服役周期；t 为当前时刻。

实际加载过程中，机械结构受到的载荷并非恒定不变的，当工况不同时，载荷也会不同。本节介绍一种非线性累积损伤方法，线性累积损伤可以参考 Miner 准则。以 T_1 载荷作用 n_1 次，T_2 载荷作用 n_2 次为例，说明非线性损伤累积过程[12]。在 T_1 载荷加载 n_1 次后，剩余的疲劳强度为

$$r(n_1) = r(0) - \left[r(0) - s_{\mathrm{p}1}\right]\left[1 - \left(1 - \frac{n_1}{N_{\mathrm{f}1}}\right)^{r_1}\right] \tag{7-68}$$

式中，$s_{\mathrm{p}1}$ 为 T_1 载荷级下构件所受的疲劳应力峰值；$N_{\mathrm{f}1}$ 为 $s_{\mathrm{p}1}$ 峰值载荷下构件的疲劳寿命；r_1 为 T_1 载荷级下构件的疲劳强度退化参数。

同理，通过式(7-68)可以获得 T_2 载荷级下的寿命：

$$r(n_2) = r(0) - \left[r(0) - s_{p2}\right]\left[1 - \left(1 - \frac{n_2'}{N_{f2}}\right)^{r_2}\right] \tag{7-69}$$

式中，s_{p2} 为 T_2 载荷级下构件所受的疲劳应力峰值；N_{f2} 为 s_{p2} 峰值载荷下构件的疲劳寿命；n_2' 为等效循环次数；r_2 为 T_2 载荷级下构件的疲劳强度退化参数。

等效循环次数 n_2' 可以根据构件不同应力级下的疲劳寿命关系表示为

$$n_2' = N_{f2}\left\{1 - \left[1 - \frac{r(0) - r(n_1)}{r(0) - s_{p2}}\right]^{\frac{1}{r_2}}\right\} \tag{7-70}$$

两载荷级同时加载时，

$$r(n_1 + n_2) = r(0) - \left[r(0) - s_{p2}\right]\left[1 - \left(1 - \frac{n_2' + n_2}{N_{f2}}\right)^{r_2}\right] \tag{7-71}$$

此时的损伤 $D(t_1+t_2)$ 为

$$D(t_1 + t_2) = \frac{\left[r(0) - s_{p2}\right]\left[1 - \left(1 - \frac{n_2' + n_2}{N_{f2}}\right)^{r_2}\right]}{r(0)} \tag{7-72}$$

疲劳可靠度是根据损伤临界值与强度分布的干涉程度进行计算的，如图 7-20 所示。

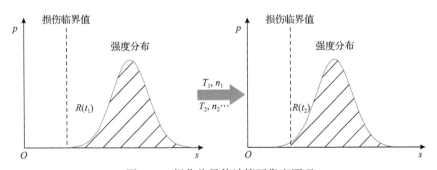

图 7-20　损伤临界值计算可靠度原理

疲劳累积损伤理论直观反映疲劳寿命与疲劳可靠性，得益于其直观性与精确性，在疲劳可靠性研究与工程实际中得到广泛的关注。Tan 和 Xie[16]基于疲劳累积损伤法则与 P-S-N 曲线提出了确定损伤阈值模型，并将模型用于拖拉机齿轮传动疲劳可靠性分析。Wang 等[98]基于疲劳累积损伤准则与动力学模型，提出了齿轮传动系统疲劳可靠性模型，并用于 1.5MW 的风电机组齿轮箱疲劳可靠性分析。马立鹏等[99]基于 Miner 线性累积损伤理论和 S-N 曲线针对 1.5MW 级风电机组叶片与轮毂连接处变桨轴承上的螺栓疲劳寿命问题，提出一种计算连接螺栓的疲劳损伤量的方法。

基于疲劳累积损伤理论分析疲劳可靠性，可以较好地反映不同载荷次序作用下构件的疲劳损伤，还可以较精确地评估疲劳可靠度。然而该方法需要大量的试验数据支撑，不同材料强度退化参数 r 将会导致强度退化与可靠度评估存在较大的差异。另外，强度分布与损伤临界值较难确定，提高了该方法的使用门槛。

3. 其他结构疲劳可靠性分析

除应力-强度干涉理论、疲劳累积损伤理论外，研究者针对构件疲劳可靠性分析问题从其他不同角度、应用不同方法进行了大量研究。随机有限元法作为确定性有限元法的扩展，能较好地用于随机系统的结构特性、载荷及系统响应的扰动特性分析。随机有限元法的内涵可以通过式 (7-73) 表示[100]：

$$K = K_0 + \Delta K = \sum_{e=1}^{M_e} K_0^{(e)} + \sum_{e=1}^{M_e} \Delta K^{(e)} \tag{7-73}$$

式中，整体刚度矩阵 K 可以分为两部分，即确定性部分 K_0 和不确定性部分 ΔK，整体刚度矩阵 K 由每个单元 M_e 的单元均值 $K^{(e)}$ 组成。

根据线性有限元方程 $Ku=f$，易知：

$$\left(K_0 + \Delta K\right) u = f \tag{7-74}$$

式中，u 为机械结构随机响应；f 为作用在系统上的随机激励。

目前应用比较广泛的随机有限元法主要包括蒙特卡罗法、摄动随机有限元法、纽曼扩展随机有限元法、加权积分随机有限元法等。这里以应用最为广泛的蒙特卡罗法为例展开讨论。结合蒙特卡罗法将来自材料属性与载荷不确定性等的因素考虑到有限元分析中，有限元方程可以表示为 $F=KU$，其中 F 为载荷矩阵，K 为刚度矩阵，U 为位移矩阵。首先要确定随机变量的分布类型，然后根据分布特征随机产生需要的样本集，最后根据随机产生的样本集进行可靠性分析。

建立随机有限元模型后，通常将模型导入 ANSYS 或 ABAQUS 等有限元分析软件中，进行分析计算。以构件材料的极限应力 $\sigma_{[s]}$ 与有限元分析模型分析的最大应力 σ_s 之差作为状态函数，并对多次计算的随机有限元模型结果进行抽样分析。将抽样过程中状态函数大于 0 的次数 r 与总的抽样次数 n 的比值作为可靠度 R。

随机有限元法具有计算精确度高与考虑结构本身不确定性的特点，在学术研究与工程实际运用中被广泛应用。Wardell 等[101]基于随机有限元法与机器学习，针对风电齿轮箱承受载荷随机性较强、疲劳可靠性难以分析等问题，建立了基于随机有限元的疲劳可靠性模型。李再帏等[102]针对无砟轨道服役可靠性分析问题，采用随机有限元和人工智能混述建模的方法分析轨道不平顺对无砟轨道服役的可靠性影响。李典庆等[103]针对地下洞室变形可靠度分析问题，基于随机多项式展开与 Geoslope 软件的 Sigma/W 模块接口，提出了非侵入式随机有限元法。

随机有限元法打破了传统确定性分析模型不能合理地解决结构本身不确定性、外界载荷作用等不确定性等因素的限制。采用与有限元法结合的方法求解可靠度，可以较为精确的计算可靠度，但存在计算量大的问题，特别是针对齿轮接触分析，每次啮合都会产生大量的计算。因此，该方法存在计算耗时等方面的问题。

7.2.4　疲劳可靠性试验验证与应用

1. 疲劳试验与可靠性

影响疲劳性能的随机因素不胜枚举，导致疲劳可靠性分析模型存在不准确的隐患。提高疲劳性能的设计、优化方法、工艺等数不胜数，具体某种方式提高多少疲劳可靠度仍需要通过量化的方式评估其效果。因此，需要通过疲劳试验的方法开展进一步研究。通过开展疲劳性能试验评估试验对象的疲劳性能，采用数理统计方法对试验数据进行分析处理，从而得到可靠性指标，进一步量化可靠程度。齿轮接触疲劳试验将在第 8 章展开详细讨论，这里重点针对所获得的疲劳试验数据展开统计分析，对疲劳可靠性分析模型验证方法展开介绍。

疲劳可靠性验证试验与 7.1 节讨论的可靠性验证试验目的相同，试验可分为截尾试验、惯序试验等。由结构疲劳性能试验发现，寿命分布常呈现 Weibull 分布形式。这里假定寿命分布形式为 Weibull 分布，展开对截尾疲劳试验数据与惯序疲劳试验数据进行分析，得到疲劳可靠性指标，并验证疲劳可靠性分析的合理性。试件失效数的两参数 Weibull 分布可通过式(7-75)表示：

$$L(r,\theta,t) = \left(\frac{r}{\theta^r}\right)^n \prod_{i=1}^n t_i^{r-1} \mathrm{e}^{-\left(\frac{t_i}{\theta}\right)^r} \tag{7-75}$$

式中，r 为 Weibull 分布的形状参数；θ 为 Weibull 分布的尺度参数。

截尾疲劳试验数据是指通过截尾疲劳试验获得的数据。截尾试验设定阈值或上限值，当试件加载到阈值时停止试验，记为越出值。阈值范围以内发生失效的试件按照常规试验的流程进行统计，形状参数的无偏估计值 $\hat{r}$ 可以通过方差估计因子 G_n 计算得到：

$$\hat{r} = G_{n}\hat{r}_{MLE} \tag{7-76}$$

式中，$\hat{r}_{MLE}$ 为形状参数 r 的极大似然估计值。

方差估计因子 G_n 与样本容量 n 有关：

$$G_{n} = 1 - \frac{1.346}{n} - \frac{0.833}{n^2} \tag{7-77}$$

形状函数的方差 $\mathrm{Var}(\hat{r})$ 根据方差估计因子 G_n 得到：

$$\mathrm{Var}(\hat{r}) = \frac{G_{n}\hat{r}^2}{n} \tag{7-78}$$

其中方差估计因子 G_n 由样本容量 n 决定：

$$G_{n} = 0.617 + \frac{1.8}{n} + \frac{78.25}{n^3} \tag{7-79}$$

尺度参数 θ 可以通过区间估计的方式得到，其中尺度参数 θ 的上区间 θ^U 与下区间 θ^L 可以通过式 (7-80) 计算：

$$\begin{cases} \theta^{L} \cong \hat{\theta}\exp\left(-\dfrac{U_{1-\alpha/2}}{\sqrt{n}\hat{r}}\right) \\ \theta^{U} \cong \hat{\theta}\exp\left(-\dfrac{U_{\alpha/2}}{\sqrt{n}\hat{r}}\right) \end{cases} \tag{7-80}$$

式中，α 为置信度。

当置信度取 95% 时可以通过式 (7-81) 近似计算：

$$\begin{cases} U_{0.05} = -1.72 - \dfrac{3.87}{n} - \dfrac{44.23}{\mathrm{e}^n} \\ U_{0.95} = 1.72 + \dfrac{3.163}{n} + \dfrac{18.25}{\mathrm{e}^n} \end{cases} \tag{7-81}$$

惯序疲劳试验数据是指通过惯序疲劳试验获得的数据。惯序疲劳试验则不设定失效阈值，按顺序试验，直至试件发生失效。假设在某一试验条件下有 n 个样本，通过惯序试验得到失效时间为 $t_1, t_2, \cdots, t_n$。通过牛顿插值法可以直接估计形状参数 r 的方差 $\mathrm{Var}(\hat{r})$ 和尺度参数 θ 的方差 $\mathrm{Var}(\hat{\theta})$：

$$\begin{cases} \mathrm{Var}(\hat{r}) \cong \dfrac{\hat{r}^2 S_0^2}{n\left(S_0^2 + \hat{r}^2 S_0 S_2 - \hat{r}^2 S_1^2\right)} \\ \mathrm{Var}(\hat{\theta}) \cong \dfrac{S_0}{n^2}\left(\dfrac{S_0}{\hat{r}^2} + S_2\right)\mathrm{Var}(\hat{r}) \end{cases} \tag{7-82}$$

式中，S_0 为一次插值因子，$S_0 = \sum_{i=1}^{n} t_i^{\hat{r}}$；$S_1$ 为二次插值因子，$S_1 = \sum_{i=1}^{n} t_i^{\hat{r}} \left(\ln t_i \right)$；$S_2$ 为三次插值因子，$S_2 = \sum_{i=1}^{n} t_i^{\hat{r}} \left(\ln t_i \right)^2$。

在获得形状参数 r、尺度参数 θ 的方差 $\mathrm{Var}(\hat{r})$、$\mathrm{Var}(\hat{\theta})$ 的估计值后，通过式 (7-83) 可以得到两个参数的估计区间：

$$\begin{cases} \hat{r} - Z_{\alpha/2} \sqrt{\mathrm{Var}(\hat{r})} < r < \hat{r} + Z_{\alpha/2} \sqrt{\mathrm{Var}(\hat{r})} \\ \left[\hat{\theta} - Z_{\alpha/2} \sqrt{\mathrm{Var}(\hat{\theta})} \right]^{1/\hat{r}} < \theta < \left[\hat{\theta} + Z_{\alpha/2} \sqrt{\mathrm{Var}(\hat{\theta})} \right]^{1/\hat{r}} \end{cases} \tag{7-83}$$

式中，α 为置信度；$Z_{\alpha/2}$ 为标准正态分布分位点对应值；$\hat{r}$ 为形状参数极大似然估计值；$\hat{\theta}$ 为尺度参数极大似然估计值。

针对两种不同的可靠性验证试验数据进行参数估计后，通过式 (7-84) 可以得到可靠度：

$$R(t) = \mathrm{e}^{-\left(\frac{t}{\theta} \right)^r} \tag{7-84}$$

该可靠度可以与疲劳可靠性分析所获取的可靠度进行对比，从而判断模型的合理性。

2. 疲劳可靠性在工程中的应用

工程实际中，载荷与材料性能都可能存在分散性，导致大量构件在一定期限内发生失效，结合疲劳可靠性内涵，考虑随机因素的概率设计方法应运而生。常用的概率设计方法包括无限寿命设计、有限寿命设计、损伤容限设计等。下面对这三种常用的概率设计方法从基本内涵与应用层面两个方面展开介绍。

无限寿命设计是一种使构件在使用期间内不出现疲劳裂纹的概率设计方法。这种设计原则上适用于应力水平比较稳定、循环次数很高的工况条件，且可靠性要求较高的设计对象。设计对象通常是历经无限次循环 (通常为 10^7 次) 的构件、零部件，如发动机气缸阀门、顶杆、弹簧、长期频繁运行的轮轴等[104]。设计时通常将工作应力控制在疲劳极限以下，若载荷随机性较强，采用该方法设计将会导致成本较高。

无限寿命设计在机械、土木等领域应用较为广泛。武春廷和贾晓弟[105]提出了适用于含裂纹构件无限寿命可靠性分析与设计干涉模型，给出了构件承受交变载荷时初始裂纹不继续扩展的可靠度，并在给定的可靠度下，确定构件中所允许的最大初始裂纹尺寸。赵少汴[106]针对多轴载荷下的无限寿命疲劳设计方法，提出了对称循环和非对称循环下的弯扭复合疲劳设计公式和三轴应力疲劳设计公式。除此之外，无限寿命设计还在大量固定、对重量限制较小的民用机械上有所应用。

有限寿命设计是指构件能以一定存活率或可靠度在预定的使用期限内不发生疲劳裂纹或失效的设计。有限寿命设计主要在设计对象受到变工况、载荷随机性较强、受成本质量体积等因素限制较大时采用。例如，朱连双[107]考虑微型挖掘机的经济性及维修性，建立了有限寿命优化模型，采用响应面法对动臂进行了有限寿命设计，以计算工作装置的设计寿命。除此之外，有限寿命设计还被应用到航天器、核反应堆中的零件等。

损伤容限设计从 20 世纪 70 年代提出，逐步发展成为一种现代疲劳断裂控制的设计方法。损伤容限设计主要内涵为：假定构件中存在裂纹，采用断裂力学分析、疲劳裂纹扩展分析和试验验证等方法，保证在定期检查时疲劳裂纹不会扩展到足以引起破坏的水平。该设计方法常用于承受随机载荷且可靠性要求较高的结构，如飞机、舰船、车辆等。同时，损伤容限设计还需要结合无损检测技术，定期提供结构的检验报告。

随着疲劳裂纹萌生与扩展理论逐渐发展，以及无损检测理论取得长足进步，损伤容限设计在航空、航天、风电、舰船、建筑、桥梁等领域不断体现。要承勇等[108]依据损伤容限设计理论，计算了某振动轴表面缺陷的裂纹扩展趋势和剩余强度。尹俊杰等[109]针对飞机整体翼梁结构损伤容限设计，应用支持向量机理论分别构造以截面参数为输入、应力强度因子和结构重量为响应的代理模型，结合 Sobol 法计算输入对响应的灵敏度大小，获得了结构设计中设计变量对可靠性的敏感响应。黄文俊等[110]针对直升机旋翼复合材料结构的特点与旋翼结构损伤容限设计要求，给出了旋翼损伤确定方法、损伤与旋翼动态特性之间的耦合分析、各类损伤临界值的确定方法等关键技术。

7.3　齿轮接触疲劳可靠性分析

7.3.1　齿轮接触疲劳可靠性的内涵

齿轮作为传递运动与动力的重要基础元件，应用范围涵盖航空、航天、舰船、汽车、工程机械、轨道交通、风电、机器人、医疗器械等众多领域。以齿轮为代表的基础零部件是重大装备的核心，直接决定了装备和主机的性能、水平和可靠性。随着各个领域对高速、重载等服役工况的需求不断攀升，以及严格的轻量化要求，齿轮传动逐渐暴露出承载能力与可靠性不足等问题。接触疲劳失效的发生，严重限制了齿轮传动的可靠性。齿轮传动的可靠性不足将会导致装备的可靠性不足，造成经济损失、人机安全事故等一系列严重后果。

通常，齿轮传动的接触疲劳失效具有高周疲劳特性，很少发生循环次数小于 10^3 的静力破坏，通常发生循环次数大于 10^5 的高周疲劳失效，进行齿轮传动疲劳可靠性分析时应更加关注齿轮疲劳可靠性的动态变化。根据齿轮传动的工作特性，齿轮接触疲劳可靠性分析方法基于应力-强度干涉理论、疲劳累积损伤理论等。采用应力-强度干涉理论分析齿轮接触疲劳可靠性时，将齿轮设计失效判据与干涉理论相结合，即载荷存在随机性、接触疲劳强度存在不确定性，通过两者差值与干涉程度预估疲劳可靠性。采用疲劳累积损伤理论分析可靠性时，则是通过损伤累积下的疲劳寿命分布与失效寿命阈值之间的干涉程度来评估齿轮接触疲劳的可靠性。考虑到应力-强度干涉理论的适用性与广泛性，本节重点介绍基于应力-强度干涉理论的齿轮接触疲劳可靠性分析。

7.3.2　齿轮接触疲劳可靠性分析流程

通常情况下，齿轮零部件在设计阶段经过相关承载能力标准(ISO 6336、AGMA 908-B89、DIN 3990、GB/T 3480 等)的严格分析与校核，不易在初始阶段(工作循环次数小于 10^3)发生静力破坏，主要以疲劳失效为主。由安全系数可以得知齿面承受应力与强度之间的差值或安全裕度，载荷的随机性、齿轮材料疲劳强度的不确定性等因素导致安全裕度(安全系数)计算不准确。同时，随着工作时间的推移，齿轮不断累积损伤，安全裕度也在逐渐发生变化。在进行齿轮传动疲劳可靠性分析时，应多加关注齿轮零部件或齿轮传动系统动态服役过程中疲劳可靠性的变化，即动态疲劳可靠性。

考虑齿轮传动工作特点，结合 7.2.3 节所介绍的应力-强度干涉模型，给出齿轮接触疲劳可靠性流程，如图 7-21 所示。根据齿轮设计时的失效判据，即齿面应力小于或等于齿轮许用接触疲劳强度，建立可靠性分析的状态功能函数。疲劳载荷是决定齿轮传动疲劳寿命与可靠性的关键因素，且存在疲劳载荷随机性强、测量数据不能覆盖齿轮传动全寿命周期等问题。因此，需要对疲劳载荷进行相应的统计分析与合理外推。同时，齿轮传动会随着工作时间的不断增加而出现疲劳性能退化。需要选择合适的强度疲劳退化准则时刻反映齿轮剩余疲劳强度，为动态疲劳可靠性分析奠定基础。对齿轮传动动态疲劳可靠度进行求解计算，值得注意的是，齿轮并非仅发生点蚀失效，还包括微点蚀、深层齿面断裂等失效形式。考虑多种失效模式时，需要借助 Copula 函数，建立考虑失效相关性的疲劳可靠性模型。值得注意的是，在得到齿轮接触疲劳可靠性分析结果后，根据其变化趋势可寻找疲劳可靠性较低的薄弱环节或时刻，并进行针对性优化与改进。通常可以从齿轮

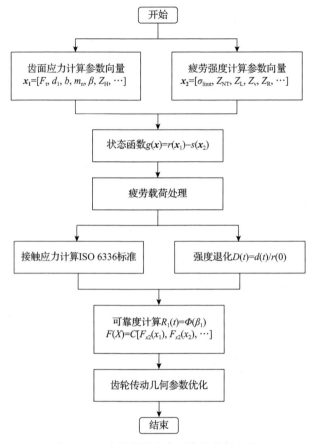

图 7-21　齿轮接触疲劳可靠性分析流程

传动三个不同的维度，即传动方案与结构布置、传动方案的结构参数、表面完整性参数进行优化改进。根据失效判据建立状态功能函数已经在 7.1.3 节中进行了介绍，7.3.3 节～7.3.6 节重点介绍疲劳载荷处理、应力与疲劳强度退化计算、齿轮接触疲劳可靠度计算、齿轮参数优化设计四个关键流程。

7.3.3　疲劳载荷处理

工程实际中，齿轮工作时可能承受连续变化的随机载荷，也可能承受恒定载荷。随机无序的载荷通常难以作为疲劳可靠性分析模型的输入条件。扭矩作为影响齿面应力的重要因素，通常被处理为当量载荷、多级载荷谱、分布曲线等多种形式。

当量载荷法是将混乱无序的时间-载荷历程处理为恒定的当量载荷。齿轮工作时承受由不同载荷组成的时间-载荷历程。当量载荷法是将载荷历程分为多个载荷等级，例如，将一段载荷历程分为 n 级扭矩 $T_1, T_2, T_3, \cdots, T_i (i=n)$，载荷等级相应的

循环次数为 $N_1, N_2, N_3, \cdots, N_i(i=n)$，通过式(7-85)计算当量应力循环次数 N_{eq}。值得注意的是，采用当量载荷法计算时可认为：若机械结构承受载荷小于设计/许用载荷的 50%，则对疲劳损伤不起作用，并且该载荷可忽略不计[111]。

$$N_{eq} = \sum_{i=1}^{n} N_i \tag{7-85}$$

根据 Miner 法则(线性疲劳累积损伤准则)，此时的当量载荷为

$$T_{eq} = \left(\frac{\sum\limits_{i=1}^{n} N_i T_i^p}{N_{eq}} \right)^{1/p} \tag{7-86}$$

式中，p 为构件材料特性参数，主要由齿轮材料与循环次数决定，查阅机械设计手册可以获得确切值[111]。

将载荷历程转化为当量载荷后，可通过许用强度与当量载荷的比值确定安全系数，从而评估齿轮传动疲劳可靠性。当量载荷法简单实用，可作为可靠性预估的初步方法。当齿轮承受载荷为恒载或对可靠性要求不高时，可以采用该分析方法，然而这种方法将随机载荷等效为当量载荷时丢失了大量载荷信息，如冲击载荷、不同加载次序效应等。因此，针对可靠性要求较高、需要精细化设计、关键部件优化设计等问题，当量载荷法存在一定的不足。

多级载荷谱是将随机混乱无序、随时间变化的疲劳载荷依据大小与循环次数分为多个等级，也称为多级程序载荷谱。同一工作载荷谱(载荷-时间历程)若分别以 4~16 级的程序载荷谱近似，则 4 级的试验寿命比 8 级长，而超过 8 级的试验寿命与 8 级接近。工程上通常认为采用 8 级程序载荷谱可以代表连续的载荷-时间历程。然而，针对载荷不确定性较强的齿轮传动，如风电齿轮箱，则采用 40 级程序载荷谱进行设计。因此，当受载情况复杂等条件下，还需要通过具体情况与试验资料确定特定的载荷级数。

采用多级载荷谱法进行载荷处理时，通常根据实测载荷-时间历程，通过直接统计和雨流计数法统计等方法得到载荷大小与其出现频次的关系，再根据设定好的程序载荷谱等级进行划分，或者通过 7.2.2 节中所述的参数外推法、雨流外推法等方法获取多级载荷谱。采用多级载荷谱法可以快速得到较为准确且能反映载荷随机性的统计结果。与当量载荷法相比，多级载荷谱法能较好地考虑载荷随机性。然而，多级载荷谱法未能较好地反映载荷作用次序等影响。

通过分布拟合的方式将实测载荷-时间历程或雨流计算法统计后的载荷处理为数学表达式。采用分布拟合法较为简单直接，通常根据载荷样本数量大小选择卡方-皮尔逊检验、K-S 检验等方法检验分布拟合是否合理。

与当量载荷法和多级载荷法相比，采用分布拟合法能更好地反映载荷的统计特征。然而，工程实际中通常很难找到完全服从某一特定分布的疲劳载荷，采用复杂的分布形式将会为后续可靠性求解带来难度。因此，具体采用哪一种载荷处理方法需要根据问题的实际需求进行选择。

7.3.4 应力与强度退化计算

7.2.3 节中详细介绍了采用应力-强度干涉理论时，通过应力 s 与强度 r 构成的可靠度状态函数，以及剩余疲劳强度的计算。本节以齿面点蚀失效为例，考虑微点蚀、深层齿面断裂等接触疲劳失效，或齿根疲劳断裂，采用类似方法进行疲劳可靠性计算。根据机械设计手册[111]（GB/T-3480、ISO 6336-2 齿面点蚀强度标准），齿面接触应力与许用接触强度可以表示为

$$s = \sigma_{\mathrm{H}} = Z_{\mathrm{H}} Z_{\mathrm{E}} Z_{\varepsilon} Z_{\beta} \sqrt{\frac{F_{\mathrm{t}}}{d_1 b} \frac{u+1}{u} K_{\mathrm{A}} K_{\mathrm{V}} K_{\mathrm{H}\beta} K_{\mathrm{H}\alpha}} \tag{7-87}$$

$$r = \sigma_{\mathrm{HG}} = \sigma_{\mathrm{Hlim}} Z_{\mathrm{NT}} Z_{\mathrm{L}} Z_{\mathrm{v}} Z_{\mathrm{R}} Z_{\mathrm{W}} Z_{\mathrm{X}} \tag{7-88}$$

式中，σ_{H} 为齿面接触应力，MPa；Z_{H}、Z_{E}、Z_{ε}、Z_{β} 均为接触应力计算系数；F_{t} 为分度圆上的名义切向力，N；d_1 为小轮分度圆直径，mm；b 为齿面宽度，mm；u 为传动比；K_{A}、K_{V} 均为工况系数；$K_{\mathrm{H}\beta}$、$K_{\mathrm{H}\alpha}$ 均为载荷分配系数；σ_{HG} 为齿面接触应力极限，MPa；σ_{Hlim} 为齿轮材料试验接触疲劳极限，MPa；Z_{NT}、Z_{L}、Z_{v}、Z_{R}、Z_{W}、Z_{X} 均为接触疲劳强度修正系数。可靠度状态函数 $g(\boldsymbol{x},t)$ 为

$$\begin{aligned} g(\boldsymbol{x},t) &= r(\boldsymbol{x}_1,t) - s(\boldsymbol{x}_2,t) \\ &= r[(\sigma_{\mathrm{Hlim}}, Z_{\mathrm{NT}}, Z_{\mathrm{L}}, Z_{\mathrm{v}}, Z_{\mathrm{R}}, Z_{\mathrm{W}}, Z_{\mathrm{X}}), t] \\ &\quad - s(Z_{\mathrm{H}}, Z_{\mathrm{E}}, Z_{\varepsilon}, Z_{\beta}, F_{\mathrm{t}}, d_1, b, u, K_{\mathrm{A}}, K_{\mathrm{V}}, K_{\mathrm{H}\beta}, K_{\mathrm{H}\alpha}), t] \end{aligned} \tag{7-89}$$

式中，$\boldsymbol{x}_1$ 为疲劳强度计算参数构成的向量；$\boldsymbol{x}_2$ 为齿面应力计算参数构成的向量。

随着疲劳载荷的不断作用，疲劳强度不断退化，导致应力（或载荷）与强度之间的相对大小不断变化，使齿轮零部件在服役期间的接触疲劳可靠性呈现动态性。传统的齿轮传动可靠性分析方法只对静态或初始态的可靠性进行评估，而无法描述其动态性。齿轮传动在设计阶段经过了严格的分析、校核，仅反映初始阶段或静态疲劳可靠度，未能较好地反映齿轮抵抗接触疲劳失效的可靠程度。准确计算

出齿轮在整个寿命期间内的疲劳可靠度具有显著意义。计算出齿轮在整个寿命期间内的疲劳可靠度的前提是采用能实时反映疲劳损伤的方法。机械零件的强度会随着服役时间的增加而衰减,零件在服役时间每一时刻的强度称为剩余强度[112]。剩余强度的衰减和材料内部的微观损伤有着必然联系,因此提出了疲劳累积损伤理论[113],材料的疲劳累积损伤变量 D 为

$$D=1-\left(1-\frac{n}{N_f}\right)^{\frac{1}{1-T(\sigma_M,\sigma_m)}} \tag{7-90}$$

式中, n 为载荷循环次数; N_f 为疲劳寿命; σ_M 为应力幅值; σ_m 为应力均值; $T(\sigma_M,\sigma_m)$ 为强度退化参数,与载荷和材料相关,其表达式如下:

$$T(\sigma_M,\sigma_m)=1-\frac{1}{a\lg|\sigma_M/\sigma_{-1}(\sigma_m)|} \tag{7-91}$$

材料的疲劳载荷-寿命(S-N)曲线为

$$N_f=C\cdot\sigma_M^{-m} \tag{7-92}$$

式中, C、m 为材料参数。对于中等尺寸钢制零部件,通常循环基数 $N_0=10^7$,计算接触疲劳时通常取 $m=6$,计算弯曲疲劳时通常取 $m=9$[84],将循环基数和疲劳极限代入式(7-92)即可求出参数 C。对于非对称循环应力(应力比 $r\neq-1$),在进行疲劳寿命计算时应按 Goodman 准则转化为等价对称循环应力(应力比 $r=-1$)。

$$\frac{\sigma_{max}-\sigma_{min}}{\sigma_{a(-1)}}+\frac{\sigma_{max}+\sigma_{min}}{\sigma_b}=2 \tag{7-93}$$

式中, σ_b 为材料抗拉强度,MPa。

一种常用于齿轮疲劳强度退化计算的模型[12]——基于非线性疲劳损伤准则的强度退化模型可表示为

$$r(n)=r(0)-[r(0)-\sigma_{max}]D=r(0)-[r(0)-\sigma_{max}]\left[1-\left(1-\frac{n}{N_f}\right)^{\frac{1}{1-T}}\right] \tag{7-94}$$

式中, $r(n)$ 为剩余疲劳强度,MPa; $r(0)$ 为初始疲劳强度,MPa; σ_{max} 为循环应力峰值,MPa; N_f 为疲劳寿命。

传动系统中每个齿轮的转速不同,因此将式(7-94)中的载荷循环次数 n 转化

为服役时间 t，可以得到

$$r(t) = r(0) - \left[r(0) - \sigma_{\max}\right]\left[1 - \left(1 - \frac{t}{L_f}\right)^{\frac{1}{1-T}}\right] \tag{7-95}$$

基于非线性疲劳损伤准则的强度退化模型能实时计算剩余疲劳强度，且疲劳强度下降速率与载荷特征、齿轮材料参数有关。该方法能较好地刻画疲劳强度统计特征中强度均值的变化过程。然而，该模型未能较好地考虑标准差的变化。

对于恒幅载荷下的剩余寿命分布，在没有疲劳失效的情况下，剩余寿命的标准差不变，发生变化的只是剩余寿命均值。然而，传动系统工作时承受的载荷多为非恒幅载荷，其剩余寿命的均值和标准差都将发生变化。另外，标准差的变化还与加载次序有关。谢里阳[34]经过大量的疲劳试验，提出了一种能计算剩余标准差变化的模型。假设在第一级应力 σ_1 作用下，试件的寿命均值为 N_1、标准差为 s_1，第二级应力 σ_2 作用下，试件的寿命均值为 N_2、标准差为 s_2，则第一级应力 σ_1 作用 n_1 次、第二级应力 σ_2 作用 n_2 次后的剩余寿命分布参数为 $\left(\overline{N}_{2p}^1, s_{2p}^1\right)$，可以通过式(7-96)与式(7-97)计算：

$$\overline{N}_{2p}^1 = N_2\left(1 - \frac{n_1}{N_1}\right) \tag{7-96}$$

$$s_{2p}^1 = s_2 + \frac{(s_1 - s_2)n_1}{N_1} \tag{7-97}$$

式中，$\overline{N}_{2p}^1$ 为第二级应力作用后的寿命均值；s_{2p}^1 为第二级应力作用后的标准差。

采用该方法能刻画标准差的变化，但使用时需要大量的试验数据支撑，即每一级应力下试件的寿命与标准差。一般来说，载荷循环次数的分散性较小，用其均值构造模型，对剩余寿命分布的影响不会很大。因此，在大多数疲劳可靠性分析中，通常考虑疲劳强度均值的变化，而未考虑标准差的变化，标准差通常通过变异系数确定。

7.3.5 齿轮接触疲劳可靠度计算

根据应力-强度干涉理论建立的接触疲劳可靠性分析模型，疲劳可靠度可以通过式(7-98)计算：

$$R(t) = \Pr\left(r(\boldsymbol{x}_1, t) - \sigma(\boldsymbol{x}_2, t)\right) > 0 = \left(\Pr\left(Z(\boldsymbol{x}, t) > 0\right)\right) \tag{7-98}$$

式中，x 为应力计算与强度计算系数构成的矩阵。

强度分布的均值 $\mu(r(t))$ 可以通过齿面接触应力极限 σ_{HG} 计算确定，应力分布的均值 $\mu(s(t))$ 可以通过齿面计算应力平均值 $\bar{\sigma}_H$ 确定，强度分布标准差 $\sigma(r(t))$ 与应力分布的标准差 $\sigma(s(t))$ 则需要通过各参数的变异系数 C 确定[114]：

$$C_{HG} = \left(C_{\sigma_{Hlim}}^2 + C_{Z_{NT}}^2 + C_{Z_L}^2 + C_{Z_v}^2 + C_{Z_R}^2 + C_{Z_W}^2 + C_{Z_X}^2 \right)^{\frac{1}{2}} \tag{7-99}$$

$$C_H = \left[C_{Z_H}^2 + C_{Z_E}^2 + C_{Z_\varepsilon}^2 + C_{Z_\beta}^2 + 0.25 \left(C_{F_t}^2 + C_{K_A}^2 + C_{K_V}^2 + C_{K_{H\beta}}^2 + C_{K_{H\alpha}}^2 \right) \right]^{\frac{1}{2}} \tag{7-100}$$

通过变异系数可以得到标准差：

$$\sigma[r(t)] = \mu[s(t)] \cdot C_{HG} \tag{7-101}$$

$$\sigma[s(t)] = \mu[s(t)] \cdot C_H \tag{7-102}$$

设状态函数 $Z(t)$ 的概率密度函数为 $f_Z(z)$，则齿轮接触疲劳可靠度定义为

$$R(t) = \Pr(Z(t) > 0) = \int_0^{+\infty} f_Z(z,t)\mathrm{d}z \tag{7-103}$$

动态可靠度 $R(t)$ 可以描述齿轮传动安全与否，$R(t)$ 越大，疲劳可靠性越高，齿轮传动越安全。但是在实际中 $R(t)$ 的值极难计算，不但构成极限状态方程的随机变量分布难以获取，而且计算可靠域上的多重积分也十分复杂，想要直接积分得到可靠度难度较大。因此，引入一个可靠性指标 β 来度量可靠度。

在解析几何中，极限状态方程是坐标系中的一个 n 维曲面，称为极限状态曲面，其两侧分别是可靠域和失效域。以二维情况为例，如图 7-22 所示，在标准正态化空间中，β 表示从坐标原点到极限状态曲面的最短距离，β 值越大，表示安全裕度越大，即可靠度越高[115]。

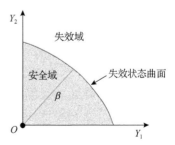

图 7-22　二维状态极限方程

特别地，状态函数 $Z(t)$ 服从正态分布，其均值为 μ_Z，方差为 S_Z^2。若忽略强度退化过程中标准差的变化，则任一时刻的状态函数 $Z(t)$ 服从正态分布，即 $Z(t) \sim N(\mu_Z(t), S_Z)$，令 $Y(t) = [Z(t) - \mu_Z(t)] / S_Z$，则 $Y(t)$ 服从标准正态分布，其概率密度函数和分布函数分别为

$$f_y(y) = \frac{1}{\sqrt{2\pi}} \exp\left(-\frac{y^2}{2}\right) \tag{7-104}$$

$$F_Y(y) = \Phi(y) = \int_{-\infty}^{y} f_y(t)\,\mathrm{d}t \tag{7-105}$$

式中，$\Phi(\cdot)$ 为标准正态分布函数。

式 (7-98) 中可靠度 $R(t)$ 可转化为

$$R(t) = \int_0^{+\infty} f_Z(z,t)\,\mathrm{d}z = \int_0^{+\infty} f_y(y,t)\,\mathrm{d}\big[yS_Z + \mu_Z(t)\big] = \int_{\frac{-\mu_Z}{S_Z}}^{+\infty} f_y(y,t)\,\mathrm{d}y \tag{7-106}$$

根据标准正态分布函数的性质，$R(t) = 1 - \Phi\big[-\mu_Z(t)/S_Z\big] = \Phi\big[\mu_Z(t)/S_Z\big]$，因此定义 β 为 Z 的均值与标准差之比，即

$$R(t) = \Phi\big[\beta(t)\big] = \Phi\left[\frac{\mu_Z(t)}{S_Z}\right] \tag{7-107}$$

在获得零部件动态可靠度 $R(t)$ 后，可以通过式 (7-108) 计算各构件失效率 $\lambda(t)$ 随时间的变化趋势：

$$\lambda(t) = -\frac{R'(t)}{R(t)} = -\frac{\mathrm{d}\ln R(t)}{\mathrm{d}t} \tag{7-108}$$

7.3.6　齿轮参数优化设计

在获取齿轮传动动态疲劳可靠度后，对齿轮参数进行优化设计，需要确定优化设计"三要素"，即目标函数、约束条件、优化变量。

在充分了解可靠性优化设计的基础上，根据各参数对目标影响程度的主次进行分析，选择对产品性能和结果影响大的参数作为设计变量，影响小的参数根据经验取为常数。设计变量之间应尽可能独立，降低优化求解难度。针对齿轮接触疲劳可靠性分析，齿轮传动宏观参数对可靠度有较大影响，可选取齿数、模数、齿宽、压力角、变位系数作为设计变量，也可以采用参数敏感响应分析确定设计变量。

约束条件是设计本身对设计变量取值范围提出限制条件，且必须是设计变量的可计算函数。设置约束条件时通常应注意避免相互矛盾的约束，并且减少不必要的约束。针对齿轮接触疲劳可靠性优化，约束条件通常为强度、体积、齿轮传动基本条件等，需要根据实际情况确定。

目标函数是设计所追求指标的数学表达，根据需求可以设置单目标或多目标。

针对疲劳可靠性优化问题，若仅重点关注可靠度，为提高求解效率，则优化目标通常设置为可靠度最高，可以表示为 $\max f(R(t))$。明确设计变量、约束条件、目标函数后，优化设计问题通常可以写为以下形式：令设计变量为 $x_1, x_2, \cdots, x_n$，则有目标函数为 $\max f(R(t))$，约束条件为

$$\begin{cases} g_j(x_1, x_2, \cdots, x_n) \leqslant 0, & j = 1, 2, \cdots, m \\ h_k(x_1, x_2, \cdots, x_n) = 0, & k = 1, 2, \cdots, l \end{cases} \tag{7-109}$$

式中，g_j 为不等式约束；h_k 为等式约束。

求解优化问题的优化算法通常包含解析法与数值法两类。常用的解析法包括拉格朗日乘子法、龙格-库塔法等。常用的数值法包括一维搜索、二次插值、牛顿插值、最速下降法、复合型法、惩罚函数法等。值得注意是，随着计算机数值计算方面取得长足进步，诞生了遗传算法、禁忌搜索算法、模拟退火算法、蚁群算法等新兴优化算法，也为优化求解带来更高的计算效率。这里以遗传算法为例，展开简要介绍。

遗传算法从仿生的角度来解决优化搜索问题，它是 Holland 教授于 1975 年在专著 *Adaptation in Natural and Artificial Systems*[116]（《自然系统和人工系统的自适应》）中提出的一种人工智能算法，是模拟自然选择和遗传的随机方法。

遗传算法借鉴生物学术语，每个解为个体，解的编码称为染色体。染色体由决定其特性的基因组成，目标函数被转换为对应各个个体的适应性，而一组染色体组成一个群体，根据适应函数值选取的一组染色体成为种群[7]，主要步骤如下：

(1) 随机生成一个种群(可根据基本约束适当筛选，提高求解效率，但不宜过分筛选)。

(2) 计算每个染色体的适应函数值，并进行评价。

(3) 若生成的解收敛(满足迭代次数、收敛精度)，则停止计算，否则进行遗传操作生成新的群体，并返回步骤(2)重新进行适应度计算。

遗传操作主要包括繁殖、交换、变异三个步骤。繁殖与交换通过适应度函数对初始种群进行筛选，将适应度较高的染色体留下来，通过染色体之间的基因交换生成新的染色体。当满足群体数量上限时，停止繁殖、交换操作，新、旧染色体构成新的种群，代入步骤(2)中计算。变异是指在繁殖与交换过程中按照一定概率随机改变某个个体遗传信息的过程。变异是保证最优解的重要手段之一，变异范围与概率需要根据具体情况设置。

遗传算法对优化问题限制较少，可以同时搜索许多解，有效防止过早收敛与局部最优解，也有较大的概率求得全局最优解。

7.4　案　例　分　析

7.4.1　齿轮传动零部件案例分析

　　已知某航空器偏置复合齿轮(offset compound gear, OCG)变速器的齿轮传动结构如图 7-23 所示，齿轮传动结构参数如表 7-7 所示。一次典型飞行任务(该变速器工作 3h)下 OCG 变速器的输入载荷如图 7-24 所示。输入扭矩均值为 93.39N·m，标准差为 11.34N·m，极差为 110.49N·m，设计寿命为 3000h。齿轮 ISO 精度为 6 级，材

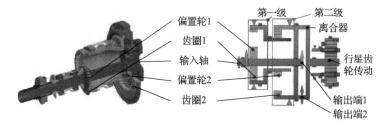

图 7-23　某航空器 OCG 变速器的齿轮传动结构示意图

表 7-7　某航空器 OCG 变速器的齿轮传动结构参数

齿轮	模数/mm	齿数	齿宽/mm	压力角/(°)	变位系数	工作转速/(r/min)
偏置轮 1	2.91	25	10	20	0	15000
齿圈 1	2.91	37	10	20	0	10135
偏置轮 2	3.175	31	10	20	0	10135
齿圈 2	3.175	42	10	20	0	7481

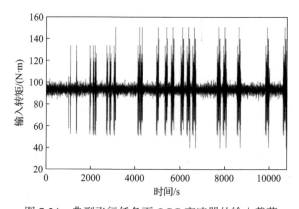

图 7-24　典型飞行任务下 OCG 变速器的输入载荷

料为 AISI 9310 钢，OCG 变速器齿轮传动总质量约为 1.6753kg。分析两级传动与变速器齿轮传动系统抗齿面点蚀的接触疲劳可靠性，并对齿轮传动结构参数进行可靠性优化[117]。

1. 应力计算与统计分析

若仅考虑齿面点蚀失效，则根据相关齿面点蚀强度标准，得到齿面接触应力 σ_H 与许用接触强度 σ_{HG}（见式（7-87）和式（7-88））。

查阅机械设计手册[111, 118]获得相关参数的均值与变异系数，如表 7-8 所示。

表 7-8 相关参数均值与变异系数

参数名称	符号	均值		变异系数		分布形式
		第一级	第二级	第一级	第二级	
节点区域系数	Z_H	2.50	2.50	0.01	0.01	正态
弹性系数	Z_E	189.90	189.90	0.04	0.04	正态
重合度系数	Z_ε	0.86	0.85	0.02	0.02	正态
螺旋角系数（直齿）	Z_β	—	—	—	—	—
名义切向力/N	F_t	2565.45	2807.51	0.09	0.09	正态
使用系数	K_A	1.10	1.10	0.10	0.10	正态
动载系数	K_V	1.15	1.10	0.10	0.10	对数正态
齿向载荷分布系数	$K_{H\beta}$	1.25	1.25	0.03	0.03	正态
齿间载荷分布系数	$K_{H\alpha}$	1.25	1.25	0.03	0.03	正态
试验齿轮接触疲劳极限/MPa	σ_{Hlim}	1500	1500	0.07	0.07	正态
寿命系数	Z_{NT}	0.98	0.98	0.04	0.04	正态
润滑剂系数	Z_L	0.99	1.00	0.04	0.04	正态
速度系数	Z_v	1.08	1.07	0.03	0.03	正态
粗糙度系数	Z_R	1.00	1.00	0.02	0.02	正态
工作硬化系数	Z_w	1.00	1.00	0.03	0.03	正态
尺寸系数	Z_X	1.00	1.00	0.03	0.03	正态

未得知齿轮许用疲劳强度 σ_{HG} 确切分布形式时，通常可以将其视为 Weibull 分布、正态分布，这里假设许用疲劳强度 σ_{HG} 服从正态分布。通过计算得到初始状态下第一级齿轮传动许用接触疲劳强度 $r_1 \sim N(1571.72, 105.00)$，第二级齿轮传动许用接触疲劳强度 $r_2 \sim N(1572.90, 105.00)$。齿轮齿面接触应力分布形式还未能得知，仅得到第一级齿轮齿面接触应力均值 μ_1 为 627.97MPa，标准差 s_1 为

32.09MPa，第二级齿轮齿面接触应力均值 μ_2 为 531.73MPa，标准差 s_2 为 24.17MPa。

采用雨流计数法对接触应力进行统计分析后得到不同应力均值下的一系列非对称应力循环载荷。以第一级齿轮接触疲劳计数结果为例，采用雨流计数法统计后的第一级齿轮齿面接触应力循环次数计数情况如图 7-25 所示。

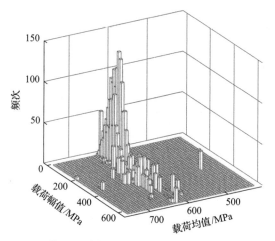

图 7-25　第一级齿轮齿面接触应力循环次数计数情况

应力-疲劳寿命曲线通常在平均应力为零的对称循环应力下进行试验得出，通常需要修正平均应力对疲劳寿命的影响。将小于最大载荷幅值 10% 的载荷作为小载荷剔除后，采用 Goodman 准则对应力进行修正[87, 119]（公式见式（7-39））。本例中抗拉强度 σ_b 取 1600MPa。

以第一级齿轮传动等效接触应力 σ_{eq} 幅值拟合情况为例，均值为 399.89MPa、标准差为 224.32MPa、极差为 1126.92MPa，近似服从伽马分布 $\Gamma(3.84,\ 104.19)$。第一级齿轮传动等效接触应力幅值 σ_{eq} 分布拟合情况如图 7-26 所示。

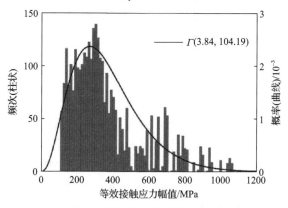

图 7-26　第一级齿轮传动等效接触应力幅值分布

变速器齿面接触应力分布均近似服从伽马分布，其分布拟合情况如表 7-9 所示。

表 7-9　齿轮应力分布拟合情况

等级	传动结构	接触应力
第一级	偏置轮 1	$\Gamma(3.72, 104.19)$
	齿圈 1	$\Gamma(3.72, 104.19)$
第二级	偏置轮 2	$\Gamma(3.83, 97.63)$
	齿圈 2	$\Gamma(3.83, 97.63)$

2）接触疲劳强度退化计算

本例中仅考虑接触疲劳强度均值退化，标准差不发生变化的情况下齿轮接触疲劳强度退化。疲劳强度退化过程可以表示为

$$r(n) = r(0) - \left[r(0) - S_{\max} \right] \left(\frac{n}{N_f} \right)^{C_0} \tag{7-110}$$

式中，$r(n)$ 为加载 n 次时的剩余疲劳极限，MPa；$r(0)$ 为初始疲劳极限，MPa；$S_{\max}$ 为齿轮等效峰值载荷，其大小根据 2σ 原则确定，MPa；N_f 为峰值载荷下齿轮零部件疲劳寿命；n 为当前加载次数；C_0 为强度退化参数，这里取 1。

3）疲劳可靠度计算

根据应力-强度干涉理论，建立状态函数为

$$R(t) = P\big(r(t) - s(t)\big) > 0 \tag{7-111}$$

通过化简，t 时刻接触疲劳可靠度 $R(t)$ 可表示为

$$R(t) = P\big(x_r > x_s\big) = \int_{-\infty}^{\infty} f_s(s) \left[\int_{x_s}^{\infty} f_r(x_r) dx_s \right] dx_l \tag{7-112}$$

式中，x_r 为 t 时刻疲劳强度；x_s 为 t 时刻应力；f_s 为 t 时刻应力密度函数；f_r 为 t 时刻疲劳强度密度函数，均值 μ 通过接触应力公式与点蚀许用应力得到，方差 Var 通过变异系数 C 与分布拟合获得。

通过化解可以得到接触疲劳可靠度 $R(t)$ 为

$$R(t) = 1 - \left[1 + \alpha_i(t)\beta_i^2 - s_{x_s(t)}^2 \beta_i^2 \right] e^{\left[-\frac{1}{2}\left(s_{x_s(t)}^2 \beta_i^2 - 2\alpha_i(t)\beta_i^2 \right) \right]} \tag{7-113}$$

假设两级齿轮接触疲劳失效相互独立，两级齿轮传动可视为串联系统，变速器齿轮系统接触疲劳可靠度可以表示为

$$R(t) = \prod_{i=1}^{2} R_i(t) \tag{7-114}$$

式中，$R_i(t)$ 为单级齿轮传动接触疲劳可靠度，其中 $i=1,2$；$R(t)$ 为整体结构接触疲劳可靠度。

如图 7-27 所示，在 3000h 服役时间内，该齿轮传动接触疲劳可靠度下降较缓，第一级疲劳可靠度最低达 99.44%，第二级疲劳可靠度最低达 99.58%，整体接触疲劳可靠度最低达 99.02%。随着损伤不断累积，前段可靠度下降缓慢，后段可靠度下降较快。接触疲劳可靠度均保持在较高水平，说明该变速器齿轮传动抗点蚀能力较强。

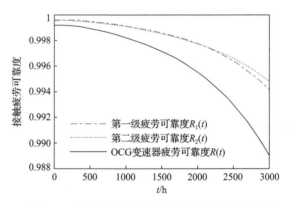

图 7-27　变速器齿轮传动动态接触疲劳可靠度

4)结构参数优化

为提高试验 OCG 变速器齿轮传动疲劳可靠性，选择可靠度作为目标函数，表示为

$$\min f = -R(t,x) \tag{7-115}$$

齿轮传动宏观参数对可靠度有较大影响，选取齿数、模数、齿宽、压力角、变位系数作为设计变量，表示为

$$
\begin{aligned}
\boldsymbol{x} &= [z_1, z_2, z_3, z_4, m_{n1}, m_{n2}, b_1, b_2, b_3, b_4, \alpha_1, \alpha_2, X_1, X_2, X_3, X_4] \\
&= [x_1, x_2, x_3, x_4, x_5, x_6, x_7, x_8, x_9, x_{10}, x_{11}, x_{12}, x_{13}, x_{14}, x_{15}, x_{16}]
\end{aligned} \tag{7-116}
$$

式中，z_1、z_2 为第一级传动齿数；z_3、z_4 为第二级传动齿数；m_{n1}、m_{n2} 为两级传动模数，mm；b_1、b_2 为第一级传动齿宽，mm；b_3、b_4 为第二级传动齿宽，mm；α_1、α_2 为两级传动压力角；X_1、X_2 为第一级传动变位系数；X_3、X_4 为第二级传动变位系数。

约束条件包括基本结构约束、强度约束、质量约束。

(1)基本结构约束。齿数应尽可能互为质数,以减少重复磨损[111],且限定在17~65,模数应限定在 2~4mm,齿宽应限定在 8~15mm,主动轮齿宽大于从动轮齿宽 2~3mm,压力角限定在 20°~25°,变位系数限定在 0~0.65,且采用正传动以减小干涉,因此,约束可表示如下:

$$\begin{cases} 17 \leqslant x_1, x_2, x_3, x_4 < 65 \\ 2 \leqslant x_5, x_6 < 4 \\ 8 \leqslant x_7, x_8, x_9, x_{10} < 15 \\ 2 \leqslant x_7 - x_8, x_9 - x_{10} < 3 \\ 20 \leqslant x_{11}, x_{12} < 25 \\ 0 \leqslant x_{13}, x_{14}, x_{15}, x_{16} < 0.65 \\ x_{14} - x_{13}, x_{16} - x_{15} > 0 \end{cases} \quad (7\text{-}117)$$

为满足飞行要求,变速器传动比应限制在 1.95~2.05;为提高承载能力,应满足齿宽条件[120],约束可表示为

$$\begin{cases} 1.95 < \dfrac{x_2}{x_1} \dfrac{x_4}{x_3} < 2.05 \\ 0.6\pi x_5 - x_7, 0.6\pi x_6 - x_9 \leqslant 0 \end{cases} \quad (7\text{-}118)$$

(2)强度约束。为保证解的可靠性,生成解$(x_1, x_2, \cdots, x_{16})$的弯曲与接触安全系数应满足高可靠度要求,即弯曲安全系数大于 2,接触安全系数大于 1.6[111],因此强度约束为

$$\begin{cases} \sigma_F / \sigma_{FG} \geqslant 2 \\ \sigma_H / \sigma_{HG} \geqslant 1.6 \end{cases} \quad (7\text{-}119)$$

(3)质量约束。质量主要与体积相关,体积不应超过原始体积,因此质量约束可表示为

$$\frac{\pi (x_1 x_5)^2 x_7}{4} + \frac{\pi (x_3 x_6)^2 x_9}{4} + 0.11\pi \left[(x_2 x_5)^2 x_8 + (x_4 x_6)^2 x_{10} \right] \leqslant V_{ini} \quad (7\text{-}120)$$

式中,V_{ini} 为原始结构参数体积,齿圈外径取 1.2 倍分度圆直径。

运用 MATLAB 软件编写遗传算法获得最优结构参数解。种群中个体数量g_e=300,变异率 η=0.01,收敛精度 s=0.001。遗传算法求解计算流程如图 7-28 所示。图中,R_{op} 为结构参数优化后系统可靠性;R_{in} 为结构参数优化前系统可靠性。

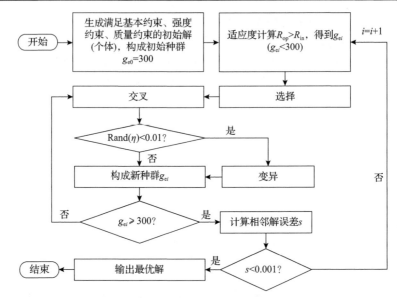

图 7-28　遗传算法求解计算流程

　　通过遗传算法获得优化后的齿轮传动结构参数如表 7-10 所示。原结构两级齿轮传动质量为 1.6753kg，优化结果为 1.6351kg，质量约减少 2.4%。

表 7-10　优化结构与原结构参数对比

结构类型	齿轮	模数/mm	齿数	齿宽/mm	压力角/(°)	变位系数
优化结构	偏置轮 1	3.000	29	10	22.5	0.16
	齿圈 1	3.000	39	8	22.5	0.18
	偏置轮 2	3.500	26	11	22.5	0.17
	齿圈 2	3.500	39	8	22.5	0.19
原结构	偏置轮 1	2.910	25	10	20.0	0.00
	齿圈 1	2.910	37	10	20.0	0.00
	偏置轮 2	3.175	31	10	20.0	0.00
	齿圈 2	3.175	42	10	20.0	0.00

　　优化后的齿轮传动结构接触疲劳可靠度如图 7-29 所示。在质量适当减小的条件下，优化后的齿轮传动接触疲劳可靠度提高 0.32%。

　　需要注意的是，上述模型和分析方法仅考虑了点蚀失效形式，微点蚀、深层齿面断裂、齿根弯曲疲劳折断等失效形式未在可靠性分析模型中体现。失效形式的忽略将导致可靠性分析与结构优化结果不准确，同时缺乏与相关航空器可靠性标准或指标之间的联系，因此需要提高模型的精度，加强与相关标准和可靠性指标之间的联系，并进行验证试验。

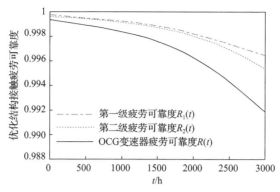

图 7-29 优化后的齿轮传动结构接触疲劳可靠度

7.4.2 齿轮传动系统案例分析

本节对某航空器齿轮传动系统进行研究，并给出相应案例。该齿轮传动系统由一级行星轮系与两级锥齿轮传动组成。行星轮系由太阳轮 S、3 个惰轮 I、3 个行星轮 P 与齿圈 R 组成，以下简称为 DSI（dual star-idler planetary gear）行星轮系[121]；锥齿轮系由两级弧齿锥齿轮组成，如图 7-30 所示。

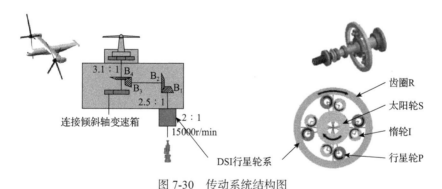

图 7-30 传动系统结构图

飞行过程中，该齿轮传动系统功率流方向是从发动机到太阳轮 S，分流到惰轮 I，再传递到行星轮 P，通过齿圈 R 输出传递给锥齿轮 B_1、B_2、B_3，最后通过锥齿轮 B_4 连接外部控制螺旋桨旋转。该齿轮传动系统参数为：齿数 $z_S=50$，$z_I=19$，$z_P=20$，$z_R=101$，$z_{B1}=17$，$z_{B2}=43$，$z_{B3}=17$，$z_{B4}=53$；模数为 $m_S=m_I=m_P=m_R=2.25\text{mm}$，$m_{B1}=m_{B2}=2.5\text{mm}$，$m_{B3}=m_{B4}=3\text{mm}$；弧齿锥齿轮螺旋角均为 35°；DSI 行星轮系中各齿轮齿宽均为 15mm，锥齿轮 B_1、B_2 齿宽为 25mm，锥齿轮 B_3、B_4 齿宽为 35mm；齿轮压力角均为 20°，齿轮材料为 AISI 9310 钢。

1）运动学分析与应力计算

对于某航空器齿轮传动系统，在相同时间内，系统内各齿轮啮合次数不同，因此需要对该齿轮传动系统进行运动学分析，使可靠性模型中自变量保持一致。假设太阳轮 S、惰轮 I、行星轮 P、齿圈 R、行星架 H、锥齿轮 B_1、锥齿轮 B_2、锥齿轮 B_3 和锥齿轮 B_4 的绝对角速度分别为 ω_S、ω_I、ω_P、ω_R、ω_H、ω_{B_1}、ω_{B_2}、ω_{B_3} 和 ω_{B_4}。该传动系统的运动学方程为

$$\begin{cases} \omega_S - (1-\alpha_1)\omega_H - \alpha_1\omega_R = 0 \\ \omega_{B_1} = \omega_R, \quad \omega_{B_2} = \alpha_2\omega_{B_1} \\ \omega_{B_3} = \omega_{B_2}, \quad \omega_{B_4} = \alpha_3\omega_{B_3} \end{cases} \tag{7-121}$$

式中，α_i 为该齿轮传动系统特征参数；α_1 为齿圈 R 齿数与太阳轮 S 齿数之比；α_2 为锥齿轮 B_1 齿数与锥齿轮 B_2 齿数之比；α_3 为锥齿轮 B_3 齿数与锥齿轮 B_4 齿数之比。

由式(7-121)可得该齿轮传动系统的运动学参数如表 7-11 所示。其中，表中负号表示旋转方向相反，n_c 为行星轮数目。在单位时间内，太阳齿轮相对于行星架每旋转一圈，太阳轮上的轮齿都会与每个行星轮啮合。因此，在单位时间内，太阳轮的啮合数等于 n_c。

表 7-11　齿轮传动系统运动学参数

部件	角速度	时间 t 内的啮合齿数
太阳轮 S	ω_S	$n_c\omega_S t$
惰轮 I	$-z_S\omega_S / z_I$	$z_S\omega_S t / z_I$
行星轮 P	$z_S\omega_S / z_P$	$z_S\omega_S t / z_P$
齿圈 R(锥齿轮 B_1)	ω_S / α_1	$n_c\omega_S t / \alpha_1$
行星架 H	0	—
锥齿轮 B_2(锥齿轮 B_3)	$\alpha_2\omega_S / \alpha_1$	$\alpha_2\omega_S t / \alpha_1$
锥齿轮 B_4	$\alpha_2\alpha_3\omega_S / \alpha_1$	$\alpha_2\alpha_3\omega_S / \alpha_1$

传动系统可靠性分析需要计算载荷输入变量。为了能够准确评估该齿轮传动系统在服役过程中的可靠性变化情况，需要编制航空器的飞行载荷谱。该航空器在飞行过程中有多个典型的飞行剖面，主要涉及垂直起飞、爬升、高空飞行、下降和垂直着陆等过程[122]。根据在每个飞行剖面所需的功率不同，可得到该齿轮传动系统不同飞行剖面下输入扭矩的载荷谱，如图 7-31 所示。

图 7-31　飞行任务剖面图

齿面接触疲劳破坏与齿根弯曲疲劳破坏是齿轮常见的失效形式之一，其对齿轮传动破坏性很大，甚至会导致整个传动系统瞬间损坏。本节将齿面接触疲劳强度与齿根弯曲疲劳强度作为齿轮传动的可靠性评价指标。

该 DSI 行星轮系齿面接触应力与齿根弯曲应力的计算公式为

$$\sigma_H = Z_H Z_\varepsilon Z_E Z_\beta \sqrt{\frac{F_t}{bd}\frac{u+1}{u}K_A K_V K_{H\beta}K_{H\alpha}}$$

$$\sigma_F = \frac{F_t}{bm}K_A K_V K_{F\beta}K_{F\alpha}Y_{Fa}Y_{Sa}Y_\varepsilon Y_\beta \tag{7-122}$$

锥齿轮齿面接触应力与齿根弯曲应力的计算公式为

$$\sigma_H = \sqrt{\frac{F_{mt}}{d_{ml}l_{bm}}\cdot\frac{\sqrt{u^2+1}}{u}}Z_{M\text{-}B}Z_H Z_E Z_{LS}Z_\beta Z_K \tag{7-123}$$

$$\sigma_F = \frac{F_{mt}}{bm_{mn}}Y_{Fa}Y_{sa}Y_\varepsilon Y_K Y_{LS} \tag{7-124}$$

式中，具体参数选取参考 GB/T 3480.2—2021、GB/T 3480.3—2021、GB/T 10062.2—2003 与 GB/T 10062.3—2003 取得。

该计算结果为齿面接触应力与齿根弯曲应力的最大值，是齿轮在啮合过程中的应力峰值。齿轮在运行过程中受到脉动循环应力的作用，应力从 0 增加到峰值再降低到 0。为了有效地利用齿面接触应力、齿根弯曲应力-时间历程来预测齿轮的接触与弯曲疲劳可靠性，需要将齿轮所受脉动循环应力等效转换为对称循环应力。采用 Goodman 公式[123]进行应力转换，即

$$S_i = \frac{\sigma_b S_{ai}}{\sigma_b - S_{mi}} \qquad (7\text{-}125)$$

式中，S_i 为等效对称循环应力，MPa；σ_b 为材料的抗拉强度，MPa，取 1600MPa；S_{ai} 为第 i 个应力幅值，MPa；S_{mi} 为第 i 个应力均值，MPa。依据图 7-31 得到的载荷谱，进而可以得到在不同飞行状态下传动系统中齿轮的对称循环应力。航空器主要有 5 个典型任务剖面，以高空飞行任务剖面为例，其所受等效循环应力如图 7-32 所示，该等效应力将作为应力-强度干涉理论的应力输入变量。

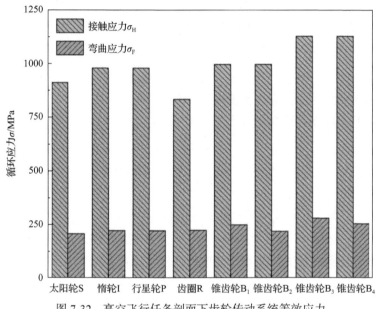

图 7-32　高空飞行任务剖面下齿轮传动系统等效应力

2) 考虑强度退化的齿轮零部件可靠性建模

受到应力及环境等随机因素的影响，强度退化过程通常是一个连续的随机过程。图 7-33 为考虑强度退化的应力-强度干涉理论，在循环载荷的不断作用下，材料的强度分布呈现不断衰减的趋势，最终与应力分布产生干涉区，即存在失效的概率。

为了能准确评估齿轮在服役过程中的可靠性变化规律，需要获得齿轮在服役过程中的强度退化规律。齿轮强度随着服役时间不断衰减，在每一时刻下的强度被称为剩余强度。强度的退化是由材料的疲劳损伤所决定的，退化形式与疲劳损伤的累积方式和累积量有关。目前，非线性疲劳损伤理论广泛应用于损伤的计算中，其损伤计算公式见式(7-90)和式(7-91)。

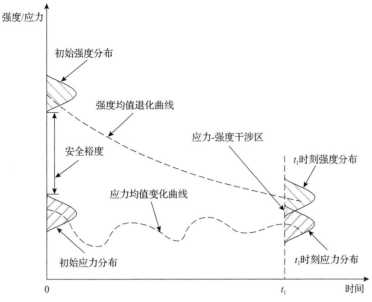

图 7-33　考虑强度退化的应力-强度干涉理论

由此可以得到基于非线性累积损伤的剩余强度模型为

$$r(n) = r(0) - [r(0) - \sigma_{max}]D$$

$$= r(0) - [r(0) - \sigma_{max}]\left[1 - \left(1 - \frac{n}{N_f}\right)^{\frac{1}{1-T}}\right] \qquad (7\text{-}126)$$

式中，$r(0)$ 为初始静疲劳强度(一般认为初始静疲劳强度服从正态分布)；σ_{max} 为应力峰值。本节初始静接触疲劳强度均值取值为 1500MPa，初始静弯曲疲劳强度均值取值为 500MPa。正态分布变异系数取值为 0.1，可得初始接触与弯曲疲劳强度服从正态分布 $N(1500,150)$ 与 $N(500,50)$。

结合各齿轮的应力-时间历程，可以得到各齿轮的剩余强度随着循环比的变化规律。其中，循环比为当前载荷循环次数 n 和疲劳寿命 N_f 的比值。疲劳寿命 N_f 根据材料的 S-N 曲线方程计算，即

$$\sigma^m N_f = \sigma_{-1}^m N_0 = C \qquad (7\text{-}127)$$

式中，σ_{-1} 为材料的疲劳极限；m 为材料特性指数；N_0 为应力循环基数。对于中等尺寸钢制零部件，循环基数 $N_0=10^7$，初步计算中取 $m=13$[124]。

由此可以得到航空器传动系统中各齿轮的剩余强度变化规律。以行星齿轮系中各齿轮的弯曲疲劳剩余强度为例，初始静疲劳强度 $r(0)$ 服从 $N(500,50)$ 的正态分布。其强度均值退化规律如图 7-34 所示。本节模型中认为强度退化过程中分布

类型与标准差保持不变，只有强度均值发生变化。由此可以得到齿轮强度退化与循环次数之间的变化规律。各齿轮强度在前期和中期退化较为平缓，而在最后阶段急剧退化，符合金属材料的"突然死亡"特征。

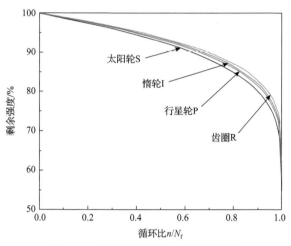

图 7-34　强度分布均值退化变化曲线

设循环次数为 N 时，疲劳强度的概率密度函数为 $f(r,N)$，则由应力-强度干涉理论计算可靠度为

$$R=\int_0^{+\infty} h(s)\left[\int_s^{+\infty} f(r,N)\mathrm{d}r\right]\mathrm{d}s \tag{7-128}$$

式中，$h(s)$ 为应力变量 s 的概率密度函数。基于本节所建立的载荷谱，齿轮受到多级载荷的作用，由此可以将应力-强度模型推广为分别以概率 p_i（$i=1,2,\cdots,k$；$\sum p_i=1$）取 $k(k=1,2,\cdots,5)$ 个应力水平 σ_i 的对称循环载荷的情形[34]：

$$R = \sum_{i=1}^{k} p_i \int_{\sigma_i}^{+\infty} f(r,N)\mathrm{d}r \tag{7-129}$$

式中，各个应力级出现概率 p_i 为其所在飞行任务剖面时间所占总飞行时间的比例。

3）考虑失效相关性的齿轮传动系统可靠性建模与求解

齿轮传动系统没有冗余设计，当采用独立假设进行可靠性分析时，系统可靠性随着串联零部件数量的增加而迅速降低。然而，齿轮传动系统中各齿轮通过相互作用进行耦合，特别是一对相邻齿轮直接参与啮合，其载荷和失效规律存在高度的统计相关性[33]，此时采用独立假设模型就会出现误差。因此，本节通过选择适当的 Copula 函数，构建考虑失效相关性的齿轮传动系统动态可靠性模型。

对于单个齿轮，其主要有两种失效模式，即齿面接触疲劳失效和齿根弯曲疲劳失效。在运转过程中，齿轮受到相同共因载荷的作用，系统各失效模式之间存在一定的失效相关性。对于系统中的共因失效(common cause failure, CCF)，可用 Copula 函数来描述任何随机变量之间的相关性。目前在研究考虑失效相关性的机械可靠性问题时，广泛采用阿基米德型 Copula 函数，其中的 Gumbel Copula 函数适用于长寿命系统[125]。

齿面接触疲劳失效和齿根弯曲疲劳失效的失效率对应的边缘分布为 $F_X(t)$ 和 $F_Y(t)$，考虑两种失效模式相关性时，齿轮的动态可靠度为

$$
\begin{aligned}
R(t) &= P(X > t, Y > t) \\
&= 1 - P\{X < t\} - P\{Y < t\} + P\{X < t, Y < t\} \\
&= 1 - F_X(X) - F_Y(Y) + C(F_X(X), F_Y(Y))
\end{aligned}
\tag{7-130}
$$

将 $C(F_X(X), F_Y(Y))$ 代入 Gumbel Copula 函数的表达式中，可得

$$
C(F_X(X), F_Y(Y); \theta) = \exp\left\{ -\left[\left(-\ln F_X(X) \right)^{1/\theta} + \left(-\ln F_Y(Y) \right)^{1/\theta} \right]^{\theta} \right\}
\tag{7-131}
$$

式中，C 为 Gumbel Copula 函数的二维分布函数；θ 为相关系数，其值可由核密度非参数法进行估计。根据式(7-130)和式(7-131)，可得到考虑接触疲劳和弯曲疲劳失效相关性的齿轮动态可靠度。

对于航空器齿轮传动系统，其由多个齿轮耦合形成，直接采用 Copula 函数进行可靠度建模会导致维度过高、难以计算，因此，本节采用"系统层"和"系统级"的分析建模方法，将整个传动系统拆分为多个子系统[126]。首先，分析各子系统内部齿轮之间的失效相关性；然后，分析各子系统层之间的失效相关性，从而建立整个飞行齿轮传动系统的可靠性分析模型。系统层级示意图如图 7-35 所示，

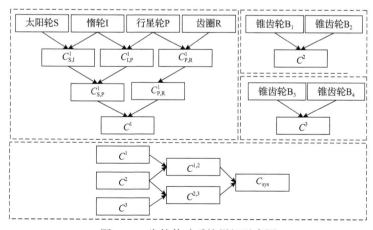

图 7-35 齿轮传动系统层级示意图

其中，C^1、C^2、C^3分别表示一级DSI行星轮系、二级锥齿轮系、三级锥齿轮系的失效相关性函数。

　　为了准确评估航空器齿轮传动系统可靠性变化规律，选取3000h可靠度作为可靠性的评价指标。该设计寿命指标符合航空传动系统常用的翻修间隔期(TBO)寿命范围。采用Copula函数建立考虑接触与弯曲疲劳失效相关的单个齿轮可靠度模型，得到齿轮传动系统中各齿轮部件可靠度变化规律，如图7-36所示。在服役过程中受齿轮强度退化的影响，该齿轮传动系统中各零部件的可靠性呈非线性衰退的趋势，在前1200h内，可靠度几乎无衰减，在后1800h，可靠度下降趋势明显

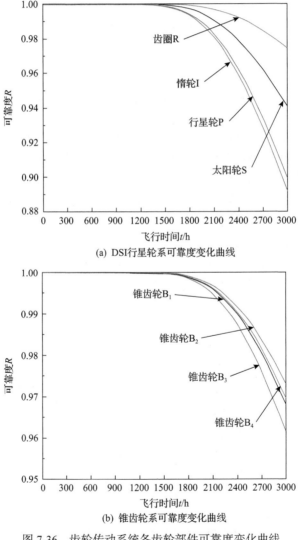

(a) DSI行星轮系可靠度变化曲线

(b) 锥齿轮系可靠度变化曲线

图7-36　齿轮传动系统各齿轮部件可靠度变化曲线

增大。其中，惰轮 I 与行星轮 P 可靠性下降趋势最快，齿圈 R 下降趋势最慢。在服役过程中，齿轮系统中各齿轮可靠度从大到小依次排序为：齿圈 R > 锥齿轮 B_2 > 锥齿轮 B_4 > 锥齿轮 B_1 > 锥齿轮 B_3 > 太阳轮 S > 行星轮 P > 惰轮 I。该航空器齿轮传动系统中各齿轮可靠度相差较大，不满足等强度设计要求，存在进一步优化的空间。

齿轮传动系统中各部件的失效率变化曲线如图 7-37 所示。在服役初期，齿轮强度退化量较少，失效率较低。在服役中后期，随着强度退化的加快，失效率也

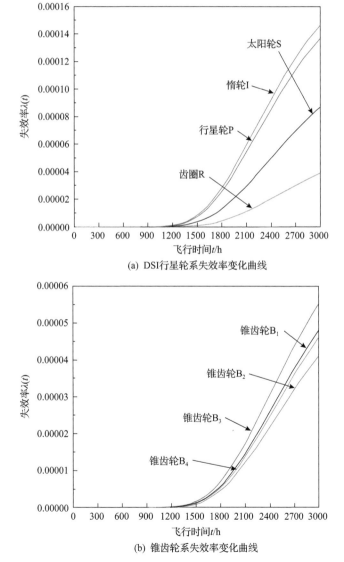

(a) DSI 行星轮系失效率变化曲线

(b) 锥齿轮系失效率变化曲线

图 7-37　齿轮传动系统中各部件的失效率变化曲线

逐渐增加，符合"浴盆曲线"中耗损故障期的特点。其中，惰轮 I 与行星轮 P 的失效率最高，齿圈 R 的失效率最低。

　　基于系统层级理论建模方法，将该齿轮传动系统分为三个子系统，分别为一级 DSI 行星轮系 C^1、二级锥齿轮系 C^2、三级锥齿轮系 C^3，各级 Gumbel Copula 函数相关系数参数估计值如表 7-12 所示。根据 Gumbel Copula 函数的性质，相关系数 θ 越小，所描述的变量之间的相关系数越大。由表 7-12 可以看出，DSI 行星齿轮系失效相关性比锥齿轮系要小。从整个系统来看，零部件之间的失效相关性随着功率传递方向由小到大变化。

表 7-12　Gumbel Copula 函数未知参数估计

子系统	C^1	C^2	C^3
θ	66.8783	39.3865	9.2582

　　整个齿轮系统与各级子系统失效相关可靠度变化规律如图 7-38 所示。一级 DSI 行星轮系运行的 3000h 可靠度为 88.90%，二级锥齿轮系运行的 3000h 可靠度为 96.77%，三级锥齿轮系运行的 3000h 可靠度为 93.81%，整个齿轮传动系统运行的 3000h 可靠度为 84.01%。在不考虑失效相关情况下，根据系统最薄弱环节原理，系统可靠度取决于系统中可靠度最低的零部件，则系统可靠度为 89.43%，与本节采用失效率相关计算得到的可靠度相差 5.42%。可以看出，各子系统之间的失效耦合作用，对整个传动系统可靠度具有明显的削弱作用。在运行 3000h 后，DSI 行星轮系可靠度低于 90%，无法满足航空器的使用要求，是整个传动系统中的薄弱环节，未来需要进一步改进和优化结构。

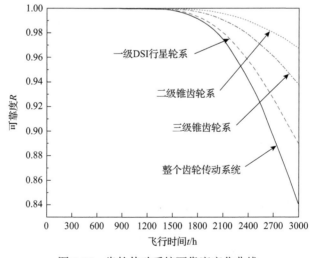

图 7-38　齿轮传动系统可靠度变化曲线

需要注意的是，上述模型和分析方法仅考虑了点蚀与齿根弯曲折断两种失效形式，微点蚀、深层齿面断裂等失效形式未在可靠性分析模型中体现。失效形式的忽略可能导致可靠性分析与结构优化结果不准确，同时上述模型和分析方法缺乏试验验证，还缺乏与相关航空器可靠性标准或指标之间的联系。因此，在后续的工作中需要提高模型的精度，同时加强与相关标准和可靠性指标之间的联系，并开展相关试验进行验证。

7.5　本 章 小 结

本章通过对可靠性研究的基本概述，介绍了可靠性发展历程、可靠性基本理论、可靠性试验与应用。其中，针对可靠性研究的重要分支——疲劳可靠性，从疲劳载荷处理、疲劳可靠性模型、疲劳可靠性验证与应用三个方面展开讨论。以齿轮接触疲劳可靠性为应用场景，对齿轮传动接触疲劳可靠性分析流程进行介绍，并以齿轮零部件与系统为案例进一步介绍齿轮接触疲劳可靠性分析与结构参数优化流程。本章所构建的齿轮接触疲劳可靠性分析方法，既有当前已广泛应用于工程实际中的方法，也囊括了当前最前沿的疲劳研究成果，对读者进行齿轮接触疲劳可靠性分析具有较大的指导意义。

参 考 文 献

[1] 杜少辉, 洪杰, 谢里阳. 航空发动机断裂关键件失效率分析[J]. 北京航空航天大学学报, 2009, 35(4): 464-467.

[2] 梁思礼. 关于载人航天的可靠性与安全性考虑[J]. 质量与可靠性, 2000,(4): 3-5, 9.

[3] 齿轮传动. 轿车变速箱齿轮加工自动生产线的研发与应用[EB/OL]. https://www.sohu.com/a/253655278_715711[2018-09-13].

[4] 中国人民解放军总武装部. 军用直升机主减速器通用规范[S]. GJB 7614—2012. 北京: 总装备部军标出版发行部, 2012.

[5] 卓凯敏. 基于 6Sigma 的商用车悬架稳健优化设计[D]. 武汉: 华中科技大学, 2018.

[6] 廖映华. 含行星传动的多级人字齿轮箱动力学特性及动态可靠性研究[D]. 重庆: 重庆大学, 2019.

[7] 覃文洁, 程颖. 现代设计方法概论[M]. 2 版. 北京: 北京理工大学出版社, 2012.

[8] 郑学文. "挑战者"号航天飞机的失事原因[J]. 上海航天, 1986, 3: 2-7.

[9] 贡慧, 黄传跃, 曹喜金. 2013 年世界直升机事故统计与分析[J]. 直升机技术, 2014,(4): 60-65.

[10] 高镇同, 熊峻江. 疲劳可靠性[M]. 北京: 北京航空航天大学出版社, 2000.

[11] Schaff J R, Davidson B D. Life prediction methodology for composite structures, Part

I-Constant amplitude and two-stress level fatigue[J]. Journal of Composite Materials, 1997, 31(2): 128-157.

[12] 林小燕, 魏静, 赖育彬, 等. 齿轮的剩余强度模型及其动态可靠度[J]. 哈尔滨工程大学学报, 2017, 38(9): 1476-1483.

[13] 尚德广, 王德俊. 多轴疲劳强度[M]. 北京: 科学出版社, 2007.

[14] Fatemi A, Socie D F. A critical plane approach to multiaxial fatigue damage including out-of-phase loading[J]. Fatigue & Fracture of Engineering Materials & Structures, 1988, 11(3): 149-165.

[15] Sun W, Li X, Wei J. An approximate solution method of dynamic reliability for wind turbine gear transmission with parameters of uncertain distribution type[J]. International Journal of Precision Engineering and Manufacturing, 2018, 19(6): 849-857.

[16] Tan X F, Xie L Y. Fatigue reliability evaluation method of a gear transmission system under variable amplitude loading[J]. Institute of Electrical and Electronics Engineers Transactions on Reliability, 2019, 68(2): 599-608.

[17] Han W, Zhang X L, Huang X S, et al. A time-dependent reliability estimation method based on Gaussian process regression[C]. International Design Engineering Technical Conferences and Computers and Information in Engineering Conference, 2018.

[18] Shewhart W A. Economic Control of Quality of a Manufactured Product[M]. New York: Van Nostrand, 1931.

[19] Weibull W. A Statistical Theory of the Strength of Materials[M]. Stockholm: Generalstabens Litografiska Anstalts Förlag, 1939.

[20] Freudenthal A M. The safety of structures[J]. Transactions of the American Society of Civil Engineers, 1947, 112(1): 125-159.

[21] 谷粒多 prince. 可靠性理论的发展史[EB/OL]. https://wenku.baidu.com/view/6fe3a4b5b4d-aa58da1114a5e.html[2015-10-11].

[22] 曾声奎. 前苏联可靠性工程的几个特点[J]. 北京航空航天大学学报, 1995, 21(4): 1-6.

[23] Kececioglu D, Cormier D. Designing a specified reliability directly into a component[J]. Analysis, 1964, DOI: 10.4271/640615.

[24] Haugen E B. Probabilistic Approaches to Design[M]. New York: John Wiley and Sons, 1968.

[25] Haugen E B. Probabilistic Mechanical Design[M]. New York: Wiley, 1980.

[26] 牟致忠. 机械可靠性[M]. 北京: 机械工业出版社, 2012.

[27] Rausand M. 系统可靠性理论: 模型、统计方法及应用[M]. 2版. 郭强, 等, 译. 北京: 国防工业出版社, 2010.

[28] Dhillon B S, Proctor C L. Stress strength reliability analysis of a redundant system[J]. Reliability Stress Analysis and Failure Prevention Methods in Mechanical Design, 1980, 1: 9-12.

[29] Carter A D S. Mechanical Reliability[M]. 2nd ed. New York: Wiley, 1986.

[30] Carter A D S. Mechanical Reliability and Design[M]. New York: Wiley, 1997.

[31] O' Connor P, Kleyner A. Practical Reliability Engineering[M]. New York: Wiley, 2011.

[32] 牟致忠. 机械可靠性: 理论·方法·应用[M]. 北京: 机械工业出版社, 2011.

[33] 谢里阳. 机械可靠性基本理论与方法[M]. 北京: 科学出版社, 2008.

[34] 张义民, 王婷, 黄婧. 采煤机摇臂系统行星轮系疲劳可靠性灵敏度设计[J]. 东北大学学报（自然科学版）, 2016, 37(10): 1426-1431.

[35] 杨周, 郭丙帅, 张义民, 等. 基于随机载荷和强度退化的可靠性灵敏度分析[J]. 东北大学学报（自然科学版）, 2019, 40(5): 678-682, 693.

[36] Li T, Yuan J, Zhang Y, et al. Time-varying reliability prediction modeling of positioning accuracy influenced by frictional heat of ball-screw systems for CNC machine tools[J]. Precision Engineering, 2020, 64: 147-156.

[37] 安宗文, 辛玉. 基于重要抽样法的风电齿轮箱齿轮可靠性灵敏度分析[J]. 兰州理工大学学报, 2015, 41(3): 36-40.

[38] Gao J, An Z. A new probability model of residual strength of material based on interference theory[J]. International Journal of Fatigue, 2019, 118: 202-208.

[39] 董雅芸. 风电齿轮箱系统动态可靠性建模[D]. 兰州: 兰州理工大学, 2017.

[40] 安宗文, 董雅芸. 基于马尔可夫过程的风电齿轮箱齿轮强度退化模型[J]. 兰州理工大学学报, 2018, 44(3): 34-38.

[41] Li H, Yazdi M, Huang H Z, et al. A fuzzy rough copula Bayesian network model for solving complex hospital service quality assessment[J]. Complex and Intelligent Systems, 2023, 2: 1-27.

[42] Qian H M, Huang T, Huang H Z. A single-loop strategy for time-variant system reliability analysis under multiple failure modes[J]. Mechanical Systems and Signal Processing, 2021, 148: 107159.

[43] He J C, Zhu S P, Liao D, et al. Combined TCD and HSV approach for probabilistic assessment of notch fatigue considering size effect[J]. Engineering Failure Analysis, 2021, 120: 105093.

[44] Liu Y, Zhang Q, Ouyang Z, et al. Integrated production planning and preventive maintenance scheduling for synchronized parallel machines[J]. Reliability Engineering and System Safety, 2021, 215: 107869.

[45] Yu A, Li Y F, Huang H Z, et al. Probabilistic fatigue life prediction of bearings via the generalized polynomial chaos expansion[J]. Journal of Mechanical Science and Technology, 2022, 36(10): 4885-4894.

[46] Fu L, Liu Y, Yang P, et al. Dynamic analysis of stepping behavior of pedestrian social groups on stairs[J]. Journal of Statistical Mechanics: Theory and Experiment, 2020, (6): 063403.

[47] Wang J, Yao Z, Hassan M F, et al. Modeling and dynamics simulation of spur gear system incorporating the effect of lubrication condition and input shaft crack[J]. Engineering

Computations, 2022, 39(5): 1669-1700.

[48] Wang J, Zhang J, Yao Z, et al. Nonlinear characteristics of a multi-degree-of-freedom spur gear system with bending-torsional coupling vibration[J]. Mechanical Systems and Signal Processing, 2019, 121: 810-827.

[49] Wang J, Zhang J, Bai R, et al. Nonlinear analysis of the locomotive traction system with rub-impact and nonlinear stiffness[J]. Advances in Mechanical Engineering, 2018, 10(12): 1687814018814639.

[50] Jin C, Ran Y, Zhang G. Reliability coupling mechanism analyses of T-translation-type contemporaneous meta-action in CNC machine tools[J]. The International Journal of Advanced Manufacturing Technology, 2023, 124(11-12): 4523-4549.

[51] Huang G, Xiao L, Zhang G. Risk evaluation model for failure mode and effect analysis using intuitionistic fuzzy rough number approach[J]. Soft Computing, 2021, 25: 4875-4897.

[52] Li Y, Liu S, Li J, et al. Time-varying comprehensive evaluation technology of CNC machine tool RMS based on improved ADC model[J]. The International Journal of Advanced Manufacturing Technology, 2023, 124(11-12): 4175-4182.

[53] 张根保, 冉琰, 庚辉, 等. 机械产品可靠性研究的新进展——元动作可靠性理论[J]. 制造技术与机床, 2022, (1): 53-59.

[54] 杨建国, 王智明, 王国强, 等. 数控机床可靠性指标的似然比检验区间估计[J]. 机械工程学报, 2012, 48(2): 9-15, 22.

[55] 焦文健. 基于贝叶斯网络的船舶核动力装置可靠性分析与模型研究[D]. 武汉: 武汉理工大学, 2018.

[56] 曹倩倩, 夏征农, 冯康军. 六性协同工作平台 GARMS 软件在产品测试诊断上的实践[J]. 上海质量, 2018, (9): 60-63.

[57] 王倩蓉, 姜潮, 方腾. 一种考虑参数相关性的可靠性优化设计方法[J]. 中国机械工程, 2018, 29(19): 2312-2319, 2326.

[58] Onken A, Grünewälder S, Munk M H J, et al. Analyzing short-term noise dependencies of spike-counts in macaque prefrontal cortex using copulas and the flashlight transformation[J]. PLoS Computational Biology, 2009, 5(11): e1000577.

[59] 李垚, 朱才朝, 宋朝省, 等. 风电机组液压系统动态故障树的可靠性建模与评估[J]. 太阳能学报, 2018, 39(12): 3584-3593.

[60] Wang Y H, Jiang Z G, Hu X L, et al. Optimization of reconditioning scheme for remanufacturing of used parts based on failure characteristics[J]. Robotics and Computer-Integrated Manufacturing, 2020, 61: 101833.

[61] 虎丽丽, 徐岩, 陶慧青. 基于动态故障树的 LTE-R 通信系统可靠性分析[J]. 计算机工程, 2020, 46(9): 205-212.

[62] Zhu C Y, Tang S, Li Z L, et al. Dynamic study of critical factors of explosion accident in

laboratory based on FTA[J]. Safety Science, 2020, 130: 104877.

[63] 陈光华. 可靠性试验（HALT）及可靠性评估技术 [EB/OL]. https://mp.weixin.qq.com/s/SvwvZSJNg8XvcAyKmOobqw[2020-11-17].

[64] 徐如远, 袁宏杰, 王乾元. 基于非线性和测试覆盖率的软件可靠性增长模型[J]. 系统工程与电子技术, 2020, 42(2): 473-479.

[65] 王金勇, 张策, 米晓萍, 等. Weibull 分布引进故障的软件可靠性增长模型[J]. 软件学报, 2019, 30(6): 1759-1777.

[66] 赵静一, 朱明, 王启明, 等. FAST 液压促动器液压系统管路可靠性增长试验研究[J]. 机械工程学报, 2019, 55(16): 197-204.

[67] Li M Y, Xu D, Li Z S. A joint modeling approach for reliability growth planning considering product life cycle cost performance[J]. Computers & Industrial Engineering, 2020, 145: 106541.

[68] 赵建成, 李钢, 庞新新. RO 膜前处理方法用于氡测量结果的可靠性验证[J]. 中国辐射卫生, 2020, 29(3): 241-245.

[69] 靳交通, 邓航, 侯彬彬, 等. 风电叶片试验中褶皱的影响分析及修补方案的可靠性验证[J]. 机械设计与研究, 2020, 36(3): 56-59.

[70] Elsayed E A. 可靠性工程[M]. 2 版. 杨舟, 译. 北京: 电子工业出版社, 2013.

[71] 李成良, 方致阳, 丁焱, 等. 针对复杂环境的风电叶片防雷系统可靠性验证研究[J]. 风能, 2020, (10): 66-69.

[72] 刘凯, 吕从民, 党炜, 等. 可靠性高加速试验技术及其在我国空间站应用领域实施的总体思路[J]. 载人航天, 2017, 23(2): 222-227.

[73] 张强, 李强, 吕世元, 等. 铁路货车车体加速疲劳试验方法研究[J]. 铁道车辆, 2019, 57(9): 4-6, 51.

[74] 武亮亮, 周丰, 孙鸿, 等. 新型人工机械心脏瓣膜加速疲劳试验[J]. 西南交通大学学报, 2014, 49(3): 530-535.

[75] 郭玉梁, 魏冰阳, 李智海, 等. 一种弧齿锥齿轮弯曲疲劳寿命仿真与加速试验[J]. 河南科技大学学报(自然科学版), 2020, 41(5): 13-17, 25.

[76] Guo R, Li Y T, Shi Y E, et al. Research on identification method of wear degradation of external gear pump based on flow field analysis[J]. Sensors, 2020, 20(14): 4058.

[77] 贺德强, 罗安, 肖红升, 等. 基于可靠性的列车关键部件机会预防性维修优化模型研究[J]. 铁道学报, 2020, 42(5): 37-43.

[78] 南雁飞, 蒋庆喜, 林聪. 基于 S4000P 的军用飞机预防性维修任务优化研究[J]. 航空工程进展, 2020, 11(4): 577-587.

[79] 刘长泰, 顾穗珊, 耿爱丽, 等. 产品故障免费担保模型的研究[J]. 中国软科学, 1996, (7): 101-104.

[80] 张江红, 彭步虎, 刘晓磊, 等. 核电机组长期临停下受影响设备的预防性维修策略动态调整方法研究[J]. 核动力工程, 2021, 42(1): 172-176.

[81] Su C, Cheng L F. An availability-based warranty policy considering preventive maintenance and learning effects[J]. Proceedings of the Institution of Mechanical Engineers, Part O: Journal of Risk and Reliability, 2018, 232(6): 576-586.

[82] Lopez I, Sarigul-Klijn N. A review of uncertainty in flight vehicle structural damage monitoring, diagnosis and control: Challenges and opportunities[J]. Progress in Aerospace Sciences, 2010, 46(7): 247-273.

[83] 左芳君. 机械结构的疲劳寿命预测与可靠性方法研究[D]. 成都: 电子科技大学, 2016.

[84] 濮良贵, 陈国定, 吴立言. 机械设计[M]. 9 版. 北京: 高等教育出版社, 2013.

[85] Matsuishi M, Endo T. Fatigue of metals subjected to varying stress[J]. Japan Society of Mechanical Engineers, 1968, 68(2): 37-40.

[86] 叶南海, 戴宏亮. 机械可靠性设计与 MATLAB 算法[M]. 北京: 机械工业出版社, 2018.

[87] 平安, 王德俊, 徐灏. 关于确定小载荷取舍标准的研究[J]. 农业机械学报, 1993, 24(3): 64-69.

[88] 高娟. 极值分布参数估计方法的研究[D]. 北京: 华北电力大学, 2009.

[89] Zhang Y, Wang G, Wang J, et al. Compilation method of power train load spectrum of engineering vehicle[J]. Transactions of the Chinese Society of Agricultural Engineering, 2011, 27(4): 179-183.

[90] 朱海燕. 广义极值分布参数估计方法的比较分析[D]. 南京: 南京师范大学, 2014.

[91] Socie D F, Pompetzki M A. Modeling variability in service loading spectra[J]. Probabilistic Aspects of Life Prediction, 2004, 1450: 46-57.

[92] Lewis E E. A load-capacity interference model for common-mode failures in 1-out-of-2: G systems[J]. Institute of Electrical and Electronics Engineers Transactions on Reliability, 2001, 50(1): 47-51.

[93] Zhou D, Zhang X F, Zhang Y M. Dynamic reliability analysis for planetary gear system in shearer mechanisms[J]. Mechanism and Machine Theory, 2016, 105: 244-259.

[94] Xie L Y, Wu N X, Qian W X. Time domain series system definition and gear set reliability modeling[J]. Reliability Engineering and System Safety, 2016, 155: 97-104.

[95] 宋占勋, 方少轩, 谢基龙, 等. 基于应力强度干涉模型的疲劳损伤[J]. 北京交通大学学报, 2013, 37(3): 52-56.

[96] 高洋, 牛耕. 应力-强度干涉模型在产品可靠性分析中的应用[J]. 科学与财富, 2017, 24: 294-294.

[97] 孙剑萍, 汤兆平, 罗意平. 多级载荷累积损伤下结构的动态可靠性分析[J]. 中国机械工程, 2018, 29(7): 794-803.

[98] Wang L, Shen T, Chen C, et al. Dynamic reliability analysis of gear transmission system of wind turbine in consideration of randomness of loadings and parameters[J]. Mathematical Problems in Engineering, 2014, 2014: 1-10.

[99] 马立鹏, 杨生, 孟春玲, 等. 兆瓦级风机变桨轴承与轮毂连接螺栓的疲劳分析[J]. 机械强度, 2020, 42(1): 208-215.

[100] 马朋朋. 基于随机有限元法的行星传动装置疲劳可靠性分析[D]. 郑州: 郑州大学, 2016.

[101] Wardell K, Sloten J V, Ecker P, et al. 46th ESAO congress 3-7 september 2019 Hannover, Germany abstracts[J]. The International Journal of Artificial Organs, 2019, 42(8): 386-474.

[102] 李再帏, 张斌, 雷晓燕, 等. 基于随机有限元的无砟轨道服役可靠性分析[J]. 振动与冲击, 2019, 38(16): 239-244.

[103] 李典庆, 蒋水华, 周创兵. 基于非侵入式随机有限元法的地下洞室可靠度分析[J]. 岩土工程学报, 2012, 34(1): 123-129.

[104] 魏伟, 于国红. 疲劳设计方法简介[J]. 化学工程与装备, 2009, (12): 143-145.

[105] 武春廷, 贾晓弟. 含裂纹构件无限寿命设计可靠度计算方法[J]. 工业建筑, 2005, 35(S1): 225-228.

[106] 赵少汴. 多轴载荷下的无限寿命疲劳设计方法与设计数据[J]. 机械设计, 1999, 10: 4-7, 48.

[107] 朱连双. 微型挖掘机工作装置的有限寿命设计研究[D]. 济南: 山东大学, 2013.

[108] 要承勇, 王永江, 杨维. 基于损伤容限设计理论对某 40Cr 钢轴的表面缺陷的判定[J]. 金属热处理, 2011, 36(S1): 453-456.

[109] 尹俊杰, 常飞, 李曙林, 等. 基于 Sobol 法的整体翼梁损伤容限设计参数灵敏度分析[J]. 空军工程大学学报(自然科学版), 2013, 14(6): 9-12.

[110] 黄文俊, 程小全, 赵军. 直升机旋翼复合材料结构损伤容限设计中的问题[J]. 应用力学学报, 2014, 31(1): 67-72, 6.

[111] 成大先. 机械设计手册: 电子版[M]. 北京: 化学工业出版社, 2010.

[112] 秦大同, 邢子坤, 王建宏. 基于动力学和可靠性的风力发电齿轮传动系统参数优化设计[J]. 机械工程学报, 2008, 44(7): 24-31.

[113] 方义庆, 胡明敏, 罗艳利. 基于全域损伤测试建立的连续疲劳损伤模型[J]. 机械强度, 2006, 28(4): 582-586.

[114] 姚灿江, 魏领会, 王海龙, 等. 基于FTA的RV减速器的可靠性分析[J]. 建筑机械化, 2016, 37(5): 21-22, 73.

[115] 杜雪松, 楼嘉彬, 黄玉成, 等. 考虑强度退化与失效相关性的RV减速器动态可靠性分析[J]. 机械传动, 2020, 44(2): 98-103, 120.

[116] Holland J H. Adaptation in Natural and Artificial Systems[M]. Michigan: The University of Michigan Press, 1975.

[117] 刘根伸, 刘怀举, 朱才朝, 等. 飞行汽车变速器齿轮传动可靠性优化设计[J]. 重庆大学学报, 2022, 45(4): 1-11.

[118] 徐灏. 机械设计手册-第 2 卷[M]. 北京: 机械工业出版社, 1991.

[119] Jia P, Liu H J, Zhu C C, et al. Contact fatigue life prediction of a bevel gear under spectrum loading[J]. Frontiers of Mechanical Engineering, 2020, 15(1): 123-132.

[120] 朱才朝, 徐向阳, 陆波, 等. 大功率船用齿轮箱传动系统模糊可靠性优化[J]. 船舶力学, 2010, 14(8): 915-921.

[121] Stevens M A, Handschuh R F, Lewicki D G. Concepts for variable/multi-speed rotorcraft drive system[C]. Annual Forum Proceedings-A H S International, 2008.

[122] 薛向珍, 李育锡, 王三民. 某直升机主减速器传动系统的寿命与可靠性计算方法[J]. 航空动力学报, 2011, 26(3): 635-641.

[123] 符代竹. 基于载荷谱的 MT 变速器疲劳设计及试验研究[D]. 重庆: 重庆大学, 2006.

[124] 张志宏, 刘忠明, 王征兵, 等. 起重机减速器疲劳强度计算方法分析[J]. 机械传动, 2018, 42(11): 72-75.

[125] 李正文. 基于 Copula 函数失效相关系统的动态可靠性分析[D]. 西安: 西安电子科技大学, 2019.

[126] 安宗文, 高建雄, 刘波. 基于嵌套混合 copula 函数的机械系统失效相关性建模[C]. 全国机械行业可靠性技术学术交流会暨可靠性工程分会第五届委员会成立大会, 2014.

第 8 章　齿轮接触疲劳试验

齿轮接触疲劳公式、模型等为研究齿轮接触疲劳问题提供了必要的理论手段，但理论模型通常都需要进行试验验证，齿轮接触疲劳理论也不例外。以试验结果为主要支撑的齿轮基础数据建设是齿轮抗疲劳设计的重要前提，也为齿轮接触疲劳性能提供了有效的评价方法。广泛应用于工程设计的齿轮点蚀标准 ISO 6336-2[1]、微点蚀标准 ISO/TS 6336-22[2]、深层齿面断裂标准 ISO/TS 6336-4[3]等都是基于大量的试验数据获得的。国际上最著名的几个齿轮研究机构也开展了大量齿轮服役性能试验方面的工作，同时结合理论模型分析研究，在齿轮行业建立了国际影响力，从而成为高端齿轮产品和行业的核心竞争力。

1931 年，ASME 齿轮强度委员会对不同材料的齿轮疲劳性能进行了长达 15 年、约 3000 组试验的试验研究，其试验结果为 AGMA 所采用。德国慕尼黑工业大学的齿轮研究中心设计了著名的 FZG 齿轮试验台，并基于该试验台进行了大量的齿轮疲劳试验，也为 ISO 齿轮承载能力计算标准的制定奠定了基础。目前，我国齿轮疲劳强度设计方法移植于几十年前的国外标准，相关设计参数取值依赖于设计人员经验，缺乏适合我国材料与加工工艺环境的数据支撑，基础数据库的缺失成为制约我国高性能齿轮行业发展的"卡脖子"问题。该问题主要体现在以下两个方面：①国内与国外在齿轮材料的合金成分、冶炼水平以及热处理能力等方面存在一定的差异，套用国外齿轮材料的试验数据进行产品开发，会产生较大的误差；②现行标准采用的是几十年前的试验数据，随着近年来新材料、新工艺、新技术的不断出现，急需符合当前齿轮材料、制造水平和服役环境下的试验数据，且相关试验方法、试验台、检测技术、标准规范缺乏，亟须开展相关研究工作。以目前齿轮箱设计为例，国内均是依据国标 GB/T 3480[4-6]进行的，该标准直接等效移植于国际标准 ISO 6336。随着近些年齿轮产品不断朝着轻量化、长寿命、高可靠性等方向发展，我国在齿轮传动设计过程中缺乏基础试验数据的问题日益显著，正向设计体系未形成闭环，对我国高端齿轮产品的开发与自主可控配套产生了严重的制约作用。然而齿轮基础试验数据库不是一天能建起来的，现代齿轮疲劳寿命表现为典型的高周或超高周疲劳（循环次数为 $10^7 \sim 10^{10}$）问题，疲劳试验过程复杂，失效模式众多，疲劳寿命散点明显，费时费力，资金、场地投入巨大，需要极强定力、极大投入、极高情怀持续积累建设，也需要更加科学的试验方法、更加可靠的试验设备以及更加先进的检测技术。

齿轮接触疲劳试验与数据建设一般依赖于专业的试验台。齿轮接触疲劳试台包括以双盘试验为代表的等效接触疲劳试验台，以直齿轮、斜齿轮为代表的平行轴齿轮接触疲劳试验台，以锥齿轮和准双曲面齿轮等为代表的交错轴齿轮接触疲劳试验台，以及试验-数据多重驱动下的数字孪生平台。齿轮接触疲劳强度试验评估除了依托专门的齿轮接触疲劳试验台，还可采用球盘式试验机、三点接触式试验机、球柱试验机、双盘试验机等等效接触疲劳试验台。但等效接触疲劳试验不能完全反映齿轮真实的结构与运行工况，直接将等效接触疲劳性能数据应用到齿轮上，可能会出现误判，因此在条件允许的情况下开展齿轮接触疲劳试验仍有必要。以接触疲劳极限为例，同一种材料的圆盘滚动接触疲劳极限可能高达 3GPa，而齿轮接触疲劳极限一般不超过 2GPa。

齿轮接触疲劳试验装备与测试技术在不断发展，早在 20 世纪中叶就由德国慕尼黑工业大学制造生产了第一批功率流封闭式 FZG 齿轮试验台，中心距为 91.5mm，砝码加载扭矩分为 13 级，最高载荷级对应节点赫兹接触压力超过 1800MPa。很多国家的企业院所与研究学者基于该试验台进行了大量的齿轮功率损失与传动效率[7]、热行为与胶合[8]、接触与弯曲疲劳寿命[9]、油品性能[10]、塑料齿轮[11]等测试研究，但该试验台存在适用齿轮类型少、砝码加载不准确和功率范围有限、检测与装拆烦琐等局限，因此也有研究对试验台进行了进一步的改进[12]。20 世纪 70 年代，NASA 的 Lewis 研究中心开发出转速高达 10000r/min 的高速齿轮接触疲劳试验机，并用于多种材料、工艺、结构、润滑条件的航空齿轮接触疲劳性能测试与工艺验证[13]。20 世纪 80 年代，英国纽卡斯尔大学齿轮技术研究中心制造出可进行较大模数斜齿轮疲劳试验的 160mm 中心距试验台[14]，它具有高转速（0～4500r/min）、大扭矩（0～6000N·m）以及高功率（再循环功率）的特点，可用于微点蚀[15]、材料性能退化与微结构演化[16]、涂层工艺[17]、超精加工效果[18]等研究，在我国已用于国内齿轮的疲劳试验测试和数据建设[19]。当前最新的齿轮接触疲劳试验台发展趋势一般采用液压加载代替砝码加载，加载能力达 6000N·m，可实现双向无级调速；有的试验台转速范围也相比之前的 0～3000r/min 提高到 0～30000r/min，采用功率封闭技术后试验功率可达到兆瓦级别，同时可实现润滑油温度精控，具备载荷谱加载能力，可进行齿轮点蚀失效的在线精确检测，未来甚至可以实现面向航空、航天、舰船、高铁、核电、海洋装备等领域高速、重载、强冲击、高低温、强腐蚀、强辐射等极端环境下的齿轮接触疲劳性能试验，以及点蚀、微点蚀、深层齿面断裂、胶合等失效形式的再现。

8.1　试验台技术

"工欲善其事，必先利其器"，齿轮接触疲劳试验是评价齿轮服役性能的重要手段，也是获取正向设计参数的基础数据支撑来源。要进行高可靠、高效率的接触疲劳试验，首先需要有能准确模拟齿轮服役工况的高性能试验装备，从而准确测试出齿轮的接触疲劳性能，因此研制能够实现高速、重载、大功率、高可靠、宽温域、载荷谱加载能力的齿轮接触疲劳试验机对于齿轮接触疲劳等性能的研究具有极其重要的作用。长期以来，国内外学者围绕齿轮接触疲劳试验原理与台架开发进行了大量且深入的研究，也取得了一定的研究成果，开发出一批面向不同应用场景的加载方式、环境模拟、功能目的等不同要求的齿轮接触疲劳试验台。

　　齿轮接触疲劳试验台的分类如图 8-1 所示。根据试验台的功率传递方式不同，可将齿轮接触疲劳试验台分为开放功率式齿轮接触疲劳试验台和封闭功率式齿轮接触疲劳试验台。根据试验目的的不同，可将齿轮接触疲劳试验台分为等效接触疲劳试验台、平行轴齿轮疲劳试验台、交错轴齿轮疲劳试验台及数字孪生试验台。本节将从这四个方面展开对齿轮接触疲劳试验台的介绍。

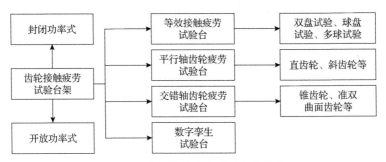

图 8-1　齿轮接触疲劳试验台的分类

8.1.1　等效接触疲劳试验台

　　齿轮接触疲劳本质上是齿轮在给定工况下的滚动接触疲劳问题，同时鉴于商用滚动接触疲劳试验台相比于齿轮接触疲劳试验台更为成熟、方便，已有很多的齿轮接触疲劳性能研究借助滚动接触疲劳试验台完成。关于滚动接触疲劳试验，NASA 的 Lewis 研究中心[20]早在 1958 年就设计了五球疲劳试验机，以确定接触角、材料硬度、热处理和加工、润滑剂类型和油膜厚度、变形和磨损、真空和温度以及赫兹应力和残余应力对滚动件疲劳寿命的影响。我国在 1989 年制定了国家标准 GB/T 10622—89《金属材料滚动接触疲劳试验方法》[21]，随后对该标准进行了重新修订，目前该标准最新版为 YB/T 5345—2014《金属材料　滚动接触疲劳试验方法》[22]。该标准定义的试验原理是将一恒定载荷施加于滚动或滚动+滑动接触的试样，使其接触表面受到循环接触应力的作用，测定试样发生接触疲劳失效的应力循环次数。此外，标准中还对试验机、试件的技术要求和试验方法进行了详细的规定。

　　元件和材料的接触疲劳问题非常复杂，一般是在接触疲劳试验台上开展不同工况的接触疲劳试验，从而获取接触疲劳性能数据，这些数据能为零部件的设计、制造和材料、油品研发提供指导。目前，国内外进行滚动接触疲劳试验常用的试验机主要有滚子试验机、球盘试验机、三点接触式试验机、球柱试验机、四球试验机等。试验机的工况变化范围很大，如接触压力为 0.001～14GPa，速度为 0.001～24m/s，接触形式包括点接触、线接触等，如表 8-1 所示。

表 8-1　常用等效接触疲劳试验台的分类[23-25]

序号	试验机	构型	接触压力/GPa	接触形式	负荷/kg	速度/(m/s)
1	滚子试验机		0～3	线接触	1～24	0～24
2	球盘试验机		0～3.1	点接触	0～7	0～4
3	多球试验机		2～14	点接触	10～1000	0～1
4	球柱试验机	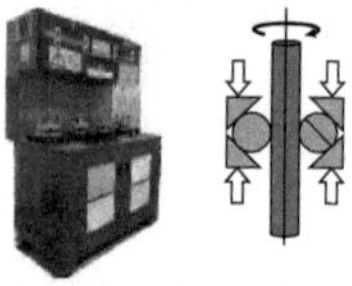	0～9	点接触	0～400	0～2

1) 滚子试验机

齿轮在啮合周期内以给定常数做滚动和滑动，该运动可用两个半径相同并绕固定圆心以相同角速度运动的圆盘滚子再现，这就是 1935 年 Merritt[26]开发用于模拟齿轮接触状态的双盘滚子试验机的基础。在此基础上，科研工作者通过不懈努力使滚子试验机得到进一步发展。2016 年，Meneghetti 等[27]设计了一台双盘滚子试验机，如图 8-2 所示，通过双盘滚子测试来重现沿齿廓的某个啮合点处的接触压力和滑动速度条件，可完成对齿轮点蚀失效的间接验证。

2) 球盘试验机

球盘试验机接触形式为点接触，即一个球在平面上滚动，可以获得较高的接触应力[28]。英国 PCS Instruments 公司生产的 MTM 球盘试验机，如图 8-3 所示，其加载力为 0～75N，接触压力最高可达 3.1GPa，速度可达 4m/s，可用于在各种滚动和滑动条件下测量润滑和非润滑触点的摩擦性能。

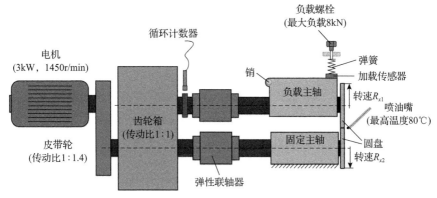

图 8-2　典型双盘滚子试验机[27]

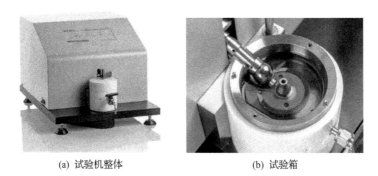

(a) 试验机整体　　　　　　　　(b) 试验箱

图 8-3　MTM 球盘试验机

　　2020 年，Kang 等[29]为研究不同磨削参数对齿轮钢滚动接触疲劳行为的影响，利用球盘试验机开展了滚动接触疲劳试验，如图 8-4 所示。以直径为 2.79mm 的 13 个均匀分布的 AISI 52100 钢球作为上试样。钢球的硬度约为 60HRC，表面粗糙度 Ra 为 1.2μm。试验样品的垂直力由液压缸施加。上部旋转轴承的转速为 1500r/min。疲劳试验机通过点蚀检测器发出的振动信号监测疲劳失效。滚动

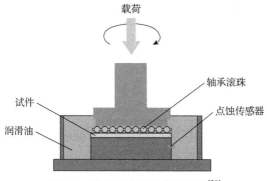

图 8-4　球盘试验机工作示意图[29]

接触疲劳性能结果分析表明，试件表面质量和残余应力对疲劳损伤模式有显著影响。

2015 年，杨建春[28]对滚动接触疲劳试验机进行了结构设计，采用 51306 推力球轴承为试件原型，将下试件作为主试件，上试件为陪试件，如图 8-5 所示。为了缩短试验周期，提高试验效率，试件样本在原来推力轴承的基础上仅保留 3 个均匀分布的滚动体。同时为了增加滚动接触应力，方便试件加工，将滚动体与下试件的接触改为球与平面接触，陪试件保留轨道，不仅可以起到对滚动体的定位作用，而且可以减小接触应力，使陪试件比主试件具有更长的使用寿命。试验原理是将恒定载荷施加于试件表面，并对陪试件施加一个恒定转速，带动滚动体在试件上做旋转运动，使其接触表面承受交变循环接触应力作用，从而测定试件材料的滚动接触疲劳寿命。

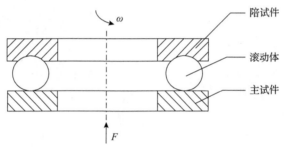

图 8-5　试验机工作原理图[28]

3）多球试验机

多球试验机的摩擦副钢球易得、价格便宜、性能稳定，因此得到广泛应用[23]。典型的多球试验机包括三球试验机、四球试验机和五球试验机。周井玲等[30]设计了性能指标达到最高转速 23000r/min、最大赫兹接触应力 7GPa 的新型三点接触式强化滚动接触疲劳寿命试验机，该试验机可模拟滚动点接触摩擦副，其工作原理如图 8-6 所示。试验机由驱动滚子 1 驱动被试球 2 转动，与三个陪试球 3 滚动点接触，被试球 2 每旋转一周，三个陪试球 3 就对它进行三次非等间隔、等强度的循环接触应力作用，可起到加速疲劳试验的效果，大大缩短了试验时间。

2017 年，Thapliyal 等[24]进行了以 SAE 5W-40 合成油作为基液制备的铜纳米流体润滑下的滚动接触疲劳试验，该试验在四球滚动接触疲劳试验机上进行，如图 8-7 所示。试验温度为 75℃，最大赫兹应力为 7.37GPa，转速为 3000r/min。与 SAE 5W-40 合成油基液相比，用铜纳米流体测试的轴承球显示寿命 L_{10} 提高了 61%。扫描电子显微镜和能量色散 X 射线分析显示，铜纳米流体的使用会降低表面损伤程度。

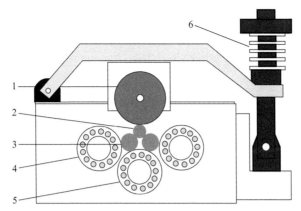

图 8-6　三点接触式强化滚动接触疲劳寿命试验机工作原理图[30]

1-驱动滚子；2-被试球；3-陪试球；4-支承滚轮；5-导轮；6-弹簧加载

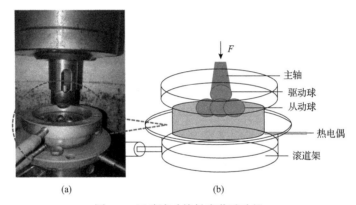

(a)　　　　　　　　(b)

图 8-7　四球滚动接触疲劳试验机

　　五球疲劳试验机可模拟球轴承的接触角，用于研究接触角、材料硬度、化学成分、热处理、润滑、油膜厚度、变形磨损、温度、赫兹应力和残余应力对滚动接触疲劳寿命的影响[31]，试试验机原理如图 8-8 所示。2003 年，Kang 和 Hadfield[32]

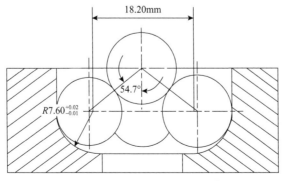

图 8-8　五球疲劳试验机原理图[32]

在完全润滑条件下对表面粗糙度 Ra 为 0.08μm 的 Si_3N_4 样品进行加速的四球式和五球式接触疲劳试验。在五球式接触疲劳试验中，下部钢球的疲劳寿命大大缩短至 12.5h；而在四球式接触疲劳试验中，下部钢球的疲劳寿命平均为 45.5h。

8.1.2 平行轴齿轮疲劳试验台

上述所列的接触疲劳试验机尽管从某种程度上反映了材料的滚动接触疲劳性能，但应用于齿轮接触疲劳试验，仍忽略了齿轮几何、工况等信息。齿轮疲劳试验台是研究齿轮传动各种失效形式并测定其承载能力、传动效率以及有关性能的基本手段。平行轴齿轮疲劳试验台的特点是主动齿轮和从动齿轮的轴线相平行，主要用于测定直齿圆柱齿轮、斜齿圆柱齿轮的承载能力。根据试验台功率传递原理和加载方法不同，平行轴齿轮接触疲劳试验台可分为功率流开放式和功率流封闭式两类。

功率流开放式齿轮疲劳试验台由原动机、受试齿轮装置和耗能负载装置组成，其功率流从原动机流向受试齿轮装置，最终在负载装置上耗散，是单向开放功率式的齿轮运转试验设备，其原理图如图 8-9 所示。该类型试验台的优点是结构简单、制造方便，可实现不同中心距或不同中心高的齿轮试验，可以在无载下启动并能在运转过程中任意改变载荷。由于该试验台功耗大，输出轴采用悬臂梁结构，增加了试验齿轮齿面载荷分布的不均匀性，易出现偏载现象，在高载荷下难以保证可靠性，故主要应用于中小载荷、非长期运转的齿轮试验[33, 34]。

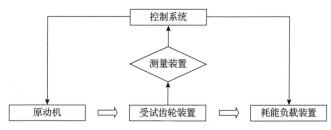

图 8-9　功率流开放式齿轮疲劳试验台原理图

试验台常用电动机作为原动机，常用的原动机有三相异步电动机、交流伺服电动机、永磁同步电动机等，如图 8-10 所示。其中，三相异步电动机结构简单、价格便宜，但它调速困难，启动电流大，运行时容易超负荷、损耗较大，一般用于功率流开放式试验台。交流伺服电动机定位精度和机械特性曲线好、调速范围广、系统可靠性高，可实现更为精准的闭环控制，在电功率封闭式试验台上得到了广泛的应用。永磁同步电动机低速时输出扭矩大、过载能力强、功率密度高，但其结构复杂，电刷容易损坏。

(a) 三相异步电动机　　　(b) 交流伺服电动机　　　(c) 永磁同步电动机

图 8-10　原动机实物图

功率流开放式齿轮疲劳试验台常采用的耗能负载装置为测功机[35]。测功机按照功率转换方法可以分为功率吸收型测功机和功率传递型测功机，其分类及特点如表 8-2 所示。功率吸收型测功机是指测功机加载器为制动器(涡流制动器、磁滞制动器等)的一种测功机。其中，以磁粉测功机应用最为广泛，其工作原理为当磁粉测功机内部线圈通过电流时产生磁场，使内部磁粉按磁力线排成磁链，由磁粉链产生拉力转化为阻止转子旋转的阻力，该力即为负载力矩，在工作时，仅改变励磁电流即可改变负载力矩，适用于大力矩低转速的场合，如电动自行车电机、恒力矩带载启动电机、异步电动机、直流减速电机等[36]。功率吸收型测功机的缺点是发热导致功率不高。而功率传递型测功机克服了上述缺点，它将从被测电机吸收来的功率通过测功机的发电机传输到机外电阻器上消耗或整流逆变反馈到电网，从而降低本体的发热，进而提高测功机的测试功率。同体积的功率传递型测功机比功率吸收型测功机功率大一倍以上，并且发热很小，扭矩漂移也小，测试稳定，寿命更高，因此它是测功机发展的必然趋势。各种类型测功机实物图如图 8-11 所示。

表 8-2　测功机的分类及特点

分类	产品	产品特点
功率吸收型 测功机	磁粉测功机 (图 8-11(a))	力矩变化具有缓冲性；无摩擦结构，使用寿命长；静态扭矩平滑，扭矩控制方便
	磁滞测功机 (图 8-11(b))	精度高、性能稳定、寿命长、使用方便；需要散热器，适用功率小
	电涡流测功机 (图 8-11(c))	结构简单、运行稳定、使用维护方便；噪声低、振动小；输入转速范围宽，但其结构复杂，运行可靠性低
功率传递型 测功机	直流测功机 (图 8-11(d)) 交流测功机 (图 8-11(e)) 永磁测功机 (图 8-11(f))	采用发电回馈加载，节能效果好；额定转速以上可以恒功率加载；测试范围广，响应速度快，稳定性极高，能够实现双向加载、拖动加载双重功能；扭矩闭环控制

(a) 磁粉测功机   (b) 磁滞测功机   (c) 电涡流测功机

(d) 直流测功机   (e) 交流测功机   (f) 永磁测功机

图 8-11 不同类型测功机实物图

重庆大学机械传动国家重点实验室研制了一台功率流开放式可用于齿轮接触疲劳的多功能传动摩擦学试验台[37]，如图 8-12 所示。该试验台可进行圆盘对滚摩擦学试验以及齿轮、轴承、轴瓦疲劳寿命试验。试验台的测试中心距范围为 10～

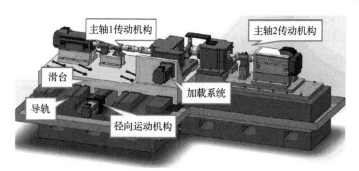

(a) 结构图

(b) 实物图

图 8-12 多功能传动摩擦学试验台[37]

300mm，主轴 1 转速范围为 20～6000r/min，最大工作转速为 4500r/min，额定功率为 15kW，额定扭矩为 95N·m；主轴 2 转速范围为 20～6000r/min，最大工作转速为 4500r/min，额定扭矩为 236N·m，额定功率为 37kW，转速精度控制为 ±2%F.S.，可进行模数为 1～5mm 的圆柱齿轮疲劳寿命试验，至今已稳定运行 10 年。

　　上述功率流开放式接触疲劳试验台可对单对齿轮进行性能试验，但为了在更多的应用场景下(真空、高/低温)模拟真实的工况环境，需要对齿轮传动系统进行测试，如谐波减速器、旋转向量(rotary vector, RV)减速器。四川大学空天科学与工程学院研制了一台主要用于空间真空高低温环境下的谐波减速器综合性能试验装置[38]，其工作原理如图 8-13 所示。谐波减速器试验台包括驱动电机、输入端扭矩仪、输入端角度编码器、被测试谐波减速器、输出端角度编码器、输出端扭矩仪、加载力矩电机等。为了准确测试谐波减速器的传动误差和回差等技术指标，在谐波减速器输入/输出端与编码器之间采用刚性联轴器，以减少扭矩角的测试误差；为了便于轴与轴的安装对中，选用胀紧套作为刚性联轴器。将谐波减速器测试台架整体置于真空高低温试验舱内，可避免使用磁流体密封轴，缩短传动链，从而降低试验装置累积误差。他们还研制了一套谐波减速器测试台温度保护和监控系统，使试验台能承受的空间环境温度范围达到 –70～150℃。该试验台可进行谐波减速器的传动性能(传动效率、传动误差、回差、扭转刚度、空载启动扭矩、振动加速度)、寿命及可靠性试验。

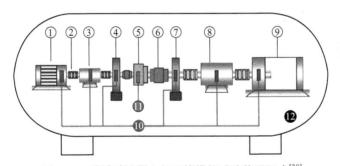

图 8-13　谐波减速器空间环境模拟试验装置组成[38]

1-驱动电机；2-弹性联轴器；3-输入端扭矩仪；4-输入端角度编码器；5-被测试谐波减速器；6-胀紧套(联轴器)；
7-输出端角度编码器；8-输出端扭矩仪；9-加载力矩电机；10-温控系统；11-加热系统；12-热真空系统

　　功率流开放式试验台由于功率流开放，其动力消耗大，造成能源的极大浪费，试验费用高昂，尤其对于各类齿轮传动装置的寿命试验，其缺点尤为突出。功率流封闭式试验台克服了功率流开放式试验台能耗大的缺点，其原动机发出的功率可以部分反馈回原动机，其电动机供给的能量只用于补偿封闭系统中摩擦造成的功率损失，其值约为封闭功率值的 5%，因此得到了广泛的应用。但功率流封闭式试验台的中心距调整困难，一般为固定中心距；齿轮箱需要背靠背布置加载，同时需要一个陪试齿轮箱。功率流封闭式试验台原理如图 8-14 所示。根据加载装置和结构不同，功率流封闭式试验台可以分为机械功率封闭式试验台和电功率封闭式试验台。机械功率封闭系统将加载装置和驱动装置机械连接在一起，形成环形结构，加载力转变为内部扭矩，再由电机补充试验系统摩擦发热消耗的能量；电功率封闭系统利用发电装置作为加载装置，将驱动能量转化为电能回馈到电网中，供驱动装置重新使用，实现能量的回收[39]。

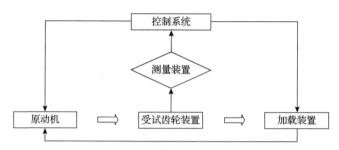

图 8-14　功率流封闭式试验台原理

加载装置是齿轮试验台的关键部件，其质量直接影响试验台的性能参数指标。根据封闭系统中加载装置是否消耗功率的情况，机械功率封闭式试验台又可分为全封闭式和非全封闭式两大类。机械功率全封闭式齿轮试验台运转时只消耗系统的摩擦功，适用于长期运转的齿轮试验。机械功率封闭式试验台的加载器一般分为内力型、外力型和力矩型三种类型，如表 8-3 所示。内力型加载器是通过外力设法使试验机的弹性轴发生变形，然后依靠弹性变形内力为封闭的试验台进行加载，试验台运转后，外力不再作用于试验台的封闭系统，如砝码杠杆加载；外力型加载器是通过外力直接实现对齿轮试件的加载，若无外力维持，则封闭系统中的载荷也随之消失，如液压加载；力矩型加载器是通过啮合传动产生力矩的方式为封闭系统中的齿轮进行加载，如摇摆齿轮箱式加载。砝码杠杆加载由于只能在试验台运转前进行加载，且在运转过程中不能改变载荷，逐步向液压加载、电磁加载方式转变。液压加载可以获得很大的加载力矩，可以空载启动，同时能在运转时改变载荷，可实现载荷谱加载，因此逐渐得到了广泛的应用。

表 8-3　机械加载器的分类及应用实例

加载器类型	应用实例	优/缺点
内力型	砝码杠杆加载	结构简单、无法空载启动；无法实现载荷谱加载，无法在运转时改变方向
外力型	液压加载	能够实现载荷谱加载；在运转过程中可以改变载荷，结构较复杂，密封条件要求高
力矩型	摇摆齿轮箱式加载	可在运转时改变载荷，易实现程序化加载，多用于齿轮箱试验，噪声和啮合能量损失较多

某公司开发的一款机械加载器[40]，其结构示意图如图 8-15 所示，它解决了现有加载器不能在电动机启动后满足兆瓦级范围内任何时间自由加载或减载，并保证载荷稳定要求的问题。减速器上设有分别与加载齿轮箱的轴和齿轮连接的第一输出轴和第二输出轴，减速器的输入轴上设有电机，且与电机的轴连接，电机上设有供电系统和失电制动器，可以实现千瓦级别的无级加载，加载过程无行程的限制，在封闭系统中各连接环节产生的间隙，特别是被试减速器为多级传动中，各级的齿侧间隙均可消除，从而能够保证一次安装中的顺利加载，具有加载灵敏、稳定等优点，特别适合大功率机械封闭试验台。

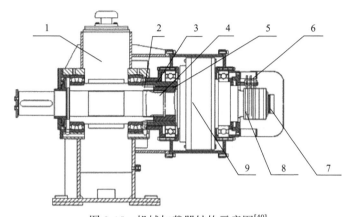

图 8-15　机械加载器结构示意图[40]

1-加载齿轮箱；2-齿轮；3-第二输出轴；4-加载齿轮箱轴；5-第一输出轴；6-供电系统；
7-失电制动器；8-电机；9-减速器

目前常使用的机械功率封闭式试验台为德国慕尼黑工业大学齿轮研究中心开发的通用机械杠杆加载直齿圆柱齿轮试验台，如图 8-16 所示。该试验台可进行齿轮传动疲劳寿命、点蚀、微点蚀、胶合、承载能力等多项试验，是国内外最通用的一种齿轮疲劳试验机型。它由一台双速电动机驱动，包括一个陪试齿轮箱和一个主齿轮箱，用两根弹性轴将它们连接起来；轴上配置一个法兰盘内力式加载器，用杠杆砝码加载；试验齿轮箱内有一个加热器，用于加热试验油；在靠近小齿轮的箱体一侧装有温度传感器，试验时可按预选的温度对加热器进行控制。试验台中心距为 91.5mm，转速范围为 100～4500r/min，齿轮模数为 2～10mm，并配置报警停机系统，能够实现试验齿轮的简单拆卸与窥孔观察，额定功率下可实现 24h无人值守工作。

德国慕尼黑工业大学齿轮研究中心还开发了一台小模数齿轮试验台，如图 8-17所示。该试验台中心距为 7.5～58.8mm，法向模数为 0.3～1mm，齿宽为 4.5～15mm，最大加载扭矩为 150N·m，转速范围为 100～10000r/min，能够实现无级变速。

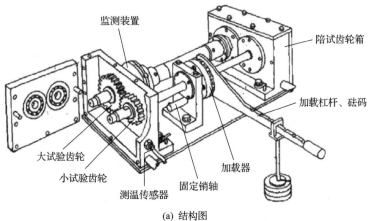

(a) 结构图

(b) 实物图

图 8-16 机械功率封闭式试验台

图 8-17 小模数齿轮试验台

如今的小模数齿轮试验台，相比于几十年前传统的机械功率封闭式试验台，进行了以下改进：①在两路传动系统上加装高精度的扭矩传感器，以检测实际电机输出的扭矩损失、系统内啮合齿轮功率损失和传动效率,最大可达 1000N·m;②增加了试验齿轮自动装卸液压拆装系统工具,联机控制,方便拆卸;③不再采用杠杆砝码加载的传统离合式加载方式,采用电液伺服自动控制加载保持系统,保留棘轮锁紧系统;④采用工业计算机和专用测控软件对数据进行采集处理,显示转速、温度、时间、扭矩、电机功率等参数,并对数据进行处理,以曲线、表格等方式储存、打印,方便直观,能够更准确地对试验进行分析研究;⑤增加了在线检测功能。

英国纽卡斯尔大学齿轮技术中心开发了一台用于研究齿轮接触疲劳和弯曲疲劳强度的试验台。该试验台具有高转速(0~4500r/min)、大扭矩(0~6000N·m)以及大功率(再循环功率)的特点,其中心距为 160mm,可用于直齿轮与斜齿轮的接触疲劳(包括点蚀和微点蚀)和齿根弯曲疲劳以及胶合的试验,具有长寿命和高可靠性,能够每天 24h 无人看守持续工作,如图 8-18 所示。该试验台为背靠背布置,布局紧凑,机架牢固稳定,包括两个被扭力杆连接的相同齿轮箱,扭力杆可以提供扭转柔度以及降低每个齿轮箱中齿轮的振动;液压伺服扭矩加载器安装在齿轮箱轴上,用于控制齿轮的实际承载扭矩;扭矩加载器在齿轮箱油温恒定之前保持齿轮和试验台的零/低扭矩,在齿轮箱正常运转后可以改变承载扭矩。该试验台具有两套完全独立的润滑系统,每一套系统对应一个齿轮箱,每个齿轮箱可以使用不同的润滑油、润滑温度和润滑油流速。试验器运转时,齿轮试验扭矩可以在全转速范围和全扭矩范围内变化,并可实现双向加载。扭矩加载器有独立的液压系统,由油箱、吸滤器、BOSCH 可变行程压力补偿泵、泄压阀、过滤器和 MOOG 比例阀构成。流向旋转叶片的油压由比例-积分-微分(proportion-integration-differentiation,PID)控制器根据安装在其中一根扭力杆上的应变片测得的扭矩进行调整。

图 8-18 英国纽卡斯尔大学齿轮试验台

为了模拟高速重载、高温等极端工况环境下航空齿轮的运行状态,美国俄亥俄州立大学开发了用于测试极端工况下齿轮接触疲劳的试验台[41],如图 8-19 所示。该试验台为功率流封闭式,其主试箱和陪试箱间采用柔性轴和柔性联轴器连接,这种结构可将两个齿轮箱的动态特性相互隔开，使它们之间各自的振动互不干扰；陪试箱和主试箱都采用喷油润滑，喷嘴出口油温保持在 45℃。在若干处位置安装了 T 型热电偶来监测轴承和油的温度，通过热电偶自动开启和关闭机器的热交换与加热系统。为检测齿轮箱中的振动信号，在高速轴承座和陪试箱座处安装了两个单轴印制电路板加速度传感器。试验台的最大转速可达 13500r/min，加载力矩最大为 450N·m。

图 8-19　美国俄亥俄州立大学开发的齿轮接触疲劳试验台[41]

NASA 的 Lewis 研究中心开发的直齿圆柱齿轮试验台[42]如图 8-20 所示。该试验装置主要用于研究航空齿轮材料、齿轮表面处理工艺和润滑类型对齿轮接触疲劳强度的影响规律。它将试验齿轮和陪试齿轮装在同一箱体内，采用叶片式液压加载器，组成一个机械封闭的同箱式液压加载齿轮试验台。但试验齿轮和陪试齿轮具有各自独立的润滑系统，以适应试验齿轮的不同试验要求。该试验台所采用的同箱式结构紧凑，易将箱体设计成中心距可变的试验设备，其常用的运行转速为 10000r/min，齿面接触应力可达 2GPa。

德国 ZF 公司搭建了一台如图 8-21 所示的大扭矩齿轮传动可靠性试验台。该试验台可进行加速寿命试验，以验证齿轮箱的可靠性，采用背靠背形式，峰值功率可达 16.8MW，额定转速为 1500r/min，最大转速达 2600r/min，可模拟启动、停机、变载荷下正常运转、运行-停顿、紧急停车等工况，基座尺寸为 35m×10m，台架采用 1000t 钢材，所占空间超过 1000m³。电机和发电机可进行三个方向的调整来模拟偏斜，可 24h 无间断运行，耗资超过 1000 万欧元。

风电、航空航天、舰船等重大装备向着轻量化、长寿命、高可靠性方向发展，对以齿轮为代表的关键零部件寿命提出了更高的要求。极端服役环境下(高速、高温、真空等)的高性能齿轮的可靠性验证为齿轮疲劳试验台的极端环境模拟与检测技术带来了严峻的考验。传统的功率流开放式试验台由于能耗大，逐渐被功率流封闭式试验台取代。同时，传统功率流封闭式试验台的砝码杠杆加载方式由于

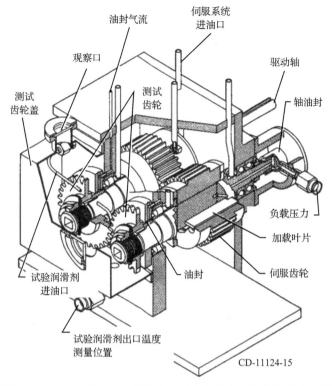

图 8-20 NASA 的 Lewis 研究中心开发的直齿圆柱齿轮试验台[42]

图 8-21 ZF 公司开发的功率流封闭式大扭矩齿轮箱试验台

不能空载启动,在运转过程中不能改变载荷以及实现载荷谱加载,目前试验台的加载方式逐渐在向着电磁加载、液压加载方向发展,以实现载荷谱加载及变速加载。为了应对大型重载硬化齿轮频繁发生的深层齿面断裂和微小模数齿轮独特的失效问题,试验台也朝着极大、极小方向发展,以满足这些齿轮的承载能力评估与失效验证的需求。为了适应航空、航天等高速、高温工况环境,美国俄亥俄州立大学、NASA 等机构面向未来研发的试验台向着高速、高温、精准控温、中心距可调的方向发展,为高端装备的可靠安全服役提供"可靠齿轮方案"。

8.1.3　交错轴齿轮疲劳试验台

交错轴齿轮用于空间的运动和动力传递，其典型代表包括锥齿轮、面齿轮、蜗轮蜗杆等。以锥齿轮为例，它具有传动效率高、承载能力强、结构紧凑等优点，在航空、航天、船舶、汽车等高端装备领域得到了广泛的应用，如直升机主减速器、航空发动机中央传动系统、汽车驱动桥等。锥齿轮齿面为复杂的空间曲面且受力复杂，为确保其传动质量及服役性能，需要对齿轮疲劳性能、传递误差等进行测试。锥齿轮啮合传动时对安装位置精度(中心距、轴交角等)敏感性高、重合度大、承载能力高，多为高周疲劳失效。在设计制造锥齿轮试验台时，对主轴、轴承等传动部件的制造装配精度及可靠性要求极高，同时试验台需具备传递误差测量功能，且要满足不同轴交角间的试验，因此锥齿轮试验台的结构相比于平行轴齿轮试验台更加复杂，研制也更加困难，仅有少数几家公司开发了锥齿轮试验台。

斯德拉马(Strama)公司与克林贝格(Klingelnberg)集团联合研制的 TS-30 锥齿轮试验台[14]，可以测试不同尺寸的锥齿轮的磨损程度和疲劳强度，如图 8-22 所示。该试验台基于功率流封闭式原理，驱动控制器控制主电机带动主齿轮运转，陪试电机(发电机)施加负载扭矩，以高效节能的方式运行试验；锥齿轮之间的中心距和轴角可以通过控制单元进行调整。在测试过程中，系统可以对速度、扭矩、振动、机油压力、润滑油流量和温度进行监测和控制。工件夹具配有遥测系统，用于在线测量样件的扭矩和齿根弯曲应力；高精度定位测量系统还可计算传动效率，同时对点蚀失效进行监测。TS-30 锥齿轮试验台适用工件直径范围为 50～300mm 及 301～600mm(仅限轴交角在 85°～95°)，工件最大重量为 20kg，模数范围为 1.5～5.0mm，传动比为 1.0～2.5，可调轴交角为 60°～120°(其中 90° 为中间位置)，X 轴、Y 轴、Z 轴的最大行程均为 300mm，输出功率为 2×156kW，最大转速为 12000r/min，最大扭矩为 400N·m(1000～4500r/min)、100N·m(12000r/min)，

图 8-22　TS-30 锥齿轮试验台[14]

控制单元为贝克霍夫（Beckhoff），机器尺寸为 4500mm×3700mm×3200mm，冷却单元尺寸为 2230mm×1545mm×2010mm，净重约 30000kg。

　　除了锥齿轮试验台，斯德拉马公司还研制了准双曲面齿轮试验台，如图 8-23 所示。该试验台可以对汽车和石油等领域的准双曲面齿轮进行真实润滑状态下的性能试验。准双曲面齿轮（测试齿轮箱和驱动齿轮箱）通过扭力轴与直齿轮配对，准双曲面齿轮和驱动齿轮的整机设计为变速齿轮箱。负载扭矩通过液压负载扭矩离合器施加，测试台由变速异步主轴电机驱动，该试验台适用于长期测试的可编程负载循环测试台。准双曲面齿轮可以通过飞溅和喷油方式进行润滑。测试和驱动变速箱在喷油润滑模式下，可以在 −20～140℃的润滑油温范围进行加热和冷却，注入的润滑油量可以在 0～10L/min 的范围进行设置。试验台可以实现变速、变扭矩以及载荷谱加载，并可实现对转速、扭矩、温度、振动进行可视化监测，转速范围为 0～6000r/min，最大扭矩为 3000N·m。

图 8-23　准双曲面齿轮试验台

　　德国慕尼黑工业大学齿轮研究中心也开发了一台锥齿轮试验台，如图 8-24 所示。该试验台为功率流封闭式，由电机、加载器、陪试齿轮箱、试验齿轮箱、扭

图 8-24　锥齿轮试验台

矩仪组成，可以进行锥齿轮的点蚀、微点蚀、胶合、齿根断裂等性能测试。该试验台轴向偏置距离为-15mm、0mm、15mm、25mm、31.75mm、44mm；最大测试功率为300kW，推荐齿轮外径为170mm，转速范围为100～4800r/min。

国内锥齿轮试验台研制较晚，技术水平与国外有一定的差距。郑州机械研究所联合国内齿轮传动的高校及科研院所在国家2014年工业强基工程项目"齿轮强度与可靠性试验检测技术基础公共服务平台"的支持下，设计制造了一台锥齿轮试验台，完善了我国弧齿锥齿轮尤其是汽车驱动后桥锥齿轮的强度试验手段，丰富了我国弧齿锥齿轮的强度设计标准和数据库[43,44]。试验台通过设置陪试锥齿轮与等速齿轮箱将功率流封闭，其总体方案示意图如图8-25所示。功率流封闭式锥齿轮试验台主要由驱动电机、等速传动箱、加载器、扭力杆、检测装置(扭矩仪、温度传感器、振动加速度传感器等)、试验齿轮箱、测控分析系统等组成；采用三相异步电动机作为动力装置，提供功率补偿；等速圆柱齿轮箱采用两级传动，总传动比为1；采用液压加载，能实现正反方向加载、载荷谱编程；加载装置与测控分析系统集成，能实现数字化实时控制与载荷校准，实时显示加载情况，确保载荷稳定，动态加载精度控制在±0.3%。测控分析系统可以对润滑油温度、载荷、振动、噪声进行实时检测，并对数据进行采集处理，具备故障诊断、实时报警与紧急停机功能。该试验台能对锥齿轮进行空载试验、效率试验、温升试验、超载试验、疲劳强度试验等；能实时显示输入/输出端扭矩、转速、功率，并能对转速、扭矩、功率、温度进行上/下限报警设置，报警值可设定。该试验台设计额定扭矩

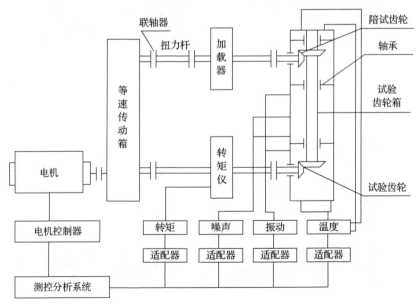

图 8-25 功率流封闭式锥齿轮试验台示意图[43,44]

为 3000N·m，额定功率为 470kW，工作扭矩为 2000N·m，转速为 1500r/min，最高转速为 3000r/min，温度测量精度为 ±0.5°，转速扭矩测量精度为 ±0.1%。

相比于圆柱齿轮的疲劳试验台，锥齿轮试验台结构复杂，价格昂贵，国内企业及科研院所大多难以研制或购买，无法对锥齿轮进行性能试验，导致关键基础数据缺失，造成高端锥齿轮的自主创新和设计能力不足。目前高端装备齿轮箱的服役环境正在向高/低温、高海拔、深海、深空、高速等极端工况发展，为了模拟更加真实的工作环境，亟待研制能够模拟真实工作环境的锥齿轮试验台，以更加准确地评估齿轮的传动性能及服役寿命。目前国外以斯德拉马公司为代表的企业已有成熟的锥齿轮试验台，国内锥齿轮试验台技术尚不成熟，也未经历充足的试验可靠性验证。

8.1.4　数字孪生平台技术

航空、舰船、高铁、风电等领域重载齿轮在强冲击、重载、大功率等极端服役工作环境下工作，如航空齿轮转速在 20000r/min 以上，接触应力在 3GPa 以上，温度在 200℃以上。然而现有齿轮接触疲劳试验台无法满足高端装备的高温、高速、大扭矩等极端服役环境和复杂工况对齿轮性能和试验验证的要求，亟须发展新一代极端工况齿轮传动试验平台。这一类试验平台面临诸多的问题和挑战，主要表现为：①极端环境的模拟技术尚不完善，强腐蚀、大冲击、高低温、强热力耦合等齿轮极端服役环境模拟与检测困难；②极端环境下试验台的可靠性经受严峻的考验，高速、高低温、强腐蚀、高辐射环境对人机安全造成极大威胁；③齿轮疲劳试验费钱费时费力，数据一次性消耗，难以为后续的产品研发提供支撑。

数字化技术可以模拟复杂的极端服役环境，同时进行数据驱动技术应用，为极端服役环境下的齿轮疲劳试验台开发与数据建设提供更多的可能性。数字孪生作为一项功能强大、普遍适用的大数据理论技术，已在机床虚拟交互、航空发动机设计等诸多领域成功应用，通过建立与实际齿轮传动高度相似的仿真模型对齿轮接触疲劳进行监测和判断，对传统齿轮接触疲劳试验台无法模拟的极端工况进行试验，并结合如机器视觉、数据库等数据驱动技术形成振动、损伤、温度、油液多场动态智能在线检测技术与数字孪生平台，为高效智能齿轮接触疲劳试验与正向设计体系建设提供有力支撑。

数字孪生充分利用物理模型、传感器更新、运行历史等数据，集成多学科、多物理量、多尺度、多概率的仿真过程，在虚拟空间中完成映射，从而反映相对应的实体装备的全生命周期过程，已在众多领域得到广泛应用。2019 年，美国数字制造创新机构、美国海军、美国 iCAMR 公司等相继引入数字孪生技术，认为数字孪生技术对于实现工业数字转型至关重要，并将它作为未来重要发展方向[45]。德国西门子公司、美国 GE 公司、英国劳斯莱斯公司和美国特斯拉公司已将数字孪生应用于各种工业活动中，并取得显著成效[46]，如图 8-26 所示。国内电子科技大学也以数控机床为研究对象，基于虚拟数控面板的远程控制技术，最终集成数控机床虚拟交互系统，实现了基于数字孪生的数控机床虚拟交互系统的设计与开发[47]。上海飞机设计研究院对数字孪生技术在飞机设计验证过程中的应用技术进行了探讨，为飞机型号研制各阶段的设计验证提供了重要的指导作用和技术支持。国内外数字孪生在工业制造中的应用情况足以说明数字孪生技术在工业中应用非常广泛且可行，因此针对国内齿轮传动基础数据匮乏的现状，亟须扩展数字孪生平台在齿轮传动领域的进一步应用。

(a) 西门子数字孪生工厂

(b) GE公司风力涡轮机数字孪生系统

(c) 劳斯莱斯数字孪生飞机发动机设计

(d) 特斯拉数字孪生汽车

图 8-26　数字孪生技术应用实例

图 8-27 为基于数字孪生的齿轮接触疲劳试验台系统示意图。该系统主要包括物理试验台系统即实体齿轮接触疲劳试验台、孪生齿轮接触疲劳试验台以及一体化服务系统。其中，实体齿轮接触疲劳试验台包括试验台架、振动传感器等；孪生齿轮接触疲劳试验台包括实体齿轮接触疲劳试验台的数字化模型及其尺寸、材料、环境和数据等信息，与实体齿轮接触疲劳试验台形成相互映射关系；一体化服务系统包括过程监控、在线仿真等模块。试验过程中，实体齿轮接触疲劳试验台发送数据至一体化服务系统并返回信息，孪生齿轮接触疲劳试验台发送数据至一体化服务系统并返回信息，从而完成实体齿轮接触疲劳试验台与孪生齿轮接触疲劳试验台之间的信息交互。

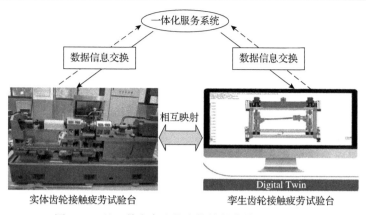

图 8-27　基于数字孪生的齿轮接触疲劳试验台系统

　　一个高可靠性的数字孪生平台应具有三方面功能：①高度贴合实体的孪生齿轮接触疲劳试验台模型；②实体与孪生齿轮接触疲劳试验台的相互映射；③使用孪生体对实体进行状态监控和预测。完善上述三方面功能，建立的齿轮接触疲劳试验台数字模型能更真实、准确模拟试验台在真实工作状态下的运行状态，并且与实体齿轮接触疲劳试验台可以通过实测数据与孪生体数据间相互传递，保证两者在整个试验过程中保持相同的工作状态，从而构建一个高可靠性的基于数字孪生的齿轮接触疲劳试验台系统。数字孪生齿轮接触疲劳试验台通过与实体齿轮接触疲劳试验台的实测数据交互传递而随着实体齿轮接触疲劳试验台试验状态实时演变，在试验状态上与实体齿轮接触疲劳试验台做到高度一致。数字孪生技术用于费时费力的齿轮疲劳试验台具有天然的优势，通过实体和孪生齿轮接触疲劳试验台的相互映射与数据进行交互，用软件来追逐硬件最终实现零试验，对于推动齿轮正向设计制造理论的完善与发展具有重要的意义。

8.2　检　测　技　术

　　影响齿轮接触疲劳试验台试验能力、测试精度和可靠性的因素众多，其中一项重要影响因素就是齿轮试验台的检测评估技术，它很大程度上决定了齿轮接触疲劳试验台的可靠性，并影响齿轮接触疲劳试验本身的可靠性与效率。在齿轮疲劳试验中，齿轮的服役信号和损伤检测技术作为齿轮疲劳失效的重要检测手段，是评估疲劳试验台与试验结果准确性的重要指标。本节将从服役信号检测技术及齿轮疲劳损伤检测技术两个方面进行介绍。

8.2.1　服役信号检测技术

　　在齿轮运转过程中需要对其服役信号进行准确、可靠的在线检测，检测内容主要包括振动信号、温度、传动效率、传递误差、齿面齿根应变、裂纹能量释放等服役信号，提取信号特征并进行后续的分析计算。本节将对以上服役信号的检测技术进行阐述。

齿轮疲劳失效的发生一般没有预先的征兆，具有隐蔽性和突发性特点，标准GB/T 14229—2021《齿轮接触疲劳强度试验方法》[48]中，根据试验齿轮的接触应力大小确定齿面检查时间间隔，停机检查，观察齿面损伤情况。该方法简单，但记录的寿命不够准确，并且每次停机检查对齿轮寿命的影响也未知，因此需要发展齿轮运行状态在线监测技术，以对疲劳失效进行监测。

在齿轮发生接触疲劳失效后，局部区域产生裂纹或小块金属剥落，形成麻点或凹坑等缺陷，当麻点或凹坑处发生相对运动时就会出现脉冲式的激振现象，因此在振源附近安装加速度传感器可以实现对脉冲式激振振动信号的采集，从而监测齿轮是否发生接触疲劳失效。振动检测技术和商业化应用十分成熟，可通过加速度传感器拾取振动信号，然后通过对振动信号进行处理从而获得齿轮运行及质量状况。目前齿轮振动信号处理方法主要有快速傅里叶变换、短时傅里叶变换、小波变换、阶次分析等。图 8-28 为经小波变换的齿轮信号图[49]。随着技术的发展，现阶段振动检测主要采用微机技术，在线状态监测与智能化故障诊断系统以微机为中心，振动加速度可进行时频域分析，从而更准确地反映接触疲劳失效时的振动特征频率。针对该情况，NASA 的 Lewis 研究中心的锥齿轮疲劳试验台[50]将振动信号处理和高速数字摄像系统结合用于齿轮运行状态的实时监测，同时设定振动信号阈值，实时处理齿面图像来判断齿轮运行状态。

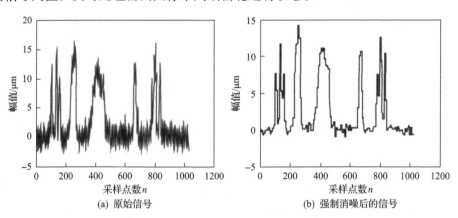

图 8-28　小波变换振动信号处理[49]

当齿轮齿面发生疲劳失效时，疲劳裂纹或疲劳剥落金属块会加剧两齿轮接触位置的碰撞，从而使齿轮表面温度升高，在接触点附近安装温度传感器可以采集齿轮表面疲劳失效附近的温度，并与未出现疲劳时的温度进行对比，即可监测疲劳是否发生。因此，在齿轮运转过程中，也常测试温度以监测齿轮的运行状态。目前最为广泛采用的温度测试技术是红外测温技术，红外测温的原理是将物体发射的红外线具有的辐射能转变成电信号，红外线辐射能的大小与物体本身的温度相对应，由此确定物体的温度。卢泽华等[51]通过红外传感器检测塑料齿轮在运转过程中的温升(图 8-29)，发现随着扭矩的增大和润滑条件的劣化，齿轮本体温度上升明显。随着温度的上升，齿轮的疲劳寿命下降显著，在相同工况条件下，相差 30℃时疲劳寿命差异可达 70%。齿轮在运行过程中另一种常用的测温技术是热电偶测温技术，如 NASA 的锥齿轮疲劳试验台将热电偶嵌入小齿轮中，其热电偶布置位置如图 8-30 所示，通过热电偶可以检测出齿轮运转过程中的整体温度，并显示小齿轮不同位置的受热趋势[52]。造成齿轮表面温度升高的因素较多，如受载过大、转速过高、润滑不充分等。温度监测法对于齿面出现严重剥落的情况反应明显，对于早期初始疲劳温度变化不明显的情况却不能及时有效地发现，但可以作为接触疲劳的辅助监测方法。

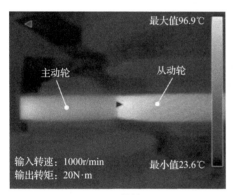
(a) 干接触

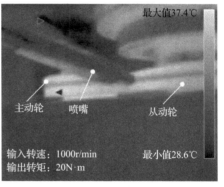
(b) 喷油润滑

图 8-29　塑料齿轮热成像图[51]

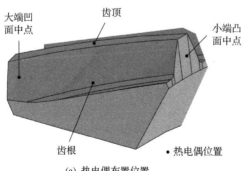
(a) 热电偶布置位置

 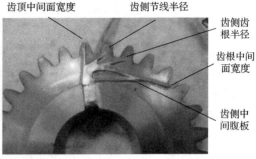

(b) 热电偶测量实物图

图 8-30　热电偶测量[52]

　　传动效率主要是指传动机构输出能量与输入能量的比值。齿轮传动效率直接关系到功率损耗，因此对齿轮传动效率进行测定非常有必要。齿轮传动效率测定试验装置主要分为功率开放型与功率封闭型两种(图 8-31)，其中功率开放型齿轮传动效率测定试验装置结构简单，体积小，制造安装方便，便于进行不同结构尺寸齿轮箱的安装测试，但需要相当容量的原动机和耗能负载，费用较高，多应用在中小载荷非长期运转的试验中。而功率封闭型齿轮传动效率测定试验装置的功率流向为一封闭回路，与功率开放型齿轮传动效率测定试验装置相比，电动机功率只需要补偿试验过程中的功率损失，因此极大地地节省能耗，多用于中小功率非长期运转的试验中。此外，在检测传动效率的过程中也可通过转速扭矩传感器对齿轮的转速扭矩进行测量。

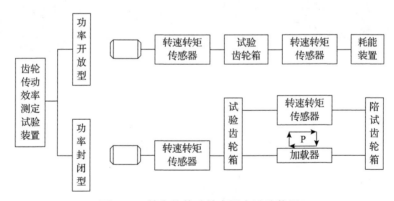

图 8-31　某齿轮传动效率测定试验装置

　　图 8-32 为法国 INSA-Lyon 的齿轮传动效率试验装置简图[53]，其电机经由传动带带动行星轮系，负载齿轮转速可达到 600r/min，切向速度达到 44m/s。行星轮系产生的空载功率损失由应变测量传感器的直接扭矩测量得出。带有脉冲发生器的扭矩传感器也可以用于测量速度。为了分析润滑液在齿轮单元流动速率分布

的影响，在润滑体系加入两个独立的液压系统，每个系统都由一个齿轮泵和一个流量计组成，一个液压系统用于太阳轮与行星轮的啮合，另一个液压系统用于行星轮与齿圈的啮合。润滑油从容量为 30L 的油槽中泵出，为了测量润滑油黏度的大范围变动，在油槽外表面增加了几个热罩。加入第三个液压系统用于从齿轮装置的最低点排干润滑油。同时，在各个组件上(包括轴承外圈、齿圈、润滑系统进出口等)安装热电偶用于描述测试过程中系统的热量传递模型，以测量能量损失。

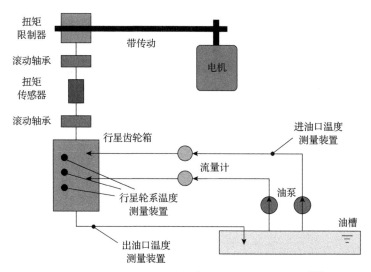

图 8-32　INSA-Lyon 的齿轮传动效率试验装置简图[53]

传递误差是指沿啮合线方向度量被动轮上的齿廓在实际啮合时所处位置与理想条件下应处位置之间的偏差，是齿轮系统的振动和噪声的激励源。传递误差幅值越大，振动和噪声越大。传递误差主要有两种测量方法：一种是静态测量法；另一种是动态测量法。静态测量法的主要原理是在齿轮传动过程中，以一定时间间隔静止测量小轮和大轮的转角，并进行对比。这种方法是不连续的，是间断的，没有受到实际工况中动载、惯性和变刚度的影响，与实际情况有较大的差距。基于这种原理的测量方法主要有光学刻盘法、经纬仪法、对面体法、数字测角仪法、分度头法以及自整角机和旋转变压器法。动态测量法的主要原理是在实际工况下，连续不断地对理想位置和实际位置进行比较，这种方法更接近实际情况。典型的动态测量法有单面啮合测试法，在该方法中，被测齿轮与理想精确的标准齿轮工作在标准中心距下，齿轮保持只有单面啮合状态的传动时，检测被测齿轮的实际转角与理论转角的差值。现在主流的动态传递误差的测量有两种方式：①通过安装在齿轮附近的加速度传感器来测量转动加速度并采用数值积分；②通过角度编码器配合模拟放大计数测量轴之间的相对运动。图 8-33 为 INSA-Lyon 的 Lamcos 实验室改装的锥齿轮试验台实现传递误差检测[54]的示意图，其传递误差主要采用光学编码器进行测量，两个编码器分别安装在输入轴和输出轴上，且尽量靠近主动齿轮与从动齿轮，通过编码器测量脉冲数测得两个齿轮角位置，从而计算出传递误差。

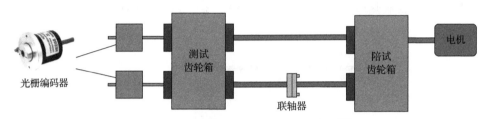

图 8-33　齿轮动态传递误差测试示意图[54]

　　油屑检测也被认为是识别齿轮异常磨损的检测方法之一。油屑检测主要分为在线检测和离线检测，它通过检测油屑的数量和大致尺寸来计算油液的质量。如 NASA 的 Lewis 研究中心研制的直齿轮疲劳试验台就拥有这一功能，它采用商用油屑传感器收集油屑数据，当齿轮箱中的油液有油屑时，将会引起磁场变化，此变化会被油屑传感器检测到，传感器输出信号的幅度与油屑质量成比例。该传感器测量油屑的数量以及它们的大致尺寸（125～1000μm），并计算累积质量。Dempsey[55]研究了油屑质量与点蚀之间的关系，验证了当使用电感型在线油屑传感器时，通过累积质量可预测齿轮点蚀损坏，并将累积质量作为损坏特征，确定一种方法来设置损坏齿轮的阈值限制，以区分不同程度的点蚀损坏。

　　轮齿应力-应变是齿轮运转过程中关注的重点，其测量有多种方式，现阶段主要有应变片测量、光栅检测、光弹试验等。应变片测量属于电测量法，一般在齿轮齿面齿根粘贴应变片，组成桥路，然后将电桥接入动态应变仪采集数据，从而得到齿面齿根应变数据。英国纽卡斯尔大学齿轮技术中心的 Lisle 等[56]设计并制造了一种模数为 50mm 的齿轮轮齿，并基于应力-应变测试（图 8-34）与 ISO 标准、AGMA 标准和有限元分析（finite element analysis, FEA）方法进行了对比。

　　光栅检测也是齿轮运行状态的在线监测方法之一，如武汉理工大学的 Liu 等[57]在齿宽方向上将光栅粘贴在齿根上，通过检测齿轮传动力矩处的瞬时应变，实现了齿根弯曲应力的在线检测。光栅式传感器是指采用光栅叠栅条纹原理测量位移的传感器，主要利用的是光栅反射波的中心波长与光栅中心的有效折射率和周期之间的关系。光栅布置如图 8-35 所示，光栅一端粘贴在齿面上，另一端与光旋转连接器连在一起。在实际的监测过程中，齿轮高速运行，齿根弯曲应力的变化引起光栅信号波动，由于波长和应力呈线性变化，从而得到轮齿弯曲应力。光

图 8-34　应力-应变测试图[56]

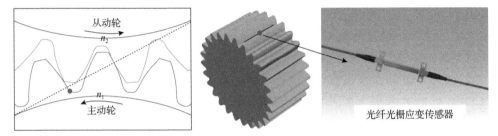

图 8-35　光栅试验测试应力-应变[57]

弹试验常用于测量齿轮的应力场，并且可以直接观测内部主应力差的分布情况。其主要原理是采用具有双折射性能的透明材料制作与轮齿形状相似的模型，并在模型上施加与实际相似的外力，把承载的模型置于偏振光场中，通过观察一些与模型上各点应力状态有关的条纹来确定模型各点的应力。Raptis 和 Savaidis[58]采用光弹试验研究了齿轮的疲劳强度，并采用有限元分析进行了验证，试验最大应力与有限元最大应力之间的偏差在-3.8%~+1.20%。

8.2.2　齿轮疲劳损伤检测技术

疲劳损伤是发生在机械工程领域中的一类十分普遍的物理现象。在齿轮的强度试验中，为了准确地追踪齿轮在工作过程中的损伤程度，掌握齿轮达到失效判据前的运转次数，需要对齿轮的损伤进行检测评估。大部分损伤检测方法基于对设备和构件的检测，可以有效地发现已发展成形的宏观缺陷，但对于材料的疲劳早期损伤，难以做到有效的诊断和评价。因此，如何更早、更准确地检测出构件中难以发现的损伤状况，是预估其有效寿命、避免严重累积损伤和重大事故、延长其服役寿命、降低成本的关键问题，这已成为现代工业技术中具有重要现实意义的课题。

1. 微点蚀检测技术

微点蚀是一种齿轮高速旋转接触疲劳失效现象，它与弹流润滑或混合润滑条件下的滚动和滑动接触相关，除了如温度、载荷、速度、油膜厚度等工况，润滑油化学组分对该现象也有显著影响。一般来说，这种失效始于最初的 $10^5\sim10^6$ 次应力循环中产生的大量裂纹，这些裂纹以小角度扩散至表面，最终导致典型尺寸约为 $10\mu m$ 的微坑，最后微坑聚合变成了连续暗淡无光泽的破裂面，即发生了微点蚀失效，微点蚀的持续发展最终会导致点蚀失效。微点蚀几乎可能出现在轮齿的任何位置，但研究表明，轮齿啮合的重载区或者高速滑动区域更容易观测到微点蚀。正因如此，微点蚀经常会发生在齿廓的齿顶和齿根以及轮齿边缘，也会出现在高应力的局部表面。可见微点蚀在齿轮中十分常见，但是在现场检测时很难观测到。

材料中内应力的变化会产生声发射信号，当齿轮发生微点蚀失效时，也会导致材料的内应力发生变化，从而产生声发射信号，只要检测到声发射信号，就可以连续监视材料内部变化的整个过程，因此声发射检测是一种动态无损检测方法。其原理为：从声发射源发射的弹性波最终传播到达材料的表面，引起可以用声发射传感器探测的表面位移，这些探测器将材料的机械振动转换为电信号，然后再被放大、处理和记录。声发射法适用于实时动态监控检测，且只显示和记录扩展的缺陷，这意味着分辨率与缺陷尺寸无关，所以可以检测类似微点蚀这类尺寸级较小的损伤，其检测原理如图 8-36 所示。Hutt 等[59]基于声发射信号研究了混合润滑状态下硬化钢表面间的磨合期和随后的微点蚀问题，发现声发射对磨合期进程和微点蚀坑形成进程中的表面拓扑变化十分敏感，但是对粗糙峰接触的改变相比对塑性变形、裂纹扩展和断裂的改变更为敏感。

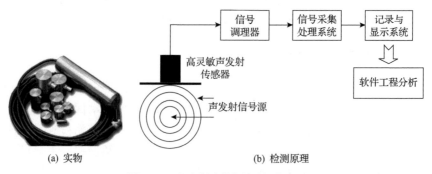

(a) 实物　　　　　　　　　　(b) 检测原理

图 8-36　声发射实物图与检测原理

2. 点蚀检测技术

齿面点蚀是指在变化的接触应力作用下轮齿工作面的表面和次表面产生微裂纹，逐渐扩展最终形成宏观裂纹和块状损伤。对齿面点蚀的在线监测一直是广为关注的重点。齿轮宏观点蚀失效意味着齿轮接触疲劳试验的终止，目前对于齿轮接触疲劳点蚀失效齿面有很多观测、计量方法，如复模法、触针法、机器视觉等。

复模法是指用速干型材料压制点蚀阴模后，用超景深等显微镜进行观测，计算点蚀面积。在出现点蚀损伤后，采用一种自黏性拓印纸直接粘贴在被测齿轮表面，用不伤及拓印纸的同类硬物尖角（类似笔尖）以适当的力度均匀涂抹拓印纸表面，非点蚀区域就变成灰暗色痕迹的点蚀形貌，而点蚀区域的颜色依旧不变，再使用显微镜观测该拓印纸，根据该拓印纸上的光暗度差异将点蚀形貌筛选出来，并利用计算机计算出点蚀形貌的面积。检测过程如图 8-37 所示。该方法具有以下优点：①可以有效提高测量速度，将点蚀检测和设备运行隔离，试验效率大大提高，经过测算能够有效缩短试验周期约 25%；②点蚀面积测量结果准确，且重复性好；③可以消除齿轮重复拆装所造成的装配精度差异对试验结果的影响。

(a) 齿面点蚀   (b) 超景深显微镜观测   (c) 点蚀形貌

图 8-37 复模法齿轮疲劳点蚀测量流程

触针法就是用齿轮检测仪检测齿面中部在试验前后的齿形、齿向变化，然后用试验前的测量均值减去试验后的实际测量值，若差值达到 20μm，则判定失效。此方法存在以下缺点：①在试验前需要检测齿轮某处的齿形齿向，在后续检测中需要重复检测该位置，但微点蚀极大可能不会出现在该检测位置；②试验前检测的轮齿齿形齿向结果取均值不能代表全部微观齿面；③不管探针头多小，检测的点蚀深度必小于实际深度。

此外，在器件与图像处理技术进步的推动下，机器视觉的功能在不断扩展，如缺陷检测、测量、人机交互以及环境建模等。缺陷检测是通过机器视觉的手段来分析零部件信息，从而判断缺陷状况。采用基于机器视觉的齿轮点蚀在线检测代替人工停机检测，不仅能够量化疲劳点蚀面积，而且能够捕捉齿轮试验的初始疲劳状态，监测疲劳演变过程，降低劳动强度，实现试验过程无人值守，自动停机。Zhang 等[60]提出了基于工业机器视觉的齿轮点蚀检测方法，他们检测齿轮点蚀的机器视觉系统是齿轮疲劳试验的必要元素，整个系统有效地集成了疲劳试验的内部信息，将相关数据自动分类为不同类型；齿轮点蚀检测方法主要由图像分割算法和基于轮廓计算的图像处理算法组成。Soleimani 等[61]利用图像处理技术来量化磨损和微点蚀，通过在双盘磨损试验台上对聚合物进行磨损试验，以获取所需的表面形貌，并提出了几种图像处理技术来检测和量化微点蚀和磨损机理，包括局部阈值分割和全局阈值分割、有无光照不均补偿、二值法和灰度法等。杨长辉等[62]重点研究了高速、多油环境下试件表面的图像采集技术，成功提取了待检测目标区域，并采用全局阈值分割法、形状筛选等方法(检测算法流程如图 8-38所示)，实现了对试件表面不同类型、不同大小缺陷的精确、实时检测，以及对试件疲劳失效的准确评估；检测结果如图 8-39 所示，结果表明，该系统能够满足滚动接触疲劳失效的在线检测需求，对疲劳点失效的平均检测误差为 4.9%，准确率达 96.5%，能够进行无人值守试验。

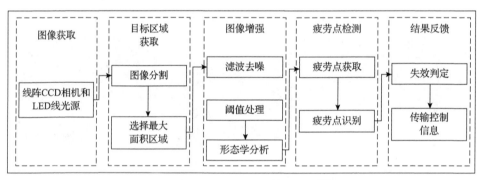

图 8-38　疲劳点蚀检测算法流程[62]

CCD 为电荷耦合器件；LED 为发光二极管

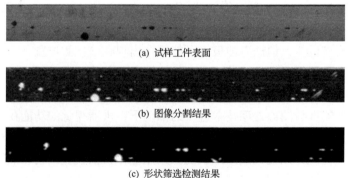

(a) 试样工件表面

(b) 图像分割结果

(c) 形状筛选检测结果

图 8-39　检测结果[62]

秦毅等[63]开发了一种基于机器视觉的齿轮点蚀检测系统，该系统主要包括视觉检测模块、图像处理模块、光照模块、齿轮夹具模块，以及用于安装上述模块的工作台。其中光照模块的核心是光源；视觉检测模块的核心是 CCD 工业相机，齿轮夹具通过三爪卡盘对齿轮进行定位安装，三者相结合获取齿轮各个齿面的点蚀图像信息；图像处理模块实现从采集到的图像信息中分割出有效工作齿面部分，得到其中的点蚀部分像素数量与工作齿面部分像素数量之比，从而得到点蚀率以评估齿轮的点蚀等级，整个装置实现了自动化和齿轮点蚀评估的量化，有效提高了点蚀检测的效率和精度。随后，秦毅等又开发了一种基于深度学习的自适应齿轮点蚀定量评估与检测装置[63]，如图 8-40 所示，该装置包括齿轮箱平台、集成式数据采集系统、图像处理系统、控制系统、磁座、移动平台等。其中，齿轮箱平台通过齿轮接触疲劳试验为该点蚀检测装置提供齿轮点蚀样本；集成式数据采集

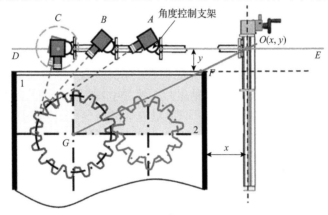

(a) 齿轮点蚀检测装置

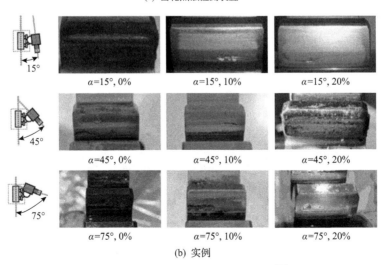

(b) 实例

图 8-40　齿轮点蚀检测装置与实例[63]

系统通过 CCD 工业相机采集高质量图像数据，并快速传输给图像处理系统；图像处理系统利用深度学习技术完成齿轮点蚀的定量评估与目标检测；控制系统与计算机通过串口通信，控制电动推杆将数据采集系统推送至指定工作位置；移动平台通过磁座固定在齿轮箱侧壁，完成集成式数据采集系统的位置调节。该齿轮点蚀定量评估与检测装置适应不同参数齿轮的点蚀检测，满足了精准智能化齿轮点蚀定量评估与检测的工作要求。

3. 裂纹检测技术

当齿轮发生裂纹，尤其是齿根有裂纹时，在齿轮驱动扭矩力作用下易引发齿轮断齿，而断齿落在齿轮箱内或卡入齿间会造成次生伤害，同时断齿的齿轮破坏了设计之初的齿轮间连续啮合状态，使得缺齿位置邻近的齿啮合情况恶化，极易造成轮齿疲劳而再度引发裂纹甚至断齿故障。因此，为避免因齿轮裂纹故障而造成机械设备事故的扩大化，针对齿轮裂纹的故障诊断对保证机械设备的稳定安全运行具有重要意义。

磁力探伤法根据漏磁原理，可以通过磁力探伤器测定零件表面或接近表面的内部损坏，如裂纹。被检验的零件磁化后必然产生具有方向性的磁通，若零件完好，则磁力线彼此平行且均匀分布；若某处有裂纹或气孔，则磁阻较大，磁力线会绕过磁阻大的部位并发生歪扭。在零件上铺撒氧化铁等磁性粉末，即能清楚地显露出缺陷部位及范围。磁力线具有方向性，当裂纹与磁力线方向垂直时较清晰，而当裂纹小且方向与磁力线平行时不易显露，因此检验时应使磁力线在几个不同的方向通过。图 8-41 为磁粉探伤仪。经磁力探伤法检验后的零件必须进行退磁，否则零件在剩磁作用下极易吸附磨损下来的铁屑，从而加速零件的磨损。退磁的方法有两种：一种是直流电退磁法，将通到零件上退磁的电流很快改变方向并逐步减弱直至零，这样可将零件上的剩磁退到最低限度；另一种是交流电退磁法，将零件从频率为 50Hz 的交流磁场中慢慢抽出，即可将剩磁全部退尽。

图 8-41　磁粉探伤仪

齿轮工作时产生的振动是反映齿轮传动质量的重要指标,齿轮的局部故障总是以调制(调幅和调频)的形式表现出来,在其振动和噪声信号中会发生幅值和频率成分的变化[64]。当齿轮的某个齿(或几个齿)发生故障进入啮合时就会产生脉冲调制,以齿轮转频为频率的脉冲信号对较高频率的啮合振动进行调制。当齿轮产生裂纹时,其振动信号同样具有上述特征,所以可以基于振动信号进行裂纹检测。但是早期微小裂纹对振动信号的影响并不显著,本来变化就不大的能量被发散到各个频率分量上,再加上噪声的干扰,使得常规的谱分析很难识别出齿轮的这种早期故障。声发射技术是一种高灵敏度的在线无损检测技术,声发射信号(计数、有效值、信号强度等)对裂纹的萌生和扩展过程比较敏感,现已广泛应用于疲劳失效过程检测,其最主要的优点是实现了动态实时检测,缺点是定量检测裂纹萌生和扩展尺寸仍然存在一定的困难,而且只是间接地通过裂纹萌生和扩展释放的损伤信号进行检测,无法通过图像的形式直观地实时检测裂纹从萌生到扩展,直至断裂的整个过程。

4. 磨损检测技术

齿轮失效形式除了微点蚀、点蚀和裂纹,还存在齿轮磨损失效。齿轮磨损失效主要是因为在齿轮啮合传动时,两渐开线齿廓之间存在相对滑动,在载荷作用下,齿面间的灰尘、硬屑粒会引起齿面磨损。严重的磨损将使齿面渐开线齿形失真,齿侧间隙增大,从而产生冲击和噪声,其至发生齿轮折断。在开式传动中,特别是在多灰尘场合,齿面磨损是轮齿失效的主要形式。磨损是影响机械寿命的主要因素之一,对于齿轮系统,轮齿的过度磨损不仅会影响齿轮的传动精度和效率,还会造成机构振动、产生噪声等,严重时甚至会使轮齿断裂,造成重大事故。磨损具有缓慢的渐进性特点,对机械系统性能的影响也是一个渐进性缓慢失效的过程,与突发性失效相比往往容易被忽视,但其危害性很大。

齿面磨损是评价齿轮寿命的主要指标之一,目前采用的各种测定齿轮磨损量和判定磨损状态的不同方法各有其优缺点。称重法是测量精度较高的方法,这种方法要进行齿轮和轴承的拆装,并要有大称重、高感量的分析天平。几何尺寸或形状比较法可以测量不同磨损程度的齿厚、公法线、基节等;用精密的齿廓检测仪测定齿形的变化,能获得齿面磨损的全貌,但需要卸下齿轮才能测量;铁谱分析法可以对磨屑的形貌、大小、颜色和浓度进行观察分析;光谱分析法通过检测润滑油中各种元素含量的变化得到磨损量。

目前,对齿轮故障信号的监测主要集中在振动监测上。但是,对于振动信号比较微弱的故障,如金属腐蚀和表层疲劳磨损等,使用振动监测手段就相对比较困难,而声发射检测方法因对微弱故障信息更敏感,在设备早期故障诊断中越来越受到重视。于洋等[65]利用声发射检测技术对齿轮运行状态进行实时监测,并通过希尔伯特-黄(Hilbert-Huang)变换对采集的数据进行分析处理，通过对比正常齿轮与故障齿轮的经验模态分解图、Hilbert 谱，得出齿轮磨损故障的频率特征，证明声发射检测方法可以有效地检测到齿轮磨损故障。何宇漾和黄福权[66]将分形理论用于齿轮磨损的监测，从工程应用角度介绍了振动信号盒维数的计算方法，通过对齿轮振动信号分形维数的计算，揭示了分形维数与信号复杂程度之间的内在联系，结果表明，随着齿轮磨损的增加，齿轮振动信号盒维数呈下降趋势，运用振动信号的分形维数特征可有效实现齿轮磨损监测。张卫国等[67]采用基于逆向工程的原理，对齿轮磨损件进行表面信息获取、磨损实体模型重构，并与标准件进行对比分析，得到了磨损部位定量、精确的待修复信息，为磨损件的绿色再制造提供了数字化依据。

　　此外，机器视觉、深度学习等技术也可用于齿面磨损的在线检测。Chang 等[68]通过实例分析，提出了一种获取全面、高分辨率磨损信息的新方法，即通过组合成型方法和基于非接触成像的二维和三维测量方法监测齿轮磨损的演变过程，无须拆卸齿轮箱。他们采用光学和激光扫描共聚焦显微镜和图像处理工具，在润滑耐久性试验期间，提供了齿轮表面粗糙度、磨损严重度和磨损深度的量化信息，如图 8-42 所示。

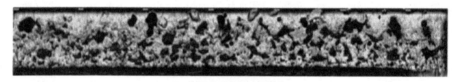

(a) 齿轮齿顶磨损二维图像

(b) 齿顶磨损二值图像[68]

图 8-42　齿轮齿顶磨损二维图像和齿顶磨损二值图像

8.3　试验方法与数据处理技术

　　齿轮作为风电、航空航天、船舶等领域重大装备中的关键基础件，常发生弯曲疲劳和接触疲劳失效，开展齿轮接触疲劳强度试验研究对提高齿轮服役性能、推动齿轮传动技术发展具有重要意义。齿轮接触疲劳与弯曲疲劳试验具有需要试件多、试验周期长、试验费用高昂、数据离散性大、不易得到准确有效值的特点，为了在一定的时间成本下得到可靠、有效的试验结果，必须采用合理的试验方法与数据处理技术。

在疲劳分析中，需要利用各种试验来获得疲劳性能数据。齿轮受几何形状、载荷分布、服役状况等因素的影响，自身服役寿命具有很大的分散性和随机性，而疲劳试验是最准确、最直接的方法。但是对齿轮而言，对全部零件采用寿命试验的方法很难实现，这就需要用概率与统计的方法来处理试验数据，充分利用小样本数据反映齿轮接触疲劳寿命的特性规律。本节介绍一些常用的齿轮接触疲劳试验方法、试验程序与数据处理技术等，可供齿轮疲劳试验时选用。

8.3.1　升降加载法

试验中，当齿面出现接触疲劳失效或齿面应力循环次数达到评定循环次数 N_0 而未失效时(以下简称"越出")，试验终止，可获得齿面在试验应力下的一个寿命数据。当试验齿轮及试验过程均无异常时，通常将该试验点称为"有效试验点"，否则称为"异常试验点"。齿轮接触疲劳试验有多种数据组合方法。在试验方案制定阶段，应根据试验目的和试验周期进行合理选择。

关于试验齿轮的齿面接触应力，按式(8-1)进行计算：

$$\sigma_H = \frac{Z_H Z_E Z_\varepsilon Z_\beta}{Z_V Z_E Z_R Z_W Z_X} \sqrt{\frac{F_t(u \pm 1)K_A K_V K_{H\alpha} K_{H\beta}}{d_1 bu}} \tag{8-1}$$

式中，各变量的意义与取值见标准 GB/T 3480.2，其计算的接触应力已将试验条件及试验齿轮转换为 GB/T 3480 所要求的标准状态。

升降加载法(又称 dixon-mood 法，简称 DM 法)是在预估疲劳极限附近设置多个应力水平，并依据试验点失效/越出升降走势统计得出指定循环次数下疲劳极限的一种试验方法。在升降加载法试验中，每个试件加载的应力水平由前一试件的试验结果决定，当上一试件为"失效"时，该试件加载的应力水平选择降低一级，当上一试件为"越出"时，该试件的应力水平选择提高一级，初始加载应力水平可选择位于预估接触疲劳极限附近的应力值。试验时，通常取 4～7 个应力级，相邻应力水平的差值 $\Delta \sigma = (0.04 \sim 0.06)\sigma'_{lim}$ 为宜，所需试验点总数一般不少于 20 个。该试验方法多用于疲劳极限的测定。

在不同应力水平下，按照试验轮齿"越出"(循环次数达到规定的循环基数 N_0)和"失效"的频率安排试验数据，仅对"越出"和"失效"事件进行统计分析，对最少的观测数进行分组分析。将应力水平按升序排列，即 $\sigma_0 \leqslant \sigma_1 \leqslant \cdots \leqslant \sigma_l$，其中 l 为应力水平数。

升降加载法[69]提供了用于计算疲劳极限 S_e 平均值 μ_s 和标准差 σ_s 的近似公式。这种方法假设疲劳极限服从正态分布，需要利用小概率事件数据来确定这两个统计特性(例如，或是只有失效，或是只有存活)。将以所选增量 d 等距隔开的应力水平 S_i 编号 i，其中，在最低应力水平 S_0 时，$i=0$。在编号载荷水平 i 上的小概率

事件数用 n_i 来表示，可以计算出 A 和 B 两个量：

$$A = \sum i n_i, \quad B = \sum i^2 n_i \tag{8-2}$$

则预估的疲劳极限平均值为

$$\mu_s = S_0 + d\left(\frac{A}{\sum n_i} \pm 0.5\right) \tag{8-3}$$

式中，若小概率事件是存活率，则采用加号(+)；若小概率事件是失效率，则采用减号(–)。

当 $\dfrac{B\sum n_i - A^2}{\left(\sum n_i\right)^2} \geqslant 0.3$ 时，标准差为

$$\sigma_s = 1.62 d \left[\frac{B\sum n_i - A^2}{\left(\sum n_i\right)^2} + 0.029\right]$$

当 $\dfrac{B\sum n_i - A^2}{\left(\sum n_i\right)^2} < 0.3$ 时，标准差为

$$\sigma_s = 0.53 d$$

根据正态分布的平均值 μ_s 和标准差 σ_s，利用标准正态分布偏量计算不同可靠度 R 下的齿轮接触疲劳极限：

$$S_{e,R} = \mu_s + \Phi^{-1}(1-R)\sigma_s \tag{8-4}$$

式中，$\Phi^{-1}(\cdot)$ 为标准正态分布函数的逆函数。

　　基于升降加载法测试齿轮接触疲劳极限一般需要约 20 个试验点，由于齿轮接触疲劳试验具有复杂性与耗时性，这显然增加了工作量。基于此，近年来也产生了一些小样本试验方法，如基于蒙特卡罗的齿轮接触疲劳极限估计方法[70]，它是一种考虑样本扩展和标准差校正的改进齿轮疲劳强度估计方法，经试验验证，它能将所需试验点减少 50% 左右，而与升降加载法误差最大仅为 12.7%。

8.3.2　常规成组法

　　常规成组法(group test method, GTM)是在多个应力水平下成组进行疲劳寿命

试验，并通过统计学方法得到不同可靠度下 *S-N* 曲线的一种试验方法。常规成组法多用于试验齿轮有限寿命区间内 *R-S-N* 疲劳曲线的精确测定，如图 8-43 所示。试验时，通常取 4 或 5 个应力级，最高应力级与次高应力级的应力间隔以总试验应力范围的 40%～50%为宜，随着应力的降低，应力间隔逐渐减小；同时，最高应力级中的各试验点循环次数应不少于 1×10^6，对于最低应力级，至少应有一个试验点越出。在每个应力级下应有不少于 5 个试验点(不包括越出点)。

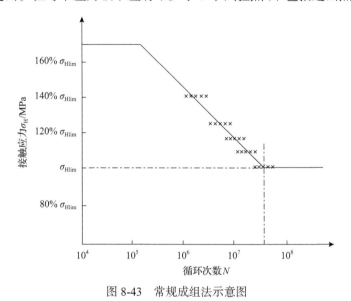

图 8-43　常规成组法示意图

当试验点不足，想要快速获得 *S-N* 曲线时，可采用少试验点组合法。少试验点组合法是在多个应力水平下进行少量疲劳寿命试验，并通过数据拟合得到 *S-N* 疲劳曲线的一种试验方法，如图 8-44 所示。该试验方法多用于试验齿轮有限寿命区间内 50%可靠度下 *S-N* 疲劳曲线的测定。试验时，通常取 4～10 个应力级，每个应力级下取 1～4 个试验点(不包括越出点)，一般共需不少于 7 个试验点。所设置的各个应力级应在有限寿命区间得到合理分布，总体原则为：在高应力级下设置的应力间隔可适当大些，在低应力级应适当小些；在低应力级应出现越出点。另外，该试验方法也用于各种齿轮疲劳寿命的对比试验。对比试验的目的是评估和判定各种因素对齿轮接触疲劳寿命的影响结果。这些因素包括但不限于齿轮材料、热处理工艺、宏观几何参数、润滑油品等。试验载荷可根据需要选择，为节约试验时间，可以在有限寿命应力水平下进行试验对比，试验点数可根据试验结果的分散性而确定，在每种条件下，至少需要获得 2 个试验点。若确实需要进行整条 *S-N* 曲线对比或疲劳极限对比，则应按照相应的试验方法进行试验。

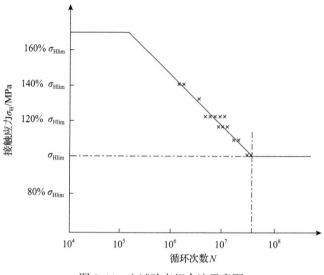

图 8-44　少试验点组合法示意图

在获得各应力级下的疲劳寿命数据后，需要对其进行分布检验，确定其分布特征才能进行后续 R-S-N 曲线的绘制。目前齿轮接触疲劳试验常用的分布函数有正态分布、对数正态分布和 Weibull 分布等，以下将具体介绍各自的拟合方法。齿轮疲劳试验耗时耗力，试验费用高昂，通常难以获得大量的试验数据。目前关于疲劳试验中小样本疲劳寿命数据的分布拟合主要有两种统计学方法：一种是改进传统的频率统计学方法；另一种是基于贝叶斯理论的统计学方法[71]。经典统计学认为，数据是来自具有一定概率分布的总体，所研究的对象是这个总体而非数据本身，总体分布中的参数 θ 是一个常量，不会因为数据样本容量和抽样方法的变化而出现差异；贝叶斯学派的最基本的观点是任一个未知量 θ 都可看成一个随机变量，应该用一个概率分布去描述对 θ 的未知状况。这个概率分布是对 θ 的先验信息的概率描述，在贝叶斯统计学中被称为先验分布[72]。两个学派之间有共同点，也有不同点，其主要差别在于如何应用统计问题中的三种信息，即总体信息、样本信息和先验信息。下面介绍这两种统计学方法在齿轮接触疲劳试验数据处理中的应用。

1. 频率(经典)统计学方法

1)正态分布

正态分布也称高斯分布(Gaussian distribution)，广泛应用于数学、物理及工程等领域，有着重大的影响力。在齿轮接触疲劳寿命的研究中，载荷分布、应力分布等诸多要素的分布都可以被近似假定为正态分布[73]。正态分布的概率密度函数 $f(x)$ 和分布密度函数 $F(x)$ 分别为

$$f(x) = \frac{1}{\sqrt{2\pi}\sigma} \exp\left[-\frac{1}{2}\left(\frac{x-\mu}{\sigma}\right)^2\right], \quad x > 0 \tag{8-5}$$

$$F(x) = P(X \leqslant x) = \int_{-\infty}^{x} \frac{1}{\sqrt{2\pi}\sigma} \exp\left[-\frac{(x-\mu)^2}{2\sigma^2}\right]\mathrm{d}x \tag{8-6}$$

式中，μ 为均值；σ 为标准差。

设样本 $(x_1, x_2, \cdots, x_n)$ 服从正态分布，且按从小到大的顺序排列，首先进行适当的变化，令 $Y = \Phi^{-1}(F(x))$，$X = x$，则拟合公式表达为

$$Y = \Phi^{-1}(F(x_i)) = \frac{1}{\sigma_N}(x_i - \mu) = \frac{1}{\sigma_N}(X - \mu) \tag{8-7}$$

根据样本数据 $(x_i, F(x_i))$ 换算得到 (X_i, Y_i)，进而计算得到 X 和 Y 之间的相关系数 $R(X, Y)$，并与相关系数表进行比较，R 应大于相关系数值。

2）对数正态分布

对数疲劳寿命 $\lg N$ 通常是服从正态分布的，令 $X = \lg N$，则 $X \sim N(\mu, \sigma^2)$，称疲劳寿命 N 服从对数正态分布。也就是说，如果 N 是一个对数正态分布随机变量，那么变量 $\lg N$ 就服从正态分布。这里，μ 和 σ 并不是寿命 N 的均值与标准差，而是它的对数均值与对数标准差。对数正态分布已在疲劳寿命数据分析中得到了广泛的应用。Li 等[74, 75]提出齿轮接触疲劳寿命可以按照对数正态分布进行拟合，对数正态分布的概率密度函数 $f(x)$ 可表示为

$$f(x) = \frac{1}{\sqrt{2\pi}\sigma x} \exp\left[-\frac{1}{2}\left(\frac{\ln x - \mu}{\sigma}\right)^2\right], \quad x > 0 \tag{8-8}$$

设样本 $(x_1, x_2, \cdots x_n)$ 服从对数正态分布，且按从小到大的顺序排列，首先进行适当的变化，令 $Y = \Phi^{-1}(F(x_i))$，$X = \ln x_i$，则拟合公式为

$$Y = \Phi^{-1}(F(x_i)) = \frac{1}{\sigma_N}(\ln x_i - \mu) = \frac{1}{\sigma_N}(X - \mu) \tag{8-9}$$

根据样本数据 $(x_i, F(x_i))$ 换算得到 (X_i, Y_i)，进而计算得到 X 和 Y 之间的相关系数 $R(X, Y)$，并与相关系数表进行比较，R 应大于相关系数起码值。

3）Weibull 分布

正态分布与对数正态分布有较为完善的数学理论，但它们用于描述疲劳寿命的分布时，忽略了齿轮疲劳寿命有一个大于等于零这一物理事实。因此，Weibull

于 1951 年在研究滚珠轴承的疲劳寿命分布时提出了 Weibull 分布，现在已经得到广泛的应用。Weibull 分布是将强度的概率模型设计成链式模型，并通过求解链式模型中最弱环节(求极小值)来解决材料强度和寿命的问题[76]。齿轮在使用过程中，自身潜在的材料缺陷问题很多，一旦发生点蚀等失效，那么零件也一定会产生各种问题。因此，可以认为零件的疲劳寿命服从 Weibull 分布的概率较大，Weibull 分布比其他分布具有更广泛的普适性[77]。Weibull 分布的概率密度函数 $f(x)$ 和分布密度函数 $F(x)$ 分别表达为

$$f(x) = \begin{cases} \dfrac{\beta(x-\gamma)^{\beta-1}}{\eta^{\beta}} \exp\left[-\left(\dfrac{x-\gamma}{\eta}\right)^{\beta}\right], & x \geqslant \gamma \\ 0, & x < \gamma \end{cases} \tag{8-10}$$

$$F(x) = 1 - \exp\left[-\left(\frac{x-\gamma}{\eta}\right)^{\beta}\right] \tag{8-11}$$

三参数 Weibull 分布记为 $X \sim W(\beta, \eta, \gamma)$，其中 β 为形状参数，η 为尺度参数，γ 为位置参数，其取值范围都是 $(0,+\infty)$。其中，尺度参数 η 控制横坐标尺度的大小，反映了寿命的分散性；形状参数 β 描述分布密度函数曲线的形状；位置参数 γ 也称为最小寿命，表明产品在寿命小于 γ 时不会发生失效。

三参数 Weibull 分布的均值为

$$E(X) = \gamma + \eta\Gamma\left(1+\frac{1}{\beta}\right) \tag{8-12}$$

方差为

$$\mathrm{Var}(X) = \eta^2\left[\Gamma\left(1+\frac{2}{\beta}\right) - \Gamma^2\left(1+\frac{1}{\beta}\right)\right] \tag{8-13}$$

若 $\beta<1$，则样本均值将大于 η；若 $\beta=1$，则样本均值等于 η；若 $\beta>1$，则样本的均值小于 η。随着 β 增长到无穷大，样本的方差减小，且无限接近于 0。

特别地，当三参数 Weibull 分布的位置参数 $\gamma=0$ 时，则简化为两参数 Weibull 分布。两参数 Weibull 分布与三参数 Weibull 分布都常用于齿轮疲劳性能的拟合[78]。

三参数 Weibull 分布是一种相对比较完善的分布，该分布由于形状参数的存在而具有弹性，用于拟合随机数时具有灵活性，能适应不同类型的分布，通过改变形状参数值，它可以近似等效为其他的某种常见分布，在工程中较常应用。由

于三参数 Weibull 分布存在三个参数，这给其参数估计带来一定的麻烦。

国内外学者在这方面做了大量的研究，目前已有二十余种参数估计方法[79-83]，但各种参数估计方法都有一定的适用范围，比较常用的有相关系数优化法(relative coefficient optimization method, RCOM)、极大似然估计法(maximum likelihood estimation, MLE)、矩估计法(moment estimator, MOM)、双线性回归最小二乘估计法(double linear regression method, DLRM)、灰色估计法(grey estimation method, GEM)和概率权重法(probability weighted moment, PWM)等。前四种方法均需要迭代，迭代初值选取不当容易造成不收敛问题而导致无解；概率权重法和灰色估计法无须迭代，计算简单，但在样本量较小时概率权重法计算精度较低。双线性回归最小二乘估计法的基本思想与拟合优度假设检验的方法相似，拟合的三参数 Weibull 分布很容易就通过拟合优度假设检验，所以本节不推荐使用该方法。本节就目前使用最为广泛的相关系数优化法进行介绍。

相关系数优化法基于最小二乘法原理，既适用于完全样本数据，又适用于各种截尾样本数据，计算精度较高，迭代收敛速度快，尤其采用二分法迭代时不会出现迭代不收敛，更便于工程应用[84]。目前对三参数 Weibull 分布中位置参数的估计涉及比较少，事实上如果位置参数估计不准确，那么形状参数和尺度参数的估计也必然受到影响。当其应用到齿轮疲劳寿命数据处理时，形状参数一般代表疲劳寿命的分散性，尺度参数代表疲劳寿命的平均值，而位置参数通常代表最小疲劳寿命。相关系数优化法以相关系数最大为目标首先确定位置参数，再确定形状参数和尺度参数，比较适合工程应用。

首先对式(8-11)进行适当的变换，令 $Y = \ln\left[-\ln(1-F(x))\right]$，$X = \ln(x-\gamma)$，$B = \beta\ln\eta$，则式(8-11)可转化为线性方程：

$$Y = \beta X - B \tag{8-14}$$

$F(x)$ 为经验分布函数，常见的经验分布函数有

$$F(x) = \frac{i}{n}, \quad F(x) = \frac{i-0.3}{n+0.4}, \quad F(x) = \frac{i-0.35}{n}$$

可通过蒙特卡罗模拟进行比较，建议优先选用最后两种经验分布来进行计算，具体证明过程在此不再赘述。

根据样本数据 $(x_i, F(x_i))$ 换算得到 (X_i, Y_i)，计算 X 和 Y 之间的相关系数：

$$R(X,Y) = \frac{\sum\limits_{i=1}^{n} X_i Y_i - n\overline{X}\,\overline{Y}}{\sqrt{\left(\sum\limits_{i=1}^{n} X_i^2 - n\overline{X}^2\right)\left(\sum\limits_{i=1}^{n} Y_i^2 - n\overline{Y}^2\right)}} \tag{8-15}$$

要寻找位置参数 γ 最佳估计值,其实就是求解使相关系数 $R(X,Y)$ 最大时位置参数的值。只要求出相关系数 $R(X,Y)$ 对 γ 的一阶导数,即可得出位置参数的最优估计值。对于三参数 Weibull 分布恒有 $R(X,Y)>0$,因此求解 $R(X,Y)$ 对 γ 的一阶导数与求解 $R^2(X,Y)$ 对 γ 的一阶导数是等价的,为简化算式,选择计算对 Y 的一阶导数,得到超越方程:

$$(nS_1 - S_x^2)\sum_{i=1}^{n}\frac{S_y - nY_i}{x_i - \gamma} - (nS_2 - S_xS_y)\sum_{i=1}^{n}\frac{S_x - nX_i}{x_i - \gamma} = 0 \tag{8-16}$$

式中,$S_x = \sum_{i=1}^{n} X_i$;$S_y = \sum_{i=1}^{n} Y_i$;$S_1 = \sum_{i=1}^{n} X_i^2$;$S_2 = \sum_{i=1}^{n} X_iY_i$;$i=1,2,\cdots,n$。

对 γ 求解二次导数比较困难,所以不应该选用逼近速度快的牛顿迭代法,一般 $0 \leqslant \gamma < x_1$,而且可以证明式(8-15)在 $0 \sim x_1$ 是单调的,即只有一个根。采用二分法很容易实现,计算结果精度高,并且不会出现迭代不收敛的情况,最后用最小二乘法拟合式(8-14)即可求出形状参数和尺度参数。

2. 基于贝叶斯理论的统计学方法

现如今,贝叶斯方法已经发展了一系列的模型来估计复杂关系结构数据。从贝叶斯统计的观点来看,模型参数也被看成具有概率分布的随机变量,因此在估计模型参数之前,可以根据已知信息确定参数的分布,即先验分布[85]。分层贝叶斯模型(hierachical Bayesian model,HBM)提供了一个公式化的框架来分析所关心的复杂数据结构(传统的经验贝叶斯方法可以看成单层贝叶斯分层方法)。分层贝叶斯模型相对于经验贝叶斯模型优势在于,其分层先验中包含了模型参数的结构信息,分层模型采用更复杂的结构来适应模型,因此其相对于非分层模型适应性更强。毛天雨等[86]建立了基于齿轮疲劳试验数据的分层贝叶斯模型,发现小样本条件下分层贝叶斯模型结果优于传统的最小二乘法模型。相比较于经验贝叶斯模型,分层贝叶斯模型具有以下优点[87]:

(1)经验贝叶斯模型没有考虑超参数的估计误差,而分层贝叶斯模型可以分析并处理此类误差。

(2)分层贝叶斯模型避免了超参数的选择,在缺少先验信息的经验贝叶斯模型中往往难以确定,因此分层贝叶斯模型的鲁棒性更高。

(3)经验贝叶斯模型要求求解似然方程,而分层贝叶斯模型需要进行数值积分,如马尔可夫链蒙特卡罗(Markov chain Monte Carlo,MCMC)算法,且结果以条件分布的形式给出。

分层贝叶斯模型可由式(8-17)来定义[88]:

$$f(\theta \mid y) = \frac{f(y \mid \theta)f(\theta \mid v)f(v)}{f(y)} \tag{8-17}$$

式中，$f(\cdot)$ 泛指各种分布函数；$f(y|\theta)$ 为第一层的似然函数；θ 为似然函数中所有参数的集合；$f(\theta|\nu)$ 为位于第二层的似然函数参数 θ 的概率密度函数，可以是先验分布，也可以是后验分布；ν 为决定似然函数参数分布的超参数；$f(\nu)$ 为超参数的概率密度函数；$f(y)$ 为归一化常数。

本节采用目前最为常用的 Basquin 模型进行 S-N 曲线的拟合，若考虑各应力水平下疲劳寿命的随机性，Basquin 方程[89]可表达为

$$N_j = AS_j^B \varepsilon_j \tag{8-18}$$

式中，随机变量 ε_j 表示在不同应力水平 S_j 下的随机性，包含材料疲劳特性的不确定性与观测误差，假定它服从对数正态分布。对式(8-18)等号两边同取对数，可得

$$\lg N_j = \lg A + B \lg S_j + \delta_j \tag{8-19}$$

根据 Guida 和 Penta[90]提出的方法，假定 $\delta_j = \sigma_j e_j$，σ_j 为在对应应力水平 S_j 下的对数疲劳寿命的标准差，且 $e_j \sim N(0,1)$，则 $\delta_j \sim N(0,\sigma_j^2)$，式(8-19)可以改写为以下矩阵形式：

$$Y_i = X_j \beta + \delta_j \tag{8-20}$$

式中，$Y_j = \lg N_j$；$X_j = (1, \lg(S_j))$；$\beta = (\beta_1, \beta_2)^T$，$\beta_1 = \lg A$，$\beta_2 = \lg B$。

假设疲劳寿命遵循对数正态分布，在每个应力水平下具有不同的方差。对于不同应力水平下疲劳寿命均值的异质性，常用的模型为分层正态模型，其组内和组间抽样模型都是正态的：

$$\left\{ y_{1,j}, y_{2,j}, \cdots, y_{n_j,j} \middle| X_j \beta, \sigma_j^2 \right\} \sim N(X_j \beta, \sigma_j^2)，组内 \tag{8-21}$$

$$\left\{ \sigma_1^2, \sigma_2^2, \cdots, \sigma_n^2 \right\} \sim IGa(\nu_0/2, \nu_0 \sigma_0^2/2)，组间 \tag{8-22}$$

式中，(ν_0, σ_0^2) 代表组间方差的异质性。在建立分层贝叶斯模型后，需要对它进行计算求解，本节采用马尔可夫链蒙特卡罗算法中的 Gibbs 采样算法进行数值求解[91]，具体求解过程不再赘述。

8.3.3 P-N 曲线测试方法

齿轮接触疲劳寿命一般可以通过测试 S-N 曲线或 P-N 曲线（概率-寿命曲线）获取，S-N 曲线是接触应力与疲劳寿命之间的关系曲线，主要反映齿轮材料本身的疲劳性能，一般需要在 4 个应力级下进行试验，每个应力级最少 5 个试验点，

至少需要 20 个有效试验点,且最低应力级下须包括越出点(对于渗碳齿轮循环次数大于 5×10^7)。P-N 曲线反映不同失效概率下的疲劳寿命,可以看成 S-N 曲线中一个固定载荷级下的齿轮接触疲劳寿命分布。相比于 S-N 曲线测试,P-N 曲线所需试验点较少,它在固定接触应力下进行 4～10 组试验,来获取定载荷下不同可靠度下的疲劳寿命,常用于筛选试验。

在获得固定载荷下的不同试验点后,可采用下述数据处理方法获得 P-N 曲线[92]。

1)试验点寿命排序

若试验点总数为 n,则其寿命值的排序为

$$N_{L_1} \leqslant N_{L_2} \leqslant \cdots \leqslant N_{L_{n-1}} \leqslant N_{L_n} \tag{8-23}$$

对于任一寿命值 N_{L_m} 的寿命经验分布函数的中位秩公式为

$$P(N_{L_m}) = \frac{m - 0.3}{n + 0.4} \tag{8-24}$$

式中,n 为试验点总数;m 为试验点按寿命值由小到大排列的顺序。

2)分布函数的确定

试验齿轮的寿命分布函数一般采用 Weibull 分布、正态分布等。以两参数 Weibull 分布为例,其分布函数为

$$P(N_L)_S = 1 - e^{-\left(\frac{N_L}{V_S}\right)^{b_1}} \tag{8-25}$$

其对数公式为

$$\ln\ln\left[\frac{1}{1 - P(N_L)_S}\right] = b_1\left(\ln N_L - \ln V_S\right) \tag{8-26}$$

式中,N_L 为齿轮接触疲劳寿命;b_1 为 Weibull 分布函数的形状参数;V_S 为 Weibull 分布函数的尺度参数;$P(N_L)_S$ 表示在某一试验应力水平 S 下,试样寿命小于 N_L 的概率,以百分数表示。

3)Weibull 参数的估计及 P-N 曲线绘制

Weibull 分布函数的拟合公式可以描述为 $Y = KX + B$ 的线性方程,然后采用相关系数优化法对 Weibull 参数进行估计,得到斜率参数 b_1 和特征寿命参数 V_S 的估计值,根据式(8-25)绘制出齿轮接触疲劳 P-N 曲线,并将试验数据点绘于曲线图上。

8.3.4　加速疲劳试验法

　　齿轮接触疲劳属于高周疲劳失效，试验周期长、耗费大，因此利用有限元等疲劳寿命仿真以及加速试验方法，可大幅缩减试验成本与研发周期。加速寿命试验按照加载载荷的不同分为恒应力加速寿命试验和变应力加速寿命试验。变应力加速寿命试验又分为步进应力加速寿命试验(图 8-45(a))和序进应力加速寿命试验(图 8-45(b))。下面从理论研究和工程应用两个方面进行阐述。针对加速寿命试验理论，国内的研究主要集中在以下两点[93, 94]：

　　(1)试验前的加速寿命试验方案的选择和确定。

　　(2)通过对加速寿命试验后的数据统计分析研究出试件的加速寿命模型。

　　恒应力加速寿命试验是最先发展起来的试验方法，并且有比较成熟的统计分析方法。

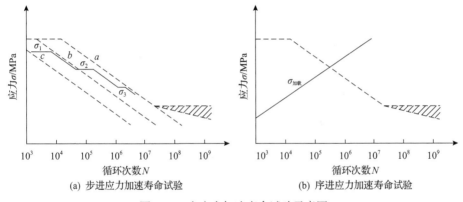

图 8-45　变应力加速寿命试验示意图

　　恒应力加速寿命试验需要大量的样本且试验周期长，为了在短时间内使试样失效，衍生出了步进应力加速寿命试验(step-stress accelerated life test，SSALT)，也称为可靠性强化试验(reliability enhancement test，RET)、高加速寿命试验(highly accelerated life test，HALT)等。步进应力加速寿命试验的目的是通过系统地施加逐渐增大的环境应力和工作应力，进而激发故障和暴露设计中的薄弱环节，从而评价产品设计的可靠性。最早的步进应力试验方法是机械可靠性试验中的阶梯载荷法。与恒应力试验相比，步进应力试验试件的数目少，试验效率高。阶梯载荷法中常采用 Miner 损伤累积法则，其原理为：假设零件在应力 σ_i 下疲劳寿命的循环次数为 N_i，当零件循环次数 n_i 达不到 N_i 时，每次循环将造成部分寿命损伤，n_i 次的损伤率为 n_i / N_i，当损伤率之和 $\sum (n_i/N_i)=1$ 时，产生疲劳失效。基于这一原理，Locati 阶梯载荷法[95]可以用一个试件完成零件的疲劳寿命试验，试验时应力阶梯增载，在每一应力下运转次数一致，在进行数据处理时，先假设三条 σ-N 曲线及对应的材料疲劳极限值 σ_{Hlim}，然后计算出三条 $\sigma\text{-}N$ 曲线的 $\sum(n/N)$ 值，根据三个 $\sum(n/N)$ 值和对应的疲劳极限值 σ_{Hlim} 绘制出一条 $\sum(n/N)\text{-}\sigma$ 曲线，根据该曲线插值找出 $\sum(n/N)=1$ 时的疲劳极限应力值 σ_{Hlim}，如图 8-46 所示。

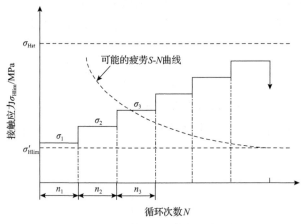

图 8-46　步进加速法确定疲劳极限

以预估某种铸铁齿轮的接触疲劳极限为例，预估接触疲劳极限 σ_{lim} 约为 550MPa，按表 8-4 的应力级进行阶梯增载试验，其中最低应力级一般取预估疲劳极限应力的近似值，最高应力级不超过 1.4 倍的预估疲劳极限应力，每个应力级取相同的循环次数。

根据相关资料推荐数值，设主要参考曲线方程为

$$\sigma^{13.2275}N = 1.015279 \times 10^{44} \tag{8-27}$$

其疲劳极限值 $\sigma_{\text{Hlim}} = 555.72\,\text{MPa}\,(N_L = 5 \times 10^7)$。

表 8-4　阶梯加速法试验数据[96]

接触应力 σ_H /MPa	循环次数 n
558.48	
608.10	
631.12	
656.02	
679.52	
699.89	2×10^5
728.36	
753.82	
777.85	
790.11	

设另外两条参考曲线分别为

$$\sigma^{13.2275}N = 2.502498 \times 10^{44} \tag{8-28}$$

$$\sigma^{13.2275}N = 3.855049 \times 10^{43} \tag{8-29}$$

其疲劳极限值分别为 594.95MPa 和 516.49MPa。

参照参考曲线，试验的累积损伤 $\sum(n/N)$ 的计算数据如表 8-5 所示。

表 8-5　累积损伤数据

接触应力 σ_i/MPa	循环次数 n	σ_{Hlim}=516.49MPa		σ_{Hlim}=555.72MPa		σ_{Hlim}=594.95MPa	
		N	n/N	N	n/N	N	n/N
558.48		19080920	0.01048	46833037	0.00427	—	—
608.10		6644582	0.03010	15190600	0.01316	36697492	0.00545
631.12		4185304	0.04779	9292292	0.02152	21714706	0.00921
656.02		2583411	0.07742	5569481	0.03591	12589610	0.01589
679.52	2×10^5	1664290	0.12017	3496473	0.05720	7677271	0.02605
699.89		1150068	0.17390	2365892	0.08453	5073879	0.03942
728.36		697518	0.28673	1396029	0.14326	2903489	0.06888
753.82		452991	0.44151	886144	0.22570	1796784	0.11131
777.85		305222	0.65526	585121	0.34181	1160122	0.17239
790.11		250645	0.79794	475782	0.42036	933114	0.21434
$\sum(n/N)$		2.6413		1.3477		0.6646	

根据表 8-5 中的数据，通过插值法求解得到 $\sum(n/N)=1$ 时的疲劳极限应力为 572.28MPa。图 8-47 为拟合的 $\sum(n/N)$-σ_{Hlim} 曲线。

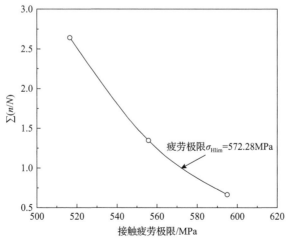

图 8-47　拟合的 $\sum(n/N)$-σ_{Hlim} 曲线

序进应力试验与步进应力试验类似，不同之处在于序进应力试验的应力水平随时间不断上升，这样可以更快地使试样失效，可进一步提高试验的加速效率。对于序进应力试验，该类型试验的统计分析方法非常复杂，主要应用于产品可靠性的对照试验。

8.4 齿轮接触疲劳试验案例分析

8.4.1 基于升降加载法的齿轮接触疲劳极限试验

基于升降加载法开展齿轮接触疲劳极限测试，选用某汽车齿轮进行试验，试验圆柱直齿轮模数 m_n=6.154，齿数 z_1=24，z_2=27，压力角 α=20°，齿宽 b=50mm，齿轮精度等级为 6 级。齿面接触应力计算公式为

$$\sigma_{Hmax} = Z_E Z_H Z_\varepsilon Z_\beta \sqrt{\frac{2KT_1}{bd_1^2}\frac{u+1}{u}} \tag{8-30}$$

式中，σ_{Hmax} 为齿轮接触疲劳最大应力；$K = K_A K_V K_{H\beta} K_{H\alpha}$；$T_1$ 为小齿轮扭矩；各参数选取方法参见标准 GB/T 3480.2—2021，具体数值如表 8-6 所示。

表 8-6 齿轮计算参数

参数	齿轮 25	齿轮 27
单齿有效啮合长度 l/mm	11.24	11.44
区域系数 Z_H	2.4948	
弹性模量系数 Z_E	190271.8507	
重合度系数 Z_ε	0.8906	
螺旋角系数 Z_β	1	
使用系数 K_A	1	
动载系数 K_V	1.0671	
齿向载荷分布系数(接触)$K_{H\beta}$	1.0385	
齿间载荷分配系数(接触)$K_{H\alpha}$	1	
齿宽 b/mm	50	
分度圆直径 d_1/mm	153.85	
速比 u	1.08	

共选取四个应力级进行升降加载法试验，应力级增量 $\Delta\sigma = 5\%\sigma_{Hlim}$（$\sigma_{Hlim}$ 经验值可取 1500MPa）。最低应力级试验点均应越出，最高应力级试验点均应未越出。

首个试件选高应力水平进行试验，确保试件在未达到循环基数前失效，当首个试件失效时，第二个试件在低一级应力下进行试验，反之就在高一级应力下进行试验。有效试验点应从第一个转向点的前一个点开始算，且越出和不越出试验点数均不能少于 5 个。测试结果如表 8-7 所示，表中，N 表示越出(未失效)，F 表示不越出(失效)。

表 8-7　极限应力测试结果

应力/MPa	应力级	1	2	3	4	5	6	7	8	9	10	11	12	13	14	15	16	17	18	19	20	21	22	F	N
1696	3		F								F		F		F									4	0
1630	2	N		F				F	N			N		N	F				F		F			5	4
1562	1				F		N		N								F		N		N		N	2	5
1498	0					N												N						0	2
总计																								11	11

将"越出"作为分析事件，求应力平均值和标准偏差的过程参数如表 8-8 所示。

表 8-8　求应力平均值与标准偏差的过程参数计算

应力/MPa	应力级 i	分析事件数 f_i	if_i	$i^2 f_i$
1696	3	4	12	36
1630	2	5	10	20
1562	1	2	2	2
1498	0	0	0	0
	$N=11$	$A=24$	$B=58$

过程参数计算 $\dfrac{NB-A^2}{N^2}=0.512>0.34$

极限应力均值为

$$\sigma_{\text{Hlim}} = \sigma_0 + d\left(\frac{A}{N} \pm 0.5\right)$$

代入表 8-8 中的数据，得 $\sigma_{\text{Hlim}}=1609\text{MPa}$。需要注意的是，若小概率事件是越出，则使用加号；若小概率事件是失效，则使用减号。此处用减号。

标准差为

$$s_\sigma = 1.62d\left(\frac{NB-A^2}{N^2} + 0.029\right)$$

得 $s_\sigma = 58\text{MPa}$ 。

计算可靠度为99%时的疲劳极限置信下限，查表可知 $k_{99\%}$ 为2.3263，由此可得疲劳极限置信下限值 $\sigma_{\text{Hlim},99\%}$ 为1474MPa。

8.4.2　基于常规成组法的齿轮接触疲劳 *R-S-N* 曲线试验

基于常规成组法开展齿轮接触疲劳 *R-S-N* 曲线试验，在四个应力级下对某汽车渗碳齿轮进行接触疲劳试验，齿轮参数与8.4.1节中齿轮参数一致，齿轮接触疲劳试验如图8-48所示，最终获得的寿命数据从小到大依次排序，结果如表8-9所示。

图 8-48　齿轮接触疲劳试验

表 8-9　齿轮接触疲劳寿命试验数据

| 序号 | 不同应力级下疲劳寿命/次 | | | |
	应力级 I 1562MPa	应力级 II 1630MPa	应力级 III 1696MPa	应力级 IV 1840MPa
1	8395375	5515500	5055555	1770505
2	10533500	6773255	5503375	2423250
3	13032407	8916145	6296200	2455255
4	16666000	9843665	7176000	2617110
5		11931000	8405000	2948180
6		14490451	—	4297140
7	5×10^7(共 16 个)	17510880	—	—
8		5×10^7(共 4 个)	—	—
9				—

按中位秩公式(8-31)计算累积失效概率：

$$P(N_L) = \frac{i - 0.3}{n + 0.4} \tag{8-31}$$

按式(8-32)、式(8-33)和式(8-34)分别计算各个应力级的正态分布、对数正态分布和三参数 Weibull 分布拟合公式所需的数据，利用相关系数优化法或极大似然法确定三参数 Weibull 分布的位置参数 γ ，如表 8-10 所示。

$$\Phi^{-1}(P(N_L)) = \frac{1}{\sigma_N}(N_L - \mu_N) \tag{8-32}$$

$$\Phi^{-1}(P(N_L)) = \frac{1}{\sigma_{\ln N}}(\ln N_L - \mu_{\ln N}) \tag{8-33}$$

$$\ln\left[\ln\frac{1}{1-P(N_L)}\right] = \beta\left[\ln(N_L - \gamma) - \ln\eta\right] \tag{8-34}$$

表 8-10　各个应力级下拟合公式数据点计算

应力级	序号	N_L	$P(N_L)$	$\Phi^{-1}(P(N_L))$	$\ln N_L$	$\ln\left[\ln\frac{1}{1-P(N_L)}\right]$	γ	$\ln(N_L-\gamma)$
I	1	8395375	0.0343	−1.8209	15.9432	−3.3548		14.2199
	2	10533500	0.0833	−1.3830	16.1701	−2.4417		15.1065
	3	13032407	0.1324	−1.1153	16.3829	−1.9521	6897001	15.6296
	4	16666000	0.1814	−0.9101	16.6289	−1.6088		16.0947
	5	50000000 (16 个)	—	—	—	—		—
II	1	5515500	0.0614	−1.5431	15.5231	−2.7588		12.7293
	2	6773255	0.1491	−1.0402	15.7285	−1.8233		14.2825
	3	8916145	0.2368	−0.71650	16.0034	−1.3083		15.1341
	4	9843665	0.3246	−0.4550	16.1023	−0.9355		15.3557
	5	11931000	0.4123	−0.2217	16.2947	−0.6320	5178001	15.7255
	6	14490451	0.5	0	16.4890	−0.3665		16.0469
	7	17510880	0.5877	0.2217	16.6783	−0.1210		16.3278
	8	50000000 (4 个)	—	—	—	—		—
III	1	5055555	0.1296	−1.1281	15.4360	−1.9745		12.8201
	2	5503375	0.3418	−0.4822	15.5209	−0.9727		13.6139
	3	6296200	0.5	0	15.6555	−0.3665	4686001	14.2919
	4	7176000	0.6852	0.4822	15.7863	0.1448		14.7278
	5	8405000	0.8704	1.1281	15.9443	0.7145		15.1290
IV	1	1770505	0.1094	−1.2299	14.3868	−2.1556		12.8904
	2	2423250	0.2656	−0.6261	14.7006	−1.1753		13.8636
	3	2455255	0.4219	−0.1971	14.7137	−0.6015		13.8936
	4	2617110	0.5781	0.1971	14.7776	−0.14729	1374001	14.0331
	5	2948180	0.7344	0.6261	14.8967	0.2819		14.2692
	6	4297140	0.8906	1.2299	15.2735	0.7943		14.8882

采用最小二乘法对表 8-10 中的相关数据点按照 $Y=A+BX$ 进行常数项 A、B 和线性相关系数 r 的计算，其中，对于正态分布，选取表 8-10 中第 5 列作为 Y 值，第 3 列作为 X 值进行最小二乘法拟合；对于对数正态分布，选取表 8-10 中第 5 列作为 Y 值，第 6 列作为 X 值进行最小二乘法拟合；对于三参数 Weibull 分布，选取表 8-10 中第 7 列作为 Y 值，第 9 列作为 X 值进行最小二乘法拟合，结果如表 8-11 所示。

相关系数临界值 r_α 可通过计算或查表得出。由表 8-11 可知，正态分布、对数正态分布和三参数 Weibull 分布的线性相关系数均满足置信水平为 95% 时的相关系数临界值，且三参数 Weibull 分布的相关系数绝对值大于其他两种分布相关系数绝对值，因此三参数 Weibull 分布函数是本组试验数据的最优寿命分布函数，因此采用三参数 Weibull 分布函数确定 R-S-N 曲线。

根据表 8-11 中三参数 Weibull 分布的线性模型参数 A 和 B 值进行形状参数和尺度参数的计算，结果如表 8-12 所示。

表 8-11　拟合公式的常数项和线性相关系数表

分布类型	参数	应力级 I	应力级 II	应力级 III	应力级 IV
正态分布	B	1.060×10^{-7}	1.386×10^{-7}	6.363×10^{-7}	9.624×10^{-7}
	A	-2.595	-2.021	-4.128	-2.648
	r	0.957	0.958	0.984	0.927
对数正态分布	B	1.317	1.491	4.226	2.907
	A	-22.755	-24.569	-66.222	-43.002
	r	0.982	0.991	0.992	0.958
三参数 Weibull 分布	B	0.941	0.737	1.129	1.563
	A	-16.706	-12.256	-16.427	-22.337
	r	0.998	0.992	0.998	0.960
线性相关系数临界值（置信水平 95%）	r_α	0.950	0.878	0.878	0.878

表 8-12　三参数 Weibull 分布特征参数表

分布参数	应力级 I	应力级 II	应力级 III	应力级 IV
形状参数 β	0.9412	0.7372	1.1289	1.5627
尺度参数 η	51037817	16612487	2087251	1612591
位置参数 γ	6897001	5178001	4686001	1374001

不同可靠度下的寿命计算，按式 (8-35) 计算三参数 Weibull 分布的可靠寿命，如表 8-13 所示。

$$N_R = \gamma + \eta \cdot \ln(1/R)^{1/\beta} \tag{8-35}$$

表 8-13 三参数 Weibull 分布不同可靠度下的定应力寿命

可靠度 R	应力级 I	应力级 II	应力级 III	应力级 IV
0.5	41473543	15282536	6194586	2649465
0.8	17267837	7349688	5238737	1991566
0.99	7281916	5210391	4721467	1458942

将 Basquin 方程 $\sigma_H^m N_{L,R,C} = C_{R,C}$ 两边取对数，可以写为

$$m \lg \sigma_H + \lg N_{L,R} = \lg C_R \tag{8-36}$$

令 $Y = \lg \sigma_H$，$X = \lg N_{L,R}$，$B = -\dfrac{1}{m}$，$A = \dfrac{\lg C_R}{m}$，则式 (8-36) 在双对数坐标系下视为线性模型 $Y = A + BX$。采用最小二乘法将置信水平和可靠度相同的各应力级上的点进行直线拟合，可得到 R-S-N 方程；同时，需验证相应的相关系数 r，当相关系数绝对值不小于其临界值时，视为 R-S-N 曲线有效。三参数 Weibull 分布 R-S-N 参数拟合结果如表 8-14 所示，R-S-N 曲线如图 8-49 所示。

表 8-14 三参数 Weibull 分布 R-S-N 方程参数拟合结果

可靠度 R	$m \lg \sigma_H + \lg N_{L,R} = \lg C_R$		相关系数	$\sigma_H^m \cdot N_{L,R} = C_R$	
	A	B	r	m	C_R
0.5	3.63	−0.0576	−0.977	17.3611	9.881×10^{62}
0.8	3.75	−0.0772	−0.989	12.9534	3.584×10^{48}
0.99	3.86	−0.0962	−0.967	10.3950	1.3488×10^{40}

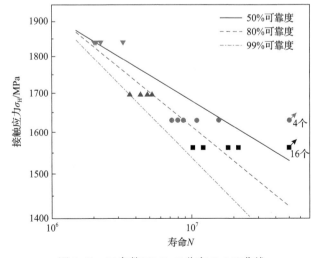

图 8-49 三参数 Weibull 分布 R-S-N 曲线

8.4.3 齿轮接触疲劳 *P-N* 曲线测试

　　基于 *P-N* 曲线测试方法测试 18CrNiMo7-6 渗碳齿轮接触疲劳寿命，齿轮参数与 3.1.1 节相同。工程中渗碳磨削、喷丸强化、滚磨光整、喷丸光整四种典型工艺实现了四种表面完整性状态，以研究表面完整性与齿轮接触疲劳的关联规律。其中，喷丸强化工艺是指渗碳磨削后进行喷丸强化，滚磨光整工艺是指渗碳磨削后进行滚磨光整，而喷丸光整工艺是指渗碳磨削、喷丸强化工艺后再进行滚磨光整。每种表面完整性状态下选取 4～5 个试验点，然后通过数理统计方法（参见 8.3.3 节）获取不同可靠度下的齿轮接触疲劳寿命，从而绘制出不同表面完整性状态下齿轮接触疲劳 *P-N* 曲线，最后获得定载荷下不同可靠度的齿轮接触疲劳寿命。

　　在正式试验前，为了保证齿轮接触疲劳试验的有效性和效率，需要通过预试验进行载荷的摸索，以确定合适的齿面接触压力。接触压力对渗碳磨削状态齿轮接触疲劳寿命的影响如图 8-50 所示，分别对渗碳磨削状态齿轮试件进行了 2000MPa、2100MPa、2200MPa 三种接触压力下的齿轮接触疲劳寿命试验。其中，2000MPa 接触压力下测试 1 组，寿命为 $4.66×10^6$ 次；2100MPa 接触压力下测试 2 组，寿命分别为 $1.73×10^6$ 次、$3.7×10^6$ 次，平均寿命为 $2.72×10^6$ 次；2200MPa 接触压力下测试了 5 组，其寿命分别为 $5.88×10^5$ 次、$8.15×10^5$ 次、$1.29×10^6$ 次、$1.3×10^6$ 次、$1.82×10^6$ 次，平均寿命为 $1.16×10^6$ 次。2200MPa 接触压力下测试的组数相对较多主要是为了测试重载下渗碳磨削状态齿轮 *P-N* 曲线，以作为齿轮接触疲劳寿命对比的初始态。可以看出，接触压力对齿轮接触疲劳寿命影响显著，随着接触压力的增加，齿轮接触疲劳寿命逐渐减小，2100MPa 和 2200MPa 下齿轮接触疲劳

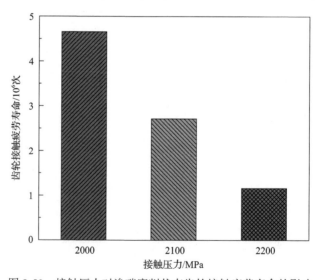

图 8-50　接触压力对渗碳磨削状态齿轮接触疲劳寿命的影响

寿命相比 2000MPa 下分别降低了 41.63%和 75.11%。为了提高试验效率，后续定载荷齿轮接触疲劳寿命对比试验中的接触压力选择 2200MPa，转换为扭矩 732.8N·m，这也是典型重载齿轮传动工况。

图 8-51 为 2200MPa 接触压力下四种表面完整性状态齿轮的接触疲劳 P-N 曲线。可以看出，四种表面完整性状态齿轮在不同失效概率下的接触疲劳寿命排序为：渗碳磨削<滚磨光整<喷丸强化<喷丸光整。其中，渗碳磨削状态齿轮接触疲劳试验共进行了 5 组，选用两参数 Weibull 分布函数进行疲劳寿命数据处理，获得渗碳磨削状态的齿轮接触疲劳寿命分布函数，如式(8-37)所示：

$$P(N_L)_S = 1 - e^{-\left(\frac{N_L}{1336115.488}\right)^{2.297}} \tag{8-37}$$

通过上述疲劳寿命分布函数计算渗碳磨削状态齿轮在 50%、10%、1%失效概率下的接触疲劳寿命，其结果分别为 1.14×10^6 次、5.02×10^5 次、1.8×10^5 次，绘制的 2200MPa 接触压力下的渗碳磨削状态齿轮接触疲劳 P-N 曲线如图 8-51 所示。该状态的结果作为基准结果进行后续其余表面完整性状态下的对比分析。

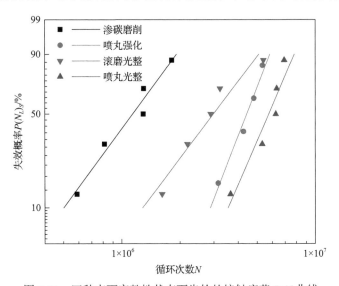

图 8-51 四种表面完整性状态下齿轮的接触疲劳 P-N 曲线

喷丸强化状态齿轮在 2200MPa 定载荷下共进行了 4 组接触疲劳试验，其寿命分别为 3.16×10^6 次、4.26×10^6 次、4.82×10^6 次、5.34×10^6 次，选用两参数 Weibull 分布函数进行疲劳寿命数据处理，得到喷丸强化状态下的齿轮接触疲劳寿命分布函数如式(8-38)所示：

$$P(N_L)_S = 1 - e^{-\left(\frac{N_L}{4814021.871}\right)^{4.376}} \tag{8-38}$$

通过上述疲劳寿命分布函数计算喷丸强化状态齿轮在 50%、10%、1%失效概率下的接触疲劳寿命。在 50%失效概率下，喷丸强化状态齿轮接触疲劳寿命从渗碳磨削状态的 1.14×10^6 次提升到 4.43×10^6 次，相比于渗碳磨削状态的提升约 288.6%，这主要是因为喷丸强化后引入了较大的残余压应力及残余压应力层深度，并且提升了显微硬度梯度，从而提高了接触疲劳寿命。在 10%失效概率下，喷丸强化状态齿轮接触疲劳寿命从渗碳磨削状态的 5.02×10^5 次提升到 2.88×10^6 次，提升了约 476%。在 1%失效概率下，喷丸强化状态齿轮接触疲劳寿命从渗碳磨削状态的 1.8×10^5 提升到 1.68×10^6，提升了约 833.33%。可以看出，随着失效概率的增加（或可靠度的降低），喷丸强化状态齿轮接触疲劳寿命相比于渗碳磨削状态提升幅度逐渐降低，但仍有至少 2 倍的寿命提升。

滚磨光整状态齿轮在 2200MPa 定载荷下共进行了 5 组接触疲劳试验，其寿命分别为 1.62×10^6 次、2.19×10^6 次、2.89×10^6 次、3.23×10^6 次、5.41×10^6 次，选用两参数 Weibull 分布函数进行疲劳寿命数据处理，获得滚磨光整状态的齿轮接触疲劳寿命分布函数如式(8-39)所示：

$$P(N_L)_S = 1 - e^{-\left(\frac{N_L}{3517062.041}\right)^{2.232}} \tag{8-39}$$

通过上述疲劳寿命分布函数计算滚磨光整状态齿轮在 50%、10%、1%失效概率下的接触疲劳寿命。在 50%失效概率下，滚磨光整状态齿轮接触疲劳寿命从渗碳磨削状态的 1.14×10^6 次提升到了 2.98×10^6 次，相比于渗碳磨削状态提升约 161.40%。这主要是因为表面粗糙度的明显降低以及表面硬度与残余压应力的一定提升。在 10%失效概率下，滚磨光整状态齿轮接触疲劳寿命从渗碳磨削状态的 5.02×10^5 次提升到 1.28×10^6 次，提升了约 154.98%。在 1%失效概率下，滚磨光整状态齿轮接触疲劳寿命从渗碳磨削状态的 1.8×10^5 次提升到 4.48×10^5 次，提升了约 148.89%。随着失效概率的增加（或可靠度的降低），滚磨光整工艺的疲劳寿命提升幅度变化不大，可以近似认为一致，这可能是因为相比于喷丸强化，滚磨光整属于作用力较小的微量切削加工工艺，工艺一致性较高。

喷丸光整状态齿轮在 2200MPa 定载荷下共进行了 5 组接触疲劳试验，其寿命分别为 3.66×10^6 次、5.33×10^6 次、6.27×10^6 次、6.34×10^6 次、6.95×10^6 次，选用两参数 Weibull 分布函数进行疲劳寿命数据处理，获得喷丸光整状态的齿轮接触疲劳寿命分布函数如式(8-40)所示：

$$P(N_L)_S = 1 - e^{-\left(\frac{N_L}{6322276.31}\right)^{3.91}} \tag{8-40}$$

通过上述疲劳寿命分布函数计算喷丸光整状态齿轮在 50%、10%、1%失效概率下的接触疲劳寿命。在 50%失效概率下，喷丸光整状态齿轮接触疲劳寿命从渗碳磨削状态的 1.14×10^6 次提升到 5.76×10^6 次，提升了约 405.36%，这主要是因为喷丸光整后引入了较大的残余压应力及残余压应力层深，提升了显微硬度梯度，并显著降低了表面粗糙度，从而提高了接触疲劳寿命。在 10%失效概率下，喷丸光整状态齿轮接触疲劳寿命从渗碳磨削状态的 5.02×10^5 次提升到 3.56×10^6 次，提升了约 609.16%。在 1%失效概率下，喷丸光整状态齿轮接触疲劳寿命从渗碳磨削状态的 1.8×10^5 次提升到 1.95×10^6 次，提升了约 983.33%。可以看出，随着失效概率的增加（或可靠度的降低），喷丸光整工艺状态的齿轮接触疲劳寿命相比于渗碳磨削状态提升幅度降低，但仍保持有 4 倍以上的寿命提升效果。

各表面完整性状态齿轮在不同失效概率下的接触疲劳寿命统计如表 8-15 所示。可以发现，失效概率越低，齿轮接触疲劳寿命越低，这符合通常预期。初始渗碳磨削状态齿轮经过喷丸强化后，齿轮接触疲劳寿命提升率随着失效概率的增大而减小。而初始渗碳磨削状态与初始喷丸状态的齿轮经过滚磨光整后，齿轮接触疲劳寿命提升率随着失效概率的变化而改变不大，这可能是因为相比于喷丸强化，滚磨光整的工艺一致性较高。喷丸光整状态齿轮接触疲劳寿命相比于渗碳磨削状态齿轮接触疲劳寿命，其提升率随着失效概率的增大而减小，且变化幅度较大，这可能是因为相比于其他表面完整性状态，喷丸光整的工艺流程较长，导致最后齿轮表面状态的不确定性增加。

表 8-15　不同失效概率下的齿轮接触疲劳寿命统计

工艺状态	50%失效概率	10%失效概率	1%失效概率
渗碳磨削状态	1.14×10^6	5.02×10^5	1.8×10^5
喷丸强化状态	4.43×10^6	2.88×10^6	1.68×10^6
相比渗碳磨削状态提升	288.6%	473.71%	833.33%
滚磨光整状态	2.98×10^6	1.28×10^6	4.48×10^5
相比渗碳磨削状态提升	161.4%	154.98%	148.89%
喷丸光整状态	5.76×10^6	3.56×10^6	1.95×10^6
相比渗碳磨削状态提升	405.36%	609.16%	983.33%
相比喷丸状态提升	30.02%	23.61%	16.07%

8.4.4　基于 Locati 加速疲劳试验法的齿轮接触疲劳极限测试

基于 Locati 加速疲劳试验法测试 18CrNiMo7-6 渗碳齿轮接触疲劳极限，齿轮参数及表面完整性状态与 8.4.3 节相同。该测试方法首先需要有 1 个参考齿轮接触疲劳极限值及 3 条参考 S-N 曲线。参考文献[97]中测得的 18CrNiMo7-6 渗碳钢磨削状态齿轮接触疲劳极限 1698MPa，令在本次试验前渗碳磨削状态预估齿轮接触疲劳极限为 1698MPa，50%可靠度下主参考疲劳 S-N 曲线中参数 m 值为 12.1085，C 值为 $6.4168×10^{46}$。另外获取的两条曲线对应主参考曲线上下相差 150MPa，其条件疲劳极限分别为 1548MPa、1848MPa，如式(8-41)～式(8-43)所示：

$$\sigma^{12.1085}N=2.1004×10^{46} \tag{8-41}$$

$$\sigma^{12.1085}N=6.4168×10^{46} \tag{8-42}$$

$$\sigma^{12.1085}N=1.7940×10^{47} \tag{8-43}$$

渗碳磨削状态齿轮接触疲劳极限测试数据如表 8-16 所示，可以看出，3 个试验点均在第 6 载荷级(接触压力为 2190MPa)发生齿轮接触疲劳失效，即渗碳磨削状态的齿轮接触疲劳极限试验点数据一致性较好。根据 3 个试验点分别计算出的 $\sum(n_i/N_i)$ 和 σ'_{Hlim} 数值，绘制出相应的 3 条 $\sum(n_i/N_i)$-σ'_{Hlim} 曲线，然后找出对应于 $\sum(n_i/N_i)=1$ 的 σ'_{Hlim} 值即为所测齿轮的接触疲劳极限，各试验点的累积损伤曲线如图 8-52 所示。由图可以看出，渗碳磨削状态 3 个试验点在 50%可靠度下的齿轮接触疲劳极限分别为 1569MPa、1566MPa、1574MPa，平均值为 1570MPa，将该渗碳磨削状态的结果作为基准结果进行后续其他表面完整性状态的对比分析。

表 8-16　渗碳磨削状态齿轮接触疲劳极限测试数据

	载荷级	循环次数 n_i	σ'_{Hlim} =1548MPa		σ'_{Hlim} =1698MPa		σ'_{Hlim} =1848MPa	
			试验终止循环次数 $N_i/10^7$	n_i/N_i	试验终止循环次数 $N_i/10^7$	n_i/N_i	试验终止循环次数 $N_i/10^7$	n_i/N_i
	1	506105	1.7276	0.029295	5.2778	0.009589	14.7556	0.00343
	2	500854	0.8613	0.058151	2.6312	0.019035	7.3562	0.006809
试验点 1	3	500854	0.4459	0.112324	1.3623	0.036765	3.8088	0.01315
	4	500851	0.2389	0.209649	0.7297	0.068638	2.0401	0.02455
	5	500855	0.1319	0.379723	0.4030	0.124282	1.1268	0.044449
	6	250421	0.0749	0.33434	0.2289	0.109402	0.6398	0.039141
	$\sum(n_i/N_i)$		1.123483024		0.367711327		0.131528585	

续表

	载荷级	循环次数 n_i	σ'_{Hlim}=1548MPa		σ'_{Hlim}=1698MPa		σ'_{Hlim}=1848MPa	
			试验终止循环次数 $N_i/10^7$	n_i/N_i	试验终止循环次数 $N_i/10^7$	n_i/N_i	试验终止循环次数 $N_i/10^7$	n_i/N_i
试验点2	1	500850	1.7276	0.028991	5.2778	0.00949	14.7556	0.003394
	2	500855	0.8613	0.058151	2.6312	0.019035	7.3562	0.006809
	3	500859	0.4459	0.112325	1.3623	0.036766	3.8088	0.01315
	4	500854	0.2389	0.20965	0.7297	0.068638	2.0401	0.02455
	5	500819	0.1319	0.379696	0.4030	0.124273	1.1268	0.044446
	6	235691	0.0749	0.314674	0.2289	0.102967	0.6398	0.036839
	$\sum(n_i/N_i)$		1.103487823		0.361168518		0.129188	
试验点3	1	500598	1.7276	0.028976	5.2778	0.009485	14.7556	0.003393
	2	500598	0.8613	0.058121	2.6312	0.019025	7.3562	0.006805
	3	500598	0.4459	0.112267	1.3623	0.036747	3.8088	0.013143
	4	500598	0.2389	0.209543	0.7297	0.068603	2.0401	0.024538
	5	500849	0.1319	0.379719	0.4030	0.12428	1.1268	0.044449
	6	275687	0.0749	0.368073	0.2289	0.12044	0.6398	0.04309
	$\sum(n_i/N_i)$		1.122970678		0.367543613		0.131468598	

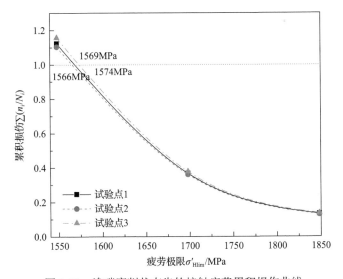

图 8-52 渗碳磨削状态齿轮接触疲劳累积损伤曲线

由参考文献[74]可知测试的20CrMnMo渗碳齿轮喷丸后接触疲劳极限增加了14.56%，根据此提升比例及所测渗碳磨削状态齿轮接触疲劳极限1570MPa，本节预估的喷丸强化状态齿轮接触疲劳极限为 1796MPa，在 50%可靠度下主参考 $S\text{-}N$ 疲劳曲线中参数 m 值为 12.1085，C 值为 1.2698×10^{47}。另外获取的两条曲线对应主参考曲线上下相差 150MPa，其条件疲劳极限分别为 1646MPa、1946MPa，曲线表示如式(8-44)~式(8-46)所示：

$$\sigma^{12.1085}N=4.4168\times10^{46} \tag{8-44}$$

$$\sigma^{12.1085}N=1.2698\times10^{47} \tag{8-45}$$

$$\sigma^{12.1085}N=3.3539\times10^{47} \tag{8-46}$$

喷丸强化状态齿轮接触疲劳极限测试数据如表 8-17 所示，可以看出，有 2 个试验点在第 7 载荷级(2390MPa)发生齿轮接触疲劳失效，1 个试验点在第 8 载荷级(2490MPa)发生齿轮接触疲劳失效。根据 3 个试验点分别计算出的 $\sum(n_i/N_i)$ 和 σ'_{Hlim} 数值，绘制出相应的 3 条 $\sum(n_i/N_i)\text{-}\sigma'_{\text{Hlim}}$ 曲线，然后找出对应于 $\sum(n_i/N_i)=1$ 的疲劳极限值，各试验点的累积损伤曲线如图 8-53 所示。由图可以看出，喷丸强化状态齿轮的 3 个试验点在 50%可靠度下的接触疲劳极限分别为 1727MPa、1751MPa、1816MPa，平均值为 1765MPa，相较于渗碳磨削基准态提升了 12.42%，这主要是因为齿轮经过喷丸后的残余压应力、硬度的幅值及深度显著提升，增强了齿轮的抗接触疲劳性能。

表 8-17　喷丸强化状态齿轮接触疲劳极限测试数据

载荷级	循环次数 n_i	σ'_{Hlim}=1646MPa		σ'_{Hlim}=1796MPa		σ'_{Hlim}=1946MPa	
		试验终止循环次数 $N_i/10^7$	n_i/N_i	试验终止循环次数 $N_i/10^7$	n_i/N_i	试验终止循环次数 $N_i/10^7$	n_i/N_i
试验点1	1	482685	1.8111	0.026651	5.2067	0.00927	13.7524	0.00351
	2	482685	0.9377	0.051475	2.6959	0.017904	7.1205	0.006779
	3	482685	0.5023	0.096095	1.444	0.033427	3.8141	0.012655
	4	482685	0.2774	0.174003	0.7975	0.060525	2.1065	0.022914
	5	482685	0.1575	0.306467	0.4529	0.106577	1.1961	0.040355
	6	482963	0.0917	0.526677	0.2637	0.183149	0.6966	0.069331
	7	246478	0.0547	0.441459	0.1572	0.153612	0.4152	0.058159
	$\sum(n_i/N_i)$		1.62282785		0.564463694		0.213703798	
试验点2	1	500580	1.8111	0.02764	5.2067	0.009614	13.7524	0.00364
	2	500580	0.9377	0.053384	2.6959	0.018568	7.1205	0.00703
	3	500580	0.5023	0.099658	1.444	0.034666	3.8141	0.013124
	4	500580	0.2774	0.180454	0.7975	0.062769	2.1065	0.023764

续表

	载荷级	循环次数 n_i	$\sigma'_{Hlim}=1646MPa$		$\sigma'_{Hlim}=1796MPa$		$\sigma'_{Hlim}=1946MPa$	
			试验终止循环次数 $N_i/10^7$	n_i/N_i	试验终止循环次数 $N_i/10^7$	n_i/N_i	试验终止循环次数 $N_i/10^7$	n_i/N_i
试验点2	5	500580	0.1575	0.317829	0.4529	0.110528	1.1961	0.041851
	6	500845	0.0917	0.546178	0.2637	0.18993	0.6966	0.071899
	7	413542	0.0547	0.756018	0.1572	0.263067	0.4152	0.099601
	$\sum(n_i/N_i)$		1.981159767		0.689142189		0.260908316	
试验点3	1	500580	1.8111	0.02764	5.2067	0.009614	13.7524	0.00364
	2	500580	0.9377	0.053384	2.6959	0.018568	7.1205	0.00703
	3	500580	0.5023	0.099658	1.444	0.034666	3.8141	0.013124
	4	500580	0.2774	0.180454	0.7975	0.062769	2.1065	0.023764
	5	500580	0.1575	0.317829	0.4529	0.110528	1.1961	0.041851
	6	500845	0.0917	0.546178	0.2637	0.18993	0.6966	0.071899
	7	500845	0.0547	0.915622	0.1572	0.318604	0.4152	0.120627
	8	413324	0.0333	1.241213	0.0957	0.431896	0.2527	0.163563
	$\sum(n_i/N_i)$		3.381976271		1.176573955		0.445498169	

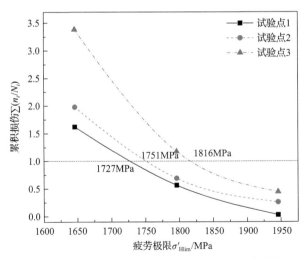

图 8-53 喷丸强化状态齿轮接触疲劳累积损伤曲线

由参考文献[97]可知，测得的 18CrNiMo7-6 渗碳钢滚磨光整状态齿轮接触疲劳极限为 1890MPa，相比于渗碳磨削初始态提升了约 190MPa。参考此提升范围及所测渗碳磨削基准态齿轮接触疲劳极限 1570MPa，本节预估的滚磨光整状态齿轮接触疲劳极限为 1746MPa，在 50%可靠度下主参考 S-N 疲劳曲线中参数 m 值为

12.1085，C 值为 9.0212×10^{46}。另外获取的两条曲线对应主参考曲线上下相差 150MPa，其条件疲劳极限分别为 1596MPa、1896MPa，曲线表示如式(8-47)～式(8-49)所示：

$$\sigma^{12.1085} N = 3.0401 \times 10^{46} \qquad (8\text{-}47)$$

$$\sigma^{12.1085} N = 9.0212 \times 10^{46} \qquad (8\text{-}48)$$

$$\sigma^{12.1085} N = 2.4472 \times 10^{47} \qquad (8\text{-}49)$$

滚磨光整状态齿轮接触疲劳极限测试数据如表 8-18 所示，可以看出，有 1 个试验点在第 9 载荷级(接触压力为 2540MPa)发生齿轮接触疲劳失效，2 个试验点在第 7 载荷级(接触压力为 2340MPa)发生齿轮接触疲劳失效。根据 3 个试验点分别计算出的 $\sum(n_i/N_i)$ 和 σ'_{Hlim} 数值，绘制出相应的 3 条 $\sum(n_i/N_i)$-σ'_{Hlim} 曲线，然后找出对应于 $\sum(n_i/N_i)=1$ 的疲劳极限值，各试验点的累积损伤曲线如图 8-54 所示。

表 8-18　滚磨光整状态齿轮接触疲劳极限测试数据

| 载荷级 | 循环次数 n_i | $\sigma'_{\text{Hlim}}=1596\text{MPa}$ | | $\sigma'_{\text{Hlim}}=1746\text{MPa}$ | | $\sigma'_{\text{Hlim}}=1896\text{MPa}$ | |
		试验终止循环次数 $N_i/10^7$	n_i/N_i	试验终止循环次数 $N_i/10^7$	n_i/N_i	试验终止循环次数 $N_i/10^7$	n_i/N_i
试验点1 1	500598	1.7567	0.028496	5.2128	0.009603	14.1410	0.00354
2	500598	0.8930	0.056058	2.6498	0.018892	7.1882	0.006964
3	500598	0.4705	0.106397	1.3961	0.035857	3.7872	0.013218
4	500598	0.2560	0.195546	0.7596	0.065903	2.0607	0.024293
5	500855	0.1434	0.349271	0.4255	0.11771	1.1544	0.043387
6	500847	0.0825	0.607087	0.2448	0.204594	0.6640	0.075429
7	500843	0.0486	1.030541	0.1442	0.347325	0.3913	0.127995
8	500843	0.0293	1.709362	0.0869	0.576344	0.2358	0.212402
9	213458	0.0180	1.185878	0.0534	0.399734	0.1450	0.147212
$\sum(n_i/N_i)$		5.268637		1.775962		0.654439	
试验点2 1	500569	1.7567	0.028495	5.2128	0.009603	14.1410	0.00354
2	500569	0.8930	0.056055	2.6498	0.018891	7.1882	0.006964
3	500569	0.4705	0.106391	1.3961	0.035855	3.7872	0.013217
4	500569	0.2560	0.195535	0.7596	0.065899	2.0607	0.024291
5	500569	0.1434	0.349072	0.4255	0.117643	1.1544	0.043362
6	500750	0.0825	0.60697	0.2448	0.204555	0.6640	0.075414
7	369929	0.0486	0.761171	0.1442	0.256539	0.3913	0.094538
$\sum(n_i/N_i)$		2.10368754		0.708983459		0.261326655	

续表

载荷级	循环次数 n_i	σ'_{Hlim} =1596MPa			σ'_{Hlim} =1746MPa			σ'_{Hlim} =1896MPa		
		试验终止循环次数 $N_i/10^7$	n_i/N_i		试验终止循环次数 $N_i/10^7$	n_i/N_i		试验终止循环次数 $N_i/10^7$	n_i/N_i	
	1	482691	1.7567	0.027477	5.2128	0.00926		14.1410	0.003413	
	2	482691	0.8930	0.054053	2.6498	0.018216		7.1882	0.006715	
试验点3	3	482691	0.4705	0.102591	1.3961	0.034574		3.7872	0.012745	
	4	482691	0.2560	0.188551	0.7596	0.063545		2.0607	0.023424	
	5	482691	0.1434	0.336605	0.4255	0.113441		1.1544	0.041813	
	6	482866	0.0825	0.585292	0.2448	0.197249		0.6640	0.072721	
	7	243434	0.0486	0.496778	0.1442	0.16743		0.3913	0.0617	
	$\sum (n_i/N_i)$		1.791346635			0.603715551			0.222531849	

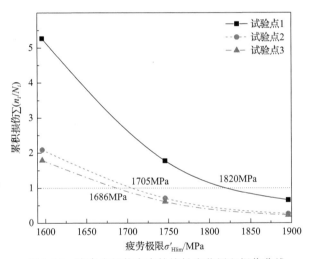

图 8-54　滚磨光整状态齿轮接触疲劳累积损伤曲线

由图 8-54 可以看出，滚磨光整状态齿轮的 3 个试验点在 50%可靠度下的接触疲劳极限分别为 1820MPa、1705MPa、1686MPa，平均值为 1737MPa，相较于渗碳磨削基准态提升了 10.64%，这主要是因为齿轮经过滚磨光整后表面粗糙度显著降低，且表面硬度及残余压应力进一步增加，表面完整性的协同作用使齿轮接触疲劳极限有所提升。

参考滚磨光整状态齿轮接触疲劳极限相比于渗碳磨削态的提升效果，本节预估的 18CrNiMo7-6 渗碳钢喷丸光整状态齿轮接触疲劳极限为 1880MPa，在 50%可靠度下主参考 S-N 疲劳曲线中 m 值为 12.1085，C 值为 2.2086×10^{47}。另外获取的两条曲线对应主参考曲线上下相差 150MPa，其条件疲劳极限分别为 1730MPa、

1896MPa，曲线表示如式(8-50)～式(8-52)所示：

$$\sigma^{12.1085}N = 8.0696 \times 10^{46} \tag{8-50}$$

$$\sigma^{12.1085}N = 2.2086 \times 10^{47} \tag{8-51}$$

$$\sigma^{12.1085}N = 5.5948 \times 10^{47} \tag{8-52}$$

喷丸光整状态齿轮接触疲劳极限测试数据如表 8-19 所示，可以看出，3 个试验点均在第 7 载荷级(2480MPa)发生齿轮接触疲劳失效。根据 3 个试验点分别计算出的 $\sum(n_i/N_i)$ 和 σ'_{Hlim} 数值，绘制出相应的 3 条 $\sum(n_i/N_i)$ - σ'_{Hlim} 曲线，然后找出对应于 $\sum(n_i/N_i)=1$ 的疲劳极限值，各试验点的累积损伤曲线如图 8-55 所示。由图可以看出，喷丸光整状态齿轮 3 个试验点在 50%可靠度下的接触疲劳极限分别为 1800MPa、1819MPa、1801MPa，平均值为 1807MPa，相较于渗碳磨削基准状态提升 15.10%，这主要是因为齿轮经过喷丸光整后残余压应力梯度、显微硬度梯度、表面粗糙度等表面完整性参数的全面提升，增强了齿轮的抗接触疲劳性能。喷丸强化、滚磨光整、喷丸光整等高表面完整性加工工艺显著提高了齿轮接触疲劳极限，直接增强齿轮轻量化设计方面的优势，有望实现我国齿轮抗疲劳设计制造水平和齿轮产品国际市场竞争力的显著提升。

表 8-19　喷丸光整状态齿轮接触疲劳极限测试数据

| 载荷级 | 循环次数 n_i | σ'_{Hlim} =1730MPa | | σ'_{Hlim} =1880MPa | | σ'_{Hlim} =2030MPa | |
		试验终止循环次数 $N_i/10^7$	n_i/N_i	试验终止循环次数 $N_i/10^7$	n_i/N_i	试验终止循环次数 $N_i/10^7$	n_i/N_i
试验点1　1	500569	1.8269	0.0274	5	0.010011	12.6661	0.003952
2	500569	0.9754	0.051319	2.6696	0.018751	6.7626	0.007402
3	500569	0.5371	0.093198	1.4701	0.03405	3.7240	0.013442
4	500569	0.3042	0.164553	0.8326	0.060121	2.1090	0.023735
5	500569	0.1767	0.283287	0.4837	0.103487	1.2253	0.040853
6	500750	0.1051	0.476451	0.2876	0.174113	0.7286	0.068728
7	255468	0.0638	0.400420	0.1747	0.146232	0.4427	0.057707
$\sum(n_i/N_i)$		1.496628894		0.546766517		0.215817925	
试验点2　1	500580	1.8269	0.027401	5	0.010012	12.6661	0.003952
2	500580	0.9754	0.05132	2.6696	0.018751	6.7626	0.007402
3	500580	0.5371	0.093201	1.4701	0.034051	3.7240	0.013442
4	500580	0.3042	0.164556	0.8326	0.060123	2.1090	0.023735
5	500580	0.1767	0.283294	0.4837	0.10349	1.2253	0.040854

续表

| 载荷级 | 循环次数 n_i | σ'_{Hlim} =1730MPa | | σ'_{Hlim} =1880MPa | | σ'_{Hlim} =2030MPa | |
		试验终止循环次数 $N_i/10^7$	n_i/N_i	试验终止循环次数 $N_i/10^7$	n_i/N_i	试验终止循环次数 $N_i/10^7$	n_i/N_i
试验点2 6	500859	0.1051	0.476555	0.2876	0.174151	0.7286	0.068743
7	265968	0.0638	0.416878	0.1747	0.152243	0.4427	0.060079
$\sum(n_i/N_i)$		1.513203904		0.552819696		0.218206658	
试验点3 1	482702	1.8269	0.026422	5	0.009654	12.6661	0.003811
2	482702	0.9754	0.049488	2.6696	0.018081	6.7626	0.007138
3	482702	0.5371	0.089872	1.4701	0.032835	3.7240	0.012962
4	482702	0.3042	0.158679	0.8326	0.057975	2.1090	0.022888
5	482702	0.1767	0.273176	0.4837	0.099794	1.2253	0.039395
6	482971	0.1051	0.459535	0.2876	0.167932	0.7286	0.066288
7	405204	0.0638	0.635116	0.1747	0.231943	0.4427	0.09153
$\sum(n_i/N_i)$		1.692287296		0.618213306		0.244010725	

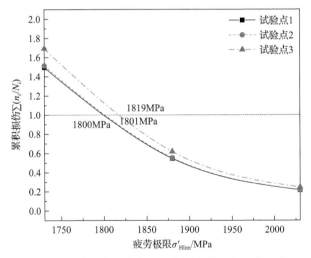

图 8-55 喷丸光整状态齿轮接触疲劳累积损伤曲线

通过上述案例分析，已经给出了基于升降加载法和 Locati 快速测定法的齿轮接触疲劳极限、基于 Weibull 分布的 P-N 曲线与基于常规成组法的 R-S-N 曲线的测定方法与数据处理方法。当试验条件、试件不满足条件的情况下，可以酌情选择少试验点法、加速疲劳试验方法等进行试验，同时需要选择对应的数据处理方法进行分析。在此，鼓励齿轮行业开展齿轮接触疲劳试验，以实现高性能齿轮正向设计体系的完善。

8.5 本 章 小 结

本章主要介绍了齿轮接触疲劳试验台、检测技术及试验方法与数据处理技术，从试验台、检测技术以及试验方法与数据处理方法三个方面对齿轮接触疲劳试验进行了总结。试验台主要介绍了目前国内外的齿轮接触疲劳试验台，从平行轴齿轮疲劳试验台到交错轴齿轮疲劳试验台，从功率流开放式试验台到功率流封闭式试验台，从大模数试验台到小模数试验台，以及面向未来的数字孪生试验台。试验检测技术主要介绍了包括振动信号、温度、传动效率、传递误差、齿面齿根的应变等服役信号的检测，以及齿轮表面点蚀、微点蚀、裂纹的检测手段及方法，并给出了相关实例。试验方法主要从试验目的出发，介绍了目前常用的接触疲劳试验方法，并给出了相关试验方法对应的试验数据处理方法，给出了正态(高斯)分布、对数正态分布、Weibull 分布的类型选择和分布检验方法，并且介绍了 R-S-N 曲线的拟合方法以及频率统计学、贝叶斯理论在齿轮疲劳统计学中的应用。综上所述，通过齿轮接触疲劳寿命测试已经可以得到相对准确的寿命数据，但是数据的精度还需要从建立高可靠性的试验台、发展更为精确的检测手段、优化试验方法以及试验数据处理方法这三方面进行提升，有效解决这三方面的问题就可以精确评估齿轮接触疲劳服役性能，以满足工程上日益广泛的应用需求。

参 考 文 献

[1] International Standard Organization. Calculation of load capacity of spur and helical gears-Part 2: Calculation of surface durability (pitting) [S]. ISO 6336-2. Geneva: International Standard Organization, 2006.

[2] International Standard Organization.Calculation of load capacity of spur and helical gears-Part 22: Calculation of micropitting load capacity[S]. ISO 6336-22. Geneva: International Standard Organization, 2018.

[3] International Standard Organization. Calculation of load capacity of spur and helical gears-Part 4: Calculation of tooth flank fracture load capacity[S]. ISO 6336-4. Geneva: International Standard Organization, 2019.

[4] 国家技术监督局. 直齿轮和斜齿轮承载能力计算第 2 部分：齿面接触强度（点蚀）计算[S]. GB/T 3480.2-2021. 北京: 中国标准出版社, 2021.

[5] 国家技术监督局. 直齿轮和斜齿轮承载能力计算第 3 部分：轮齿弯曲强度计算[S]. GB/T 3480.3-2021. 北京: 中国标准出版社, 2021.

[6] 国家技术监督局. 直齿轮和斜齿轮承载能力计算第 5 部分：材料的强度和质量[S]. GB/T

3480.5-2021. 北京: 中国标准出版社, 2021.

[7] Hammami M, Fernandes C M C G, Martins R, et al. Torque loss in FZG-A10 gears lubricated with axle oils[J]. Tribology International, 2019, 131: 112-127.

[8] Castro J, Seabra J. Influence of mass temperature on gear scuffing[J]. Tribology International, 2018, 119: 27-37.

[9] Kattelus J, Miettinen J, Lehtovaara A. Detection of gear pitting failure progression with on-line particle monitoring[J]. Tribology International, 2018, 118: 458-464.

[10] Martins R, Seabra J, Brito A, et al. Friction coefficient in FZG gears lubricated with industrial gear oils: Biodegradable ester vs. mineral oil[J]. Tribology International, 2006, 39(6): 512-521.

[11] Yu G D, Liu H J, Mao K, et al. An experimental investigation on the wear of lubricated steel against PEEK gears[J]. Journal of Tribology, 2020, 142(4): 041702.

[12] Navet P, Changenet C, Ville F, et al. Thermal modeling of the FZG test rig: Application to starved lubrication conditions[J]. Tribology Transactions, 2020, 63(6): 1135-1146.

[13] Townsend D P, Coy J J, Zaretsky E V. Experimental and analytical load-life relation for AISI 9310 steel spur gears[J]. Journal of Mechanical Design, 1978, 100(1): 54-60.

[14] Al-Tubi I S, Long H, Zhang J, et al. Experimental and analytical study of gear micropitting initiation and propagation under varying loading conditions[J]. Wear, 2015, 328/329: 8-16.

[15] Moorthy V, Shaw B A. An observation on the initiation of micro-pitting damage in as-ground and coated gears during contact fatigue[J]. Wear, 2013, 297(1/2): 878-884.

[16] Oila A, Shaw B A, Aylott C J, et al. Martensite decay in micropitted gears[J]. Proceedings of the Institution of Mechanical Engineers, Part J: Journal of Engineering Tribology, 2005, 219(2): 77-83.

[17] Moorthy V, Shaw B A. Contact fatigue performance of helical gears with surface coatings[J]. Wear, 2012, 276/277: 130-140.

[18] Zhang J, Shaw B A. The effect of superfinishing on the contact fatigue of case carburised gears[J]. Applied Mechanics and Materials, 2011, 86: 348-351.

[19] 王宝宾, 杨小勇. 两台齿轮接触疲劳试验台试验数据的对比分析[J]. 汽车零部件, 2018, (1): 52-54.

[20] Zaretsky E V, Parker R J, Anderson W J. NASA five-ball fatigue tester—Over 20 years of research[J]. Rolling Contact Fatigue Testing of Bearing Steels, 1982, 771: 5-45.

[21] 国家技术监督局. 金属材料滚动接触疲劳试验方法[S]. GB/T 10622—89. 北京: 中国标准出版社, 1989.

[22] 全国钢标准化技术委员会. 金属材料　滚动接触疲劳试验方法[S]. YB/T 5345—2014. 北京: 冶金工业出版社, 2014.

[23] 陈东毅. 四球机在摩擦学中的应用及其性能与疑难分析[C]. 第三届全国金属加工润滑技

术学术研讨会, 2011.

[24] Thapliyal P, Thakre G D. Influence of Cu nanofluids on the rolling contact fatigue life of bearing steel[J]. Engineering Failure Analysis, 2017, 78: 110-121.

[25] Liang X Z, Zhao G H, Owens J, et al. Hydrogen-assisted microcrack formation in bearing steels under rolling contact fatigue[J]. International Journal of Fatigue, 2020, 134: 105485.

[26] Merritt H E. Worm gear performance[J]. Proceedings of the Institution of Mechanical Engineers, 1935, 129(1): 127-194.

[27] Meneghetti G, Terrin A, Giacometti S. A twin disc test rig for contact fatigue characterization of gear materials[J]. Procedia Structural Integrity, 2016, 2: 3185-3193.

[28] 杨建春. 新型滚动接触疲劳试验机研制及其加载系统动态特性研究[D]. 秦皇岛: 燕山大学, 2015.

[29] Kang B, Ma H R, Li J, et al. Effect of grinding parameters on surface quality, microstructure and rolling contact fatigue behaviors of gear steel for vacuum pump[J]. Vacuum, 2020, 180: 109637.

[30] 周井玲, 吴国庆, 丁锦宏, 等. 轴承用球三点接触纯滚动接触疲劳寿命试验机[J]. 轴承, 2006, (6): 23-26.

[31] 周井玲, 陈晓阳, 张培志, 等. Si3N4 陶瓷球的滚动接触疲劳寿命试验研究现状与展望[J]. 轴承, 2008, (9): 47-51.

[32] Kang J, Hadfield M. Comparison of four-ball and five-ball rolling contact fatigue tests on lubricated Si3N4/steel contact[J]. Materials & Design, 2003, 24(8): 595-604.

[33] 程彦泉, 周建军, 李静, 等. 齿轮箱疲劳试验台系统研究现状及发展趋势[J]. 机械传动, 2015, 39(9): 189-192.

[34] 徐磊. 齿轮传动综合试验测试系统研制[D]. 重庆: 重庆大学, 2011.

[35] 袁先达. 小功率测功机类型、特性国内外现况及发展[C]. 第五届中国小电机技术研讨会, 2000.

[36] 周腊吾, 郭浩, 赵晗, 等. 测功机系统的研究综述[J]. 电机与控制应用, 2020, 47(12): 1-9.

[37] 王剑, 耿玉旭, 程志涛, 等. 多功能摩擦传动实验机研制与实验研究[J]. 机械科学与技术, 2016, 35(11): 1738-1744.

[38] 米雄伟, 周广武, 周青华. 用于谐波减速器性能试验的空间真空高低温环境模拟试验装置[J]. 航天器环境工程, 2020, 37(5): 490-495.

[39] 朱孝录. 齿轮的试验技术与设备[D]. 北京: 机械工业出版杜, 1988.

[40] 樊世耀, 任晓明, 梁新文, 等. 机械加载器: CN201876354U[P]. 2011-06-22.

[41] Bluestein J M. An experimental study of the impact of various tooth surface treatments on spur gear pitting life[D]. Columbus: The Ohio State University, 2007.

[42] Townsend D P, Zaretsky E V. Effect of shot peening on surface fatigue life of carburized and hardened AISI 9310 spur gears[J]. SAE Transactions, 1988, 11(3): 807-818.

[43] 魏冰阳, 王俊恒, 邓效忠, 等. 闭功率流锥齿轮试验台及传动齿轮箱的设计与分析[J]. 机械传动, 2018, 42(9): 149-153.

[44] 孟令先, 李纪强, 张志宏, 等. 齿轮强度与可靠性试验检测技术基础公共服务平台建设[J]. 机械传动, 2017, 41(1): 189-195.

[45] 李良琦, 胡晓睿. 2019 年国外国防先进制造技术发展回顾[J]. 国防制造技术, 2019, (4): 4-11.

[46] 刘婷, 张建超, 刘魁. 基于数字孪生的航空发动机全生命周期管理[J]. 航空动力, 2018, (1): 52-56.

[47] 何柳江. 基于数字孪生的数控机床虚拟交互系统设计与实现[D]. 成都: 电子科技大学, 2019.

[48] 全国齿轮标准化技术委员会. 齿轮接触疲劳强度试验方法[S]. GB/T 14229—2021. 北京: 中国标准出版社, 2021.

[49] 李浩, 董辛旻, 陈宏, 等. 基于小波变换的齿轮箱振动信号降噪处理[J]. 机械设计与制造, 2013, (3): 81-83.

[50] Handschuh R F. Thermal behavior of spiral bevel gears[D]. Cleveland: Case Western Reserve University, 1993.

[51] 卢泽华, 刘怀举, 朱才朝, 等. 润滑和载荷状态对聚甲醛齿轮服役性能的影响[J]. 中国机械工程, 2021, 32(17): 2047-2054.

[52] Handschuh R F. Testing of face-milled spiral bevel gears at high-speed and load[C]. International Conference on Mechanical Transmissions, 2001.

[53] Diab Y, Ville F, Velex P. Investigations on power losses in high-speed gears[J]. Proceedings of the Institution of Mechanical Engineers, Part J: Journal of Engineering Tribology, 2006, 220(3): 191-198.

[54] Sainte-Marie N, Velex P, Roulois G, et al. A study on the correlation between dynamic transmission error and dynamic tooth loads in spur and helical gears[J]. Journal of Vibration and Acoustics, 2017, 139(1): 011001.

[55] Dempsey P J. Gear damage detection using oil debris analysis[C]. Condition Monitoring and Diagnostic Engineering Management, 2001.

[56] Lisle T J, Shaw B A, Frazer R C. External spur gear root bending stress: A comparison of ISO 6336: 2006, AGMA 2101-D04, ANSYS finite element analysis and strain gauge techniques[J]. Mechanism and Machine Theory, 2017, 111: 1-9.

[57] Liu Y J, Zhang W Y, Jin Z Y, et al. Research on the gear operating state detection based on the fiber Bragg grating sensing technology[J]. IOP Conference Series: Materials Science and Engineering, 2017, 231: 012182.

[58] Raptis K G, Savaidis A A. Experimental investigation of spur gear strength using

photoelasticity[J]. Procedia Structural Integrity, 2018, 10: 33-40.

[59] Hutt S, Clarke A, Evans H P. Generation of Acoustic Emission from the running-in and subsequent micropitting of a mixed-elastohydrodynamic contact[J]. Tribology International, 2018, 119: 270-280.

[60] Zhang J E, Ma S Y, Huang J E, et al. A machine vision system for real-time automated gear fatigue pitting detection[C]. The 1st International Conference on Mechanical Engineering and Material Science, 2012.

[61] Soleimani S, Sukumaran J, Kumcu A, et al. Quantifying abrasion and micro-pits in polymer wear using image processing techniques[J]. Wear, 2014, 319(1/2): 123-137.

[62] 杨长辉, 黄琳, 冯柯茹, 等. 基于机器视觉的滚动接触疲劳失效在线检测[J]. 仪表技术与传感器, 2019, (4): 65-69, 74.

[63] 秦毅, 奚德君, 陈伟伟, 等. 一种基于深度学习的自适应齿轮点蚀定量评估与检测装置: CN110567985B[P]. 2021-10-08.

[64] 张桂才, 赵万镒, 沈玉娣, 等. 齿轮疲劳裂纹特征及诊断方法[J]. 机械传动, 1994, 18(4): 21-24.

[65] 于洋, 赵年伟, 杨平, 等. 齿轮磨损故障声发射检测研究[J]. 机械传动, 2013, 37(4): 44-48.

[66] 何宇漾, 黄福权. 分形在齿轮磨损监测中的应用[J]. 机械工程师, 2006, (12): 41-42.

[67] 张卫国, 姜军, 宓为建. 基于逆向工程的齿轮磨损件无损检测技术[J]. 中国工程机械学报, 2012, 10(2): 232-236.

[68] Chang H C, Borghesani P, Smith W A, et al. Application of surface replication combined with image analysis to investigate wear evolution on gear teeth—A case study[J]. Wear, 2019, 430/431: 355-368.

[69] 杨小勇, 薛亮. 齿轮接触疲劳极限应力测试研究[J]. 汽车零部件, 2019, (8): 72-75.

[70] Mao T Y, Liu H J, Wei P T, et al. An improved estimation method of gear fatigue strength based on sample expansion and standard deviation correction[J]. International Journal of Fatigue, 2022, 161: 106887.

[71] 谢里阳, 刘建中. 样本信息聚集原理与 *P-S-N* 曲线拟合方法[J]. 机械工程学报, 2013, 49(15): 96-104.

[72] 李金洲. 基于参数 Bootstrap-核密度估计的数控机床 Bayes 可靠性评估方法研究[D]. 秦皇岛: 燕山大学, 2016.

[73] Weibull W. Fatigue Testing and Analysis of Results[M]. Amsterdam: Elsevier, 2013.

[74] Li W, Liu B S. Experimental investigation on the effect of shot peening on contact fatigue strength for carburized and quenched gears[J]. International Journal of Fatigue, 2018, 106: 103-113.

[75] Li W, Deng S, Liu B S. Experimental study on the influence of different carburized layer depth

on gear contact fatigue strength[J]. Engineering Failure Analysis, 2020, 107: 104225.

[76] Chakrabarty J B, Chowdhury S. Compounded inverse Weibull distributions: Properties, inference and applications[J]. Communications in Statistics - Simulation and Computation, 2019, 48（7）: 2012-2033.

[77] El-Adll M E. Predicting future lifetime based on random number of three parameters Weibull distribution[J]. Mathematics and Computers in Simulation, 2011, 81（9）: 1842-1854.

[78] 孙淑霞, 孙志礼, 李良巧, 等. 基于威布尔分布和极限状态理论的齿轮传动可靠性设计[J]. 组合机床与自动化加工技术, 2007, （7）: 11-13.

[79] Tiryakioğlu M, Hudak D. On estimating Weibull modulus by the linear regression method[J]. Journal of Materials Science, 2007, 42（24）: 10173-10179.

[80] 傅惠民, 高镇同. 确定威布尔分布三参数的相关系数优化法[J]. 航空学报, 1990, 11（7）: A323-A327.

[81] 邓建, 古德生, 李夕兵. 确定可靠性分析 Weibull 分布参数的概率加权矩法[J]. 计算力学学报, 2004, （5）: 609-613.

[82] 杨谋存, 聂宏. 三参数 Weibull 分布参数的极大似然估计数值解法[J]. 南京航空航天大学学报, 2007, 39（1）: 22-25.

[83] 郑荣跃, 秦子增. Weibull 分布参数估计的灰色方法[J]. 强度与环境, 1989, （2）: 34-40.

[84] 史景钊, 蒋国良. 用相关系数法估计威布尔分布的位置参数[J]. 河南农业大学学报, 1995, 29（2）: 167-171.

[85] Kruschke J K. Bayesian data analysis[J]. Wiley Interdisciplinary Reviews: Cognitive Science, 2010, 1（5）: 658-676.

[86] 毛天雨, 刘怀举, 王宝宾, 等. 基于分层贝叶斯模型的齿轮弯曲疲劳试验分析[J]. 中国机械工程, 2021, 32（24）: 3008-3015, 3023.

[87] Berger J O. Statistical Decision Theory and Bayesian Analysis[M]. Berlin: Springer, 2013.

[88] Gelman A, Carlin J B, Stern H S, et al. Bayesian Data Analysis[M]. Boca Raton: Chapman and Hall/CRC, 2013.

[89] International Standard Organization. Metallic materials-Fatigue testing-Statistical planning and analysis of data[S]. ISO 12107. Geneva: International Standard Organization, 2012.

[90] Guida M, Penta F. A Bayesian analysis of fatigue data[J]. Structural Safety, 2010, 32（1）: 64-76.

[91] 张慧, 徐安察. Marshall-Olkin 威布尔分布的贝叶斯分析(英文)[J]. 应用概率统计, 2016, 32(4): 419-432.

[92] 国家质量监督检验检疫总局. 金属材料疲劳试验数据统计方案与分析方法[S]. GB/T 24176—2009. 北京: 中国标准出版社, 2010.

[93] 张鑫, 韩建立, 赵建印, 等. 高加速寿命试验技术发展现状及应用展望[J]. 装备环境工程, 2020, 17（12）: 13-19.

[94] 黄伟，曾盛绰，黄大明，等. 加速寿命试验理论及应用研究进展[C]. 中国机械工程学会年会, 2004.

[95] 李红梅，王铁，张瑞亮. 齿轮接触疲劳极限应力快速测定法的应用[J]. 机械传动, 2010, 34(5): 95-97.

[96] 沈水福，范民政，梁骥. 齿轮疲劳极限应力快速测定法[J]. 齿轮, 1981, (2): 41-48.

[97] 赵光辉. 齿面各向同性光整工艺对齿面接触疲劳特性影响的研究[D]. 北京: 机械科学研究总院, 2017.